1章 関数と極限

1 関数

p.18 Quick Check 1

① (1) 定義域は $x \neq 0$
漸近線は2**直線**
$\boldsymbol{x=0}$,
$\boldsymbol{y=0}$
グラフは**右の図**。

(2) 定義域は $x \neq -1$
漸近線は2**直線**
$\boldsymbol{x=-1}$,
$\boldsymbol{y=-1}$
グラフは**右の図**。

(3) 定義域は $x \neq 1$

$$y=\frac{x}{x-1}$$
$$=\frac{1}{x-1}+1$$

と変形できるから，漸近線は2**直線** $\boldsymbol{x=1}$, $\boldsymbol{y=1}$
また，グラフは**右の図**。

② (1) 定義域は $2x \geqq 0$
より $\boldsymbol{x \geqq 0}$
グラフは**右の図**。

(2) 定義域は $\boldsymbol{x \geqq 0}$
グラフは**右の図**。

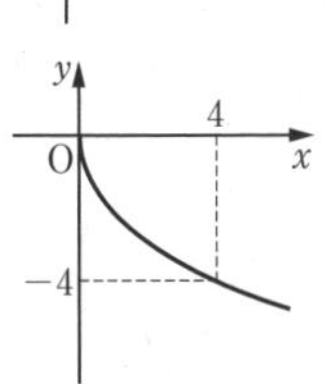

(3) 定義域は $x-2 \geqq 0$ より $\boldsymbol{x \geqq 2}$
$y=\sqrt{x-2}$ のグラフは，$y=\sqrt{x}$ のグラフを x 軸方向に2だけ平行移動したもので**下の図**。

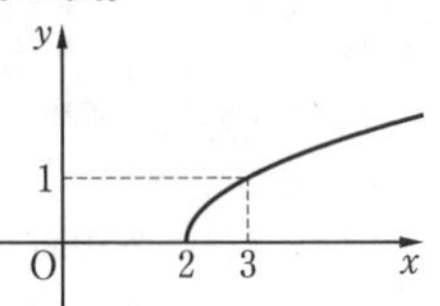

③ (1) 与えられた式を x について解くと

$$x=\frac{y-3}{2}$$

x と y を入れかえると，求める逆関数は

$$\boldsymbol{y=\frac{1}{2}x-\frac{3}{2}}$$

(2) 与えられた式を x について解くと

$$x=\pm\sqrt{y}$$

$x \geqq 0$ より $x=\sqrt{y}$
x と y を入れかえると，求める逆関数は

$$\boldsymbol{y=\sqrt{x}}$$

(3) 与えられた式を x について解くと

$$x=\frac{1}{y-2}$$

x と y を入れかえると，求める逆関数は

$$\boldsymbol{y=\frac{1}{x-2}}$$

④
$$(f\circ g)(x)=f(g(x))$$
$$=f(x^2+2x)$$
$$=(x^2+2x)+2$$
$$=\boldsymbol{x^2+2x+2}$$
$$(g\circ f)(x)=g(f(x))$$
$$=g(x+2)$$
$$=(x+2)^2+2(x+2)$$
$$=\boldsymbol{x^2+6x+8}$$

練習 1 次の関数のグラフをかけ。

(1) $y=\dfrac{-x-2}{x-2}$ (2) $y=\dfrac{-6x-11}{3x+4}$

(1) $y=\dfrac{-x-2}{x-2}=\dfrac{-(x-2)-4}{x-2}=\dfrac{-4}{x-2}-1$

と変形される。

この関数のグラフは，$y=-\dfrac{4}{x}$ のグラフを x 軸方向に 2，y 軸方向に -1 だけ平行移動したものである。

よって，漸近線は 2 直線 $x=2$，$y=-1$ である。

よって，グラフは **右の図**。

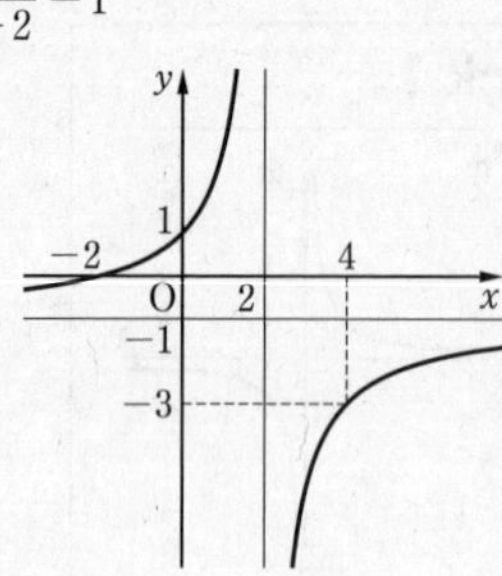

◀分子の $-x-2$ を分母の $x-2$ で割ると 商 -1，余り -4

◀$x=0$ のとき $y=1$
$y=0$ となるのは $\dfrac{-x-2}{x-2}=0$ より
分子 $-x-2=0$
よって $x=-2$

(2) $y=\dfrac{-6x-11}{3x+4}=\dfrac{-2(3x+4)-3}{3x+4}$

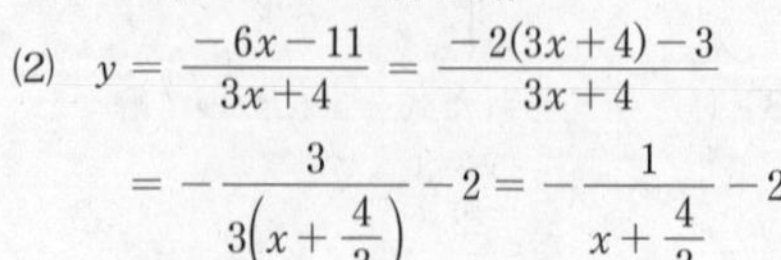

$=-\dfrac{3}{3\left(x+\dfrac{4}{3}\right)}-2=-\dfrac{1}{x+\dfrac{4}{3}}-2$

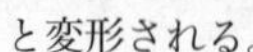

と変形される。

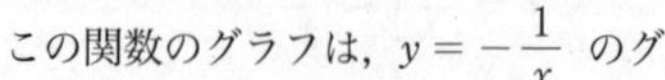

この関数のグラフは，$y=-\dfrac{1}{x}$ のグラフを x 軸方向に $-\dfrac{4}{3}$，y 軸方向に -2 だけ平行移動したものである。

よって，漸近線は 2 直線 $x=-\dfrac{4}{3}$，$y=-2$ である。

よって，グラフは **右の図**。

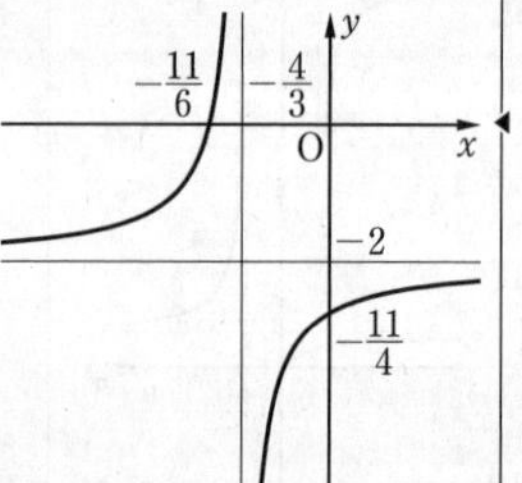

◀分子の $-6x-11$ を分母の $3x+4$ で割ると 商 -2，余り -3

◀$x=0$ のとき $y=-\dfrac{11}{4}$
$y=0$ となるのは $\dfrac{-6x-11}{3x+4}=0$ より
分子 $-6x-11=0$
よって $x=-\dfrac{11}{6}$

練習 2 関数 $y=\dfrac{ax+2}{x+b}$ のグラフが点 $(\sqrt{2},\ \sqrt{2})$ を通り，直線 $y=2$ がこのグラフの漸近線となるように定数 a，b の値を定めよ。また，この関数の定義域が $x \geqq -4$ であるとき，値域を求めよ。

$y=\dfrac{ax+2}{x+b}$ を変形すると $y=\dfrac{2-ab}{x+b}+a$ …①

よって，グラフの漸近線は 2 直線 $x=-b$，$y=a$

直線 $y=2$ がグラフの漸近線であるから $\boldsymbol{a=2}$ …②

グラフが点 $(\sqrt{2},\ \sqrt{2})$ を通るから

$\sqrt{2}=\dfrac{\sqrt{2}a+2}{\sqrt{2}+b}$ …③

②，③ より $\boldsymbol{b=2}$

このとき，① は

$y=\dfrac{-2}{x+2}+2$

よって，グラフは右の図。

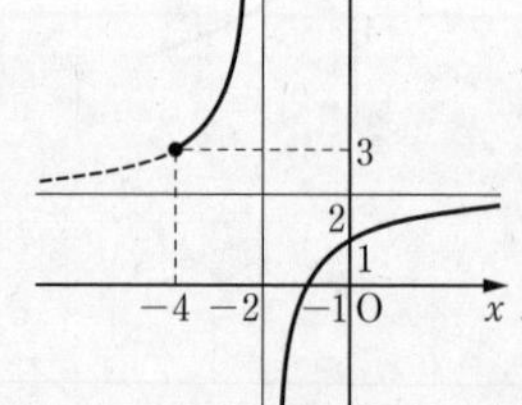

◀ $x+b \,\overline{)\, ax+2}$ 商 a，$ax+ab$ を引いて $2-ab$
商 a，余り $2-ab$

◀$\sqrt{2}(\sqrt{2}+b)=2\sqrt{2}+2$
$2+\sqrt{2}b=2\sqrt{2}+2$
$\sqrt{2}b=2\sqrt{2}$
よって $b=2$

◀$x=0$ のとき $y=1$
$y=0$ のとき $x=-1$

$x=-4$ のとき　　$y=3$

定義域が $x \geqq -4$ であるとき，値域はグラフより

　　$\boldsymbol{y<2,\ 3 \leqq y}$

◀直線 $y=2$ が漸近線であるから，値域に $y=2$ は含まない。

練習 3　次の方程式，不等式を解け。

(1) $\dfrac{x+3}{x-1}=x-3$　　　(2) $\dfrac{x+3}{x-1} \leqq x-3$

(1) $\dfrac{x+3}{x-1}=x-3$ より

$$x+3=(x-3)(x-1)$$

◀両辺に $x-1$ を掛けて分母をはらう。

これを整理して　　$x(x-5)=0$

よって　　$\boldsymbol{x=0,\ 5}$

◀$x \neq 1$ を満たす。

(2) $y=\dfrac{x+3}{x-1}$ のグラフについて

$$y=\frac{x+3}{x-1}=\frac{4}{x-1}+1 \quad \cdots ①$$

◀$x+3$ を $x-1$ で割ると商 1，余り 4 である。

と変形できるから，① のグラフと $y=x-3$ のグラフの関係は右の図のようになる。

◀① のグラフの漸近線は 2 直線　$x=1$，$y=1$

◀$x=0$ のとき　$y=-3$
$y=0$ のとき　$x=-3$

これらの共有点の x 座標は，(1) より

　　$x=0,\ 5$

求める不等式の解は，$y=\dfrac{x+3}{x-1}$ のグラフが直線 $y=x-3$ より下方にある（共有点を含む）ような x の値の範囲であるから

　　$\boldsymbol{0 \leqq x<1,\ 5 \leqq x}$

◀$x=1$ を含まないことに注意する。

〔別解 1〕

両辺に $(x-1)^2$ を掛けると

$$(x+3)(x-1) \leqq (x-3)(x-1)^2$$
$$(x-1)\{(x-3)(x-1)-(x+3)\} \geqq 0$$
$$x(x-1)(x-5) \geqq 0$$

◀$x \neq 1$ より $(x-1)^2>0$ であるから，不等号の向きは変わらない。

条件より $x \neq 1$ であるから，求める解は

　　$0 \leqq x<1,\ 5 \leqq x$

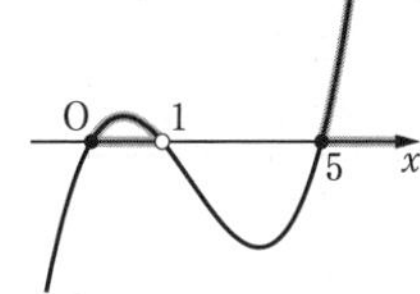

〔別解 2〕
(ア)　$x-1>0$ のとき
(イ)　$x-1<0$ のとき
と場合分けして考えてもよい。

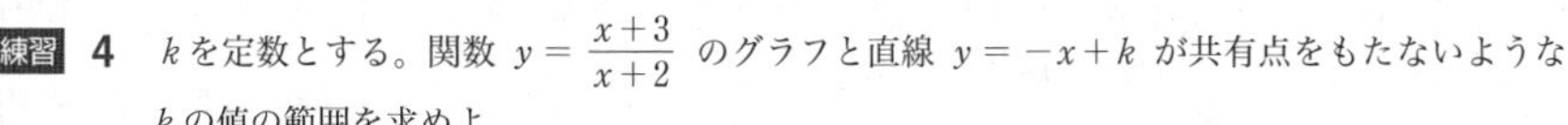

練習 4　k を定数とする。関数 $y=\dfrac{x+3}{x+2}$ のグラフと直線 $y=-x+k$ が共有点をもたないような k の値の範囲を求めよ。

$y=\dfrac{x+3}{x+2}$ と $y=-x+k$ を連立すると

$\dfrac{x+3}{x+2}=-x+k$ より　　$x^2+(3-k)x+3-2k=0$　　…①

2つのグラフの共有点の x 座標は，方程式①の $x \neq -2$ である実数解である。$x=-2$ は①を満たさないから，共有点をもたないとき，①は実数解をもたない。

よって，①の判別式を D とすると　　$D<0$

$$D=(3-k)^2-4(3-2k)=(k+3)(k-1)<0$$

したがって　　$\boldsymbol{-3<k<1}$

◀ $y=\dfrac{x+3}{x+2}=\dfrac{1}{x+2}+1$

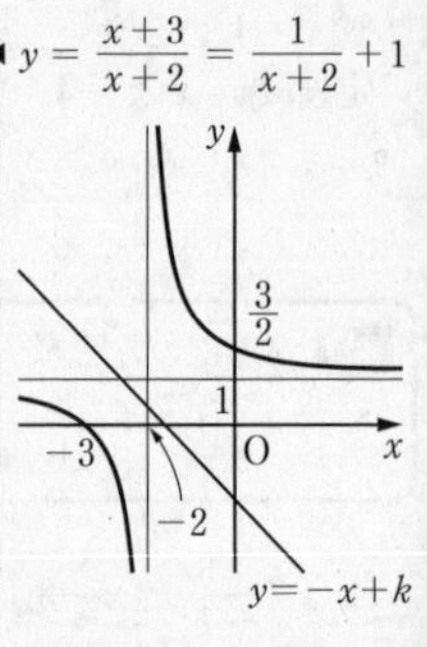

練習 5　次の関数のグラフをかけ。

(1)　$y=\sqrt{\dfrac{1}{2}x+1}$　　(2)　$y=\sqrt{3-2x}$　　(3)　$y=-\sqrt{4-2x}$

(1)　$y=\sqrt{\dfrac{1}{2}x+1}=\sqrt{\dfrac{1}{2}(x+2)}$

このグラフは，$y=\sqrt{\dfrac{1}{2}x}$ のグラフを x 軸方向に -2 だけ平行移動したものである。

よって，グラフは **右の図**。

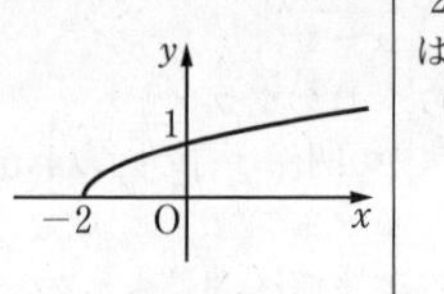

◀ $\dfrac{1}{2}x+1 \geqq 0$ より定義域は　$x \geqq -2$

(2)　$y=\sqrt{3-2x}=\sqrt{-2\left(x-\dfrac{3}{2}\right)}$

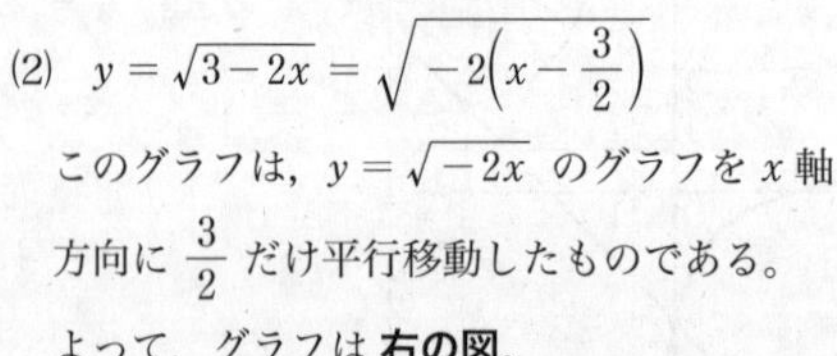

このグラフは，$y=\sqrt{-2x}$ のグラフを x 軸方向に $\dfrac{3}{2}$ だけ平行移動したものである。

よって，グラフは **右の図**。

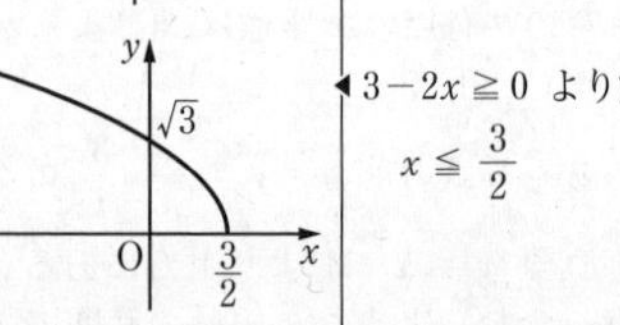

◀ $3-2x \geqq 0$ より定義域は　$x \leqq \dfrac{3}{2}$

(3)　$y=-\sqrt{4-2x}=-\sqrt{-2(x-2)}$

このグラフは，$y=-\sqrt{-2x}$ のグラフを x 軸方向に2だけ平行移動したものである。

よって，グラフは **右の図**。

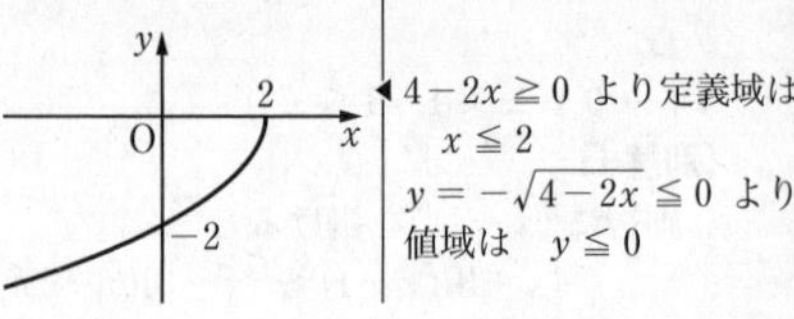

◀ $4-2x \geqq 0$ より定義域は　$x \leqq 2$
$y=-\sqrt{4-2x} \leqq 0$ より値域は　$y \leqq 0$

練習 6　次の方程式，不等式を解け。

(1)　$-\sqrt{3-x}=-x+1$　　(2)　$-\sqrt{3-x}>-x+1$

(1)　$-\sqrt{3-x}=-x+1$ …① とおく。

①の両辺を2乗すると　　$3-x=(-x+1)^2$

$(x+1)(x-2)=0$ となり　$x=-1,\ 2$

ここで，$x=-1$ は①を満たさないが，$x=2$ は①を満たす。

したがって，求める方程式の解は　　$\boldsymbol{x=2}$

◀ $-\sqrt{3-x} \leqq 0$ より $-x+1 \leqq 0$ であるから $x \geqq 1$
よって，方程式①の解は $x=2$ としてもよい。

(2)　$y=-\sqrt{3-x}$ のグラフについて，

$y=-\sqrt{3-x}=-\sqrt{-(x-3)}$ と変形できるから，このグラフは，

$y=-\sqrt{-x}$ のグラフを x 軸方向に 3 だけ平行移動したものである。

$y=-\sqrt{3-x}$ …② のグラフと

$y=-x+1$ …③ のグラフは右の図のようになる。

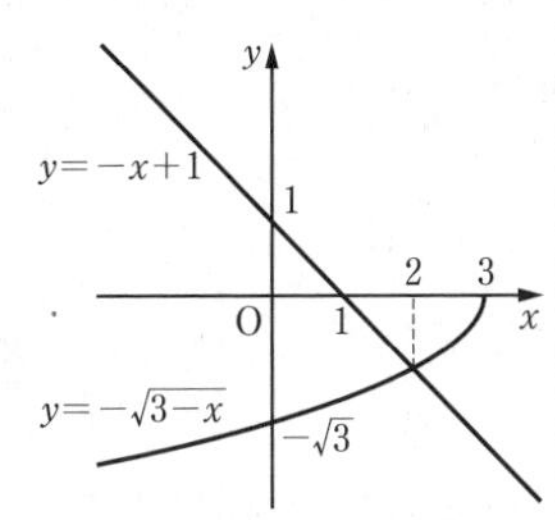

② と ③ の共有点の x 座標は，

(1) より　　$x=2$

求める不等式の解は，② のグラフが ③ のグラフより上方にあるような x の値の範囲であるから　　$\boldsymbol{2<x\leqq 3}$

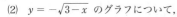

練習 7　曲線 $y=\sqrt{4-2x}$ …① と直線 $y=-x+a$ …② の共有点が 2 個であるとき，定数 a の値の範囲を求めよ。

$y=\sqrt{4-2x}=\sqrt{-2(x-2)}$ より，

曲線 ① は右の図のようになり，

直線 ② は傾きが -1 で y 切片が a の直線を表す。

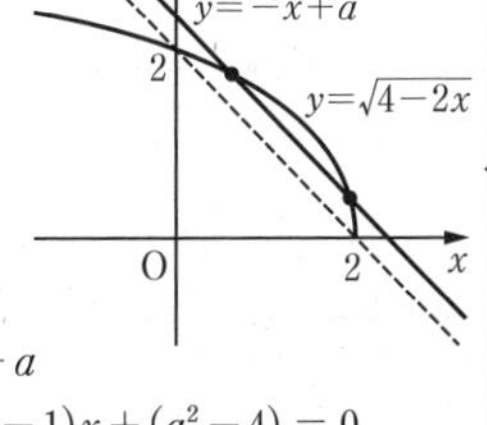

(ア)　直線 ② が点 (2, 0) を通るとき

$a=2$

◀ $y=-x+a$ に $x=2$, $y=0$ を代入して
$0=-2+a$
これより　$a=2$

(イ)　直線 ② が曲線 ① と接するとき

①，② を連立すると　　$\sqrt{4-2x}=-x+a$

両辺を 2 乗して，整理すると　　$x^2-2(a-1)x+(a^2-4)=0$

この 2 次方程式の判別式を D とすると　　$D=0$

$$\frac{D}{4}=(a-1)^2-(a^2-4)=-2a+5$$

$-2a+5=0$ より　　$a=\dfrac{5}{2}$

(ア)，(イ) と ①，② のグラフより，共有点の個数が 2 個であるとき

$$\boldsymbol{2\leqq a<\frac{5}{2}}$$

練習 8　次の関数の逆関数を求め，その定義域を求めよ。

(1)　$y=-\dfrac{1}{2}x^2+2$　$(x\geqq 0)$　　(2)　$y=\dfrac{3x-5}{2x+1}$　　(3)　$y=3^x-1$

(1)　もとの関数の定義域が $x\geqq 0$ であるから，その値域は　$y\leqq 2$

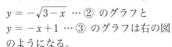

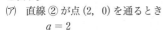

$y=-\dfrac{1}{2}x^2+2$ より　　$x^2=-2y+4$

$x\geqq 0$ より　　$x=\sqrt{-2y+4}$

ここで，x と y を入れかえると，求める逆関数は

$$\boldsymbol{y=\sqrt{-2x+4}}$$

その定義域は　　$\boldsymbol{x\leqq 2}$

(2) $y=\dfrac{3x-5}{2x+1}=\dfrac{-\frac{13}{2}}{2x+1}+\dfrac{3}{2}$ より，この関数の値域は　$y \neq \dfrac{3}{2}$

$y=\dfrac{3x-5}{2x+1}$ より　$(2x+1)y=3x-5$

$2xy-3x=-y-5$ となり $(2y-3)x=-y-5$

$y \neq \dfrac{3}{2}$ より，x について解くと　$x=\dfrac{-y-5}{2y-3}$

ここで，x と y を入れかえると，求める逆関数は

$$\boldsymbol{y=\frac{-x-5}{2x-3}}$$

その定義域は　$\boldsymbol{x \neq \frac{3}{2}}$

(3) $3^x>0$ であるから，もとの関数の値域は　$y>-1$

$y=3^x-1$ より　$3^x=y+1$

x について解くと　$x=\log_3(y+1)$

ここで，x と y を入れかえると，求める逆関数は

$$\boldsymbol{y=\log_3(x+1)}$$

その定義域は　$\boldsymbol{x>-1}$

◀ $$\begin{array}{r} \frac{3}{2} \\ 2x+1 \overline{)\,3x-5} \\ 3x+\frac{3}{2} \\ \hline -\frac{13}{2} \end{array}$$

練習 9　$f(x)=-x+1$，$g(x)=\dfrac{1}{x+1}$，$h(x)=(x-1)^2$ について，次の合成関数を求めよ。

(1) $(g\circ f)(x)$　(2) $(f\circ g)(x)$

(3) $(h\circ(g\circ f))(x)$　(4) $((h\circ g)\circ f)(x)$

(1) $(g\circ f)(x)=g(f(x))=g(-x+1)=\dfrac{1}{(-x+1)+1}=\boldsymbol{\dfrac{1}{-x+2}}$

◀ $g(x)$ の x を $-x+1$ に置き換える。

(2) $(f\circ g)(x)=f(g(x))=f\left(\dfrac{1}{x+1}\right)=\boldsymbol{-\dfrac{1}{x+1}+1}$

(3) $(h\circ(g\circ f))(x)=h((g\circ f)(x))=h\left(\dfrac{1}{-x+2}\right)$

$$=\left(\frac{1}{-x+2}-1\right)^2=\boldsymbol{\left(\frac{x-1}{x-2}\right)^2}$$

◀(1)の計算より $(g\circ f)(x)=\dfrac{1}{-x+2}$

(4) $(h\circ g)(x)=h(g(x))=h\left(\dfrac{1}{x+1}\right)=\left(\dfrac{1}{x+1}-1\right)^2=\left(\dfrac{x}{x+1}\right)^2$

◀まず，$(h\circ g)(x)$ を求める。

よって　$((h\circ g)\circ f)(x)=(h\circ g)(f(x))=(h\circ g)(-x+1)$

$$=\left\{\frac{-x+1}{(-x+1)+1}\right\}^2=\boldsymbol{\left(\frac{x-1}{x-2}\right)^2}$$

練習 10　関数 $f(x)=\dfrac{bx+3}{2x+a}$ の逆関数 $f^{-1}(x)$ が $f(x)$ と一致するとき，定数 a と b の間に成り立つ関係式を求めよ。ただし，$ab \neq 6$ とする。

$y=\dfrac{bx+3}{2x+a}$ とおくと　$(2x+a)y=bx+3$

これより　$(2y-b)x=-ay+3$

ここで $2y-b=0$ とすると，$-ay+3=0$ となり，これより $ab=6$

となるから不適。

よって，$2y-b \neq 0$ であるから　$x=\dfrac{-ay+3}{2y-b}$

x と y を入れかえると　$y=\dfrac{-ax+3}{2x-b}$

よって　$f^{-1}(x)=\dfrac{-ax+3}{2x-b}$

ここで，$f^{-1}(x)=f(x)$ であるから　$\dfrac{-ax+3}{2x-b}=\dfrac{bx+3}{2x+a}$

これが x についての恒等式となるから

$(-ax+3)(2x+a)=(bx+3)(2x-b)$

$2(a+b)x^2+(a^2-b^2)x-3(a+b)=0$

◀ x について整理する。

係数を比較すると　$\begin{cases} 2(a+b)=0 \\ a^2-b^2=0 \\ -3(a+b)=0 \end{cases}$

◀ $a^2-b^2=0$ より $a+b=0$ または $a-b=0$

これを満たす a，b の条件は　$\boldsymbol{a+b=0}$

◀ $a+b=0$ のとき $ab \neq 6$

練習 11　次の方程式を解け。

(1)　$\dfrac{x}{1+x}-\dfrac{2}{x-1}=\dfrac{4}{1-x^2}$　　(2)　$\sqrt{2-x}-\sqrt{2+x}=1$

(1)　$\dfrac{x}{1+x}-\dfrac{2}{x-1}=\dfrac{4}{1-x^2}$ の両辺に $(x+1)(x-1)$ を掛けて，分母をはらうと　$x(x-1)-2(x+1)=-4$

◀ $1-x^2=-(x-1)(x+1)$

これを整理して　$(x-1)(x-2)=0$

よって　$x=1,\ 2$

ここで，$x=1$ は与式の分母を 0 とするから適さない。

したがって　$\boldsymbol{x=2}$

(2)　$\sqrt{2-x}-\sqrt{2+x}=1$ …① とおくと　$\sqrt{2-x}=1+\sqrt{2+x}$

◀ $-\sqrt{2+x}$ を移項してから 2 乗すると，計算が楽になる。

両辺を 2 乗して　$2-x=1+2\sqrt{2+x}+2+x$

よって　$-1-2x=2\sqrt{2+x}$

さらに，両辺を 2 乗して　$(-1-2x)^2=4(2+x)$

これを整理して　$4x^2-7=0$

よって　$x=\pm\dfrac{\sqrt{7}}{2}$

$x=\dfrac{\sqrt{7}}{2}$ は ① を満たさず，$x=-\dfrac{\sqrt{7}}{2}$ は ① を満たす。

したがって　$\boldsymbol{x=-\dfrac{\sqrt{7}}{2}}$

◀ $2-x \geqq 0$，$2+x \geqq 0$，$-1-2x \geqq 0$ より，$-2 \leqq x \leqq -\dfrac{1}{2}$ であるから $x=-\dfrac{\sqrt{7}}{2}$ としてもよい。

p.31　問題編 1　関数

問題 1　関数 $y=\dfrac{4x+3}{2-3x}$ のグラフをかけ。

$$y=\frac{4x+3}{2-3x}=-\frac{\frac{4}{3}(3x-2)+\frac{17}{3}}{3x-2}=-\frac{17}{9\left(x-\frac{2}{3}\right)}-\frac{4}{3}$$

と変形される。

この関数のグラフは，$y=-\dfrac{17}{9x}$ のグラフを x 軸方向に $\dfrac{2}{3}$，y 軸方向に $-\dfrac{4}{3}$ だけ平行移動した直角双曲線である。

その漸近線は 2 直線 $x=\dfrac{2}{3}$，$y=-\dfrac{4}{3}$ である。

よって，グラフは **右の図**。

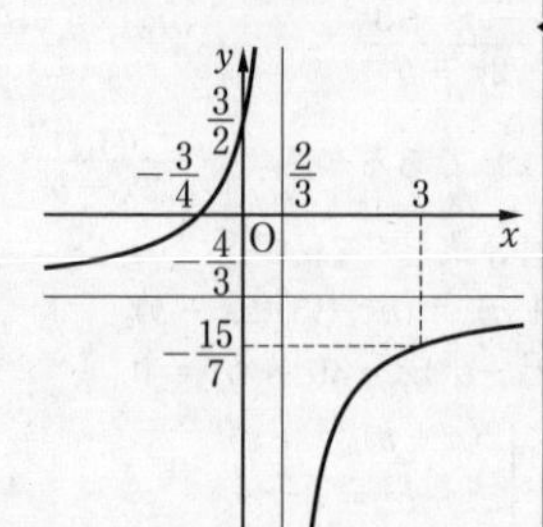

◀分子の $4x+3$ を分母の $3x-2$ で割ると 商 $\dfrac{4}{3}$，余り $\dfrac{17}{3}$

◀$x=0$ のとき　$y=\dfrac{3}{2}$
$y=0$ となるのは $\dfrac{4x+3}{2-3x}=0$ より
分子 $4x+3=0$
よって　$x=-\dfrac{3}{4}$

問題 2　漸近線の 1 つが直線 $y=2$ であり，2 点 $(0,\ -1)$，$\left(1,\ \dfrac{1}{2}\right)$ を通る直角双曲線をグラフにもつ関数 $y=f(x)$ を求めよ。また，$f(x)$ の定義域が(ア)　$x\leqq-2$，(イ)　$-2<x<0$，(ウ)　$x\geqq0$ のとき，値域をそれぞれ求めよ。

直角双曲線の漸近線の 1 つが，直線 $y=2$ であるから，

$f(x)=\dfrac{b}{x-a}+2$ とおける。

点 $(0,\ -1)$ を通るから　　$-1=-\dfrac{b}{a}+2$

◀$3a-b=0$

点 $\left(1,\ \dfrac{1}{2}\right)$ を通るから　　$\dfrac{1}{2}=\dfrac{b}{1-a}+2$

◀$3a-2b-3=0$

これらを連立して解くと　　$a=-1$　$b=-3$

したがって，求める関数は

$$\boldsymbol{f(x)=-\frac{3}{x+1}+2}$$

また，$y=f(x)$ のグラフは右の図のようになり，$x=-2$ のとき　$y=5$
$x=0$ のとき　　$y=-1$

よって，値域は次のようになる。

(ア)　$\boldsymbol{2<y\leqq5}$

(イ)　$\boldsymbol{y<-1,\ 5<y}$

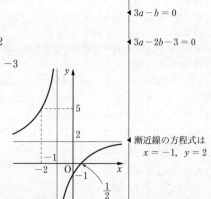

(ウ)　$\boldsymbol{-1\leqq y<2}$

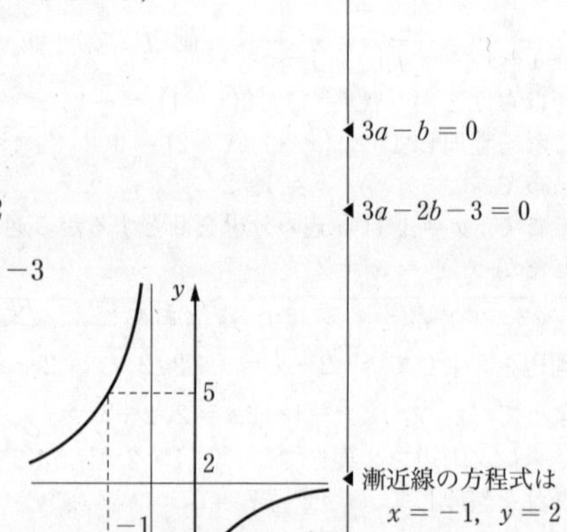

◀漸近線の方程式は $x=-1$，$y=2$

問題 3　次の方程式，不等式を解け。

(1)　$\dfrac{2x-4}{x-1}=2-x$　　　　(2)　$\dfrac{2x-4}{x-1}\geqq2-x$

---

(1)　$\dfrac{2x-4}{x-1}=2-x$ の分母をはらうと　$2x-4=(2-x)(x-1)$

これを整理して　　$(x+1)(x-2)=0$

よって　　$\boldsymbol{x=-1,\ 2}$

◀$x\neq1$ を満たす。

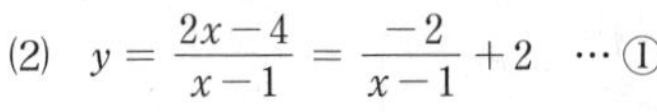

(2) $y=\dfrac{2x-4}{x-1}=\dfrac{-2}{x-1}+2$ …①

① のグラフは，2 直線

$x=1,\ y=2$

を漸近線とする直角双曲線である。
よって，① のグラフと直線 $y=2-x$ … ② のグラフは右の図のようになる。
① と ② の共有点の x 座標は，(1) より

$x=-1,\ 2$

求める不等式の解は，① のグラフが ② のグラフより上方にある（共有点を含む）ような x の値の範囲であるから

$\boldsymbol{-1 \leqq x < 1,\ 2 \leqq x}$

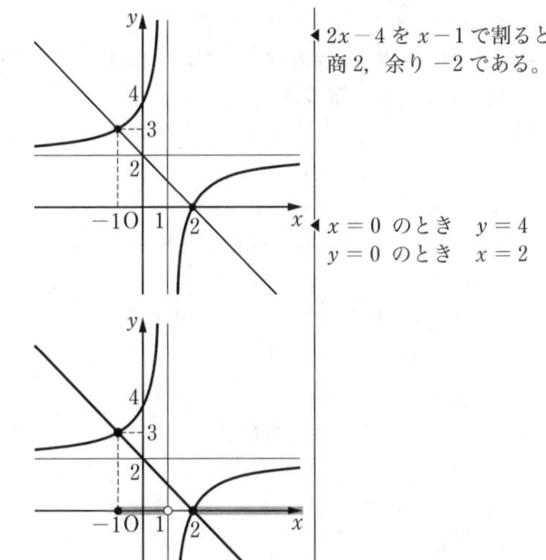

◀ $2x-4$ を $x-1$ で割ると商 2，余り -2 である。

◀ $x=0$ のとき　$y=4$
$y=0$ のとき　$x=2$

問題 **4**　関数 $y=\dfrac{-2x-6}{x-3}$ のグラフと直線 $y=kx$ が共有点をもたないような定数 k の値の範囲を求めよ。　（麻布大）

$y=\dfrac{-2x-6}{x-3}$ と $y=kx$ を連立すると

$\dfrac{-2x-6}{x-3}=kx$

分母をはらって整理すると

$kx^2+(2-3k)x+6=0$　　…①

2 つのグラフの共有点の x 座標は方程式 ① の $x \neq 3$ である実数解である。$x=3$ は ① を満たさないから，共有点をもたないとき，方程式 ① は実数解をもたない。

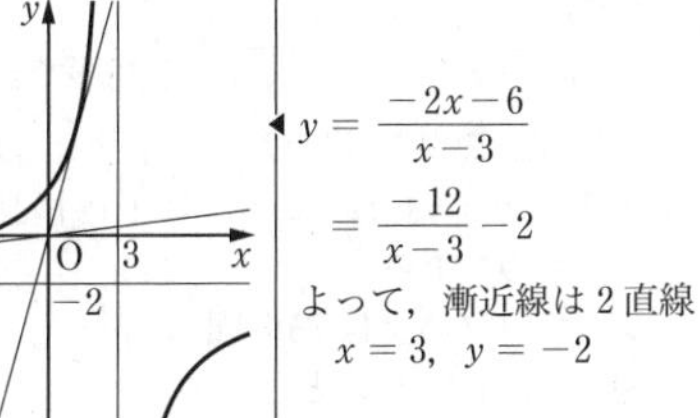

$k=0$ のとき ① は実数解 $x=-3$ をもつから適さない。
$k \neq 0$ のとき ① は 2 次方程式であるから，判別式を D とすると，$D<0$ となればよい。

$D=(2-3k)^2-24k=9k^2-36k+4<0$

これを解いて，求める k の値の範囲は

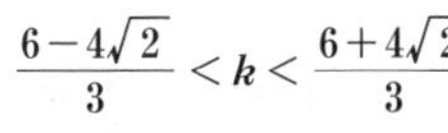

$\boldsymbol{\dfrac{6-4\sqrt{2}}{3}<k<\dfrac{6+4\sqrt{2}}{3}}$

◀ $y=\dfrac{-2x-6}{x-3}$
$=\dfrac{-12}{x-3}-2$
よって，漸近線は 2 直線
$x=3,\ y=-2$

◀ $9k^2-36k+4=0$ の解は
$k=\dfrac{6\pm4\sqrt{2}}{3}$

問題 **5**　次の関数のグラフをかけ。

(1) $y=\sqrt{2x+4}+1$　　　(2) $y=\sqrt{|x-1|}$

---

(1) $y=\sqrt{2x+4}+1$ を変形すると

$y=\sqrt{2(x+2)}+1$

◀ $2x+4 \geqq 0$ より定義域は
$x \geqq -2$
$y-1=\sqrt{2x+4} \geqq 0$ より
値域は　$y \geqq 1$

このグラフは，$y=\sqrt{2x}$ のグラフを x 軸方向に -2，y 軸方向に1だけ平行移動したもので，**右の図**。

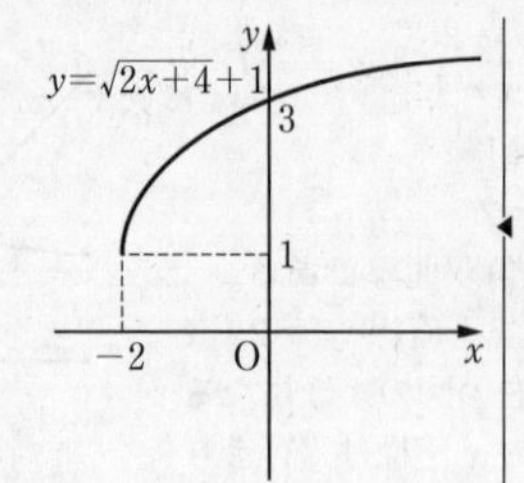

(2) (ア) $x-1 \geqq 0$ すなわち $x \geqq 1$ のとき
$$y=\sqrt{x-1}$$
このグラフは，$y=\sqrt{x}$ のグラフを x 軸方向に1だけ平行移動したものである。

(イ) $x-1<0$ すなわち $x<1$ のとき
$$y=\sqrt{-(x-1)}$$
このグラフは，$y=\sqrt{-x}$ のグラフを x 軸方向に1だけ平行移動したものである。

(ア)，(イ)より，$y=\sqrt{|x-1|}$ のグラフは**右の図**。

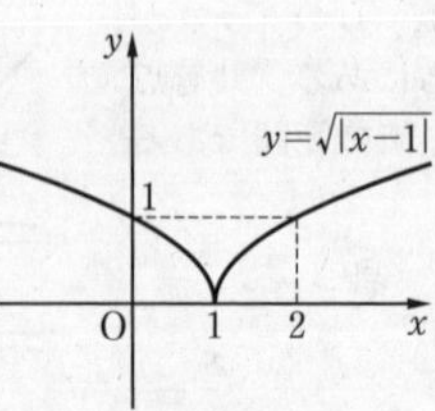

◀ $y=\sqrt{|x|}$ のグラフを x 軸方向に1だけ平行移動すると考えてもよい。

◀ グラフは，直線 $x=1$ に関して対称となる。

問題 **6** 関数 $y=|x|-1$ および $y=\sqrt{7-x}$ のグラフをかけ。また，このグラフを利用して，不等式 $\sqrt{7-x}>|x|-1$ を解け。

$$y=|x|-1=\begin{cases} x-1 & (x \geqq 0) \\ -x-1 & (x<0) \end{cases}$$

また，

$y=\sqrt{7-x}=\sqrt{-(x-7)}$ と変形できるから，このグラフは $y=\sqrt{-x}$ のグラフを x 軸方向に7だけ平行移動したものである。

よって，グラフは **右の図**。

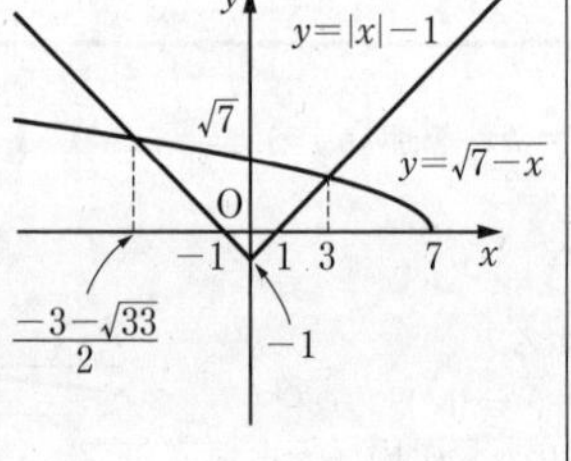

(ア) $0 \leqq x \leqq 7$ のとき

$y=|x|-1=x-1$ より，2つのグラフの共有点の x 座標は
$$x-1=\sqrt{7-x}$$
両辺を2乗すると
$$(x-1)^2=7-x$$
$$(x+2)(x-3)=0$$
$0 \leqq x \leqq 7$ より　$x=3$

(イ) $x<0$ のとき

$y=|x|-1=-x-1$ より，2つのグラフの共有点の x 座標は
$$-x-1=\sqrt{7-x}$$
両辺を2乗すると
$$(-x-1)^2=7-x$$
$$x^2+3x-6=0$$
$x<0$ より　$x=\dfrac{-3-\sqrt{33}}{2}$

(ア)，(イ)より，2つのグラフの共有点の x 座標は　$x=3,\ \dfrac{-3-\sqrt{33}}{2}$

◀ $|x|=\begin{cases} x & (x \geqq 0) \\ -x & (x<0) \end{cases}$ であるから，場合分けして考える。また，$y=\sqrt{7-x}$ の定義域が $x \leqq 7$ であることに注意する。

◀ $x=3$ は，もとの方程式 $x-1=\sqrt{7-x}$ を満たす。

◀ $x=\dfrac{-3-\sqrt{33}}{2}$ は，もとの方程式 $-x-1=\sqrt{7-x}$ を満たす。

したがって，グラフより求める不等式の解は

$$\frac{-3-\sqrt{33}}{2}<x<3$$

問題 7 曲線 $y=-\sqrt{3x+3}$ …① と直線 $y=ax-2$ …② の共有点の個数を調べよ。

$y=-\sqrt{3x+3}=-\sqrt{3(x+1)}$

より，曲線①は右の図のようになる。

直線②は定点 $(0,\ -2)$ を通り，傾き a の直線を表す。

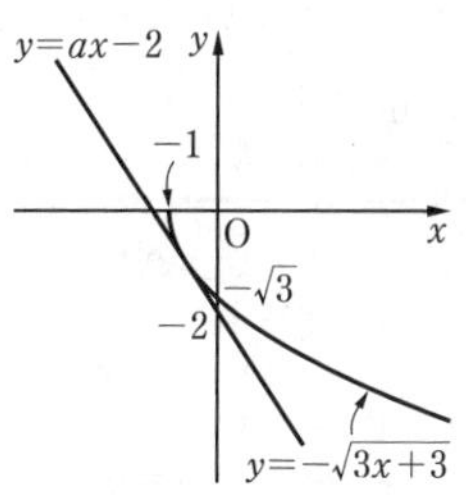

$a\geqq 0$ のとき，グラフより共有点は1個

$a<0$ のとき，①，②を連立すると

$$-\sqrt{3x+3}=ax-2$$

両辺を2乗して，整理すると

$$a^2x^2-(4a+3)x+1=0 \quad \cdots ③$$

◀ $a<0$ より $a^2\neq 0$ であるから，③は2次方程式であることに注意する。

2次方程式③の判別式を D とすると

$$D=(4a+3)^2-4a^2=12a^2+24a+9=3(2a+3)(2a+1)$$

$D=0$ のとき　$a=-\dfrac{3}{2},\ -\dfrac{1}{2}$

◀ 曲線①と直線②が1点で接するときの a の値を求める。

また，直線②が点 $(-1,\ 0)$ を通るとき，$0=a\cdot(-1)-2$ より

$$a=-2$$

したがって，グラフより

$-2\leqq a<-\dfrac{3}{2},\ -\dfrac{1}{2}<a<0$ **のとき　共有点2個**

$a<-2,\ a=-\dfrac{3}{2},\ a=-\dfrac{1}{2},\ 0\leqq a$ **のとき　共有点1個**

$-\dfrac{3}{2}<a<-\dfrac{1}{2}$ **のとき　共有点なし**

問題 8 次の関数の逆関数を求め，その定義域を求めよ。

(1) $y=x^2-2x\quad (x\geqq 1)$　　(2) $y=\sqrt{2x-4}$

(1) $y=x^2-2x$ を変形して　$y=(x-1)^2-1$　…①

もとの関数の定義域が $x\geqq 1$ であるから，その値域は　$y\geqq -1$

①より　$(x-1)^2=y+1$

$x\geqq 1$ より，$x-1\geqq 0$ であるから　$x-1=\sqrt{y+1}$

よって　$x=\sqrt{y+1}+1$

ここで，x と y を入れかえると，求める逆関数は　$\boldsymbol{y=\sqrt{x+1}+1}$

その定義域は　$\boldsymbol{x\geqq -1}$

◀ x についての方程式 $x^2-2x-y=0$ を解の公式を用いて x について解くと $x=1\pm\sqrt{y+1}$ としてもよい。

(2) もとの関数の定義域は $x\geqq 2$ であり，値域は $y\geqq 0$ である。

◀
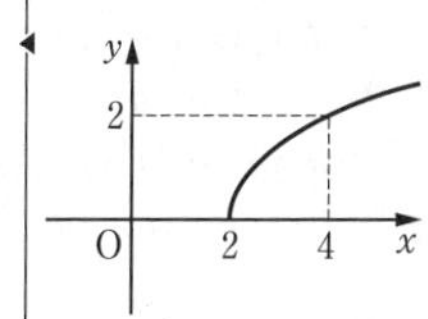

$y=\sqrt{2x-4}$ の両辺を2乗して　$y^2=2x-4$

x について解くと　$x=\dfrac{1}{2}y^2+2$

ここで，x と y を入れかえると，求める逆関数は　$\boldsymbol{y=\dfrac{1}{2}x^2+2}$

その定義域は　　$x \geqq 0$

問題 **9**　(1)　「$(h\circ(g\circ f))(x)=((h\circ g)\circ f)(x)$ は常に成り立つ」ことを証明せよ。
(2)　$f(x)=-2x+4\ (x<2)$, $g(x)=\sqrt{2x}\ (x>0)$, $h(x)=\log_2 x$ について，合成関数 $(h\circ g\circ f)(x)$ を求めよ。

(1)　$u=f(x),\ v=g(u),\ y=h(v)$ とおく。

$v=g(f(x))=(g\circ f)(x)$

$x \xrightarrow{u=f(x)} u \xrightarrow{v=g(u)} v \xrightarrow{y=h(v)} y$

$y=h(g(u))=(h\circ g)(u)$

$(g\circ f)(x)=g(f(x))=g(u)=v$ より

$$(h\circ(g\circ f))(x)=h((g\circ f)(x))=h(v)=y$$

$(h\circ g)(u)=h(g(u))=h(v)=y$ より

$$((h\circ g)\circ f)(x)=(h\circ g)(f(x))=(h\circ g)(u)=y$$

よって　　$(h\circ(g\circ f))(x)=((h\circ g)\circ f)(x)$

(2)　$(g\circ f)(x)=g(f(x))=g(-2x+4)=\sqrt{2(-2x+4)}=2\sqrt{-x+2}$

よって　$(h\circ g\circ f)(x)=(h\circ(g\circ f))(x)=h((g\circ f)(x))$

$$=h(2\sqrt{-x+2})=\log_2\sqrt{-x+2}+1$$

$$=\boldsymbol{\frac{1}{2}\log_2(-x+2)+1}$$

◀(1) より $((h\circ g)\circ f)(x)$ を求める必要はない。

問題 **10**　$f(x)=\dfrac{1}{2x+1}$, $g(x)=-2x+3$ について
(1)　$g^{-1}(x)$ を求めよ。
(2)　$g(h_1(x))=f(x)$ を満たす $h_1(x)$ を求めよ。
(3)　$h_2(g(x))=f(x)$ を満たす $h_2(x)$ を求めよ。

(1)　$y=-2x+3$ とおいて，x について解くと　　$x=\dfrac{3-y}{2}$

よって　　$\boldsymbol{g^{-1}(x)=\dfrac{3-x}{2}}$

(2)　$g(h_1(x))=f(x)$ すなわち $(g\circ h_1)(x)=f(x)$ であるから

$$(g^{-1}\circ(g\circ h_1))(x)=(g^{-1}\circ f)(x)$$

$(g^{-1}\circ(g\circ h_1))(x)=((g^{-1}\circ g)\circ h_1)(x)=h_1(x)$ であるから

$$h_1(x)=(g^{-1}\circ f)(x)=g^{-1}(f(x))$$

$$=g^{-1}\left(\frac{1}{2x+1}\right)=\frac{3-\dfrac{1}{2x+1}}{2}=\boldsymbol{\frac{3x+1}{2x+1}}$$

◀$(g^{-1}\circ g)(h_1(x))=h_1(x)$

◀分母・分子に $2x+1$ を掛けて整理する。

(3)　$h_2(g(x))=f(x)$ すなわち $(h_2\circ g)(x)=f(x)$ であるから

$$((h_2\circ g)\circ g^{-1})(x)=(f\circ g^{-1})(x)$$

$((h_2\circ g)\circ g^{-1})(x)=(h_2\circ(g\circ g^{-1}))(x)=h_2(x)$ であるから

$$h_2(x)=(f\circ g^{-1})(x)=f(g^{-1}(x))$$

◀$h_2((g\circ g^{-1})(x))=h_2(x)$

$$= f\left(\frac{3-x}{2}\right) = \frac{1}{2\cdot\frac{3-x}{2}+1} = \mathbf{\frac{1}{4-x}}$$

問題 **11** 次の方程式を解け。

(1) $\dfrac{1}{x^2-1}+\dfrac{1}{x^2-4x+3}=1$ (2) $\sqrt{x^2-3x+4}-\sqrt{x^2-5x+7}=1$

(1) $\dfrac{1}{x^2-1}+\dfrac{1}{x^2-4x+3}=1$ の両辺に $(x-1)(x+1)(x-3)$ を掛けて，分母をはらうと

$$(x-3)+(x+1)=(x-1)(x+1)(x-3)$$
$$2(x-1)=(x-1)(x+1)(x-3)$$
$$(x-1)(x^2-2x-5)=0$$

よって　$x=1,\ 1\pm\sqrt{6}$

ここで，$x=1$ は与式の左辺の分母を 0 とするから適さない。

したがって　$\boldsymbol{x=1\pm\sqrt{6}}$

(2) $\sqrt{x^2-3x+4}-\sqrt{x^2-5x+7}=1$ より

$$\sqrt{x^2-3x+4}=1+\sqrt{x^2-5x+7}$$

両辺を 2 乗して

$$x^2-3x+4=1+2\sqrt{x^2-5x+7}+x^2-5x+7$$

よって　$x-2=\sqrt{x^2-5x+7}$

さらに，両辺を 2 乗して　$(x-2)^2=x^2-5x+7$

これより　$x=3$

これは与えられた方程式を満たす。

したがって　$\boldsymbol{x=3}$

◀ $\dfrac{1}{(x-1)(x+1)}+\dfrac{1}{(x-1)(x-3)}=1$ より，両辺に $(x-1)(x+1)(x-3)$ を掛ける。

◀ $(x-1)\{(x+1)(x-3)-2\}=0$

◀ $-\sqrt{x^2-5x+7}$ を移項してから 2 乗すると，計算が楽になる。

p.33 定期テスト攻略 ▸ 1

1 関数 $y=\dfrac{3x-2}{x-1}$ のグラフは，$y=\dfrac{1}{x}$ のグラフを x 軸の正の向きに□，y 軸の正の向きに□だけ平行移動して得られる。

$y=\dfrac{3x-2}{x-1}=\dfrac{1}{x-1}+3$ と変形される。

よって，このグラフは $y=\dfrac{1}{x}$ のグラフを

　　x 軸の正の向きに **1**，y 軸の正の向きに **3**

だけ平行移動して得られる。

◀ $y=\dfrac{1}{x-p}+q$ のグラフは，$y=\dfrac{1}{x}$ のグラフを，x 軸方向に p，y 軸方向に q だけ平行移動して得られる。

2 関数 $y=\sqrt{2x+5}$ について

(1) このグラフの概形をかけ。

(2) このグラフと直線 $y=-x$ との共有点の座標を求めよ。

(3) $\sqrt{2x+5}\leqq -x$ となる x の値の範囲を求めよ。

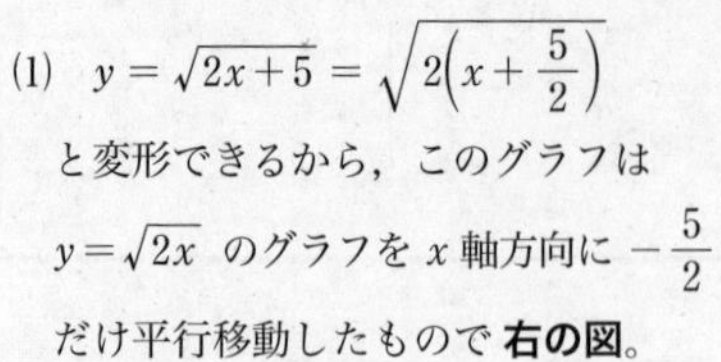

(1)　$y=\sqrt{2x+5}=\sqrt{2\left(x+\dfrac{5}{2}\right)}$

と変形できるから，このグラフは

$y=\sqrt{2x}$ のグラフを x 軸方向に $-\dfrac{5}{2}$

だけ平行移動したもので **右の図**。

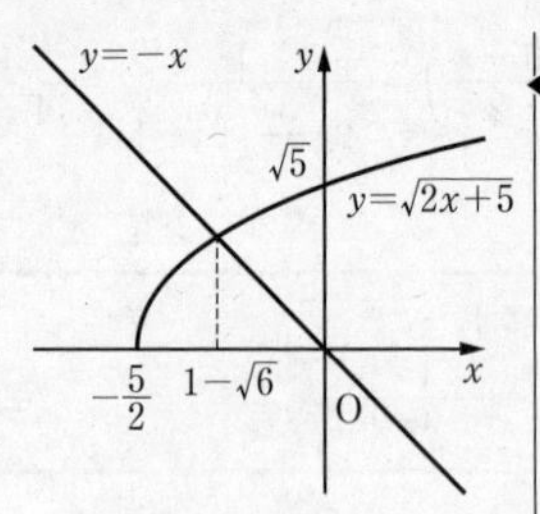

◀ $2x+5\geqq 0$ より定義域は $x\geqq -\dfrac{5}{2}$

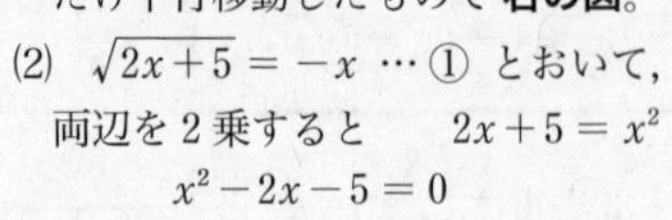

(2)　$\sqrt{2x+5}=-x$ …① とおいて，

両辺を 2 乗すると　　$2x+5=x^2$

$x^2-2x-5=0$

よって　　$x=1\pm\sqrt{6}$

このうち，① に適するものを求めると　　$x=1-\sqrt{6}$

◀ $\sqrt{2x+5}=-x$ において $2x+5\geqq 0$ かつ $-x\geqq 0$ であるから $-\dfrac{5}{2}\leqq x\leqq 0$

このとき　　$y=\sqrt{6}-1$

よって，共有点の座標は　　$\boldsymbol{(1-\sqrt{6},\ \sqrt{6}-1)}$

(3)　(1), (2) より，求める不等式の解は

$$-\frac{5}{2}\leqq x\leqq 1-\sqrt{6}$$

3　$f(x)=1+\dfrac{1}{x-1}$　$(x\neq 1)$ とする。

(1)　$f(f(x))$ を x の式で表せ。

(2)　方程式 $f(f(x))=f(x)$ を満たす x の値を求めよ。

(1)　$f(f(x))=1+\dfrac{1}{f(x)-1}$

◀ $f(x)=1+\dfrac{1}{x-1}$ の x に $f(x)$ を代入する。

$=1+\dfrac{1}{\left(1+\dfrac{1}{x-1}\right)-1}$

$=1+(x-1)=\boldsymbol{x}$

(2)　(1) より，方程式 $f(f(x))=f(x)$ は　　$x=1+\dfrac{1}{x-1}$

ゆえに　　$x-1=\dfrac{1}{x-1}$

$(x-1)^2=1$　　◀ 両辺に $x-1$ を掛ける。

$x-1=\pm 1$ となるから　　$\boldsymbol{x=0,\ 2}$　　◀ $x\neq 1$ を満たす。

4　$f(x)=x+1$，$g(x)=\dfrac{1}{x}$ のとき，次の関数を求めよ。

(1)　$f(f(x))$　　(2)　$f(g(x))$　　(3)　$g(f^{-1}(x))$

(1)　$f(f(x))=f(x+1)=(x+1)+1=\boldsymbol{x+2}$

(2)　$f(g(x))=f\left(\dfrac{1}{x}\right)=\boldsymbol{\dfrac{1}{x}+1}$

(3)　$y=f(x)$ とおくと，$y=x+1$ より　　$x=y-1$　　◀ $f^{-1}(x)$ を求める。

x と y を入れかえると　　$y=x-1$

よって　　$f^{-1}(x)=x-1$

したがって　　$g(f^{-1}(x)) = g(x-1) = \dfrac{\mathbf{1}}{\mathbf{x-1}}$

5　2つの直線 $y = -\dfrac{1}{2}$，$x = 2$ を漸近線とし，点 $(1,\ 1)$ を通る双曲線 $y = f(x)$ について

(1)　$f(x)$ を求めよ。
(2)　関数 $y = f(x)$ の逆関数を求めよ。
(3)　$f(x) \geqq 4$ または $f(x) \leqq -2$ を満たす x の値の範囲を求めよ。

(1)　2つの直線 $y = -\dfrac{1}{2}$ と $x = 2$ が漸近線であるから，求める双曲線の方程式は，$y = \dfrac{k}{x-2} - \dfrac{1}{2}$ とおける。

グラフが点 $(1,\ 1)$ を通るから，$1 = \dfrac{k}{1-2} - \dfrac{1}{2}$ より　　$k = -\dfrac{3}{2}$

したがって　　$f(x) = \dfrac{-\dfrac{3}{2}}{x-2} - \dfrac{1}{2} = -\dfrac{\mathbf{x+1}}{\mathbf{2x-4}}$

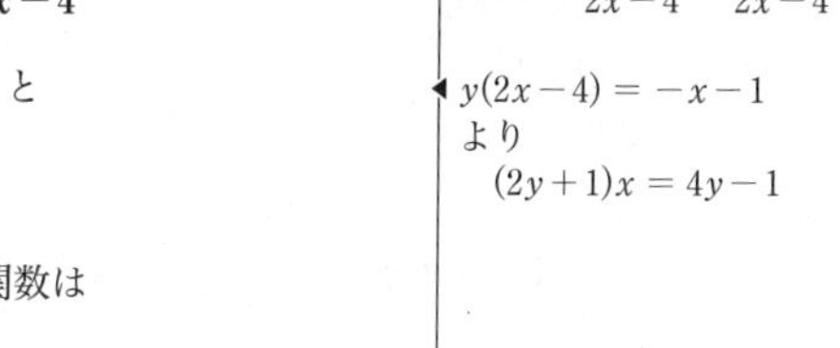

◀ $f(x) = \dfrac{-3}{2x-4} - \dfrac{x-2}{2x-4}$

(2)　$y = -\dfrac{x+1}{2x-4}$ とおいて，x について解くと

$x = \dfrac{4y-1}{2y+1}$

◀ $y(2x-4) = -x-1$
より
$(2y+1)x = 4y-1$

ここで，x と y を入れかえると，求める逆関数は

$\boldsymbol{f^{-1}(x) = \dfrac{4x-1}{2x+1}}$

(3)　$y = f(x) = \dfrac{-\dfrac{3}{2}}{x-2} - \dfrac{1}{2}$

より，このグラフは右の図のようになる。

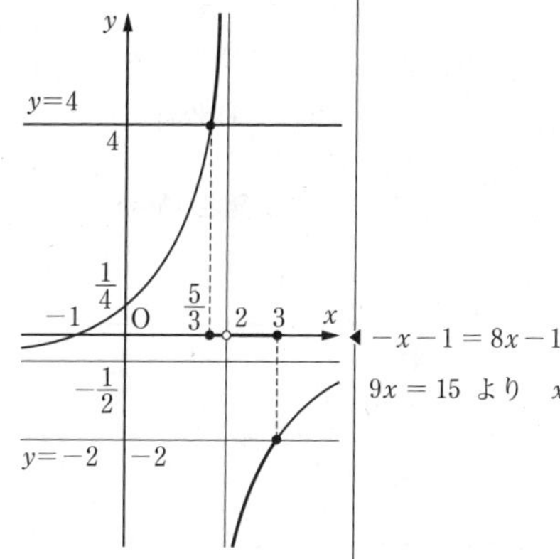

$-\dfrac{x+1}{2x-4} = 4$ とおくと

$-x-1 = 4(2x-4)$

よって　　$x = \dfrac{5}{3}$

◀ $-x-1 = 8x-16$
$9x = 15$ より　$x = \dfrac{5}{3}$

同様にして，$-\dfrac{x+1}{2x-4} = -2$ とおくと

$x = 3$

したがって，グラフより求める x の値の範囲は

$\boldsymbol{\dfrac{5}{3} \leqq x < 2,\ 2 < x \leqq 3}$

2 数列の極限

p.36 Quick Check 2

① (1) $\lim_{n\to\infty}\frac{3}{n^3}=\mathbf{0}$　(2) $\lim_{n\to\infty}\frac{2}{2n-1}=\mathbf{0}$

(3) $\lim_{n\to\infty}\left(1-\frac{1}{n^2}\right)=\mathbf{1}$

② (1) $\lim_{n\to\infty}\left(1+\frac{1}{n}\right)=1$ より，**1 に収束** する。

(2) $\lim_{n\to\infty}(1-n^2)=-\infty$ より，**負の無限大に発散** する。

(3) $\lim_{n\to\infty}\frac{(-1)^n}{n}=0$ より，**0 に収束** する。

(4) (ア) n が偶数の値をとりながら大きくなるとき

$n=2m$（m は自然数）とおくと，

$n\to\infty$ のとき，$m\to\infty$ であるから

$$\lim_{n\to\infty}(-1)^n n=\lim_{m\to\infty}(-1)^{2m}\cdot 2m=\lim_{m\to\infty}2m=\infty$$

(イ) n が奇数の値をとりながら大きくなるとき

$n=2m-1$（m は自然数）とおくと，

$n\to\infty$ のとき，$m\to\infty$ であるから

$$\lim_{n\to\infty}(-1)^n n=\lim_{m\to\infty}(-1)^{2m-1}(2m-1)=\lim_{m\to\infty}(-1)(2m-1)=-\infty$$

(ア), (イ) より，$\{(-1)^n n\}$ は **発散（振動）** する。

③ (1) $\lim_{n\to\infty}(-5a_n)=-5\lim_{n\to\infty}a_n=\mathbf{-5\alpha}$

(2) $\lim_{n\to\infty}(2a_n-3b_n)$

$=2\lim_{n\to\infty}a_n-3\lim_{n\to\infty}b_n$

$=2\alpha-3\cdot 2\alpha=\mathbf{-4\alpha}$

(3) $\lim_{n\to\infty}\frac{a_n}{b_n}=\frac{\alpha}{2\alpha}=\mathbf{\frac{1}{2}}$

④ (1) $a_n-b_n=\frac{1}{n}-\left(-\frac{1}{n}\right)=\frac{2}{n}>0$

$(n=1,\ 2,\ 3,\ \cdots)$

よって　$a_n>b_n$ $(n=1,\ 2,\ 3,\ \cdots)$

(2) $\lim_{n\to\infty}a_n=\lim_{n\to\infty}\frac{1}{n}=0,$

$\lim_{n\to\infty}b_n=\lim_{n\to\infty}\left(-\frac{1}{n}\right)=0$

よって　$\lim_{n\to\infty}a_n=\lim_{n\to\infty}b_n$

⑤ (1) $|0.3|<1$ であるから　$\lim_{n\to\infty}0.3^n=0$

よって，**0 に収束** する。

(2) $\sqrt{3}>1$ であるから　$\lim_{n\to\infty}(\sqrt{3})^n=\infty$

よって，**正の無限大に発散** する。

(3) $-3\leqq-1$ であるから，

発散（振動） する。

練習 12 次の極限を調べよ。

(1) $\lim_{n\to\infty}\frac{4n^3-2n^2+n-1}{3n^3+4n-1}$　(2) $\lim_{n\to\infty}\frac{n(2n-1)^2}{(n+1)^2}$

(3) $\lim_{n\to\infty}\frac{(1-n)(1+n^2)}{(1+2n)^4}$　(4) $\lim_{n\to\infty}\frac{4n}{\sqrt{n^2+3n}+n}$

(1) $$\lim_{n\to\infty}\frac{4n^3-2n^2+n-1}{3n^3+4n-1}=\lim_{n\to\infty}\frac{4-\frac{2}{n}+\frac{1}{n^2}-\frac{1}{n^3}}{3+\frac{4}{n^2}-\frac{1}{n^3}}=\mathbf{\frac{4}{3}}$$

(2) $$\lim_{n\to\infty}\frac{n(2n-1)^2}{(n+1)^2}=\lim_{n\to\infty}\frac{4n^3-4n^2+n}{n^2+2n+1}=\lim_{n\to\infty}\frac{4n-4+\frac{1}{n}}{1+\frac{2}{n}+\frac{1}{n^2}}=\mathbf{\infty}$$

◀不定形 $\frac{\infty}{\infty}$ であるから，分母・分子を分母の最高次の項 n^2 で割る。

〔別解〕

$$\lim_{n\to\infty}\frac{n(2n-1)^2}{(n+1)^2}=\lim_{n\to\infty}\frac{\frac{1}{n^2}\cdot n(2n-1)^2}{\frac{1}{n^2}(n+1)^2}=\lim_{n\to\infty}\frac{n\left(\frac{2n-1}{n}\right)^2}{\left(\frac{n+1}{n}\right)^2}$$

$$=\lim_{n\to\infty}\frac{n\left(2-\frac{1}{n}\right)^2}{\left(1+\frac{1}{n}\right)^2}=\infty$$

◀展開せずに，分母・分子を n^2 で割る。

(3) $$\lim_{n\to\infty}\frac{(1-n)(1+n^2)}{(1+2n)^4}=\lim_{n\to\infty}\frac{-n^3+n^2-n+1}{16n^4+32n^3+24n^2+8n+1}$$

$$=\lim_{n\to\infty}\frac{-\frac{1}{n}+\frac{1}{n^2}-\frac{1}{n^3}+\frac{1}{n^4}}{16+\frac{32}{n}+\frac{24}{n^2}+\frac{8}{n^3}+\frac{1}{n^4}}=\mathbf{0}$$

◀不定形 $\frac{\infty}{\infty}$ であるから，分母・分子を分母の最高次の項 n^4 で割る。

(4) $$\lim_{n\to\infty}\frac{4n}{\sqrt{n^2+3n}+n}=\lim_{n\to\infty}\frac{4}{\sqrt{1+\frac{3}{n}}+1}=\mathbf{2}$$

◀$n>0$ であることに注意して，分母・分子を $\sqrt{n^2}=n$ で割る。

練習 13 次の極限値を求めよ。

(1) $\displaystyle\lim_{n\to\infty}\frac{1^3+2^3+3^3+\cdots+n^3}{n^4}$　　(2) $\displaystyle\lim_{n\to\infty}\frac{3+6+9+\cdots+3n}{1+5+9+\cdots+(4n-3)}$

(3) $\displaystyle\lim_{n\to\infty}\left(1-\frac{1}{2^2}\right)\left(1-\frac{1}{3^2}\right)\cdots\left(1-\frac{1}{n^2}\right)$

(1) $$\lim_{n\to\infty}\frac{1^3+2^3+3^3+\cdots+n^3}{n^4}=\lim_{n\to\infty}\frac{\left\{\frac{1}{2}n(n+1)\right\}^2}{n^4}$$

$$=\lim_{n\to\infty}\frac{1}{4}\left(1+\frac{1}{n}\right)^2=\mathbf{\frac{1}{4}}$$

(2) $3+6+9+\cdots+3n=\frac{1}{2}n(3+3n)=\frac{3n^2+3n}{2}$

◀初項3，末項 $3n$，項数 n の等差数列の和。

$1+5+9+\cdots+(4n-3)=\frac{1}{2}n\{1+(4n-3)\}=2n^2-n$ より

◀初項1，末項 $4n-3$，項数 n の等差数列の和。

$$\lim_{n\to\infty}\frac{3+6+9+\cdots+3n}{1+5+9+\cdots+(4n-3)}=\lim_{n\to\infty}\frac{\frac{3n^2+3n}{2}}{2n^2-n}$$

$$=\lim_{n\to\infty}\frac{3+\frac{3}{n}}{2\left(2-\frac{1}{n}\right)}=\mathbf{\frac{3}{4}}$$

(3) $$\lim_{n\to\infty}\left(1-\frac{1}{2^2}\right)\left(1-\frac{1}{3^2}\right)\cdots\left(1-\frac{1}{n^2}\right)$$

$$=\lim_{n\to\infty}\left(1+\frac{1}{2}\right)\left(1-\frac{1}{2}\right)\left(1+\frac{1}{3}\right)\left(1-\frac{1}{3}\right)\cdots\left(1+\frac{1}{n}\right)\left(1-\frac{1}{n}\right)$$

$$=\lim_{n\to\infty}\left\{\left(1+\frac{1}{2}\right)\left(1+\frac{1}{3}\right)\cdots\left(1+\frac{1}{n}\right)\right\}\left\{\left(1-\frac{1}{2}\right)\left(1-\frac{1}{3}\right)\cdots\left(1-\frac{1}{n}\right)\right\}$$

$$=\lim_{n\to\infty}\left(\frac{3}{2}\cdot\frac{4}{3}\cdot\frac{5}{4}\cdot\cdots\cdot\frac{n+1}{n}\right)\left(\frac{1}{2}\cdot\frac{2}{3}\cdot\frac{3}{4}\cdot\cdots\cdot\frac{n-1}{n}\right)$$

◀$1-\frac{1}{n^2}=\left(1+\frac{1}{n}\right)\left(1-\frac{1}{n}\right)=\frac{n+1}{n}\cdot\frac{n-1}{n}$

$$=\lim_{n\to\infty}\frac{n+1}{2}\cdot\frac{1}{n}=\lim_{n\to\infty}\frac{1}{2}\left(1+\frac{1}{n}\right)=\frac{1}{2}\cdot 1=\frac{1}{2}$$

Plus One

$\lim\limits_{n\to\infty}a_n=\infty$, $\lim\limits_{n\to\infty}b_n=\infty$ のとき，$\lim\limits_{n\to\infty}\dfrac{a_n}{b_n}$ は $\dfrac{a_n}{b_n}$ の式によって異なる値をとる。

例　$a_n=n$, $b_n=2n$ のとき　$\lim\limits_{n\to\infty}\dfrac{a_n}{b_n}=\lim\limits_{n\to\infty}\dfrac{1}{2}=\dfrac{1}{2}$,

　$a_n=n^2$, $b_n=n$ のとき　$\lim\limits_{n\to\infty}\dfrac{a_n}{b_n}=\lim\limits_{n\to\infty}n=\infty$

同様に，$\lim\limits_{n\to\infty}a_n=\infty$, $\lim\limits_{n\to\infty}b_n=\infty$ のとき，$\lim\limits_{n\to\infty}(a_n-b_n)$ は a_n-b_n の式によって異なる値をとる。

例　$a_n=2n$, $b_n=n$ のとき　$\lim\limits_{n\to\infty}(a_n-b_n)=\lim\limits_{n\to\infty}n=\infty$,

　$a_n=b_n=n$ のとき　$\lim\limits_{n\to\infty}(a_n-b_n)=\lim\limits_{n\to\infty}0=0$

このように，同じ形の不定形であっても極限は異なることがある。これが「不定形」とよばれる理由である。

練習 14　次の数列の極限を調べよ。

(1) $\{\sqrt{n}-n\}$　　(2) $\left\{n-\dfrac{1+2+\cdots+n}{n+2}\right\}$　　(3) $\left\{\dfrac{(-1)^n n-1}{2n+(-1)^n}\right\}$

(1) $\sqrt{n}-n=n\left(\dfrac{1}{\sqrt{n}}-1\right)$

◀ $n=(\sqrt{n})^2$ であるから，n でくくる。

ここで，$n\to\infty$ のとき　$n\to\infty$, $\dfrac{1}{\sqrt{n}}-1\to-1$

よって　$\lim\limits_{n\to\infty}(\sqrt{n}-n)=\lim\limits_{n\to\infty}n\left(\dfrac{1}{\sqrt{n}}-1\right)=-\infty$

(2) $$n-\frac{1+2+\cdots+n}{n+2}=n-\frac{\frac{1}{2}n(n+1)}{n+2}=\frac{n^2+3n}{2n+4}=\frac{n+3}{2+\frac{4}{n}}$$

◀ $1+2+\cdots+n=\dfrac{1}{2}n(n+1)$

◀ 分母・分子を分母の最高次の項 n で割る。

ここで，$n\to\infty$ のとき　$n+3\to\infty$, $2+\dfrac{4}{n}\to 2$

よって　$\lim\limits_{n\to\infty}\left(n-\dfrac{1+2+\cdots+n}{n+2}\right)=\lim\limits_{n\to\infty}\dfrac{n+3}{2+\frac{4}{n}}=\infty$

(3) (ア) $n=2m$ (m は自然数) のとき

$n\to\infty$ のとき $m\to\infty$ となり

$$\lim_{n\to\infty}\frac{(-1)^n n-1}{2n+(-1)^n}=\lim_{m\to\infty}\frac{(-1)^{2m}\cdot 2m-1}{4m+(-1)^{2m}}$$

◀ $(-1)^{2m}=1$

$$= \lim_{m\to\infty}\frac{2m-1}{4m+1} = \lim_{m\to\infty}\frac{2-\frac{1}{m}}{4+\frac{1}{m}} = \frac{2}{4} = \frac{1}{2}$$

(イ) $n = 2m-1$ (m は自然数) のとき

$n \to \infty$ のとき $m \to \infty$ となり

$$\lim_{n\to\infty}\frac{(-1)^n n-1}{2n+(-1)^n} = \lim_{m\to\infty}\frac{(-1)^{2m-1}(2m-1)-1}{2(2m-1)+(-1)^{2m-1}}$$

$$= \lim_{m\to\infty}\frac{-2m}{4m-3} = \lim_{m\to\infty}\frac{-2}{4-\frac{3}{m}} = -\frac{2}{4} = -\frac{1}{2}$$

◀ $(-1)^{2m-1} = -1$

(ア), (イ) より, **極限は存在しない**。

◀ この数列は振動する。

練習 15 次の極限値を求めよ。

(1) $\lim_{n\to\infty}(\sqrt{n^2+3n+2}-n)$　　(2) $\lim_{n\to\infty}\sqrt{n+2}(\sqrt{n+1}-\sqrt{n})$

(1) $\lim_{n\to\infty}(\sqrt{n^2+3n+2}-n) = \lim_{n\to\infty}\frac{(\sqrt{n^2+3n+2}-n)(\sqrt{n^2+3n+2}+n)}{\sqrt{n^2+3n+2}+n}$

◀ 不定形 $\infty-\infty$ である。

$$= \lim_{n\to\infty}\frac{(n^2+3n+2)-n^2}{\sqrt{n^2+3n+2}+n}$$

◀ $\sqrt{a}-\sqrt{b} = \frac{(\sqrt{a}-\sqrt{b})(\sqrt{a}+\sqrt{b})}{\sqrt{a}+\sqrt{b}}$

$$= \lim_{n\to\infty}\frac{3n+2}{\sqrt{n^2+3n+2}+n}$$

$$= \lim_{n\to\infty}\frac{3+\frac{2}{n}}{\sqrt{1+\frac{3}{n}+\frac{2}{n^2}}+1} = \mathbf{\frac{3}{2}}$$

◀ 分母・分子を n で割る。

(2) $\lim_{n\to\infty}\sqrt{n+2}(\sqrt{n+1}-\sqrt{n})$

◀ 不定形 $\infty\cdot 0$ である。

$$= \lim_{n\to\infty}\sqrt{n+2}\cdot\frac{(\sqrt{n+1}-\sqrt{n})(\sqrt{n+1}+\sqrt{n})}{\sqrt{n+1}+\sqrt{n}}$$

$$= \lim_{n\to\infty}\sqrt{n+2}\cdot\frac{(n+1)-n}{\sqrt{n+1}+\sqrt{n}} = \lim_{n\to\infty}\frac{\sqrt{n+2}}{\sqrt{n+1}+\sqrt{n}}$$

$$= \lim_{n\to\infty}\frac{\sqrt{1+\frac{2}{n}}}{\sqrt{1+\frac{1}{n}}+1} = \mathbf{\frac{1}{2}}$$

◀ 分母・分子を $\sqrt{n}$ で割る。

練習 16 数列 $\{a_n\}$, $\{b_n\}$ において, 次の命題の真偽をいえ。

(1) $\lim_{n\to\infty}a_n = \alpha$, $\lim_{n\to\infty}b_n = \beta$　ならば　$\lim_{n\to\infty}\frac{a_n}{b_n} = \frac{\alpha}{\beta}$

(2) $\lim_{n\to\infty}a_n = 0$, $\lim_{n\to\infty}b_n = \infty$　ならば　$\lim_{n\to\infty}a_n b_n = 0$

(1) $a_n = \frac{1}{n}$, $b_n = \frac{1}{n^2}$ とすると　$\lim_{n\to\infty}a_n = 0$, $\lim_{n\to\infty}b_n = 0$

ところが $\lim_{n\to\infty}\frac{a_n}{b_n} = \lim_{n\to\infty}n = \infty$ と発散する。

したがって, 命題は **偽** である。

◀ $\lim_{n\to\infty}a_n = \alpha$, $\lim_{n\to\infty}b_n = \beta$ で $\lim_{n\to\infty}\frac{a_n}{b_n} = \frac{\alpha}{\beta}$ となるのは $\beta \neq 0$ のときであることに注意する。

(2) $a_n=\dfrac{1}{n}$, $b_n=n^2$ とすると　$\lim_{n\to\infty}a_n=0$, $\lim_{n\to\infty}b_n=\infty$

ところが $\lim_{n\to\infty}a_nb_n=\lim_{n\to\infty}n=\infty$ と発散する。

したがって，命題は **偽** である。

◀反例はほかにもたくさんある。例えば
$a_n=\dfrac{1}{n}$, $b_n=2n$ など

練習 17 (1) 数列 $\{a_n\}$ が $\lim_{n\to\infty}(2n-1)a_n=6$ を満たすとき，$\lim_{n\to\infty}na_n$ を求めよ。

(2) 数列 $\{a_n\}$ が $\lim_{n\to\infty}\dfrac{a_n+4}{3a_n+1}=2$ を満たすとき，$\lim_{n\to\infty}a_n$ を求めよ。

(1) $\lim_{n\to\infty}na_n=\lim_{n\to\infty}(2n-1)a_n\cdot\dfrac{n}{2n-1}$

$\lim_{n\to\infty}\dfrac{n}{2n-1}=\lim_{n\to\infty}\dfrac{1}{2-\dfrac{1}{n}}=\dfrac{1}{2}$ であるから

$$\lim_{n\to\infty}na_n=\lim_{n\to\infty}(2n-1)a_n\cdot\lim_{n\to\infty}\frac{n}{2n-1}=6\cdot\frac{1}{2}=\mathbf{3}$$

(2) $\dfrac{a_n+4}{3a_n+1}=b_n$ …① とおくと　$\lim_{n\to\infty}b_n=2$

① の分母をはらうと　$a_n+4=b_n(3a_n+1)$

よって　$(3b_n-1)a_n=4-b_n$

ここで，$3b_n-1\neq 0$ であるから　$a_n=\dfrac{4-b_n}{3b_n-1}$

よって　$\lim_{n\to\infty}a_n=\lim_{n\to\infty}\dfrac{4-b_n}{3b_n-1}=\dfrac{4-2}{3\cdot2-1}=\mathbf{\dfrac{2}{5}}$

◀$3b_n-1=0$ のとき，(左辺)$=0$, (右辺)$=4-\dfrac{1}{3}=\dfrac{11}{3}$ より，矛盾する。

練習 18 次の極限値を求めよ。

(1) $\lim_{n\to\infty}\dfrac{1}{n}\sin\dfrac{n\pi}{3}$　　(2) $\lim_{n\to\infty}\dfrac{1}{n^2}(1+\cos n\theta)(1-\cos n\theta)$

(1) すべての n について　$-1\leqq\sin\dfrac{n\pi}{3}\leqq1$

◀$-1\leqq\sin\theta\leqq1$

$n>0$ より，辺々を n で割ると

$$-\frac{1}{n}\leqq\frac{1}{n}\sin\frac{n\pi}{3}\leqq\frac{1}{n}$$

ここで，$\lim_{n\to\infty}\left(-\dfrac{1}{n}\right)=0$, $\lim_{n\to\infty}\dfrac{1}{n}=0$ であるから，はさみうちの原理により

$$\lim_{n\to\infty}\frac{1}{n}\sin\frac{n\pi}{3}=\mathbf{0}$$

(2) $(1+\cos n\theta)(1-\cos n\theta)=1-\cos^2n\theta=\sin^2n\theta$

◀$\sin^2\alpha+\cos^2\alpha=1$

すべての n について，$-1\leqq\sin n\theta\leqq1$ より　$0\leqq\sin^2n\theta\leqq1$

◀$-1\leqq a\leqq1$ ならば $0\leqq a^2\leqq1$

$n^2>0$ より，辺々を n^2 で割ると

$$0\leqq\frac{\sin^2n\theta}{n^2}\leqq\frac{1}{n^2}$$

ここで，$\lim_{n\to\infty}\dfrac{1}{n^2}=0$ であるから，はさみうちの原理により

$$\lim_{n\to\infty}\frac{1}{n^2}(1+\cos n\theta)(1-\cos n\theta)=\mathbf{0}$$

練習 19 (1) n が 3 以上の自然数であり，$h>0$ のとき，二項定理を利用して，不等式
$(1+h)^n \geqq 1+nh+\dfrac{n(n-1)}{2}h^2+\dfrac{n(n-1)(n-2)}{6}h^3$ が成り立つことを示せ。

(2) (1) の不等式を利用して，$\displaystyle\lim_{n\to\infty}\frac{n^2}{2^n}$ を求めよ。

(1) $n \geqq 3$, $h>0$ であるから，二項定理により

$$(1+h)^n = {}_nC_0+{}_nC_1h+{}_nC_2h^2+{}_nC_3h^3+\cdots+{}_nC_nh^n$$
$$=1+nh+\frac{n(n-1)}{2\cdot1}h^2+\frac{n(n-1)(n-2)}{3\cdot2\cdot1}h^3+\cdots+h^n$$
$$\geqq 1+nh+\frac{n(n-1)}{2}h^2+\frac{n(n-1)(n-2)}{6}h^3$$

◀ $h>0$, ${}_nC_r>0$ より，右辺の 5 項目以降の各項はすべて正の数である。

(2) $n\to\infty$ とするから，$n \geqq 3$ で考える。
(1) の不等式において，$h=1$ とおくと

$$2^n=(1+1)^n \geqq 1+n+\frac{n(n-1)}{2}+\frac{n(n-1)(n-2)}{6}$$
$$=\frac{n^3}{6}+\frac{5n}{6}+1>\frac{n^3}{6}$$

よって　$0<\dfrac{n^2}{2^n}<\dfrac{n^2}{\frac{n^3}{6}}=\dfrac{6}{n}$

ここで，$\displaystyle\lim_{n\to\infty}\frac{6}{n}=0$ であるから，はさみうちの原理により

$$\lim_{n\to\infty}\frac{n^2}{2^n}=\mathbf{0}$$

◀ 右辺は第 4 項だけをとり
$2^n>\dfrac{n(n-1)(n-2)}{6}$ より
$0<\dfrac{n^2}{2^n}<\dfrac{6n^2}{n(n-1)(n-2)}$
$\displaystyle\lim_{n\to\infty}\frac{6n^2}{n(n-1)(n-2)}=0$
であるから，$\displaystyle\lim_{n\to\infty}\frac{n^2}{2^n}=0$
としてもよい。

練習 20 第 n 項が次の式で表される数列の極限を調べよ。
(1) 4^n-5^n　　(2) $\dfrac{4^{n-1}+5^{n+1}}{4^n-5^n}$　　(3) $\dfrac{2^{3n}-3^{2n}}{2^{3n}+3^{2n}}$

(1) $\displaystyle\lim_{n\to\infty}(4^n-5^n)=\lim_{n\to\infty}5^n\left\{\left(\frac{4}{5}\right)^n-1\right\}=-\infty$

(2) $\displaystyle\lim_{n\to\infty}\frac{4^{n-1}+5^{n+1}}{4^n-5^n}=\lim_{n\to\infty}\frac{\frac{1}{4}\cdot4^n+5\cdot5^n}{4^n-5^n}=\lim_{n\to\infty}\frac{\frac{1}{4}\cdot\left(\frac{4}{5}\right)^n+5}{\left(\frac{4}{5}\right)^n-1}=\mathbf{-5}$

◀ 分母 4^n-5^n の底が最大の項は 5^n であるから，分母・分子を 5^n で割る。

(3) $\displaystyle\lim_{n\to\infty}\frac{2^{3n}-3^{2n}}{2^{3n}+3^{2n}}=\lim_{n\to\infty}\frac{8^n-9^n}{8^n+9^n}=\lim_{n\to\infty}\frac{\left(\frac{8}{9}\right)^n-1}{\left(\frac{8}{9}\right)^n+1}=\mathbf{-1}$

◀ $2^{3n}=(2^3)^n=8^n$
$3^{2n}=(3^2)^n=9^n$ として，分母・分子を 9^n で割る。

練習 21 数列 $\left\{\dfrac{r^{2n-1}-1}{r^{2n}+1}\right\}$ の極限を調べよ。

(ア) $|r|<1$ のとき，$\displaystyle\lim_{n\to\infty}r^{2n-1}=\lim_{n\to\infty}r^{2n}=0$ であるから

$$\lim_{n\to\infty}\frac{r^{2n-1}-1}{r^{2n}+1}=\frac{0-1}{0+1}=-1$$

◀ $-1<r<1$

(イ) $|r|>1$ のとき，$\lim_{n\to\infty}\frac{1}{r^{2n}}=0$ であるから

◀ $r<-1,\ 1<r$

$$\lim_{n\to\infty}\frac{r^{2n-1}-1}{r^{2n}+1}=\lim_{n\to\infty}\frac{\frac{1}{r}-\frac{1}{r^{2n}}}{1+\frac{1}{r^{2n}}}=\frac{\frac{1}{r}-0}{1+0}=\frac{1}{r}$$

(ウ) $r=1$ のとき，$r^{2n-1}=r^{2n}=1$ であるから

◀ $1^{2n-1}=1,\ 1^{2n}=1$

$$\lim_{n\to\infty}\frac{r^{2n-1}-1}{r^{2n}+1}=\lim_{n\to\infty}\frac{1-1}{1+1}=0$$

(エ) $r=-1$ のとき，$r^{2n-1}=-1,\ r^{2n}=1$ であるから

◀ $(-1)^{2n-1}=-1$
$(-1)^{2n}=1$

$$\lim_{n\to\infty}\frac{r^{2n-1}-1}{r^{2n}+1}=\lim_{n\to\infty}\frac{-1-1}{1+1}=-1$$

(ア)〜(エ)より

$$\lim_{n\to\infty}\frac{r^{2n-1}-1}{r^{2n}+1}=\begin{cases}\boldsymbol{-1}\ \ (\boldsymbol{-1\leqq r<1}\ \textbf{のとき})\\ \boldsymbol{\frac{1}{r}}\ \ (\boldsymbol{r<-1,\ 1<r}\ \textbf{のとき})\\ \boldsymbol{0}\ \ (\boldsymbol{r=1}\ \textbf{のとき})\end{cases}$$

練習 22 $-\frac{\pi}{2}<\theta<\frac{\pi}{2}$，$\theta\neq-\frac{\pi}{4}$ のとき，数列 $\left\{\frac{\tan^n\theta}{2+\tan^{n+1}\theta}\right\}$ の極限を調べよ。

(ア) $|\tan\theta|<1$ すなわち $-\frac{\pi}{4}<\theta<\frac{\pi}{4}$ のとき

◀ $|\tan\theta|<1$，$|\tan\theta|>1$，$\tan\theta=1$ の3つの場合に分けて考える。

$\lim_{n\to\infty}\tan^n\theta=\lim_{n\to\infty}\tan^{n+1}\theta=0$ であるから

$$\lim_{n\to\infty}\frac{\tan^n\theta}{2+\tan^{n+1}\theta}=\frac{0}{2+0}=0$$

(イ) $|\tan\theta|>1$ すなわち $-\frac{\pi}{2}<\theta<-\frac{\pi}{4}$，$\frac{\pi}{4}<\theta<\frac{\pi}{2}$ のとき

$\left|\frac{1}{\tan\theta}\right|<1$ より，$\lim_{n\to\infty}\left(\frac{1}{\tan\theta}\right)^{n+1}=0$ であるから

$$\lim_{n\to\infty}\frac{\tan^n\theta}{2+\tan^{n+1}\theta}=\lim_{n\to\infty}\frac{\frac{1}{\tan\theta}}{2\left(\frac{1}{\tan\theta}\right)^{n+1}+1}=\frac{1}{\tan\theta}$$

(ウ) $\tan\theta=1$ すなわち $\theta=\frac{\pi}{4}$ のとき

$\lim_{n\to\infty}\tan^n\theta=\lim_{n\to\infty}\tan^{n+1}\theta=1$ であるから

$$\lim_{n\to\infty}\frac{\tan^n\theta}{2+\tan^{n+1}\theta}=\frac{1}{2+1}=\frac{1}{3}$$

(ア)〜(ウ)より

$$\lim_{n\to\infty}\frac{\tan^n\theta}{2+\tan^{n+1}\theta}=\begin{cases}\boldsymbol{0}\ \left(\boldsymbol{-\frac{\pi}{4}<\theta<\frac{\pi}{4}}\ \textbf{のとき}\right)\\ \boldsymbol{\frac{1}{\tan\theta}}\ \left(\boldsymbol{-\frac{\pi}{2}<\theta<-\frac{\pi}{4},\ \frac{\pi}{4}<\theta<\frac{\pi}{2}}\ \textbf{のとき}\right)\\ \boldsymbol{\frac{1}{3}}\ \left(\boldsymbol{\theta=\frac{\pi}{4}}\ \textbf{のとき}\right)\end{cases}$$

練習 23 $a_1=5,\ a_{n+1}=-\dfrac{1}{3}a_n+4\ (n=1,\ 2,\ 3,\ \cdots)$ で定義される数列 $\{a_n\}$ について，一般項 a_n を求めよ。さらに，$\displaystyle\lim_{n\to\infty}a_n$ を求めよ。

与えられた漸化式を変形すると

$$a_{n+1}-3=-\frac{1}{3}(a_n-3)$$

よって，数列 $\{a_n-3\}$ は，初項 $a_1-3=2$，公比 $-\dfrac{1}{3}$ の等比数列であるから　$a_n-3=2\cdot\left(-\dfrac{1}{3}\right)^{n-1}$　すなわち　$\boldsymbol{a_n=3+2\cdot\left(-\dfrac{1}{3}\right)^{n-1}}$

したがって　$\displaystyle\lim_{n\to\infty}a_n=\lim_{n\to\infty}\left\{3+2\cdot\left(-\frac{1}{3}\right)^{n-1}\right\}=\boldsymbol{3}$

◀ $\alpha=-\dfrac{1}{3}\alpha+4$ を解くと $\alpha=3$ である。

◀ $\displaystyle\lim_{n\to\infty}\left(-\frac{1}{3}\right)^{n-1}=0$

練習 24 $a_1=\dfrac{1}{2},\ a_{n+1}=\dfrac{a_n}{3a_n+1}\ (n=1,\ 2,\ 3,\ \cdots)$ で定義される数列 $\{a_n\}$ について

(1) 一般項 a_n を求めよ。　(2) $\displaystyle\lim_{n\to\infty}a_n$，$\displaystyle\lim_{n\to\infty}na_n$ をそれぞれ求めよ。

(1) $a_1=\dfrac{1}{2}$ と漸化式より，すべての n について　$a_n\neq 0$

よって，与えられた漸化式の両辺の逆数をとると

$$\frac{1}{a_{n+1}}=\frac{3a_n+1}{a_n}\quad\text{すなわち}\quad\frac{1}{a_{n+1}}=\frac{1}{a_n}+3$$

ここで，$b_n=\dfrac{1}{a_n}$ とおくと　$b_{n+1}=b_n+3$

ゆえに，数列 $\{b_n\}$ は，初項 $b_1=\dfrac{1}{a_1}=2$，公差 3 の等差数列であるから　$b_n=2+(n-1)\cdot 3=3n-1$

したがって　$a_n=\dfrac{1}{b_n}=\boldsymbol{\dfrac{1}{3n-1}}$

(2) (1) の結果より

$$\lim_{n\to\infty}a_n=\lim_{n\to\infty}\frac{1}{3n-1}=\boldsymbol{0}$$

$$\lim_{n\to\infty}na_n=\lim_{n\to\infty}\frac{n}{3n-1}=\lim_{n\to\infty}\frac{1}{3-\frac{1}{n}}=\boldsymbol{\frac{1}{3}}$$

◀ 逆数をとるために $a_n\neq 0$ を確認する。

◀ $b_{n+1}=\dfrac{1}{a_{n+1}}$

◀ 分母・分子を n で割る。

練習 25 数列 $\{a_n\}$ が $a_1=2,\ a_2=3,\ a_{n+2}=2a_{n+1}+3a_n\ (n=1,\ 2,\ 3,\ \cdots)$ で定義されているとき

(1) 一般項 a_n を求めよ。　(2) $\displaystyle\lim_{n\to\infty}\frac{a_n}{3^n}$ を求めよ。

(1) 与えられた漸化式を変形すると

$a_{n+2}+a_{n+1}=3(a_{n+1}+a_n)$　…①

$a_{n+2}-3a_{n+1}=-(a_{n+1}-3a_n)$　…②

① より，数列 $\{a_{n+1}+a_n\}$ は，初項 $a_2+a_1=5$，公比 3 の等比数列であるから

$a_{n+1}+a_n=5\cdot 3^{n-1}$　…③

◀ $x^2=2x+3$ を解くと $x=-1,\ 3$ である。

◀ ①，② の 2 通りに変形する。

また，② より，数列 $\{a_{n+1}-3a_n\}$ は，初項 $a_2-3a_1=-3$，公比 -1 の等比数列であるから

$$a_{n+1}-3a_n=-3\cdot(-1)^{n-1} \quad \cdots ④$$

③－④ より　$4a_n=5\cdot3^{n-1}+3\cdot(-1)^{n-1}$

よって　$\boldsymbol{a_n=\dfrac{5\cdot3^{n-1}+3\cdot(-1)^{n-1}}{4}}$

(2) $\displaystyle\lim_{n\to\infty}\frac{a_n}{3^n}=\lim_{n\to\infty}\left\{\frac{5}{12}+\frac{1}{4}\cdot\left(-\frac{1}{3}\right)^{n-1}\right\}=\boldsymbol{\frac{5}{12}}$

◀ $\displaystyle\lim_{n\to\infty}\left(-\frac{1}{3}\right)^{n-1}=0$

練習 26　2 つの数列 $\{a_n\}$，$\{b_n\}$ を次のように定義する。

$a_1=2,\ b_1=1,\ a_{n+1}=a_n-8b_n,\ b_{n+1}=a_n+7b_n\ (n=1,\ 2,\ 3,\ \cdots)$

(1) $a_{n+1}+\alpha b_{n+1}=\beta(a_n+\alpha b_n)$ を満たす α，β の値を求めよ。

(2) 一般項 a_n，b_n を求めよ。　(3) $\displaystyle\lim_{n\to\infty}\frac{a_n}{b_n}$ を求めよ。

(1) 与えられた漸化式を $a_{n+1}+\alpha b_{n+1}=\beta(a_n+\alpha b_n)$ に代入すると

$$(1+\alpha)a_n+(-8+7\alpha)b_n=\beta a_n+\alpha\beta b_n$$

係数を比較すると　$1+\alpha=\beta,\ -8+7\alpha=\alpha\beta$

これを解くと

$$\boldsymbol{\alpha=2,\ \beta=3\ \text{または}\ \alpha=4,\ \beta=5}$$

◀ $a_n-8b_n+\alpha(a_n+7b_n)=\beta(a_n+\alpha b_n)$ を整理する。

(2) (1) の結果より

(ア) $\alpha=2,\ \beta=3$ のとき　$a_{n+1}+2b_{n+1}=3(a_n+2b_n)$

数列 $\{a_n+2b_n\}$ は，初項 $a_1+2b_1=4$，公比 3 の等比数列であるから　$a_n+2b_n=4\cdot3^{n-1}$ $\cdots ①$

(イ) $\alpha=4,\ \beta=5$ のとき　$a_{n+1}+4b_{n+1}=5(a_n+4b_n)$

数列 $\{a_n+4b_n\}$ は，初項 $a_1+4b_1=6$，公比 5 の等比数列であるから　$a_n+4b_n=6\cdot5^{n-1}$ $\cdots ②$

①，② より　$\boldsymbol{a_n=8\cdot3^{n-1}-6\cdot5^{n-1}}$

$\boldsymbol{b_n=3\cdot5^{n-1}-2\cdot3^{n-1}}$

◀ a_n を求めるには ①×2－②
b_n を求めるには $\dfrac{②-①}{2}$

(3) $\displaystyle\lim_{n\to\infty}\frac{a_n}{b_n}=\lim_{n\to\infty}\frac{8\cdot3^{n-1}-6\cdot5^{n-1}}{3\cdot5^{n-1}-2\cdot3^{n-1}}=\lim_{n\to\infty}\frac{8\cdot\left(\frac{3}{5}\right)^{n-1}-6}{3-2\cdot\left(\frac{3}{5}\right)^{n-1}}=\boldsymbol{-2}$

◀ 分母・分子を 5^{n-1} で割る。

練習 27　数列 $\{a_n\}$ が $a_1>\sqrt{5}$，$a_{n+1}=\dfrac{1}{2}\left(a_n+\dfrac{5}{a_n}\right)$ $(n=1,\ 2,\ 3,\ \cdots)$ で定義されているとき

(1) $a_n>\sqrt{5}$ $(n=1,\ 2,\ 3,\ \cdots)$ が成り立つことを示せ。

(2) $a_{n+1}-\sqrt{5}<\dfrac{1}{2}(a_n-\sqrt{5})$ $(n=1,\ 2,\ 3,\ \cdots)$ が成り立つことを示せ。

(3) $\displaystyle\lim_{n\to\infty}a_n$ を求めよ。

(1) 数学的帰納法を用いて証明する。

[1] $n=1$ のとき

条件より $a_1>\sqrt{5}$ であるから，与えられた不等式は成り立つ。

[2] $n=k$ のとき，$a_k>\sqrt{5}$ が成り立つと仮定すると

$$a_{k+1}-\sqrt{5}=\frac{1}{2}\left(a_k+\frac{5}{a_k}\right)-\sqrt{5}$$

$$= \frac{a_k{}^2 - 2\sqrt{5}\,a_k + 5}{2a_k} = \frac{(a_k - \sqrt{5})^2}{2a_k} > 0$$

◀一般に $(a_k-\sqrt{5})^2 \geqq 0$ が成り立つが，仮定より $a_k > \sqrt{5}$ であるから $(a_k-\sqrt{5})^2 > 0$

よって　　$a_{k+1} > \sqrt{5}$

[1]，[2] より，すべての自然数 n に対して，$a_n > \sqrt{5}$ が成り立つ。

〔別解〕

$a_1 > \sqrt{5}$ と与えられた漸化式より，すべての n について　　$a_n > 0$

よって，相加平均と相乗平均の関係より，$n = 1,\ 2,\ 3,\ \cdots$ のとき

$$a_{n+1} = \frac{1}{2}\left(a_n + \frac{5}{a_n}\right) \geqq \sqrt{a_n \cdot \frac{5}{a_n}} = \sqrt{5}$$

等号が成り立つのは $a_n = \dfrac{5}{a_n}$ より　　$a_n = \sqrt{5}$

◀$a_n > 0$

すなわち $a_{n+1} = \sqrt{5}$ ならば $a_n = \sqrt{5}$ となり，これを繰り返し用いると $a_{n+1} = a_n = a_{n-1} = \cdots = a_1 = \sqrt{5}$ となるが，$a_1 > \sqrt{5}$ であるから，$a_{n+1} = \sqrt{5}$ は成り立たない。

◀等号は成り立たない。

よって　　$a_n > \sqrt{5}$　$(n = 1,\ 2,\ 3,\ \cdots)$

(2)　与えられた漸化式より

$$a_{n+1} - \sqrt{5} = \frac{1}{2}\left(a_n + \frac{5}{a_n}\right) - \sqrt{5}$$

$$= \frac{a_n{}^2 - 2\sqrt{5}\,a_n + 5}{2a_n}$$

$$= \frac{(a_n - \sqrt{5})^2}{2a_n}$$

$$= \frac{a_n - \sqrt{5}}{a_n} \cdot \frac{1}{2}(a_n - \sqrt{5}) \qquad \cdots ①$$

(1) より $a_n > \sqrt{5}$ であるから　　$0 < \dfrac{a_n - \sqrt{5}}{a_n} < 1$　　$\cdots ②$

◀$\dfrac{a_n - \sqrt{5}}{a_n} = 1 - \dfrac{\sqrt{5}}{a_n} < 1$

よって，①，② より　　$a_{n+1} - \sqrt{5} < \dfrac{1}{2}(a_n - \sqrt{5})$

(3)　(1)，(2) より，$n \geqq 2$ のとき

$$0 < a_n - \sqrt{5} < \frac{1}{2}(a_{n-1} - \sqrt{5}) < \left(\frac{1}{2}\right)^2 (a_{n-2} - \sqrt{5})$$

$$< \cdots < \left(\frac{1}{2}\right)^{n-1} (a_1 - \sqrt{5})$$

◀(2) の不等式を繰り返し用いる。

$\displaystyle\lim_{n\to\infty}\left(\frac{1}{2}\right)^{n-1}(a_1 - \sqrt{5}) = 0$ であるから，はさみうちの原理により

$$\lim_{n\to\infty}(a_n - \sqrt{5}) = 0$$

よって　　$\displaystyle\lim_{n\to\infty} a_n = \boldsymbol{\sqrt{5}}$

◀ $\displaystyle\lim_{n\to\infty} a_n = \lim_{n\to\infty}\{(a_n - \sqrt{5}) + \sqrt{5}\} = \lim_{n\to\infty}(a_n - \sqrt{5}) + \lim_{n\to\infty}\sqrt{5} = 0 + \sqrt{5} = \sqrt{5}$

練習 28　1，2，3 の 3 つの数から無作為に 1 つの数を選ぶ操作を繰り返し n 回行う。ただし，同じ数を何度選んでもよい。選んだ n 個の数の和を a_n とし，a_n が偶数である確率を p_n とする。

(1)　p_n を n の式で表せ。　　　(2)　$\displaystyle\lim_{n\to\infty} p_n$ を求めよ。

(1)　a_n が奇数である確率は $1 - p_n$ である。

◀余事象の確率を考える。

この操作を $n+1$ 回行ったとき a_{n+1} が偶数であるのは，次の 2 つの

場合がある。

(ア)　a_n が偶数で，$n+1$ 回目に 2 を選ぶとき

　その確率は　$\frac{1}{3}p_n$

◀ $n+1$ 回目に 2 を選ぶ確率は $\frac{1}{3}$

(イ)　a_n が奇数で，$n+1$ 回目に 1 または 3 を選ぶとき

　その確率は　$\frac{2}{3}(1-p_n)$

◀ $n+1$ 回目に 1 または 3 を選ぶ確率は $\frac{2}{3}$

(ア), (イ) より　$p_{n+1}=\frac{1}{3}p_n+\frac{2}{3}(1-p_n)$

◀和の法則を用いる。

したがって　$p_{n+1}=-\frac{1}{3}p_n+\frac{2}{3}$　…①

① を変形すると　$p_{n+1}-\frac{1}{2}=-\frac{1}{3}\left(p_n-\frac{1}{2}\right)$

◀ $\alpha=-\frac{1}{3}\alpha+\frac{2}{3}$ の解を用いて変形する。

$p_1=\frac{1}{3}$ より，数列 $\left\{p_n-\frac{1}{2}\right\}$ は初項 $\frac{1}{3}-\frac{1}{2}=-\frac{1}{6}$，公比 $-\frac{1}{3}$ の等比数列であるから　$p_n-\frac{1}{2}=-\frac{1}{6}\cdot\left(-\frac{1}{3}\right)^{n-1}$

◀ $p_1=\frac{1}{3}$ である。

よって　$\boldsymbol{p_n=-\frac{1}{6}\cdot\left(-\frac{1}{3}\right)^{n-1}+\frac{1}{2}}$

(2)　$\lim_{n\to\infty}p_n=\lim_{n\to\infty}\left\{-\frac{1}{6}\cdot\left(-\frac{1}{3}\right)^{n-1}+\frac{1}{2}\right\}=\boldsymbol{\frac{1}{2}}$

◀ $\lim_{n\to\infty}\left(-\frac{1}{3}\right)^{n-1}=0$

p.55　問題編 2　数列の極限

問題 12　p を自然数とする。次の関係式が成り立つとき，p および α の値を求めよ。

$$\lim_{n\to\infty}\frac{(1-n)(1+n)(1+n^2)(1+n^4)}{n^p}=\alpha \quad かつ \quad \alpha\neq 0$$

$$(1-n)(1+n)(1+n^2)(1+n^4)=(1-n^2)(1+n^2)(1+n^4)$$
$$=(1-n^4)(1+n^4)=1-n^8$$

◀数列の一般項の分子を展開する。

よって　$\lim_{n\to\infty}\frac{(1-n)(1+n)(1+n^2)(1+n^4)}{n^p}=\lim_{n\to\infty}\frac{1-n^8}{n^p}$

(ア)　$1\leqq p\leqq 7$ のとき，$p\geqq 1$，$8-p\geqq 1$ であるから

$$\lim_{n\to\infty}\frac{1-n^8}{n^p}=\lim_{n\to\infty}\left(\frac{1}{n^p}-n^{8-p}\right)=-\infty$$

◀ $\lim_{n\to\infty}\frac{1}{n^p}=0$
$\lim_{n\to\infty}n^{8-p}=\infty$

　よって，与えられた関係式は成り立たない。

(イ)　$p=8$ のとき　$\lim_{n\to\infty}\frac{1-n^8}{n^8}=\lim_{n\to\infty}\left(\frac{1}{n^8}-1\right)=-1$

◀ $\lim_{n\to\infty}\frac{1}{n^8}=0$

　このとき，関係式が成り立ち，$\alpha=-1$

(ウ)　$p\geqq 9$ のとき，$p\geqq p-8\geqq 1$ であるから

$$\lim_{n\to\infty}\frac{1-n^8}{n^p}=\lim_{n\to\infty}\left(\frac{1}{n^p}-\frac{1}{n^{p-8}}\right)=0$$

◀ $\lim_{n\to\infty}\frac{1}{n^p}=\lim_{n\to\infty}\frac{1}{n^{p-8}}=0$

　よって，与えられた関係式は成り立たない。

(ア)〜(ウ) より，与えられた関係式が成り立つとき

　$\boldsymbol{p=8,\ \alpha=-1}$

問題 **13** $\displaystyle\lim_{n\to\infty}\frac{1\cdot(2n-1)+2(2n-2)+3(2n-3)+\cdots+n\cdot n}{n^3}$ を求めよ。

$$(分子)=\sum_{k=1}^{n}k(2n-k)=2n\sum_{k=1}^{n}k-\sum_{k=1}^{n}k^2$$
$$=2n\cdot\frac{1}{2}n(n+1)-\frac{1}{6}n(n+1)(2n+1)$$
$$=\frac{1}{6}n(n+1)\{6n-(2n+1)\}=\frac{1}{6}n(n+1)(4n-1)$$

よって

$$(与式)=\lim_{n\to\infty}\frac{\frac{1}{6}n(n+1)(4n-1)}{n^3}$$
$$=\lim_{n\to\infty}\frac{1}{6}\left(1+\frac{1}{n}\right)\left(4-\frac{1}{n}\right)=\frac{1}{6}\cdot1\cdot4=\mathbf{\frac{2}{3}}$$

◀ 分母・分子を n^3 で割る。

問題 **14** 数列 $\left\{3+(-1)^n\dfrac{n(n+1)}{n^2+2}\right\}$ の極限を調べよ。

(ア) $n=2m$（m は自然数）のとき

$n\to\infty$ のとき $m\to\infty$ であるから

$$\lim_{n\to\infty}\left\{3+(-1)^n\frac{n(n+1)}{n^2+2}\right\}=\lim_{m\to\infty}\left\{3+(-1)^{2m}\frac{2m(2m+1)}{(2m)^2+2}\right\}$$
$$=\lim_{m\to\infty}\left(3+1\cdot\frac{4m^2+2m}{4m^2+2}\right)=\lim_{m\to\infty}\left(3+\frac{4+\frac{2}{m}}{4+\frac{2}{m^2}}\right)=4$$

◀ $(-1)^{2m}=1$

(イ) $n=2m-1$（m は自然数）のとき

$n\to\infty$ のとき $m\to\infty$ であるから

$$\lim_{n\to\infty}\left\{3+(-1)^n\frac{n(n+1)}{n^2+2}\right\}=\lim_{m\to\infty}\left\{3+(-1)^{2m-1}\frac{(2m-1)\cdot2m}{(2m-1)^2+2}\right\}$$

◀ $n+1=(2m-1)+1$
$\quad=2m$

$$=\lim_{m\to\infty}\left(3-\frac{4m^2-2m}{4m^2-4m+3}\right)=\lim_{m\to\infty}\left(3-\frac{4-\frac{2}{m}}{4-\frac{4}{m}+\frac{3}{m^2}}\right)=2$$

◀ $(-1)^{2m-1}=-1$

(ア), (イ) より，**極限は存在しない。**

◀ この数列は振動する。

問題 **15** $\displaystyle\lim_{n\to\infty}\frac{\sqrt{n+3}-\sqrt{n+5}}{\sqrt{n+2}-\sqrt{n+1}}$ を求めよ。

$$\lim_{n\to\infty}\frac{\sqrt{n+3}-\sqrt{n+5}}{\sqrt{n+2}-\sqrt{n+1}}$$
$$=\lim_{n\to\infty}\frac{(\sqrt{n+3}-\sqrt{n+5})(\sqrt{n+3}+\sqrt{n+5})(\sqrt{n+2}+\sqrt{n+1})}{(\sqrt{n+2}-\sqrt{n+1})(\sqrt{n+2}+\sqrt{n+1})(\sqrt{n+3}+\sqrt{n+5})}$$
$$=\lim_{n\to\infty}\frac{\{(n+3)-(n+5)\}(\sqrt{n+2}+\sqrt{n+1})}{\{(n+2)-(n+1)\}(\sqrt{n+3}+\sqrt{n+5})}$$

◀ $\dfrac{\sqrt{a}-\sqrt{b}}{\sqrt{c}-\sqrt{d}}$
$=\dfrac{(\sqrt{a}-\sqrt{b})(\sqrt{a}+\sqrt{b})(\sqrt{c}+\sqrt{d})}{(\sqrt{c}-\sqrt{d})(\sqrt{c}+\sqrt{d})(\sqrt{a}+\sqrt{b})}$

$$= \lim_{n\to\infty} \frac{-2(\sqrt{n+2}+\sqrt{n+1})}{\sqrt{n+3}+\sqrt{n+5}}$$

$$= \lim_{n\to\infty} \frac{-2\left(\sqrt{1+\dfrac{2}{n}}+\sqrt{1+\dfrac{1}{n}}\right)}{\sqrt{1+\dfrac{3}{n}}+\sqrt{1+\dfrac{5}{n}}} = -2$$

◀分母・分子を $\sqrt{n}$ で割る。

問題 16 数列 $\{a_n\}$, $\{b_n\}$ において，次の命題の真偽をいえ。

(1) $\lim_{n\to\infty} a_n = \infty$, $\lim_{n\to\infty} b_n = \infty$ ならば　$\lim_{n\to\infty}(a_n - b_n) = 0$

(2) $\lim_{n\to\infty}(a_n + b_n) = 0$, $\lim_{n\to\infty}(a_n - b_n) = 0$ ならば　$\lim_{n\to\infty} a_n = \lim_{n\to\infty} b_n = 0$

(1) $a_n = n^2$, $b_n = n$ とすると　$\lim_{n\to\infty} a_n = \infty$, $\lim_{n\to\infty} b_n = \infty$

ところが　$\lim_{n\to\infty}(a_n - b_n) = \lim_{n\to\infty}(n^2 - n) = \lim_{n\to\infty} n^2\left(1-\dfrac{1}{n}\right) = \infty$

◀$\infty \times 1 \to \infty$

したがって，命題は **偽** である。

(2) $a_n = \dfrac{(a_n+b_n)+(a_n-b_n)}{2}$, $b_n = \dfrac{(a_n+b_n)-(a_n-b_n)}{2}$

◀a_n, b_n を a_n+b_n, a_n-b_n で表す。

よって，$\lim_{n\to\infty}(a_n + b_n) = 0$, $\lim_{n\to\infty}(a_n - b_n) = 0$ のとき

$$\lim_{n\to\infty} a_n = \lim_{n\to\infty} \frac{(a_n+b_n)+(a_n-b_n)}{2}$$
$$= \frac{1}{2}\left\{\lim_{n\to\infty}(a_n+b_n) + \lim_{n\to\infty}(a_n-b_n)\right\}$$
$$= \frac{1}{2}(0+0) = 0$$

$$\lim_{n\to\infty} b_n = \lim_{n\to\infty} \frac{(a_n+b_n)-(a_n-b_n)}{2}$$
$$= \frac{1}{2}\left\{\lim_{n\to\infty}(a_n+b_n) - \lim_{n\to\infty}(a_n-b_n)\right\}$$
$$= \frac{1}{2}(0-0) = 0$$

したがって，命題は **真** である。

問題 17 $\lim_{n\to\infty}(pn^2+n+q)a_n = p+1$ のとき，数列 $\{n^2 a_n\}$ の極限を調べよ。

(ア) $p \neq 0$ のとき

$$\lim_{n\to\infty} n^2 a_n = \lim_{n\to\infty}(pn^2+n+q)a_n \cdot \frac{n^2}{pn^2+n+q}$$
$$= \lim_{n\to\infty}(pn^2+n+q)a_n \cdot \lim_{n\to\infty}\frac{n^2}{pn^2+n+q}$$
$$= \lim_{n\to\infty}(pn^2+n+q)a_n \cdot \lim_{n\to\infty}\frac{1}{p+\dfrac{1}{n}+\dfrac{q}{n^2}}$$
$$= (p+1)\cdot\frac{1}{p} = \frac{p+1}{p}$$

◀$\{(pn^2+n+q)a_n\}$, $\left\{\dfrac{n^2}{pn^2+n+q}\right\}$ はともに収束する。

(イ) $p = 0$ のとき

$\lim_{n\to\infty}(n+q)a_n=1$ であるから

$$\lim_{n\to\infty}n^2a_n=\lim_{n\to\infty}(n+q)a_n\cdot\frac{n^2}{n+q}=\lim_{n\to\infty}(n+q)a_n\cdot\frac{n}{1+\frac{q}{n}}=\infty$$

◀ $\lim_{n\to\infty}\frac{n}{1+\frac{q}{n}}=\infty$

(ア), (イ) より，求める極限は $\begin{cases}\boldsymbol{p\neq 0} \text{ **のとき** } \boldsymbol{\frac{p+1}{p}}\\ \boldsymbol{p=0} \text{ **のとき** } \boldsymbol{\infty}\end{cases}$

問題 **18** 次の極限値を求めよ。ただし，$[x]$ は x を超えない最大の整数とする。

(1) $\lim_{n\to\infty}\frac{1}{2n-1}(n+\sin n\theta)$　　(2) $\lim_{n\to\infty}\frac{12}{n}\left[\frac{n}{3}\right]$

(1) $\frac{1}{2n-1}(n+\sin n\theta)=\frac{n}{2n-1}+\frac{\sin n\theta}{2n-1}$

ここで　$\lim_{n\to\infty}\frac{n}{2n-1}=\lim_{n\to\infty}\frac{1}{2-\frac{1}{n}}=\frac{1}{2}$　…①

また，すべての n について　$-1\leqq\sin n\theta\leqq 1$

$2n-1>0$ より，辺々を $2n-1$ で割ると

$$-\frac{1}{2n-1}\leqq\frac{\sin n\theta}{2n-1}\leqq\frac{1}{2n-1}$$

ここで，$\lim_{n\to\infty}\left(-\frac{1}{2n-1}\right)=0$，$\lim_{n\to\infty}\frac{1}{2n-1}=0$ であるから，はさみうちの原理により　$\lim_{n\to\infty}\frac{\sin n\theta}{2n-1}=0$　…②

したがって，①，② より

$$\lim_{n\to\infty}\frac{1}{2n-1}(n+\sin n\theta)=\lim_{n\to\infty}\left(\frac{n}{2n-1}+\frac{\sin n\theta}{2n-1}\right)$$
$$=\lim_{n\to\infty}\frac{n}{2n-1}+\lim_{n\to\infty}\frac{\sin n\theta}{2n-1}$$
$$=\frac{1}{2}+0=\boldsymbol{\frac{1}{2}}$$

◀ まず，$\lim_{n\to\infty}\frac{n}{2n-1}$，$\lim_{n\to\infty}\frac{\sin n\theta}{2n-1}$ が収束することを示す。
$\{a_n\}$，$\{b_n\}$ が収束するならば
$\lim_{n\to\infty}(a_n+b_n)=\lim_{n\to\infty}a_n+\lim_{n\to\infty}b_n$

(2) すべての n について　$\frac{n}{3}-1<\left[\frac{n}{3}\right]\leqq\frac{n}{3}$

$\frac{12}{n}>0$ より，辺々に $\frac{12}{n}$ を掛けると

$$4-\frac{12}{n}<\frac{12}{n}\left[\frac{n}{3}\right]\leqq 4$$

ここで，$\lim_{n\to\infty}\left(4-\frac{12}{n}\right)=4$ であるから，はさみうちの原理により

$$\lim_{n\to\infty}\frac{12}{n}\left[\frac{n}{3}\right]=\boldsymbol{4}$$

◀ $[x]$ は x を超えない最大の整数を表すから
$x-1<[x]\leqq x$

問題 **19** $\lim_{n\to\infty}\frac{2^n}{n!}$ を求めよ。

$n\geqq 3$ のとき

$$0<\frac{2^n}{n!}=\frac{\overbrace{2\cdot 2\cdot 2\cdot 2\cdot 2\cdot\cdots\cdots 2}^{n\text{個}}}{1\cdot 2\cdot 3\cdot 4\cdot 5\cdot\cdots\cdots n}\leqq 2\left(\frac{2}{3}\right)^{n-2}$$

◀ $\frac{2\cdot 2}{1\cdot 2}\cdot\frac{2}{3}\cdot\frac{2}{4}\cdot\frac{2}{5}\cdot\cdots\cdots\frac{2}{n}$ $\leqq 2\cdot\underbrace{\frac{2}{3}\cdot\frac{2}{3}\cdot\frac{2}{3}\cdot\cdots\cdots\frac{2}{3}}_{(n-2)\text{個}}$

ここで $\lim_{n\to\infty}2\left(\frac{2}{3}\right)^{n-2}=0$ であるから，はさみうちの原理により

$$\lim_{n\to\infty}\frac{2^n}{n!}=\mathbf{0}$$

問題 20 次の極限を調べよ。

(1) $\lim_{n\to\infty}(3^{2n}-2^{3n})$ (2) $\lim_{n\to\infty}2^{n-1}\cdot 3^{2-n}$ (3) $\lim_{n\to\infty}\frac{2^{n+1}-3^{n+2}}{(-2)^n+3^{n+1}}$

(1) $\lim_{n\to\infty}(3^{2n}-2^{3n})=\lim_{n\to\infty}(9^n-8^n)=\lim_{n\to\infty}9^n\left\{1-\left(\frac{8}{9}\right)^n\right\}=\boldsymbol{\infty}$

◀ 9^n でくくる。

(2) $\lim_{n\to\infty}2^{n-1}\cdot 3^{2-n}=\lim_{n\to\infty}\frac{2^n}{2}\cdot\frac{9}{3^n}=\lim_{n\to\infty}\frac{9}{2}\cdot\left(\frac{2}{3}\right)^n=\mathbf{0}$

(3) $$\lim_{n\to\infty}\frac{2^{n+1}-3^{n+2}}{(-2)^n+3^{n+1}}=\lim_{n\to\infty}\frac{2\cdot 2^n-9\cdot 3^n}{(-2)^n+3\cdot 3^n}=\lim_{n\to\infty}\frac{2\cdot\left(\frac{2}{3}\right)^n-9}{\left(-\frac{2}{3}\right)^n+3}=\mathbf{-3}$$

◀ 分母・分子を 3^n で割る。

問題 21 数列 $\left\{\frac{r^{n-1}-3^{n+1}}{r^n+3^{n-1}}\right\}$ の極限を調べよ。ただし，r は正の定数とする。

(ア) $r>3$ のとき，$\lim_{n\to\infty}\left(\frac{3}{r}\right)^n=0$ であるから

◀ $r>3$ のとき，$0<\frac{3}{r}<1$

$$\lim_{n\to\infty}\frac{r^{n-1}-3^{n+1}}{r^n+3^{n-1}}=\lim_{n\to\infty}\frac{\frac{1}{r}-3\cdot\left(\frac{3}{r}\right)^n}{1+\frac{1}{3}\cdot\left(\frac{3}{r}\right)^n}=\frac{\frac{1}{r}-3\cdot 0}{1+\frac{1}{3}\cdot 0}=\frac{1}{r}$$

◀ 分母・分子を r^n で割る。

(イ) $0<r<3$ のとき，$\lim_{n\to\infty}\left(\frac{r}{3}\right)^n=0$ であるから

◀ $0<r<3$ のとき $0<\frac{r}{3}<1$

$$\lim_{n\to\infty}\frac{r^{n-1}-3^{n+1}}{r^n+3^{n-1}}=\lim_{n\to\infty}\frac{\left(\frac{r}{3}\right)^{n-1}-3^2}{r\cdot\left(\frac{r}{3}\right)^{n-1}+1}=\frac{0-9}{r\cdot 0+1}=-9$$

◀ 分母・分子を 3^{n-1} で割る。 $\lim_{n\to\infty}\left(\frac{r}{3}\right)^{n-1}=0$

(ウ) $r=3$ のとき

$$\lim_{n\to\infty}\frac{r^{n-1}-3^{n+1}}{r^n+3^{n-1}}=\lim_{n\to\infty}\frac{3^{n-1}-3^{n+1}}{3^n+3^{n-1}}=\lim_{n\to\infty}\frac{3^{n-1}(1-9)}{3^{n-1}(3+1)}=-\frac{8}{4}=-2$$

(ア)～(ウ) より

$$\lim_{n\to\infty}\frac{r^{n-1}-3^{n+1}}{r^n+3^{n-1}}=\begin{cases}\dfrac{1}{r} & (r>3\ \text{のとき})\\ -9 & (0<r<3\ \text{のとき})\\ -2 & (r=3\ \text{のとき})\end{cases}$$

問題 **22** $a>0$, $b>0$ のとき，数列 $\left\{\dfrac{a^{n+1}+b^n}{a^n+b^{n+1}}\right\}$ の極限を調べよ。

(ア) $a>b$ のとき，$0<\dfrac{b}{a}<1$ より　$\displaystyle\lim_{n\to\infty}\left(\frac{b}{a}\right)^n=0$

◀ a, b の大小で場合分けする。

よって　$$\lim_{n\to\infty}\frac{a^{n+1}+b^n}{a^n+b^{n+1}}=\lim_{n\to\infty}\frac{a+\left(\dfrac{b}{a}\right)^n}{1+b\cdot\left(\dfrac{b}{a}\right)^n}=a$$

◀ 分母・分子を a^n で割る。

(イ) $a<b$ のとき，$0<\dfrac{a}{b}<1$ より　$\displaystyle\lim_{n\to\infty}\left(\frac{a}{b}\right)^n=0$

よって　$$\lim_{n\to\infty}\frac{a^{n+1}+b^n}{a^n+b^{n+1}}=\lim_{n\to\infty}\frac{a\cdot\left(\dfrac{a}{b}\right)^n+1}{\left(\dfrac{a}{b}\right)^n+b}=\frac{1}{b}$$

◀ 分母・分子を b^n で割る。

(ウ) $a=b$ のとき

$$\lim_{n\to\infty}\frac{a^{n+1}+b^n}{a^n+b^{n+1}}=\lim_{n\to\infty}\frac{a^{n+1}+a^n}{a^n+a^{n+1}}=\lim_{n\to\infty}1=1$$

(ア)〜(ウ) より　$$\lim_{n\to\infty}\frac{a^{n+1}+b^n}{a^n+b^{n+1}}=\begin{cases}\boldsymbol{a} & (\boldsymbol{a>b}\ \textbf{のとき})\\ \boldsymbol{\dfrac{1}{b}} & (\boldsymbol{a<b}\ \textbf{のとき})\\ \boldsymbol{1} & (\boldsymbol{a=b}\ \textbf{のとき})\end{cases}$$

問題 **23** $a_1=1$, $a_{n+1}=3a_n+2^n$ $(n=1,\ 2,\ 3,\ \cdots)$ で定義される数列 $\{a_n\}$ について，一般項 a_n を求めよ。さらに，$\displaystyle\lim_{n\to\infty}\frac{a_n}{3^n}$ を求めよ。

与えられた漸化式の両辺を 2^{n+1} で割ると，

$\dfrac{a_{n+1}}{2^{n+1}}=\dfrac{3a_n}{2^{n+1}}+\dfrac{2^n}{2^{n+1}}$ より　$\dfrac{a_{n+1}}{2^{n+1}}=\dfrac{3}{2}\cdot\dfrac{a_n}{2^n}+\dfrac{1}{2}$

$b_n=\dfrac{a_n}{2^n}$ とおくと　$b_{n+1}=\dfrac{3}{2}b_n+\dfrac{1}{2}$　$\cdots$①

①を変形すると

$$b_{n+1}+1=\frac{3}{2}(b_n+1)$$

◀ $\alpha=\dfrac{3}{2}\alpha+\dfrac{1}{2}$ を解くと $\alpha=-1$ である。

よって，数列 $\{b_n+1\}$ は，初項 $b_1+1=\dfrac{3}{2}$，公比 $\dfrac{3}{2}$ の等比数列であるから　$b_n+1=\dfrac{3}{2}\cdot\left(\dfrac{3}{2}\right)^{n-1}$

◀ $b_1=\dfrac{a_1}{2}=\dfrac{1}{2}$

すなわち　$b_n=\left(\dfrac{3}{2}\right)^n-1$

これより　$a_n=2^n\cdot b_n=\boldsymbol{3^n-2^n}$

したがって　$\displaystyle\lim_{n\to\infty}\frac{a_n}{3^n}=\lim_{n\to\infty}\left\{1-\left(\frac{2}{3}\right)^n\right\}=\boldsymbol{1}$

問題 24 $a_1=4,\ a_{n+1}=\dfrac{4a_n+8}{a_n+6}$ $(n=1, 2, 3, \cdots)$ で定義される数列 $\{a_n\}$ について

(1) $b_n=a_n-2$ とおいて，b_{n+1} と b_n の間に成り立つ関係式を求めよ。

(2) 一般項 a_n を求めよ。　　(3) $\displaystyle\lim_{n\to\infty}a_n$ を求めよ。

(1) $b_n=a_n-2$ より　$a_n=b_n+2$

また　$a_{n+1}=b_{n+1}+2$

これらを与えられた漸化式に代入すると

$$b_{n+1}+2=\frac{4(b_n+2)+8}{(b_n+2)+6}=\frac{4b_n+16}{b_n+8}$$

よって

$$b_{n+1}=\frac{4b_n+16}{b_n+8}-2=\frac{4b_n+16-2(b_n+8)}{b_n+8}=\frac{2b_n}{b_n+8}$$

ゆえに，b_{n+1} と b_n の間に成り立つ関係式は

$$\boldsymbol{b_{n+1}=\frac{2b_n}{b_n+8}}$$

◀ $a_n,\ a_{n+1}$ を $b_n,\ b_{n+1}$ で表す。

(2) $b_1=a_1-2=2$ と漸化式より，すべての n について　$b_n\fallingdotseq 0$

よって，(1)で求めた漸化式の両辺の逆数をとると

$$\frac{1}{b_{n+1}}=4\cdot\frac{1}{b_n}+\frac{1}{2}$$

◀ $b_n\fallingdotseq 0$ $(n=1, 2, 3, \cdots)$ であることを確認する。

ここで，$c_n=\dfrac{1}{b_n}$ とおくと　$c_{n+1}=4c_n+\dfrac{1}{2}$　$\cdots$①

①を変形すると

$$c_{n+1}+\frac{1}{6}=4\left(c_n+\frac{1}{6}\right)$$

◀ $\alpha=4\alpha+\dfrac{1}{2}$ を解くと $\alpha=-\dfrac{1}{6}$ である。

よって，数列 $\left\{c_n+\dfrac{1}{6}\right\}$ は，初項 $c_1+\dfrac{1}{6}=\dfrac{2}{3}$，公比4の等比数列

◀ $c_1=\dfrac{1}{b_1}=\dfrac{1}{2}$

であるから　$c_n+\dfrac{1}{6}=\dfrac{2}{3}\cdot4^{n-1}$

すなわち　$c_n=\dfrac{2}{3}\cdot4^{n-1}-\dfrac{1}{6}=\dfrac{1}{6}(4^n-1)$

◀ $\dfrac{2}{3}\cdot4^{n-1}=\dfrac{1}{6}\cdot4\cdot4^{n-1}=\dfrac{1}{6}\cdot4^n$

これより　$b_n=\dfrac{1}{c_n}=\dfrac{6}{4^n-1}$

したがって　$a_n=b_n+2=\dfrac{6}{4^n-1}+2=\boldsymbol{\dfrac{2(4^n+2)}{4^n-1}}$

(3) (2)の結果より

$$\lim_{n\to\infty}a_n=\lim_{n\to\infty}\frac{2(4^n+2)}{4^n-1}=\lim_{n\to\infty}\frac{2\left(1+\frac{2}{4^n}\right)}{1-\frac{1}{4^n}}=\boldsymbol{2}$$

◀ 分母・分子を 4^n で割る。

問題 25 数列 $\{a_n\}$ が $a_1=1,\ a_2=2,\ a_{n+2}=\sqrt{a_na_{n+1}}$ $(n=1, 2, 3, \cdots)$ で定義されているとき

(1) 一般項 a_n を求めよ。　　(2) $\displaystyle\lim_{n\to\infty}a_n$ を求めよ。

(1) $a_1=1,\ a_2=2$ と漸化式より，すべての n について $a_n>0$ であるから，2を底とする両辺の対数をとると

◀ $a_1=1,\ a_2=2$ であることに着目して，2を底とする対数をとると，計算が簡単である。

$$\log_2 a_{n+2} = \log_2 \sqrt{a_n a_{n+1}}$$

よって　　$\log_2 a_{n+2} = \frac{1}{2}\log_2 a_n + \frac{1}{2}\log_2 a_{n+1}$

ここで，$\log_2 a_n = b_n$ とおくと

$$b_1 = \log_2 a_1 = \log_2 1 = 0,\ b_2 = \log_2 a_2 = \log_2 2 = 1$$

また　　$b_{n+2} = \frac{1}{2}b_n + \frac{1}{2}b_{n+1}$

この漸化式を変形すると

$$b_{n+2} - b_{n+1} = -\frac{1}{2}(b_{n+1} - b_n) \quad \cdots ①$$

$$b_{n+2} + \frac{1}{2}b_{n+1} = b_{n+1} + \frac{1}{2}b_n \quad \cdots ②$$

① より，数列 $\{b_{n+1} - b_n\}$ は，初項 $b_2 - b_1 = 1$，公比 $-\frac{1}{2}$ の等比数列であるから

$$b_{n+1} - b_n = \left(-\frac{1}{2}\right)^{n-1} \quad \cdots ③$$

また，② より，数列 $\left\{b_{n+1} + \frac{1}{2}b_n\right\}$ は，初項 $b_2 + \frac{1}{2}b_1 = 1$，公比 1 の等比数列であるから

$$b_{n+1} + \frac{1}{2}b_n = 1 \cdot 1^{n-1} = 1 \quad \cdots ④$$

④ − ③ より　　$\frac{3}{2}b_n = 1 - \left(-\frac{1}{2}\right)^{n-1}$

よって　　$b_n = \frac{2}{3}\left\{1 - \left(-\frac{1}{2}\right)^{n-1}\right\}$

したがって　　$a_n = 2^{b_n} = 2^{\frac{2}{3}\left\{1-\left(-\frac{1}{2}\right)^{n-1}\right\}}$

(2)　(1) より　　$\lim_{n\to\infty} a_n = \lim_{n\to\infty} 2^{\frac{2}{3}\left\{1-\left(-\frac{1}{2}\right)^{n-1}\right\}} = 2^{\frac{2}{3}} = \sqrt[3]{4}$

◀ $b_{n+1} = \log_2 a_{n+1}$，$b_{n+2} = \log_2 a_{n+2}$

◀ $x^2 = \frac{1}{2}x + \frac{1}{2}$ を解くと $x = 1,\ -\frac{1}{2}$ である。

◀ 2 通りに変形する。

◀ $\{b_{n+1} - b_n\}$ は $\{b_n\}$ の階差数列であるから，③ より $n \geqq 2$ のとき $b_n = 0 + \sum_{k=1}^{n-1}\left(-\frac{1}{2}\right)^{k-1}$ としてもよい。

◀ $b_n = \log_2 a_n \iff a_n = 2^{b_n}$

問題 26　2 つの数列 $\{a_n\}$，$\{b_n\}$ を次のように定義する。

$a_1 = 3,\ b_1 = 1,\ a_{n+1} = 3a_n + b_n,\ b_{n+1} = a_n + 3b_n\ (n = 1,\ 2,\ 3,\ \cdots)$

(1)　一般項 a_n，b_n を求めよ。　　(2)　$\lim_{n\to\infty} \frac{a_n}{b_n}$ を求めよ。

---

(1)　$a_{n+1} = 3a_n + b_n \cdots ①$，$b_{n+1} = a_n + 3b_n \cdots ②$ とおく。

① + ② より　　$a_{n+1} + b_{n+1} = 4(a_n + b_n)$

数列 $\{a_n + b_n\}$ は初項 $a_1 + b_1 = 4$，公比 4 の等比数列であるから

$$a_n + b_n = 4^n \quad \cdots ③$$

① − ② より　　$a_{n+1} - b_{n+1} = 2(a_n - b_n)$

数列 $\{a_n - b_n\}$ は初項 $a_1 - b_1 = 2$，公比 2 の等比数列であるから

$$a_n - b_n = 2^n \quad \cdots ④$$

③ + ④ より　$2a_n = 4^n + 2^n$　　すなわち　$\boldsymbol{a_n = \frac{4^n + 2^n}{2}}$

③ − ④ より　$2b_n = 4^n - 2^n$　　すなわち　$\boldsymbol{b_n = \frac{4^n - 2^n}{2}}$

◀ 与えられた漸化式を $a_{n+1} + \alpha b_{n+1} = \beta(a_n + \alpha b_n)$ に代入して解いてもよい。（例題 26 参照）

(2) $\displaystyle\lim_{n\to\infty}\frac{a_n}{b_n}=\lim_{n\to\infty}\frac{4^n+2^n}{4^n-2^n}=\lim_{n\to\infty}\frac{1+\left(\frac{1}{2}\right)^n}{1-\left(\frac{1}{2}\right)^n}=\mathbf{1}$

◀分母・分子を 4^n で割る。

問題 27 関数 $f(x)=x^2-2$ において，曲線 $y=f(x)$ 上の点 $(x_n,\ f(x_n))$ における接線が x 軸と交わる点の x 座標を x_{n+1} とする。$x_1=2$ とし，このようにして，x_1 から順に x_2，x_3，x_4，$\cdots$ を定める。

(1) x_{n+1} を x_n を用いて表せ。

(2) $\sqrt{2}<x_{n+1}<x_n$ が成り立つことを示せ。

(3) $x_{n+1}-\sqrt{2}<\frac{1}{2}(x_n-\sqrt{2})$ が成り立つことを示せ。

(4) $\displaystyle\lim_{n\to\infty}x_n$ を求めよ。

(1) $f(x)=x^2-2$ より　　$f'(x)=2x$

曲線上の点 $(x_n,\ f(x_n))$ における接線の方程式は

$$y-(x_n{}^2-2)=2x_n(x-x_n)$$

この直線は x 軸と点 $(x_{n+1},\ 0)$ で交わるから

$$-x_n{}^2+2=2x_n(x_{n+1}-x_n)$$

よって　　$2x_nx_{n+1}=x_n{}^2+2$

$x_1=2$ と漸化式より，すべての n で $x_n\neq 0$ であるから

$$\boldsymbol{x_{n+1}=\frac{x_n{}^2+2}{2x_n}}$$

◀$y=f(x)$ 上の点 $(a,\ f(a))$ における接線の方程式は $y-f(a)=f'(a)(x-a)$

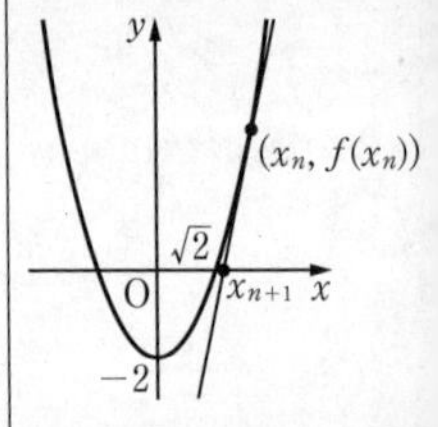

(2) まず $x_n>\sqrt{2}$ を数学的帰納法を用いて証明する。

[1] $n=1$ のとき，$x_1=2>\sqrt{2}$ より成り立つ。

[2] $n=k$ のとき，$x_k>\sqrt{2}$ と仮定すると

$$x_{k+1}-\sqrt{2}=\frac{x_k{}^2+2}{2x_k}-\sqrt{2}$$

$$=\frac{x_k{}^2-2\sqrt{2}x_k+2}{2x_k}$$

$$=\frac{(x_k-\sqrt{2})^2}{2x_k}>0$$

◀一般に $(x_k-\sqrt{2})^2\geqq 0$ が成り立つが，仮定より $x_k>\sqrt{2}$ であるから $(x_k-\sqrt{2})^2>0$

よって　　$x_{k+1}>\sqrt{2}$

[1]，[2] より，すべての自然数 n に対して　　$x_n>\sqrt{2}$　　$\cdots$①

次に $x_n>x_{n+1}$ を示す。

$$x_n-x_{n+1}=x_n-\frac{x_n{}^2+2}{2x_n}=\frac{x_n{}^2-2}{2x_n}$$

ここで $x_n>\sqrt{2}$ より　　$x_n{}^2-2>0$

よって　　$x_n-x_{n+1}>0$　すなわち　$x_n>x_{n+1}$　　$\cdots$②

◀$x_n>\sqrt{2}>0$ であるから $x_n{}^2>(\sqrt{2})^2$ となり $x_n{}^2>2$

したがって，①，② より　　$\sqrt{2}<x_{n+1}<x_n$

(3) (2) より

$$x_{n+1}-\sqrt{2}=\frac{(x_n-\sqrt{2})^2}{2x_n}=\frac{x_n-\sqrt{2}}{2x_n}(x_n-\sqrt{2})\quad\cdots③$$

ここで，$x_n>\sqrt{2}>0$ であるから

$$\frac{x_n-\sqrt{2}}{2x_n}=\frac{1}{2}-\frac{1}{\sqrt{2}x_n}<\frac{1}{2}$$

◀$x_n>0$ より $\dfrac{1}{\sqrt{2}x_n}>0$

よって　$\dfrac{x_n-\sqrt{2}}{2x_n}(x_n-\sqrt{2})<\dfrac{1}{2}(x_n-\sqrt{2})$　…④

したがって，③，④より　$x_{n+1}-\sqrt{2}<\dfrac{1}{2}(x_n-\sqrt{2})$

(4)　(3)より，$n \geqq 2$ のとき

$$0<x_n-\sqrt{2}<\frac{1}{2}(x_{n-1}-\sqrt{2})<\left(\frac{1}{2}\right)^2(x_{n-2}-\sqrt{2})$$
$$<\cdots<\left(\frac{1}{2}\right)^{n-1}(x_1-\sqrt{2})$$

ここで，$\displaystyle\lim_{n\to\infty}\left(\frac{1}{2}\right)^{n-1}(2-\sqrt{2})=0$ であるから

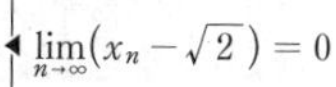

はさみうちの原理により　$\displaystyle\lim_{n\to\infty}x_n=\sqrt{2}$

Plus One

接線 $y-f(x_n)=f'(x_n)(x-x_n)$　$(f'(x_n)\neq 0)$ において

$x=x_{n+1}$，$y=0$ とすると　$x_{n+1}=x_n-\dfrac{f(x_n)}{f'(x_n)}$

適当な値を x_1 とすると，この漸化式で定まる数列 $\{x_n\}$ は，方程式 $f(x)=0$ の解 α に収束する。

このように，方程式 $f(x)=0$ の解の近似値を求める方法を **ニュートン法** といい，コンピュータを用いて求めるときに利用されている。

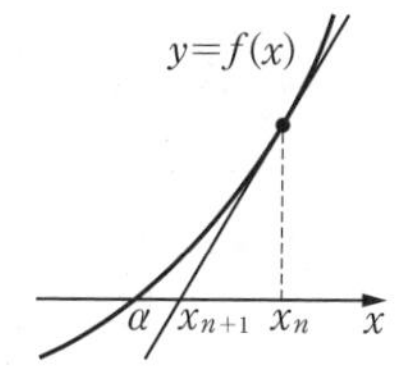

問題 28　袋Aには赤球1個と黒球3個が，袋Bには黒球だけが5個入っている。2つの袋から同時に1個ずつ球を取り出して入れかえる操作を繰り返す。この操作を n 回繰り返した後に袋Aに赤球が入っている確率を a_n とする。

(1)　a_n を n の式で表せ。　　(2)　$\displaystyle\lim_{n\to\infty}a_n$ を求めよ。

(1)　Bの袋に赤球が入っている確率は $1-a_n$ である。

◀余事象の確率を考える。

$n+1$ 回後にAの袋に赤球が入っているのは，次の2つの場合がある。

(ア)　n 回後にAの袋に赤球が入っていて，$n+1$ 回目にAの袋から黒球を取り出すとき

◀赤球は1個しかないことに着目して，n 回後に赤球がどちらの袋にあるかで場合分けをする。

その確率は　$\dfrac{3}{4}a_n$

(イ)　n 回後にBの袋に赤球が入っていて，$n+1$ 回目にBの袋から赤球を取り出すとき

その確率は　$\dfrac{1}{5}(1-a_n)$

(ア)，(イ)より　$a_{n+1}=\dfrac{3}{4}a_n+\dfrac{1}{5}(1-a_n)$

◀和の法則を用いる。

したがって　$a_{n+1}=\dfrac{11}{20}a_n+\dfrac{1}{5}$　…①

①を変形すると　$a_{n+1}-\dfrac{4}{9}=\dfrac{11}{20}\left(a_n-\dfrac{4}{9}\right)$

◀$\alpha=\dfrac{11}{20}\alpha+\dfrac{1}{5}$ の解を用いて変形する。

この操作を1回行った後に，赤球がAの袋にあるのは，Aの袋から黒球を取り出したときであるから　$a_1=\dfrac{3}{4}$

◀a_1 は，この操作を1回行った後，赤球がAの袋にある確率であることに注意する。

これより，数列 $\left\{a_n-\frac{4}{9}\right\}$ は初項 $\frac{3}{4}-\frac{4}{9}=\frac{11}{36}$，公比 $\frac{11}{20}$ の等比数列であるから　$a_n-\frac{4}{9}=\frac{11}{36}\cdot\left(\frac{11}{20}\right)^{n-1}$

ゆえに　$\boldsymbol{a_n=\frac{11}{36}\cdot\left(\frac{11}{20}\right)^{n-1}+\frac{4}{9}}$

(2) $\lim_{n\to\infty}a_n=\lim_{n\to\infty}\left\{\frac{11}{36}\cdot\left(\frac{11}{20}\right)^{n-1}+\frac{4}{9}\right\}=\boldsymbol{\frac{4}{9}}$

◀ $\lim_{n\to\infty}\left(\frac{11}{20}\right)^{n-1}=0$

p.57

定期テスト攻略 ▶ 2

1 次の極限を調べよ。

(1) $\lim_{n\to\infty}\frac{2n^3-4n^2+n-2}{3n^3+2n+1}$

(2) $\lim_{n\to\infty}\frac{1\cdot2+2\cdot3+3\cdot4+\cdots+n(n+1)}{n^3}$

(3) $\lim_{n\to\infty}(n^3-3n^2)$

(4) $\lim_{n\to\infty}(\sqrt{n^2+2n}-\sqrt{n^2-2n})$

(5) $\lim_{n\to\infty}\frac{1}{n^2}\sin\frac{n}{2}\theta$

(1) $\lim_{n\to\infty}\frac{2n^3-4n^2+n-2}{3n^3+2n+1}=\lim_{n\to\infty}\frac{2-\frac{4}{n}+\frac{1}{n^2}-\frac{2}{n^3}}{3+\frac{2}{n^2}+\frac{1}{n^3}}=\boldsymbol{\frac{2}{3}}$

◀ 分母・分子を分母の最高次の項 n^3 で割る。

(2) $1\cdot2+2\cdot3+3\cdot4+\cdots+n(n+1)$

$=\sum_{k=1}^{n}k(k+1)=\sum_{k=1}^{n}(k^2+k)$

◀ 和の記号 $\sum$ を用いて表す。

$=\frac{1}{6}n(n+1)(2n+1)+\frac{1}{2}n(n+1)$

$=\frac{1}{3}n(n+1)(n+2)$

◀ $\frac{1}{6}n(n+1)$ でくくって，整理する。

よって

$\lim_{n\to\infty}\frac{1\cdot2+2\cdot3+3\cdot4+\cdots+n(n+1)}{n^3}$

$=\lim_{n\to\infty}\frac{\frac{1}{3}n(n+1)(n+2)}{n^3}$

$=\lim_{n\to\infty}\frac{1}{3}\left(1+\frac{1}{n}\right)\left(1+\frac{2}{n}\right)$

$=\boldsymbol{\frac{1}{3}}$

(3) $n^3-3n^2=n^3\left(1-\frac{3}{n}\right)$

◀ 最高次の項 n^3 でくくる

ここで，$n\to\infty$ のとき　$n^3\to\infty$，$1-\frac{3}{n}\to1$

よって　$\lim_{n\to\infty}(n^3-3n^2)=\lim_{n\to\infty}n^3\left(1-\frac{3}{n}\right)=\boldsymbol{\infty}$

(4) $\lim_{n\to\infty}(\sqrt{n^2+2n}-\sqrt{n^2-2n})$

$$=\lim_{n\to\infty}\frac{(\sqrt{n^2+2n}-\sqrt{n^2-2n})(\sqrt{n^2+2n}+\sqrt{n^2-2n})}{\sqrt{n^2+2n}+\sqrt{n^2-2n}}$$

◀ $\sqrt{a}-\sqrt{b}=\dfrac{(\sqrt{a}-\sqrt{b})(\sqrt{a}+\sqrt{b})}{\sqrt{a}+\sqrt{b}}$

$$=\lim_{n\to\infty}\frac{(n^2+2n)-(n^2-2n)}{\sqrt{n^2+2n}+\sqrt{n^2-2n}}$$

$$=\lim_{n\to\infty}\frac{4n}{\sqrt{n^2+2n}+\sqrt{n^2-2n}}$$

$$=\lim_{n\to\infty}\frac{4}{\sqrt{1+\frac{2}{n}}+\sqrt{1-\frac{2}{n}}}=\mathbf{2}$$

◀ 分母・分子を n で割る。

(5) すべての n について　$-1\leqq\sin\dfrac{n}{2}\theta\leqq 1$

$n^2>0$ より，辺々を n^2 で割ると

$$-\frac{1}{n^2}\leqq\frac{1}{n^2}\sin\frac{n}{2}\theta\leqq\frac{1}{n^2}$$

ここで，$\lim_{n\to\infty}\left(-\dfrac{1}{n^2}\right)=0$，$\lim_{n\to\infty}\dfrac{1}{n^2}=0$ であるから，はさみうちの原理により

$$\lim_{n\to\infty}\frac{1}{n^2}\sin\frac{n}{2}\theta=\mathbf{0}$$

2 数列 $\{a_n\}$ が $\lim_{n\to\infty}\dfrac{3a_n+5}{2a_n+4}=\dfrac{1}{2}$ を満たすとき，$\lim_{n\to\infty}a_n$ を求めよ。

$\dfrac{3a_n+5}{2a_n+4}=b_n$ …① とおくと　$\lim_{n\to\infty}b_n=\dfrac{1}{2}$

① の分母をはらうと　$3a_n+5=b_n(2a_n+4)$

よって　$(2b_n-3)a_n=5-4b_n$

ここで，$2b_n-3\neq 0$ であるから　$a_n=\dfrac{5-4b_n}{2b_n-3}$

◀ $2b_n-3=0$ のとき，(左辺) $=0$，(右辺) $=5-4\cdot\dfrac{3}{2}=-1$ より，矛盾する。

よって　$\lim_{n\to\infty}a_n=\lim_{n\to\infty}\dfrac{5-4b_n}{2b_n-3}=\dfrac{5-4\cdot\frac{1}{2}}{2\cdot\frac{1}{2}-3}=-\dfrac{\mathbf{3}}{\mathbf{2}}$

3 数列 $\left\{\dfrac{r^n-2}{r^n+1}\right\}$ の極限を調べよ。ただし $r\neq -1$ とする。

(ア) $|r|<1$ のとき，$\lim_{n\to\infty}r^n=0$ であるから

$$\lim_{n\to\infty}\frac{r^n-2}{r^n+1}=\frac{0-2}{0+1}=-2$$

(イ) $|r|>1$ のとき，$\lim_{n\to\infty}\dfrac{1}{r^n}=0$ であるから

◀ $\left|\dfrac{1}{r}\right|=\dfrac{1}{|r|}<1$ より $\lim_{n\to\infty}\dfrac{1}{r^n}=\lim_{n\to\infty}\left(\dfrac{1}{r}\right)^n=0$

$$\lim_{n\to\infty}\frac{r^n-2}{r^n+1}=\lim_{n\to\infty}\frac{1-\frac{2}{r^n}}{1+\frac{1}{r^n}}=\frac{1-0}{1+0}=1$$

(ウ)　$r=1$ のとき，$r^n=1$ であるから

$$\lim_{n\to\infty}\frac{r^n-2}{r^n+1}=\lim_{n\to\infty}\frac{1-2}{1+1}=-\frac{1}{2}$$

(ア)～(ウ) より

$$\lim_{n\to\infty}\frac{r^n-2}{r^n+1}=\begin{cases}-2 & (|r|<1\text{ のとき})\\ 1 & (|r|>1\text{ のとき})\\ -\dfrac{1}{2} & (r=1\text{ のとき})\end{cases}$$

4　$a_1=\dfrac{1}{10}$，$a_{n+1}=\dfrac{a_n}{6a_n+4}$　$(n=1,\ 2,\ 3,\ \cdots)$ で定義される数列 $\{a_n\}$ について

(1)　一般項 a_n を求めよ。

(2)　$\lim_{n\to\infty}a_n$，$\lim_{n\to\infty}4^n a_n$ をそれぞれ求めよ。

(1)　$a_1=\dfrac{1}{10}$ と漸化式より，すべての n について　　$a_n \fallingdotseq 0$

◀逆数をとるために $a_n \fallingdotseq 0$ を確認する。

よって，与えられた漸化式の両辺の逆数をとると

$$\frac{1}{a_{n+1}}=\frac{6a_n+4}{a_n}$$

すなわち　　$\dfrac{1}{a_{n+1}}=\dfrac{4}{a_n}+6$

ここで，$b_n=\dfrac{1}{a_n}$ とおくと　　$b_{n+1}=4b_n+6$　　…①

①を変形すると

◀$\alpha=4\alpha+6$ を解くと $\alpha=-2$ である。

$$b_{n+1}+2=4(b_n+2)$$

よって，数列 $\{b_n+2\}$ は初項 $b_1+2=12$，公比 4 の等比数列であるから

$$b_n+2=12\cdot 4^{n-1}=3\cdot 4^n$$

ゆえに　　$b_n=3\cdot 4^n-2$

したがって　　$a_n=\dfrac{1}{b_n}=\dfrac{1}{3\cdot 4^n-2}$

(2)　(1) の結果より

$$\lim_{n\to\infty}a_n=\lim_{n\to\infty}\frac{1}{3\cdot 4^n-2}=0$$

$$\lim_{n\to\infty}4^n a_n=\lim_{n\to\infty}\frac{4^n}{3\cdot 4^n-2}=\lim_{n\to\infty}\frac{1}{3-2\cdot\left(\dfrac{1}{4}\right)^n}=\frac{1}{3}$$

◀分母・分子を 4^n で割る。

3 無限級数

p.59 Quick Check 3

① (1) 部分和を S_n とすると

$$S_n = 1+3+5+\cdots+(2n-1)$$
$$= \sum_{k=1}^{n}(2k-1)$$
$$= 2\cdot\frac{1}{2}n(n+1)-n = n^2$$

よって $\lim_{n\to\infty}S_n = \lim_{n\to\infty}n^2 = \infty$

ゆえに，この無限級数は **発散** する。

(2) 部分和を S_n とすると

$$S_n = 1+\frac{1}{2}+\left(\frac{1}{2}\right)^2+\cdots+\left(\frac{1}{2}\right)^{n-1}$$
$$= \frac{1\left\{1-\left(\frac{1}{2}\right)^n\right\}}{1-\frac{1}{2}} = 2\left\{1-\left(\frac{1}{2}\right)^n\right\}$$

よって $\lim_{n\to\infty}S_n = \lim_{n\to\infty}2\left\{1-\left(\frac{1}{2}\right)^n\right\} = 2$

ゆえに，この無限級数は **収束** し，その和は **2**

(3) 部分和を S_n とすると

$$S_n = 2+2\sqrt{5}+10+\cdots+2(\sqrt{5})^{n-1}$$
$$= \frac{2\{(\sqrt{5})^n-1\}}{\sqrt{5}-1}$$

よって $\lim_{n\to\infty}S_n = \lim_{n\to\infty}\frac{2\{(\sqrt{5})^n-1\}}{\sqrt{5}-1} = \infty$

ゆえに，この無限級数は **発散** する。

② 〔1〕 (1) $\left|\frac{1}{5}\right| < 1$ であるから収束して

$$\sum_{n=1}^{\infty}\left(\frac{1}{5}\right)^{n-1} = \frac{1}{1-\frac{1}{5}} = \mathbf{\frac{5}{4}}$$

(2) $\left|-\frac{3}{4}\right| < 1$ であるから収束して

$$\sum_{n=1}^{\infty}2\cdot\left(-\frac{3}{4}\right)^{n-1} = \frac{2}{1-\left(-\frac{3}{4}\right)} = \mathbf{\frac{8}{7}}$$

(3) $\left|\frac{\sqrt{5}}{4}\right| < 1$ であるから収束して

$$\sum_{n=1}^{\infty}4\cdot\left(\frac{\sqrt{5}}{4}\right)^n = \frac{\sqrt{5}}{1-\frac{\sqrt{5}}{4}}$$
$$= \mathbf{\frac{20+16\sqrt{5}}{11}}$$

〔2〕 $0.\dot{1} = 0.1+0.01+0.001+\cdots$

$$= \frac{0.1}{1-0.1} = \mathbf{\frac{1}{9}}$$

$0.\dot{2}\dot{3} = 0.23+0.0023+0.000023+\cdots$

$$= \frac{0.23}{1-0.01} = \mathbf{\frac{23}{99}}$$

③ (1) 一般項を a_n とおくと

$$a_n = (-1)^{n-1}n = \begin{cases} -n & (n\text{ が偶数}) \\ n & (n\text{ が奇数}) \end{cases}$$

よって，$\{a_n\}$ が 0 に収束しないから，この無限級数は発散する。

(2) 一般項を a_n とおくと

$a_n = \frac{n+1}{n+2}$ となり $\lim_{n\to\infty}a_n = 1 \neq 0$

よって，$\{a_n\}$ が 0 に収束しないから，この無限級数は発散する。

練習 29 次の無限級数の収束，発散を調べ，収束するときはその和を求めよ。

(1) $1+5+9+13+\cdots+(4n-3)+\cdots$

(2) $1+(2-\sqrt{3})+(7-4\sqrt{3})+(26-15\sqrt{3})+\cdots+(2-\sqrt{3})^{n-1}+\cdots$

(1) 初項から第 n 項までの部分和を S_n とすると

$$S_n = 1+5+9+\cdots+(4n-3)$$
$$= \frac{1}{2}n\{1+(4n-3)\} = 2n^2-n$$

◀初項 1，公差 4 の等差数列であるから，一般項は $4n-3$ である。

よって $\lim_{n\to\infty}S_n = \lim_{n\to\infty}(2n^2-n) = \lim_{n\to\infty}n^2\left(2-\frac{1}{n}\right) = \infty$

したがって，この無限級数は **発散** する。

(2) 初項から第 n 項までの部分和を S_n とすると

$$S_n = 1+(2-\sqrt{3})+(7-4\sqrt{3})+\cdots+(2-\sqrt{3})^{n-1}$$

$$= \frac{1\cdot\{1-(2-\sqrt{3})^n\}}{1-(2-\sqrt{3})} = \frac{1-(2-\sqrt{3})^n}{\sqrt{3}-1}$$

◀初項 1, 公比 $2-\sqrt{3}$ の等比数列であるから, 一般項は $(2-\sqrt{3})^{n-1}$ である。

$0<2-\sqrt{3}<1$ であるから

$$\lim_{n\to\infty} S_n = \lim_{n\to\infty}\frac{1-(2-\sqrt{3})^n}{\sqrt{3}-1} = \frac{1}{\sqrt{3}-1} = \frac{\sqrt{3}+1}{2}$$

◀$0<2-\sqrt{3}<1$ より $\lim_{n\to\infty}(2-\sqrt{3})^n=0$

したがって, この無限級数は **収束** し, その和は $\frac{\sqrt{3}+1}{2}$

練習 30 次の無限級数の収束, 発散を調べ, 収束するときはその和を求めよ。

(1) $\displaystyle\sum_{n=1}^{\infty}\frac{1}{n^2+2n}$　　(2) $\displaystyle\sum_{n=1}^{\infty}\frac{2}{\sqrt{n}+\sqrt{n+2}}$

(1) $\displaystyle\frac{1}{n^2+2n} = \frac{1}{n(n+2)} = \frac{1}{2}\left(\frac{1}{n}-\frac{1}{n+2}\right)$

◀部分分数に分解する。

よって, 初項から第 n 項までの和を S_n とすると

$$S_n = \sum_{k=1}^{n}\frac{1}{2}\left(\frac{1}{k}-\frac{1}{k+2}\right) = \frac{1}{2}\left(\sum_{k=1}^{n}\frac{1}{k}-\sum_{k=1}^{n}\frac{1}{k+2}\right)$$

$$= \frac{1}{2}\left\{\left(1+\frac{1}{2}+\frac{1}{3}+\frac{1}{4}+\cdots+\frac{1}{n-1}+\frac{1}{n}\right) - \left(\frac{1}{3}+\frac{1}{4}+\cdots+\frac{1}{n}+\frac{1}{n+1}+\frac{1}{n+2}\right)\right\}$$

◀$\frac{1}{3}+\frac{1}{4}+\cdots+\frac{1}{n}$ が打ち消し合う。

$$= \frac{1}{2}\left(1+\frac{1}{2}-\frac{1}{n+1}-\frac{1}{n+2}\right)$$

ゆえに $\displaystyle\lim_{n\to\infty} S_n = \lim_{n\to\infty}\frac{1}{2}\left(1+\frac{1}{2}-\frac{1}{n+1}-\frac{1}{n+2}\right) = \frac{3}{4}$

したがって, この無限級数は **収束** し, その和は $\frac{3}{4}$

(2) $$\frac{2}{\sqrt{n}+\sqrt{n+2}} = \frac{2(\sqrt{n+2}-\sqrt{n})}{(\sqrt{n+2}+\sqrt{n})(\sqrt{n+2}-\sqrt{n})} = \sqrt{n+2}-\sqrt{n}$$

◀分母を有理化する。

よって, 初項から第 n 項までの和を S_n とすると

$$S_n = \sum_{k=1}^{n}\frac{2}{\sqrt{k}+\sqrt{k+2}} = \sum_{k=1}^{n}\sqrt{k+2}-\sum_{k=1}^{n}\sqrt{k}$$

$$= (\sqrt{3}+\sqrt{4}+\cdots+\sqrt{n}+\sqrt{n+1}+\sqrt{n+2}) - (\sqrt{1}+\sqrt{2}+\sqrt{3}+\sqrt{4}+\cdots+\sqrt{n})$$

◀$\sqrt{3}+\sqrt{4}+\cdots+\sqrt{n}$ が打ち消し合う。

$$= \sqrt{n+1}+\sqrt{n+2}-1-\sqrt{2}$$

ゆえに $\displaystyle\lim_{n\to\infty} S_n = \lim_{n\to\infty}(\sqrt{n+1}+\sqrt{n+2}-1-\sqrt{2}) = \infty$

◀$\lim_{n\to\infty}\sqrt{n+1}=\infty$, $\lim_{n\to\infty}\sqrt{n+2}=\infty$

したがって, この無限級数は **発散** する。

練習 31 次の無限級数の和を求めよ。

(1) $\displaystyle\sum_{n=1}^{\infty}\left(\frac{3}{2^{n-1}}-\frac{1}{5^n}\right)$ (2) $\displaystyle\sum_{n=1}^{\infty}\frac{3^n+(-1)^n}{4^{n+1}}$

(1) $\displaystyle\sum_{n=1}^{\infty}\frac{3}{2^{n-1}}$ は，初項3，公比 $\frac{1}{2}$ の無限等比級数であり，

$\displaystyle\sum_{n=1}^{\infty}\frac{1}{5^n}$ は，初項 $\frac{1}{5}$，公比 $\frac{1}{5}$ の無限等比級数である。

$\left|\frac{1}{2}\right|<1$，$\left|\frac{1}{5}\right|<1$ より，$\displaystyle\sum_{n=1}^{\infty}\frac{3}{2^{n-1}}$，$\displaystyle\sum_{n=1}^{\infty}\frac{1}{5^n}$ はともに収束するから

$$\sum_{n=1}^{\infty}\left(\frac{3}{2^{n-1}}-\frac{1}{5^n}\right)=3\sum_{n=1}^{\infty}\left(\frac{1}{2}\right)^{n-1}-\sum_{n=1}^{\infty}\left(\frac{1}{5}\right)^n$$

$$=3\cdot\frac{1}{1-\frac{1}{2}}-\frac{\frac{1}{5}}{1-\frac{1}{5}}=\mathbf{\frac{23}{4}}$$

◀ $\displaystyle\sum_{n=1}^{\infty}\frac{3}{2^{n-1}}$，$\displaystyle\sum_{n=1}^{\infty}\frac{1}{5^n}$ がともに収束するから，極限値をそれぞれ求めて計算する。

(2) $$\frac{3^n+(-1)^n}{4^{n+1}}=\frac{1}{4}\left\{\left(\frac{3}{4}\right)^n+\left(-\frac{1}{4}\right)^n\right\}$$

$\left|\frac{3}{4}\right|<1$，$\left|-\frac{1}{4}\right|<1$ より，$\displaystyle\sum_{n=1}^{\infty}\left(\frac{3}{4}\right)^n$，$\displaystyle\sum_{n=1}^{\infty}\left(-\frac{1}{4}\right)^n$ はともに収束するから

$$\sum_{n=1}^{\infty}\frac{3^n+(-1)^n}{4^{n+1}}=\frac{1}{4}\left\{\sum_{n=1}^{\infty}\left(\frac{3}{4}\right)^n+\sum_{n=1}^{\infty}\left(-\frac{1}{4}\right)^n\right\}$$

$$=\frac{1}{4}\left\{\frac{\frac{3}{4}}{1-\frac{3}{4}}+\frac{-\frac{1}{4}}{1-\left(-\frac{1}{4}\right)}\right\}$$

$$=\frac{1}{4}\left(3-\frac{1}{5}\right)=\mathbf{\frac{7}{10}}$$

◀ $\displaystyle\sum_{n=1}^{\infty}\left(\frac{3}{4}\right)^n$，$\displaystyle\sum_{n=1}^{\infty}\left(-\frac{1}{4}\right)^n$ は $|$公比$|<1$ であるから，ともに収束する。

練習 32 無限等比級数 $1+\frac{1}{3}+\frac{1}{9}+\cdots$ の和 S と，初項から第 n 項までの部分和 S_n との差が，初めて 0.0001 より小さくなるような n の値を求めよ。

初項1，公比 $\frac{1}{3}$ であるから，無限等比級数は収束し，

その和は $$S=\frac{1}{1-\frac{1}{3}}=\frac{3}{2}$$

また $$S_n=\frac{1-\left(\frac{1}{3}\right)^n}{1-\frac{1}{3}}=\frac{3}{2}\left\{1-\left(\frac{1}{3}\right)^n\right\}$$

$S>S_n$ であるから S と S_n の差は

$$S-S_n=\frac{3}{2}-\frac{3}{2}\left\{1-\left(\frac{1}{3}\right)^n\right\}=\frac{1}{2\cdot3^{n-1}}$$

この値が $\frac{1}{10000}$ より小さくなるとき

◀ $0.0001=\frac{1}{10000}$

$\dfrac{1}{2\cdot 3^{n-1}} < \dfrac{1}{10000}$ より　$3^{n-1} > 5000$　$\cdots$①

◀両辺に $10000\cdot 3^{n-1}$ を掛ける。

$3^7 = 2187$, $3^8 = 6561$ であるから，① を満たす最小の自然数は

$n-1=8$

よって　$\boldsymbol{n=9}$

練習 33　無限等比級数 $x-\dfrac{x^2}{2}+\dfrac{x^3}{2^2}-\dfrac{x^4}{2^3}+\cdots+x\left(-\dfrac{x}{2}\right)^{n-1}+\cdots$ について

(1)　この級数が収束するような実数 x の値の範囲を求めよ。

(2)　(1) の範囲で，この級数の和を $f(x)$ とおく。$y=f(x)$ のグラフをかけ。

(1)　$x-\dfrac{x^2}{2}+\dfrac{x^3}{2^2}-\dfrac{x^4}{2^3}+\cdots+x\left(-\dfrac{x}{2}\right)^{n-1}+\cdots$ は，初項 x,

公比 $-\dfrac{x}{2}$ の無限等比級数である。

よって，収束する条件は　初項 $x=0$　$\cdots$①

または，公比 $-\dfrac{x}{2}$ について　$\left|-\dfrac{x}{2}\right|<1$　$\cdots$②

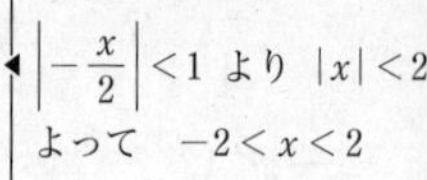

◀$\left|-\dfrac{x}{2}\right|<1$ より $|x|<2$

よって　$-2<x<2$

①，② より，収束する条件は　$\boldsymbol{-2<x<2}$

(2)　(ア)　$x=0$ のとき　$f(0)=0$

◀初項が 0 のとき，無限等比級数は 0 に収束する。

(イ)　$x \neq 0$, $\left|-\dfrac{x}{2}\right|<1$ すなわち $-2<x<0$, $0<x<2$ のとき

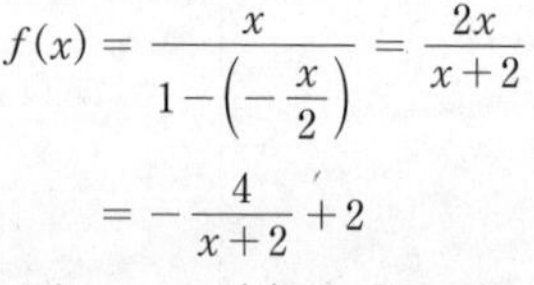

$$f(x)=\frac{x}{1-\left(-\dfrac{x}{2}\right)}=\frac{2x}{x+2}$$

$$=-\frac{4}{x+2}+2$$

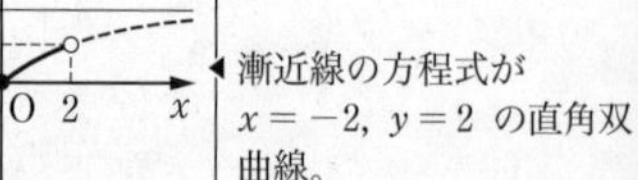

◀漸近線の方程式が $x=-2$, $y=2$ の直角双曲線。

◀原点もグラフの一部である。

(ア), (イ) より，$y=f(x)$ のグラフは

右の図。

練習 34　次の無限級数の収束，発散を調べ，収束するときはその和を求めよ。

(1)　$\left(2-\dfrac{3}{2}\right)+\left(\dfrac{3}{2}-\dfrac{4}{3}\right)+\left(\dfrac{4}{3}-\dfrac{5}{4}\right)+\cdots$　　(2)　$2-\dfrac{3}{2}+\dfrac{3}{2}-\dfrac{4}{3}+\dfrac{4}{3}-\dfrac{5}{4}+\cdots$

(1)　初項から第 n 項までの和を S_n とすると

$$S_n=\left(2-\frac{3}{2}\right)+\left(\frac{3}{2}-\frac{4}{3}\right)+\cdots+\left(\frac{n+1}{n}-\frac{n+2}{n+1}\right)$$

$$=2-\frac{n+2}{n+1}=\frac{n}{n+1}$$

よって　$\displaystyle\lim_{n\to\infty}S_n=\lim_{n\to\infty}\frac{n}{n+1}=\lim_{n\to\infty}\frac{1}{1+\dfrac{1}{n}}=1$

したがって，この無限級数は **収束** し，その和は **1**

(2)　初項から第 n 項までの和を S_n とすると

(ア)　$n=2m$ (m は正の整数) のとき

◀第 n 項は，n が偶数 $(2m)$ のときと奇数 $(2m-1)$ のときで異なることに注意する。

$$S_n=S_{2m}=2-\frac{3}{2}+\frac{3}{2}-\frac{4}{3}+\cdots+\frac{m+1}{m}-\frac{m+2}{m+1}$$

$$= 2 - \frac{m+2}{m+1} = \frac{m}{m+1}$$

$n \to \infty$ のとき $m \to \infty$ であるから

$$\lim_{m\to\infty} S_{2m} = 1$$

(イ) $n = 2m-1$ のとき，第 $2m$ 項を a_{2m} とすると

$$S_n = S_{2m-1} = S_{2m} - a_{2m}$$
$$= \left(2 - \frac{m+2}{m+1}\right) - \left(-\frac{m+2}{m+1}\right) = 2$$

よって　$\lim_{m\to\infty} S_{2m-1} = 2$

(ア)，(イ) より，この無限級数は **発散** する。

1章 3 無限級数

練習 35 無限級数 $\sum_{n=1}^{\infty} \frac{1}{2^n} \sin^2 \frac{n\pi}{2}$ の和を求めよ。

$a_n = \frac{1}{2^n} \sin^2 \frac{n\pi}{2}$，$S_n = \sum_{k=1}^{n} \frac{1}{2^k} \sin^2 \frac{k\pi}{2}$ とおく。

$n = 2m$（m は正の整数）のとき

$$S_{2m} = \frac{1}{2}\sin^2\frac{\pi}{2} + \frac{1}{2^2}\sin^2\pi + \frac{1}{2^3}\sin^2\frac{3}{2}\pi + \frac{1}{2^4}\sin^2 2\pi + \cdots + \frac{1}{2^{2m-1}}\sin^2\frac{2m-1}{2}\pi + \frac{1}{2^{2m}}\sin^2 m\pi$$

$$= \frac{1}{2} + \frac{1}{2^3} + \frac{1}{2^5} + \cdots + \frac{1}{2^{2m-1}}$$

$$= \frac{\frac{1}{2}\left\{1 - \left(\frac{1}{2^2}\right)^m\right\}}{1 - \frac{1}{2^2}} = \frac{2}{3}\left\{1 - \left(\frac{1}{4}\right)^m\right\}$$

$n \to \infty$ のとき $m \to \infty$ となるから　$\lim_{m\to\infty} S_{2m} = \frac{2}{3}$

ここで，$\left|\sin^2\frac{n\pi}{2}\right| \leqq 1$ より　$0 \leqq \left|\frac{1}{2^n}\sin^2\frac{n\pi}{2}\right| \leqq \frac{1}{2^n}$

$\lim_{n\to\infty} \frac{1}{2^n} = 0$ より，はさみうちの原理により　$a_n \to 0$

一方，$S_{2m-1} = S_{2m} - a_{2m}$ であり，$n \to \infty$ のとき $a_{2m} \to 0$ であるから

$$\lim_{m\to\infty} S_{2m-1} = \lim_{m\to\infty} S_{2m}$$

よって　$\lim_{n\to\infty} S_n = \sum_{n=1}^{\infty} \frac{1}{2^n}\sin^2\frac{n\pi}{2} = \mathbf{\frac{2}{3}}$

◀ 数列 $\left\{\sin^2\frac{n\pi}{2}\right\}$ が 1，0，1，0，・・・ の繰り返しになることに着目して場合分けする。

◀ k が整数のとき $\sin^2 k\pi = 0$

◀ 初項 $\frac{1}{2}$，公比 $\frac{1}{2^2}$ の等比数列の初項から第 m 項までの和である。

◀ $a_n \to 0$ を示し，$\{S_n\}$ が収束することを導く。

◀ このことより，$\{S_n\}$ は収束する。

練習 36 次の無限級数が発散することを示せ。

(1) $\frac{1}{3} + \frac{3}{4} + \frac{5}{5} + \frac{7}{6} + \cdots$　　(2) $\frac{1}{3} - \frac{3}{4} + \frac{5}{5} - \frac{7}{6} + \cdots$

(1) 一般項を a_n とおくと，$a_n = \frac{2n-1}{n+2}$ であるから

$$\lim_{n\to\infty} a_n = \lim_{n\to\infty}\frac{2n-1}{n+2} = \lim_{n\to\infty}\frac{2-\frac{1}{n}}{1+\frac{2}{n}} = 2$$

よって，数列 $\{a_n\}$ は 0 に収束しないから，$\frac{1}{3}+\frac{3}{4}+\frac{5}{5}+\frac{7}{6}+\cdots$ は発散する。

(2) 一般項を a_n とおくと　$a_n = (-1)^{n-1}\cdot\frac{2n-1}{n+2}$

ここで，$\lim_{n\to\infty}\frac{2n-1}{n+2} = 2$ であるから，数列 $\{a_n\}$ は振動する。

◀ $\lim_{n\to\infty}|a_n| = 2\ (\neq 0)$

よって，数列 $\{a_n\}$ は 0 に収束しないから，$\frac{1}{3}-\frac{3}{4}+\frac{5}{5}-\frac{7}{6}+\cdots$ は発散する。

練習 37　k が自然数のとき $\frac{1}{\sqrt{k+1}+\sqrt{k}} < \frac{1}{\sqrt{k}}$ であることを利用して，無限級数 $\sum_{n=1}^{\infty}\frac{1}{\sqrt{n}}$ が発散することを示せ。

第 n 項までの部分和を S_n とすると

$$S_n = \sum_{k=1}^{n}\frac{1}{\sqrt{k}} > \sum_{k=1}^{n}\frac{1}{\sqrt{k+1}+\sqrt{k}}$$

$$= \sum_{k=1}^{n}(\sqrt{k+1}-\sqrt{k}) = \sum_{k=1}^{n}\sqrt{k+1}-\sum_{k=1}^{n}\sqrt{k}$$

$$= \sqrt{2}+\sqrt{3}+\cdots+\sqrt{n}+\sqrt{n+1}$$

$$-(1+\sqrt{2}+\sqrt{3}+\cdots+\sqrt{n})$$

$$= \sqrt{n+1}-1$$

◀ $\frac{1}{\sqrt{k+1}+\sqrt{k}} = \sqrt{k+1}-\sqrt{k}$

すなわち　$S_n > \sqrt{n+1}-1$

ここで　$\lim_{n\to\infty}(\sqrt{n+1}-1) = \infty$ より　$\lim_{n\to\infty}S_n = \infty$

よって，無限級数 $\sum_{n=1}^{\infty}\frac{1}{\sqrt{n}}$ は発散する。

練習 38　図のように，AB = 8，BC = 7，∠C = 90° の直角三角形 ABC がある。△ABC に内接する円を O_1 とし，次に O_1 と辺 AB，BC に接する円を O_2 とする。この操作を繰り返し O_3，O_4，⋯，O_n，⋯ $(n = 1,\ 2,\ 3,\ \cdots)$ をつくる。円 O_n の半径を r_n，面積を S_n とする。

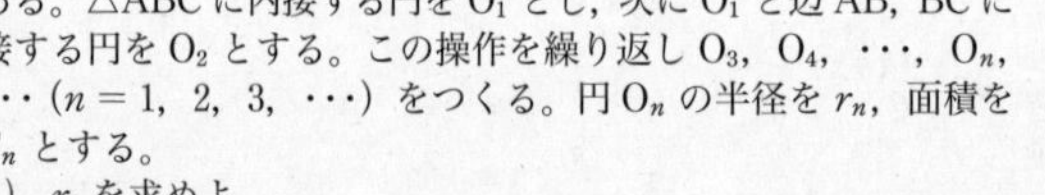

(1) r_1 を求めよ。
(2) r_n と S_n をそれぞれ n で表せ。
(3) 無限級数 $S_1+S_2+S_3+\cdots$ の和を求めよ。

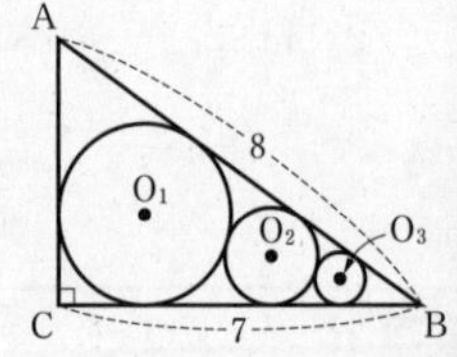

(1) r_1 は △ABC の内接円の半径であるから

$$\triangle ABC = \frac{r_1}{2}(AB+BC+CA)$$

三平方の定理により，$CA = \sqrt{15}$ であるから

◀ $CA = \sqrt{8^2-7^2} = \sqrt{15}$

$$\frac{1}{2}\cdot 7\cdot\sqrt{15} = \frac{r_1}{2}(8+7+\sqrt{15})$$

よって　　$r_1=\dfrac{7\sqrt{15}}{15+\sqrt{15}}=\dfrac{7}{\sqrt{15}+1}=\dfrac{\sqrt{15}-1}{2}$

(2)　右の図の $\triangle O_{n+1}O_nP$ において

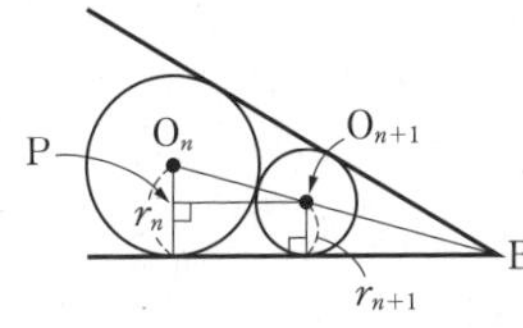

$\angle O_nO_{n+1}P=\dfrac{B}{2}$,

$O_nO_{n+1}=r_n+r_{n+1}$

$O_nP=r_n-r_{n+1}$　であるから

$\sin\dfrac{B}{2}=\dfrac{r_n-r_{n+1}}{r_n+r_{n+1}}$

◀中心 O_1, O_2, O_3, $\cdots$ は，$\angle ABC$ の二等分線上にある。

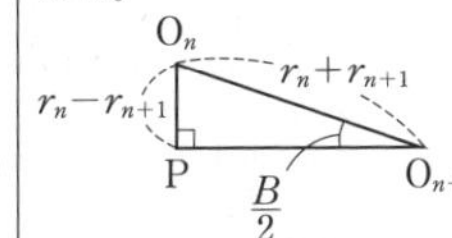

ここで，$\cos B=\dfrac{7}{8}$ より　　$\sin^2\dfrac{B}{2}=\dfrac{1-\cos B}{2}=\dfrac{1}{16}$

◀半角の公式
$\sin^2\dfrac{\theta}{2}=\dfrac{1-\cos\theta}{2}$

$\sin\dfrac{B}{2}>0$ より　　$\sin\dfrac{B}{2}=\dfrac{1}{4}$

よって　　$\dfrac{r_n-r_{n+1}}{r_n+r_{n+1}}=\dfrac{1}{4}$　すなわち　$r_{n+1}=\dfrac{3}{5}r_n$

ゆえに，数列 $\{r_n\}$ は初項 $\dfrac{\sqrt{15}-1}{2}$，公比 $\dfrac{3}{5}$ の等比数列であるから

$$\boldsymbol{r_n=\frac{\sqrt{15}-1}{2}\cdot\left(\frac{3}{5}\right)^{n-1}}$$

また

$$S_n=\pi r_n^2=\pi\left(\frac{\sqrt{15}-1}{2}\right)^2\cdot\left(\frac{3}{5}\right)^{2(n-1)}=\boldsymbol{\frac{8-\sqrt{15}}{2}\pi\cdot\left(\frac{9}{25}\right)^{n-1}}$$

(3)　無限等比級数 $\displaystyle\sum_{n=1}^{\infty}S_n$ は，初項 $\dfrac{8-\sqrt{15}}{2}\pi$，公比 $\dfrac{9}{25}$ であるから，その和は

◀$|公比|<1$ であるから，この無限等比級数は収束する。

$$S_1+S_2+S_3+\cdots=\frac{\frac{8-\sqrt{15}}{2}\pi}{1-\frac{9}{25}}=\boldsymbol{\frac{25(8-\sqrt{15})}{32}\pi}$$

練習 39　多角形 A_n ($n=1$, 2, 3, $\cdots$) を次の(ア)，(イ)の手順でつくる。

(ア)　1辺の長さが1の正方形を A_1 とする。

(イ)　A_n の各辺の中央に1辺の長さが $\dfrac{1}{3^n}$ の正方形を右の図のように付け加えた多角形を A_{n+1} とする。

(1)　多角形 A_n の辺の数 a_n を n で表せ。

(2)　多角形 A_n の面積 S_n を n で表し，$\displaystyle\lim_{n\to\infty}S_n$ を求めよ。

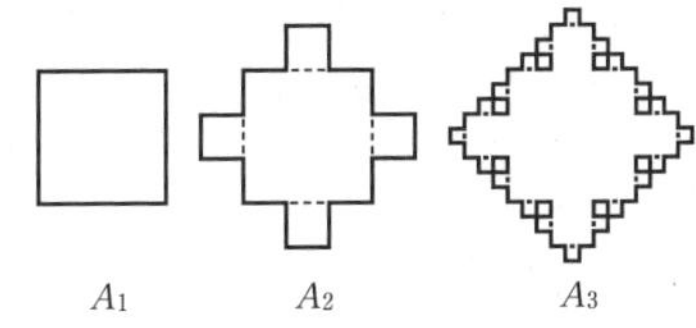

(1)　A_1 は正方形であるから　　$a_1=4$

A_n から A_{n+1} をつくるとき，A_n の各辺が5つの辺に増えるから

$a_{n+1}=5a_n$

よって，数列 $\{a_n\}$ は初項 $a_1=4$，公比5の等比数列であるから

$\boldsymbol{a_n=4\cdot5^{n-1}}$

◀A_n の1辺が，A_{n+1} では下の図のようになる。

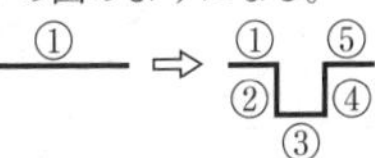

(2)　A_1 は1辺の長さが1の正方形であるから　　$S_1=1^2=1$

A_n から A_{n+1} をつくるとき，1辺の長さが $\dfrac{1}{3^n}$ の正方形が a_n 個付け

加えられるから

$$S_{n+1}=S_n+\left(\frac{1}{3^n}\right)^2\cdot a_n=S_n+\frac{4}{9}\cdot\left(\frac{5}{9}\right)^{n-1}$$

◀ A_{n+1} は A_n の各辺に正方形を追加してできる。

◀ S_{n+1}
$=S_n+\left(\frac{1}{9}\right)^n\cdot 4\cdot 5^{n-1}$
$=S_n+\frac{4}{9}\cdot\left(\frac{1}{9}\right)^{n-1}\cdot 5^{n-1}$

すなわち　$S_{n+1}-S_n=\frac{4}{9}\cdot\left(\frac{5}{9}\right)^{n-1}$

よって，$n\geqq 2$ のとき

$$S_n=S_1+\sum_{k=1}^{n-1}(S_{k+1}-S_k)=1+\frac{4}{9}\sum_{k=1}^{n-1}\left(\frac{5}{9}\right)^{k-1}$$

◀ 数列 $\{S_n\}$ の階差数列を考える。

$$=1+\frac{4}{9}\cdot\frac{1-\left(\frac{5}{9}\right)^{n-1}}{1-\frac{5}{9}}=2-\left(\frac{5}{9}\right)^{n-1}$$

◀ 数列 $\{S_{n+1}-S_n\}$ は等比数列である。

$n=1$ を代入すると 1 となり，S_1 に一致する。

ゆえに　$\boldsymbol{S_n=2-\left(\frac{5}{9}\right)^{n-1}}$

したがって

$$\lim_{n\to\infty}S_n=\lim_{n\to\infty}\left\{2-\left(\frac{5}{9}\right)^{n-1}\right\}=\mathbf{2}$$

◀ $\lim_{n\to\infty}\left(\frac{5}{9}\right)^{n-1}=0$

練習 40　次の循環小数を既約分数で表せ。
(1)　$0.0\dot{3}4\dot{5}$　　(2)　$3.2\dot{4}\dot{6}$

(1)　$0.0\dot{3}4\dot{5}=0.0345345345\cdots$
$=0.0345+0.0000345+0.0000000345+\cdots$

よって，この循環小数は，初項 0.0345，公比 0.001 の無限等比級数である。

◀ |公比|＜1 であるから，この無限等比級数は収束する。

したがって　$0.0\dot{3}4\dot{5}=\frac{0.0345}{1-0.001}=\frac{345}{9990}=\boldsymbol{\frac{23}{666}}$

〔別解〕

$x=0.0\dot{3}4\dot{5}$ とおくと，$1000x=34.5\dot{3}4\dot{5}$ であるから
$1000x-x=34.5$ より　$999x=34.5$

よって　$x=\frac{345}{9990}=\frac{23}{666}$

(2)　$3.2\dot{4}\dot{6}=3.2464646\cdots$
$=3.2+0.046+0.00046+0.0000046+\cdots$

よって，この循環小数は，3.2 と初項 0.046，公比 0.01 の無限等比級数の和である。

◀ 循環する部分としない部分に分ける。

したがって　$3.2\dot{4}\dot{6}=3.2+\frac{0.046}{1-0.01}=3.2+\frac{46}{990}=\boldsymbol{\frac{1607}{495}}$

p.75　問題編 3　無限級数

問題 29　無限級数 $3\cdot 3+5\cdot 3^2+7\cdot 3^3+9\cdot 3^4+\cdots+(2n+1)\cdot 3^n+\cdots$ の収束，発散を調べよ。

$S_n=3\cdot 3+5\cdot 3^2+7\cdot 3^3+9\cdot 3^4+\cdots+(2n+1)3^n$ とおく。
下の筆算より

$$
\begin{array}{rl}
S_n = & 3\cdot3+5\cdot3^2+7\cdot3^3+9\cdot3^4+\cdots\cdots+(2n+1)3^n \\
-)\ 3S_n = & \qquad 3\cdot3^2+5\cdot3^3+7\cdot3^4+9\cdot3^5+\ \cdots\cdots\ +(2n+1)3^{n+1} \\
\hline
-2S_n = & 3\cdot3+2\cdot3^2+2\cdot3^3+2\cdot3^4+2\cdot3^5+\cdots+2\cdot3^n-(2n+1)3^{n+1}
\end{array}
$$

$$
\begin{aligned}
&= 9+2(3^2+3^3+3^4+3^5+\cdots+3^n)-(2n+1)3^{n+1} \\
&= 9+2\cdot\frac{9(3^{n-1}-1)}{3-1}-(2n+1)3^{n+1} \\
&= 9+9(3^{n-1}-1)-(2n+1)3^{n+1} \\
&= -2n\cdot3^{n+1}
\end{aligned}
$$

◀一般項が等差数列と等比数列の積の形をした数列の和は，両辺に等比数列の公比を掛けて，差をとる。

よって　$S_n=n\cdot3^{n+1}$

ゆえに　$\displaystyle\lim_{n\to\infty}S_n=\lim_{n\to\infty}n\cdot3^{n+1}=\infty$

したがって，この無限級数は **発散** する。

問題 **30** 次の無限級数の収束，発散を調べ，収束するときはその和を求めよ。

(1) $\displaystyle\sum_{n=1}^{\infty}\frac{1}{n(n+1)(n+2)}$　　(2) $\displaystyle\sum_{n=1}^{\infty}\frac{n}{(n+1)!}$

(1) $\displaystyle\frac{1}{n(n+1)(n+2)}=\frac{1}{2}\left\{\frac{1}{n(n+1)}-\frac{1}{(n+1)(n+2)}\right\}$

◀部分分数に分解する。

よって，初項から第 n 項までの和を S_n とすると

$$
\begin{aligned}
S_n &= \frac{1}{2}\sum_{k=1}^{n}\left\{\frac{1}{k(k+1)}-\frac{1}{(k+1)(k+2)}\right\} \\
&= \frac{1}{2}\left\{\sum_{k=1}^{n}\frac{1}{k(k+1)}-\sum_{k=1}^{n}\frac{1}{(k+1)(k+2)}\right\} \\
&= \frac{1}{2}\left\{\left(\frac{1}{1\cdot2}+\frac{1}{2\cdot3}+\cdots+\frac{1}{n(n+1)}\right)\right. \\
&\qquad \left.-\left(\frac{1}{2\cdot3}+\frac{1}{3\cdot4}+\cdots+\frac{1}{n(n+1)}+\frac{1}{(n+1)(n+2)}\right)\right\} \\
&= \frac{1}{2}\left\{\frac{1}{2}-\frac{1}{(n+1)(n+2)}\right\}
\end{aligned}
$$

◀$\displaystyle\frac{1}{2\cdot3}+\cdots+\frac{1}{n(n+1)}$ が打ち消し合う。

ゆえに　$\displaystyle\lim_{n\to\infty}S_n=\lim_{n\to\infty}\frac{1}{2}\left\{\frac{1}{2}-\frac{1}{(n+1)(n+2)}\right\}=\frac{1}{4}$

◀$\displaystyle\lim_{n\to\infty}\frac{1}{(n+1)(n+2)}=0$

したがって，この無限級数は **収束** し，その和は $\mathbf{\dfrac{1}{4}}$

(2) $\displaystyle\frac{n}{(n+1)!}=\frac{1}{n!}-\frac{1}{(n+1)!}$

◀$\displaystyle\frac{n}{(n+1)!}=\frac{(n+1)-1}{(n+1)!}=\frac{n+1}{(n+1)!}-\frac{1}{(n+1)!}=\frac{1}{n!}-\frac{1}{(n+1)!}$

よって，初項から第 n 項までの和を S_n とすると

$$
\begin{aligned}
S_n &= \sum_{k=1}^{n}\left\{\frac{1}{k!}-\frac{1}{(k+1)!}\right\}=\sum_{k=1}^{n}\frac{1}{k!}-\sum_{k=1}^{n}\frac{1}{(k+1)!} \\
&= \left(\frac{1}{1!}+\frac{1}{2!}+\cdots+\frac{1}{n!}\right)-\left\{\frac{1}{2!}+\frac{1}{3!}+\cdots+\frac{1}{n!}+\frac{1}{(n+1)!}\right\} \\
&= 1-\frac{1}{(n+1)!}
\end{aligned}
$$

◀$\displaystyle\frac{1}{2!}+\frac{1}{3!}+\cdots+\frac{1}{n!}$ が打ち消し合う。

ゆえに　$\displaystyle\lim_{n\to\infty}S_n=\lim_{n\to\infty}\left\{1-\frac{1}{(n+1)!}\right\}=1$

◀$\displaystyle\lim_{n\to\infty}\frac{1}{(n+1)!}=0$

したがって，この無限級数は **収束** し，その和は **1**

問題 **31**　無限級数 $\frac{3}{4}+\frac{5}{4^2}+\frac{9}{4^3}+\frac{17}{4^4}+\frac{33}{4^5}+\cdots$ の和を求めよ。

各項の分子からなる数列を $\{a_n\}$ とおくと

$\{a_n\}$：3, 5, 9, 17, 33, ・・・

数列 $\{a_n\}$ の階差数列を $\{b_n\}$ とおくと

$\{b_n\}$：2, 4, 8, 16, ・・・

よって　$b_n=2^n$

$n\geqq 2$ のとき

$$a_n=3+\sum_{k=1}^{n-1}2^k=3+\frac{2(2^{n-1}-1)}{2-1}=2^n+1$$

$n=1$ を代入すると 3 となり，a_1 に一致する。

ゆえに　$a_n=2^n+1$

これより，与えられた無限級数の一般項は

$$\frac{2^n+1}{4^n}=\left(\frac{1}{2}\right)^n+\left(\frac{1}{4}\right)^n$$

$\left|\frac{1}{2}\right|<1$，$\left|\frac{1}{4}\right|<1$ より，$\sum_{n=1}^{\infty}\left(\frac{1}{2}\right)^n$，$\sum_{n=1}^{\infty}\left(\frac{1}{4}\right)^n$ はともに収束するから

$$\frac{3}{4}+\frac{5}{4^2}+\frac{9}{4^3}+\frac{17}{4^4}+\frac{33}{4^5}+\cdots$$

$$=\sum_{n=1}^{\infty}\frac{2^n+1}{4^n}=\sum_{n=1}^{\infty}\left(\frac{1}{2}\right)^n+\sum_{n=1}^{\infty}\left(\frac{1}{4}\right)^n$$

$$=\frac{\frac{1}{2}}{1-\frac{1}{2}}+\frac{\frac{1}{4}}{1-\frac{1}{4}}=1+\frac{1}{3}=\frac{4}{3}$$

◀ $b_n=a_{n+1}-a_n$

◀ $\{b_n\}$ は初項 2，公比 2 の等比数列である。

◀ $a_n=a_1+\sum_{k=1}^{n-1}b_k$

◀ 分母からなる数列の一般項は 4^n である。

問題 **32**　初項 $\frac{9}{25}$，公比 $\frac{3}{5}$ の無限等比級数の和 S と，初項から第 n 項までの部分和 S_n との差が，初めて $\frac{1}{10}$ より小さくなるような n の値を求めよ。ただし，$\log_{10}2=0.3010$，$\log_{10}3=0.4771$ とする。

初項 $\frac{9}{25}$，公比 $\frac{3}{5}$ であるから，無限等比級数は収束し，

その和は　$S=\dfrac{\frac{9}{25}}{1-\frac{3}{5}}=\dfrac{9}{10}$

また　$S_n=\dfrac{\frac{9}{25}\left\{1-\left(\frac{3}{5}\right)^n\right\}}{1-\frac{3}{5}}=\dfrac{9}{10}\left\{1-\left(\frac{3}{5}\right)^n\right\}$

$S>S_n$ であるから S と S_n の差は

$$S-S_n=\frac{9}{10}-\frac{9}{10}\left\{1-\left(\frac{3}{5}\right)^n\right\}=\frac{9}{10}\cdot\left(\frac{3}{5}\right)^n$$

この値が $\frac{1}{10}$ より小さくなるとき

$\frac{9}{10}\cdot\left(\frac{3}{5}\right)^n < \frac{1}{10}$ より　$\left(\frac{3}{5}\right)^n < \frac{1}{9}$　…①

① の両辺の常用対数をとると

$n(\log_{10}3-\log_{10}5) < -2\log_{10}3$

$\log_{10}3-\log_{10}5 < 0$ より　$n > \frac{2\log_{10}3}{\log_{10}5-\log_{10}3}$

$\log_{10}5 = \log_{10}\frac{10}{2} = 1-\log_{10}2$ より

$$n > \frac{2\log_{10}3}{1-\log_{10}2-\log_{10}3} = \frac{0.9542}{0.2219} = 4.3\cdots$$

よって，① を満たす最小の自然数 n は　$\boldsymbol{n=5}$

◀ $\log_{10}\left(\frac{3}{5}\right)^n < \log_{10}\frac{1}{9}$ を簡単にする。

◀ $\log_{10}3-\log_{10}5<0$ であるから，不等号の向きが変わる。

問題 **33**　無限等比級数 $x+x(x^2-x-1)+x(x^2-x-1)^2+\cdots+x(x^2-x-1)^{n-1}+\cdots$ について

(1)　この級数が収束するような実数 x の値の範囲を求めよ。

(2)　(1) の範囲において，この級数の和を求めよ。

(1)　$x+x(x^2-x-1)+x(x^2-x-1)^2+\cdots+x(x^2-x-1)^{n-1}+\cdots$ は，

初項 x，公比 x^2-x-1 の無限等比級数である。

よって，収束する条件は　初項 $x=0$　…①

または，公比 x^2-x-1 について　$|x^2-x-1|<1$　…②

② より　$-1<x^2-x-1<1$

$-1<x^2-x-1$ のとき　$x^2-x>0$

よって　$x<0,\ 1<x$　…③

$x^2-x-1<1$ のとき　$x^2-x-2<0$

よって　$-1<x<2$　…④

③ かつ ④ より　$-1<x<0,\ 1<x<2$　…⑤

したがって，求める x の値の範囲は，① または ⑤ より

$\boldsymbol{-1<x\leqq 0,\ 1<x<2}$

(2)　(ア)　$x=0$ のとき，その和は 0

(イ)　$-1<x<0,\ 1<x<2$ のとき，その和は

$$\frac{x}{1-(x^2-x-1)} = \frac{x}{-x^2+x+2}$$

この式に $x=0$ を代入すると 0 となる。

(ア), (イ) より，この級数の和は　$\boldsymbol{\frac{x}{-x^2+x+2}}$

◀ 初項 $=0$ または $|$公比$|<1$

◀ $x^2-x>0$ より $x(x-1)>0$

◀ $x^2-x-2<0$ より $(x-2)(x+1)<0$

◀ 初項が 0 のとき，無限等比級数は 0 に収束する。

問題 **34**　次の無限級数の収束，発散を調べ，収束するときはその和を求めよ。

(1)　$1-1+1-1+\cdots$　　(2)　$1-\frac{1}{3}+\frac{1}{3}-\frac{1}{5}+\frac{1}{5}-\frac{1}{7}+\cdots$

(1)　初項から第 n 項までの和を S_n とすると

(ア)　$n=2m$（m は正の整数）のとき

$$S_n = S_{2m} = 1-1+1-1+\cdots+1-1$$
$$= (1-1)+(1-1)+\cdots+(1-1) = 0$$

$n\to\infty$ のとき $m\to\infty$ であるから

$$\lim_{m\to\infty} S_{2m} = 0$$

(イ)　$n=2m-1$ のとき

◀ 初項 1, 公比 -1 の無限等比級数と考えてもよい。このとき，公比は -1 であるから発散する。

$$S_n = S_{2m-1} = 1-1+1-1+\cdots+1-1+1$$
$$= (1-1)+(1-1)+\cdots+(1-1)+1 = 1$$

よって　$\lim_{m\to\infty} S_{2m-1} = 1$

(ア), (イ) より，この無限級数は **発散** する。

◀ $S_{2m-1} = S_{2m} - a_{2m} = 0-(-1) = 1$

(2)　初項から第 n 項までの和を S_n とすると

(ア)　$n=2m$（m は正の整数）のとき

$$S_n = S_{2m}$$
$$= 1-\frac{1}{3}+\frac{1}{3}-\frac{1}{5}+\cdots+\frac{1}{2m-1}-\frac{1}{2m+1}$$
$$= 1+\left(-\frac{1}{3}+\frac{1}{3}\right)+\left(-\frac{1}{5}+\frac{1}{5}\right)+\cdots$$
$$\cdots+\left(-\frac{1}{2m-1}+\frac{1}{2m-1}\right)-\frac{1}{2m+1}$$
$$= 1-\frac{1}{2m+1}$$

◀ 末項は $-\frac{1}{2m+1}$ となることに注意する。

$n\to\infty$ のとき $m\to\infty$ であるから

$$\lim_{m\to\infty} S_{2m} = \lim_{m\to\infty}\left(1-\frac{1}{2m+1}\right) = 1$$

(イ)　$n=2m-1$ のとき，第 $2m$ 項を a_{2m} とすると

$$S_n = S_{2m-1} = S_{2m}+\frac{1}{2m+1} = 1$$

よって　$\lim_{m\to\infty} S_{2m-1} = 1$

(ア), (イ) より，この無限級数は **収束** し，その和は **1**

◀ $S_{2m-1} = S_{2m}-a_{2m} = S_{2m}-\left(-\frac{1}{2m+1}\right)$

問題 **35**　無限級数 $\sum_{n=1}^{\infty}\left(\frac{1}{5}\right)^n \sin\frac{n\pi}{4}$ の和を求めよ。

$a_n = \left(\frac{1}{5}\right)^n \sin\frac{n\pi}{4}$，$S_n = \sum_{k=1}^{n}\left(\frac{1}{5}\right)^k \sin\frac{k\pi}{4}$　とおく。

$n=8m$（m は正の整数）のとき

$$S_{8m} = \frac{1}{5}\sin\frac{\pi}{4}+\left(\frac{1}{5}\right)^2\sin\frac{\pi}{2}+\left(\frac{1}{5}\right)^3\sin\frac{3}{4}\pi$$
$$+\left(\frac{1}{5}\right)^4\sin\pi+\left(\frac{1}{5}\right)^5\sin\frac{5}{4}\pi+\left(\frac{1}{5}\right)^6\sin\frac{3}{2}\pi$$
$$+\left(\frac{1}{5}\right)^7\sin\frac{7}{4}\pi+\left(\frac{1}{5}\right)^8\sin 2\pi+\cdots+\left(\frac{1}{5}\right)^{8m}\sin 2m\pi$$
$$= \frac{1}{\sqrt{2}}\left\{\frac{1}{5}-\left(\frac{1}{5}\right)^5+\left(\frac{1}{5}\right)^9-\cdots-\left(\frac{1}{5}\right)^{8m-3}\right\}$$
$$+\left\{\left(\frac{1}{5}\right)^2-\left(\frac{1}{5}\right)^6+\left(\frac{1}{5}\right)^{10}-\cdots-\left(\frac{1}{5}\right)^{8m-2}\right\}$$
$$+\frac{1}{\sqrt{2}}\left\{\left(\frac{1}{5}\right)^3-\left(\frac{1}{5}\right)^7+\left(\frac{1}{5}\right)^{11}-\cdots-\left(\frac{1}{5}\right)^{8m-1}\right\}$$
$$= \frac{1}{\sqrt{2}}\cdot\frac{\frac{1}{5}\left\{1-\left(-\frac{1}{5^4}\right)^{2m}\right\}}{1+\left(\frac{1}{5}\right)^4}+\frac{\left(\frac{1}{5}\right)^2\left\{1-\left(-\frac{1}{5^4}\right)^{2m}\right\}}{1+\left(\frac{1}{5}\right)^4}$$

◀ 数列 $\left\{\sin\frac{n\pi}{4}\right\}$ が $\frac{1}{\sqrt{2}}$, 1, $\frac{1}{\sqrt{2}}$, 0, $-\frac{1}{\sqrt{2}}$, -1, $-\frac{1}{\sqrt{2}}$, 0, $\cdots$ の繰り返しになることに着目して場合分けする。

◀ 各{ }内は，公比 $-\left(\frac{1}{5}\right)^4$，項数 $2m$ の等比数列の和である。

$$+\frac{1}{\sqrt{2}}\cdot\frac{\left(\frac{1}{5}\right)^3\left\{1-\left(-\frac{1}{5^4}\right)^{2m}\right\}}{1+\left(\frac{1}{5}\right)^4}$$

$$=\frac{\sqrt{2}}{2}\cdot\frac{125}{626}\left\{1-\left(-\frac{1}{5^4}\right)^{2m}\right\}+\frac{25}{626}\left\{1-\left(-\frac{1}{5^4}\right)^{2m}\right\}$$
$$+\frac{\sqrt{2}}{2}\cdot\frac{5}{626}\left\{1-\left(-\frac{1}{5^4}\right)^{2m}\right\}$$

$n\to\infty$ のとき $m\to\infty$ となるから

$$\lim_{m\to\infty}S_{8m}=\frac{125\sqrt{2}+50+5\sqrt{2}}{2\cdot 626}=\frac{65\sqrt{2}+25}{626}=\frac{5(13\sqrt{2}+5)}{626}$$

ここで，$\left|\sin\frac{n\pi}{4}\right|\leqq 1$ より　$0\leqq\left|\left(\frac{1}{5}\right)^n\sin\frac{n\pi}{4}\right|\leqq\left(\frac{1}{5}\right)^n$

◀ $a_n\to 0$ を示し，$\{S_n\}$ が収束することを導く。

$\lim_{n\to\infty}\left(\frac{1}{5}\right)^n=0$ より，はさみうちの原理により　$a_n\to 0$

一方　$S_{8m-1}=S_{8m}-a_{8m}$

$S_{8m-2}=S_{8m-1}-a_{8m-1}$

……

$S_{8m-6}=S_{8m-5}-a_{8m-5}$

$S_{8m-7}=S_{8m-6}-a_{8m-6}$　であり，

$n\to\infty$ のとき，$a_{8m}\to 0$，$a_{8m-1}\to 0$，$\cdots$，$a_{8m-6}\to 0$ であるから

$$\lim_{m\to\infty}S_{8m-1}=\cdots=\lim_{m\to\infty}S_{8m-7}=\lim_{m\to\infty}S_{8m}$$

◀ このことより，$\{S_n\}$ は収束する。

よって　$\lim_{n\to\infty}S_n=\sum_{n=1}^{\infty}\left(\frac{1}{5}\right)^n\sin\frac{n\pi}{4}=\boldsymbol{\frac{5(13\sqrt{2}+5)}{626}}$

問題 36　無限級数 $2-\frac{4}{3}+\frac{4}{3}-\frac{6}{5}+\frac{6}{5}-\frac{8}{7}+\cdots$ が発散することを示せ。

一般項を a_n とおく。

(ア)　n が偶数のとき $n=2m$（m は正の整数）とおくと

$$a_n=a_{2m}=-\frac{2m+2}{2m+1}$$

$n\to\infty$ のとき，$m\to\infty$ であるから

$$\lim_{m\to\infty}a_{2m}=\lim_{m\to\infty}\left(-\frac{2m+2}{2m+1}\right)=-1$$

◀ $\lim_{m\to\infty}\left(-\frac{2m+2}{2m+1}\right)=\lim_{m\to\infty}\left(-\frac{2+\frac{2}{m}}{2+\frac{1}{m}}\right)=-1$

(イ)　n が奇数のとき $n=2m-1$ とおくと

$$a_n=a_{2m-1}=\frac{2m}{2m-1}$$

$n\to\infty$ のとき，$m\to\infty$ であるから

$$\lim_{m\to\infty}a_{2m-1}=\lim_{m\to\infty}\frac{2m}{2m-1}=1$$

(ア)，(イ) より，数列 $\{a_n\}$ は収束しない。
したがって，この無限級数は発散する。

◀ $\lim_{m\to\infty}a_{2m}\neq 0$ または $\lim_{m\to\infty}a_{2m-1}\neq 0$ であればもとの無限級数は発散する。

問題 37　$a\geqq 1$ のとき，無限級数 $\sum_{n=1}^{\infty}\frac{a^n}{1+a^n}$ が発散することを示せ。

$S_n=\dfrac{a}{1+a}+\dfrac{a^2}{1+a^2}+\cdots+\dfrac{a^n}{1+a^n}$ とおく。

$a \geqq 1$ のとき　$\dfrac{a^k}{1+a^k}=1-\dfrac{1}{1+a^k}$

$a \geqq 1$ より $a^k \geqq 1$ であるから　$1+a^k \geqq 2$

よって　$\dfrac{1}{1+a^k} \leqq \dfrac{1}{2}$

ゆえに　$S_n=\displaystyle\sum_{k=1}^{n}\frac{a^k}{1+a^k}=\sum_{k=1}^{n}\left(1-\frac{1}{1+a^k}\right) \geqq \sum_{k=1}^{n}\frac{1}{2}=\frac{n}{2}$

ここで　$\displaystyle\lim_{n\to\infty}\frac{n}{2}=\infty$ より　$\displaystyle\lim_{n\to\infty}S_n=\infty$

よって，無限級数 $\displaystyle\sum_{n=1}^{\infty}\frac{a^n}{1+a^n}$ は発散する。

◀ $\dfrac{a^k}{1+a^k}=\dfrac{(1+a^k)-1}{1+a^k}=1-\dfrac{1}{1+a^k}$

◀ $\dfrac{1}{1+a^k} \leqq \dfrac{1}{2}$ より $1-\dfrac{1}{1+a^k} \geqq \dfrac{1}{2}$

問題 **38**　座標平面上で，動点Pが原点 $P_0(0,\ 0)$ を出発して，点 $P_1(1,\ 0)$ へ動き，さらに右の図のように $120°$ ずつ向きを変えて P_2，P_3，$\cdots$，P_n，$\cdots$ へと動く。ただし，$P_nP_{n+1}=\dfrac{2}{3}P_{n-1}P_n$ $(n=1,\ 2,\ 3,\ \cdots)$ とする。

(1)　$l_n=P_{n-1}P_n$ とするとき，$l_1+l_2+l_3+\cdots$ を求めよ。

(2)　n を限りなく大きくするとき，P_n が近づく点の座標を求めよ。

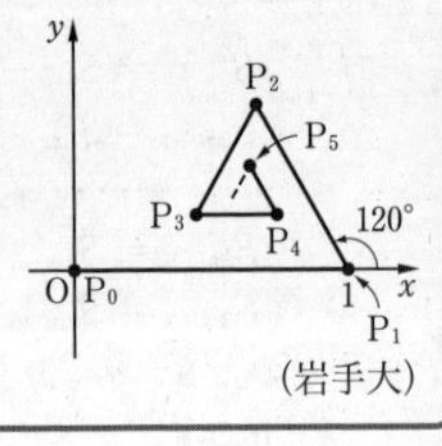

（岩手大）

(1)　$P_nP_{n+1}=\dfrac{2}{3}P_{n-1}P_n$ より　$l_{n+1}=\dfrac{2}{3}l_n$

よって，数列 $\{l_n\}$ は初項 $l_1=P_0P_1=1$，公比 $\dfrac{2}{3}$ の等比数列であるから　$l_n=1\cdot\left(\dfrac{2}{3}\right)^{n-1}=\left(\dfrac{2}{3}\right)^{n-1}$

したがって，無限等比級数 $l_1+l_2+l_3+\cdots$ は収束し，その和は

$$l_1+l_2+l_3+\cdots=\frac{1}{1-\dfrac{2}{3}}=\mathbf{3}$$

◀ $|$公比$|<1$ であるから，この無限等比級数は収束する。

(2)　点 P_n の x 座標を x_n とおく。

$$x_n=l_1\cos0°+l_2\cos120°+l_3\cos240°+l_4\cos360°$$
$$+l_5\cos480°+l_6\cos600°+\cdots+l_n\cos\{120°\times(n-1)\}$$

$n=3k$（k は正の整数）のとき

$$x_{3k}=1\cdot(l_1+l_4+l_7+\cdots+l_{3k-2})-\frac{1}{2}(l_2+l_5+l_8+\cdots+l_{3k-1})$$
$$-\frac{1}{2}(l_3+l_6+l_9+\cdots+l_{3k})$$

ここで　$l_{3k-2}=\left(\dfrac{2}{3}\right)^{(3k-2)-1}=\left(\dfrac{2}{3}\right)^{3(k-1)}=\left(\dfrac{8}{27}\right)^{k-1}$

同様にして　$l_{3k-1}=\dfrac{2}{3}\cdot\left(\dfrac{8}{27}\right)^{k-1}$，　$l_{3k}=\dfrac{4}{9}\cdot\left(\dfrac{8}{27}\right)^{k-1}$

よって

◀ P_{n+1} は P_n を x 軸方向に $l_{n+1}\cos(120°\times n)$，$y$ 軸方向に $l_{n+1}\sin(120°\times n)$ だけ移動した点である。

◀ $\cos0°=\cos360°=\cos720°=\cdots=1$
$\cos120°=\cos480°=\cos840°=\cdots=-\dfrac{1}{2}$
$\cos240°=\cos600°=\cos960°=\cdots=-\dfrac{1}{2}$

$$x_{3k}=1\cdot\frac{1-\left(\frac{8}{27}\right)^k}{1-\frac{8}{27}}-\frac{1}{2}\cdot\frac{\frac{2}{3}\left\{1-\left(\frac{8}{27}\right)^k\right\}}{1-\frac{8}{27}}-\frac{1}{2}\cdot\frac{\frac{4}{9}\left\{1-\left(\frac{8}{27}\right)^k\right\}}{1-\frac{8}{27}}$$

$$=\frac{12}{19}\left\{1-\left(\frac{8}{27}\right)^k\right\}$$

したがって　$\displaystyle\lim_{k\to\infty}x_{3k}=\frac{12}{19}$

$x_{3k-1}=x_{3k}+\frac{1}{2}l_{3k}$，$x_{3k-2}=x_{3k-1}+\frac{1}{2}l_{3k-1}$ であり，$k\to\infty$ のとき $l_{3k}\to 0$，$l_{3k-1}\to 0$ であるから

$$\lim_{k\to\infty}x_{3k}=\lim_{k\to\infty}x_{3k-1}=\lim_{k\to\infty}x_{3k-2}=\frac{12}{19}$$

ゆえに　$\displaystyle\lim_{n\to\infty}x_n=\frac{12}{19}$

点 P_n の y 座標を y_n とおく。

$$y_n=l_1\sin 0^\circ+l_2\sin 120^\circ+l_3\sin 240^\circ+l_4\sin 360^\circ$$
$$+l_5\sin 480^\circ+l_6\sin 600^\circ+\cdots+l_n\sin\{120^\circ\times(n-1)\}$$

◀ $\sin 0^\circ=\sin 360^\circ=\sin 720^\circ=\cdots=0$
$\sin 120^\circ=\sin 480^\circ=\sin 840^\circ=\cdots=\frac{\sqrt{3}}{2}$
$\sin 240^\circ=\sin 600^\circ=\sin 960^\circ=\cdots=-\frac{\sqrt{3}}{2}$

$n=3k$（k は正の整数）のとき

$$y_{3k}=0\cdot(l_1+l_4+l_7+\cdots+l_{3k-2})+\frac{\sqrt{3}}{2}(l_2+l_5+l_8+\cdots+l_{3k-1})$$
$$-\frac{\sqrt{3}}{2}(l_3+l_6+l_9+\cdots+l_{3k})$$

$$=0+\frac{\sqrt{3}}{2}\cdot\frac{\frac{2}{3}\left\{1-\left(\frac{8}{27}\right)^k\right\}}{1-\frac{8}{27}}-\frac{\sqrt{3}}{2}\cdot\frac{\frac{4}{9}\left\{1-\left(\frac{8}{27}\right)^k\right\}}{1-\frac{8}{27}}$$

$$=\frac{3\sqrt{3}}{19}\left\{1-\left(\frac{8}{27}\right)^k\right\}$$

したがって　$\displaystyle\lim_{k\to\infty}y_{3k}=\frac{3\sqrt{3}}{19}$

$$y_{3k-1}=y_{3k}+\frac{\sqrt{3}}{2}l_{3k},\quad y_{3k-2}=y_{3k-1}-\frac{\sqrt{3}}{2}l_{3k-1}$$

よって　$\displaystyle\lim_{k\to\infty}y_{3k}=\lim_{k\to\infty}y_{3k-1}=\lim_{k\to\infty}y_{3k-2}=\frac{3\sqrt{3}}{19}$

ゆえに　$\displaystyle\lim_{n\to\infty}y_n=\frac{3\sqrt{3}}{19}$

よって，P_n が近づく点の座標は　$\left(\boldsymbol{\frac{12}{19},\ \frac{3\sqrt{3}}{19}}\right)$

問題 39 △ABC は 1 辺の長さが 1 の正三角形である。辺 AB, BC, CA を 1 辺とし，それらに垂直な辺をもつ直角二等辺三角形 BAP_1，CBQ_1，ACR_1 を定め，このときできた全体の図形を F_1 とする。次に，BP_1，CQ_1，AR_1 の中点をそれぞれ S_1，T_1，U_1 とし，
$\angle S_1P_1P_2=\angle T_1Q_1Q_2=\angle U_1R_1R_2=90°$ となる直角二等辺三角形 $S_1P_1P_2$，$T_1Q_1Q_2$，$U_1R_1R_2$ を図のように定める。この操作を繰り返して，$\triangle S_2P_2P_3$，$\triangle S_3P_3P_4$，$\cdots$，$\triangle T_2Q_2Q_3$，$\triangle T_3Q_3Q_4$，$\cdots$，$\triangle U_2R_2R_3$，$\triangle U_3R_3R_4$，$\cdots$ を定める。P_n，Q_n，R_n を定めたときにできる全体の図形を F_n とする。

(1) F_n の周囲の長さ l_n を n で表し，$\lim_{n\to\infty} l_n$ を求めよ。

(2) F_n の面積 S_n を n で表し，$\lim_{n\to\infty} S_n$ を求めよ。 （千葉大）

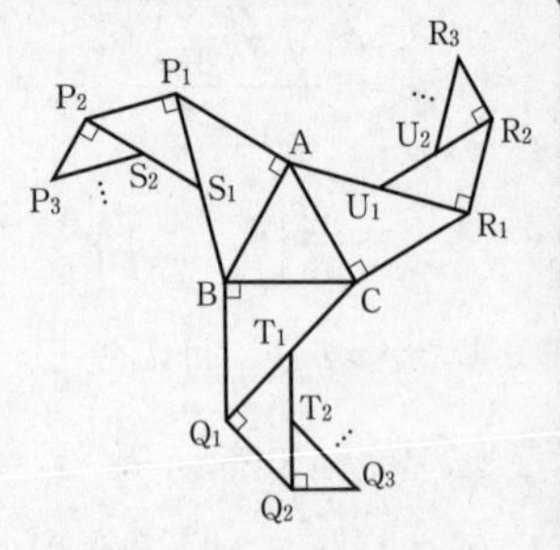

(1) $P_1A=Q_1B=R_1C=a_1$,
$P_nP_{n-1}=Q_nQ_{n-1}=R_nR_{n-1}=a_n$
$(n\geqq 2)$ とおく。
右の図より

$$P_{n+1}P_n=\frac{1}{\sqrt{2}}P_nP_{n-1}$$

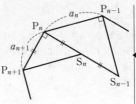

◀ $\triangle P_nP_{n-1}S_{n-1}$ は，$P_nP_{n-1}=P_{n-1}S_{n-1}$ の直角二等辺三角形であるから $P_nS_{n-1}=\sqrt{2}P_nP_{n-1}$
$2P_nS_n=\sqrt{2}a_n$ より
$2a_{n+1}=\sqrt{2}a_n$

よって　$a_{n+1}=\dfrac{1}{\sqrt{2}}a_n$

ゆえに，数列 $\{a_n\}$ は初項 $a_1=AB=BC=CA=1$，公比 $\dfrac{1}{\sqrt{2}}$ の等比数列であるから

$$a_n=1\cdot\left(\frac{1}{\sqrt{2}}\right)^{n-1}=\left(\frac{1}{\sqrt{2}}\right)^{n-1}$$

上の図より，$P_{n+1}P_n=P_nS_n$ であるから，F_n から F_{n+1} をつくるとき，周囲の長さは $3P_{n+1}S_n$ だけ増える。よって

◀ F_n から F_{n+1} をつくるとき，$P_{n+1}S_n$，$Q_{n+1}T_n$，$R_{n+1}U_n$ の長さだけ周囲の長さが増える。
$P_{n+1}S_n=Q_{n+1}T_n=R_{n+1}U_n$ である。

$$l_{n+1}=l_n+3P_{n+1}S_n=l_n+3a_n=l_n+3\cdot\left(\frac{1}{\sqrt{2}}\right)^{n-1}$$

すなわち　$l_{n+1}-l_n=3\cdot\left(\dfrac{1}{\sqrt{2}}\right)^{n-1}$

$l_1=3(P_1A+P_1B)=3(1+\sqrt{2})$ であるから，
$n\geqq 2$ のとき

$$l_n=l_1+\sum_{k=1}^{n-1}(l_{k+1}-l_k)=3(1+\sqrt{2})+3\sum_{k=1}^{n-1}\left(\frac{1}{\sqrt{2}}\right)^{k-1}$$

$$=3(1+\sqrt{2})+3\cdot\frac{1-\left(\frac{1}{\sqrt{2}}\right)^{n-1}}{1-\frac{1}{\sqrt{2}}}$$

$$=9+6\sqrt{2}-3(2+\sqrt{2})\left(\frac{1}{\sqrt{2}}\right)^{n-1}$$

$n=1$ を代入すると $3+3\sqrt{2}$ となり，l_1 に一致する。

ゆえに　$\boldsymbol{l_n=9+6\sqrt{2}-3(2+\sqrt{2})\left(\frac{1}{\sqrt{2}}\right)^{n-1}}$

したがって

$$\lim_{n\to\infty} l_n = \lim_{n\to\infty}\left\{9+6\sqrt{2}-3(2+\sqrt{2})\left(\frac{1}{\sqrt{2}}\right)^{n-1}\right\}$$

$$= \mathbf{9+6\sqrt{2}}$$

◀ $\lim_{n\to\infty}\left(\frac{1}{\sqrt{2}}\right)^{n-1}=0$

(2) $S_1 = \triangle\mathrm{ABC}+\triangle\mathrm{ABP_1}+\triangle\mathrm{BCQ_1}+\triangle\mathrm{CAR_1}$

$= \triangle\mathrm{ABC}+3\triangle\mathrm{ABP_1}$

$= \frac{1}{2}\cdot 1^2\cdot\frac{\sqrt{3}}{2}+3\cdot\frac{1}{2}\cdot 1^2 = \frac{3}{2}+\frac{\sqrt{3}}{4}$

◀ $\triangle\mathrm{ABP_1}=\triangle\mathrm{BCQ_1}=\triangle\mathrm{CAR_1}$

F_n から F_{n+1} をつくるとき，3 つの三角形 $\triangle\mathrm{P}_{n+1}\mathrm{P}_n\mathrm{S}_n$，$\triangle\mathrm{Q}_{n+1}\mathrm{Q}_n\mathrm{T}_n$，$\triangle\mathrm{R}_{n+1}\mathrm{R}_n\mathrm{U}_n$ が付け加えられるから

$$S_{n+1} = S_n+\triangle\mathrm{P}_{n+1}\mathrm{P}_n\mathrm{S}_n+\triangle\mathrm{Q}_{n+1}\mathrm{Q}_n\mathrm{T}_n+\triangle\mathrm{R}_{n+1}\mathrm{R}_n\mathrm{U}_n$$

$$= S_n+3\triangle\mathrm{P}_{n+1}\mathrm{P}_n\mathrm{S}_n$$

$$= S_n+3\cdot\frac{1}{2}a_{n+1}{}^2 = S_n+\frac{3}{2}\cdot\left(\frac{1}{2}\right)^n$$

◀ $\triangle\mathrm{P}_{n+1}\mathrm{P}_n\mathrm{S}_n=\triangle\mathrm{Q}_{n+1}\mathrm{Q}_n\mathrm{T}_n=\triangle\mathrm{R}_{n+1}\mathrm{R}_n\mathrm{U}_n$

◀ $\mathrm{P}_{n+1}\mathrm{P}_n=\mathrm{P}_n\mathrm{S}_n=a_{n+1}$ より
$\triangle\mathrm{P}_{n+1}\mathrm{P}_n\mathrm{S}_n = \frac{1}{2}\mathrm{P}_{n+1}\mathrm{P}_n\cdot\mathrm{P}_n\mathrm{S}_n = \frac{1}{2}a_{n+1}{}^2$

すなわち　$S_{n+1}-S_n = \frac{3}{4}\cdot\left(\frac{1}{2}\right)^{n-1}$

よって，$n \geqq 2$ のとき

$$S_n = S_1+\sum_{k=1}^{n-1}(S_{k+1}-S_k) = \frac{3}{2}+\frac{\sqrt{3}}{4}+\frac{3}{4}\sum_{k=1}^{n-1}\left(\frac{1}{2}\right)^{k-1}$$

$$= \frac{3}{2}+\frac{\sqrt{3}}{4}+\frac{3}{4}\cdot\frac{1-\left(\frac{1}{2}\right)^{n-1}}{1-\frac{1}{2}} = 3+\frac{\sqrt{3}}{4}-\frac{3}{2}\cdot\left(\frac{1}{2}\right)^{n-1}$$

$n=1$ を代入すると $\frac{3}{2}+\frac{\sqrt{3}}{4}$ になり，S_1 に一致する。

ゆえに　$\boldsymbol{S_n = 3+\frac{\sqrt{3}}{4}-\frac{3}{2}\cdot\left(\frac{1}{2}\right)^{n-1}}$

したがって

$$\lim_{n\to\infty} S_n = \lim_{n\to\infty}\left\{3+\frac{\sqrt{3}}{4}-\frac{3}{2}\cdot\left(\frac{1}{2}\right)^{n-1}\right\} = \mathbf{3+\frac{\sqrt{3}}{4}}$$

◀ $\lim_{n\to\infty}\left(\frac{1}{2}\right)^{n-1}=0$

問題 40 次の計算の結果を既約分数で表せ。

(1) $0.31\dot{6}+0.1\dot{3}$　　(2) $0.\dot{3}\dot{6}\times 0.4\dot{2}$

(1) $0.31\dot{6} = 0.316666\cdots$

$= 0.31+0.006+0.0006+\cdots$

$= 0.31+\frac{0.006}{1-0.1} = \frac{31}{100}+\frac{6}{900} = \frac{19}{60}$

◀ $0.31\dot{6}$ は，0.31 と初項 0.006，公比 0.1 の無限等比級数の和である。

$0.1\dot{3} = 0.1+0.03+0.003+\cdots$

$= 0.1+\frac{0.03}{1-0.1} = \frac{1}{10}+\frac{3}{90} = \frac{2}{15}$

◀ $0.1\dot{3}$ は，0.1 と初項 0.03，公比 0.1 の無限等比級数の和である。

よって　$0.31\dot{6}+0.1\dot{3} = \frac{19}{60}+\frac{2}{15} = \frac{27}{60} = \mathbf{\frac{9}{20}}$

(2) $0.\dot{3}\dot{6} = 0.36+0.0036+0.000036+\cdots$

$= \frac{0.36}{1-0.01} = \frac{36}{99} = \frac{4}{11}$

◀ $0.\dot{3}\dot{6}$ は，初項 0.36，公比 0.01 の無限等比級数である。

1章 3 無限級数

$$0.4\dot{2} = 0.4 + 0.02 + 0.002 + 0.0002 + \cdots$$
$$= 0.4 + \frac{0.02}{1-0.1} = \frac{4}{10} + \frac{2}{90} = \frac{19}{45}$$

よって　$0.\dot{3}\dot{6} \times 0.4\dot{2} = \frac{4}{11} \times \frac{19}{45} = \mathbf{\frac{76}{495}}$

◀ $0.4\dot{2}$ は，0.4 と初項 0.02，公比 0.1 の無限等比級数の和である。

p.77

定期テスト攻略 ▶ 3

1　次の無限級数の収束，発散を調べ，収束するときはその和を求めよ。

(1) $1 + (3-\sqrt{7}) + (16-6\sqrt{7}) + (90-34\sqrt{7}) + \cdots + (3-\sqrt{7})^{n-1} + \cdots$

(2) $\displaystyle\sum_{n=1}^{\infty} \frac{2}{\sqrt{n-1}+\sqrt{n+1}}$

(3) $\displaystyle\sum_{n=1}^{\infty} \frac{3^n+5^n}{6^n}$

(1) 初項から第 n 項までの部分和を S_n とすると

$$S_n = 1 + (3-\sqrt{7}) + (16-6\sqrt{7}) + (90-34\sqrt{7}) + \cdots + (3-\sqrt{7})^{n-1}$$
$$= \frac{1\cdot\{1-(3-\sqrt{7})^n\}}{1-(3-\sqrt{7})} = \frac{1-(3-\sqrt{7})^n}{\sqrt{7}-2}$$

$0 < 3-\sqrt{7} < 1$ であるから

$$\lim_{n\to\infty} S_n = \lim_{n\to\infty} \frac{1-(3-\sqrt{7})^n}{\sqrt{7}-2} = \frac{1}{\sqrt{7}-2} = \frac{\sqrt{7}+2}{3}$$

◀ $0 < 3-\sqrt{7} < 1$ より $\displaystyle\lim_{n\to\infty}(3-\sqrt{7})^n = 0$

したがって，この無限級数は **収束** し，その和は $\mathbf{\frac{\sqrt{7}+2}{3}}$

(2) $$\frac{2}{\sqrt{n-1}+\sqrt{n+1}} = \frac{2(\sqrt{n-1}-\sqrt{n+1})}{(\sqrt{n-1}+\sqrt{n+1})(\sqrt{n-1}-\sqrt{n+1})}$$
$$= \sqrt{n+1}-\sqrt{n-1}$$

◀ 分母を有理化する。

よって，初項から第 n 項までの和を S_n とすると

$$S_n = \sum_{k=1}^{n} \frac{2}{\sqrt{k-1}+\sqrt{k+1}} = \sum_{k=1}^{n}\sqrt{k+1} - \sum_{k=1}^{n}\sqrt{k-1}$$
$$= (\sqrt{2}+\sqrt{3}+\cdots+\sqrt{n}+\sqrt{n+1})$$
$$-(\sqrt{0}+\sqrt{1}+\cdots+\sqrt{n-2}+\sqrt{n-1})$$
$$= \sqrt{n}+\sqrt{n+1}-1$$

◀ $\sqrt{2}+\sqrt{3}+\cdots+\sqrt{n-1}$ が打ち消し合う。

ゆえに　$\displaystyle\lim_{n\to\infty} S_n = \lim_{n\to\infty}(\sqrt{n}+\sqrt{n+1}-1) = \infty$

したがって，この無限級数は **発散** する。

(3) $$\frac{3^n+5^n}{6^n} = \frac{3^n}{6^n} + \frac{5^n}{6^n} = \left(\frac{1}{2}\right)^n + \left(\frac{5}{6}\right)^n$$

$\left|\frac{1}{2}\right| < 1$，$\left|\frac{5}{6}\right| < 1$ より，$\displaystyle\sum_{n=1}^{\infty}\left(\frac{1}{2}\right)^n$，$\displaystyle\sum_{n=1}^{\infty}\left(\frac{5}{6}\right)^n$ はともに収束するから

$$\sum_{n=1}^{\infty}\frac{3^n+5^n}{6^n} = \sum_{n=1}^{\infty}\left(\frac{1}{2}\right)^n + \sum_{n=1}^{\infty}\left(\frac{5}{6}\right)^n$$

◀ 初項 $\frac{1}{2}$，公比 $\frac{1}{2}$ の無限等比級数と初項 $\frac{5}{6}$，公比 $\frac{5}{6}$ の無限等比級数の和

$$= \frac{\frac{1}{2}}{1-\frac{1}{2}} + \frac{\frac{5}{6}}{1-\frac{5}{6}} = 1+5=6$$

したがって，この無限級数は **収束** し，その和は **6**

2 無限等比級数 $x+x(x-1)+x(x-1)^2+\cdots+x(x-1)^{n-1}+\cdots$ が収束するような実数 x の値の範囲を求めよ。

$x+x(x-1)+x(x-1)^2+\cdots+x(x-1)^{n-1}+\cdots$ は初項 x，公比 $x-1$ の無限等比級数である。

よって，収束する条件は　初項 $x=0$　…①

または，公比 $x-1$ について　$|x-1|<1$　…②

② より $-1<x-1<1$ であるから　$0<x<2$　…③

①，③ より，収束する条件は　$\boldsymbol{0 \leqq x < 2}$

3 次の無限級数の収束，発散を調べ，収束するときはその和を求めよ。

(1) $\left(1-\frac{1}{2}\right)+\left(\frac{1}{2}-\frac{3}{4}\right)+\left(\frac{3}{4}-\frac{7}{8}\right)+\cdots$　(2) $1-\frac{1}{2}+\frac{1}{2}-\frac{3}{4}+\frac{3}{4}-\frac{7}{8}+\cdots$

(1) 初項から第 n 項 $(n \geqq 2)$ までの和を S_n とすると

$$S_n = \left(1-\frac{1}{2}\right)+\left(\frac{1}{2}-\frac{3}{4}\right)+\cdots+\left(\frac{2^{n-1}-1}{2^{n-1}}-\frac{2^n-1}{2^n}\right)$$
$$= 1-\frac{2^n-1}{2^n} = \frac{1}{2^n}$$

よって　$\lim_{n\to\infty} S_n = \lim_{n\to\infty}\frac{1}{2^n} = 0$

したがって，この無限級数は **収束** し，その和は **0**

(2) 初項から第 n 項 $(n \geqq 2)$ までの和を S_n とすると

(ア) $n=2m$（m は正の整数）のとき

$$S_n = S_{2m} = 1-\frac{1}{2}+\frac{1}{2}-\cdots+\frac{2^{m-1}-1}{2^{m-1}}-\frac{2^m-1}{2^m} = 1-\frac{2^m-1}{2^m}$$

$n\to\infty$ のとき $m\to\infty$ であるから

$\lim_{m\to\infty} S_{2m} = 0$

(イ) $n=2m-1$ のとき，第 $2m$ 項を a_{2m} とすると

$$S_n = S_{2m-1} = S_{2m}-a_{2m} = \left(1-\frac{2^m-1}{2^m}\right)-\left(-\frac{2^m-1}{2^m}\right) = 1$$

よって　$\lim_{m\to\infty} S_{2m-1} = 1$

(ア)，(イ) より，この無限級数は **発散** する。

◀ 第 n 項は，n が偶数 $(2m)$ のときと奇数 $(2m-1)$ のときで異なることに注意する。

◀ $\lim_{m\to\infty} S_{2m-1} \neq \lim_{m\to\infty} S_{2m}$ より，$\{S_n\}$ の極限は存在しない。

4 図のように，$AB = AC = 5$，$BC = 6$ の二等辺三角形 ABC がある。辺 AB 上に点 B_1，辺 AC 上に点 C_1，辺 BC 上に点 D_1，E_1 をとり，正方形 $B_1D_1E_1C_1$ をつくる。次に，辺 AB_1 上に点 B_2，辺 AC_1 上に点 C_2，辺 B_1C_1 上に点 D_2，E_2 をとり，正方形 $B_2D_2E_2C_2$ をつくる。この操作を繰り返して，正方形 $B_nD_nE_nC_n$ $(n = 1, 2, 3, \cdots)$ をつくり，その面積を S_n とする。

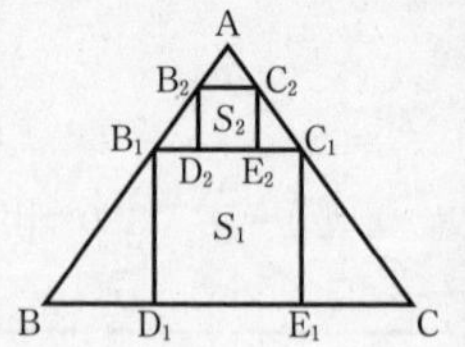

(1) S_1 を求めよ。
(2) S_n を求めよ。
(3) 無限級数 $S_1 + S_2 + S_3 + \cdots$ の和を求めよ。

(1) 点 A から辺 BC に垂線 AM を引くと

$$AM = \sqrt{AB^2 - BM^2} = \sqrt{5^2 - 3^2} = 4$$

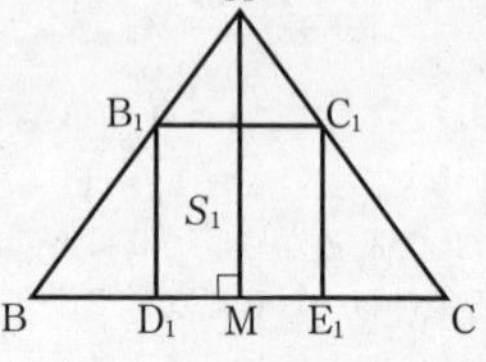

正方形 $B_1D_1E_1C_1$ の 1 辺の長さを l_1 とすると，$\triangle ABM \backsim \triangle B_1BD_1$ であるから

$$AM : B_1D_1 = BM : BD_1$$

$$4 : l_1 = 3 : \left(3 - \frac{l_1}{2}\right)$$

よって　$l_1 = \frac{12}{5}$

ゆえに　$S_1 = {l_1}^2 = \left(\frac{12}{5}\right)^2 = \mathbf{\frac{144}{25}}$

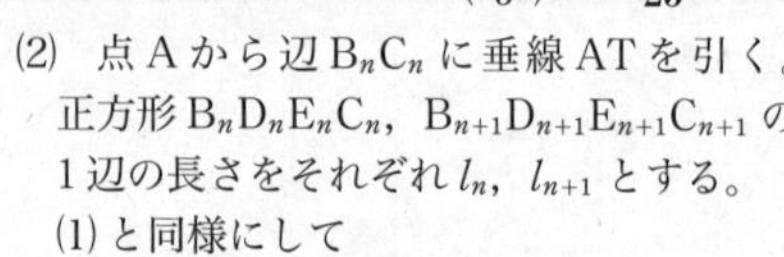

(2) 点 A から辺 B_nC_n に垂線 AT を引く。
正方形 $B_nD_nE_nC_n$，$B_{n+1}D_{n+1}E_{n+1}C_{n+1}$ の 1 辺の長さをそれぞれ l_n，l_{n+1} とする。
(1) と同様にして

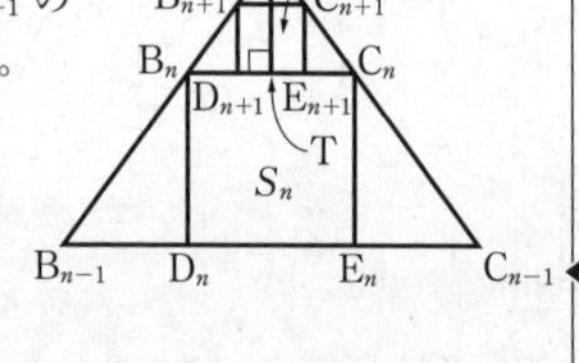

$$AT : B_{n+1}D_{n+1} = B_nT : B_nD_{n+1}$$

$$\frac{2}{3}l_n : l_{n+1} = \frac{l_n}{2} : \left(\frac{l_n}{2} - \frac{l_{n+1}}{2}\right)$$

◀ $AM : BC = 4 : 6 = 2 : 3$
よって
$AT : B_nC_n = 2 : 3$
すなわち
$AT = \frac{2}{3}B_nC_n = \frac{2}{3}l_n$

$$2{l_n}^2 = 5l_nl_{n+1}$$

$l_n \neq 0$ より　$l_{n+1} = \frac{2}{5}l_n$

ゆえに，数列 $\{l_n\}$ は初項 $l_1 = \frac{12}{5}$，公比 $\frac{2}{5}$ の等比数列であるから

$$l_n = \frac{12}{5}\cdot\left(\frac{2}{5}\right)^{n-1} = 6\cdot\left(\frac{2}{5}\right)^n$$

したがって

$$S_n = {l_n}^2 = \left\{6\cdot\left(\frac{2}{5}\right)^n\right\}^2 = \mathbf{36\cdot\left(\frac{4}{25}\right)^n}$$

(3) 数列 $\{S_n\}$ は初項 $\frac{144}{25}$，公比 $\frac{4}{25}$ の等比数列である。

◀ $S_n = 36\cdot\left(\frac{4}{25}\right)^n = \frac{144}{25}\cdot\left(\frac{4}{25}\right)^{n-1}$

$0 < \frac{4}{25} < 1$ より，無限等比級数 $\sum_{n=1}^{\infty} S_n$ は収束し，その和は

$$S_1 + S_2 + S_3 + \cdots = \frac{\frac{144}{25}}{1 - \frac{4}{25}} = \mathbf{\frac{48}{7}}$$

4 関数の極限

p.81 Quick Check 4

①〔1〕(1) $\lim_{x\to3}x(x+2)=3(3+2)=\mathbf{15}$

(2) $\lim_{x\to\infty}\frac{x+1}{2x-1}=\lim_{x\to\infty}\frac{1+\frac{1}{x}}{2-\frac{1}{x}}$

$=\frac{1+0}{2-0}=\mathbf{\frac{1}{2}}$

(3) $\lim_{x\to1}\frac{x^3-1}{x-1}$

$=\lim_{x\to1}\frac{(x-1)(x^2+x+1)}{x-1}$

$=\lim_{x\to1}(x^2+x+1)=1^2+1+1=\mathbf{3}$

(4) $x^2+x=x^2\left(1+\frac{1}{x}\right)$ と変形すると，

$x\to-\infty$ のとき $x^2\to\infty$，$1+\frac{1}{x}\to1$

であるから　$\lim_{x\to-\infty}(x^2+x)=\boldsymbol{\infty}$

〔2〕(1) $x>0$ のとき　$|x|=x$

よって

$\lim_{x\to+0}\frac{|x|}{x}=\lim_{x\to+0}\frac{x}{x}=\lim_{x\to+0}1=\mathbf{1}$

(2) $x<0$ のとき　$|x|=-x$

よって

$\lim_{x\to-0}\frac{|x|}{x}=\lim_{x\to-0}\frac{-x}{x}$

$=\lim_{x\to-0}(-1)=\mathbf{-1}$

(3) $x\to2-0$ より，$1<x<2$ とすると

$[x]=1$

よって　$\lim_{x\to2-0}[x]=\lim_{x\to2-0}1=\mathbf{1}$

(4) $x\to2+0$ より，$2<x<3$ とすると

$[x]=2$

よって　$\lim_{x\to2+0}[x]=\lim_{x\to2+0}2=\mathbf{2}$

② (1) $3^x-2^x=3^x\left\{1-\left(\frac{2}{3}\right)^x\right\}$ と変形すると，$x\to\infty$ のとき $3^x\to\infty$，$1-\left(\frac{2}{3}\right)^x\to1$

であるから　$\lim_{x\to\infty}(3^x-2^x)=\boldsymbol{\infty}$

(2) $\lim_{x\to0}(e^x+e^{-x})=1+1=\mathbf{2}$

(3) $\lim_{x\to3}\log_{10}(x^2+1)=\log_{10}(3^2+1)$

$=\log_{10}10=\mathbf{1}$

③ (1) $\lim_{\theta\to0}\frac{\sin3\theta}{\theta}=\lim_{\theta\to0}3\left(\frac{\sin3\theta}{3\theta}\right)$

$=3\cdot1=\mathbf{3}$

(2) $\lim_{\theta\to0}\frac{\tan\theta}{\theta}=\lim_{\theta\to0}\frac{\sin\theta}{\theta}\cdot\frac{1}{\cos\theta}$

$=1\cdot\frac{1}{1}=\mathbf{1}$

④ (1) $\lim_{x\to0}f(x)=\lim_{x\to0}x^2=0^2=0$，$f(0)=0$

であるから　$\lim_{x\to0}f(x)=f(0)$

よって，$f(x)$ は $x=0$ で **連続** である。

(2) $\lim_{x\to+0}g(x)=\lim_{x\to+0}\frac{|x|}{x}=\lim_{x\to+0}\frac{x}{x}$

$=1$

$\lim_{x\to-0}g(x)=\lim_{x\to-0}\frac{|x|}{x}=\lim_{x\to-0}\frac{-x}{x}$

$=-1$

$\lim_{x\to+0}g(x)\neq\lim_{x\to-0}g(x)$ であるから，

$\lim_{x\to0}g(x)$ は存在しない。

したがって，$g(x)$ は $x=0$ で **不連続** である。

⑤ (1) $f(x)=x^3-x-2$ とおくと，$f(x)$ は区間 $[1,\ 2]$ で連続である。

$f(1)=1^3-1-2=-2<0$

$f(2)=2^3-2-2=4>0$

であるから，中間値の定理により

$f(c)=0\ (1<c<2)$

となる c が存在する。

よって，方程式 $x^3-x-2=0$ は

$1<x<2$ の区間に実数解をもつ。

(2) $f(x)=2^x-x-2$ とおくと，$f(x)$ は区間 $[-2,\ -1]$ で連続である。

$f(-2)=2^{-2}-(-2)-2=\frac{1}{4}>0$

$f(-1)=2^{-1}-(-1)-2=-\frac{1}{2}<0$

であるから，中間値の定理により

$f(c)=0\ (-2<c<-1)$

となる c が存在する。

よって，方程式 $2^x-x-2=0$ は

$-2<x<-1$ の区間に実数解をもつ。

練習 41 次の極限値を求めよ。

(1) $\lim_{x\to2}\frac{x-2}{\sqrt{x+2}-2}$ (2) $\lim_{x\to0}\frac{1-2x-\sqrt{1-4x}}{x^2}$ (3) $\lim_{x\to-1}\frac{1}{x+1}\left(\frac{1}{2x+1}+1\right)$

(1) $\lim_{x\to2}\frac{x-2}{\sqrt{x+2}-2}=\lim_{x\to2}\frac{(x-2)(\sqrt{x+2}+2)}{(\sqrt{x+2}-2)(\sqrt{x+2}+2)}$

$=\lim_{x\to2}\frac{(x-2)(\sqrt{x+2}+2)}{x-2}$

$=\lim_{x\to2}(\sqrt{x+2}+2)=4$

◀分母を有理化する。

(2) $\lim_{x\to0}\frac{1-2x-\sqrt{1-4x}}{x^2}$

$=\lim_{x\to0}\frac{\{(1-2x)-\sqrt{1-4x}\}\{(1-2x)+\sqrt{1-4x}\}}{x^2\{(1-2x)+\sqrt{1-4x}\}}$

$=\lim_{x\to0}\frac{(1-2x)^2-(1-4x)}{x^2\{(1-2x)+\sqrt{1-4x}\}}$

$=\lim_{x\to0}\frac{4}{(1-2x)+\sqrt{1-4x}}=\frac{4}{2}=2$

◀分子を有理化する。

◀ $(1-2x)^2-(1-4x)$
$=1-4x+4x^2-1+4x$
$=4x^2$

(3) $\lim_{x\to-1}\frac{1}{x+1}\left(\frac{1}{2x+1}+1\right)=\lim_{x\to-1}\frac{1}{x+1}\cdot\frac{1+(2x+1)}{2x+1}$

$=\lim_{x\to-1}\frac{1}{x+1}\cdot\frac{2(x+1)}{2x+1}=\lim_{x\to-1}\frac{2}{2x+1}=-2$

◀(　)内を通分する。

練習 42 次の極限を調べよ。

(1) $\lim_{x\to4}\frac{x}{x-4}$ (2) $\lim_{x\to2}\frac{[-x]}{[x]}$ (3) $\lim_{x\to0}\frac{x^2[x]}{|x|}$

(1) $\lim_{x\to4-0}\frac{x}{x-4}=-\infty$, $\lim_{x\to4+0}\frac{x}{x-4}=\infty$ であるから,

$\lim_{x\to4}\frac{x}{x-4}$ は **存在しない**。

(2) $1<x<2$ のとき $[x]=1$, $[-x]=-2$ であるから

$\lim_{x\to2-0}\frac{[-x]}{[x]}=\lim_{x\to2-0}\frac{-2}{1}=-2$

$2<x<3$ のとき $[x]=2$, $[-x]=-3$ であるから

$\lim_{x\to2+0}\frac{[-x]}{[x]}=\lim_{x\to2+0}\frac{-3}{2}=-\frac{3}{2}$

$\lim_{x\to2-0}\frac{[-x]}{[x]}\neq\lim_{x\to2+0}\frac{[-x]}{[x]}$ より, $\lim_{x\to2}\frac{[-x]}{[x]}$ は **存在しない**。

(3) $0<x<1$ のとき $|x|=x$, $[x]=0$ であるから

$\lim_{x\to+0}\frac{x^2[x]}{|x|}=0$

$-1<x<0$ のとき $|x|=-x$, $[x]=-1$ であるから

$\lim_{x\to-0}\frac{x^2[x]}{|x|}=\lim_{x\to-0}\frac{x^2(-1)}{-x}=\lim_{x\to-0}x=0$

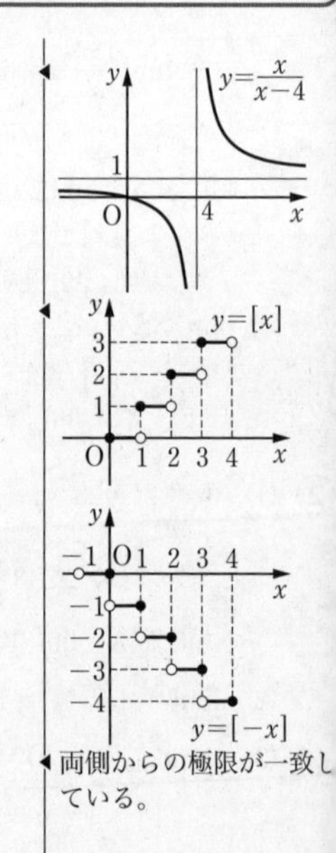

◀両側からの極限が一致している。

よって　$\displaystyle\lim_{x\to0}\frac{x^2[x]}{|x|}=\mathbf{0}$

練習 43　次の極限値を求めよ。

(1) $\displaystyle\lim_{x\to\infty}\frac{-x^2+5}{2x^2-3x}$　(2) $\displaystyle\lim_{x\to\infty}\frac{\sqrt[3]{x}}{\sqrt{x}-1}$　(3) $\displaystyle\lim_{x\to\infty}(\sqrt{x^2-2x+3}-x)$

(1) $\displaystyle\lim_{x\to\infty}\frac{-x^2+5}{2x^2-3x}=\lim_{x\to\infty}\frac{-1+\frac{5}{x^2}}{2-\frac{3}{x}}=-\frac{\mathbf{1}}{\mathbf{2}}$

(2) $\displaystyle\lim_{x\to\infty}\frac{\sqrt[3]{x}}{\sqrt{x}-1}=\lim_{x\to\infty}\frac{\frac{\sqrt[3]{x}}{\sqrt{x}}}{1-\frac{1}{\sqrt{x}}}=\lim_{x\to\infty}\frac{\frac{1}{\sqrt[6]{x}}}{1-\frac{1}{\sqrt{x}}}=\mathbf{0}$

◀ $\sqrt[3]{x}\div\sqrt{x}=x^{\frac{1}{3}}\times x^{-\frac{1}{2}}$
$=x^{\frac{1}{3}-\frac{1}{2}}$
$=x^{-\frac{1}{6}}$

(3) $\displaystyle\lim_{x\to\infty}(\sqrt{x^2-2x+3}-x)$

$\displaystyle=\lim_{x\to\infty}\frac{(\sqrt{x^2-2x+3}-x)(\sqrt{x^2-2x+3}+x)}{\sqrt{x^2-2x+3}+x}$

$\displaystyle=\lim_{x\to\infty}\frac{-2x+3}{\sqrt{x^2-2x+3}+x}$

$\displaystyle=\lim_{x\to\infty}\frac{-2+\frac{3}{x}}{\sqrt{1-\frac{2}{x}+\frac{3}{x^2}}+1}=\mathbf{-1}$

◀ $x>0$ より，分母・分子を $x=\sqrt{x^2}$ で割る。

練習 44　次の極限値を求めよ。

(1) $\displaystyle\lim_{x\to-\infty}\frac{1+2x^3}{1-x^3}$　(2) $\displaystyle\lim_{x\to-\infty}\frac{x}{\sqrt{x^2}}$

(3) $\displaystyle\lim_{x\to-\infty}\frac{2x}{\sqrt{x^2+1}-x}$　(4) $\displaystyle\lim_{x\to-\infty}(\sqrt{x^2-3x}+x-1)$

(1) $\displaystyle\lim_{x\to-\infty}\frac{1+2x^3}{1-x^3}=\lim_{x\to-\infty}\frac{\frac{1}{x^3}+2}{\frac{1}{x^3}-1}=\frac{2}{-1}=\mathbf{-2}$

◀ $\displaystyle\lim_{x\to-\infty}\frac{1}{x^3}=0$

(2) $x=-t$ とおくと，$x\to-\infty$ のとき $t\to\infty$ となり

$\displaystyle\lim_{x\to-\infty}\frac{x}{\sqrt{x^2}}=\lim_{t\to\infty}\frac{-t}{\sqrt{t^2}}=\lim_{t\to\infty}(-1)=\mathbf{-1}$

◀ $t>0$ のとき
$\displaystyle\frac{-t}{\sqrt{t^2}}=\frac{-t}{t}=-1$

〔別解〕

$x<0$ のとき $\sqrt{x^2}=-x$ であるから

$\displaystyle\lim_{x\to-\infty}\frac{x}{\sqrt{x^2}}=\lim_{x\to-\infty}\frac{x}{-x}=\lim_{x\to-\infty}(-1)=-1$

◀ $x\to-\infty$ であるから $x<0$ としてよい。

(3) $x=-t$ とおくと，$x\to-\infty$ のとき $t\to\infty$ となり

$\displaystyle\lim_{x\to-\infty}\frac{2x}{\sqrt{x^2+1}-x}=\lim_{t\to\infty}\frac{-2t}{\sqrt{t^2+1}+t}$

$$= \lim_{t \to \infty} \frac{-2}{\sqrt{1+\frac{1}{t^2}}+1} = \frac{-2}{2} = -1$$

〔別解〕

$$\lim_{x \to -\infty} \frac{2x}{\sqrt{x^2+1}-x} = \lim_{x \to -\infty} \frac{2x}{-x\sqrt{1+\frac{1}{x^2}}-x}$$

$$= \lim_{x \to -\infty} \frac{2}{-\sqrt{1+\frac{1}{x^2}}-1} = -1$$

◀ $x<0$ のとき $\sqrt{x^2}=|x|=-x$

(4) $x=-t$ とおくと，$x \to -\infty$ のとき $t \to \infty$ となり

$$\lim_{x \to -\infty}(\sqrt{x^2-3x}+x-1) = \lim_{t \to \infty}\{\sqrt{t^2+3t}-(t+1)\}$$

$$= \lim_{t \to \infty} \frac{t^2+3t-(t+1)^2}{\sqrt{t^2+3t}+(t+1)} = \lim_{t \to \infty} \frac{t-1}{\sqrt{t^2+3t}+t+1}$$

$$= \lim_{t \to \infty} \frac{1-\frac{1}{t}}{\sqrt{1+\frac{3}{t}}+1+\frac{1}{t}} = \frac{1}{2}$$

◀ $\dfrac{\sqrt{t^2+3t}-(t+1)}{1}$ と考えて分子を有理化する。

〔別解〕

$$\lim_{x \to -\infty}(\sqrt{x^2-3x}+x-1) = \lim_{x \to -\infty} \frac{(x^2-3x)-(x-1)^2}{\sqrt{x^2-3x}-(x-1)}$$

$$= \lim_{x \to -\infty} \frac{-x-1}{\sqrt{x^2-3x}-x+1} = \lim_{x \to -\infty} \frac{-x-1}{-x\sqrt{1-\frac{3}{x}}-x+1}$$

$$= \lim_{x \to -\infty} \frac{-1-\frac{1}{x}}{-\sqrt{1-\frac{3}{x}}-1+\frac{1}{x}} = \frac{1}{2}$$

◀ $x<0$ のとき $\sqrt{x^2}=|x|=-x$

練習 45 次の等式が成り立つように，定数 a，b の値を定めよ。

(1) $\displaystyle\lim_{x \to -3} \frac{x^2+ax+b}{x^3-9x} = -\frac{1}{2}$　　(2) $\displaystyle\lim_{x \to 2} \frac{a\sqrt{x+2}-b}{x-2} = -1$

(1) $\displaystyle\lim_{x \to -3} \frac{x^2+ax+b}{x^3-9x} = -\frac{1}{2}$　…① とおく。

① と $\displaystyle\lim_{x \to -3}(x^3-9x)=0$ より　$\displaystyle\lim_{x \to -3}(x^2+ax+b)=0$

◀ 分母の極限値が 0 であるから，分子の極限値が 0 であることが必要条件である。

$9-3a+b=0$ より　$b=3a-9$　…②

このとき

$$\lim_{x \to -3} \frac{x^2+ax+3a-9}{x^3-9x} = \lim_{x \to -3} \frac{(x+3)(x+a-3)}{x(x+3)(x-3)}$$

$$= \lim_{x \to -3} \frac{x+a-3}{x(x-3)} = \frac{a-6}{18}$$

$\dfrac{a-6}{18} = -\dfrac{1}{2}$ より　$\boldsymbol{a=-3}$

② より　$\boldsymbol{b=-18}$

(2) $\displaystyle\lim_{x \to 2} \frac{a\sqrt{x+2}-b}{x-2} = -1$　…① とおく。

① と $\lim_{x \to 2}(x-2)=0$ より　$\lim_{x \to 2}(a\sqrt{x+2}-b)=0$

$2a-b=0$ より　$b=2a$　…②

このとき

$$\lim_{x \to 2}\frac{a\sqrt{x+2}-2a}{x-2}=\lim_{x \to 2}\frac{a(\sqrt{x+2}-2)(\sqrt{x+2}+2)}{(x-2)(\sqrt{x+2}+2)}$$

$$=\lim_{x \to 2}\frac{a}{\sqrt{x+2}+2}=\frac{a}{4}$$

$\frac{a}{4}=-1$ より　$\boldsymbol{a=-4}$

② より　$\boldsymbol{b=-8}$

◀分母の極限値が0であるから，分子の極限値が0であることが必要条件である。

練習 46 次の等式が成り立つように，定数 a，b の値を定めよ。

$$\lim_{x \to \infty}\{\sqrt{x^2+4x}-(ax+b)\}=0$$

$a \leqq 0$ のとき，与えられた極限は発散するから　$a>0$

$$\sqrt{x^2+4x}-(ax+b)$$

$$=\frac{\{\sqrt{x^2+4x}-(ax+b)\}\{\sqrt{x^2+4x}+(ax+b)\}}{\sqrt{x^2+4x}+(ax+b)}$$

$$=\frac{(1-a^2)x^2+2(2-ab)x-b^2}{\sqrt{x^2+4x}+(ax+b)}$$

$$=\frac{(1-a^2)x+2(2-ab)-\frac{b^2}{x}}{\sqrt{1+\frac{4}{x}}+\left(a+\frac{b}{x}\right)}$$

よって，$x \to \infty$ のとき，これが収束する条件は　$1-a^2=0$

$a>0$ より $a=1$ であり，このときの極限値は

$$\lim_{x \to \infty}\frac{2(2-b)-\frac{b^2}{x}}{\sqrt{1+\frac{4}{x}}+\left(1+\frac{b}{x}\right)}=\frac{2(2-b)}{2}=2-b$$

ゆえに　$b=2$

したがって　$\boldsymbol{a=1,\ b=2}$

◀$x \to \infty$ より，$x>0$ と考えて，分母・分子を $x=\sqrt{x^2}$ で割る。

◀分母のみの極限値は $\lim_{x \to \infty}\left(\sqrt{1+\frac{4}{x}}+a+\frac{b}{x}\right)=1+a$ であるが，$a>0$ より0にならない。

練習 47 次の極限値を求めよ。

(1) $\lim_{x \to \infty}\frac{3^x-4^x}{4^x+2^x}$　(2) $\lim_{x \to -\infty}\frac{3^x+3^{\frac{1}{x}}}{2^x+2^{\frac{1}{x}}}$

(3) $\lim_{x \to \infty}\frac{\log_{10}x}{\log_{10}2x}$　(4) $\lim_{x \to -\infty}\{\log_3(x^2+4)-2\log_3(-3x+1)\}$

(1) $\lim_{x \to \infty}\frac{3^x-4^x}{4^x+2^x}=\lim_{x \to \infty}\frac{\left(\frac{3}{4}\right)^x-1}{1+\left(\frac{1}{2}\right)^x}=\frac{0-1}{1+0}=\boldsymbol{-1}$

◀分母・分子を 4^x で割る。

(2) $x \to -\infty$ のとき　$2^x \to 0$，$3^x \to 0$，$2^{\frac{1}{x}} \to 1$，$3^{\frac{1}{x}} \to 1$

よって　$\displaystyle\lim_{x\to-\infty}\frac{3^x+3^{\frac{1}{x}}}{2^x+2^{\frac{1}{x}}}=\frac{0+1}{0+1}=1$

(3)　$\displaystyle\lim_{x\to\infty}\frac{\log_{10}x}{\log_{10}2x}=\lim_{x\to\infty}\frac{\log_{10}x}{\log_{10}2+\log_{10}x}=\lim_{x\to\infty}\frac{1}{\dfrac{\log_{10}2}{\log_{10}x}+1}=\mathbf{1}$

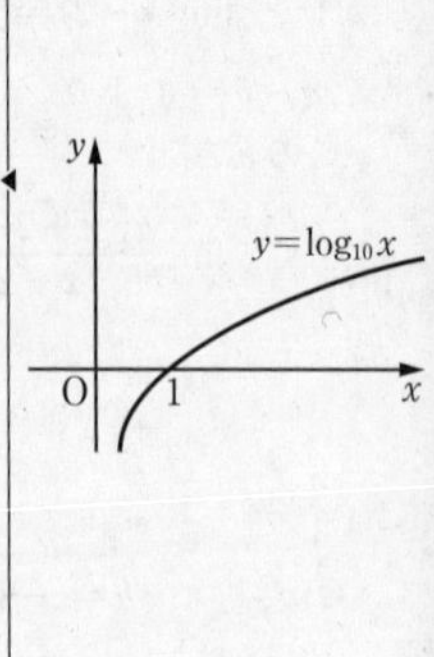

(4)　$\displaystyle\lim_{x\to-\infty}\{\log_3(x^2+4)-2\log_3(-3x+1)\}=\lim_{x\to-\infty}\log_3\frac{x^2+4}{(-3x+1)^2}$

$\displaystyle=\lim_{x\to-\infty}\log_3\frac{1+\dfrac{4}{x^2}}{9-\dfrac{6}{x}+\dfrac{1}{x^2}}$

$\displaystyle=\log_3\frac{1}{9}=\mathbf{-2}$

練習 48　次の極限値を求めよ。

(1)　$\displaystyle\lim_{x\to0}\frac{\sin3x}{\sin4x}$　　(2)　$\displaystyle\lim_{x\to0}\frac{1-\cos4x}{x^2}$　　(3)　$\displaystyle\lim_{x\to\frac{\pi}{6}}\frac{\sqrt{3}\sin x-\cos x}{x-\dfrac{\pi}{6}}$

(1)　$\displaystyle\lim_{x\to0}\frac{\sin3x}{\sin4x}=\lim_{x\to0}\frac{\sin3x}{3x}\cdot\frac{4x}{\sin4x}\cdot\frac{3x}{4x}=1\cdot\frac{1}{1}\cdot\frac{3}{4}=\mathbf{\frac{3}{4}}$

◀ $\displaystyle\lim_{x\to0}\frac{4x}{\sin4x}=\lim_{4x\to0}\frac{1}{\dfrac{\sin4x}{4x}}=\frac{1}{1}$

(2)　$\displaystyle\lim_{x\to0}\frac{1-\cos4x}{x^2}=\lim_{x\to0}\frac{1}{x^2}\cdot2\sin^2 2x$

◀ $\displaystyle\sin^2\theta=\frac{1-\cos2\theta}{2}$

$\displaystyle=\lim_{x\to0}\frac{2}{x^2}\cdot\frac{\sin^2 2x}{(2x)^2}\cdot(2x)^2$

$\displaystyle=\lim_{x\to0}8\left(\frac{\sin2x}{2x}\right)^2=8\cdot1^2=\mathbf{8}$

◀ $\displaystyle\lim_{\theta\to0}\frac{\sin\theta}{\theta}=1$ を利用。

〔別解〕

$\displaystyle\lim_{x\to0}\frac{1-\cos4x}{x^2}=\lim_{x\to0}\frac{(1-\cos4x)(1+\cos4x)}{x^2(1+\cos4x)}$

$\displaystyle=\lim_{x\to0}\frac{1}{1+\cos4x}\cdot\frac{1-\cos^2 4x}{x^2}$

$\displaystyle=\lim_{x\to0}\frac{1}{1+\cos4x}\cdot\frac{\sin^2 4x}{x^2}$

$\displaystyle=\lim_{x\to0}\frac{1}{1+\cos4x}\cdot\frac{\sin^2 4x}{(4x)^2}\cdot\frac{(4x)^2}{x^2}$

$\displaystyle=\lim_{x\to0}\frac{1}{1+\cos4x}\left(\frac{\sin4x}{4x}\right)^2\cdot16$

$\displaystyle=\frac{1}{1+1}\cdot1^2\cdot16=8$

◀ $\displaystyle\lim_{\theta\to0}\frac{\sin\theta}{\theta}=1$ を利用。

(3)　$\displaystyle\sqrt{3}\sin x-\cos x=2\sin\left(x-\frac{\pi}{6}\right)$

$x-\dfrac{\pi}{6}=t$ とおくと，$x\to\dfrac{\pi}{6}$ のとき $t\to0$ であるから

$\displaystyle\lim_{x\to\frac{\pi}{6}}\frac{\sqrt{3}\sin x-\cos x}{x-\dfrac{\pi}{6}}=\lim_{t\to0}\frac{2\sin t}{t}=\mathbf{2}$

Plus One

極限値 $\lim_{\theta \to 0} \frac{\sin\theta}{\theta} = 1$ が成り立つことは次のように確かめられる。

$0 < \theta < \frac{\pi}{2}$ とする。右の図のように，半径 1 の円 O の周上に $\angle \mathrm{AOB} = \theta$ となるように点 A，B をとる。点 A における接線と半直線 OB の交点を T とすると

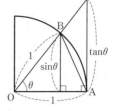

$$\triangle \mathrm{OAB} = \frac{1}{2}\sin\theta, \quad \triangle \mathrm{OAT} = \frac{1}{2}\tan\theta$$

$$扇形\,\mathrm{OAB} = \frac{1}{2}\cdot 1^2 \cdot \theta = \frac{1}{2}\theta$$

ここで，$\triangle \mathrm{OAB} <$ 扇形 $\mathrm{OAB} < \triangle \mathrm{OAT}$ であるから　　$\sin\theta < \theta < \tan\theta$

$\sin\theta > 0$ より　　$1 < \frac{\theta}{\sin\theta} < \frac{1}{\cos\theta}$

辺々の逆数をとると　　$\cos\theta < \frac{\sin\theta}{\theta} < 1$

ここで，$\lim_{\theta \to +0} \cos\theta = 1$ であるから，はさみうちの原理により

$$\lim_{\theta \to +0} \frac{\sin\theta}{\theta} = 1 \qquad \cdots ①$$

$\theta < 0$ のときには，$\theta = -t$ とおくと $t > 0$ であるから，① より

$$\lim_{\theta \to -0} \frac{\sin\theta}{\theta} = \lim_{t \to +0} \frac{\sin(-t)}{-t} = \lim_{t \to +0} \frac{\sin t}{t} = 1 \qquad \cdots ②$$

①，② より　　$\lim_{\theta \to 0} \frac{\sin\theta}{\theta} = 1$

練習 49 (1) 半径 1 の円に内接する正 n 角形の面積を S_n とするとき，$\lim_{n \to \infty} S_n$ を求めよ。
(2) 半径 1 の円に外接する正 n 角形の面積を T_n とするとき，$\lim_{n \to \infty} T_n$ を求めよ。

正 n 角形の隣り合う 2 つの頂点を $\mathrm{A_1}$，$\mathrm{A_2}$ とすると

$$\angle \mathrm{A_1OA_2} = \frac{2\pi}{n}$$

(1) $S_n = n \cdot \triangle \mathrm{OA_1A_2}$

$$= n \cdot \frac{1}{2} \cdot 1 \cdot 1 \cdot \sin\frac{2\pi}{n} = \frac{n}{2}\sin\frac{2\pi}{n}$$

よって

$$\lim_{n \to \infty} S_n = \lim_{n \to \infty} \frac{n}{2}\sin\frac{2\pi}{n} = \lim_{n \to \infty} \frac{\sin\frac{2\pi}{n}}{\frac{2\pi}{n}} \cdot \pi = \boldsymbol{\pi}$$

(2) $\mathrm{A_1A_2}$ の中点を M とし，直角三角形 $\mathrm{OA_1M}$ に着目すると，

$\mathrm{OM} = 1$，$\angle \mathrm{A_1OM} = \frac{\pi}{n}$ より

$$\mathrm{A_1M} = \mathrm{OM} \cdot \tan\angle \mathrm{A_1OM} = \tan\frac{\pi}{n}$$

◀ $\triangle \mathrm{ABC} = \frac{1}{2}bc\sin A$

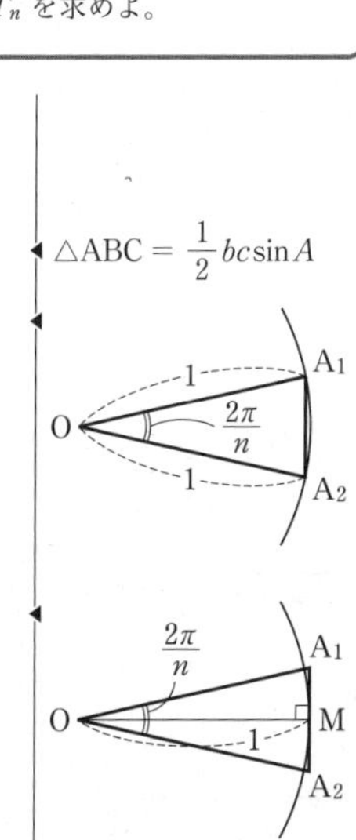

よって　　$A_1A_2 = 2\tan\dfrac{\pi}{n}$

$$\triangle OA_1A_2 = \frac{1}{2}\cdot A_1A_2\cdot OM$$

$$= \frac{1}{2}\cdot 2\tan\frac{\pi}{n}\cdot 1 = \tan\frac{\pi}{n}$$

ゆえに　　$T_n = n\triangle OA_1A_2 = n\tan\dfrac{\pi}{n}$

したがって

$$\lim_{n\to\infty}T_n = \lim_{n\to\infty}n\tan\frac{\pi}{n}$$

$$= \lim_{n\to\infty}n\cdot\frac{\sin\frac{\pi}{n}}{\cos\frac{\pi}{n}} = \lim_{n\to\infty}\frac{\sin\frac{\pi}{n}}{\frac{\pi}{n}}\cdot\pi\cdot\frac{1}{\cos\frac{\pi}{n}} = \boldsymbol{\pi}$$

◀ $n\to\infty$ のとき $\dfrac{\pi}{n}\to 0$ となる。

〔参考〕

(1)，(2) の結果より，半径 1 の円の面積は π であることが分かる。

練習 50　次の極限値を求めよ。

(1)　$\displaystyle\lim_{x\to 0}x^2\sin\frac{1}{x}$　　　(2)　$\displaystyle\lim_{x\to\infty}\frac{[2x]}{x}$

(1)　$0 \leqq \left|\sin\dfrac{1}{x}\right| \leqq 1$ より　　$0 \leqq |x^2|\left|\sin\dfrac{1}{x}\right| \leqq |x^2|$

よって　　$0 \leqq \left|x^2\sin\dfrac{1}{x}\right| = |x^2|\left|\sin\dfrac{1}{x}\right| \leqq x^2$

◀ $x^2 \geqq 0$ より $|x^2| = x^2$

ここで，$\displaystyle\lim_{x\to 0}x^2 = 0$ であるから，はさみうちの原理により

$$\lim_{x\to 0}\left|x^2\sin\frac{1}{x}\right| = 0$$

したがって　　$\displaystyle\lim_{x\to 0}x^2\sin\frac{1}{x} = \mathbf{0}$

◀ $\displaystyle\lim_{x\to 0}|f(x)| = 0 \Longleftrightarrow \lim_{x\to 0}f(x) = 0$

(2)　n を整数として，$n \leqq 2x < n+1$ のとき　　$[2x] = n$

よって，$[2x] \leqq 2x < [2x]+1$ より　　$2x-1 < [2x] \leqq 2x$

$x\to\infty$ のとき，$x>0$ としてよいから，各辺を x で割って

$$\frac{2x-1}{x} < \frac{[2x]}{x} \leqq 2$$

◀ x は正の無限大に向かっていくから，$x>0$ として考えてよい。

ここで　　$\displaystyle\lim_{x\to\infty}\frac{2x-1}{x} = \lim_{x\to\infty}\left(2-\frac{1}{x}\right) = 2$

したがって，はさみうちの原理により　　$\displaystyle\lim_{x\to\infty}\frac{[2x]}{x} = \mathbf{2}$

練習 51　次の関数について，〔　〕内の点における連続性を調べよ。

(1)　$f(x) = x[(x-1)^2]$　〔$x=1$〕　　　(2)　$f(x) = \begin{cases}\dfrac{|x-2|}{x^2-4} & (x \neq 2)\\ 0 & (x=2)\end{cases}$　〔$x=2$〕

(3)　$f(x) = [-x^2]$　〔$x=0$〕

(1) $y=(x-1)^2$ とおくと，$x\to 1-0$ のときも $x\to 1+0$ のときもいずれも $y\to +0$ である。

よって　$\lim_{x\to 1}[(x-1)^2]=\lim_{y\to +0}[y]=0$

したがって　$\lim_{x\to 1}f(x)=\lim_{x\to 1}x[(x-1)^2]=1\cdot 0=0$

また，$f(1)=0$ であるから　$\lim_{x\to 1}f(x)=f(1)$

したがって，$f(x)$ は $x=1$ で **連続** である。

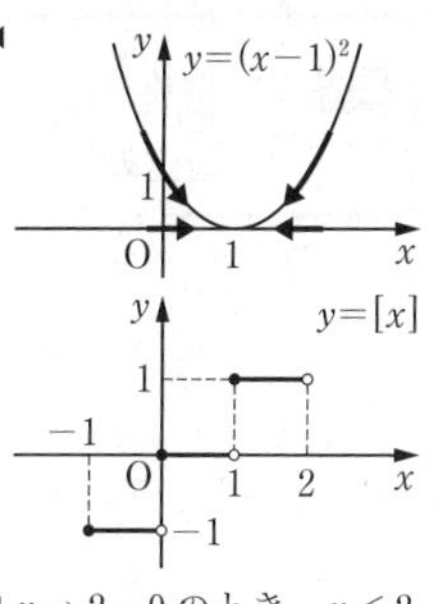

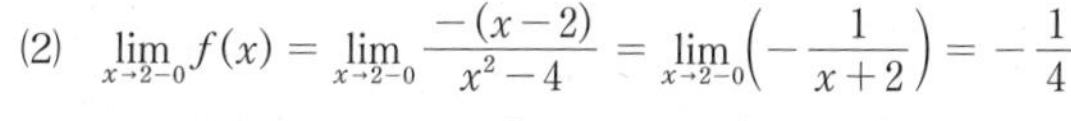

(2) $\lim_{x\to 2-0}f(x)=\lim_{x\to 2-0}\dfrac{-(x-2)}{x^2-4}=\lim_{x\to 2-0}\left(-\dfrac{1}{x+2}\right)=-\dfrac{1}{4}$

$\lim_{x\to 2+0}f(x)=\lim_{x\to 2+0}\dfrac{x-2}{x^2-4}=\lim_{x\to 2+0}\dfrac{1}{x+2}=\dfrac{1}{4}$

$\lim_{x\to 2-0}f(x)\neq\lim_{x\to 2+0}f(x)$ であるから，$\lim_{x\to 2}f(x)$ は存在しない。

したがって，$f(x)$ は $x=2$ で **不連続** である。

◀ $x\to 2-0$ のとき，$x<2$ として
$|x-2|=-(x-2)$

(3) $0<x\leqq 1$ のとき $[-x^2]=-1$ であるから

$\lim_{x\to +0}[-x^2]=-1$

$-1\leqq x<0$ のとき $[-x^2]=-1$ であるから

$\lim_{x\to -0}[-x^2]=-1$

$\lim_{x\to +0}f(x)=\lim_{x\to -0}f(x)=-1$ であるから　$\lim_{x\to 0}f(x)=-1$

しかし，$f(0)=[-0^2]=0$ より

$\lim_{x\to 0}f(x)\neq f(0)$

したがって，$f(x)$ は $x=0$ で **不連続** である。

練習 52 自然数 n に対して，関数 $f_n(x)=\dfrac{x^{2n}}{x^{2n}+1}$ と定義する。

(1) $f(x)=\lim_{n\to\infty}f_n(x)$ を求めよ。さらに，$y=f(x)$ のグラフをかけ。

(2) $f(x)$ の連続性を調べよ。

(1) (ア) $|x|<1$ のとき，$\lim_{n\to\infty}x^{2n}=0$ より　$f(x)=0$

◀ $\lim_{n\to\infty}\dfrac{x^{2n}}{x^{2n}+1}=\dfrac{0}{0+1}$

(イ) $|x|>1$ のとき，$\lim_{n\to\infty}\dfrac{1}{x^{2n}}=0$ であるから

$$f(x)=\lim_{n\to\infty}f_n(x)=\lim_{n\to\infty}\frac{1}{1+\dfrac{1}{x^{2n}}}=1$$

◀ 不定形 $\dfrac{\infty}{\infty}$ より，分母・分子を x^{2n} で割る。

(ウ) $|x|=1$ のとき，$x^{2n}=1$ より　$f(x)=\dfrac{1}{2}$

◀ $\dfrac{x^{2n}}{x^{2n}+1}=\dfrac{1}{1+1}$

(ア)〜(ウ) より

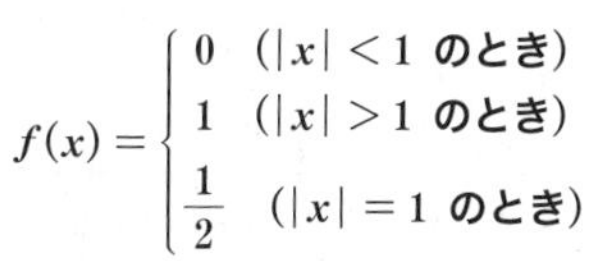

$$f(x)=\begin{cases}0 & (|x|<1 \text{ のとき})\\ 1 & (|x|>1 \text{ のとき})\\ \dfrac{1}{2} & (|x|=1 \text{ のとき})\end{cases}$$

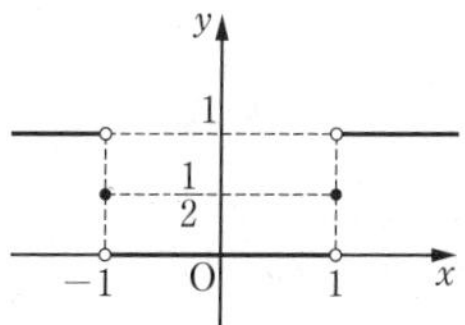

グラフは **右の図**。

(2) グラフより，$f(x)$ は **$x=\pm 1$ で不連続，それ以外の実数 x で連続** である。

練習 53　関数 $f(x)=\lim_{n\to\infty}\dfrac{x^{2n-1}+ax^2+bx+1}{x^{2n}+1}$ がすべての実数 x で連続となるように定数 a，b の値を定め，そのときの $y=f(x)$ のグラフをかけ。

$|x|<1$ のとき，$\lim_{n\to\infty}x^n=0$ であるから

$$f(x)=\lim_{n\to\infty}\frac{x^{2n-1}+ax^2+bx+1}{x^{2n}+1}=ax^2+bx+1 \quad \cdots ①$$

$|x|>1$ のとき，$\lim_{n\to\infty}\dfrac{1}{x^n}=0$ であるから

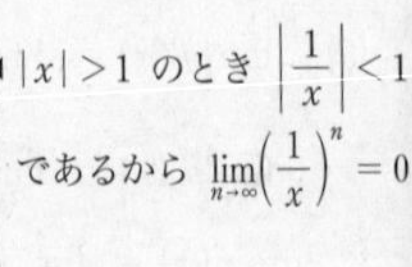

◀ $|x|>1$ のとき $\left|\dfrac{1}{x}\right|<1$ であるから $\lim_{n\to\infty}\left(\dfrac{1}{x}\right)^n=0$

$$f(x)=\lim_{n\to\infty}\frac{\dfrac{1}{x}+\dfrac{a}{x^{2n-2}}+\dfrac{b}{x^{2n-1}}+\dfrac{1}{x^{2n}}}{1+\dfrac{1}{x^{2n}}}=\frac{1}{x} \quad \cdots ②$$

$x=1$ のとき　　$f(1)=\dfrac{a+b+2}{2}$

$x=-1$ のとき　　$f(-1)=\dfrac{a-b}{2}$

◀ $(-1)^{2n-1}=-1$，$(-1)^{2n}=1$

①，② より，$f(x)$ は $x \neq \pm 1$ であるすべての実数 x で連続である。

◀ 関数 ax^2+bx+1 は $|x|<1$ で連続，$\dfrac{1}{x}$ は $|x|>1$ で連続である。

$x=1$ で連続であるための条件は

$\lim_{x\to 1+0}f(x)=\lim_{x\to 1-0}f(x)=f(1)$ であるから

$$\lim_{x\to 1+0}\frac{1}{x}=\lim_{x\to 1-0}(ax^2+bx+1)=\frac{a+b+2}{2}$$

よって　　$1=a+b+1=\dfrac{a+b+2}{2}$

これより　　$a+b=0 \quad \cdots ③$

$x=-1$ で連続であるための条件は

$\lim_{x\to -1+0}f(x)=\lim_{x\to -1-0}f(x)=f(-1)$ であるから

$$\lim_{x\to -1+0}(ax^2+bx+1)=\lim_{x\to -1-0}\frac{1}{x}=\frac{a-b}{2}$$

よって　　$a-b+1=-1=\dfrac{a-b}{2}$

これより　　$a-b=-2 \quad \cdots ④$

③，④ を解いて

　　$\boldsymbol{a=-1,\ b=1}$

このとき

$$f(x)=\begin{cases}-x^2+x+1 & (|x|<1 \text{ のとき}) \\ \dfrac{1}{x} & (|x|\geqq 1 \text{ のとき})\end{cases}$$

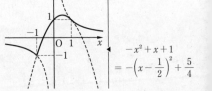

◀ $-x^2+x+1$ $=-\left(x-\dfrac{1}{2}\right)^2+\dfrac{5}{4}$

よって，$y=f(x)$ のグラフは **右の図**。

チャレンジ〈1〉　$a<b<c<d$ のとき，3 次方程式 $(x-a)(x-c)(x-d)-(x-b)^2=0$ は，異なる 3 つの実数解をもつことを証明せよ。

$f(x)=(x-a)(x-c)(x-d)-(x-b)^2$ とおくと，$f(x)$ は 3 次関数であるから，実数全体で連続である。

ここで　　$f(a)=-(a-b)^2<0$

$$f(b) = (b-a)(b-c)(b-d) > 0$$
$$f(c) = -(c-b)^2 < 0$$
$$f(d) = -(d-b)^2 < 0$$

◀ $a < b < c < d$ より $b-a > 0$, $b-c < 0$, $b-d < 0$

さらに，$x \to \infty$ のとき $f(x) \to \infty$ であるから，$x > d$ の部分で x が十分大きければ $f(x) > 0$ となる。

したがって，$y = f(x)$ のグラフの概形は右の図のようになり，$y = f(x)$ は x 軸と相異なる3点で交わる。すなわち，$f(x) = 0$ は，異なる3つの実数解をもつ。

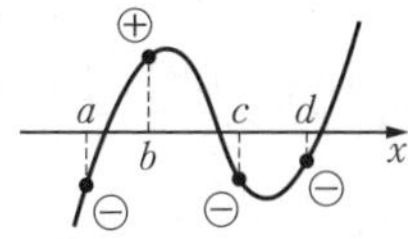

Plus One

さらに，上の図よりその実数解は
$$a < x < b,\ b < x < c,\ d < x$$
の範囲に，それぞれ1つずつ存在することも分かる。

練習 54 次の方程式は，与えられた範囲に実数解をもつことを示せ。
(1) $x^3 - 3x^2 + 1 = 0 \quad (0 < x < 1)$　(2) $3^x - 2x - 2 = 0 \quad (1 < x < 2)$
(3) $\sqrt{x} - 2\log_3 x = 0 \quad (1 < x < 3)$

(1) $f(x) = x^3 - 3x^2 + 1$ とすると，$f(x)$ は $0 \leqq x \leqq 1$ で連続であり
$$f(0) = 1 > 0$$
$$f(1) = -1 < 0$$
よって，中間値の定理により $f(x) = 0$ すなわち $x^3 - 3x^2 + 1 = 0$ の実数解は $0 < x < 1$ において少なくとも1つ存在する。

◀ $f(x)$ は実数全体で連続である。

(2) $f(x) = 3^x - 2x - 2$ とすると，$f(x)$ は $1 \leqq x \leqq 2$ で連続であり
$$f(1) = 3 - 2 - 2 = -1 < 0$$
$$f(2) = 9 - 4 - 2 = 3 > 0$$
よって，中間値の定理により $f(x) = 0$ すなわち $3^x - 2x - 2 = 0$ の実数解は $1 < x < 2$ において少なくとも1つ存在する。

◀ 3^x は実数全体で連続であり，$-2x-2$ も実数全体で連続であるから，$f(x)$ は実数全体で連続である。

(3) $f(x) = \sqrt{x} - 2\log_3 x$ とすると，$f(x)$ は $1 \leqq x \leqq 3$ で連続であり
$$f(1) = 1 - 0 = 1 > 0$$
$$f(3) = \sqrt{3} - 2 < 0$$
よって，中間値の定理により $f(x) = 0$ すなわち $\sqrt{x} - 2\log_3 x = 0$ の実数解は $1 < x < 3$ において少なくとも1つ存在する。

◀ $\log_3 x$ は $x > 0$ で連続，$\sqrt{x}$ は $x \geqq 0$ で連続であるから，$f(x)$ は $x > 0$ で連続である。

p.98

問題編 4　関数の極限

問題 41 次の極限値を求めよ。
(1) $\displaystyle\lim_{x \to -1} \frac{x+1}{\sqrt[3]{x}+1}$　(2) $\displaystyle\lim_{x \to 0} \frac{\sqrt{1+x} - \sqrt{1+x^2}}{\sqrt{3+x} - \sqrt{3+x^2}}$　(3) $\displaystyle\lim_{x \to 0} \frac{1}{x}\left(1 - \frac{1}{\sqrt{1-x}}\right)$

(1) $\displaystyle\lim_{x \to -1} \frac{x+1}{\sqrt[3]{x}+1} = \lim_{x \to -1} \frac{(x+1)\{(\sqrt[3]{x})^2 - \sqrt[3]{x} + 1\}}{(\sqrt[3]{x}+1)\{(\sqrt[3]{x})^2 - \sqrt[3]{x} + 1\}}$

◀ 分母を有理化する。
$(a+b)(a^2 - ab + b^2) = a^3 + b^3$

$$= \lim_{x \to -1} \frac{(x+1)\{(\sqrt[3]{x})^2 - \sqrt[3]{x} + 1\}}{x+1}$$

$$= \lim_{x \to -1} \{(\sqrt[3]{x})^2 - \sqrt[3]{x} + 1\}$$

$$= (-1)^2 - (-1) + 1 = \mathbf{3}$$

〔別解〕

$$\lim_{x \to -1} \frac{x+1}{\sqrt[3]{x}+1} = \lim_{x \to -1} \frac{(\sqrt[3]{x}+1)\{(\sqrt[3]{x})^2 - \sqrt[3]{x} + 1\}}{\sqrt[3]{x}+1}$$

$$= \lim_{x \to -1} \{(\sqrt[3]{x})^2 - \sqrt[3]{x} + 1\} = 3$$

◀ $x+1 = (\sqrt[3]{x})^3 + 1^3$

(2) $\displaystyle \lim_{x \to 0} \frac{\sqrt{1+x} - \sqrt{1+x^2}}{\sqrt{3+x} - \sqrt{3+x^2}}$

$$= \lim_{x \to 0} \frac{(\sqrt{1+x} - \sqrt{1+x^2})(\sqrt{1+x} + \sqrt{1+x^2})(\sqrt{3+x} + \sqrt{3+x^2})}{(\sqrt{3+x} - \sqrt{3+x^2})(\sqrt{3+x} + \sqrt{3+x^2})(\sqrt{1+x} + \sqrt{1+x^2})}$$

◀ 分母・分子を有理化する。

$$= \lim_{x \to 0} \frac{(x-x^2)(\sqrt{3+x} + \sqrt{3+x^2})}{(x-x^2)(\sqrt{1+x} + \sqrt{1+x^2})}$$

$$= \lim_{x \to 0} \frac{\sqrt{3+x} + \sqrt{3+x^2}}{\sqrt{1+x} + \sqrt{1+x^2}} = \boldsymbol{\sqrt{3}}$$

(3) $\displaystyle \lim_{x \to 0} \frac{1}{x}\left(1 - \frac{1}{\sqrt{1-x}}\right) = \lim_{x \to 0} \frac{1}{x} \cdot \frac{\sqrt{1-x}-1}{\sqrt{1-x}}$

$$= \lim_{x \to 0} \frac{1}{x} \cdot \frac{(\sqrt{1-x}-1)(\sqrt{1-x}+1)}{\sqrt{1-x}(\sqrt{1-x}+1)} = \lim_{x \to 0} \frac{1}{x} \cdot \frac{(1-x)-1}{\sqrt{1-x}(\sqrt{1-x}+1)}$$

◀ 分子を有理化する。

$$= \lim_{x \to 0} \frac{-1}{\sqrt{1-x}(\sqrt{1-x}+1)} = -\boldsymbol{\frac{1}{2}}$$

問題 **42** 次の極限を調べよ。

(1) $\displaystyle \lim_{x \to -1} \frac{[x]}{|x+1|}$　(2) $\displaystyle \lim_{x \to 1} \frac{1-|x|}{|1-x|}$　(3) $\displaystyle \lim_{x \to 2} [-x^2+4x]$

(1) $-2 < x < -1$ のとき $[x] = -2$, $|x+1| = -(x+1)$ であるから

$$\lim_{x \to -1-0} \frac{[x]}{|x+1|} = \lim_{x \to -1-0} \frac{-2}{-(x+1)} = \lim_{x \to -1-0} \frac{2}{x+1} = -\infty$$

◀ $x \to -1-0$ のとき $x+1 < 0$

$-1 < x < 0$ のとき $[x] = -1$, $|x+1| = x+1$ であるから

$$\lim_{x \to -1+0} \frac{[x]}{|x+1|} = \lim_{x \to -1+0} \frac{-1}{x+1} = -\infty$$

◀ $x \to -1+0$ のとき $x+1 > 0$

よって　$\displaystyle \lim_{x \to -1} \frac{[x]}{|x+1|} = \boldsymbol{-\infty}$

(2) $0 < x < 1$ のとき $|x| = x$, $|1-x| = 1-x$ であるから

◀ $x \to 1-0$ のとき, $0 < x < 1$ の範囲で考える。

$$\lim_{x \to 1-0} \frac{1-|x|}{|1-x|} = \lim_{x \to 1-0} \frac{1-x}{1-x} = \lim_{x \to 1-0} 1 = 1$$

$1 < x$ のとき $|x| = x$, $|1-x| = -(1-x)$ であるから

$$\lim_{x \to 1+0} \frac{1-|x|}{|1-x|} = \lim_{x \to 1+0} \frac{1-x}{-(1-x)} = \lim_{x \to 1+0} (-1) = -1$$

$\displaystyle \lim_{x \to 1-0} \frac{1-|x|}{|1-x|} \neq \lim_{x \to 1+0} \frac{1-|x|}{|1-x|}$ より, $\displaystyle \lim_{x \to 1} \frac{1-|x|}{|1-x|}$ は **存在しない。**

(3) $-x^2+4x = -(x-2)^2+4$ であるから,

$1<x<3$，$x \neq 2$ の範囲で　$3<-(x-2)^2+4<4$

よって，$[-x^2+4x]=3$ より　$\lim_{x \to 2}[-x^2+4x]=\lim_{x \to 2}3=3$

問題 43 次の極限を調べよ。

(1) $\lim_{x \to \infty}\frac{-3x^2+7x}{2x+5}$　(2) $\lim_{x \to \infty}(2x-\sqrt{x})$　(3) $\lim_{x \to \infty}(\sqrt{x^2+2x}-\sqrt{x^2-2x})$

(1) $\lim_{x \to \infty}\frac{-3x^2+7x}{2x+5}=\lim_{x \to \infty}\frac{-3x+7}{2+\frac{5}{x}}=-\infty$

(2) $\lim_{x \to \infty}(2x-\sqrt{x})=\lim_{x \to \infty}x\left(2-\frac{1}{\sqrt{x}}\right)=\infty$

◀ $\lim_{x \to \infty}x=\infty$

$\lim_{x \to \infty}\left(2-\frac{1}{\sqrt{x}}\right)=2$

(3) $\lim_{x \to \infty}(\sqrt{x^2+2x}-\sqrt{x^2-2x})$

$=\lim_{x \to \infty}\frac{(\sqrt{x^2+2x}-\sqrt{x^2-2x})(\sqrt{x^2+2x}+\sqrt{x^2-2x})}{\sqrt{x^2+2x}+\sqrt{x^2-2x}}$

◀ 分子を有理化する。

$=\lim_{x \to \infty}\frac{4x}{\sqrt{x^2+2x}+\sqrt{x^2-2x}}=\lim_{x \to \infty}\frac{4}{\sqrt{1+\frac{2}{x}}+\sqrt{1-\frac{2}{x}}}=2$

問題 44 $\lim_{x \to -\infty}(\sqrt{x^2+4x+1}-\sqrt{x^2-4x+1})$ を求めよ。

$x=-t$ とおくと，$x \to -\infty$ のとき $t \to \infty$ となり

$\lim_{x \to -\infty}(\sqrt{x^2+4x+1}-\sqrt{x^2-4x+1})$

$=\lim_{t \to \infty}(\sqrt{t^2-4t+1}-\sqrt{t^2+4t+1})$

◀ $\frac{\sqrt{t^2-4t+1}-\sqrt{t^2+4t+1}}{1}$ と考えて分子を有理化する。

$=\lim_{t \to \infty}\frac{(t^2-4t+1)-(t^2+4t+1)}{\sqrt{t^2-4t+1}+\sqrt{t^2+4t+1}}$

$=\lim_{t \to \infty}\frac{-8t}{\sqrt{t^2-4t+1}+\sqrt{t^2+4t+1}}$

$=\lim_{t \to \infty}\frac{-8}{\sqrt{1-\frac{4}{t}+\frac{1}{t^2}}+\sqrt{1+\frac{4}{t}+\frac{1}{t^2}}}$

$=\frac{-8}{2}=-4$

〔別解〕

$\lim_{x \to -\infty}(\sqrt{x^2+4x+1}-\sqrt{x^2-4x+1})$

◀ $\frac{\sqrt{x^2+4x+1}-\sqrt{x^2-4x+1}}{1}$ と考えて分子を有理化する。

$=\lim_{x \to -\infty}\frac{(x^2+4x+1)-(x^2-4x+1)}{\sqrt{x^2+4x+1}+\sqrt{x^2-4x+1}}$

$=\lim_{x \to -\infty}\frac{8x}{\sqrt{x^2+4x+1}+\sqrt{x^2-4x+1}}$

$=\lim_{x \to -\infty}\frac{8x}{-x\sqrt{1+\frac{4}{x}+\frac{1}{x^2}}-x\sqrt{1-\frac{4}{x}+\frac{1}{x^2}}}$

◀ $x<0$ のとき

$\sqrt{x^2}=|x|=-x$

$$= \lim_{x \to -\infty} \frac{8}{-\sqrt{1+\frac{4}{x}+\frac{1}{x^2}}-\sqrt{1-\frac{4}{x}+\frac{1}{x^2}}} = -4$$

問題 45 等式 $\displaystyle\lim_{x \to 1} \frac{\sqrt{x^2+ax+b}-x}{x-1} = 3$ が成り立つように，定数 a，b の値を定めよ。

$\displaystyle\lim_{x \to 1} \frac{\sqrt{x^2+ax+b}-x}{x-1} = 3$ …① とおく。

① と $\displaystyle\lim_{x \to 1}(x-1) = 0$ より　$\displaystyle\lim_{x \to 1}(\sqrt{x^2+ax+b}-x) = 0$

◀分母の極限値が 0 であるから，分子の極限値が 0 であることが必要条件である。

すなわち　$\sqrt{1+a+b}-1 = 0$

$1+a+b=1$ より　$b=-a$ …②

このとき

$$\lim_{x \to 1} \frac{\sqrt{x^2+ax-a}-x}{x-1} = \lim_{x \to 1} \frac{(\sqrt{x^2+ax-a}-x)(\sqrt{x^2+ax-a}+x)}{(x-1)(\sqrt{x^2+ax-a}+x)}$$

◀分子を有理化する。

$$= \lim_{x \to 1} \frac{a}{\sqrt{x^2+ax-a}+x} = \frac{a}{2}$$

$\frac{a}{2} = 3$ より　$\boldsymbol{a=6}$

② より　$\boldsymbol{b=-6}$

問題 46 次の等式が成り立つように，定数 a，b の値を定めよ。

$$\lim_{x \to -\infty}(\sqrt{ax^2+bx-1}+x) = 2$$

$x=-t$ とおくと，$x \to -\infty$ のとき $t \to \infty$ となり

$$\lim_{x \to -\infty}(\sqrt{ax^2+bx-1}+x)$$

$$= \lim_{t \to \infty}(\sqrt{at^2-bt-1}-t)$$

$$= \lim_{t \to \infty} \frac{(\sqrt{at^2-bt-1}-t)(\sqrt{at^2-bt-1}+t)}{\sqrt{at^2-bt-1}+t}$$

◀分子を有理化する。

$$= \lim_{t \to \infty} \frac{(a-1)t^2-bt-1}{\sqrt{at^2-bt-1}+t}$$

$$= \lim_{t \to \infty} \frac{(a-1)t-b-\frac{1}{t}}{\sqrt{a-\frac{b}{t}-\frac{1}{t^2}}+1}$$

◀$t>0$ より　$t=\sqrt{t^2}$

これが収束する条件は　$a-1=0$

◀分母のみの極限値は $\displaystyle\lim_{t \to \infty}\sqrt{a-\frac{b}{t}-\frac{1}{t^2}}+1 = \sqrt{a}+1$ であるが，0 にならない。

よって，$a=1$ であり，このときの極限値は

$$\lim_{t \to \infty} \frac{-b-\frac{1}{t}}{\sqrt{1-\frac{b}{t}-\frac{1}{t^2}}+1} = -\frac{b}{2}$$

ゆえに，$-\frac{b}{2} = 2$ より　$b=-4$

したがって　$\boldsymbol{a=1,\ b=-4}$

問題 47 次の極限を調べよ。

(1) $\displaystyle\lim_{x\to 0}\frac{1}{1+2^{\frac{1}{x}}}$　　(2) $\displaystyle\lim_{x\to\infty}\frac{a^x+1}{a^x-1}$　$(a>0,\ a\neq 1)$

(1) $x\to -0$ のとき，$\dfrac{1}{x}\to -\infty$ より　$2^{\frac{1}{x}}\to 0$

$x\to +0$ のとき，$\dfrac{1}{x}\to \infty$ より　$2^{\frac{1}{x}}\to \infty$

よって　$\displaystyle\lim_{x\to -0}\frac{1}{1+2^{\frac{1}{x}}}=1,\ \lim_{x\to +0}\frac{1}{1+2^{\frac{1}{x}}}=0$

$\displaystyle\lim_{x\to -0}\frac{1}{1+2^{\frac{1}{x}}}\neq\lim_{x\to +0}\frac{1}{1+2^{\frac{1}{x}}}$ であるから，$\displaystyle\lim_{x\to 0}\frac{1}{1+2^{\frac{1}{x}}}$ は **存在しない**。

(2) $\displaystyle\lim_{x\to\infty}a^x=\begin{cases}0 & (0<a<1)\\ \infty & (a>1)\end{cases}$ となる。

(ア) $0<a<1$ のとき

$$\lim_{x\to\infty}\frac{a^x+1}{a^x-1}=\frac{0+1}{0-1}=-1$$

(イ) $a>1$ のとき

$$\lim_{x\to\infty}\frac{a^x+1}{a^x-1}=\lim_{x\to\infty}\frac{1+\left(\frac{1}{a}\right)^x}{1-\left(\frac{1}{a}\right)^x}=\frac{1}{1}=1$$

◀ $a>1$ のとき $0<\dfrac{1}{a}<1$
よって　$\displaystyle\lim_{x\to\infty}\left(\frac{1}{a}\right)^x=0$

(ア), (イ) より

$$\lim_{x\to\infty}\frac{a^x+1}{a^x-1}=\begin{cases}\mathbf{-1} & \textbf{(}\boldsymbol{0<a<1}\ \textbf{のとき)}\\ \mathbf{1} & \textbf{(}\boldsymbol{a>1}\ \textbf{のとき)}\end{cases}$$

問題 48 次の極限値を求めよ。

(1) $\displaystyle\lim_{x\to 0}\frac{\sin x^\circ}{x}$　　(2) $\displaystyle\lim_{x\to 0}\frac{\tan x-\sin x}{x^3}$　　(3) $\displaystyle\lim_{x\to\frac{\pi}{2}}\frac{(2x-\pi)\cos 3x}{\cos^2 x}$

(1) $$\lim_{x\to 0}\frac{\sin x^\circ}{x}=\lim_{x\to 0}\frac{\sin\frac{x}{180}\pi}{x}=\lim_{x\to 0}\frac{\sin\frac{x}{180}\pi}{\frac{x}{180}\pi}\cdot\frac{\frac{x}{180}\pi}{x}$$

◀ $1^\circ=\dfrac{\pi}{180}$

$$=1\cdot\frac{\pi}{180}=\boldsymbol{\frac{\pi}{180}}$$

(2) $$\begin{aligned}\lim_{x\to 0}\frac{\tan x-\sin x}{x^3}&=\lim_{x\to 0}\frac{1}{x^3}\left(\frac{\sin x}{\cos x}-\sin x\right)\\&=\lim_{x\to 0}\frac{\sin x}{x^3}\left(\frac{1}{\cos x}-1\right)\\&=\lim_{x\to 0}\frac{\sin x}{x^3}\cdot\frac{1-\cos x}{\cos x}\\&=\lim_{x\to 0}\frac{\sin x}{x^3}\cdot\frac{(1-\cos x)(1+\cos x)}{\cos x(1+\cos x)}\\&=\lim_{x\to 0}\left(\frac{\sin x}{x}\right)^3\cdot\frac{1}{\cos x(1+\cos x)}\end{aligned}$$

◀ $1-\cos^2 x=\sin^2 x$

1章 4 関数の極限

$$= 1^3 \cdot \frac{1}{1\cdot(1+1)} = \mathbf{\frac{1}{2}}$$

◀ $\lim_{\theta\to0}\frac{\sin\theta}{\theta}=1$ を利用。

(3)　$x-\frac{\pi}{2}=t$ とおくと，$x\to\frac{\pi}{2}$ のとき $t\to0$ であるから

$$\lim_{x\to\frac{\pi}{2}}\frac{(2x-\pi)\cos3x}{\cos^2x}=\lim_{t\to0}\frac{2t\cos\left(\frac{3}{2}\pi+3t\right)}{\cos^2\left(\frac{\pi}{2}+t\right)}$$

$$=\lim_{t\to0}\frac{2t\sin3t}{\sin^2t}$$

$$=\lim_{t\to0}2\left(\frac{t}{\sin t}\right)^2\cdot\frac{\sin3t}{3t}\cdot3$$

$$=2\cdot1^2\cdot1\cdot3=\mathbf{6}$$

◀ $\cos\left(\frac{3}{2}\pi+3t\right)$
$=\cos\frac{3}{2}\pi\cos3t-\sin\frac{3}{2}\pi\sin3t$
$=\sin3t$
$\cos\left(\frac{\pi}{2}+t\right)=-\sin t$

問題 49　xy 平面上の 3 点 O(0, 0)，A(1, 0)，B(0, 1) を頂点とする △OAB を点 O を中心に反時計回りに θ だけ回転させて得られる三角形を △OA′B′ とおく。ただし，$0<\theta<\frac{\pi}{2}$ とする。△OA′B′ の $x\geqq0$，$y\geqq0$ の部分の面積を $S(\theta)$ とおくとき，$S(\theta)$ を θ の式で表せ。さらに，$\lim_{\theta\to\frac{\pi}{2}}\frac{S(\theta)}{\frac{\pi}{2}-\theta}$ を求めよ。

A′$(\cos\theta,\ \sin\theta)$，B′$\left(\cos\left(\frac{\pi}{2}+\theta\right),\ \sin\left(\frac{\pi}{2}+\theta\right)\right)$

すなわち，B′$(-\sin\theta,\ \cos\theta)$ と表される。

これより，直線 A′B′ の方程式は

$$y-\sin\theta=\frac{\cos\theta-\sin\theta}{-\sin\theta-\cos\theta}(x-\cos\theta)$$

よって　$$y=-\frac{\cos\theta-\sin\theta}{\sin\theta+\cos\theta}\cdot x+\frac{1}{\sin\theta+\cos\theta}$$

ゆえに，y 軸との交点 C の y 座標は　$\frac{1}{\sin\theta+\cos\theta}$

点 A′ から y 軸に下ろした垂線を A′H とすると

$$S(\theta)=\frac{1}{2}\cdot\mathrm{OC}\cdot\mathrm{A'H}=\frac{1}{2}\cdot\frac{1}{\sin\theta+\cos\theta}\cdot\cos\theta$$

$$=\boldsymbol{\frac{\cos\theta}{2(\sin\theta+\cos\theta)}}$$

◀ 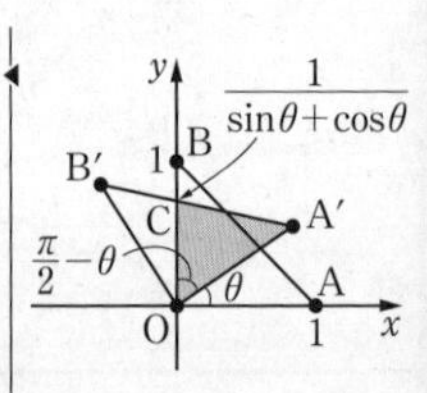

◀ A′H は A′ の x 座標の値と等しくなる。

また，$\frac{\pi}{2}-\theta=t$ とおくと，$\theta\to\frac{\pi}{2}$ のとき $t\to0$ であり

$$\sin\theta=\sin\left(\frac{\pi}{2}-t\right)=\cos t,\ \cos\theta=\cos\left(\frac{\pi}{2}-t\right)=\sin t$$

であるから

$$\lim_{\theta\to\frac{\pi}{2}}\frac{S(\theta)}{\frac{\pi}{2}-\theta}=\lim_{t\to0}\frac{1}{t}\cdot\frac{\sin t}{2(\cos t+\sin t)}$$

$$=\lim_{t\to0}\frac{\sin t}{t}\cdot\frac{1}{2(\cos t+\sin t)}=\mathbf{\frac{1}{2}}$$

◀ $\lim_{t\to0}\frac{\sin t}{t}=1$

〔別解〕　$S(\theta)$ は，次のように求めることもできる。

$\triangle OAB = \dfrac{1}{2}$ であり，$\triangle OA'C : \triangle OB'C = \cos\theta : \sin\theta$ であるから

$$S(\theta) = \frac{1}{2} \cdot \frac{\cos\theta}{\cos\theta + \sin\theta} = \frac{\cos\theta}{2(\cos\theta + \sin\theta)}$$

◀ $\triangle OA'C$, $\triangle OB'C$ は底辺 OC を共有しているから，点 A′，B′ の x 座標から面積の比が分かる。

問題 50 $\displaystyle\lim_{x\to\infty} \frac{[x]+x}{x-1}$ を求めよ。

$x-1 < [x] \leqq x$ であり，$x \to \infty$ のとき，$x-1 > 0$ であるから

◀ 例題 50 (2) 参照。

$$\frac{(x-1)+x}{x-1} < \frac{[x]+x}{x-1} \leqq \frac{x+x}{x-1}$$

すなわち $$\frac{2x-1}{x-1} < \frac{[x]+x}{x-1} \leqq \frac{2x}{x-1}$$

ここで $$\lim_{x\to\infty} \frac{2x-1}{x-1} = \lim_{x\to\infty} \frac{2-\dfrac{1}{x}}{1-\dfrac{1}{x}} = 2$$

$$\lim_{x\to\infty} \frac{2x}{x-1} = \lim_{x\to\infty} \frac{2}{1-\dfrac{1}{x}} = 2$$

したがって，はさみうちの原理により $$\lim_{x\to\infty} \frac{[x]+x}{x-1} = 2$$

問題 51 次の関数について，〔 〕内の点における連続性を調べよ。

(1) $f(x) = [\sin x]$ $\left[x = \dfrac{\pi}{2}\right]$ (2) $f(x) = \begin{cases} x\sin\dfrac{1}{x} & (x \neq 0) \\ 0 & (x = 0) \end{cases}$ 〔$x = 0$〕

(1) $y = \sin x$ とおくと，$x \to \dfrac{\pi}{2}-0$ のときも $x \to \dfrac{\pi}{2}+0$ のときもいずれも $y \to 1-0$ である。

◀

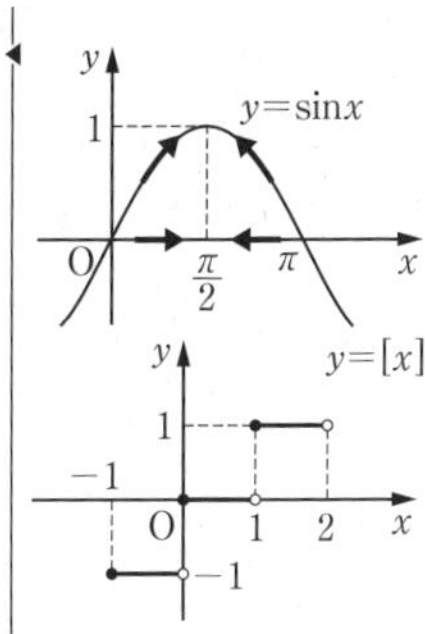

よって $$\lim_{x\to\frac{\pi}{2}} f(x) = \lim_{y\to 1-0} [y] = 0$$

しかし，$f\left(\dfrac{\pi}{2}\right) = \left[\sin\dfrac{\pi}{2}\right] = [1] = 1$ より

$$\lim_{x\to\frac{\pi}{2}} f(x) \neq f\left(\frac{\pi}{2}\right)$$

したがって，$f(x)$ は $x = \dfrac{\pi}{2}$ で **不連続** である。

(2) $0 \leqq \left|\sin\dfrac{1}{x}\right| \leqq 1$ であるから

◀ $-1 \leqq \sin\dfrac{1}{x} \leqq 1$

$$0 \leqq \left|x\sin\frac{1}{x}\right| = |x|\left|\sin\frac{1}{x}\right| \leqq |x|$$

$x \to 0$ のとき，$|x| \to 0$ であるから

$$\lim_{x\to 0}\left|x\sin\frac{1}{x}\right| = 0 \quad すなわち \quad \lim_{x\to 0} x\sin\frac{1}{x} = 0$$

◀ はさみうちの原理を用いる。

また，$f(0) = 0$ であるから $\displaystyle\lim_{x\to 0} f(x) = f(0)$

したがって，$f(x)$ は $x=0$ で **連続** である。

> 問題 **52** 次の関数について，$y=f(x)$ のグラフをかき，連続性を調べよ。
>
> (1) $f(x)=\lim_{n\to\infty}\dfrac{x^{2n-1}+x^2+x}{x^{2n}+1}$　　(2) $f(x)=\lim_{n\to\infty}\dfrac{x^2(1-|x|^n)}{1+|x|^n}$

(1) (ア) $|x|<1$ のとき

$\lim_{n\to\infty}x^{2n}=0,\ \lim_{n\to\infty}x^{2n-1}=0$ より　　$f(x)=x^2+x$

(イ) $|x|>1$ のとき

$$f(x)=\lim_{n\to\infty}\frac{\dfrac{1}{x}+\dfrac{1}{x^{2n-2}}+\dfrac{1}{x^{2n-1}}}{1+\dfrac{1}{x^{2n}}}=\frac{1}{x}$$

◀ 分母・分子を x^{2n} で割る。

(ウ) $x=1$ のとき　　$f(1)=\dfrac{1+1+1}{1+1}=\dfrac{3}{2}$

(エ) $x=-1$ のとき　　$f(-1)=\dfrac{-1+1-1}{1+1}=-\dfrac{1}{2}$

(ア)～(エ) より

$$f(x)=\begin{cases}x^2+x & (|x|<1 \text{ のとき})\\ \dfrac{1}{x} & (|x|>1 \text{ のとき})\\ \dfrac{3}{2} & (x=1 \text{ のとき})\\ -\dfrac{1}{2} & (x=-1 \text{ のとき})\end{cases}$$

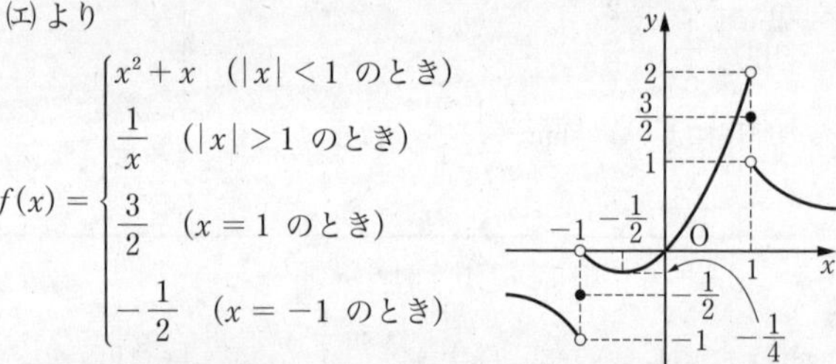

◀ $x^2+x=\left(x+\dfrac{1}{2}\right)^2-\dfrac{1}{4}$

よって，グラフは **右の図**。

$f(x)$ は **$x=\pm1$ で不連続，それ以外の実数 x で連続** である。

(2) (ア) $|x|<1$ のとき，$\lim_{n\to\infty}|x|^n=0$ より　$f(x)=x^2$

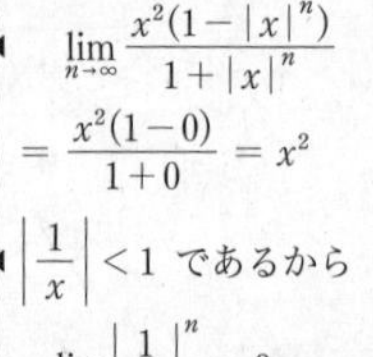

◀ $\lim_{n\to\infty}\dfrac{x^2(1-|x|^n)}{1+|x|^n}=\dfrac{x^2(1-0)}{1+0}=x^2$

(イ) $|x|>1$ のとき，$\lim_{n\to\infty}\left|\dfrac{1}{x}\right|^n=0$ より

◀ $\left|\dfrac{1}{x}\right|<1$ であるから $\lim_{n\to\infty}\left|\dfrac{1}{x}\right|^n=0$

$$f(x)=\lim_{n\to\infty}\frac{x^2(1-|x|^n)}{1+|x|^n}=\lim_{n\to\infty}\frac{x^2\left(\left|\dfrac{1}{x}\right|^n-1\right)}{\left|\dfrac{1}{x}\right|^n+1}=-x^2$$

(ウ) $|x|=1$ のとき　　$f(x)=0$

(ア)～(ウ) より

$$f(x)=\begin{cases}x^2 & (|x|<1 \text{ のとき})\\ -x^2 & (|x|>1 \text{ のとき})\\ 0 & (|x|=1 \text{ のとき})\end{cases}$$

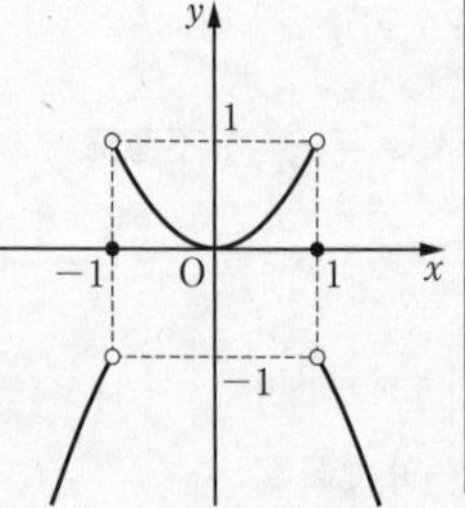

よって，グラフは **右の図**。

$f(x)$ は **$x=\pm1$ で不連続，それ以外の実数 x で連続** である。

問題 53 関数 $f(x)=\lim_{n\to\infty}\dfrac{x^{n+1}+(x^2-1)\sin ax}{x^n+x^2-1}$ がすべての実数 x で連続となるように定数 a の値を定めよ。

(ア) $|x|<1$ のとき

$$f(x)=\frac{(x^2-1)\sin ax}{x^2-1}=\sin ax$$

◀ $\lim_{n\to\infty}x^n=\lim_{n\to\infty}x^{n+1}=0$

(イ) $|x|>1$ のとき

$$f(x)=\lim_{n\to\infty}\frac{x+\left(\frac{1}{x^{n-2}}-\frac{1}{x^n}\right)\sin ax}{1+\frac{1}{x^{n-2}}-\frac{1}{x^n}}=x$$

◀ $\left|\frac{1}{x}\right|<1$ より
$\lim_{n\to\infty}\frac{1}{x^n}=\lim_{n\to\infty}\frac{1}{x^{n-2}}=0$

(ウ) $x=1$ のとき

$$f(1)=\frac{1+(1-1)\sin a}{1+1-1}=1$$

(エ) $x=-1$ のとき

$$f(-1)=\lim_{n\to\infty}\frac{(-1)^{n+1}+(1-1)\sin(-a)}{(-1)^n+1-1}=\lim_{n\to\infty}\frac{-(-1)^n}{(-1)^n}=-1$$

◀ $(-1)^{n+1}=-(-1)^n$

(ア)〜(エ) より，$f(x)$ は $x\neq\pm1$ であるすべての実数 x で連続であるから，$x=\pm1$ で連続となるように定数 a，b の値を定める。

$x=1$ で連続であるための条件は

$$\lim_{x\to1+0}f(x)=\lim_{x\to1-0}f(x)=f(1)$$

$$\lim_{x\to1+0}x=\lim_{x\to1-0}\sin ax=1$$

よって　$\sin a=1$　…①

$x=-1$ で連続であるための条件は

$$\lim_{x\to-1+0}f(x)=\lim_{x\to-1-0}f(x)=f(-1)$$

$$\lim_{x\to-1+0}\sin ax=\lim_{x\to-1-0}x=-1$$

◀ $\sin(-a)=-\sin a$

よって　$\sin a=1$　…②

①，② より，$\sin a=1$ を満たす定数 a の値を求めると

$$\boldsymbol{a=\frac{\pi}{2}+2m\pi}\quad\textbf{(}m\textbf{ は整数)}$$

問題 54 $f(x)$ が $0\leqq x\leqq 1$ で連続な関数で，$0<f(x)<1$ を満たすとき，$f(c)=c$ $(0<c<1)$ となる実数 c が存在することを示せ。

$F(x)=f(x)-x$ とおくと，
$f(x)$ が $0\leqq x\leqq 1$ で連続であるから，
$F(x)$ も $0\leqq x\leqq 1$ で連続である。
また，仮定より $0<f(0)<1$，$0<f(1)<1$ であるから

$$F(0)=f(0)-0>0$$
$$F(1)=f(1)-1<0$$

よって，中間値の定理により

$$F(c)=f(c)-c=0\ (0<c<1)$$

となる c が存在する。
したがって，$f(c)=c$ $(0<c<1)$ となる c が存在する。

◀ この問題は，条件を満たす関数 $y=f(x)$ と，直線 $y=x$ は $0<x<1$ で必ず交点をもち，その座標が $(c,\ c)$ であることを示している。

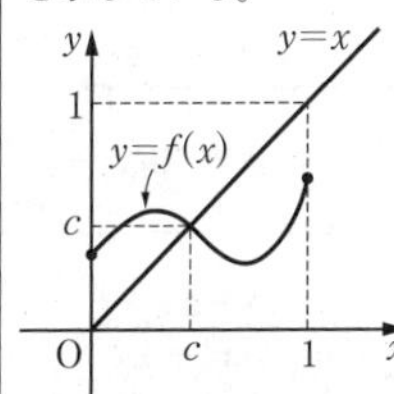

p.101 定期テスト攻略 ▶ 4

1 次の極限を調べよ。ただし，$[x]$ は x を超えない最大の整数とする。

(1) $\displaystyle\lim_{x\to1}\frac{\sqrt{x+3}-\sqrt{2x+2}}{x-1}$　(2) $\displaystyle\lim_{x\to1}\frac{[2x]}{2x}$

(3) $\displaystyle\lim_{x\to\infty}\frac{-2x^2+5x+3}{x^2-3x}$　(4) $\displaystyle\lim_{x\to-\infty}(\sqrt{x^2-2x-2}+x)$

(1) $\displaystyle\lim_{x\to1}\frac{\sqrt{x+3}-\sqrt{2x+2}}{x-1}$

$\displaystyle=\lim_{x\to1}\frac{(\sqrt{x+3}-\sqrt{2x+2})(\sqrt{x+3}+\sqrt{2x+2})}{(x-1)(\sqrt{x+3}+\sqrt{2x+2})}$　◀分子を有理化する。

$\displaystyle=\lim_{x\to1}\frac{-(x-1)}{(x-1)(\sqrt{x+3}+\sqrt{2x+2})}$

$\displaystyle=\lim_{x\to1}\frac{-1}{\sqrt{x+3}+\sqrt{2x+2}}=-\frac{1}{4}$

(2) $1<x<\dfrac{3}{2}$ のとき，$2<2x<3$ であるから　$[2x]=2$　◀右側からの極限と左側からの極限を考える。

$$\lim_{x\to1+0}\frac{[2x]}{2x}=\lim_{x\to1+0}\frac{2}{2x}=1$$

$\dfrac{1}{2}<x<1$ のとき，$1<2x<2$ であるから　$[2x]=1$

$$\lim_{x\to1-0}\frac{[2x]}{2x}=\lim_{x\to1-0}\frac{1}{2x}=\frac{1}{2}$$

$\displaystyle\lim_{x\to1+0}\frac{[2x]}{2x}\neq\lim_{x\to1-0}\frac{[2x]}{2x}$ より，$\displaystyle\lim_{x\to1}\frac{[2x]}{2x}$ は **存在しない**。

(3) $\displaystyle\lim_{x\to\infty}\frac{-2x^2+5x+3}{x^2-3x}=\lim_{x\to\infty}\frac{-2+\frac{5}{x}+\frac{3}{x^2}}{1-\frac{3}{x}}=-2$　◀分母・分子を x^2 で割る。

(4) $x=-t$ とおくと，$x\to-\infty$ のとき $t\to\infty$ となり

$\displaystyle\lim_{x\to-\infty}(\sqrt{x^2-2x-2}+x)$

$\displaystyle=\lim_{t\to\infty}\{\sqrt{(-t)^2-2\cdot(-t)-2}+(-t)\}$

$\displaystyle=\lim_{t\to\infty}(\sqrt{t^2+2t-2}-t)$

$\displaystyle=\lim_{t\to\infty}\frac{(t^2+2t-2)-t^2}{\sqrt{t^2+2t-2}+t}=\lim_{t\to\infty}\frac{2t-2}{\sqrt{t^2+2t-2}+t}$　◀分子を有理化する。

$\displaystyle=\lim_{t\to\infty}\frac{2-\frac{2}{t}}{\sqrt{1+\frac{2}{t}-\frac{2}{t^2}}+1}=\mathbf{1}$　◀分母・分子を t で割る。

2 等式 $\displaystyle\lim_{x\to-1}\frac{x^2+ax+b}{x^3+1}=-2$ が成り立つように，定数 a，b の値を定めよ。

$\displaystyle\lim_{x\to-1}\frac{x^2+ax+b}{x^3+1}=-2$　…① とおく。

①と $\lim_{x \to -1}(x^3+1)=0$ より　$\lim_{x \to -1}(x^2+ax+b)=0$

$1-a+b=0$ より　$b=a-1$　…②

このとき

$$\lim_{x \to -1}\frac{x^2+ax+a-1}{x^3+1}=\lim_{x \to -1}\frac{(x+1)(x+a-1)}{(x+1)(x^2-x+1)}$$

$$=\lim_{x \to -1}\frac{x+a-1}{x^2-x+1}=\frac{a-2}{3}$$

$\frac{a-2}{3}=-2$ より　$\boldsymbol{a=-4}$

②より　$\boldsymbol{b=-5}$

3 次の極限値を求めよ。

(1) $\lim_{x \to \infty}\frac{2^{x+1}-4^{x-1}}{3^x+4^x}$　　(2) $\lim_{x \to 0}\frac{\sin^3 x}{x(1-\cos x)}$

(1) $\lim_{x \to \infty}\frac{2^{x+1}-4^{x-1}}{3^x+4^x}=\lim_{x \to \infty}\frac{2\cdot 2^x-4^{-1}\cdot 4^x}{3^x+4^x}$

$$=\lim_{x \to \infty}\frac{2\cdot\left(\frac{1}{2}\right)^x-4^{-1}}{\left(\frac{3}{4}\right)^x+1}=-4^{-1}=\boldsymbol{-\frac{1}{4}}$$

◀分母・分子を 4^x で割る。

(2) $\lim_{x \to 0}\frac{\sin^3 x}{x(1-\cos x)}=\lim_{x \to 0}\frac{\sin^3 x(1+\cos x)}{x(1-\cos^2 x)}$

$$=\lim_{x \to 0}\frac{\sin^3 x(1+\cos x)}{x\sin^2 x}=\lim_{x \to 0}\frac{\sin x}{x}(1+\cos x)=\boldsymbol{2}$$

◀ $1-\cos^2 x=\sin^2 x$

4 自然数 n に対して，関数 $f_n(x)=\frac{x^{2n}+x}{x^{2n}+1}$ と定義する。$f(x)=\lim_{n \to \infty}f_n(x)$ とするとき，$f(x)$ の連続性を調べよ。

(ア) $|x|<1$ のとき

$$f(x)=\lim_{n \to \infty}\frac{x^{2n}+x}{x^{2n}+1}=\frac{0+x}{0+1}=x$$

(イ) $|x|>1$ のとき，$\lim_{n \to \infty}\frac{1}{x^{2n}}=0$ であるから

$$f(x)=\lim_{n \to \infty}\frac{x^{2n}+x}{x^{2n}+1}=\lim_{n \to \infty}\frac{1+\frac{1}{x^{2n-1}}}{1+\frac{1}{x^{2n}}}=1$$

(ウ) $x=1$ のとき，$f_n(x)=1$ より　$f(x)=1$

(エ) $x=-1$ のとき，$f_n(x)=0$ より　$f(x)=0$

(ア)～(エ)より

$$f(x)=\begin{cases} x & (|x|<1 \text{ のとき}) \\ 1 & (|x|>1 \text{ のとき}) \\ 1 & (x=1 \text{ のとき}) \\ 0 & (x=-1 \text{ のとき}) \end{cases}$$

$x=1$ について調べると

$$\lim_{x\to 1+0} f(x) = \lim_{x\to 1+0} 1 = 1 = f(1)$$

$$\lim_{x\to 1-0} f(x) = \lim_{x\to 1-0} x = 1 = f(1)$$

ゆえに，$f(x)$ は $x=1$ で連続である。

$x=-1$ について調べると

$$\lim_{x\to -1+0} f(x) = \lim_{x\to -1+0} x = -1 \neq f(-1)$$

ゆえに，$f(x)$ は $x=-1$ で不連続である。

したがって，$f(x)$ は **$x=-1$ で不連続，それ以外の実数 x で連続** である。

◀右側からの極限と左側からの極限が一致し，その値が $f(1)$ に等しいとき，$x=1$ で連続である。

5 微分法

p.107 Quick Check 5

① $f(x)=\begin{cases} 2x-4 & (x\geqq 2 \text{ のとき}) \\ -2x+4 & (x<2 \text{ のとき}) \end{cases}$

(1) $x=0$ における微分係数は

$$f'(0)=\lim_{h\to 0}\frac{f(0+h)-f(0)}{h}=\lim_{h\to 0}\frac{(-2h+4)-4}{h}=\lim_{h\to 0}\frac{-2h}{h}=\lim_{h\to 0}(-2)=\mathbf{-2}$$

(2) $\displaystyle\lim_{x\to 2+0}f(x)=\lim_{x\to 2+0}(2x-4)=0$

$\displaystyle\lim_{x\to 2-0}f(x)=\lim_{x\to 2-0}(-2x+4)=0$

よって　$\displaystyle\lim_{x\to 2}f(x)=0$

また，$f(2)=0$ であるから

$\displaystyle\lim_{x\to 2}f(x)=f(2)$

ゆえに，$f(x)$ は $x=2$ で連続である。

次に

$$\lim_{h\to +0}\frac{f(2+h)-f(2)}{h}=\lim_{h\to +0}\frac{\{2(2+h)-4\}-0}{h}=\lim_{h\to +0}\frac{2h}{h}=2$$

また　$$\lim_{h\to -0}\frac{f(2+h)-f(2)}{h}=\lim_{h\to -0}\frac{\{-2(2+h)+4\}-0}{h}=\lim_{h\to -0}\frac{-2h}{h}=-2$$

よって

$$\lim_{h\to +0}\frac{f(2+h)-f(2)}{h}\neq\lim_{h\to -0}\frac{f(2+h)-f(2)}{h}$$

となり，$f'(2)$ は存在しない。

ゆえに，$f(x)$ は $x=2$ で微分可能でない。

したがって，$f(x)$ は $x=2$ で連続であるが，微分可能でない。

② (1) $$f'(x)=\lim_{h\to 0}\frac{f(x+h)-f(x)}{h}=\lim_{h\to 0}\frac{\frac{1}{(x+h)^2}-\frac{1}{x^2}}{h}=\lim_{h\to 0}\frac{x^2-(x+h)^2}{hx^2(x+h)^2}=\lim_{h\to 0}\frac{-2xh-h^2}{hx^2(x+h)^2}=\lim_{h\to 0}\frac{-2x-h}{x^2(x+h)^2}=-\frac{2x}{x^4}=\mathbf{-\frac{2}{x^3}}$$

(2) $$f'(x)=\lim_{h\to 0}\frac{\sqrt{x+h}-\sqrt{x}}{h}=\lim_{h\to 0}\frac{(\sqrt{x+h}-\sqrt{x})(\sqrt{x+h}+\sqrt{x})}{h(\sqrt{x+h}+\sqrt{x})}=\lim_{h\to 0}\frac{(x+h)-x}{h(\sqrt{x+h}+\sqrt{x})}=\lim_{h\to 0}\frac{1}{\sqrt{x+h}+\sqrt{x}}=\mathbf{\frac{1}{2\sqrt{x}}}$$

③ (1) $$y'=(2x+5)'(x^2-9)+(2x+5)(x^2-9)'=2(x^2-9)+(2x+5)\cdot 2x=\mathbf{6x^2+10x-18}$$

(2) $$y'=-\frac{(x^2+1)'}{(x^2+1)^2}=\mathbf{-\frac{2x}{(x^2+1)^2}}$$

(3) $$y'=\frac{(2x)'(x+1)-2x(x+1)'}{(x+1)^2}=\frac{2(x+1)-2x}{(x+1)^2}=\mathbf{\frac{2}{(x+1)^2}}$$

④ (1) $u=3x-4$ とおくと，$y=u^3$ であるから　$\dfrac{dy}{du}=3u^2$，$\dfrac{du}{dx}=3$

よって　$$\frac{dy}{dx}=\frac{dy}{du}\cdot\frac{du}{dx}=3u^2\cdot 3=9u^2$$

すなわち　$\mathbf{y'=9(3x-4)^2}$

〔別解〕

$$y'=\{(3x-4)^3\}'=3(3x-4)^2\cdot(3x-4)'=3(3x-4)^2\cdot 3=9(3x-4)^2$$

(2) $u=x^2+x+1$ とおくと，$y=u^2$ であるから

$$\frac{dy}{du}=2u,\quad \frac{du}{dx}=2x+1$$

よって

$$\frac{dy}{dx}=\frac{dy}{du}\cdot\frac{du}{dx}=2u(2x+1)$$

すなわち

$$\boldsymbol{y'=2(x^2+x+1)(2x+1)}$$

〔別解〕

$$y'=2(x^2+x+1)\cdot(x^2+x+1)'$$
$$=2(x^2+x+1)(2x+1)$$

⑤ $x=y^3$ より $\dfrac{dx}{dy}=3y^2$

よって

$$\frac{dy}{dx}=\frac{1}{\dfrac{dx}{dy}}=\frac{1}{3y^2}=\boldsymbol{\frac{1}{3\sqrt[3]{x^2}}}$$

⑥ (1) $y=x^{-5}$ より

$$y'=-5x^{-6}=\boldsymbol{-\frac{5}{x^6}}$$

(2) $y=x^{\frac{3}{2}}$ より

$$y'=\frac{3}{2}x^{\frac{1}{2}}=\boldsymbol{\frac{3\sqrt{x}}{2}}$$

(3) $y=\dfrac{1}{\sqrt[3]{x^2}}=x^{-\frac{2}{3}}$ より

$$y'=\left(x^{-\frac{2}{3}}\right)'=-\frac{2}{3}x^{-\frac{5}{3}}=\boldsymbol{-\frac{2}{3x\sqrt[3]{x^2}}}$$

⑦ (1) $\dfrac{dx}{dt}=-2,\ \dfrac{dy}{dt}=1$ より

$$\frac{dy}{dx}=\frac{\dfrac{dy}{dt}}{\dfrac{dx}{dt}}=\frac{1}{-2}=\boldsymbol{-\frac{1}{2}}$$

(2) $\dfrac{dx}{dt}=2t,\ \dfrac{dy}{dt}=4$ より

$t\neq 0$ のとき

$$\frac{dy}{dx}=\frac{\dfrac{dy}{dt}}{\dfrac{dx}{dt}}=\frac{4}{2t}=\boldsymbol{\frac{2}{t}}$$

練習 55 次の関数を定義にしたがって微分せよ。

(1) $f(x)=\dfrac{1}{2x+3}$　　(2) $f(x)=x\sqrt{x}$

---

(1) $$f'(x)=\lim_{h\to 0}\frac{\dfrac{1}{2(x+h)+3}-\dfrac{1}{2x+3}}{h}$$

◀ $f'(x)=\displaystyle\lim_{h\to 0}\frac{f(x+h)-f(x)}{h}$

$$=\lim_{h\to 0}\frac{-2h}{h(2x+2h+3)(2x+3)}$$

◀ 分子を通分してまとめる

$$=\lim_{h\to 0}\frac{-2}{(2x+2h+3)(2x+3)}=\boldsymbol{-\frac{2}{(2x+3)^2}}$$

◀ 約分する。

(2) $f(x)=\sqrt{x^3}$ であるから

$$f'(x)=\lim_{h\to 0}\frac{\sqrt{(x+h)^3}-\sqrt{x^3}}{h}$$

$$=\lim_{h\to 0}\frac{(x+h)^3-x^3}{h\left(\sqrt{(x+h)^3}+\sqrt{x^3}\right)}$$

◀ 分母・分子に $\sqrt{(x+h)^3}+\sqrt{x^3}$ を掛けて，分子を有理化する。

$$=\lim_{h\to 0}\frac{3x^2h+3xh^2+h^3}{h\left(\sqrt{(x+h)^3}+\sqrt{x^3}\right)}$$

$$=\lim_{h\to 0}\frac{3x^2+3xh+h^2}{\sqrt{(x+h)^3}+\sqrt{x^3}}$$

$$=\frac{3x^2}{2\sqrt{x^3}}=\boldsymbol{\frac{3\sqrt{x}}{2}}$$

練習 56 関数 $f(x)$ が $x=a$ において微分可能であるとき，次の極限値を a，$f(a)$，$f'(a)$ を用いて表せ。

(1) $\displaystyle\lim_{h\to 0}\frac{f(a+3h)-f(a+2h)}{h}$　　(2) $\displaystyle\lim_{x\to a}\frac{\{af(x)\}^2-\{xf(a)\}^2}{x-a}$

(1) $\displaystyle\lim_{h\to 0}\frac{f(a+3h)-f(a+2h)}{h}$

$\displaystyle=\lim_{h\to 0}\frac{f(a+3h)-f(a)+f(a)-f(a+2h)}{h}$

$\displaystyle=\lim_{h\to 0}\left\{\frac{f(a+3h)-f(a)}{3h}\cdot 3-\frac{f(a+2h)-f(a)}{2h}\cdot 2\right\}$

$=3f'(a)-2f'(a)=\boldsymbol{f'(a)}$

◀ $\displaystyle f'(a)=\lim_{\square\to 0}\frac{f(a+\square)-f(a)}{\square}$ を含む形に変形する。

◀ 分子に $f(a)$ を引いて加える。

(2) $\displaystyle\lim_{x\to a}\frac{\{af(x)\}^2-\{xf(a)\}^2}{x-a}$

$\displaystyle=\lim_{x\to a}\frac{\{af(x)\}^2-\{af(a)\}^2+\{af(a)\}^2-\{xf(a)\}^2}{x-a}$

$\displaystyle=\lim_{x\to a}\frac{a^2[\{f(x)\}^2-\{f(a)\}^2]-(x^2-a^2)\{f(a)\}^2}{x-a}$

$\displaystyle=\lim_{x\to a}\left[a^2\{f(x)+f(a)\}\frac{f(x)-f(a)}{x-a}-(x+a)\{f(a)\}^2\right]$

$=a^2\cdot 2f(a)\cdot f'(a)-2a\{f(a)\}^2$

$=\boldsymbol{2af(a)\{af'(a)-f(a)\}}$

◀ $\displaystyle f'(a)=\lim_{\square\to a}\frac{f(\square)-f(a)}{\square-a}$ を含む形に変形する。
$f(x)$ は，$x=a$ において連続であるから $\displaystyle\lim_{x\to a}f(x)=f(a)$ である。

練習 57 次のように定義された関数は，$x=0$ で連続か，微分可能かを調べよ。

(1) $f(x)=|x^2-x|$　　(2) $f(x)=|\sin x|$

(1) $f(x)=\begin{cases}x^2-x & (x\leqq 0,\ 1\leqq x)\\ -x^2+x & (0<x<1)\end{cases}$

であるから

$\displaystyle\lim_{x\to +0}f(x)=\lim_{x\to +0}(-x^2+x)=0$

$\displaystyle\lim_{x\to -0}f(x)=\lim_{x\to -0}(x^2-x)=0$

よって　$\displaystyle\lim_{x\to 0}f(x)=0$

また，$f(0)=0$ より　$\displaystyle\lim_{x\to 0}f(x)=f(0)$

したがって，$f(x)$ は $x=0$ で **連続である**。

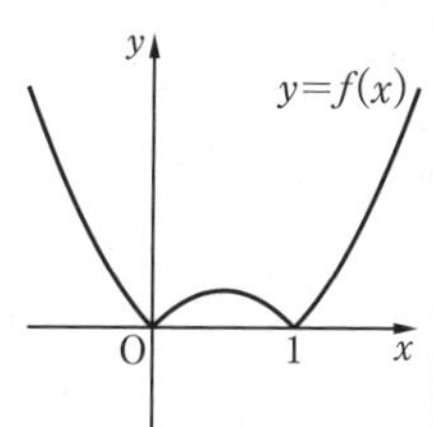

◀ $x^2-x\geqq 0$ となるのは $x(x-1)\geqq 0$ より $x\leqq 0,\ 1\leqq x$

◀ $x\to +0$ のとき $x>0$，$x\to -0$ のとき $x<0$ の範囲で関数を考える。

次に　$\displaystyle\lim_{h\to +0}\frac{f(0+h)-f(0)}{h}=\lim_{h\to +0}\frac{-h^2+h}{h}=\lim_{h\to +0}(-h+1)=1$

$\displaystyle\lim_{h\to -0}\frac{f(0+h)-f(0)}{h}=\lim_{h\to -0}\frac{h^2-h}{h}=\lim_{h\to -0}(h-1)=-1$

よって，$\displaystyle\lim_{h\to +0}\frac{f(0+h)-f(0)}{h}\neq\lim_{h\to -0}\frac{f(0+h)-f(0)}{h}$ であるから，

$f'(0)$ は存在しない。

したがって，$f(x)$ は $x=0$ で **微分可能ではない**。

◀ $x=0$ における微分係数
$\displaystyle f'(0)=\lim_{h\to 0}\frac{f(0+h)-f(0)}{h}$
$\displaystyle=\lim_{h\to 0}\frac{f(h)-f(0)}{h}$

2章 5 微分法

(2) $-\pi < x \leqq \pi$ の範囲で考えると

$$f(x) = \begin{cases} \sin x & (0 \leqq x \leqq \pi) \\ -\sin x & (-\pi < x < 0) \end{cases}$$

であるから

$$\lim_{x \to +0} f(x) = \lim_{x \to +0} \sin x = \sin 0 = 0$$

$$\lim_{x \to -0} f(x) = \lim_{x \to -0} (-\sin x) = -\sin 0 = 0$$

よって　$\lim_{x \to 0} f(x) = 0$

また，$f(0) = 0$ より

$$\lim_{x \to 0} f(x) = f(0)$$

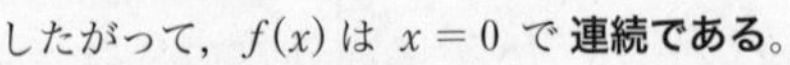

したがって，$f(x)$ は $x = 0$ で **連続である**。

次に　$\displaystyle\lim_{h \to +0} \frac{f(0+h) - f(0)}{h} = \lim_{h \to +0} \frac{\sin h}{h} = 1$

$$\lim_{h \to -0} \frac{f(0+h) - f(0)}{h} = \lim_{h \to -0} \frac{-\sin h}{h} = -1$$

よって，$\displaystyle\lim_{h \to +0} \frac{f(0+h) - f(0)}{h} \neq \lim_{h \to -0} \frac{f(0+h) - f(0)}{h}$ であるから，

$f'(0)$ は存在しない。

したがって，$f(x)$ は $x = 0$ で **微分可能ではない**。

◀ $x \to 0$ を考えるから，x の範囲を絞って考えてよい。$-\dfrac{\pi}{2} \leqq x \leqq \dfrac{\pi}{2}$ などで考えてもよい。

◀ $\displaystyle\lim_{\theta \to 0} \frac{\sin\theta}{\theta} = 1$ であり，これは，$\theta \to +0$，$\theta \to -0$ のいずれでも $\dfrac{\sin\theta}{\theta} \to 1$ であることを意味している。

練習 58 次の関数を微分せよ。

(1) $y = (2x+1)(x^2 - 2x + 3)$　　(2) $y = (3x^2 + 2x - 1)(x^2 - 1)$

(1) $y' = (2x+1)'(x^2 - 2x + 3) + (2x+1)(x^2 - 2x + 3)'$
$= 2(x^2 - 2x + 3) + (2x+1)(2x - 2)$
$= \boldsymbol{6x^2 - 6x + 4}$

(2) $y' = (3x^2 + 2x - 1)'(x^2 - 1) + (3x^2 + 2x - 1)(x^2 - 1)'$
$= (6x + 2)(x^2 - 1) + (3x^2 + 2x - 1) \cdot 2x$
$= \boldsymbol{12x^3 + 6x^2 - 8x - 2}$

◀ $f(x) = 2x + 1$
$g(x) = x^2 - 2x + 3$
と考えて，積の微分法を用いる。

◀ $f(x) = 3x^2 + 2x - 1$
$g(x) = x^2 - 1$
と考える。

練習 59 次の関数を微分せよ。

(1) $y = \dfrac{1}{x^2 - 3x}$　　(2) $y = \dfrac{x^2 - 1}{x^2 + 1}$

(1) $y' = -\dfrac{(x^2 - 3x)'}{(x^2 - 3x)^2} = \boldsymbol{-\dfrac{2x - 3}{(x^2 - 3x)^2}}$

(2) $y' = \dfrac{(x^2 - 1)'(x^2 + 1) - (x^2 - 1)(x^2 + 1)'}{(x^2 + 1)^2}$

$= \dfrac{2x(x^2 + 1) - (x^2 - 1) \cdot 2x}{(x^2 + 1)^2} = \boldsymbol{\dfrac{4x}{(x^2 + 1)^2}}$

◀ $\left\{\dfrac{1}{g(x)}\right\}' = -\dfrac{g'(x)}{\{g(x)\}^2}$

◀ $\left\{\dfrac{f(x)}{g(x)}\right\}'$
$= \dfrac{f'(x)g(x) - f(x)g'(x)}{\{g(x)\}^2}$

練習 60 関数 $f(x)=\begin{cases}x^3+\alpha x & (x \geqq 2)\\ \beta x^2-\alpha x & (x<2)\end{cases}$ が $x=2$ で微分可能となるような定数 α, β の値を求めよ。

(鳥取大)

関数 $f(x)$ は $x=2$ で微分可能であるから，$x=2$ で連続である。

よって　$\lim_{x\to 2-0} f(x)=f(2)$

$\lim_{x\to 2-0} f(x)=\lim_{x\to 2-0}(\beta x^2-\alpha x)=4\beta-2\alpha$

$f(2)=2^3+\alpha\cdot 2=8+2\alpha$

よって　$4\beta-2\alpha=8+2\alpha$

すなわち　$\beta=\alpha+2$　…①

次に，$f'(2)$ が存在するから

$$\lim_{h\to+0}\frac{f(2+h)-f(2)}{h}=\lim_{h\to-0}\frac{f(2+h)-f(2)}{h}$$

ここで　$\lim_{h\to+0}\frac{f(2+h)-f(2)}{h}$

$$=\lim_{h\to+0}\frac{\{(2+h)^3+\alpha(2+h)\}-(2^3+\alpha\cdot 2)}{h}$$

$$=\lim_{h\to+0}(12+6h+h^2+\alpha)=12+\alpha \quad \cdots②$$

また　$\lim_{h\to-0}\frac{f(2+h)-f(2)}{h}$

$$=\lim_{h\to-0}\frac{\{\beta(2+h)^2-\alpha(2+h)\}-(8+2\alpha)}{h}$$

$$=\lim_{h\to-0}\frac{(\alpha+2)(2+h)^2-\alpha(2+h)-(8+2\alpha)}{h}$$

$$=\lim_{h\to-0}\{(\alpha+2)h+(3\alpha+8)\}=3\alpha+8 \quad \cdots③$$

②，③ より　$12+\alpha=3\alpha+8$

よって　$\alpha=2$

① より　$\beta=4$

したがって　$\boldsymbol{\alpha=2,\ \beta=4}$

◀ $x \geqq 2$ のとき $f(x)=x^3+\alpha x$ より $\lim_{x\to 2+0} f(x)=f(2)$

◀ 等号が成立するとき $\lim_{h\to 0}\frac{f(2+h)-f(2)}{h}$ が存在する。

◀ $x \geqq 2$ のとき $f(x)=x^3+\alpha x$

◀ $x<2$ のとき $f(x)=\beta x^2-\alpha x$

◀ ① より　$\beta=\alpha+2$

練習 61 次の関数を微分せよ。

(1) $y=(2-3x^3)^5$　(2) $y=\dfrac{2}{\sqrt{4-x^2}}$　(3) $y=(x^2-4)\sqrt{1-x^2}$

(1) $y'=5(2-3x^3)^4\cdot(2-3x^3)'=5(2-3x^3)^4\cdot(-9x^2)$

$=\boldsymbol{-45x^2(2-3x^3)^4}$

〔別解〕

$u=2-3x^3$ とおくと　$y=u^5$, $\dfrac{du}{dx}=-9x^2$

よって　$\dfrac{dy}{dx}=\dfrac{dy}{du}\cdot\dfrac{du}{dx}=5u^4\cdot(-9x^2)=-45x^2(2-3x^3)^4$

(2) $y=2(4-x^2)^{-\frac{1}{2}}$ より

$$y'=2\cdot\left(-\frac{1}{2}\right)(4-x^2)^{-\frac{3}{2}}\cdot(4-x^2)'=\boldsymbol{\frac{2x}{(4-x^2)\sqrt{4-x^2}}}$$

(3) $y'=(x^2-4)'\sqrt{1-x^2}+(x^2-4)\left(\sqrt{1-x^2}\right)'$

◀ $g(x)=2-3x^3$ とおくと，$y=\{g(x)\}^5$ である。

◀ $(\ \ )^5$ 内の式を u とおく。$\dfrac{dy}{du}$ は y を u で微分，$\dfrac{du}{dx}$ は u を x で微分したものである。

◀ $(4-x^2)'=-2x$

◀ 積の微分法

$$= 2x\sqrt{1-x^2} + (x^2-4)\cdot\frac{1}{2}(1-x^2)^{-\frac{1}{2}}\cdot(1-x^2)'$$

$$= 2x\sqrt{1-x^2} + (x^2-4)\cdot\frac{-x}{\sqrt{1-x^2}}$$

$$= \frac{2x(1-x^2)-x(x^2-4)}{\sqrt{1-x^2}} = \frac{\boldsymbol{-3x^3+6x}}{\boldsymbol{\sqrt{1-x^2}}}$$

◀ $(\sqrt{1-x^2})' = \left\{(1-x^2)^{\frac{1}{2}}\right\}'$ とみて，合成関数の微分法を用いる。

$$(\sqrt{u})' = \frac{u'}{2\sqrt{u}}$$

練習 62 次の関係式において，$\dfrac{dy}{dx}$ を y の式で表せ。

(1) $x = \dfrac{1}{2}y^3 + \dfrac{1}{2}$　　(2) $x(y^2-2y+1) = 1$

(1) $x = \dfrac{1}{2}y^3 + \dfrac{1}{2}$ の両辺を y で微分すると

$$\frac{dx}{dy} = \frac{3}{2}y^2$$

$y \fallingdotseq 0$ のとき　$\dfrac{dy}{dx} = \dfrac{1}{\dfrac{dx}{dy}} = \boldsymbol{\dfrac{2}{3y^2}}$

(2) $x = \dfrac{1}{y^2-2y+1} = \dfrac{1}{(y-1)^2}$ であるから，両辺を y で微分すると

$$\frac{dx}{dy} = \frac{-2}{(y-1)^3}$$

よって　$\dfrac{dy}{dx} = \dfrac{1}{\dfrac{dx}{dy}} = \dfrac{(y-1)^3}{-2} = \boldsymbol{-\dfrac{(y-1)^3}{2}}$

練習 63 次の方程式で定められる x の関数 y について，$\dfrac{dy}{dx}$ を x，y の式で表せ。

(1) $\dfrac{x^2}{4} + \dfrac{y^2}{9} = 1$　　(2) $x^2 + 3xy + y^2 = 1$

(1) $\dfrac{x^2}{4} + \dfrac{y^2}{9} = 1$ の両辺を x で微分すると

$$\frac{x}{2} + \frac{2y}{9}\cdot\frac{dy}{dx} = 0$$

$y \fallingdotseq 0$ のとき　$\boldsymbol{\dfrac{dy}{dx} = -\dfrac{9x}{4y}}$

(2) $x^2 + 3xy + y^2 = 1$ の両辺を x で微分すると

$$2x + 3\left(y + x\cdot\frac{dy}{dx}\right) + 2y\cdot\frac{dy}{dx} = 0$$

$$(3x+2y)\frac{dy}{dx} = -(2x+3y)$$

$3x+2y \fallingdotseq 0$ のとき　$\boldsymbol{\dfrac{dy}{dx} = -\dfrac{2x+3y}{3x+2y}}$

◀ 合成関数の微分法

$$\frac{d}{dx}y^2 = 2y\cdot\frac{dy}{dx}$$

◀ $y=0$ のとき，$\dfrac{dy}{dx}$ は存在しない。

◀ 積の微分法

$$(xy)' = (x)'\cdot y + x\cdot\frac{dy}{dx} = y + x\cdot\frac{dy}{dx}$$

練習 64 x の関数 y が媒介変数 t を用いて次の式で与えられたとき，$\dfrac{dy}{dx}$ を t で表せ。

(1) $x=5t-1,\ y=2-3t^2$　　(2) $x=t+\dfrac{1}{t},\ y=t-\dfrac{1}{t}$

(1) $\dfrac{dx}{dt}=5,\ \dfrac{dy}{dt}=-6t$ であるから

$$\frac{dy}{dx}=\frac{\frac{dy}{dt}}{\frac{dx}{dt}}=\frac{-6t}{5}=-\frac{6}{5}t$$

(2) $\dfrac{dx}{dt}=1-\dfrac{1}{t^2},\ \dfrac{dy}{dt}=1+\dfrac{1}{t^2}$ であるから

$t\neq\pm1$ のとき　$$\frac{dy}{dx}=\frac{\frac{dy}{dt}}{\frac{dx}{dt}}=\frac{1+\frac{1}{t^2}}{1-\frac{1}{t^2}}=\frac{t^2+1}{t^2-1}$$

◀ $\left(\dfrac{1}{t}\right)'=(t^{-1})'=-t^{-2}=-\dfrac{1}{t^2}$

練習 65 多項式 $x^5+ax^4+x^3+bx^2-ax+b$ が $(x+1)^2$ で割り切れるように定数 $a,\ b$ の値を定めよ。

$f(x)=x^5+ax^4+x^3+bx^2-ax+b$ とおくと

$f'(x)=5x^4+4ax^3+3x^2+2bx-a$

$f(x)$ が $(x+1)^2$ で割り切れるための必要十分条件は

$f(-1)=0,\ f'(-1)=0$ であるから

$$\begin{cases}-1+a-1+b+a+b=0\\5-4a+3-2b-a=0\end{cases}$$

整理すると　$a+b=1,\ 5a+2b=8$

これを解くと　$a=2,\ b=-1$

〔別解〕 $x^5+ax^4+x^3+bx^2-ax+b$ を $(x+1)^2$ で割った商を $g(x)$ とおくと，割り切れることより

$x^5+ax^4+x^3+bx^2-ax+b=(x+1)^2g(x)$　…①

① に $x=-1$ を代入すると　$2a+2b-2=0$　…②

◀ $-1+a-1+b+a+b=0$

また，① の両辺を x で微分すると

$5x^4+4ax^3+3x^2+2bx-a=2(x+1)g(x)+(x+1)^2g'(x)$　…③

③ に $x=-1$ を代入すると　$-5a-2b+8=0$　…④

◀ $5-4a+3-2b-a=0$

②，④ を連立させると　$a=2,\ b=-1$

p.121 問題編 5 微分法

問題 55 次の関数を定義にしたがって微分せよ。

(1) $f(x)=\dfrac{2x}{x+1}$　　(2) $f(x)=\sqrt[3]{x}$

(1) $$f'(x)=\lim_{h\to0}\frac{\frac{2(x+h)}{(x+h)+1}-\frac{2x}{x+1}}{h}$$

$$= \lim_{h \to 0} \frac{2(x+h)(x+1) - 2x\{(x+h)+1\}}{h\{(x+h)+1\}(x+1)}$$

◀分子を通分してまとめる。

$$= \lim_{h \to 0} \frac{2h}{h\{(x+h)+1\}(x+1)}$$

$$= \lim_{h \to 0} \frac{2}{\{(x+h)+1\}(x+1)} = \boldsymbol{\frac{2}{(x+1)^2}}$$

(2) $$f'(x) = \lim_{h \to 0} \frac{\sqrt[3]{x+h} - \sqrt[3]{x}}{h}$$

$$= \lim_{h \to 0} \frac{(x+h) - x}{h\left\{\left(\sqrt[3]{x+h}\right)^2 + \sqrt[3]{x+h}\sqrt[3]{x} + \left(\sqrt[3]{x}\right)^2\right\}}$$

$$= \lim_{h \to 0} \frac{1}{\left(\sqrt[3]{x+h}\right)^2 + \sqrt[3]{x+h}\sqrt[3]{x} + \left(\sqrt[3]{x}\right)^2}$$

$$= \frac{1}{\left(\sqrt[3]{x}\right)^2 + \left(\sqrt[3]{x}\right)^2 + \left(\sqrt[3]{x}\right)^2} = \boldsymbol{\frac{1}{3\sqrt[3]{x^2}}}$$

◀分母・分子に
$\left(\sqrt[3]{x+h}\right)^2 + \sqrt[3]{x+h}\sqrt[3]{x} + \left(\sqrt[3]{x}\right)^2$
を掛けて，分子を有理化する。
$(A-B)(A^2+AB+B^2)$
$= A^3 - B^3$
を利用する。

問題 56 関数 $f(x)$ が $x=a,\ a^2$ において微分可能であるとき，次の極限値を a，$f(a)$，$f(a^2)$，$f'(a)$，$f'(a^2)$ を用いて表せ。

(1) $\displaystyle \lim_{x \to a} \frac{x^3 f(x) - a^3 f(a)}{x-a}$　　(2) $\displaystyle \lim_{x \to a} \frac{x^2 f(a^2) - a^2 f(x^2)}{x-a}$

(1) $$\lim_{x \to a} \frac{x^3 f(x) - a^3 f(a)}{x-a}$$

$$= \lim_{x \to a} \frac{x^3 f(x) - x^3 f(a) + x^3 f(a) - a^3 f(a)}{x-a}$$

$$= \lim_{x \to a} \frac{x^3\{f(x) - f(a)\} + (x^3 - a^3) f(a)}{x-a}$$

$$= \lim_{x \to a} \left\{ x^3 \cdot \frac{f(x) - f(a)}{x-a} + (x^2 + ax + a^2) f(a) \right\}$$

$$= \boldsymbol{a^3 f'(a) + 3a^2 f(a)}$$

◀$f'(a) = \lim_{\square \to a} \dfrac{f(\square) - f(a)}{\square - a}$
を含む形に変形する。

◀分子に $x^3 f(a)$ を引いて加える。

◀$x^3 - a^3$
$= (x-a)(x^2+ax+a^2)$

(2) $$\lim_{x \to a} \frac{x^2 f(a^2) - a^2 f(x^2)}{x-a}$$

$$= \lim_{x \to a} \frac{x^2 f(a^2) - a^2 f(a^2) + a^2 f(a^2) - a^2 f(x^2)}{x-a}$$

$$= \lim_{x \to a} \left\{ f(a^2) \cdot \frac{x^2 - a^2}{x-a} - a^2 \cdot \frac{f(x^2) - f(a^2)}{x-a} \right\}$$

$$= \lim_{x \to a} \left\{ f(a^2) \cdot (x+a) - a^2 \cdot \frac{f(x^2) - f(a^2)}{x^2 - a^2} \cdot (x+a) \right\}$$

$$= f(a^2) \cdot 2a - a^2 \cdot f'(a^2) \cdot 2a$$

$$= \boldsymbol{2af(a^2) - 2a^3 f'(a^2)}$$

◀分子に $a^2 f(a^2)$ を引いて加える。

◀{ }の第2項は，分母分子に $x+a$ を掛けた。
$x \to a$ のとき $x^2 \to a^2$ であるから
$\displaystyle \lim_{x \to a} \frac{f(x^2) - f(a^2)}{x^2 - a^2} = f'(a^2)$

問題 57 次のように定義された関数は，$x=0$ で連続か，微分可能かを調べよ。

(1) $f(x) = \begin{cases} x\sin\dfrac{1}{x} & (x \neq 0) \\ 1 & (x = 0) \end{cases}$　　(2) $f(x) = \begin{cases} x^2\sin\dfrac{1}{x} & (x \neq 0) \\ 0 & (x = 0) \end{cases}$

(1)　$x \neq 0$ のとき，$0 \leqq \left|\sin\dfrac{1}{x}\right| \leqq 1$ より　$0 \leqq \left|x\sin\dfrac{1}{x}\right| \leqq |x|$

$\lim_{x \to 0}|x| = 0$ であるから　$\lim_{x \to 0}\left|x\sin\dfrac{1}{x}\right| = 0$

◀はさみうちの原理

よって　$\lim_{x \to 0}f(x) = 0$

一方，$f(0) = 1$ より　$\lim_{x \to 0}f(x) \neq f(0)$

ゆえに，$f(x)$ は $x = 0$ で **連続ではない**。

したがって，$f(x)$ は $x = 0$ で **微分可能でもない**。

◀「微分可能 ⟹ 連続」の対偶

(2)　$x \neq 0$ のとき，$0 \leqq \left|\sin\dfrac{1}{x}\right| \leqq 1$ より　$0 \leqq \left|x^2\sin\dfrac{1}{x}\right| \leqq x^2$

$\lim_{x \to 0}x^2 = 0$ であるから　$\lim_{x \to 0}\left|x^2\sin\dfrac{1}{x}\right| = 0$

◀はさみうちの原理

よって　$\lim_{x \to 0}f(x) = 0$

また，$f(0) = 0$ より　$\lim_{x \to 0}f(x) = f(0)$

したがって，$f(x)$ は $x = 0$ で **連続である**。

次に　$\lim_{h \to 0}\dfrac{f(0+h) - f(0)}{h} = \lim_{h \to 0}\dfrac{h^2\sin\dfrac{1}{h}}{h} = \lim_{h \to 0}h\sin\dfrac{1}{h}$

ここで，$0 \leqq \left|h\sin\dfrac{1}{h}\right| \leqq |h|$，$\lim_{h \to 0}|h| = 0$ であるから

◀はさみうちの原理

$$\lim_{h \to 0}h\sin\frac{1}{h} = 0 \quad \text{すなわち} \quad \lim_{h \to 0}\frac{f(0+h) - f(0)}{h} = 0$$

したがって，$f(x)$ は $x = 0$ で **微分可能である**。

◀$x = 0$ で微分可能であれば，$x = 0$ で連続である。

問題 58　(1)　例題58〔1〕の結果を用いて，関数 $f(x)$，$g(x)$，$h(x)$ が微分可能であるとき，関数 $y = f(x)g(x)h(x)$ の導関数は $y' = f'(x)g(x)h(x) + f(x)g'(x)h(x) + f(x)g(x)h'(x)$ であることを証明せよ。

(2)　関数 $y = (x-1)(x+1)(x^2-3x+1)$ を微分せよ。

(1)　$y' = \{f(x)g(x)h(x)\}'$
$= \{f(x)g(x)\}'h(x) + \{f(x)g(x)\}h'(x)$
$= \{f'(x)g(x) + f(x)g'(x)\}h(x) + f(x)g(x)h'(x)$
$= f'(x)g(x)h(x) + f(x)g'(x)h(x) + f(x)g(x)h'(x)$

◀$f(x)g(x)h(x)$ を $\{f(x)g(x)\}$ と $h(x)$ の積と考える。

(2)　$y' = (x-1)'(x+1)(x^2-3x+1) + (x-1)(x+1)'(x^2-3x+1)$
$\qquad + (x-1)(x+1)(x^2-3x+1)'$
$= (x+1)(x^2-3x+1) + (x-1)(x^2-3x+1) + (x^2-1)(2x-3)$
$= \boldsymbol{4x^3 - 9x^2 + 3}$

問題 59　次の関数を微分せよ。

(1)　$y = \dfrac{(x-1)(2x-3)}{x+1}$　　(2)　$y = \dfrac{x^2-1}{x^2+x+1}$

(1)　$y' = \dfrac{\{(x-1)(2x-3)\}'(x+1) - (x-1)(2x-3)\cdot(x+1)'}{(x+1)^2}$

◀商と積の微分法を用いる。

2章 5 微分法

$$= \frac{\{(x-1)'(2x-3)+(x-1)(2x-3)'\}(x+1)-(x-1)(2x-3)}{(x+1)^2}$$

$$= \frac{\{(2x-3)+(x-1)\cdot 2\}(x+1)-(2x^2-5x+3)}{(x+1)^2}$$

$$= \frac{(4x-5)(x+1)-(2x^2-5x+3)}{(x+1)^2}$$

$$= \frac{2x^2+4x-8}{(x+1)^2} = \boldsymbol{\frac{2(x^2+2x-4)}{(x+1)^2}}$$

(2) $y' = \dfrac{(x^2-1)'(x^2+x+1)-(x^2-1)(x^2+x+1)'}{(x^2+x+1)^2}$ ◀商の微分法を用いる。

$$= \frac{2x(x^2+x+1)-(x^2-1)(2x+1)}{(x^2+x+1)^2}$$

$$= \boldsymbol{\frac{x^2+4x+1}{(x^2+x+1)^2}}$$

問題 60 関数 $f(x)=\begin{cases} x^2+b & (x<1) \\ a\sqrt{x} & (x \geqq 1) \end{cases}$ が $x=1$ で微分可能となるような定数 a, b の値を求めよ。

関数 $f(x)$ は $x=1$ で微分可能であるから，$x=1$ で連続である。 ◀$x=1$ で微分可能 $\Longrightarrow$ $x=1$ で連続

よって　$\displaystyle\lim_{x \to 1-0} f(x) = f(1)$

$\displaystyle\lim_{x \to 1-0} f(x) = \lim_{x \to 1-0}(x^2+b) = 1+b$, $f(1)=a$ より

$a = 1+b$　…①

次に，$f'(1)$ が存在するから

$$\lim_{h \to +0}\frac{f(1+h)-f(1)}{h} = \lim_{h \to -0}\frac{f(1+h)-f(1)}{h}$$

ここで，① より $f(1)=a=1+b$ であるから

$$\lim_{h \to +0}\frac{f(1+h)-f(1)}{h} = \lim_{h \to +0}\frac{a\sqrt{1+h}-a\sqrt{1}}{h}$$

◀右側微分係数 $h \to +0$ のとき $f(x)=a\sqrt{x}$

$$= \lim_{h \to +0}\frac{a(\sqrt{1+h}-1)}{h}$$

$$= \lim_{h \to +0}\frac{ah}{h(\sqrt{1+h}+1)}$$

◀分子を有理化する。

$$= \lim_{h \to +0}\frac{a}{\sqrt{1+h}+1} = \frac{a}{2} \quad \cdots ②$$

$$\lim_{h \to -0}\frac{f(1+h)-f(1)}{h} = \lim_{h \to -0}\frac{(1+h)^2+b-(1+b)}{h}$$

◀左側微分係数 $h \to -0$ のとき $f(x)=x^2+b$

$$= \lim_{h \to -0}\frac{2h+h^2}{h}$$

◀h で約分する。

$$= \lim_{h \to -0}(2+h) = 2 \quad \cdots ③$$

②，③ より　$\dfrac{a}{2}=2$

よって　$a=4$

① より　$b=a-1=3$

ゆえに　$\boldsymbol{a=4,\ b=3}$

問題 61 次の関数を微分せよ。

(1) $y=\left(x+\sqrt{x^2+1}\right)^4$　　(2) $y=\sqrt{\dfrac{x+1}{2x^2+1}}$

(1) $y'=4\left(x+\sqrt{x^2+1}\right)^3\cdot\left(x+\sqrt{x^2+1}\right)'$

$=4\left(x+\sqrt{x^2+1}\right)^3\left\{1+\dfrac{(x^2+1)'}{2\sqrt{x^2+1}}\right\}$

$=4\left(x+\sqrt{x^2+1}\right)^3\left(1+\dfrac{x}{\sqrt{x^2+1}}\right)$

$=\boldsymbol{\dfrac{4\left(x+\sqrt{x^2+1}\right)^4}{\sqrt{x^2+1}}}$

◀ $(u^4)'=4u^3\cdot u'$

(2) $y'=\dfrac{1}{2\sqrt{\dfrac{x+1}{2x^2+1}}}\cdot\left(\dfrac{x+1}{2x^2+1}\right)'$

$=\dfrac{1}{2}\sqrt{\dfrac{2x^2+1}{x+1}}\cdot\dfrac{(x+1)'(2x^2+1)-(x+1)(2x^2+1)'}{(2x^2+1)^2}$

$=\dfrac{1}{2}\sqrt{\dfrac{2x^2+1}{x+1}}\cdot\dfrac{-2x^2-4x+1}{(2x^2+1)^2}$

$=\boldsymbol{-\dfrac{2x^2+4x-1}{2(2x^2+1)\sqrt{(x+1)(2x^2+1)}}}$

◀ $(\sqrt{u})'=\dfrac{u'}{2\sqrt{u}}$

問題 62 次の関数において，逆関数の微分法を用いて $\dfrac{dy}{dx}$ を x の式で表せ。ただし，n は2以上の整数とする。

(1) $y=\sqrt[3]{x+3}$　　(2) $y=\sqrt[n]{x}$

(1) $x=y^3-3$ であるから，両辺を y で微分すると

$\dfrac{dx}{dy}=3y^2=3\sqrt[3]{(x+3)^2}$

$x \neq -3$ のとき　$\dfrac{dy}{dx}=\dfrac{1}{\dfrac{dx}{dy}}=\boldsymbol{\dfrac{1}{3\sqrt[3]{(x+3)^2}}}$

◀ まず，x について解く。直接 x で微分すると
$y'=\dfrac{1}{3}(x+3)^{\frac{1}{3}-1}$
$=\dfrac{1}{3}(x+3)^{-\frac{2}{3}}$
となる。

(2) $x=y^n$ であるから，両辺を y で微分すると

$\dfrac{dx}{dy}=ny^{n-1}=n\sqrt[n]{x^{n-1}}$

$x \neq 0$ のとき　$\dfrac{dy}{dx}=\dfrac{1}{\dfrac{dx}{dy}}=\boldsymbol{\dfrac{1}{n\sqrt[n]{x^{n-1}}}}$

◀ $y'=\dfrac{1}{n}x^{\frac{1}{n}-1}=\dfrac{1}{n\sqrt[n]{x^{n-1}}}$

問題 63 次の方程式で定められる x の関数 y について，$\dfrac{dy}{dx}$ を x，y の式で表せ。

(1) $x^{\frac{2}{3}}+y^{\frac{2}{3}}=1$　　(2) $x^2y^2=4(x-y)$

(1) $x^{\frac{2}{3}}+y^{\frac{2}{3}}=1$ の両辺を x で微分すると

$\dfrac{2}{3}x^{-\frac{1}{3}}+\dfrac{2}{3}y^{-\frac{1}{3}}\cdot\dfrac{dy}{dx}=0$

$x \neq 0$ のとき　$\boldsymbol{\dfrac{dy}{dx} = -\left(\dfrac{y}{x}\right)^{\frac{1}{3}}}$

◀ $\dfrac{dy}{dx} = -\dfrac{x^{-\frac{1}{3}}}{y^{-\frac{1}{3}}} = -\left(\dfrac{x}{y}\right)^{-\frac{1}{3}}$
$= -\left(\dfrac{y}{x}\right)^{\frac{1}{3}}$

(2)　$x^2y^2 = 4(x-y)$ の両辺を x で微分すると

$$2xy^2 + x^2 \cdot 2y \cdot \frac{dy}{dx} = 4\left(1 - \frac{dy}{dx}\right)$$

$$2(x^2y+2)\frac{dy}{dx} = -2(xy^2-2)$$

$x^2y+2 \neq 0$ のとき　$\boldsymbol{\dfrac{dy}{dx} = -\dfrac{xy^2-2}{x^2y+2}}$

問題 64　x の関数 y が媒介変数 t を用いて次の式で与えられたとき，$\dfrac{dy}{dx}$ を t で表せ。

$$x = \frac{1-t^2}{1+t^2},\ y = \frac{2t}{1+t^2}$$

$$\frac{dx}{dt} = \frac{(1-t^2)'(1+t^2)-(1-t^2)(1+t^2)'}{(1+t^2)^2}$$

$$= \frac{-2t(1+t^2)-(1-t^2)\cdot 2t}{(1+t^2)^2}$$

$$= -\frac{4t}{(1+t^2)^2}$$

$$\frac{dy}{dt} = \frac{(2t)'(1+t^2)-2t(1+t^2)'}{(1+t^2)^2}$$

$$= \frac{2(1+t^2)-2t\cdot 2t}{(1+t^2)^2}$$

$$= \frac{2-2t^2}{(1+t^2)^2}$$

◀ 商の微分法
$\left\{\dfrac{f(x)}{g(x)}\right\}'$
$= \dfrac{f'(x)g(x)-f(x)g'(x)}{\{g(x)\}^2}$

よって，$t \neq 0$ のとき

$$\frac{dy}{dx} = \frac{\frac{dy}{dt}}{\frac{dx}{dt}} = \frac{\frac{2-2t^2}{(1+t^2)^2}}{-\frac{4t}{(1+t^2)^2}} = \boldsymbol{\frac{t^2-1}{2t}}$$

問題 65　3 次以上の多項式 $x^n - x^{n-1} - x + 1$ を $(x-1)^2$ で割った余りを求めよ。

$f(x) = x^n - x^{n-1} - x + 1$ とおくと

$$f(1) = 1-1-1+1 = 0$$

$$f'(x) = nx^{n-1} - (n-1)x^{n-2} - 1$$

$$f'(1) = n-(n-1)-1 = 0$$

よって，$f(x)$ は $(x-1)^2$ で割り切れる。

ゆえに，余りは　**0**

◀ $f(x)$ が $(x-a)^2$ で割り切れる
$\iff f(a)=0$ かつ $f'(a)=0$

〔別解〕　$x^n - x^{n-1} - x + 1$ を $(x-1)^2$ で割った商を $g(x)$，余りを $ax+b$ とおくと

$$x^n - x^{n-1} - x + 1 = (x-1)^2 g(x) + ax + b \quad \cdots ①$$

（ただし，$g(x)$ は 1 次以上の多項式）

◀ 2 次式で割った余りは 1 次以下の式である。

① に $x=1$ を代入すると　$0 = a+b$　$\cdots ②$

また，① の両辺を x で微分すると

$nx^{n-1}-(n-1)x^{n-2}-1=2(x-1)g(x)+(x-1)^2g'(x)+a$ …③ ◀積の微分法を用いる。

③に $x=1$ を代入すると　$n-(n-1)-1=a$

よって　$a=0$　②より　$b=0$

したがって，余りは　0

Plus One

例題 65 (1) の解答の ③，④ は　$f(a)=pa+q$ …③，$f'(a)=p$ …④

これを p，q について解くと　$p=f'(a)$，$q=f(a)-af'(a)$

これより，余り $px+q$ は　$f'(a)x+f(a)-af'(a)=f'(a)(x-a)+f(a)$

これを用いると，問題 65 は $f(1)=0$，$f'(1)=0$ より，余りは　$0\cdot(x-1)+0=0$

p.123 定期テスト攻略 ▶5

1 次の関数を微分せよ。

(1) $y=(3x^2-1)(2x^2+x-2)$

(2) $y=\dfrac{-x+3}{x^2+1}$

(3) $y=(2x-1)\sqrt{x^2+4}$

(1)
$$\begin{aligned} y' &= (3x^2-1)'(2x^2+x-2)+(3x^2-1)(2x^2+x-2)' \\ &= 6x(2x^2+x-2)+(3x^2-1)(4x+1) \\ &= \mathbf{24x^3+9x^2-16x-1} \end{aligned}$$

(2)
$$\begin{aligned} y' &= \frac{(-x+3)'(x^2+1)-(-x+3)(x^2+1)'}{(x^2+1)^2} \\ &= \frac{-1\cdot(x^2+1)-(-x+3)\cdot 2x}{(x^2+1)^2} \\ &= \mathbf{\frac{x^2-6x-1}{(x^2+1)^2}} \end{aligned}$$

(3)
$$\begin{aligned} y' &= (2x-1)'\sqrt{x^2+4}+(2x-1)\left(\sqrt{x^2+4}\right)' \\ &= 2\sqrt{x^2+4}+(2x-1)\cdot\frac{1}{2}(x^2+4)^{-\frac{1}{2}}(x^2+4)' \\ &= 2\sqrt{x^2+4}+(2x-1)\cdot\frac{x}{\sqrt{x^2+4}} \\ &= \frac{2(x^2+4)+x(2x-1)}{\sqrt{x^2+4}} \\ &= \mathbf{\frac{4x^2-x+8}{\sqrt{x^2+4}}} \end{aligned}$$

◀積の微分法

◀$\left(\sqrt{x^2+4}\right)'=\left\{(x^2+4)^{\frac{1}{2}}\right\}'$ とみて，合成関数の微分法を用いる。
$\left(\sqrt{u}\right)'=\dfrac{u'}{2\sqrt{u}}$

2 関数 $f(x)=\left(2\sqrt{x}-1\right)^3$ に対して，$\displaystyle\lim_{x\to 0}\frac{f(1+x)-f(1-x)}{x}$ の値を求めよ。

$f(x)=\left(2\sqrt{x}-1\right)^3$ より

$$f'(x)=3\left(2\sqrt{x}-1\right)^2\cdot 2\cdot\frac{1}{2\sqrt{x}}=\frac{3}{\sqrt{x}}\left(2\sqrt{x}-1\right)^2 \quad \cdots①$$

これより

$$\lim_{x\to 0}\frac{f(1+x)-f(1-x)}{x}$$

$$=\lim_{x\to 0}\frac{f(1+x)-f(1)+f(1)-f(1-x)}{x}$$

$$=\lim_{x\to 0}\left\{\frac{f(1+x)-f(1)}{x}+\frac{f(1-x)-f(1)}{-x}\right\}$$

$$=f'(1)+f'(1)=2f'(1)$$

① より，$f'(1)=3$ であるから

$$\lim_{x\to 0}\frac{f(1+x)-f(1-x)}{x}=2\cdot 3=\mathbf{6}$$

◀ $-x=t$ とおくと，$x\to 0$ のとき $t\to 0$ より
$\lim_{x\to 0}\frac{f(1-x)-f(1)}{-x}$
$=\lim_{t\to 0}\frac{f(1+t)-f(1)}{t}$
$=f'(1)$

Plus One

本問において，関数 $f(x)$ が $f(x)=|x^2-1|$ であった場合，極限値がどのようになるか考えてみる。まず，下記の解答は誤りである。どこが誤りであるか考えてみよう。

誤答 $\lim_{x\to 0}\frac{f(1+x)-f(1-x)}{x}=\underline{\lim_{x\to 0}\left\{\frac{f(1+x)-f(1)}{x}+\frac{f(1-x)-f(1)}{-x}\right\}=f'(1)+f'(1)}$ ①

ここで，関数 $f(x)=|x^2-1|$ は $x=1$ で微分不可能であるから，この極限値は存在しない。

これは変形 ① が誤りである。この変形 ① は関数 $f(x)$ が $x=1$ で微分可能であるときにのみ行えることに注意が必要であり，$x=1$ で微分できない $f(x)=|x^2-1|$ に対してこの変形はできないのである。極限の式から安直に微分の定義を用いると考えてはいけない。正しい解答は，微分の定義によらない下記のようになる。

解答 $f(1+x)=|(1+x)^2-1|=|x^2+2x|$，$f(1-x)=|(1-x)^2-1|=|x^2-2x|$ であるから

$x\to +0$ のとき　$f(1+x)=x^2+2x$，$f(1-x)=-(x^2-2x)$

$x\to -0$ のとき　$f(1+x)=-(x^2+2x)$，$f(1-x)=x^2-2x$

よって　$\lim_{x\to +0}\frac{f(1+x)-f(1-x)}{x}=\lim_{x\to +0}\frac{2x^2}{x}=\lim_{x\to +0}2x=0$

$\lim_{x\to -0}\frac{f(1+x)-f(1-x)}{x}=\lim_{x\to -0}\frac{-2x^2}{x}=\lim_{x\to -0}(-2x)=0$

したがって　$\lim_{x\to 0}\frac{f(1+x)-f(1-x)}{x}=0$

3 関数 $f(x)=\begin{cases}\sqrt{x+1} & (x\geqq 0)\\ mx+1 & (x<0)\end{cases}$ が $x=0$ で微分可能となるような定数 m の値を求めよ。

$$\lim_{h\to +0}\frac{f(0+h)-f(0)}{h}=\lim_{h\to +0}\frac{\sqrt{h+1}-1}{h}$$

$$=\lim_{h\to +0}\frac{h}{h(\sqrt{h+1}+1)}$$

$$=\lim_{h\to +0}\frac{1}{\sqrt{h+1}+1}=\frac{1}{2}$$

◀ 右側からの極限
$h>0$ より
$f(h)=\sqrt{h+1}$

$$\lim_{h \to -0} \frac{f(0+h)-f(0)}{h} = \lim_{h \to -0} \frac{(mh+1)-1}{h}$$

$$= \lim_{h \to -0} \frac{mh}{h} = m$$

◀左側からの極限
$h<0$ より
$f(h)=mh+1$

$x=0$ で微分可能であるから

$$\lim_{h \to +0} \frac{f(0+h)-f(0)}{h} = \lim_{h \to -0} \frac{f(0+h)-f(0)}{h}$$

したがって　　$\boldsymbol{m=\frac{1}{2}}$

2章 5 微分法

4 (1) $x=y\sqrt{1+y}$ のとき，$\dfrac{dy}{dx}$ を y の式で表せ。

(2) $\sqrt[3]{x}+\sqrt[3]{y}=\sqrt[3]{a}$ のとき，$\dfrac{dy}{dx}$ を x，y の式で表せ。ただし，a は正の定数とする。

(3) x の関数 y が媒介変数 t を用いて次の式で与えられたとき，$\dfrac{dy}{dx}$ を t で表せ。

$$x=t^2+3t+4,\ \ y=t^2+t-2$$

(1) $\dfrac{dx}{dy}=\sqrt{1+y}+y\cdot\dfrac{1}{2\sqrt{1+y}}=\dfrac{3y+2}{2\sqrt{1+y}}$ より

◀積の微分法
合成関数の微分法

$3y+2 \neq 0$ のとき　　$\dfrac{dy}{dx}=\dfrac{1}{\dfrac{dx}{dy}}=\boldsymbol{\dfrac{2\sqrt{1+y}}{3y+2}}$

◀逆関数の微分法

(2) $\sqrt[3]{x}+\sqrt[3]{y}=\sqrt[3]{a}$ の両辺を x で微分すると

$$\frac{1}{3}x^{-\frac{2}{3}}+\frac{1}{3}y^{-\frac{2}{3}}\frac{dy}{dx}=0$$

◀合成関数の微分法

$x \neq 0$ のとき　　$\dfrac{dy}{dx}=-\left(\dfrac{x}{y}\right)^{-\frac{2}{3}}=\boldsymbol{-\sqrt[3]{\left(\dfrac{y}{x}\right)^2}}$

(3) $\dfrac{dx}{dt}=2t+3$，$\dfrac{dy}{dt}=2t+1$ であるから

$2t+3 \neq 0$ のとき　　$\dfrac{dy}{dx}=\dfrac{\dfrac{dy}{dt}}{\dfrac{dx}{dt}}=\boldsymbol{\dfrac{2t+1}{2t+3}}$

5 多項式 $x^4-2ax^3+(a-3b)x^2+4x+6b$ が $(x-2)^2$ で割り切れるように定数 a，b の値を定めよ。

$f(x)=x^4-2ax^3+(a-3b)x^2+4x+6b$ とおくと

$$f'(x)=4x^3-6ax^2+2(a-3b)x+4$$

$(x-2)^2$ で割り切れるための必要十分条件は

$f(2)=0$，$f'(2)=0$ であるから

$$-12a-6b+24=0,\ \ -20a-12b+36=0$$

これを解くと　　$\boldsymbol{a=3,\ b=-2}$

6 いろいろな関数の導関数

p.125 Quick Check 6

① (1) $y' = 2(-\sin x) - 3\cos x$

$= \mathbf{-2\sin x - 3\cos x}$

(2) $y' = \dfrac{1}{\cos^2 3x}\cdot(3x)' = \mathbf{\dfrac{3}{\cos^2 3x}}$

(3) $y' = -\dfrac{(\sin x)'}{\sin^2 x} = \mathbf{-\dfrac{\cos x}{\sin^2 x}}$

(4) $y' = (x)'\cos x + x(\cos x)'$

$= \mathbf{\cos x - x\sin x}$

② 〔1〕 $\displaystyle\lim_{h\to 0}\frac{\log(1+h)}{h} = \lim_{h\to 0}\log(1+h)^{\frac{1}{h}}$

$= \log e = \mathbf{1}$

〔2〕 (1) $y' = \dfrac{1}{x^2+1}\cdot(x^2+1)' = \mathbf{\dfrac{2x}{x^2+1}}$

(2) $y' = e^{3x}\cdot(3x)' = \mathbf{3e^{3x}}$

(3) $y' = e^{-x}\cdot(-x)' = \mathbf{-e^{-x}}$

③ (1) $\mathbf{y' = 6x^2}$

$\mathbf{y'' = 12x}$

$\mathbf{y''' = 12}$

(2) $\mathbf{y' = -2\sin 2x}$

$\mathbf{y'' = -4\cos 2x}$

$\mathbf{y''' = 8\sin 2x}$

練習 66 次の関数を微分せよ。

(1) $y = \tan\left(2x + \dfrac{\pi}{3}\right)$　(2) $y = \sin(\tan x)$　(3) $y = 2x\cos^2\dfrac{x}{2}$

(4) $y = \dfrac{1-\cos x}{\sin x}$　(5) $y = \cos^2\dfrac{x}{2}$

(1) $y' = \dfrac{1}{\cos^2\left(2x+\dfrac{\pi}{3}\right)}\cdot\left(2x+\dfrac{\pi}{3}\right)' = \mathbf{\dfrac{2}{\cos^2\left(2x+\dfrac{\pi}{3}\right)}}$

◀ $(\tan x)' = \dfrac{1}{\cos^2 x}$

(2) $y' = \cos(\tan x)\cdot(\tan x)' = \mathbf{\dfrac{\cos(\tan x)}{\cos^2 x}}$

(3) $y' = (2x)'\cdot\cos^2\dfrac{x}{2} + 2x\cdot\left(\cos^2\dfrac{x}{2}\right)'$

$= 2\cos^2\dfrac{x}{2} + 2x\cdot\left(2\cos\dfrac{x}{2}\right)\cdot\left(\cos\dfrac{x}{2}\right)'$

◀ $\left(\cos\dfrac{x}{2}\right)' = -\sin\dfrac{x}{2}\cdot\left(\dfrac{x}{2}\right)'$
$= -\dfrac{1}{2}\sin\dfrac{x}{2}$

$= 2\cos^2\dfrac{x}{2} + 2x\cdot\left(2\cos\dfrac{x}{2}\right)\cdot\left(-\dfrac{1}{2}\sin\dfrac{x}{2}\right)$

$= \mathbf{2\cos^2\dfrac{x}{2} - 2x\sin\dfrac{x}{2}\cos\dfrac{x}{2}}$

〔別解〕

$y = 2x\cos^2\dfrac{x}{2} = 2x\cdot\dfrac{1+\cos x}{2} = x(1+\cos x)$

よって　$y' = (x)'\cdot(1+\cos x) + x\cdot(1+\cos x)'$

$= 1 + \cos x - x\sin x$

◀ 解答と形は異なるが同じ式である。

(4) $y' = \dfrac{(1-\cos x)'\sin x - (1-\cos x)(\sin x)'}{(\sin x)^2}$

$= \dfrac{\sin x\cdot\sin x - (1-\cos x)\cos x}{(\sin x)^2}$

$= \dfrac{\sin^2 x - \cos x + \cos^2 x}{(\sin x)^2}$

$= \dfrac{1-\cos x}{\sin^2 x}$

◀ $\dfrac{1-\cos x}{\sin^2 x}$ のままでもよい。

$$= \frac{1-\cos x}{1-\cos^2 x} = \frac{1-\cos x}{(1-\cos x)(1+\cos x)} = \mathbf{\frac{1}{1+\cos x}}$$

(5) $y' = 2\cos\frac{x}{2}\cdot\left(\cos\frac{x}{2}\right)' = 2\cos\frac{x}{2}\cdot\left(-\frac{1}{2}\sin\frac{x}{2}\right)$

$$= \mathbf{-\cos\frac{x}{2}\sin\frac{x}{2}}$$

〔別解〕

半角の公式により　　$y = \cos^2\frac{x}{2} = \frac{1}{2}(1+\cos x)$

よって　　$y' = \left\{\frac{1}{2}(1+\cos x)\right\}' = -\frac{1}{2}\sin x$

◀ $\left(\cos\frac{x}{2}\right)' = -\sin\frac{x}{2}\cdot\left(\frac{x}{2}\right)' = -\frac{1}{2}\sin\frac{x}{2}$

◀ $y' = -\cos\frac{x}{2}\sin\frac{x}{2} = -\frac{1}{2}\sin x$ と答えてもよい。

2章 6 いろいろな関数の導関数

Plus One

関数 $f(x)=\sin x$ を定義にしたがって微分すると，次のようになる。

$$f'(x) = \lim_{h\to 0}\frac{\sin(x+h)-\sin x}{h}$$

$$= \lim_{h\to 0}\frac{(\sin x\cos h+\cos x\sin h)-\sin x}{h}$$

◀ 加法定理

$$= \lim_{h\to 0}\left(\sin x\cdot\frac{\cos h-1}{h}+\cos x\cdot\frac{\sin h}{h}\right)$$

ここで　　$\lim_{h\to 0}\frac{\cos h-1}{h} = \lim_{h\to 0}\left\{-\frac{1-\cos^2 h}{h(1+\cos h)}\right\} = \lim_{h\to 0}\left(-\frac{\sin h}{h}\cdot\frac{\sin h}{1+\cos h}\right)$

$$= -1\times 0 = 0$$

よって　　$f'(x) = 0+\cos x\times 1 = \cos x$

練習 67 次の極限値を求めよ。

(1) $\lim_{n\to\infty}\left(1+\frac{1}{n+1}\right)^n$　　(2) $\lim_{x\to-\infty}\left(1+\frac{2}{x}\right)^x$　　(3) $\lim_{x\to\infty}x\{\log(2x+1)-\log 2x\}$

(1) $\frac{1}{n+1} = h$ とおくと　　$n = \frac{1}{h}-1$

また，$n\to\infty$ のとき $h\to 0$ であるから

$$\lim_{n\to\infty}\left(1+\frac{1}{n+1}\right)^n = \lim_{h\to 0}(1+h)^{\frac{1}{h}-1}$$

◀ $a^{m-n} = a^m\cdot a^{-n}$

$$= \lim_{h\to 0}\{(1+h)^{\frac{1}{h}}\cdot(1+h)^{-1}\} = \boldsymbol{e}$$

◀ $\lim_{h\to 0}(1+h)^{\frac{1}{h}} = e$
$\lim_{h\to 0}(1+h)^{-1} = 1^{-1} = 1$

(2) $\frac{2}{x} = h$ とおくと，$x\to-\infty$ のとき $h\to 0$ であるから

$$\lim_{x\to-\infty}\left(1+\frac{2}{x}\right)^x = \lim_{h\to 0}(1+h)^{\frac{2}{h}}$$

◀ $x = \frac{2}{h} = \frac{1}{h}\times 2$

$$= \lim_{h\to 0}\left\{(1+h)^{\frac{1}{h}}\right\}^2 = \boldsymbol{e^2}$$

(3) $\lim_{x\to\infty}x\{\log(2x+1)-\log 2x\} = \lim_{x\to\infty}\log\left(\frac{2x+1}{2x}\right)^x$

$$= \lim_{x\to\infty}\log\left\{\left(1+\frac{1}{2x}\right)^{2x}\right\}^{\frac{1}{2}}$$

ここで　$\dfrac{1}{2x}=h$ とおくと，$x\to\infty$ のとき $h\to 0$ であるから

$$\lim_{x\to\infty}\log\left\{\left(1+\frac{1}{2x}\right)^{2x}\right\}^{\frac{1}{2}}=\lim_{h\to 0}\log\left\{(1+h)^{\frac{1}{h}}\right\}^{\frac{1}{2}}=\frac{1}{2}\log e=\boldsymbol{\frac{1}{2}}$$

Plus One

不定形には，これまでに出てきたような $\dfrac{0}{0}$，$\dfrac{\infty}{\infty}$，$\infty-\infty$ などのほかに，この問題で現れる 1^{∞} の形もある。

この不定形となる極限値では，$\displaystyle\lim_{n\to\infty}\left(1+\frac{1}{n}\right)^n=\lim_{h\to 0}(1+h)^{\frac{1}{h}}=e$ の利用を考えるとよい。

練習 68　次の関数を微分せよ。ただし，a は正の定数とする。

(1)　$y=\log_2\dfrac{1+x}{1-x}$　　(2)　$y=\log\left|\tan\dfrac{x}{2}\right|$

(3)　$y=\log\left|x-\sqrt{x^2+a}\right|$　　(4)　$y=x^2\log x$

(1)　$\log_2\dfrac{1+x}{1-x}=\dfrac{1}{\log 2}\cdot\log\dfrac{1+x}{1-x}$

$=\dfrac{1}{\log 2}\{\log(1+x)-\log(1-x)\}$

◀底を変換して，自然対数で表す。

よって　$y'=\dfrac{1}{\log 2}\left(\dfrac{1}{1+x}+\dfrac{1}{1-x}\right)$

$=\dfrac{2}{(1+x)(1-x)\log 2}=\boldsymbol{\dfrac{2}{(1-x^2)\log 2}}$

(2)　$y'=\dfrac{\left(\tan\dfrac{x}{2}\right)'}{\tan\dfrac{x}{2}}=\dfrac{1}{\tan\dfrac{x}{2}}\cdot\dfrac{1}{\cos^2\dfrac{x}{2}}\cdot\left(\dfrac{x}{2}\right)'$

$=\dfrac{1}{2\sin\dfrac{x}{2}\cos\dfrac{x}{2}}=\boldsymbol{\dfrac{1}{\sin x}}$

◀ $\tan\theta\cos^2\theta$ $=\dfrac{\sin\theta}{\cos\theta}\cdot\cos^2\theta$ $=\sin\theta\cos\theta$

(3)　$y'=\dfrac{\left(x-\sqrt{x^2+a}\right)'}{x-\sqrt{x^2+a}}=\dfrac{1-\dfrac{x}{\sqrt{x^2+a}}}{x-\sqrt{x^2+a}}$

◀ $(\log|f(x)|)'=\dfrac{f'(x)}{f(x)}$

$=\dfrac{\sqrt{x^2+a}-x}{\sqrt{x^2+a}}\cdot\dfrac{1}{x-\sqrt{x^2+a}}=\boldsymbol{-\dfrac{1}{\sqrt{x^2+a}}}$

◀分母・分子に $\sqrt{x^2+a}$ を掛ける。

(4)　$y'=(x^2)'\log x+x^2(\log x)'$

◀積の微分法

$=2x\log x+x^2\cdot\dfrac{1}{x}$

$=\boldsymbol{2x\log x+x}$

練習 69 次の関数を微分せよ。

(1) $y=e^{2x-1}$　　(2) $y=3^{1-x}$　　(3) $y=xe^{-x^2}$

(4) $y=e^{-x}\sin 2x$　　(5) $y=\dfrac{1+e^x}{1+2e^x}$

(1) $y'=e^{2x-1}(2x-1)'=\mathbf{2e^{2x-1}}$

◀合成関数の微分法

(2) $y'=3^{1-x}\log 3\cdot(1-x)'=\mathbf{-3^{1-x}\log 3}$

◀$(a^x)'=a^x\log a$

(3) $y'=(x)'e^{-x^2}+x(e^{-x^2})'=1\cdot e^{-x^2}+xe^{-x^2}(-x^2)'$

$=e^{-x^2}-2x^2e^{-x^2}=\mathbf{(1-2x^2)e^{-x^2}}$

◀積の微分法

◀$(e^{-x^2})'$ には合成関数の微分法を用いる。

(4) $y'=(e^{-x})'\sin 2x+e^{-x}(\sin 2x)'$

$=e^{-x}(-x)'\sin 2x+e^{-x}\cos 2x(2x)'$

$=-e^{-x}\sin 2x+2e^{-x}\cos 2x$

$=\mathbf{-e^{-x}(\sin 2x-2\cos 2x)}$

◀$-e^{-x}$ でくくる前の式を答えとしてもよい。

(5) $y'=\dfrac{(1+e^x)'(1+2e^x)-(1+e^x)(1+2e^x)'}{(1+2e^x)^2}$

$=\dfrac{e^x(1+2e^x)-(1+e^x)\cdot 2e^x}{(1+2e^x)^2}=\mathbf{-\dfrac{e^x}{(1+2e^x)^2}}$

◀商の微分法

練習 70 次の関数を微分せよ。

(1) $y=\sqrt[3]{\dfrac{2x+1}{x^2-4}}$　　(2) $y=x^{\sin x}$　$(x>0)$

(1) 両辺の絶対値の対数をとると

$$\log|y|=\log\left|\sqrt[3]{\frac{2x+1}{x^2-4}}\right|=\log\left(\frac{|2x+1|}{|x+2||x-2|}\right)^{\frac{1}{3}}$$

$$=\frac{1}{3}\{\log|2x+1|-\log|x+2|-\log|x-2|\}$$

◀ $\log\left|\sqrt[3]{\dfrac{2x+1}{x^2-4}}\right|$ $=\log\sqrt[3]{\dfrac{|2x+1|}{|x+2||x-2|}}$ $=\log\left(\dfrac{|2x+1|}{|x+2||x-2|}\right)^{\frac{1}{3}}$

両辺を x で微分すると

$$\frac{y'}{y}=\frac{1}{3}\left(\frac{2}{2x+1}-\frac{1}{x+2}-\frac{1}{x-2}\right)$$

$$=-\frac{2(x^2+x+4)}{3(2x+1)(x+2)(x-2)}$$

◀合成関数の微分法を用いる。特に，左辺に注意する。

$\dfrac{d}{dx}\log|y|=\dfrac{y'}{y}$

よって　$y'=-\sqrt[3]{\dfrac{2x+1}{(x+2)(x-2)}}\cdot\dfrac{2(x^2+x+4)}{3(2x+1)(x+2)(x-2)}$

$$=\mathbf{-\frac{2(x^2+x+4)}{3\sqrt[3]{(2x+1)^2(x+2)^4(x-2)^4}}}$$

(2) $y=x^{\sin x}$ $(x>0)$ より，両辺の対数をとると

$\log y=\sin x\cdot\log x$

◀$x>0$ より，両辺は正である。

両辺を x で微分すると

$$\frac{y'}{y}=(\sin x)'\log x+\sin x\cdot(\log x)'$$

◀積の微分法

$$=\cos x\log x+\sin x\cdot\frac{1}{x}$$

$$=\frac{x\cos x\log x+\sin x}{x}$$

よって　$y'=\mathbf{x^{\sin x}\cdot\dfrac{x\cos x\log x+\sin x}{x}}$

$$= x^{\sin x-1}(x\cos x\log x+\sin x)$$

練習 71 次の極限値を求めよ。

(1) $\displaystyle\lim_{x\to 0}\frac{2^x-1}{x}$　　　(2) $\displaystyle\lim_{x\to 0}\frac{\log(x+1)}{\sin x}$

(1) $f(x)=2^x$ とおくと，微分係数の定義により

$$\lim_{x\to 0}\frac{2^x-1}{x}=\lim_{x\to 0}\frac{2^x-2^0}{x-0}=\lim_{x\to 0}\frac{f(x)-f(0)}{x-0}=f'(0)$$

$f'(x)=2^x\log 2$ であるから　　$f'(0)=\log 2$

よって　　$\displaystyle\lim_{x\to 0}\frac{2^x-1}{x}=\mathbf{\log 2}$

(2) $f(x)=\log(x+1)$ とおくと，微分係数の定義により

$$\lim_{x\to 0}\frac{\log(x+1)}{x}=\lim_{x\to 0}\frac{f(x)-f(0)}{x-0}=f'(0)$$

◀ $0=\log 1=f(0)$

$f'(x)=\dfrac{1}{x+1}$ であるから　　$f'(0)=1$

よって　　$\displaystyle\lim_{x\to 0}\frac{\log(x+1)}{\sin x}=\lim_{x\to 0}\frac{\log(x+1)}{x}\cdot\frac{1}{\frac{\sin x}{x}}$

◀ $\displaystyle\lim_{x\to 0}\frac{\sin x}{x}=1$

$$=f'(0)\cdot 1=\mathbf{1}$$

練習 72 関数 $f(x)=x(\sin ax+\sin bx)$ において
(1) $f'(0)$ の値を求めよ。
(2) $f''(0)=4$ となるような定数 a, b の関係式を求めよ。

(1) $f'(x)=\sin ax+\sin bx+x(a\cos ax+b\cos bx)$

よって　　$f'(0)=\mathbf{0}$

◀ $\sin 0=0$

(2) (1)より　　$f''(x)=2(a\cos ax+b\cos bx)-x(a^2\sin ax+b^2\sin bx)$

$f''(0)=4$ より　　$2(a+b)=4$

◀ $\cos 0=1$

したがって　　$\boldsymbol{a+b=2}$

練習 73 関数 $f(x)=\log x$ について，$f(x)$ の第 n 次導関数 $f^{(n)}(x)$ を求めよ。

$$f'(x)=\frac{1}{x},\ f''(x)=-\frac{1}{x^2},\ f'''(x)=\frac{2}{x^3}$$

$$f^{(4)}(x)=-\frac{2\cdot 3}{x^4},\ f^{(5)}(x)=\frac{2\cdot 3\cdot 4}{x^5},\ \cdots$$

これより，$f^{(n)}(x)=(-1)^{n+1}(n-1)!x^{-n}$ …① と推定できる。

◀ $f^{(n)}(x)=(-1)^{n-1}(n-1)!x^{-n}$ と推定してもよい。

①を数学的帰納法を用いて証明する。

[1] $n=1$ のとき，明らかに①は成り立つ。

[2] $n=k$ のとき，①が成り立つと仮定すると

$$f^{(k)}(x)=(-1)^{k+1}(k-1)!x^{-k}\qquad\cdots②$$

②の両辺を x で微分すると

$$f^{(k+1)}(x)=(-1)^{k+1}(k-1)!(-k)x^{-(k+1)}$$
$$=(-1)^{k+2}k!x^{-(k+1)}$$

よって，$n=k+1$ のときも ① は成り立つ。
[1]，[2] より，① はすべての自然数 n に対して成り立つ。
したがって　$\boldsymbol{f^{(n)}(x)=(-1)^{n+1}(n-1)!x^{-n}}$

練習 74　$x=e^t\sin t$，$y=e^t\cos t$ で表された関数について
(1) $\dfrac{dy}{dx}$ を t の式で表せ。　(2) $\dfrac{d^2y}{dx^2}$ を t の式で表せ。

(1) $\dfrac{dx}{dt}=e^t\sin t+e^t\cos t$，$\dfrac{dy}{dt}=e^t\cos t-e^t\sin t$ であるから
$\sin t+\cos t \neq 0$ のとき

$$\frac{dy}{dx}=\frac{\frac{dy}{dt}}{\frac{dx}{dt}}=\frac{e^t(\cos t-\sin t)}{e^t(\sin t+\cos t)}=\boldsymbol{\frac{\cos t-\sin t}{\cos t+\sin t}}$$

◀積の微分法

(2) $$\frac{d^2y}{dx^2}=\frac{d}{dx}\left(\frac{dy}{dx}\right)=\frac{\frac{d}{dt}\left(\frac{dy}{dx}\right)}{\frac{dx}{dt}}$$

$$=\frac{(-\sin t-\cos t)(\cos t+\sin t)-(\cos t-\sin t)(-\sin t+\cos t)}{(\cos t+\sin t)^2}\cdot\frac{1}{e^t(\sin t+\cos t)}$$

$$=\frac{-(\cos t+\sin t)^2-(\cos t-\sin t)^2}{(\cos t+\sin t)^2}\cdot\frac{1}{e^t(\sin t+\cos t)}$$

$$=\frac{-2}{(\sin t+\cos t)^2}\cdot\frac{1}{e^t(\sin t+\cos t)}=\boldsymbol{-\frac{2}{e^t(\sin t+\cos t)^3}}$$

◀(分子)
$=-\cos^2 t-2\sin t\cos t-\sin^2 t$
$\quad -\cos^2 t+2\sin t\cos t-\sin^2 t$
$=-2(\cos^2 t+\sin^2 t)=-2$

Plus One

$\dfrac{dy}{dx}$，$\dfrac{d^2y}{dx^2}$ の読み方はそれぞれ
$\dfrac{dy}{dx}$ ⇨ ディー ワイ，ディー エックス
$\dfrac{d^2y}{dx^2}$ ⇨ ディー 2 ワイ，ディー エックス 2

練習 75　微分可能な関数 $f(x)$ において，$f(x+y)=f(x)+f(y)$ がすべての実数 x，y について成り立ち，$f'(0)=1$ であるとき
(1) $f(0)$ を求めよ。　(2) $f(-x)=-f(x)$ を示せ。
(3) $f'(x)$ を求めよ。　(4) $f(x)$ を求めよ。

(1) $x=y=0$ とすると　$f(0)=f(0)+f(0)$
よって　$f(0)=\boldsymbol{0}$
(2) $y=-x$ とすると
$f(x-x)=f(x)+f(-x)$
$f(0)=f(x)+f(-x)$
よって　$f(-x)=-f(x)$

◀(1) より　$f(0)=0$

(3) $f'(x)=\lim_{h\to 0}\frac{f(x+h)-f(x)}{h}$

$=\lim_{h\to 0}\frac{\{f(x)+f(h)\}-f(x)}{h}$

$=\lim_{h\to 0}\frac{f(h)}{h}=f'(0)=1$

◀ $f'(0)=\lim_{h\to 0}\frac{f(0+h)-f(0)}{h}$

(4) (3) より，$f(x)=x+k$（k は定数）とおける。

(1) より，$f(0)=0$ であるから　$k=0$

よって　$\boldsymbol{f(x)=x}$

チャレンジ〈2〉 $\lim_{h\to 0}\frac{e^h-1}{h}=1$ を利用して，極限値 $\lim_{x\to 0}\frac{e^x-e^{-x}}{x}$ を求めよ。

$\lim_{x\to 0}\frac{e^x-e^{-x}}{x}=\lim_{x\to 0}\frac{e^x(e^x-e^{-x})}{2x}\cdot\frac{2}{e^x}=\lim_{x\to 0}\frac{e^{2x}-1}{2x}\cdot\frac{2}{e^x}$

$=1\cdot 2=\boldsymbol{2}$

◀ $\lim_{x\to 0}\frac{e^x-1}{x}=1$

p.137 問題編 6 いろいろな関数の導関数

問題 66 次の関数を微分せよ。

(1) $y=\sqrt{1+\cos^2 x}$　(2) $y=\sin x\cos^2 x$　(3) $y=\frac{\sin x-\cos x}{\sin x+\cos x}$

(1) $y=(1+\cos^2 x)^{\frac{1}{2}}$ より

$y'=\frac{1}{2}(1+\cos^2 x)^{-\frac{1}{2}}\cdot(1+\cos^2 x)'$

$=\frac{1}{2}(1+\cos^2 x)^{-\frac{1}{2}}\cdot 2\cos x(\cos x)'$

$=\frac{1}{2}(1+\cos^2 x)^{-\frac{1}{2}}\cdot 2\cos x\cdot(-\sin x)$

$=\boldsymbol{-\frac{\sin x\cos x}{\sqrt{1+\cos^2 x}}}$

◀ 合成関数の微分法を繰り返し用いる。

(2) $y'=(\sin x)'\cos^2 x+\sin x(\cos^2 x)'$

$=\cos x\cdot\cos^2 x+\sin x\cdot 2\cos x\cdot(\cos x)'$

$=\boldsymbol{\cos^3 x-2\cos x\sin^2 x}$

〔別解〕

$y=\sin x(1-\sin^2 x)=\sin x-\sin^3 x$ であるから

◀ $\cos^2 x=1-\sin^2 x$

$y'=\cos x-3\sin^2 x\cdot(\sin x)'$

$=\cos x-3\sin^2 x\cos x$

◀ 解答と形は異なるが同式である。

(3) $y'=\frac{(\sin x-\cos x)'(\sin x+\cos x)-(\sin x-\cos x)(\sin x+\cos x)'}{(\sin x+\cos x)^2}$

$=\frac{(\cos x+\sin x)^2+(\sin x-\cos x)^2}{(\sin x+\cos x)^2}$

$=\boldsymbol{\frac{2}{(\sin x+\cos x)^2}}$

◀ $\sin^2 x+\cos^2 x=1$

問題 67 次の極限値を求めよ。

(1) $\displaystyle\lim_{n\to\infty}\left(1-\frac{1}{n^2}\right)^n$　　(2) $\displaystyle\lim_{h\to 0}\frac{1-\cos 2h}{h\log(1+h)}$

(1) $\left(1-\dfrac{1}{n^2}\right)^n=\left\{\left(1+\dfrac{1}{n}\right)\left(1-\dfrac{1}{n}\right)\right\}^n=\left(1+\dfrac{1}{n}\right)^n\left(1-\dfrac{1}{n}\right)^n$

$\dfrac{1}{n}=h$ とおくと，$n\to\infty$ のとき $h\to 0$ であるから

$$\lim_{n\to\infty}\left(1+\frac{1}{n}\right)^n=\lim_{h\to 0}(1+h)^{\frac{1}{h}}=e$$

また，$-\dfrac{1}{n}=t$ とおくと，$n\to\infty$ のとき $t\to 0$ であるから

$$\lim_{n\to\infty}\left(1-\frac{1}{n}\right)^n=\lim_{t\to 0}(1+t)^{-\frac{1}{t}}$$

◀ $n=-\dfrac{1}{t}$

$$=\lim_{t\to 0}\left\{(1+t)^{\frac{1}{t}}\right\}^{-1}=\frac{1}{e}$$

ゆえに　$\displaystyle\lim_{n\to\infty}\left(1-\frac{1}{n^2}\right)^n=\lim_{n\to\infty}\left(1+\frac{1}{n}\right)^n\lim_{n\to\infty}\left(1-\frac{1}{n}\right)^n$

$$=e\cdot\frac{1}{e}=\mathbf{1}$$

◀ $\displaystyle\lim_{n\to\infty}f(n)=\alpha$
$\displaystyle\lim_{n\to\infty}g(n)=\beta$
α，β が有限の値ならば，
$\displaystyle\lim_{n\to\infty}\{f(n)\cdot g(n)\}$
$\displaystyle=\lim_{n\to\infty}f(n)\cdot\lim_{n\to\infty}g(n)$

(2) $\displaystyle\lim_{h\to 0}\frac{1-\cos 2h}{h\log(1+h)}=\lim_{h\to 0}\frac{(1-\cos 2h)(1+\cos 2h)}{h\log(1+h)\cdot(1+\cos 2h)}$

$$=\lim_{h\to 0}\left\{\frac{\sin^2 2h}{(2h)^2}\cdot\frac{4}{\frac{1}{h}\log(1+h)}\cdot\frac{1}{(1+\cos 2h)}\right\}$$

◀ $1-\cos^2 2h=\sin^2 2h$

$$=\lim_{h\to 0}\left\{\frac{\sin^2 2h}{(2h)^2}\cdot\frac{4}{\log(1+h)^{\frac{1}{h}}}\cdot\frac{1}{(1+\cos 2h)}\right\}$$

◀ $\dfrac{1}{h}\log(1+h)$
$=\log(1+h)^{\frac{1}{h}}$

$$=1^2\cdot\frac{4}{\log e}\cdot\frac{1}{2}=\mathbf{2}$$

問題 68 次の関数を微分せよ。

(1) $y=\log(\log x)$　　(2) $y=\{\log(\sqrt{x}+1)\}^2$

(1) $y'=\dfrac{(\log x)'}{\log x}=\dfrac{1}{\log x}\cdot\dfrac{1}{x}=\boldsymbol{\dfrac{1}{x\log x}}$

(2) $y'=2\log(\sqrt{x}+1)\cdot\{\log(\sqrt{x}+1)\}'$

$$=2\log(\sqrt{x}+1)\cdot\frac{1}{\sqrt{x}+1}\cdot(\sqrt{x}+1)'$$

◀ $(\sqrt{x})'=\left(x^{\frac{1}{2}}\right)'=\dfrac{1}{2}\cdot x^{-\frac{1}{2}}$
$=\dfrac{1}{2\sqrt{x}}$

$$=\frac{2\log(\sqrt{x}+1)}{\sqrt{x}+1}\cdot\frac{1}{2\sqrt{x}}=\boldsymbol{\frac{\log(\sqrt{x}+1)}{x+\sqrt{x}}}$$

問題 69 次の関数を微分せよ。

(1) $y=xe^{\sin x}$　　(2) $y=\dfrac{\sin x+\cos x}{e^x}$

(1) $y'=(x)'e^{\sin x}+x(e^{\sin x})'=1\cdot e^{\sin x}+xe^{\sin x}(\sin x)'$

$= e^{\sin x} + xe^{\sin x}\cos x = \boldsymbol{(1 + x\cos x)e^{\sin x}}$

(2) $y' = \dfrac{(\sin x + \cos x)'e^x - (\sin x + \cos x)(e^x)'}{(e^x)^2}$ ◀商の微分法

$= \dfrac{(\cos x - \sin x)e^x - (\sin x + \cos x)e^x}{(e^x)^2} = \boldsymbol{-\dfrac{2\sin x}{e^x}}$ ◀e^x で約分する。

〔別解〕 $y = (\sin x + \cos x)e^{-x}$ であるから

$y' = (\sin x + \cos x)'e^{-x} + (\sin x + \cos x)(e^{-x})'$

$= (\cos x - \sin x)e^{-x} - (\sin x + \cos x)e^{-x}$

$= -2e^{-x}\sin x = -\dfrac{2\sin x}{e^x}$

◀$\dfrac{1}{e^x} = e^{-x}$ を利用して，y を積の形で表してから考えてもよい。

問題 **70** 次の関数を微分せよ。

(1) $y = \dfrac{(x-1)^3}{x^5(x+1)^7}$ (2) $y = x^{\log x}$ $(x > 0)$

(1) 両辺の絶対値の対数をとると

$\log|y| = 3\log|x-1| - 5\log|x| - 7\log|x+1|$

両辺を x で微分すると

$\dfrac{y'}{y} = \dfrac{3}{x-1} - \dfrac{5}{x} - \dfrac{7}{x+1}$

$= \dfrac{-9x^2 + 10x + 5}{x(x-1)(x+1)}$

よって $y' = \dfrac{(x-1)^3}{x^5(x+1)^7} \cdot \dfrac{-9x^2 + 10x + 5}{x(x-1)(x+1)}$

$= \boldsymbol{-\dfrac{(x-1)^2(9x^2 - 10x - 5)}{x^6(x+1)^8}}$

(2) $y = x^{\log x}$ $(x > 0)$ より，両辺の対数をとると ◀$x > 0$ より，両辺は正である。

$\log y = \log x \cdot \log x = (\log x)^2$

両辺を x で微分すると

$\dfrac{y'}{y} = 2(\log x) \cdot (\log x)' = 2\log x \cdot \dfrac{1}{x} = \dfrac{2\log x}{x}$ ◀合成関数の微分法

よって $y' = x^{\log x} \cdot \dfrac{2\log x}{x} = \boldsymbol{2x^{\log x - 1}\log x}$

問題 **71** 次の極限値を求めよ。

(1) $\displaystyle\lim_{x \to 0} \frac{\log(\cos x)}{x^2}$ (2) $\displaystyle\lim_{x \to 0} \frac{e^x - 1}{\log(1+x)}$

(1) $\displaystyle\lim_{x \to 0} \frac{\log(\cos x)}{x^2} = \lim_{x \to 0} \frac{\log(\cos x)}{\cos x - 1} \cdot \frac{\cos x - 1}{x^2}$

ここで，$f(x) = \log x$ とおくと

$\displaystyle\lim_{x \to 0} \frac{\log(\cos x)}{\cos x - 1} = \lim_{x \to 0} \frac{f(\cos x) - f(1)}{\cos x - 1}$ ◀$0 = \log 1 = f(1)$

さらに，$t = \cos x$ とおくと，$x \to 0$ のとき $t \to 1$ であり，$f'(x) = \dfrac{1}{x}$

であるから

$$\lim_{x\to 0}\frac{\log(\cos x)}{\cos x-1}=\lim_{t\to 1}\frac{f(t)-f(1)}{t-1}=f'(1)=1 \quad \cdots ①$$

◀ $\lim_{x\to a}\frac{f(x)-f(a)}{x-a}=f'(a)$ の形である。

次に

$$\lim_{x\to 0}\frac{\cos x-1}{x^2}=\lim_{x\to 0}\frac{(\cos x-1)(\cos x+1)}{x^2(\cos x+1)}$$

$$=\lim_{x\to 0}\frac{\cos^2 x-1}{x^2(\cos x+1)}$$

$$=\lim_{x\to 0}\left\{-\left(\frac{\sin x}{x}\right)^2\cdot\frac{1}{\cos x+1}\right\}$$

◀ $\cos^2 x-1=-\sin^2 x$

$$=-1^2\cdot\frac{1}{1+1}=-\frac{1}{2} \quad \cdots ②$$

◀ $\lim_{x\to 0}\frac{\sin x}{x}=1$

①，②より　$\lim_{x\to 0}\frac{\log(\cos x)}{x^2}=1\cdot\left(-\frac{1}{2}\right)=-\frac{1}{2}$

(2)　$f(x)=e^x$，$g(x)=\log(1+x)$ とおくと，微分係数の定義により

$$\lim_{x\to 0}\frac{e^x-1}{x}=f'(0),\ \lim_{x\to 0}\frac{\log(1+x)}{x}=g'(0)$$

◀ $1=e^0=f(0)$
$0=\log 1=g(0)$

一方，$f'(x)=e^x$，$g'(x)=\frac{1}{1+x}$ であるから

$$f'(0)=1,\ g'(0)=1$$

よって　$\lim_{x\to 0}\frac{e^x-1}{\log(1+x)}=\lim_{x\to 0}\frac{e^x-1}{x}\cdot\frac{x}{\log(1+x)}=\mathbf{1}$

問題 72　a，b は定数とする。
(1)　$y=e^{-2x}(a\cos 2x+b\sin 2x)$ のとき，等式 $y''+4y'+8y=0$ が成り立つことを証明せよ。
(2)　$y=e^{-ax}\sin bx$ のとき，$y''+2ay'+(a^2+b^2)y=0$ が成り立つことを証明せよ。

(1)　$y=e^{-2x}(a\cos 2x+b\sin 2x)$

$$y'=-2e^{-2x}(a\cos 2x+b\sin 2x)+2e^{-2x}(-a\sin 2x+b\cos 2x)$$
$$=-2y+2e^{-2x}(-a\sin 2x+b\cos 2x)$$

よって

$$y''=-2y'-4e^{-2x}(-a\sin 2x+b\cos 2x)+4e^{-2x}(-a\cos 2x-b\sin 2x)$$
$$=-2y'-2(y'+2y)-4e^{-2x}(a\cos 2x+b\sin 2x)$$
$$=-2y'-2(y'+2y)-4y$$

◀ 上の式より
$2e^{-2x}(-a\sin 2x+b\cos 2x)$
$=y'+2y$

したがって　$y''+4y'+8y=0$

(2)　$y=e^{-ax}\sin bx$ より

$$y'=-ae^{-ax}\sin bx+be^{-ax}\cos bx$$
$$=-ay+be^{-ax}\cos bx$$

よって

$$y''=-ay'-abe^{-ax}\cos bx-b^2e^{-ax}\sin bx$$
$$=-ay'-a(y'+ay)-b^2y$$

◀ 上の式より
$be^{-ax}\cos bx=y'+ay$

したがって　$y''+2ay'+(a^2+b^2)y=0$

問題 73　関数 $f(x)=e^{-x}\sin x$ について，$f(x)$ の第 n 次導関数 $f^{(n)}(x)$ を求めよ。

$$f'(x)=-e^{-x}\sin x+e^{-x}\cos x=e^{-x}(-\sin x+\cos x)$$

◀ 積の微分法

$$= \sqrt{2}e^{-x}\sin\left(x+\frac{3}{4}\pi\right)$$ ◀三角関数の合成

$$f''(x) = \sqrt{2}\left\{-e^{-x}\sin\left(x+\frac{3}{4}\pi\right)+e^{-x}\cos\left(x+\frac{3}{4}\pi\right)\right\}$$

$$= \sqrt{2}e^{-x}\left\{-\sin\left(x+\frac{3}{4}\pi\right)+\cos\left(x+\frac{3}{4}\pi\right)\right\}$$

$$= \sqrt{2}e^{-x}\cdot\sqrt{2}\sin\left\{\left(x+\frac{3}{4}\pi\right)+\frac{3}{4}\pi\right\}$$ ◀三角関数の合成

$$= 2e^{-x}\sin\left(x+\frac{3}{2}\pi\right)$$ ◀ $\frac{3}{2}\pi=\frac{6}{4}\pi$

$$f'''(x) = 2\left\{-e^{-x}\sin\left(x+\frac{3}{2}\pi\right)+e^{-x}\cos\left(x+\frac{3}{2}\pi\right)\right\}$$

$$= 2e^{-x}\left\{-\sin\left(x+\frac{3}{2}\pi\right)+\cos\left(x+\frac{3}{2}\pi\right)\right\}$$

$$= 2e^{-x}\cdot\sqrt{2}\sin\left\{\left(x+\frac{3}{2}\pi\right)+\frac{3}{4}\pi\right\}$$ ◀三角関数の合成

$$= 2\sqrt{2}e^{-x}\sin\left(x+\frac{9}{4}\pi\right)$$

以上より，$f^{(n)}(x)=(\sqrt{2})^n e^{-x}\sin\left(x+\frac{3}{4}n\pi\right)$ …①

と推定できる。① を数学的帰納法を用いて証明する。

[1] $n=1$ のとき，明らかに ① は成り立つ。

[2] $n=k$ のとき，① が成り立つと仮定すると

$$f^{(k)}(x)=(\sqrt{2})^k e^{-x}\sin\left(x+\frac{3}{4}k\pi\right) \quad \cdots ②$$

② の両辺を x で微分すると

$$f^{(k+1)}(x)=(\sqrt{2})^k\left\{-e^{-x}\sin\left(x+\frac{3}{4}k\pi\right)+e^{-x}\cos\left(x+\frac{3}{4}k\pi\right)\right\}$$

$$=(\sqrt{2})^k e^{-x}\left\{-\sin\left(x+\frac{3}{4}k\pi\right)+\cos\left(x+\frac{3}{4}k\pi\right)\right\}$$

$$=(\sqrt{2})^{k+1} e^{-x}\sin\left\{\left(x+\frac{3}{4}k\pi\right)+\frac{3}{4}\pi\right\}$$ ◀三角関数の合成

$$=(\sqrt{2})^{k+1} e^{-x}\sin\left\{x+\frac{3}{4}(k+1)\pi\right\}$$

よって，$n=k+1$ のときも ① は成り立つ。

[1]，[2] より，① はすべての自然数 n に対して成り立つ。

したがって　$\boldsymbol{f^{(n)}(x)=(\sqrt{2})^n e^{-x}\sin\left(x+\frac{3}{4}n\pi\right)}$

問題 74　$x=t-\sin t$，$y=1-\cos t$ で表された関数について

(1) $\frac{dy}{dx}$ を t の式で表せ。　(2) $\frac{d^2y}{dx^2}$ を t の式で表せ。

(1) $\frac{dx}{dt}=1-\cos t$，$\frac{dy}{dt}=\sin t$ であるから

$\cos t \neq 1$ のとき　$\frac{dy}{dx}=\frac{\frac{dy}{dt}}{\frac{dx}{dt}}=\boldsymbol{\frac{\sin t}{1-\cos t}}$

(2) $\dfrac{d^2y}{dx^2}=\dfrac{d}{dx}\left(\dfrac{dy}{dx}\right)=\dfrac{\dfrac{d}{dt}\left(\dfrac{dy}{dx}\right)}{\dfrac{dx}{dt}}$

$=\dfrac{\cos t(1-\cos t)-\sin t\cdot\sin t}{(1-\cos t)^2}\cdot\dfrac{1}{1-\cos t}$

$=\dfrac{\cos t-1}{(1-\cos t)^2}\cdot\dfrac{1}{1-\cos t}=-\dfrac{\mathbf{1}}{\mathbf{(1-\cos}\boldsymbol{t}\mathbf{)^2}}$

◀ (分子)
$=\cos t-\cos^2 t-\sin^2 t$
$=\cos t-(\cos^2 t+\sin^2 t)$
$=\cos t-1$

問題 **75** $x>0$ で定義された微分可能な関数 $f(x)$ において，$f(xy)=f(x)+f(y)$ が正の実数 x，y に対して常に成り立ち，$f'(1)=1$ であるとき

(1) $f(1)$ を求めよ。　　(2) $f'(x)=\dfrac{1}{x}$ を示せ。

(1) $x=y=1$ とすると　$f(1\cdot1)=f(1)+f(1)$
よって　$f(1)=\mathbf{0}$

(2) $f'(x)=\lim\limits_{h\to0}\dfrac{f(x+h)-f(x)}{h}=\lim\limits_{h\to0}\dfrac{f\left(x\cdot\dfrac{x+h}{x}\right)-f(x)}{h}$

$=\lim\limits_{h\to0}\dfrac{f(x)+f\left(\dfrac{x+h}{x}\right)-f(x)}{h}=\lim\limits_{h\to0}\dfrac{f\left(1+\dfrac{h}{x}\right)}{h}$

$=\lim\limits_{\frac{h}{x}\to0}\dfrac{f\left(1+\dfrac{h}{x}\right)}{\dfrac{h}{x}}\cdot\dfrac{1}{x}$

$=\lim\limits_{\frac{h}{x}\to0}\dfrac{f\left(1+\dfrac{h}{x}\right)-f(1)}{\dfrac{h}{x}}\cdot\dfrac{1}{x}$

$=f'(1)\cdot\dfrac{1}{x}=\dfrac{1}{x}$

◀ $x+h=x\cdot\dfrac{x+h}{x}$

◀ $f\left(x\cdot\dfrac{x+h}{x}\right)$
$=f(x)+f\left(\dfrac{x+h}{x}\right)$

◀ $f(1)=0$ より
$\dfrac{f\left(1+\dfrac{h}{x}\right)}{\dfrac{h}{x}}$
$=\dfrac{f\left(1+\dfrac{h}{x}\right)-f(1)}{\dfrac{h}{x}}$

◀ 条件より　$f'(1)=1$

p.139 定期テスト攻略 ▶ 6

1 次の関数を微分せよ。

(1) $y=\dfrac{\cos x+\sin x}{1-\sin x}$

(2) $y=\log|\cos x|$

(3) $y=e^{-2x}\cos x$

(4) $y=\sqrt{\dfrac{x^2-1}{x+2}}$

(1) $y'=\dfrac{(\cos x+\sin x)'(1-\sin x)-(\cos x+\sin x)(1-\sin x)'}{(1-\sin x)^2}$

$=\dfrac{(-\sin x+\cos x)(1-\sin x)-(\cos x+\sin x)(-\cos x)}{(1-\sin x)^2}$

$$= \frac{\sin^2 x + \cos^2 x - \sin x + \cos x}{(1-\sin x)^2} = \mathbf{\frac{1-\sin x + \cos x}{(1-\sin x)^2}}$$

(2) $y' = \dfrac{(\cos x)'}{\cos x} = \dfrac{-\sin x}{\cos x} = \mathbf{-\tan x}$

(3) $y' = (e^{-2x})'\cos x + e^{-2x}(\cos x)'$

$= -2e^{-2x}\cos x + e^{-2x}(-\sin x)$

$= \mathbf{-e^{-2x}(2\cos x + \sin x)}$

◀積の微分法と合成関数の微分法を用いる。

(4) 両辺の絶対値の対数をとると

$$\log|y| = \log\left|\sqrt{\frac{x^2-1}{x+2}}\right| = \log\left(\frac{|x+1||x-1|}{|x+2|}\right)^{\frac{1}{2}}$$

$$= \frac{1}{2}\{\log|x+1| + \log|x-1| - \log|x+2|\}$$

◀ $\log\left|\sqrt{\dfrac{x^2-1}{x+2}}\right|$
$= \log\sqrt{\dfrac{|x+1||x-1|}{|x+2|}}$
$= \log\left(\dfrac{|x+1||x-1|}{|x+2|}\right)^{\frac{1}{2}}$

両辺を x で微分すると

$$\frac{y'}{y} = \frac{1}{2}\left(\frac{1}{x+1} + \frac{1}{x-1} - \frac{1}{x+2}\right)$$

$$= \frac{x^2+4x+1}{2(x+1)(x-1)(x+2)}$$

◀合成関数の微分法を用いる。特に，左辺に注意する。

$\dfrac{d}{dx}\log|y| = \dfrac{y'}{y}$

よって　$y' = \sqrt{\dfrac{(x+1)(x-1)}{x+2}} \cdot \dfrac{x^2+4x+1}{2(x+1)(x-1)(x+2)}$

$$= \mathbf{\frac{x^2+4x+1}{2(x+2)\sqrt{(x+1)(x-1)(x+2)}}}$$

2　次の極限値を求めよ。

(1) $\displaystyle\lim_{n\to\infty}\left(1+\frac{1}{n^2}\right)^{1+n^2}$

(2) $\displaystyle\lim_{x\to a}\frac{a^2\sin^2 x - x^2\sin^2 a}{x-a}$

(1) $\displaystyle\lim_{n\to\infty}\left(1+\frac{1}{n^2}\right)^{1+n^2} = \lim_{n\to\infty}\left(1+\frac{1}{n^2}\right)\cdot\left(1+\frac{1}{n^2}\right)^{n^2}$

$= 1\cdot e = \mathbf{e}$

◀指数法則 $a^m \cdot a^n = a^{m+n}$

(2) $f(x) = \sin^2 x$ とおくと，$f(x)$ は $x = a$ で微分可能であり

$$\lim_{x\to a}\frac{a^2\sin^2 x - x^2\sin^2 a}{x-a} = \lim_{x\to a}\frac{a^2 f(x) - x^2 f(a)}{x-a}$$

$$= \lim_{x\to a}\frac{a^2 f(x) - a^2 f(a) + a^2 f(a) - x^2 f(a)}{x-a}$$

$$= \lim_{x\to a}\left\{a^2\cdot\frac{f(x)-f(a)}{x-a} - \frac{x^2-a^2}{x-a}\cdot f(a)\right\}$$

$$= \lim_{x\to a}\left\{a^2\cdot\frac{f(x)-f(a)}{x-a} - (x+a)f(a)\right\}$$

$$= a^2 f'(a) - 2af(a)$$

$f'(x) = 2\sin x\cos x$ であるから

$$\lim_{x\to a}\frac{a^2\sin^2 x - x^2\sin^2 a}{x-a} = \mathbf{2a^2\sin a\cos a - 2a\sin^2 a}$$

3 関数 $y=e^{\frac{3}{2}x}(\sin 2x+\cos 2x)$ は，等式 $4y''-12y'+25y=0$ を満たすことを示せ。

$$\sin 2x+\cos 2x=\sqrt{2}\left(\sin 2x\cdot\frac{1}{\sqrt{2}}+\cos 2x\cdot\frac{1}{\sqrt{2}}\right)$$

$$=\sqrt{2}\sin\left(2x+\frac{\pi}{4}\right)$$

◀三角関数の合成

であるから　$y=\sqrt{2}e^{\frac{3}{2}x}\sin\left(2x+\frac{\pi}{4}\right)$

よって

$$y'=\sqrt{2}\left\{\frac{3}{2}e^{\frac{3}{2}x}\sin\left(2x+\frac{\pi}{4}\right)+2e^{\frac{3}{2}x}\cos\left(2x+\frac{\pi}{4}\right)\right\}$$

$$y''=\sqrt{2}\left\{\frac{9}{4}e^{\frac{3}{2}x}\sin\left(2x+\frac{\pi}{4}\right)+3e^{\frac{3}{2}x}\cos\left(2x+\frac{\pi}{4}\right)\right.$$

$$\left.+3e^{\frac{3}{2}x}\cos\left(2x+\frac{\pi}{4}\right)-4e^{\frac{3}{2}x}\sin\left(2x+\frac{\pi}{4}\right)\right\}$$

$$=\sqrt{2}\left\{-\frac{7}{4}e^{\frac{3}{2}x}\sin\left(2x+\frac{\pi}{4}\right)+6e^{\frac{3}{2}x}\cos\left(2x+\frac{\pi}{4}\right)\right\}$$

このとき

$4y''-12y'+25y$

$$=\sqrt{2}\left\{-7e^{\frac{3}{2}x}\sin\left(2x+\frac{\pi}{4}\right)+24e^{\frac{3}{2}x}\cos\left(2x+\frac{\pi}{4}\right)\right\}$$

$$-\sqrt{2}\left\{18e^{\frac{3}{2}x}\sin\left(2x+\frac{\pi}{4}\right)+24e^{\frac{3}{2}x}\cos\left(2x+\frac{\pi}{4}\right)\right\}$$

$$+25\sqrt{2}e^{\frac{3}{2}x}\sin\left(2x+\frac{\pi}{4}\right)$$

$$=\sqrt{2}\left\{(-7-18+25)e^{\frac{3}{2}x}\sin\left(2x+\frac{\pi}{4}\right)+(24-24)e^{\frac{3}{2}x}\cos\left(2x+\frac{\pi}{4}\right)\right\}$$

$=0$

したがって　$4y''-12y'+25y=0$

4 関数 $f(x)=xe^{-\frac{x}{2}}$ について

(1) $f'(x)$，$f''(x)$，$f'''(x)$ を求めよ。

(2) $f(x)$ の第 n 次導関数 $f^{(n)}(x)$ を求めよ。

(1) $f'(x)=e^{-\frac{x}{2}}-\frac{1}{2}xe^{-\frac{x}{2}}=\boldsymbol{-\frac{1}{2}(x-2)e^{-\frac{x}{2}}}$

$f''(x)=-\frac{1}{2}\left\{e^{-\frac{x}{2}}-\frac{1}{2}(x-2)e^{-\frac{x}{2}}\right\}=\boldsymbol{\frac{1}{4}(x-4)e^{-\frac{x}{2}}}$

$f'''(x)=\frac{1}{4}\left\{e^{-\frac{x}{2}}-\frac{1}{2}(x-4)e^{-\frac{x}{2}}\right\}=\boldsymbol{-\frac{1}{8}(x-6)e^{-\frac{x}{2}}}$

(2) (1) より　$f^{(n)}(x)=\left(-\frac{1}{2}\right)^n(x-2n)e^{-\frac{x}{2}}$　…①

と推定できる。① を数学的帰納法を用いて証明する。

[1] $n=1$ のとき，明らかに ① は成り立つ。

[2] $n=k$ のとき，① が成り立つと仮定すると

$$f^{(k)}(x) = \left(-\frac{1}{2}\right)^k (x-2k)e^{-\frac{x}{2}} \quad \cdots ②$$

② の両辺を x で微分すると

$$f^{(k+1)}(x) = \left(-\frac{1}{2}\right)^k \left\{(x-2k)e^{-\frac{x}{2}}\right\}'$$

$$= \left(-\frac{1}{2}\right)^k \left\{e^{-\frac{x}{2}} - \frac{1}{2}(x-2k)e^{-\frac{x}{2}}\right\}$$

$$= \left(-\frac{1}{2}\right)^k \cdot \left(-\frac{1}{2}\right)(x-2k-2)e^{-\frac{x}{2}}$$

$$= \left(-\frac{1}{2}\right)^{k+1} \{x-2(k+1)\}e^{-\frac{x}{2}}$$

よって，$n=k+1$ のときも ① は成り立つ。

[1]，[2] より，① はすべての自然数 n に対して成り立つ。

したがって　$\boldsymbol{f^{(n)}(x) = \left(-\frac{1}{2}\right)^n (x-2n)e^{-\frac{x}{2}}}$

3章 微分の応用

7 接線と法線，平均値の定理

p.143 Quick Check 7

① (1) $y' = \dfrac{2}{2\sqrt{2x}} = \dfrac{1}{\sqrt{2x}}$ より

$x = 2$ のとき　$y' = \dfrac{1}{2}$

よって，接線の傾きは $\dfrac{1}{2}$ であるから，

接線の方程式は

$y - 2 = \dfrac{1}{2}(x-2)$ より　$\boldsymbol{y = \dfrac{1}{2}x + 1}$

次に，法線の傾きは -2 であるから，
法線の方程式は
$y - 2 = -2(x-2)$ より　$\boldsymbol{y = -2x + 6}$

(2) $y' = -\dfrac{1}{(x+1)^2}$ より

$x = 0$ のとき　$y' = -1$
よって，接線の傾きは -1 であるから，
接線の方程式は
$y - 1 = -1\cdot(x-0)$ より　$\boldsymbol{y = -x + 1}$
次に，法線の傾きは 1 であるから，
法線の方程式は
$y - 1 = 1\cdot(x-0)$ より　$\boldsymbol{y = x + 1}$

(3) $y' = \cos x$ より

$x = \dfrac{\pi}{4}$ のとき　$y' = \cos\dfrac{\pi}{4} = \dfrac{1}{\sqrt{2}}$

よって，接線の傾きは $\dfrac{1}{\sqrt{2}}$ であるから，

接線の方程式は

$y - \dfrac{1}{\sqrt{2}} = \dfrac{1}{\sqrt{2}}\left(x - \dfrac{\pi}{4}\right)$ より

$$\boldsymbol{y = \frac{\sqrt{2}}{2}x + \frac{4\sqrt{2} - \sqrt{2}\pi}{8}}$$

次に，法線の傾きは $-\sqrt{2}$ であるから，
法線の方程式は

$y - \dfrac{1}{\sqrt{2}} = -\sqrt{2}\left(x - \dfrac{\pi}{4}\right)$ より

$$\boldsymbol{y = -\sqrt{2}x + \frac{2\sqrt{2} + \sqrt{2}\pi}{4}}$$

② (1) $f'(x) = 2x - 2$,
$f(3) = 3$，$f(1) = -1$ より

$$\frac{3-(-1)}{3-1} = 2c - 2$$

であるから　$2c - 2 = 2$
よって　$\boldsymbol{c = 2}$
これは $1 < c < 3$ を満たしている。

(2) $f'(x) = 3x^2$,
$f(2) = 8$，$f(-1) = -1$ より

$$\frac{8-(-1)}{2-(-1)} = 3c^2$$

であるから　$3c^2 = 3$
よって　$c^2 = 1$
$-1 < c < 2$ より　$\boldsymbol{c = 1}$

(3) $f'(x) = e^x$,
$f(1) = e$，$f(0) = 1$ より

$$\frac{e-1}{1-0} = e^c$$

であるから　$e^c = e - 1$
よって　$\boldsymbol{c = \log(e-1)}$
これは $\log 1 < \log(e-1) < \log e$ より，
$0 < c < 1$ を満たしている。

練習 76 次の曲線上の点Pにおける接線および法線の方程式を求めよ。

(1) $y=\dfrac{x}{2x+1}$, $\mathrm{P}\left(1,\ \dfrac{1}{3}\right)$　　(2) $y=\log x$, $\mathrm{P}(e,\ 1)$

(1) $y=\dfrac{x}{2x+1}$ を微分すると

$$y'=\frac{1\cdot(2x+1)-x\cdot 2}{(2x+1)^2}=\frac{1}{(2x+1)^2}$$

$x=1$ のとき　$y'=\dfrac{1}{9}$

よって，点 $\mathrm{P}\left(1,\ \dfrac{1}{3}\right)$ における接線の方程式は

$$y-\frac{1}{3}=\frac{1}{9}(x-1)\quad すなわち\quad \boldsymbol{y=\frac{1}{9}x+\frac{2}{9}}$$

また，法線の傾きは -9 であるから，点 $\mathrm{P}\left(1,\ \dfrac{1}{3}\right)$ における法線の方程式は

$$y-\frac{1}{3}=-9(x-1)\quad すなわち\quad \boldsymbol{y=-9x+\frac{28}{3}}$$

(2) $y=\log x$ を微分すると　$y'=\dfrac{1}{x}$

$x=e$ のとき　$y'=\dfrac{1}{e}$

よって，点 $\mathrm{P}(e,\ 1)$ における接線の方程式は

$$y-1=\frac{1}{e}(x-e)\quad すなわち\quad \boldsymbol{y=\frac{1}{e}x}$$

また，法線の傾きは $-e$ であるから，点 $\mathrm{P}(e,\ 1)$ における法線の方程式は

$$y-1=-e(x-e)\quad すなわち\quad \boldsymbol{y=-ex+e^2+1}$$

◀ $y'=\dfrac{1}{(2x+1)^2}$ より，$x=t$ のとき接線の傾きは $\dfrac{1}{(2t+1)^2}$

◀ 点 $(t,\ f(t))$ における接線の方程式は $y-f(t)=f'(t)(x-t)$
法線の方程式は $y-f(t)=-\dfrac{1}{f'(t)}(x-t)$

◀ $y'=\dfrac{1}{x}$ より，$x=t$ のとき接線の傾きは $\dfrac{1}{t}$

◀ この接線は原点を通る。

◀ $m\cdot\dfrac{1}{e}=-1$ より，法線の傾きは　$m=-e$

練習 77 次の曲線上の点Pにおける接線および法線の方程式を求めよ。

(1) $y^2=4x$, $\mathrm{P}(1,\ 2)$　　(2) $x^3+y^3=9$, $\mathrm{P}(1,\ 2)$

(1) 両辺を x で微分すると

$2yy'=4$　すなわち　$yy'=2$

$y=2$ を代入すると　$y'=1$

よって，点 $\mathrm{P}(1,\ 2)$ における接線の方程式は

$y-2=1\cdot(x-1)$　すなわち　$\boldsymbol{y=x+1}$

また，法線の傾きは -1 であるから，点 $\mathrm{P}(1,\ 2)$ における法線の方程式は

$y-2=-1\cdot(x-1)$　すなわち　$\boldsymbol{y=-x+3}$

(2) 両辺を x で微分すると

$3x^2+3y^2\cdot y'=0$

$x=1$, $y=2$ を代入すると　$y'=-\dfrac{1}{4}$

よって，点 $\mathrm{P}(1,\ 2)$ における接線の方程式は

◀ y は x の関数であるから陰関数の微分法を利用する。

◀ 点 $(t,\ f(t))$ における接線の方程式は $y-f(t)=f'(t)(x-t)$

◀ $m\cdot 1=-1$ より，法線の傾きは　$m=-1$

◀ $3+12y'=0$ より　$y'=-\dfrac{1}{4}$

$$y-2=-\frac{1}{4}(x-1)\quad \text{すなわち}\quad \boldsymbol{y=-\frac{1}{4}x+\frac{9}{4}}$$

また，法線の傾きは 4 であるから，点 P(1, 2) における法線の方程式は

$$y-2=4(x-1)\quad \text{すなわち}\quad \boldsymbol{y=4x-2}$$

◀ $m\cdot\left(-\frac{1}{4}\right)=-1$ より，法線の傾きは　$m=4$

チャレンジ〈3〉 (1) 放物線 $y^2=4px$，(3) 双曲線 $\frac{x^2}{a^2}-\frac{y^2}{b^2}=1$ について，上の公式を証明せよ。

(1)　$y^2=4px$ の両辺を x で微分すると

$$2yy'=4p\quad \text{すなわち}\quad yy'=2p$$

よって，$y_1 \neq 0$ のとき，点 $\mathrm{P}(x_1,\ y_1)$ における接線の傾きは $y'=\frac{2p}{y_1}$

◀ 接点の y 座標が 0 のとき，接線は x 軸に垂直な直線となるから　$y-y_1=m(x-x_1)$ の形で表すことができない。よって，$y_1=0$，$y_1 \neq 0$ の 2 つの場合に分けて考える。

であるから，接線の方程式は

$$y-y_1=\frac{2p}{y_1}(x-x_1)$$

よって　　$y_1y=2px-2px_1+y_1{}^2$　　…①

また，点 $\mathrm{P}(x_1,\ y_1)$ が放物線上にあるから

$$y_1{}^2=4px_1\quad \cdots②$$

② を ① に代入すると，点 P における接線の方程式は

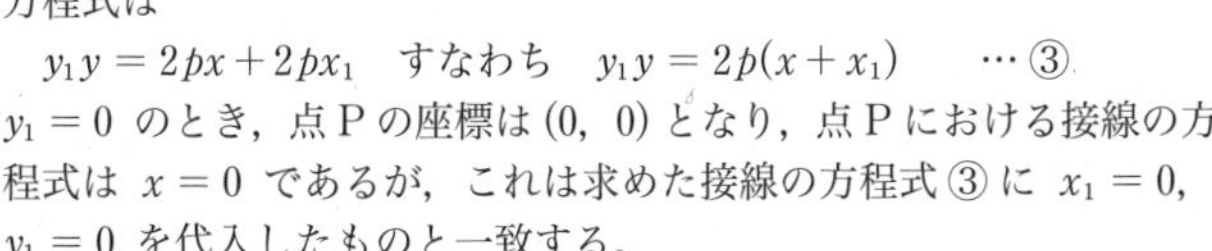

$$y_1y=2px+2px_1\quad \text{すなわち}\quad y_1y=2p(x+x_1)\quad \cdots③$$

$y_1=0$ のとき，点 P の座標は (0, 0) となり，点 P における接線の方程式は $x=0$ であるが，これは求めた接線の方程式 ③ に $x_1=0$，$y_1=0$ を代入したものと一致する。

したがって，いずれの場合でも ③ は接線の方程式であることが示された。

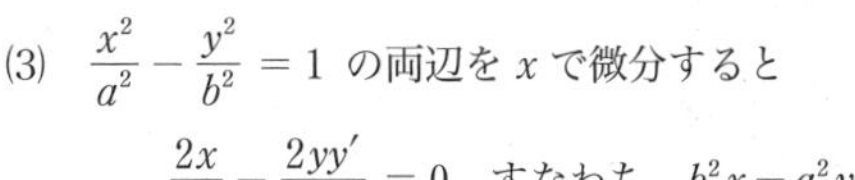

(3)　$\frac{x^2}{a^2}-\frac{y^2}{b^2}=1$ の両辺を x で微分すると

$$\frac{2x}{a^2}-\frac{2yy'}{b^2}=0\quad \text{すなわち}\quad b^2x-a^2yy'=0$$

よって，$y_1 \neq 0$ のとき，点 $\mathrm{P}(x_1,\ y_1)$ における接線の傾きは $y'=\frac{b^2x_1}{a^2y_1}$

よって，接線の方程式は

$$y-y_1=\frac{b^2x_1}{a^2y_1}(x-x_1)$$

よって　　$\frac{x_1x}{a^2}-\frac{y_1y}{b^2}=\frac{x_1{}^2}{a^2}-\frac{y_1{}^2}{b^2}$　　…①

◀ 両辺に $\frac{y_1}{b^2}$ を掛けて整理した。

また，点 $\mathrm{P}(x_1,\ y_1)$ が双曲線上にあるから

$$\frac{x_1{}^2}{a^2}-\frac{y_1{}^2}{b^2}=1\quad \cdots②$$

② を ① に代入すると，点 P における接線の方程式は

◀ ② より，① の右辺は 1 となる。

$$\frac{x_1x}{a^2}-\frac{y_1y}{b^2}=1\quad \cdots③$$

$y_1=0$ のとき，点 P の座標は $(\pm a,\ 0)$ となり，点 P における接線の方程式は $x=\pm a$ であるが，これらは求めた接線の方程式 ③ に $x_1=\pm a$，$y_1=0$ を代入したものと一致する。

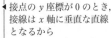

したがって，いずれの場合でも ③ は接線の方程式であることが示さ

れた。

練習 78 次の曲線上の点Pにおける接線の方程式を求めよ。

(1) $\begin{cases} x=\theta-\sin\theta \\ y=1-\cos\theta \end{cases}$, $\theta=\dfrac{3}{2}\pi$ に対応する点P　(2) $\begin{cases} x=t+\dfrac{1}{t} \\ y=t-\dfrac{1}{t} \end{cases}$, $\mathrm{P}\left(\dfrac{5}{2},\ \dfrac{3}{2}\right)$

(1) $\theta=\dfrac{3}{2}\pi$ のとき，点Pの座標は　$\left(\dfrac{3}{2}\pi+1,\ 1\right)$

$$\frac{dy}{dx}=\frac{\dfrac{dy}{d\theta}}{\dfrac{dx}{d\theta}}=\frac{\sin\theta}{1-\cos\theta}$$

$\theta=\dfrac{3}{2}\pi$ のとき　$\dfrac{dy}{dx}=-1$

よって，求める接線の方程式は

$y-1=-1\cdot\left\{x-\left(\dfrac{3}{2}\pi+1\right)\right\}$　すなわち　$\boldsymbol{y=-x+\dfrac{3}{2}\pi+2}$

(2) $x=t+\dfrac{1}{t}=\dfrac{5}{2}$, $y=t-\dfrac{1}{t}=\dfrac{3}{2}$ のとき　$t=2$

$$\frac{dy}{dx}=\frac{\dfrac{dy}{dt}}{\dfrac{dx}{dt}}=\frac{1+\dfrac{1}{t^2}}{1-\dfrac{1}{t^2}}=\frac{t^2+1}{t^2-1}$$

$t=2$ のとき　$\dfrac{dy}{dx}=\dfrac{5}{3}$

よって，求める接線の方程式は

$y-\dfrac{3}{2}=\dfrac{5}{3}\left(x-\dfrac{5}{2}\right)$　すなわち　$\boldsymbol{y=\dfrac{5}{3}x-\dfrac{8}{3}}$

◀ $x=\dfrac{3}{2}\pi-\sin\dfrac{3}{2}\pi$
$=\dfrac{3}{2}\pi+1$
$y=1-\cos\dfrac{3}{2}\pi=1$

◀ $\dfrac{dy}{dx}=\dfrac{-1}{1-0}=-1$

◀ 点 $\mathrm{P}\left(\dfrac{5}{2},\ \dfrac{3}{2}\right)$ に対応する t の値を求める。

◀ 分母・分子に t^2 を掛ける

◀ $\dfrac{dy}{dx}=\dfrac{2^2+1}{2^2-1}=\dfrac{5}{3}$

練習 79 曲線 $y=x\sqrt{x}$ 上の点Pにおける接線の傾きが3になるとき，Pの座標および接線の方程式を求めよ。

接点を $\mathrm{P}(t,\ t\sqrt{t})$ とおく。

$y=x\sqrt{x}$ を微分すると

$y'=\left(x^{\frac{3}{2}}\right)'=\dfrac{3}{2}x^{\frac{1}{2}}=\dfrac{3}{2}\sqrt{x}$

接線の傾きが3であるから　$\dfrac{3}{2}\sqrt{t}=3$

よって　$t=4$

このとき，$t\sqrt{t}=4\sqrt{4}=8$ より，

点Pの座標は　**(4, 8)**

よって，求める接線の方程式は

$y-8=3(x-4)$　すなわち　$\boldsymbol{y=3x-4}$

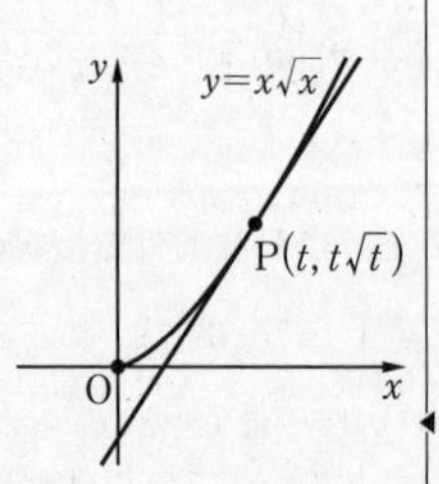

◀ 点 $(t,\ f(t))$ における接線の方程式は
$y-f(t)=f'(t)(x-t)$

練習 80 次の曲線に与えられた点から引いた接線の方程式と，そのときの接点の座標を求めよ。

(1) $y=\sqrt{x}$，(8, 3)　　(2) $y=e^x$，(2, 0)　　(3) $y=\dfrac{\log x}{x}$，(0, 0)

(1) 接点を $\mathrm{P}(t,\ \sqrt{t})$ $(t>0)$ とおく。

$y'=\dfrac{1}{2\sqrt{x}}$ より，接線の傾きは $\dfrac{1}{2\sqrt{t}}$

◀ $y=x^{\frac{1}{2}}$ より $y'=\dfrac{1}{2}x^{-\frac{1}{2}}$

よって，点Pにおける接線の方程式は

$$y-\sqrt{t}=\frac{1}{2\sqrt{t}}(x-t)$$

◀ $\dfrac{1}{2\sqrt{t}}\cdot t=\dfrac{\sqrt{t}}{2}$

すなわち　$y=\dfrac{1}{2\sqrt{t}}x+\dfrac{\sqrt{t}}{2}$　…①

直線①が点 (8, 3) を通るから　$3=\dfrac{1}{2\sqrt{t}}\cdot 8+\dfrac{\sqrt{t}}{2}$

$t-6\sqrt{t}+8=0$ より　$(\sqrt{t}-2)(\sqrt{t}-4)=0$

よって　$\sqrt{t}=2,\ 4$　すなわち　$t=4,\ 16$

ゆえに，求める接線の方程式は，①に代入すると

$t=4$ のとき　$\boldsymbol{y=\dfrac{1}{4}x+1}$

このときの接点の座標は　**(4, 2)**

◀ 接点の座標 $(t,\ \sqrt{t})$ に $t=4,\ 16$ を代入する。

$t=16$ のとき　$\boldsymbol{y=\dfrac{1}{8}x+2}$

このときの接点の座標は　**(16, 4)**

(2) 接点を $\mathrm{P}(t,\ e^t)$ とおく。

$y'=e^x$ より，接線の傾きは　e^t

よって，点Pにおける接線の方程式は

$y-e^t=e^t(x-t)$　すなわち　$y=e^tx+(1-t)e^t$　…①

直線①が点 (2, 0) を通るから　$0=(3-t)e^t$

$e^t>0$ より　$t=3$

よって，求める接線の方程式は，①に代入すると

$\boldsymbol{y=e^3x-2e^3}$

また，接点の座標は　$\boldsymbol{(3,\ e^3)}$

◀ 接点の座標 $(t,\ e^t)$ に $t=3$ を代入する。

(3) 接点を $\mathrm{P}\left(t,\ \dfrac{\log t}{t}\right)$ $(t>0)$ とおく。

◀ $y=\dfrac{\log x}{x}$ の定義域は $x>0$ である。

$$y'=\frac{\dfrac{1}{x}\cdot x-(\log x)\cdot 1}{x^2}=\frac{1-\log x}{x^2}$$

◀ 商の微分法を用いる。

よって，点Pにおける接線の方程式は　$y-\dfrac{\log t}{t}=\dfrac{1-\log t}{t^2}(x-t)$

すなわち　$y=\dfrac{1-\log t}{t^2}x+\dfrac{2\log t-1}{t}$　…①

直線①が点 (0, 0) を通るから　$\dfrac{2\log t-1}{t}=0$

$t>0$ より $\log t=\dfrac{1}{2}$ であるから　$t=e^{\frac{1}{2}}=\sqrt{e}$

3章 7 接線と法線，平均値の定理

よって，求める接線の方程式は，① に代入すると　$y=\dfrac{1}{2e}x$

また，接点の座標は　$\left(\sqrt{e},\ \dfrac{1}{2\sqrt{e}}\right)$

◀ 接線は原点を通ることより，$y=mx$ の形となる。

◀ 接点の座標 $\left(t,\ \dfrac{\log t}{t}\right)$ に $t=\sqrt{e}$ を代入する。

練習 81　(1)　曲線 $y^2=4x$ に点 $(3,\ 4)$ から引いた接線の方程式を求めよ。
(2)　曲線 $3x^2+y^2=1$ に点 $(2,\ 1)$ から引いた接線の方程式を求めよ。

(1)　接点を $\mathrm{P}(a,\ b)$ とおくと　$b^2=4a$　…①

この曲線の x 軸に垂直な接線が点 $(3,\ 4)$ を通ることはないから $b\fallingdotseq 0$ である。

$y^2=4x$ の両辺を x で微分すると

$2yy'=4$　すなわち　$yy'=2$

よって，点Pにおける接線の傾きは $y'=\dfrac{2}{b}$ であり，接線の方程式は

$$y-b=\frac{2}{b}(x-a)\quad \cdots②$$

直線 ② が点 $(3,\ 4)$ を通るから

$$4-b=\frac{2}{b}(3-a)\quad すなわち\quad 4b-b^2=6-2a\quad \cdots③$$

① より $2a=\dfrac{1}{2}b^2$ であるから，③ に代入して整理すると

$$b^2-8b+12=0$$
$$(b-2)(b-6)=0$$

よって　$b=2,\ 6$

$b=2$ のとき，① より　$a=1$

② より　$y-2=x-1$　すなわち　$y=x+1$

$b=6$ のとき，① より　$a=9$

② より　$y-6=\dfrac{1}{3}(x-9)$　すなわち　$y=\dfrac{1}{3}x+3$

したがって，求める接線の方程式は

$$\boldsymbol{y=x+1,\ y=\frac{1}{3}x+3}$$

◀ y を x の関数とみて両辺を x で微分する。$(y^2)'=2yy'$ であることに注意する。

◀ $y^2=4\cdot1\cdot x$ であるから，この放物線は下の図。

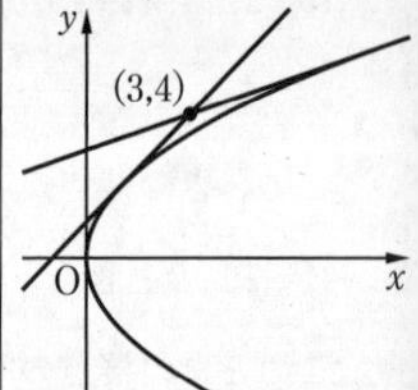

◀ 点 $(t,\ f(t))$ における接線の方程式は $y-f(t)=f'(t)(x-t)$

◀ 接点の座標は $(1,\ 2)$，$(9,\ 6)$ である。

◀ $a,\ b$ の値を ② に代入して整理する。

(2)　接点を $\mathrm{P}(a,\ b)$ とおくと　$3a^2+b^2=1$　…①

この曲線の x 軸に垂直な接線が点 $(2,\ 1)$ を通ることはないから $b\fallingdotseq 0$ である。

$3x^2+y^2=1$ の両辺を x で微分すると

$6x+2yy'=0$　すなわち　$3x+yy'=0$

よって，点Pにおける接線の傾きは $y'=-\dfrac{3a}{b}$ であり，接線の方程式は

$$y-b=-\frac{3a}{b}(x-a)\quad \cdots②$$

直線 ② が点 $(2,\ 1)$ を通るから

$$1-b=-\frac{3a}{b}(2-a)\quad すなわち\quad 6a+b=3a^2+b^2$$

◀ $(y^2)'=2yy'$ であることに注意する。

◀ $\dfrac{x^2}{\frac{1}{3}}+y^2=1$ であるから，この楕円は下の図。

① より $3a^2+b^2=1$ であるから
　　$6a+b=1$　すなわち　$b=-6a+1$　　…③

これを ① に代入すると

$$3a^2+(-6a+1)^2=1$$
$$39a^2-12a=0$$

$a(13a-4)=0$ より　　$a=0,\ \frac{4}{13}$

$a=0$ のとき，③ より　　$b=1$

② より　　$y=1$

$a=\frac{4}{13}$ のとき，③ より　　$b=-\frac{11}{13}$

② より　　$y=\frac{12}{11}x-\frac{13}{11}$

したがって，求める接線の方程式は

$$\boldsymbol{y=1,\ y=\frac{12}{11}x-\frac{13}{11}}$$

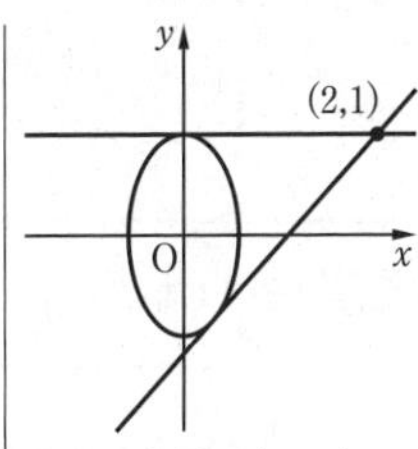

◀接点の座標は $(0,\ 1)$，$\left(\frac{4}{13},\ -\frac{11}{13}\right)$ である。

◀$a=\frac{4}{13}$，$b=-\frac{11}{13}$ を ② に代入すると

$$y+\frac{11}{13}=-\frac{3\cdot\frac{4}{13}}{-\frac{11}{13}}\left(x-\frac{4}{13}\right)$$
$$=\frac{12}{11}\left(x-\frac{4}{13}\right)$$

より

$$y=\frac{12}{11}x-\frac{169}{143}$$
$$=\frac{12}{11}x-\frac{13}{11}$$

練習 82　曲線 $C_1: y=2\cos x\ \left(0\leqq x\leqq\frac{\pi}{2}\right)$ と曲線 $C_2: y=\cos 2x+k\ \left(0\leqq x\leqq\frac{\pi}{2}\right)$ が共有点 P で共通の接線 l をもつ。ただし，k は定数であり，点 P の x 座標は正とする。k の値と接線 l の方程式を求めよ。　　(工学院大)

$f(x)=2\cos x$，$g(x)=\cos 2x+k$ とおくと
　　$f'(x)=-2\sin x$，$g'(x)=-2\sin 2x$

点 P の x 座標を $t\ (t>0)$ とおくと

$f(t)=g(t)$ より　　$2\cos t=\cos 2t+k$　　…①

$f'(t)=g'(t)$ より　　$-2\sin t=-2\sin 2t$　　…②

② より　　$\sin t=2\sin t\cos t$

$0<t\leqq\frac{\pi}{2}$ より $\sin t\neq 0$ であるから

$2\cos t=1$ より　　$\cos t=\frac{1}{2}$　　…③

① より　　$2\cos t=2\cos^2 t-1+k$

③ を代入すると　　$1=-\frac{1}{2}+k$

よって　　$\boldsymbol{k=\frac{3}{2}}$

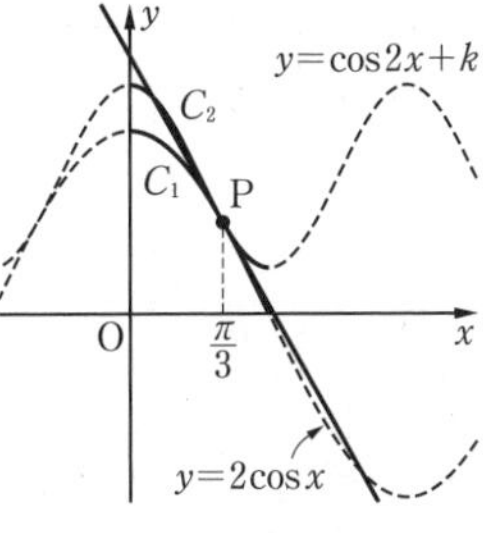

③ より $t=\frac{\pi}{3}$ であるから，点 P の座標は　$\left(\frac{\pi}{3},\ 1\right)$

$f'\left(\frac{\pi}{3}\right)=-2\sin\frac{\pi}{3}=-\sqrt{3}$ より，求める接線の方程式は

◀接点の y 座標が等しい。

◀共有点での接線の傾きが等しい。

◀2倍角の公式より
　$\sin 2t=2\sin t\cos t$

◀2倍角の公式より
　$\cos 2t=2\cos^2 t-1$

◀$t=\frac{\pi}{3}$ より，共有点 P の y 座標は
$f\left(\frac{\pi}{3}\right)=2\cos\frac{\pi}{3}=1$

$$y-1=-\sqrt{3}\left(x-\frac{\pi}{3}\right) \quad すなわち \quad \boldsymbol{y=-\sqrt{3}x+\frac{\sqrt{3}}{3}\pi+1}$$

練習 83 2曲線 $C_1: y=\dfrac{1}{x}$, $C_2: y=-\dfrac{x^2}{8}$ の両方に接する直線の方程式を求めよ。

$y=\dfrac{1}{x}$ を微分すると　　$y'=-\dfrac{1}{x^2}$

接点を $\mathrm{A}\left(a,\ \dfrac{1}{a}\right)$ $(a\neq 0)$ とおくと，曲線 C_1 の点Aにおける接線の傾きは $-\dfrac{1}{a^2}$ であるから，接線の方程式は

◀ $y'=-\dfrac{1}{x^2}$ より，$x=a$ のとき接線の傾きは $-\dfrac{1}{a^2}$

$$y-\frac{1}{a}=-\frac{1}{a^2}(x-a) \quad すなわち \quad y=-\frac{1}{a^2}x+\frac{2}{a} \quad \cdots ①$$

◀ 点 $(t,\ f(t))$ における接線の方程式は
$y-f(t)=f'(t)(x-t)$

次に，$y=-\dfrac{x^2}{8}$ を微分すると　　$y'=-\dfrac{x}{4}$

接点を $\mathrm{B}\left(b,\ -\dfrac{b^2}{8}\right)$ とおくと，曲線 C_2 の点Bにおける接線の傾きは $-\dfrac{b}{4}$ であるから，接線の方程式は

◀ $y'=-\dfrac{x}{4}$ より，$x=b$ のとき接線の傾きは $-\dfrac{b}{4}$

$$y-\left(-\frac{b^2}{8}\right)=-\frac{b}{4}(x-b) \quad すなわち \quad y=-\frac{b}{4}x+\frac{b^2}{8} \quad \cdots ②$$

C_1 上の点Aにおける接線と C_2 上の点Bにおける接線が一致することから，① と ② より

◀ 2直線 $y=mx+n$ と $y=m'x+n'$ が一致する
$\Longleftrightarrow m=m'$ かつ $n=n'$

$$-\frac{1}{a^2}=-\frac{b}{4} \cdots ③ \quad かつ \quad \frac{2}{a}=\frac{b^2}{8} \cdots ④$$

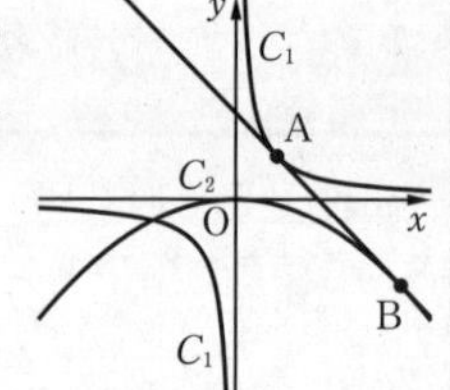

③ より $b=\dfrac{4}{a^2}$ であるから，

④ に代入して整理すると　$a^4=a$

$a\neq 0$ より　　$a^3-1=0$

$$(a-1)(a^2+a+1)=0$$

a は実数より　　$a=1$

◀ 接点Aの座標は $(1,\ 1)$ である。

よって，① より求める直線の方程式は　　$\boldsymbol{y=-x+2}$

練習 84 $y=\log x$ と $y=-x^2+kx$ のグラフが交わり，この点における接線が直交するとき，定数 k の値を求めよ。また，このときの共有点の座標を求めよ。

$f(x)=\log x$, $g(x)=-x^2+kx$ とおくと

$$f'(x)=\frac{1}{x}, \quad g'(x)=-2x+k$$

◀ それぞれの関数を微分する。

2曲線の共有点の x 座標を t $(t>0)$ とすると

$f(t)=g(t)$ より　$\log t=-t^2+kt$　$\cdots ①$

◀ 2曲線は $x=t$ の点で交わる
$\Longleftrightarrow f(t)=g(t)$

また，この点において接線が直交するから

$f'(t)g'(t)=-1$ より

$$\frac{1}{t}(-2t+k)=-1 \quad \cdots ②$$

◀ 2曲線の $x=t$ における接線が直交する
$\Longleftrightarrow f'(t)g'(t)=-1$

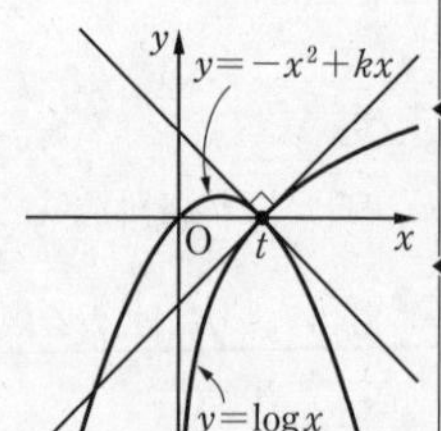

② より　　$2t-k=t$　すなわち　$k=t$

①に代入すると，$\log t=0$ より　　$t=1$

ゆえに　　$\boldsymbol{k=1}$

$f(1)=0$ より，求める共有点の座標は　　$\mathbf{(1,\ 0)}$

◀ $f(1)=g(1)=0$ である。

練習 85 関数 $f(x)=x^3-4x$ について，$a=-\sqrt{3}$，$b=\sqrt{3}$ とするとき，区間 $[a,\ b]$ において $\dfrac{f(b)-f(a)}{b-a}=f'(c)$，$a<c<b$ を満たす c の値を求めよ。

関数 $f(x)=x^3-4x$ は，区間 $[a,\ b]$ で連続，区間 $(a,\ b)$ で微分可能であるから，平均値の定理により

◀ $f(x)$ は実数全体で微分可能である。

$$\frac{f(b)-f(a)}{b-a}=f'(c),\ a<c<b \quad \cdots①$$

を満たす実数 c が存在する。

ここで，$f'(x)=3x^2-4$ であるから　　$f'(c)=3c^2-4$

$a=-\sqrt{3}$，$b=\sqrt{3}$ より

$$f(b)=f(\sqrt{3})=(\sqrt{3})^3-4\sqrt{3}=-\sqrt{3}$$

$$f(a)=f(-\sqrt{3})=(-\sqrt{3})^3-4\cdot(-\sqrt{3})$$
$$=-3\sqrt{3}+4\sqrt{3}=\sqrt{3}$$

よって　　$f(b)-f(a)=-2\sqrt{3}$

$b-a=2\sqrt{3}$ であるから，① より

$$\frac{-2\sqrt{3}}{2\sqrt{3}}=3c^2-4,\ -\sqrt{3}<c<\sqrt{3}$$

◀ $\dfrac{f(b)-f(a)}{b-a}=f'(c)$，$a<c<b$ に代入する。

したがって　　$\boldsymbol{c=\pm 1}$

練習 86 関数 $f(x)=x^3$ において，$f(a+h)=f(a)+hf'(a+\theta h)$，$0<\theta<1$ を満たす θ について，$\lim_{h\to 0}\theta$ を求めよ。ただし，$a\neq 0$，$h>0$ とする。

関数 $f(x)=x^3$ は，区間 $[a,\ a+h]$ で連続，区間 $(a,\ a+h)$ で微分可能で，$f'(x)=3x^2$ であるから，平均値の定理により

◀ $f(x)$ の定義域は実数全体である。

$$(a+h)^3=a^3+h\cdot 3(a+\theta h)^2,\ 0<\theta<1$$

を満たす実数 θ が存在する。

◀ 平均値の定理 $f(a+h)=f(a)+hf'(a+\theta h)$ に代入する。$f'(x)=3x^2$ より $f'(a+\theta h)=3(a+\theta h)^2$ である。

$(a+h)^3-a^3=3h(a+\theta h)^2$ より

$$a^3+3a^2h+3ah^2+h^3-a^3=3h(a^2+2a\theta h+\theta^2h^2)$$
$$h^2(3a+h)=3h^2(2a\theta+\theta^2h)$$

$h>0$ であるから　　$3a+h=3(2a\theta+\theta^2h)$　　$\cdots①$

ここで，① の左辺について　　$\lim_{h\to 0}(3a+h)=3a$

◀ $a>0$ とは限らないから，θ について解かずに極限値を考えると，計算が簡単になる。

また，① の右辺について，$0<\theta<1$ より $0<\theta^2<1$ であるから

$$\lim_{h\to 0}3(2a\theta+\theta^2h)=\lim_{h\to 0}6a\theta=6a\lim_{h\to 0}\theta$$

よって，$3a=6a\lim_{h\to 0}\theta$ が成り立ち，$a\neq 0$ より　　$\displaystyle\lim_{h\to 0}\theta=\frac{1}{2}$

練習 87 平均値の定理を用いて，次の不等式を証明せよ。

(1) $0<a<b$ のとき　$1-\dfrac{a}{b}<\log\dfrac{b}{a}<\dfrac{b}{a}-1$

(2) $a>0$ のとき　$a<e^a-1<ae^a$

(1) $f(x)=\log x$ とおくと，$f(x)$ は $x>0$ で連続かつ微分可能であるから，$0<a<b$ のとき，区間 $[a,\ b]$ で連続，区間 $(a,\ b)$ で微分可能である。

$f'(x)=\dfrac{1}{x}$ であるから，平均値の定理により

$$\frac{\log b-\log a}{b-a}=\frac{1}{c},\quad a<c<b$$

を満たす実数 c が存在する。

ここで，$0<a<c<b$ であるから　$\dfrac{1}{b}<\dfrac{1}{c}<\dfrac{1}{a}$

ゆえに　$\dfrac{1}{b}<\dfrac{\log b-\log a}{b-a}<\dfrac{1}{a}$

$b-a>0$ より　$\dfrac{b-a}{b}<\log b-\log a<\dfrac{b-a}{a}$

したがって，$0<a<b$ のとき

$$1-\frac{a}{b}<\log\frac{b}{a}<\frac{b}{a}-1$$

◀与えられた不等式は $\dfrac{b-a}{b}<\log b-\log a<\dfrac{b-a}{a}$ と同値である。

◀この等式の左辺は，関数 $f(x)=\log x$ の $a\leqq x\leqq b$ における平均変化率を表している。

◀辺々に $b-a\ (>0)$ を掛ける。

◀$\log b-\log a=\log\dfrac{b}{a}$

(2) $f(x)=e^x$ とおくと，$f(x)$ は連続かつ微分可能であるから，$a>0$ のとき，区間 $[0,\ a]$ で連続，$(0,\ a)$ で微分可能である。

$f'(x)=e^x$ であるから，平均値の定理により

$$\frac{e^a-e^0}{a-0}=e^c\ \cdots①,\qquad 0<c<a\ \cdots②$$

を満たす実数 c が存在する。

ここで，$y=f(x)$ は区間 $(0,\ a)$ で増加するから，② より

$$e^0<e^c<e^a$$

すなわち　$1<e^c<e^a$　$\cdots③$

① を ③ に代入すると　$1<\dfrac{e^a-1}{a}<e^a$

$a>0$ より　$a<e^a-1<ae^a$

◀$f(x)=e^x$ は増加関数であるから $x_1<x_2 \Longrightarrow f(x_1)<f(x_2)$

練習 88 平均値の定理を用いて，$\displaystyle\lim_{x\to 0}\frac{\cos x-\cos x^2}{x-x^2}$ を求めよ。

関数 $f(x)=\cos x$ はすべての実数 x について連続かつ微分可能であり

$$f'(x)=-\sin x$$

(ア) $x<0$ のとき，$x<x^2$ であるから，区間 $[x,\ x^2]$ において，平均値の定理により

$$\frac{\cos x^2-\cos x}{x^2-x}=-\sin c_1,\qquad x<c_1<x^2$$

を満たす実数 c_1 が存在する。

$x\to -0$ のとき $x^2\to 0$ より，$c_1\to 0$ であるから

◀$\cos x^2$ は $\cos(x^2)$ のことである。$(\cos x)^2=\cos^2 x$ とは異なることに注意する。

◀$x\to +0$ のときと，$x\to -0$ のときで，x と x^2 の大小が異なることに注意して場合分けする。

◀はさみうちの原理を用いる。

$$\lim_{x\to -0}\frac{\cos x-\cos x^2}{x-x^2}=\lim_{x\to -0}\frac{\cos x^2-\cos x}{x^2-x}$$
$$=\lim_{c_1\to 0}(-\sin c_1)$$
$$=-\sin 0=0$$

(イ) $x>0$ のとき，$0<x<1$ とすると　$x^2<x$

区間 $[x^2,\ x]$ において，平均値の定理により

$$\frac{\cos x-\cos x^2}{x-x^2}=-\sin c_2,\quad x^2<c_2<x$$

を満たす実数 c_2 が存在する。

$x\to +0$ のとき $x^2\to 0$ より，$c_2\to 0$ であるから

$$\lim_{x\to +0}\frac{\cos x-\cos x^2}{x-x^2}=\lim_{c_2\to 0}(-\sin c_2)$$
$$=-\sin 0=0$$

(ア)，(イ) より，$\displaystyle\lim_{x\to +0}\frac{\cos x-\cos x^2}{x-x^2}=\lim_{x\to -0}\frac{\cos x-\cos x^2}{x-x^2}$

したがって　$\displaystyle\lim_{x\to 0}\frac{\cos x-\cos x^2}{x-x^2}=\mathbf{0}$

◀ $x\to +0$ を考えるから $0<x<1$ としてもよい。

◀ はさみうちの原理を用いる。

◀ (左側からの極限) ＝(右側からの極限) であるから，極限値が存在する。

3章 7 接線と法線，平均値の定理

Plus One

練習 88 の解答では，x と x^2 の大小に注意して，(ア) $x<0$ のとき，(イ) $x>0$ のとき，に場合分けしたが，$\dfrac{\cos x-\cos x^2}{x-x^2}=\dfrac{\cos x^2-\cos x}{x^2-x}$ であり，$x\to 0$ のとき，区間の両端 x と x^2 はともに 0 に近づくから，2 つの場合をまとめて次のように解答してもよい。

〔解答 3 行目以降〕

$x\neq 0$ のとき，平均値の定理により，$\dfrac{\cos x-\cos x^2}{x-x^2}=-\sin c$ を満たす実数 c が，x と x^2 の間に存在する。

$x\to 0$ のとき $x^2\to 0$ より，$c\to 0$ であるから

$$\lim_{x\to 0}\frac{\cos x-\cos x^2}{x-x^2}=\lim_{c\to 0}(-\sin c)=-\sin 0=0$$

p.160 問題編 7　接線と法線，平均値の定理

問題 76 次の曲線上の点 P における接線および法線の方程式を求めよ。

(1) $y=\sqrt{1-2x}$，$\mathrm{P}(-4,\ 3)$　　(2) $y=\tan^2 x$，$\mathrm{P}\left(\dfrac{\pi}{3},\ 3\right)$

(1) $y=\sqrt{1-2x}$ を微分すると

$$y'=\frac{1}{2}\frac{(1-2x)'}{\sqrt{1-2x}}=-\frac{1}{\sqrt{1-2x}}$$

$x=-4$ のとき　$y'=-\dfrac{1}{3}$

よって，点 $\mathrm{P}(-4,\ 3)$ における接線の方程式は

$$y-3=-\frac{1}{3}(x+4)\quad すなわち\quad \boldsymbol{y=-\frac{1}{3}x+\frac{5}{3}}$$

◀ $y=(1-2x)^{\frac{1}{2}}$ より
$y'=\dfrac{1}{2}(1-2x)^{-\frac{1}{2}}\cdot(1-2x)'$
$=-\dfrac{1}{\sqrt{1-2x}}$

◀ 点 $(t,\ f(t))$ における接線の方程式は
$y-f(t)=f'(t)(x-t)$

また，法線の傾きは3であるから，点P$(-4,\ 3)$における法線の方程式は

$$y-3=3(x+4) \quad すなわち \quad \boldsymbol{y=3x+15}$$

◀ $m\cdot\left(-\dfrac{1}{3}\right)=-1$ より，法線の傾きは $m=3$

(2) $y=\tan^2 x$ を微分すると $y'=2\tan x\cdot(\tan x)'=2\tan x\cdot\dfrac{1}{\cos^2 x}$

$x=\dfrac{\pi}{3}$ のとき $y'=8\sqrt{3}$

◀ $x=\dfrac{\pi}{3}$ のとき

$y'=2\tan\dfrac{\pi}{3}\cdot\dfrac{1}{\cos^2\dfrac{\pi}{3}}$

$=2\cdot\sqrt{3}\cdot\dfrac{1}{\left(\dfrac{1}{2}\right)^2}$

$=8\sqrt{3}$

よって，点P$\left(\dfrac{\pi}{3},\ 3\right)$における接線の方程式は

$$y-3=8\sqrt{3}\left(x-\frac{\pi}{3}\right) \quad すなわち \quad \boldsymbol{y=8\sqrt{3}\,x-\frac{8\sqrt{3}}{3}\pi+3}$$

また，法線の傾きは $-\dfrac{1}{8\sqrt{3}}$ であるから，点P$\left(\dfrac{\pi}{3},\ 3\right)$における法線の方程式は

$$y-3=-\frac{1}{8\sqrt{3}}\left(x-\frac{\pi}{3}\right) \quad すなわち \quad \boldsymbol{y=-\frac{\sqrt{3}}{24}x+\frac{\sqrt{3}}{72}\pi+3}$$

問題 77 曲線 $\sqrt{x}+\sqrt{y}=\sqrt{a}$ $(a>0)$ 上の端点ではない点における接線が，x軸，y軸と交わる点をそれぞれA，Bとする。原点をOとするとき，OA＋OBは一定であることを示せ。

曲線上の点Pのx座標をt $(0<t<a)$とすると，$\sqrt{t}+\sqrt{y}=\sqrt{a}$ より

$$\sqrt{y}=\sqrt{a}-\sqrt{t}$$

よって　$y=\left(\sqrt{a}-\sqrt{t}\right)^2$

ゆえに　P$\left(t,\ \left(\sqrt{a}-\sqrt{t}\right)^2\right)$

また，$\sqrt{x}+\sqrt{y}=\sqrt{a}$ より　$x^{\frac{1}{2}}+y^{\frac{1}{2}}=a^{\frac{1}{2}}$

与式の両辺をxで微分すると

$\dfrac{1}{2}x^{-\frac{1}{2}}+\dfrac{1}{2}y^{-\frac{1}{2}}\cdot y'=0$ より　$\dfrac{1}{\sqrt{x}}+\dfrac{y'}{\sqrt{y}}=0$

$x=t$，$y=\left(\sqrt{a}-\sqrt{t}\right)^2$ を代入すると　$y'=-\dfrac{\sqrt{a}-\sqrt{t}}{\sqrt{t}}$

◀ $\dfrac{1}{\sqrt{t}}+\dfrac{y'}{\sqrt{a}-\sqrt{t}}=0$ より $y'=-\dfrac{\sqrt{a}-\sqrt{t}}{\sqrt{t}}$

よって，点Pにおける接線の方程式は

$$y-\left(\sqrt{a}-\sqrt{t}\right)^2=-\frac{\sqrt{a}-\sqrt{t}}{\sqrt{t}}(x-t)$$

すなわち　$y=-\dfrac{\sqrt{a}-\sqrt{t}}{\sqrt{t}}x+a-\sqrt{at}$　…①

①に $y=0$ を代入すると　$x=\sqrt{at}$

よって，点Aの座標は　A$\left(\sqrt{at},\ 0\right)$

①に $x=0$ を代入すると　$y=a-\sqrt{at}$

よって，点Bの座標は　B$\left(0,\ a-\sqrt{at}\right)$

したがって

$$\mathrm{OA}+\mathrm{OB}=\sqrt{at}+a-\sqrt{at}=a$$

aは定数であるから，OA＋OBは一定である。

◀ OA＋OBはtの値にかかわらず一定である。

問題 **78** 曲線 $x=a\cos^3 3\theta$, $y=a\sin^3 3\theta$ $\left(a>0,\ 0\leqq\theta\leqq\dfrac{\pi}{2}\right)$ 上の端点ではない点Pにおける接線とx軸，y軸との交点をそれぞれA，Bとするとき，線分ABの長さは点Pの位置によらず一定であることを示せ。

$\theta=\beta$ に対応する曲線上の点をPとすると　P$(a\cos^3 3\beta,\ a\sin^3 3\beta)$

ここで

$$\frac{dy}{dx}=\frac{\dfrac{dy}{d\theta}}{\dfrac{dx}{d\theta}}=\frac{3a\sin^2 3\theta\cdot 3\cos 3\theta}{3a\cos^2 3\theta\cdot(-3\sin 3\theta)}=-\frac{\sin 3\theta}{\cos 3\theta}=-\tan 3\theta$$

◀ $\theta=\beta$ のとき $\dfrac{dy}{dx}=-\tan 3\beta$ より，点Pにおける接線の傾きは　$-\tan 3\beta$

よって，点Pにおける接線の方程式は

$$y-a\sin^3 3\beta=-\tan 3\beta(x-a\cos^3 3\beta)$$

すなわち　$y=-\tan 3\beta\cdot x+a\sin 3\beta$　…①

①に $y=0$ を代入すると　$x=a\cos 3\beta$

◀ $\tan 3\beta\cdot x=a\sin 3\beta$ より
$x=a\sin 3\beta\cdot\dfrac{1}{\tan 3\beta}$
$=a\sin 3\beta\cdot\dfrac{\cos 3\beta}{\sin 3\beta}$
$=a\cos 3\beta$

よって，点Aの座標は　A$(a\cos 3\beta,\ 0)$

①に $x=0$ を代入すると　$y=a\sin 3\beta$

よって，点Bの座標は　B$(0,\ a\sin 3\beta)$

したがって，線分ABの長さは

$$\mathrm{AB}=\sqrt{(0-a\cos 3\beta)^2+(a\sin 3\beta-0)^2}$$
$$=\sqrt{a^2\cos^2 3\beta+a^2\sin^2 3\beta}=\sqrt{a^2}=a$$

a は定数であるから，線分ABの長さは点Pの位置によらず一定である。

問題 **79** 直線 $y=\dfrac{1}{2}x+a$ が曲線 $y=\log x$ に接するように定数 a の値を定め，そのときの接点の座標を求めよ。

接点の x 座標を t $(t>0)$ とおくと，この点における y 座標は等しいから

◀ 真数条件より $x>0$ であるから，接点の x 座標も正であることに注意する。

$$\frac{1}{2}t+a=\log t\quad\cdots①$$

また，$y=\log x$ を微分すると

$y'=\dfrac{1}{x}$ であるから，接線の傾きは $\dfrac{1}{t}$

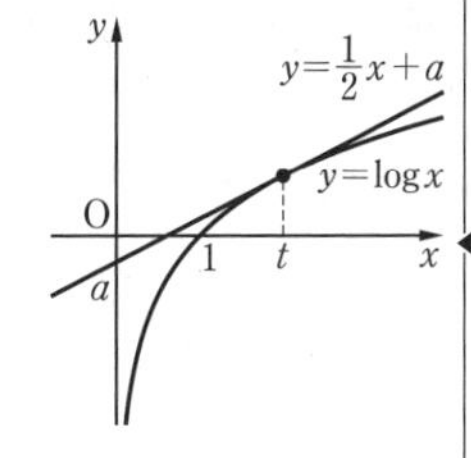

これが $\dfrac{1}{2}$ となることから　$\dfrac{1}{t}=\dfrac{1}{2}$

◀ 点 $(t,\ f(t))$ における接線の方程式は
$y-f(t)=f'(t)(x-t)$

よって　$t=2$

①に代入すると　$\dfrac{1}{2}\cdot 2+a=\log 2$

ゆえに　$\boldsymbol{a=\log 2-1}$

このとき，接点の座標は　**$(2,\ \log 2)$**

問題 **80** 曲線 $y=x\cos x$ の接線で，原点を通るものをすべて求めよ。　（東京都市大）

接点をP$(t,\ t\cos t)$ とおく。

$y'=\cos x-x\sin x$ より，接線の方程式は

$$y-t\cos t=(\cos t-t\sin t)(x-t)\quad\cdots①$$

◀ 積の微分法
$\{f(x)g(x)\}'$
$=f'(x)g(x)+f(x)g'(x)$
を用いる。

3章 7 接線と法線，平均値の定理

直線 ① が原点を通るから

$$-t\cos t = -t\cos t + t^2\sin t$$

よって　$t^2\sin t = 0$

ゆえに　$t = n\pi$ （n は整数）

このとき　$\cos t = \cos n\pi = (-1)^n$

$\sin t = \sin n\pi = 0$

① に代入すると　$y - n\pi(-1)^n = (-1)^n(x - n\pi)$

整理して　$y = (-1)^n x$

したがって，求める接線の方程式は

$$\boldsymbol{y = x,\ y = -x}$$

◀点 $(t,\ f(t))$ における接線の方程式は $y - f(t) = f'(t)(x - t)$

◀$t^2\sin t = 0$ の解は $t = 0$ または $\sin t = 0$ より，$t = n\pi$ （n は整数）と表される。

◀n は整数であるから，$(-1)^n$ は 1 または -1

問題 81　曲線 $x^2 - y^2 = 1$ に点 $(0,\ 1)$ から引いた接線の方程式を求めよ。

接点を $\mathrm{P}(a,\ b)$ とおくと　$a^2 - b^2 = 1$　…①

この曲線の x 軸に垂直な接線が点 $(0,\ 1)$ を通ることはないから $b \neq 0$ である。

$x^2 - y^2 = 1$ の両辺を x で微分すると

$$2x - 2yy' = 0 \quad すなわち \quad x - yy' = 0$$

よって，点 P における接線の傾きは $y' = \dfrac{a}{b}$ であり，接線の方程式は

$$y - b = \frac{a}{b}(x - a) \quad \cdots ②$$

直線 ② が点 $(0,\ 1)$ を通るから

$$1 - b = \frac{a}{b}(0 - a) \quad すなわち \quad a^2 - b^2 = -b$$

① より $a^2 - b^2 = 1$ であるから　$-b = 1$

よって　$b = -1$

このとき，① は $a^2 - 1 = 1$ より　$a^2 = 2$

ゆえに　$a = \pm\sqrt{2}$

したがって，求める接線の方程式は

接点が $(\sqrt{2},\ -1)$ のとき

$$y + 1 = \frac{\sqrt{2}}{-1}(x - \sqrt{2}) \quad すなわち \quad y = -\sqrt{2}x + 1$$

接点が $(-\sqrt{2},\ -1)$ のとき

$$y + 1 = \frac{-\sqrt{2}}{-1}(x + \sqrt{2}) \quad すなわち \quad y = \sqrt{2}x + 1$$

したがって，求める接線の方程式は

$$\boldsymbol{y = -\sqrt{2}x + 1,\ y = \sqrt{2}x + 1}$$

◀y を x の関数とみて両辺を x で微分する。$(y^2)' = 2yy'$ であることに注意する。

◀$x^2 - y^2 = 1$ は下の図のような双曲線を表す。

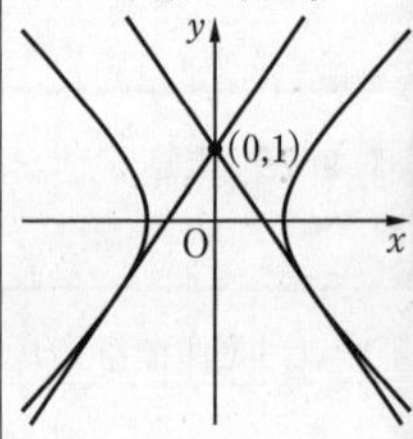

◀$a = \sqrt{2},\ b = -1$ を ② に代入して整理する。

◀$a = -\sqrt{2},\ b = -1$ を ② に代入して整理する。

問題 82　2 つの曲線 $y = e^{\frac{x}{3}}$ と $y = a\sqrt{2x - 2} + b$ は，x 座標が 3 である点 P において共通な接線をもっている。このとき，定数 $a,\ b$ の値を定め，接線の方程式を求めよ。

$f(x) = e^{\frac{x}{3}}$，$g(x) = a\sqrt{2x - 2} + b$ とおくと

$$f'(x) = \frac{1}{3}e^{\frac{x}{3}}, \quad g'(x) = \frac{a}{\sqrt{2x - 2}}$$

2つの曲線は，x 座標が3である点Pにおいて共通な接線をもつから，

$f(3)=g(3)$ より　　$e=2a+b$　　…①

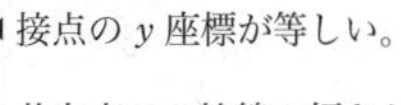

◀接点の y 座標が等しい。

$f'(3)=g'(3)$ より　　$\dfrac{1}{3}e=\dfrac{1}{2}a$　　…②

◀共有点での接線の傾きが等しい。

②より　　$\boldsymbol{a=\dfrac{2}{3}e}$

①に代入すると　　$\boldsymbol{b=-\dfrac{1}{3}e}$

◀$e=\dfrac{4}{3}e+b$

$f(x)=e^{\frac{x}{3}}$ より，接点の座標は　　$(3,\ e)$

◀$f(3)=e^{\frac{3}{3}}=e^1=e$

$f'(3)=\dfrac{1}{3}e$ より，求める接線の方程式は

$$y-e=\frac{1}{3}e(x-3)\quad すなわち\quad \boldsymbol{y=\frac{1}{3}ex}$$

問題 83　2曲線 $C_1: y=-e^{-x}$，$C_2: y=e^{ax}$ $(a>0)$ の両方に接する直線を l とする。l と C_1 の接点の x 座標を求めよ。

$y=-e^{-x}$ を微分すると　　$y'=e^{-x}$

曲線 C_1 の $x=s$ の点における接線の方程式は

$$y+e^{-s}=e^{-s}(x-s)$$

◀$y'=e^{-x}$ より，$x=s$ のとき接線の傾きは e^{-s}

すなわち　　$y=e^{-s}x-(s+1)e^{-s}$　　…①

$y=e^{ax}$ を微分すると　　$y'=ae^{ax}$

曲線 C_2 の $x=t$ の点における接線の方程式は

$$y-e^{at}=ae^{at}(x-t)$$

すなわち　　$y=ae^{at}x-(at-1)e^{at}$　　…②

◀$y'=ae^{ax}$ より，$x=t$ のとき接線の傾きは ae^{at}

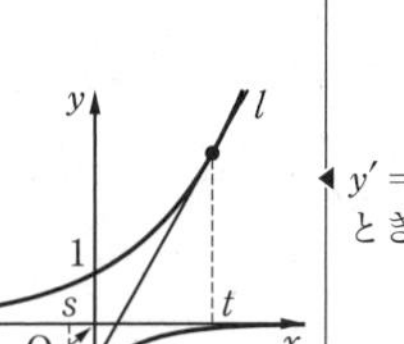

2直線①，②が一致する条件は

$$\begin{cases} e^{-s}=ae^{at} & \cdots ③ \\ (s+1)e^{-s}=(at-1)e^{at} & \cdots ④ \end{cases}$$

$a>0$ と③より　　$e^{at}=\dfrac{1}{a}e^{-s}$

③の両辺は正であるから，両辺の自然対数をとると　$-s=\log a+at$

◀$\log e^{-s}=\log ae^{at}$ より
$-s=\log a+\log e^{at}$
$=\log a+at$

すなわち　　$at=-s-\log a$

これらを④に代入すると　　$(s+1)e^{-s}=(-s-\log a-1)\cdot\dfrac{1}{a}e^{-s}$

◀両辺を $e^{-s}(>0)$ で割ると
$s+1=(-s-\log a-1)\cdot\dfrac{1}{a}$
$a(s+1)=-s-\log a-1$
$(a+1)s=-\log a-a-1$

l と C_1 の接点の x 座標は s であるから，これを s について解くと

$$s=-\boldsymbol{\frac{\log a+a+1}{a+1}}$$

問題 84　$y=e^x$ と $y=\sqrt{a^2-x^2}$ $(a>0)$ のグラフが交わり，この点における接線が直交するとき，定数 a の値を求めよ。

$f(x)=e^x$，$g(x)=\sqrt{a^2-x^2}$ とおくと

$$f'(x)=e^x,\quad g'(x)=\frac{-x}{\sqrt{a^2-x^2}}$$

2 曲線の共有点の x 座標を $t\ (-a<t<a)$ とすると

$f(t)=g(t)$ より　　$e^t=\sqrt{a^2-t^2}$　　$\cdots$ ①

また，この点において接線が直交するから

$f'(t)\cdot g'(t)=-1$ より

$$\frac{-te^t}{\sqrt{a^2-t^2}}=-1 \quad \cdots ②$$

① を ② に代入すると

$-t=-1$ より　　$t=1$

① に代入すると　　$e=\sqrt{a^2-1}$

両辺を 2 乗して整理すると

$$a^2=e^2+1$$

$a>0$ であるから　　$\boldsymbol{a=\sqrt{e^2+1}}$

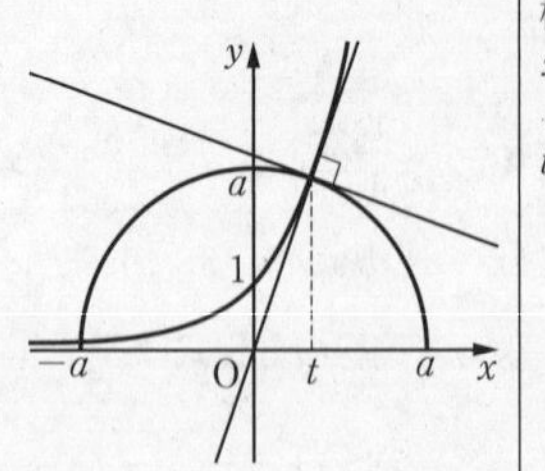

◀ $g(x)$ の定義域は
$a^2-x^2\geqq 0$ より
$-a\leqq x\leqq a$
また，$f(x)=e^x>0$ であるから，共有点の x 座標は $g(x)=0$ となる $x=\pm a$ にはならない。
よって，共有点の x 座標 t は　$-a<t<a$

問題 85　$a,\ b$ は $a<b$ を満たす定数とする。関数 $f(x)=px^2+qx+r\ (p\neq 0)$ について，$\dfrac{f(b)-f(a)}{b-a}=f'(c),\ a<c<b$ を満たす c の値を求めよ。

関数 $f(x)=px^2+qx+r$ は，区間 $[a,\ b]$ で連続，区間 $(a,\ b)$ で微分可能であるから，平均値の定理により

$$\frac{(pb^2+qb+r)-(pa^2+qa+r)}{b-a}=f'(c)\ \cdots ①,\ a<c<b$$

を満たす実数 c が存在する。

ここで，$f'(x)=2px+q$ であるから　　$f'(c)=2pc+q$

① より　　$\dfrac{p(b^2-a^2)+q(b-a)}{b-a}=2pc+q$

よって　　$p(b+a)+q=2pc+q$

$p\neq 0$ であるから　　$\boldsymbol{c=\dfrac{a+b}{2}}$

◀ $f(x)$ は実数全体で微分可能である。

◀ 分子は
$(b-a)\{p(b+a)+q\}$

◀ $c=\dfrac{a+b}{2}$ より x 軸上において，c は a と b の中点であるから $a<c<b$ を満たす。

問題 86　関数 $f(x)=e^x$ において，$f(a+h)=f(a)+hf'(a+\theta h),\ 0<\theta<1$ を満たす θ について，$\displaystyle\lim_{h\to 0}\theta$ は $\dfrac{1}{2}$ 以上の値に収束することを示せ。ただし，$h>0$ とし，不等式 $e^x\geqq 1+x+\dfrac{x^2}{2}$ $(x\geqq 0)$ を用いてよい。

関数 $f(x)=e^x$ は，区間 $[a,a+h]$ で連続，区間 $(a,a+h)$ で微分可能で，$f'(x)=e^x$ であるから，平均値の定理により

$$e^{a+h}=e^a+he^{a+\theta h},\ 0<\theta<1$$

を満たす実数 θ が存在する。

$e^a>0$ より　　$e^h=1+he^{\theta h}$

よって　　$e^{\theta h}=\dfrac{e^h-1}{h}$

両辺の対数をとると　　$\theta h=\log\dfrac{e^h-1}{h}$

◀ $f(x)$ の定義域は実数全体である。

◀ 平均値の定理
$f(a+h)$
$=f(a)+hf'(a+\theta h)$

◀ $e^{a+h}=e^a+he^{a+\theta h}$ の両辺を $e^a\ (>0)$ で割る。

◀ $\log e^{\theta h}=\theta h$

ゆえに　$\theta = \dfrac{1}{h}\log\dfrac{e^h-1}{h} = \log\left(\dfrac{e^h-1}{h}\right)^{\frac{1}{h}}$　…①

一方，$h>0$ より　$e^h \geqq 1+h+\dfrac{h^2}{2}$

◀問題文で与えられた不等式を利用する。

よって　$\dfrac{e^h-1}{h} \geqq 1+\dfrac{h}{2}$

◀ 1を移項し，両辺を $h\,(>0)$ で割る。

ゆえに　$\left(\dfrac{e^h-1}{h}\right)^{\frac{1}{h}} \geqq \left(1+\dfrac{h}{2}\right)^{\frac{1}{h}}$

$\displaystyle\lim_{h\to0}\left(1+\frac{h}{2}\right)^{\frac{1}{h}} = \lim_{h\to0}\left(1+\frac{h}{2}\right)^{\frac{1}{\frac{h}{2}}\times\frac{1}{2}} = e^{\frac{1}{2}}$ であるから

◀ $\displaystyle\lim_{x\to0}(1+x)^{\frac{1}{x}} = e$

$$\lim_{h\to0}\left(\frac{e^h-1}{h}\right)^{\frac{1}{h}} \geqq e^{\frac{1}{2}} \quad \cdots ②$$

①，② より　$\displaystyle\lim_{h\to0}\theta = \lim_{h\to0}\left\{\log\left(\frac{e^h-1}{h}\right)^{\frac{1}{h}}\right\} \geqq \log e^{\frac{1}{2}} = \frac{1}{2}$

したがって，$\displaystyle\lim_{h\to0}\theta$ は $\dfrac{1}{2}$ 以上の値に収束する。

問題 87　$0<a<b$ のとき，$(a+1)e^a(b-a)<be^b-ae^a$ であることを示せ。　(岡山県立大)

$f(x)=xe^x$ とおくと，$f(x)$ は $x>0$ で連続かつ微分可能であるから，$0<a<b$ のとき，区間 $[a,\ b]$ で連続，区間 $(a,\ b)$ で微分可能である。
$f'(x)=e^x+xe^x=(1+x)e^x$ であるから，平均値の定理により

$$\frac{be^b-ae^a}{b-a}=(1+c)e^c,\quad a<c<b \quad \cdots ①$$

を満たす実数 c が存在する。

◀この等式の左辺は，関数 $f(x)=xe^x$ の $a \leqq x \leqq b$ における平均変化率を表している。

また　$f''(x)=e^x+(1+x)e^x=(2+x)e^x$
$x>0$ のとき $f''(x)>0$ より，$f'(x)$ は $x>0$ の範囲で常に増加する。
よって，$0<a<c$ より

$$(1+a)e^a<(1+c)e^c \quad \cdots ②$$

◀ $f'(x)$ は区間 $(a,\ b)$ で増加するから，$0<a<c$ のとき
　$f'(a)<f'(c)$

①，② より　$(1+a)e^a<\dfrac{be^b-ae^a}{b-a}$

$b-a>0$ より　$(a+1)e^a(b-a)<be^b-ae^a$

◀両辺に $b-a\,(>0)$ を掛ける。

問題 88　平均値の定理を用いて，$\displaystyle\lim_{x\to0}\frac{e^x-e^{\sin x}}{x-\sin x}$ を求めよ。

$f(x)=e^x$ とおくと，$f(x)$ はすべての実数 x について連続かつ微分可能であり　$f'(x)=e^x$
$x \neq 0$ のとき，平均値の定理により

◀関数 $f(x)$ が閉区間 $[a,\ b]$ で連続，開区間 $(a,\ b)$ で微分可能であるとき，平均値の定理を用いることができる。

$$\frac{e^x-e^{\sin x}}{x-\sin x}=f'(c)$$

を満たす実数 c が，x と $\sin x$ の間に存在する。

◀**PlusOne** 参照。

$f'(c)=e^c$ であるから　$\dfrac{e^x-e^{\sin x}}{x-\sin x}=e^c$

3章 7 接線と法線，平均値の定理

また，$x \to 0$ のとき，$\sin x \to 0$ より $c \to 0$ であるから

$$\lim_{x \to 0} \frac{e^x - e^{\sin x}}{x - \sin x} = \lim_{c \to 0} e^c = e^0 = 1$$

よって　$\displaystyle \lim_{x \to 0} \frac{e^x - e^{\sin x}}{x - \sin x} = \mathbf{1}$

◀ $\displaystyle \lim_{x \to 0} x = 0$, $\displaystyle \lim_{x \to 0} \sin x = 0$ であるから，はさみうちの原理により　$\displaystyle \lim_{x \to 0} c = 0$

Plus One

問題 88 の解答では，練習 88 の **Plus One** で解説した「実数 c が x と $\sin x$ の間にある」という記述をした。これを例題 88，練習 88 の解答のように，(ア) $x < 0$ のとき，(イ) $x > 0$ のとき，と場合分けして記述する場合には，x と $\sin x$ の大小を考える必要がある。
このときは，例題 116 の知識が必要となる。

〔x と $\sin x$ の大小について〕

$f(x) = x - \sin x$ とおくと　$f'(x) = 1 - \cos x \geqq 0$

よって，関数 $f(x)$ は常に増加する。

(ア) $x < 0$ のとき，$f(x) < f(0) = 0$ であるから　$x < \sin x$

(イ) $x > 0$ のとき，$f(x) > f(0) = 0$ であるから　$x > \sin x$

p.163 定期テスト攻略 ▶ 7

1 次の曲線上の点 P における接線および法線の方程式を求めよ。

(1) $y = \sqrt{2x-3}$，P$(3, \sqrt{3})$

(2) $x^2 - \dfrac{y^2}{3} = 1$，P$(2, 3)$

(3) $\begin{cases} x = 2\cos 2\theta \\ y = 2\sin\theta \end{cases}$，$\theta = \dfrac{4}{3}\pi$ に対応する点 P

(1) $y = \sqrt{2x-3}$ を微分すると　$y' = \dfrac{1}{\sqrt{2x-3}}$

$x = 3$ のとき　$y' = \dfrac{1}{\sqrt{3}}$

よって，点 P$(3, \sqrt{3})$ における接線の方程式は

$$y - \sqrt{3} = \frac{1}{\sqrt{3}}(x-3) \quad すなわち \quad \boldsymbol{y = \frac{1}{\sqrt{3}}x}$$

また，法線の傾きは $-\sqrt{3}$ であるから，点 P$(3, \sqrt{3})$ における法線の方程式は

$$y - \sqrt{3} = -\sqrt{3}(x-3) \quad すなわち \quad \boldsymbol{y = -\sqrt{3}x + 4\sqrt{3}}$$

◀ $y = (2x-3)^{\frac{1}{2}}$ より
$y' = \dfrac{1}{2}(2x-3)^{-\frac{1}{2}} \cdot (2x-3)'$
$= \dfrac{2}{2\sqrt{2x-3}}$
$= \dfrac{1}{\sqrt{2x-3}}$

(2) 両辺を x で微分すると

$$2x - \frac{2y}{3} \cdot y' = 0 \quad すなわち \quad 3x - yy' = 0$$

$x = 2$，$y = 3$ を代入すると　$y' = 2$

よって，点 P$(2, 3)$ における接線の方程式は

$$y - 3 = 2(x-2) \quad すなわち \quad \boldsymbol{y = 2x - 1}$$

また，法線の傾きは $-\dfrac{1}{2}$ であるから，点 P$(2, 3)$ における法線の方

程式は

$$y-3=-\frac{1}{2}(x-2) \quad \text{すなわち} \quad \boldsymbol{y=-\frac{1}{2}x+4}$$

(3) $\theta=\frac{4}{3}\pi$ のとき，点Pの座標は $\left(-1,\ -\sqrt{3}\right)$

$$\frac{dy}{dx}=\frac{\frac{dy}{d\theta}}{\frac{dx}{d\theta}}=\frac{2\cos\theta}{-4\sin 2\theta}=-\frac{\cos\theta}{2\sin 2\theta}$$

$\theta=\frac{4}{3}\pi$ のとき　$\frac{dy}{dx}=\frac{1}{2\sqrt{3}}=\frac{\sqrt{3}}{6}$

◀ $\frac{dy}{dx}=-\frac{-\frac{1}{2}}{2\cdot\frac{\sqrt{3}}{2}}=\frac{1}{2\sqrt{3}}$

よって，点 $\mathrm{P}\left(-1,\ -\sqrt{3}\right)$ における接線の方程式は

$$y+\sqrt{3}=\frac{\sqrt{3}}{6}(x+1) \quad \text{すなわち} \quad \boldsymbol{y=\frac{\sqrt{3}}{6}x-\frac{5\sqrt{3}}{6}}$$

また，法線の傾きは $-2\sqrt{3}$ であるから，点 $\mathrm{P}\left(-1,\ -\sqrt{3}\right)$ における法線の方程式は

$$y+\sqrt{3}=-2\sqrt{3}(x+1) \quad \text{すなわち} \quad \boldsymbol{y=-2\sqrt{3}x-3\sqrt{3}}$$

2 曲線 $y=\frac{2}{3x-1}$ 上の点Pにおける接線の傾きが $-\frac{3}{2}$ になるとき，Pの座標および接線の方程式を求めよ。

接点を $\mathrm{P}\left(t,\ \frac{2}{3t-1}\right)$ とおく。

$y=\frac{2}{3x-1}$ を微分すると　$y'=-\frac{6}{(3x-1)^2}$

接線の傾きが $-\frac{3}{2}$ となることから　$-\frac{6}{(3t-1)^2}=-\frac{3}{2}$

$(3t-1)^2=4$ より　$t=1,\ -\frac{1}{3}$

$t=1$ のとき

接点Pの y 座標は　$\frac{2}{3\cdot 1-1}=1$

ゆえに，接点Pの座標は　$(1,\ 1)$

接線の方程式は　$y-1=-\frac{3}{2}(x-1)$

すなわち　$y=-\frac{3}{2}x+\frac{5}{2}$

$t=-\frac{1}{3}$ のとき

接点Pの y 座標は　$\frac{2}{3\cdot\left(-\frac{1}{3}\right)-1}=-1$

ゆえに，接点Pの座標は　$\left(-\frac{1}{3},\ -1\right)$

接線の方程式は　$y+1=-\frac{3}{2}\left(x+\frac{1}{3}\right)$

すなわち　$y=-\frac{3}{2}x-\frac{3}{2}$

したがって

$$\mathbf{P(1,\ 1),\ y=-\frac{3}{2}x+\frac{5}{2}}$$

$$\mathbf{P\left(-\frac{1}{3},\ -1\right),\ y=-\frac{3}{2}x-\frac{3}{2}}$$

3　曲線 $y=e^{-x}$ に点 $(-1,\ 0)$ から引いた接線の方程式と，そのときの接点の座標を求めよ。

接点を $\mathrm{P}(t,\ e^{-t})$ とおく。

$y'=-e^{-x}$ より，接線の傾きは　$-e^{-t}$

よって，点 P における接線の方程式は

$$y-e^{-t}=-e^{-t}(x-t)$$

$$y=-e^{-t}x+(t+1)e^{-t} \quad \cdots ①$$

直線 ① が点 $(-1,\ 0)$ を通るから

$$0=-e^{-t}\cdot(-1)+(t+1)e^{-t}$$

$$0=(t+2)e^{-t}$$

$e^{-t}>0$ より　$t=-2$

よって，求める接線の方程式は，① に代入すると

$$\boldsymbol{y=-e^2x-e^2}$$

また，接点の座標は　$\boldsymbol{(-2,\ e^2)}$

4　$\log x$ は自然対数を表し，e は自然対数の底を表す。$y=x^2-2x$ と $y=\log x+a$ によって定まる xy 平面上の 2 つの曲線が接するときの a の値を求めよ。また，この接点における共通接線の方程式を求めよ。

$f(x)=x^2-2x,\ g(x)=\log x+a$ とおくと

$$f'(x)=2x-2,\ g'(x)=\frac{1}{x}$$

$g(x)$ の定義域は $x>0$ であるから，$x>0$ で考える。

2 曲線 $y=f(x)$, $y=g(x)$ が接するとき，接点の x 座標を t $(t>0)$ とおくと，$f(t)=g(t)$ より

$$t^2-2t=\log t+a \quad \cdots ①$$

$f'(t)=g'(t)$ より　$2t-2=\frac{1}{t}$　$\cdots ②$

② より　$2t^2-2t-1=0$

これを解いて　$t=\frac{1\pm\sqrt{3}}{2}$

$t>0$ より　$t=\frac{1+\sqrt{3}}{2}$

① より，$a=t^2-2t-\log t$ であるから

$$a=\left(\frac{1+\sqrt{3}}{2}\right)^2-2\cdot\frac{1+\sqrt{3}}{2}-\log\frac{1+\sqrt{3}}{2}$$

$$=\frac{2+\sqrt{3}}{2}-(1+\sqrt{3})-\{\log(1+\sqrt{3})-\log 2\}$$

◀ $g(x)$ の定義域が $x>$ であるから，2 曲線は $x>0$ で接する。

◀ 2 曲線が $x=t$ の点で接する条件 $f(t)=g(t)$ かつ $f'(t)=g'(t)$

$-\{\log(1+\sqrt{3})-\log$
$=\log 2-\log(1+\sqrt{3})$
◀ $=\log\frac{2}{1+\sqrt{3}}$

$$= -\frac{\sqrt{3}}{2} + \log\frac{2}{1+\sqrt{3}} = -\frac{\sqrt{3}}{2} + \log(\sqrt{3}-1)$$

また，このとき接点の座標は $\left(\frac{1+\sqrt{3}}{2},\ -\frac{\sqrt{3}}{2}\right)$

接線の傾きは，② より $\frac{2}{1+\sqrt{3}} = \sqrt{3}-1$ であるから，求める接線の

方程式は　$y - \left(-\frac{\sqrt{3}}{2}\right) = (\sqrt{3}-1)\left(x - \frac{1+\sqrt{3}}{2}\right)$

すなわち　$\boldsymbol{y = (\sqrt{3}-1)x - 1 - \frac{\sqrt{3}}{2}}$

◀ $\frac{2}{1+\sqrt{3}} = \frac{2(1-\sqrt{3})}{(1+\sqrt{3})(1-\sqrt{3})} = \sqrt{3}-1$

◀ 接点の y 座標は $f(t)$，接線の傾きは $g'(t)$ である。

5　e を自然対数の底とする。$e \leqq p < q$ のとき，$\log(\log q) - \log(\log p) < \frac{q-p}{e}$ が成り立つことを示せ。

$f(x) = \log(\log x)$ とおく。

この関数は $x > 1$ で連続かつ微分可能であるから，平均値の定理により

$$f(q) - f(p) = (q-p)f'(c),\ e \leqq p < c < q \qquad \cdots ①$$

を満たす実数 c が存在する。

ここで，$f'(x) = \frac{1}{\log x}\cdot\frac{1}{x} = \frac{1}{x\log x}$ であり，

$e < c$ より，$e\log e < c\log c$ であるから

$$f'(c) = \frac{1}{c\log c} < \frac{1}{e} \qquad \cdots ②$$

よって，①，② より

$$\log(\log q) - \log(\log p) < \frac{q-p}{e}$$

◀ 真数条件より　$\log x > 0$
よって　$x > 1$

◀ $\{\log f(x)\}' = \frac{f'(x)}{f(x)}$

◀ $e\log e < c\log c$ より $\frac{1}{c\log c} < \frac{1}{e\log e} = \frac{1}{e}$

3章 7 接線と法線，平均値の定理

8 関数の増減とグラフ

p.165 Quick Check 8

① 〔1〕 (1) $y' = 3x^2 + 4x + 3$

$$= 3\left(x + \frac{2}{3}\right)^2 + \frac{5}{3} > 0$$

であるから，y は **常に増加** する。

(2) $y' = e^x > 0$ であるから，

y は **常に増加** する。

〔2〕 (1) この関数の定義域は実数全体である。

$$y' = 4x^3 - 4x = 4x(x^2 - 1)$$

$y' = 0$ とおくと　$x = -1,\ 0,\ 1$

よって，y の増減表は次のようになる。

x	$\cdots$	-1	$\cdots$	0	$\cdots$	1	$\cdots$
y'	$-$	0	$+$	0	$-$	0	$+$
y	↘	-1	↗	0	↘	-1	↗

したがって，関数は

$x = 0$ のとき　極大値 0

$x = -1,\ 1$ のとき　極小値 -1

(2) この関数の定義域は　$x \neq 0$

$$y' = 1 - \frac{1}{2x^2} = \frac{2x^2 - 1}{2x^2}$$

$y' = 0$ とおくと

$$x = \pm\frac{1}{\sqrt{2}} = \pm\frac{\sqrt{2}}{2}$$

よって，y の増減表は次のようになる。

x	$\cdots$	$-\frac{\sqrt{2}}{2}$	$\cdots$	0	$\cdots$	$\frac{\sqrt{2}}{2}$	$\cdots$
y'	$+$	0	$-$		$-$	0	$+$
y	↗	$-\sqrt{2}$	↘		↘	$\sqrt{2}$	↗

したがって，関数は

$x = -\dfrac{\sqrt{2}}{2}$ のとき　極大値 $-\sqrt{2}$

$x = \dfrac{\sqrt{2}}{2}$ のとき　極小値 $\sqrt{2}$

② (1) $y' = 6x^2 - 12x + 5$

$y'' = 12x - 12$

$y'' = 0$ とおくと　$x = 1$

よって，関数 $y = 2x^3 - 6x^2 + 5x + 1$ のグラフの凹凸は次の表のようになる。

x	$\cdots$	1	$\cdots$
y''	$-$	0	$+$
y	上に凸	2	下に凸

よって，曲線 $y = 2x^3 - 6x^2 + 5x + 1$ は

区間 $x < 1$ で上に凸

区間 $x > 1$ で下に凸

ゆえに　**変曲点 $(1,\ 2)$**

(2) $y' = \dfrac{1}{\cos^2 x}$

$$y'' = -\frac{2\cos x \cdot (-\sin x)}{\cos^4 x} = \frac{2\sin x}{\cos^3 x}$$

$y'' = 0$ とおくと，$-\dfrac{\pi}{2} < x < \dfrac{\pi}{2}$ の範囲で　$x = 0$

よって，関数 $y = \tan x$ のグラフの凹凸は次の表のようになる。

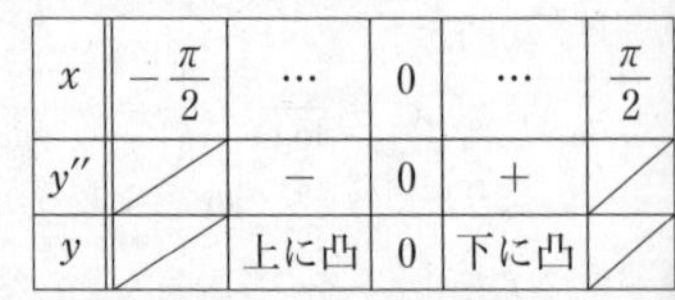

x	$-\frac{\pi}{2}$	$\cdots$	0	$\cdots$	$\frac{\pi}{2}$
y''		$-$	0	$+$	
y		上に凸	0	下に凸	

よって，曲線 $y = \tan x$ は

区間 $-\dfrac{\pi}{2} < x < 0$ で上に凸

区間 $0 < x < \dfrac{\pi}{2}$ で下に凸

ゆえに　**変曲点 $(0,\ 0)$**

③ $f'(x) = 1 + 2\cos x,\ f''(x) = -2\sin x$

$f'(x) = 0$ とおくと　$\cos x = -\dfrac{1}{2}$

$0 \leqq x \leqq 2\pi$ の範囲で　$x = \dfrac{2}{3}\pi,\ \dfrac{4}{3}\pi$

よって

$x = \dfrac{2}{3}\pi$ のとき，$f'\left(\dfrac{2}{3}\pi\right) = 0$ かつ

$$f''\left(\frac{2}{3}\pi\right) = -2\sin\frac{2}{3}\pi = -\sqrt{3} < 0$$

より，極大値は

$$f\left(\frac{2}{3}\pi\right) = \frac{2}{3}\pi + 2\sin\frac{2}{3}\pi$$

$$= \frac{2}{3}\pi + \sqrt{3}$$

$x = \dfrac{4}{3}\pi$ のとき，$f'\left(\dfrac{4}{3}\pi\right) = 0$ かつ

$$f''\left(\frac{4}{3}\pi\right) = -2\sin\frac{4}{3}\pi = \sqrt{3} > 0$$

より，極小値は

$$f\left(\frac{4}{3}\pi\right) = \frac{4}{3}\pi + 2\sin\frac{4}{3}\pi$$

$$= \boldsymbol{\frac{4}{3}\pi - \sqrt{3}}$$

練習 89 次の関数の極値を求めよ。

(1) $y = \dfrac{x^2 - 2x + 4}{x - 2}$　　(2) $y = \dfrac{2(x-1)}{x^2 - 2x + 2}$

(1) この関数の定義域は　$x \neq 2$

◀分母が 0 になるとき，関数は定義されない。

$$y' = \frac{(2x-2)(x-2) - (x^2 - 2x + 4)\cdot 1}{(x-2)^2} = \frac{x(x-4)}{(x-2)^2}$$

◀$\left(\dfrac{u}{v}\right)' = \dfrac{u'v - uv'}{v^2}$

$y' = 0$ とおくと　$x = 0,\ 4$

よって，y の増減表は次のようになる。

x	$\cdots$	0	$\cdots$	2	$\cdots$	4	$\cdots$
y'	$+$	0	$-$	／	$-$	0	$+$
y	↗	-2	↘	／	↘	6	↗

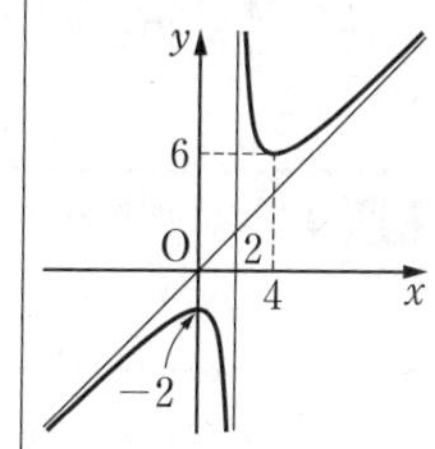

ゆえに，この関数は

$x = 0$ のとき　極大値 -2

$x = 4$ のとき　極小値 6

(2) $x^2 - 2x + 2 = (x-1)^2 + 1 > 0$ であるから，

この関数の定義域は実数全体である。

$$y' = \frac{2(x^2 - 2x + 2) - 2(x-1)(2x-2)}{(x^2 - 2x + 2)^2}$$

$$= -\frac{2x(x-2)}{(x^2 - 2x + 2)^2}$$

$y' = 0$ とおくと　$x = 0,\ 2$

よって，y の増減表は次のようになる。

x	$\cdots$	0	$\cdots$	2	$\cdots$
y'	$-$	0	$+$	0	$-$
y	↘	-1	↗	1	↘

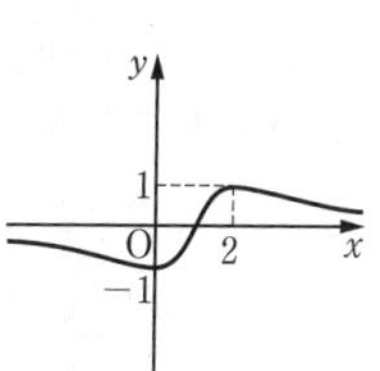

ゆえに，この関数は

$x = 2$ のとき　極大値 1

$x = 0$ のとき　極小値 -1

練習 90 関数 $y = 2\sin x + \cos 2x$ $(0 \leqq x \leqq 2\pi)$ の極値を求めよ。

$y' = 2\cos x - 2\sin 2x = 2\cos x(1 - 2\sin x)$

◀2 倍角の公式 $\sin 2x = 2\sin x\cos x$

$y' = 0$ とおくと　$\cos x = 0$ または $\sin x = \dfrac{1}{2}$

$0 \leqq x \leqq 2\pi$ の範囲で　$x = \dfrac{\pi}{2},\ \dfrac{3}{2}\pi,\ \dfrac{\pi}{6},\ \dfrac{5}{6}\pi$

◀三角関数を含む方程式は，x の変域に注意する。

3章 8 関数の増減とグラフ

よって，y の増減表は次のようになる。

x	0	…	$\frac{\pi}{6}$	…	$\frac{\pi}{2}$	…	$\frac{5}{6}\pi$	…	$\frac{3}{2}\pi$	…	2π
y'		+	0	−	0	+	0	−	0	+	
y	1	↗	$\frac{3}{2}$	↘	1	↗	$\frac{3}{2}$	↘	−3	↗	1

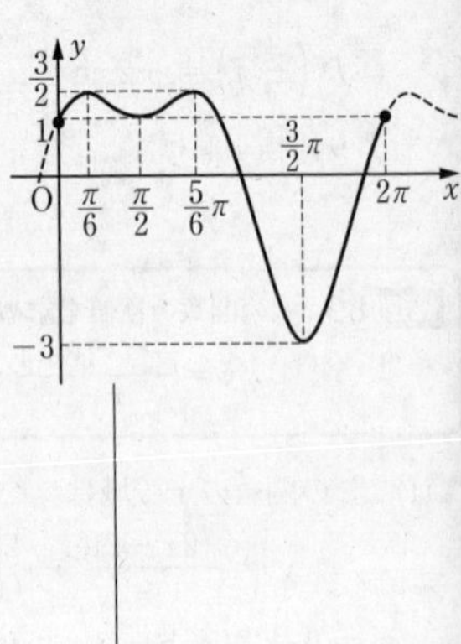

ゆえに，この関数は

$x=\frac{\pi}{6},\ \frac{5}{6}\pi$ のとき　極大値 $\frac{3}{2}$

$x=\frac{\pi}{2}$ のとき　極小値 1

$x=\frac{3}{2}\pi$ のとき　極小値 −3

練習 91　次の関数の極値を求めよ。

(1)　$y=x^2e^{-x}$　　　(2)　$y=\frac{\log x}{x}$

(1)　この関数の定義域は実数全体である。

$$y'=2xe^{-x}-x^2e^{-x}=(2-x)xe^{-x}$$

$y'=0$ とおくと　　$x=0,\ 2$

よって，y の増減表は次のようになる。

◀ $e^{-x}>0$ であるから，$(2-x)x$ の符号のみを考えればよい。

x	…	0	…	2	…
y'	−	0	+	0	−
y	↘	0	↗	$\frac{4}{e^2}$	↘

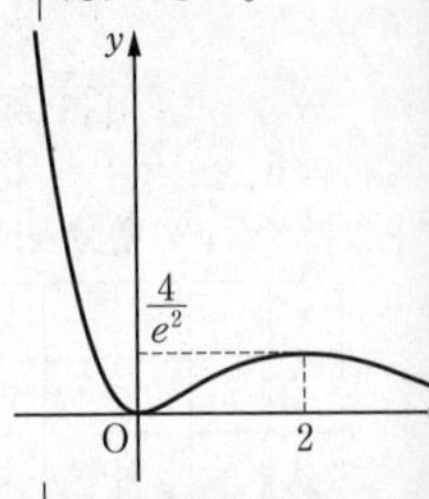

ゆえに，この関数は

$x=0$ のとき　極小値 0

$x=2$ のとき　極大値 $\frac{4}{e^2}$

(2)　この関数の定義域は　　$x>0$

◀ $\log x$ の真数条件より $x>0$ となる。

$$y'=\frac{\frac{1}{x}\cdot x-\log x\cdot 1}{x^2}=\frac{1-\log x}{x^2}$$

$y'=0$ とおくと　　$x=e$

よって，y の増減表は次のようになる。

x	0	…	e	…
y'	／	+	0	−
y	／	↗	$\frac{1}{e}$	↘

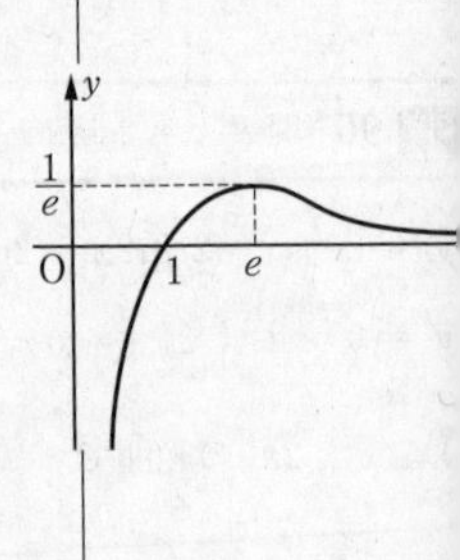

ゆえに，この関数は

$x=e$ のとき　極大値 $\frac{1}{e}$

極小値はない

練習 92 次の関数の極値を求めよ。

(1) $y=|x|\sqrt{x+3}$　　(2) $y=|x-2|\sqrt{x+1}$

(1) この関数の定義域は，$x+3 \geqq 0$ より　$x \geqq -3$

(ア) $x \geqq 0$ のとき　$y=x\sqrt{x+3}$

よって，$x>0$ のとき

$$y'=\sqrt{x+3}+\frac{x}{2\sqrt{x+3}}=\frac{3x+6}{2\sqrt{x+3}}>0$$

(イ) $-3 \leqq x<0$ のとき　$y=-x\sqrt{x+3}$

よって，$-3<x<0$ のとき

$$y'=-\frac{3x+6}{2\sqrt{x+3}}$$

$y'=0$ とおくと　$x=-2$

(ア)，(イ) より，y の増減表は右のようになる。

x	-3	$\cdots$	-2	$\cdots$	0	$\cdots$
y'	／	$+$	0	$-$	／	$+$
y	0	↗	2	↘	0	↗

ゆえに，この関数は

$x=-2$ のとき　極大値 2

$x=0$ のとき　極小値 0

◀ $y=|x|\sqrt{x+3}$ は $x=0,\ -3$ で微分可能でない。

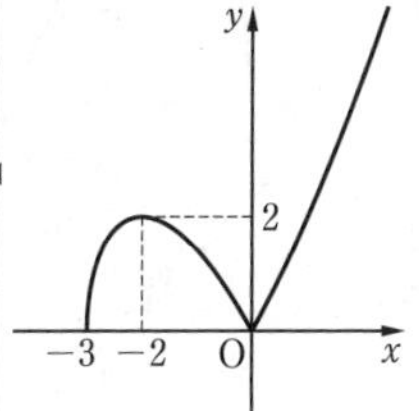

◀ $x=0$ のとき y' は存在しないが，この点で極値をとる。

(2) この関数の定義域は，$x+1 \geqq 0$ より　$x \geqq -1$

(ア) $x \geqq 2$ のとき　$y=(x-2)\sqrt{x+1}$

よって，$x>2$ のとき

$$y'=\sqrt{x+1}+\frac{x-2}{2\sqrt{x+1}}=\frac{3x}{2\sqrt{x+1}}>0$$

(イ) $-1 \leqq x<2$ のとき　$y=-(x-2)\sqrt{x+1}$

よって，$-1<x<2$ のとき

$$y'=-\frac{3x}{2\sqrt{x+1}}$$

$y'=0$ とおくと　$x=0$

(ア)，(イ) より，y の増減表は右のようになる。

x	-1	$\cdots$	0	$\cdots$	2	$\cdots$
y'	／	$+$	0	$-$	／	$+$
y	0	↗	2	↘	0	↗

ゆえに，この関数は

$x=0$ のとき　極大値 2

$x=2$ のとき　極小値 0

◀ $y=|x-2|\sqrt{x+1}$ は $x=-1,\ 2$ で微分可能でない。

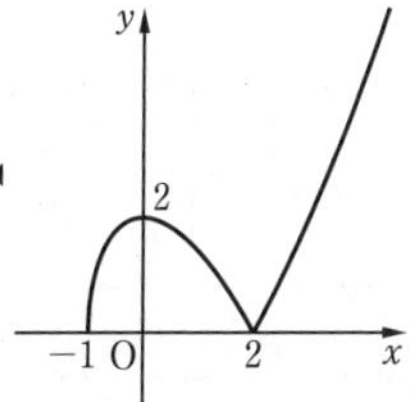

◀ $x=2$ のとき y' は存在しないが，その点で極値をとる。

◀ (2) の関数は (1) の関数の x を $x-2$ に置き換えたものであるから，(1) のグラフを x 軸方向に 2 だけ平行移動したものである。

Plus One

練習 92 (1)，(2) は，どちらも微分不可能な点をもち，その点で極値をとる関数について考える問題である。

ここで，関数 $y=|x-p|\sqrt{x+q}$ $(p>0)$ のグラフについて考えよう。

この関数の定義域は $x \geqq -q$ であるから，$p>-q$ のときは，$x=p$ の点で微分不可能。

しかし，$p \leqq -q$ のときは，$x=p$ が定義域の外となり，グラフは常に増加する。では，実際に具体的な数を代入して，このグラフの変化を見てみよう。

例　$p=2$ とし，$q=3,\ 2,\ 1,\ 0,\ -1,\ -2,\ -3,\ \cdots$ と順に変化させると，グラフは

次のようになる。

$y=|x-2|\sqrt{x+3}$

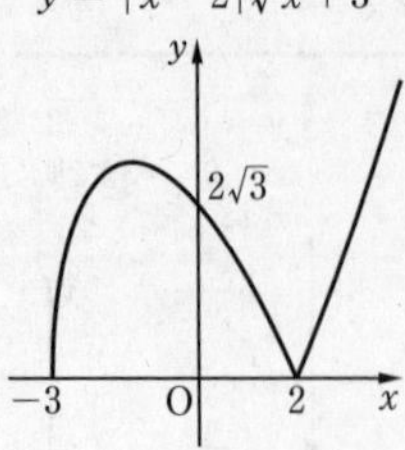

$y=|x-2|\sqrt{x+2}$

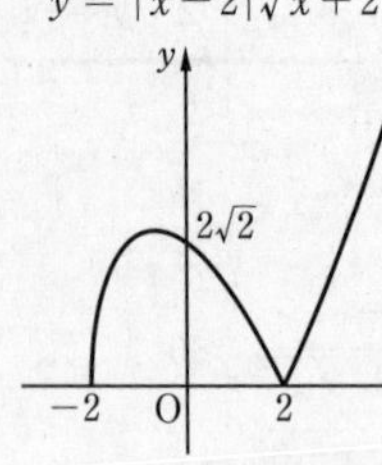

$y=|x-2|\sqrt{x+1}$

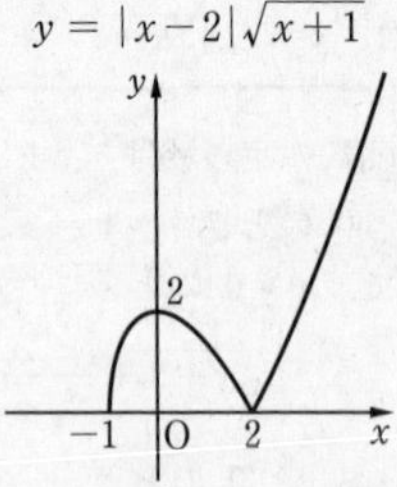

$y=|x-2|\sqrt{x}$

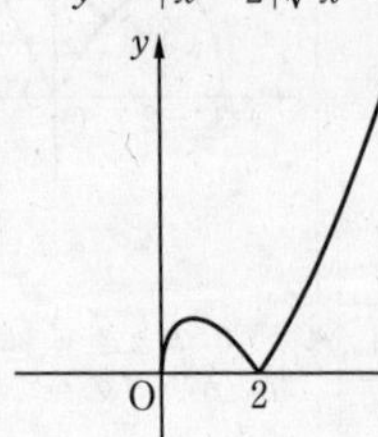

$y=|x-2|\sqrt{x-1}$

$y=|x-2|\sqrt{x-2}$

$y=|x-2|\sqrt{x-3}$

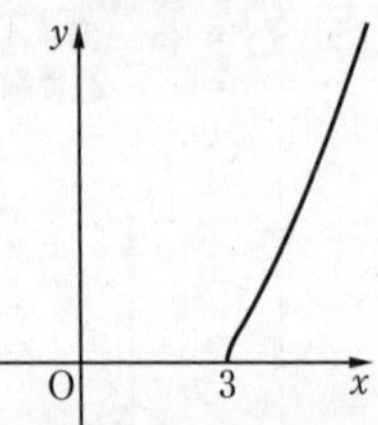

$y=|x-2|\sqrt{x-4}$

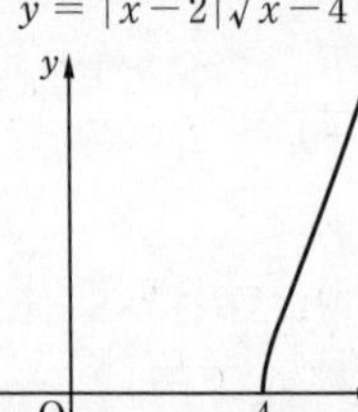

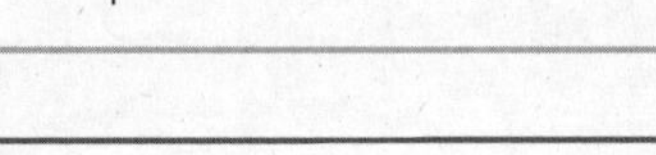

練習 93 関数 $f(x)=\dfrac{x^2+a}{x}$ の極値を求めよ。ただし，a は定数とする。

この関数の定義域は　　$x \neq 0$

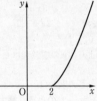

$$f'(x)=\frac{2x\cdot x-(x^2+a)\cdot 1}{x^2}=\frac{x^2-a}{x^2}$$

(ア)　$a \leqq 0$ のとき

$f'(x)>0$ であるから，極値はない。

(イ)　$a>0$ のとき

$f'(x)=0$ とおくと　　$x=\pm\sqrt{a}$

$f(x)$ の増減表は，次のようになる。

x	$\cdots$	$-\sqrt{a}$	$\cdots$	0	$\cdots$	$\sqrt{a}$	$\cdots$
$f'(x)$	$+$	0	$-$		$-$	0	$+$
$f(x)$	↗	$-2\sqrt{a}$	↘		↘	$2\sqrt{a}$	↗

(ア)，(イ) より，この関数は

$a \leqq 0$ のとき　極値はない

$a>0$ のとき

◀ $f'(x)$ は（分母）>0 であり，分子は a の正負によって符号が異なるから，a と 0 の大小で場合分けして $f'(x)$ の符号を調べる。

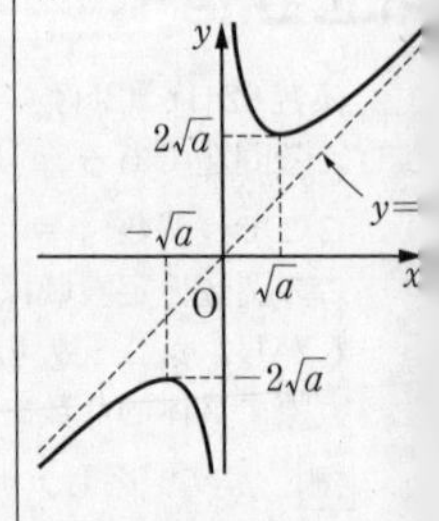

$x=-\sqrt{a}$ で極大値 $-2\sqrt{a}$

$x=\sqrt{a}$ で極小値 $2\sqrt{a}$

練習 94　a を正の定数とする。関数 $f(x)=\dfrac{x-a}{x^2-1}$ が極値をもつとき，定数 a の値の範囲を求めよ。

この関数の定義域は　$x \neq \pm 1$

$$f'(x)=\frac{(x^2-1)-(x-a)\cdot 2x}{(x^2-1)^2}=\frac{-x^2+2ax-1}{(x^2-1)^2}$$

関数 $f(x)$ が極値をもつとき，$f'(x)=0$ は実数解をもち，その実数解の前後で $f'(x)$ の符号が変わるから，2 次方程式

$-x^2+2ax-1=0$ …① は ± 1 以外の異なる 2 つの実数解をもつ。

① の判別式を D とおくと

$$\frac{D}{4}=a^2-1>0 \quad すなわち \quad (a+1)(a-1)>0$$

$a>0$ より　$a>1$

ここで，$x=-1$ が ① の解であるとすると

$-(-1)^2+2\cdot a\cdot(-1)-1=0$ より　$a=-1$

これは $a>0$ に反するから，$x=-1$ が ① の解となることはない。

また，$x=1$ が ① の解であるとすると

$-1^2+2\cdot a\cdot 1-1=0$ より　$a=1$

よって，$a>1$ の範囲では，$x=1$ が ① の解となることもない。

ゆえに，$a>1$ の範囲において，① は ± 1 以外の異なる 2 つの実数解をもち，その解の前後で $f'(x)$ の符号が変わるから，関数 $f(x)$ は極値をもつ。

したがって，求める定数 a の値の範囲は　**$a>1$**

◀分母は $x^2-1 \neq 0$ より $x \neq \pm 1$

◀ $\left\{\dfrac{f(x)}{g(x)}\right\}'=\dfrac{f'(x)g(x)-f(x)g'(x)}{\{g(x)\}^2}$

◀ $a>1$ を満たす a に対して $x=1, -1$ が ① の解にはならないことを確かめる。

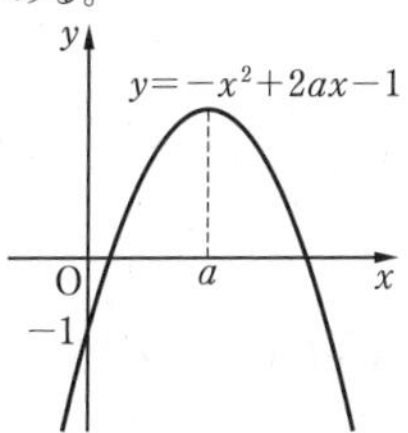

練習 95　関数 $f(x)=\dfrac{x-a}{x^2+x+1}$ が $x=-1$ において極値をとるとき，定数 a の値を求めよ。

（はこだて未来大　改）

この関数の定義域は実数全体である。

$$f'(x)=\frac{1\cdot(x^2+x+1)-(x-a)(2x+1)}{(x^2+x+1)^2}$$

$$=\frac{-x^2+2ax+a+1}{(x^2+x+1)^2}$$

$f(x)$ が $x=-1$ で極値をとるから　$f'(-1)=0$

$f'(-1)=-a$ であるから　$a=0$

このとき　$f'(x)=\dfrac{-(x-1)(x+1)}{(x^2+x+1)^2}$

よって，$f(x)$ の増減表は次のようになる。

x	…	-1	…	1	…
$f'(x)$	$-$	0	$+$	0	$-$
$f(x)$	↘	極小	↗	極大	↘

◀ $x^2+x+1=\left(x+\dfrac{1}{2}\right)^2+\dfrac{3}{4}>0$ より実数全体で定義される。

◀ $f'(-1)=0$ は $f(x)$ が $x=-1$ で極値をとるための必要条件である。

◀十分性を確かめる。

◀ $a=0$ のときのグラフ

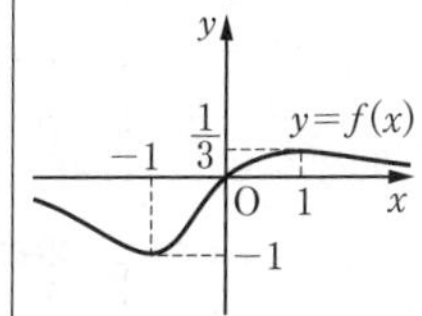

3章 8 関数の増減とグラフ

増減表より，関数 $f(x)$ は確かに $x=-1$ のとき極小値をとる。
したがって，求める定数 a の値は　　$\boldsymbol{a=0}$

練習 96　3次関数 $f(x)=x^3+ax^2+bx+c$ について，$y=f(x)$ のグラフが原点に関して対称ならば，原点は $y=f(x)$ の変曲点であることを示せ。

$f'(x)=3x^2+2ax+b$，$f''(x)=6x+2a$
$y=f(x)$ のグラフが原点に関して対称であるから

$$f(-x)=-f(x)$$

$$(-x)^3+a(-x)^2+b(-x)+c=-x^3-ax^2-bx-c$$

よって　　$2ax^2+2c=0$　…①
①がすべての実数 x に対して成り立つから

$$a=0,\ c=0$$

ゆえに　　$f''(x)=6x$
また，$c=0$ より　　$f(0)=0$
$y=f(x)$ のグラフの凹凸は次の表のようになる。

x	…	0	…
$f''(x)$	$-$	0	$+$
$f(x)$	上に凸	0	下に凸

したがって，原点は $y=f(x)$ の変曲点である。

◀すべての実数 x に対して①が成り立つから，x についての恒等式と考えて，係数を比較する。

◀$x=\alpha$ の点で変曲点となるための条件は，$f''(\alpha)=0$ かつ $x=\alpha$ の前後で $f''(x)$ の符号が変わることである。

練習 97　次の関数の増減，極値，グラフの凹凸，変曲点を調べて，そのグラフをかけ。
(1)　$y=x+2\cos x$　$(0\leqq x\leqq 2\pi)$
(2)　$y=4\sin x+\cos 2x$　$(0\leqq x\leqq 2\pi)$

(1)　$y'=1-2\sin x$

$y'=0$ とおくと　　$\sin x=\dfrac{1}{2}$

$0\leqq x\leqq 2\pi$ の範囲で　　$x=\dfrac{\pi}{6},\ \dfrac{5}{6}\pi$

$$y''=-2\cos x$$

$y''=0$ とおくと　　$\cos x=0$

$0\leqq x\leqq 2\pi$ の範囲で　　$x=\dfrac{\pi}{2},\ \dfrac{3}{2}\pi$

よって，関数の増減，凹凸は次の表のようになる。

x	0	…	$\frac{\pi}{6}$	…	$\frac{\pi}{2}$	…	$\frac{5}{6}\pi$	…	$\frac{3}{2}\pi$	…	2π
y'		$+$	0	$-$	$-$	$-$	0	$+$	$+$	$+$	
y''		$-$	$-$	$-$	0	$+$	$+$	$+$	0	$-$	
y	2	↗	$\frac{\pi}{6}+\sqrt{3}$	↘	$\frac{\pi}{2}$	↘	$\frac{5}{6}\pi-\sqrt{3}$	↗	$\frac{3}{2}\pi$	↗	$2\pi+2$

◀各 x の値に対する y の値を求める。

ゆえに，この関数は

$\boldsymbol{x=\dfrac{\pi}{6}}$ **のとき　極大値** $\boldsymbol{\dfrac{\pi}{6}+\sqrt{3}}$

$x=\dfrac{5}{6}\pi$ **のとき　極小値** $\dfrac{5}{6}\pi-\sqrt{3}$

変曲点 $\left(\dfrac{\pi}{2},\ \dfrac{\pi}{2}\right)$, $\left(\dfrac{3}{2}\pi,\ \dfrac{3}{2}\pi\right)$

したがって，グラフは **下の図**。

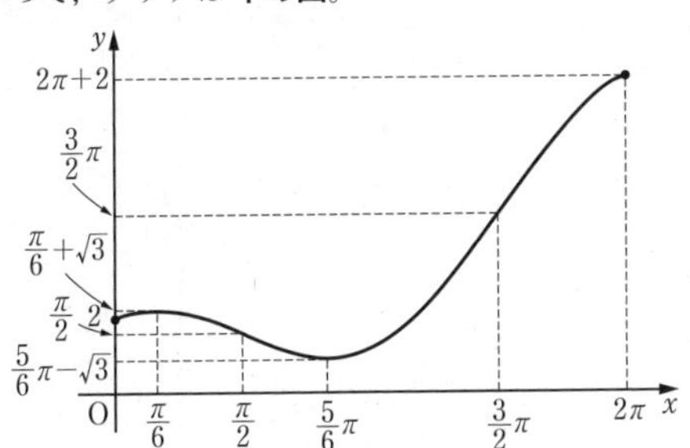

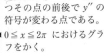

◀変曲点は $y''=0$ で，かつその点の前後で y'' の符号が変わる点である。

◀$0 \leqq x \leqq 2\pi$ におけるグラフをかく。

(2)　$y'=4\cos x-2\sin 2x=4\cos x(1-\sin x)$

$y'=0$ とおくと　　$\cos x=0$ または $\sin x=1$

$0 \leqq x \leqq 2\pi$ の範囲で　　$x=\dfrac{\pi}{2},\ \dfrac{3}{2}\pi$

$$y''=-4\sin x-4\cos 2x=-4(\sin x+1-2\sin^2 x)$$
$$=4(\sin x-1)(2\sin x+1)$$

$y''=0$ とおくと　　$\sin x=1,\ -\dfrac{1}{2}$

$0 \leqq x \leqq 2\pi$ の範囲で　　$x=\dfrac{\pi}{2},\ \dfrac{7}{6}\pi,\ \dfrac{11}{6}\pi$

よって，関数の増減，凹凸は次の表のようになる。

x	0	…	$\frac{\pi}{2}$	…	$\frac{7}{6}\pi$	…	$\frac{3}{2}\pi$	…	$\frac{11}{6}\pi$	…	2π
y'		+	0	−	−	−	0	+	+	+	
y''		−	0	−	0	+	+	+	0	−	
y	1	↗	3	↘	$-\frac{3}{2}$	↘	−5	↗	$-\frac{3}{2}$	↗	1

◀$\sin 2x=2\sin x\cos x$ より
$y'=4\cos x-2\sin 2x$
$=4\cos x-4\sin x\cos x$
$=4\cos x(1-\sin x)$

◀$\cos 2x=1-2\sin^2 x$ より
$y''=-4\sin x-4\cos 2x$
$=-4\sin x-4(1-2\sin^2 x)$
$=4(2\sin^2 x-\sin x-1)$
$=4(\sin x-1)(2\sin x+1)$

ゆえに，この関数は

$x=\dfrac{\pi}{2}$ **のとき　極大値** 3

$x=\dfrac{3}{2}\pi$ **のとき　極小値** -5

変曲点 $\left(\dfrac{7}{6}\pi,\ -\dfrac{3}{2}\right)$, $\left(\dfrac{11}{6}\pi,\ -\dfrac{3}{2}\right)$

したがって，グラフは**右の図**。

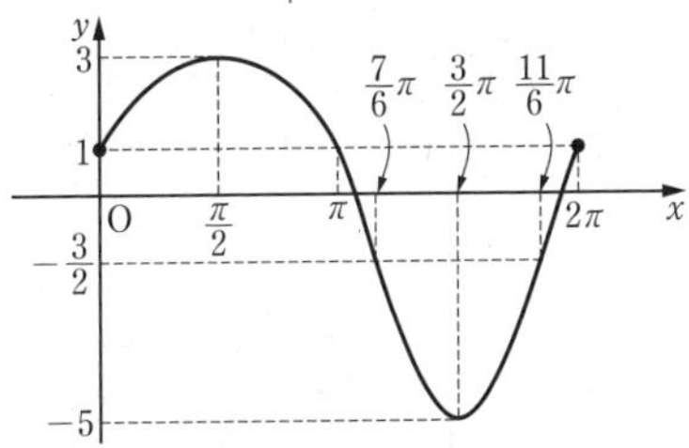

練習 98　次の関数の増減，極値，グラフの凹凸，変曲点を調べて，そのグラフをかけ。ただし，$\displaystyle\lim_{x\to\infty}\frac{x}{e^x}=0$ を用いてよい。

(1)　$y=(x-1)e^x$　　(2)　$y=xe^{-x^3}$

(3)　$y=\dfrac{\log x}{x^2}$　　(4)　$y=x\log x$

(1)　この関数の定義域は実数全体である。

$$y' = 1\cdot e^x + (x-1)e^x = xe^x$$

$y'=0$ とおくと　$x=0$

$$y'' = 1\cdot e^x + xe^x = (x+1)e^x$$

$y''=0$ とおくと　$x=-1$

よって，関数の増減，凹凸は次の表のようになる。

x	$\cdots$	-1	$\cdots$	0	$\cdots$
y'	$-$	$-$	$-$	0	$+$
y''	$-$	0	$+$	$+$	$+$
y	↘	$-\dfrac{2}{e}$	↘	-1	↗

ゆえに，この関数は

$x=0$ のとき　極小値 -1

極大値はない

変曲点 $\left(-1,\ -\dfrac{2}{e}\right)$

ここで

$$\lim_{x\to\infty} y = \lim_{x\to\infty}(x-1)e^x = \infty$$

$$\lim_{x\to-\infty} y = \lim_{x\to-\infty}(x-1)e^x = 0$$

であるから，x 軸は漸近線である。

したがって，グラフは **右の図**。

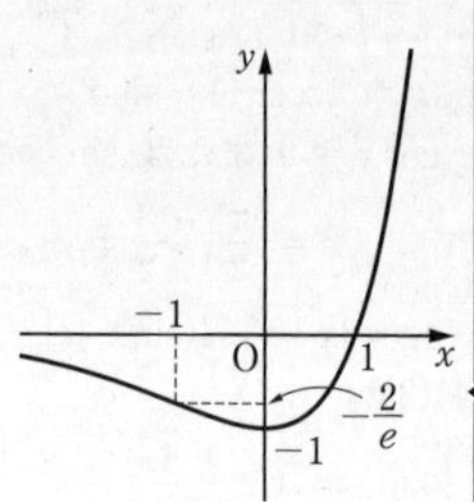

◀ $x=-t$ とおくと，$x\to-\infty$ のとき $t\to\infty$ であるから

$$\lim_{x\to-\infty}(x-1)e^x = \lim_{t\to\infty}\frac{-t-1}{e^t}$$

$$= \lim_{t\to\infty}\left(-\frac{t}{e^t}-\frac{1}{e^t}\right) = 0$$

(2)　この関数の定義域は実数全体である。

$$y' = e^{-x^3} + x\cdot(-3x^2)e^{-x^3} = e^{-x^3}(1-3x^3)$$

$y'=0$ とおくと　$x=\dfrac{1}{\sqrt[3]{3}}$

$$y'' = (-3x^2)e^{-x^3}(1-3x^3) + e^{-x^3}(-9x^2) = 3x^2(3x^3-4)e^{-x^3}$$

$y''=0$ とおくと　$x=0,\ \sqrt[3]{\dfrac{4}{3}}$

よって，関数の増減，凹凸は次の表のようになる。

x	$\cdots$	0	$\cdots$	$\dfrac{1}{\sqrt[3]{3}}$	$\cdots$	$\sqrt[3]{\dfrac{4}{3}}$	$\cdots$
y'	$+$	$+$	$+$	0	$-$	$-$	$-$
y''	$-$	0	$-$	$-$	$-$	0	$+$
y	↗	0	↗	$\dfrac{1}{\sqrt[3]{3e}}$	↘	$\sqrt[3]{\dfrac{4}{3e^4}}$	↘

ゆえに，この関数は

$x=\dfrac{1}{\sqrt[3]{3}}$ のとき　極大値 $\dfrac{1}{\sqrt[3]{3e}}$

極小値はない

◀ $y'=0$ のとき $e^{-x^3}>0$ より　$1-3x^3=0$

すなわち　$x^3=\dfrac{1}{3}$

x は実数であるから

$x=\dfrac{1}{\sqrt[3]{3}}$

同様に $y''=0$ のとき

$3x^2(3x^3-4)=0$

これを解いて

$x=0,\ \sqrt[3]{\dfrac{4}{3}}$

変曲点 $\left(\sqrt[3]{\dfrac{4}{3}},\ \sqrt[3]{\dfrac{4}{3e^4}}\right)$

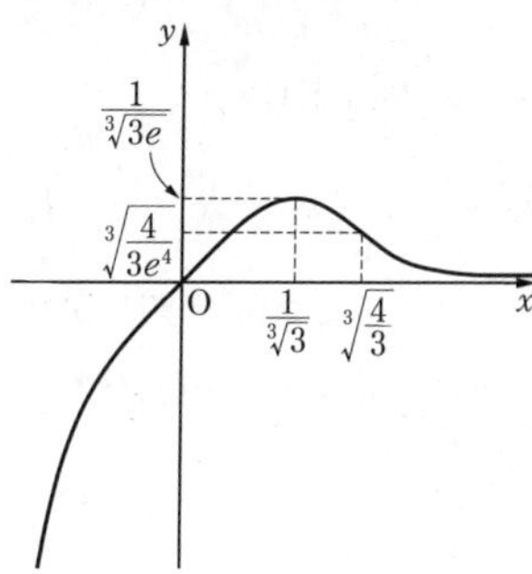

ここで

$\lim\limits_{x\to\infty} y = \lim\limits_{x\to\infty} xe^{-x^3} = \lim\limits_{x\to\infty} \dfrac{x}{e^{x^3}} = 0$

であるから，x 軸は漸近線である。

また

$\lim\limits_{x\to-\infty} y = \lim\limits_{x\to-\infty} xe^{-x^3} = -\infty$

したがって，グラフは **右の図**。

◀ $\dfrac{x}{e^{x^3}} = \left(\dfrac{x}{e^x}\right)^3 \cdot \dfrac{1}{x^2}$

◀ $x\to\infty$ のときと $x\to-\infty$ のときの y の極限を調べる。

(3)　この関数の定義域は　　$x>0$

◀ 真数条件より $x>0$ である。

$$y' = \frac{\frac{1}{x}\cdot x^2 - (\log x)\cdot 2x}{x^4} = \frac{x(1-2\log x)}{x^4} = \frac{1-2\log x}{x^3}$$

◀ $\left(\dfrac{u}{v}\right)' = \dfrac{u'v-uv'}{v^2}$

$y'=0$ とおくと，$\log x = \dfrac{1}{2}$ より　　$x = e^{\frac{1}{2}}$

$$y'' = \frac{-\frac{2}{x}\cdot x^3 - (1-2\log x)\cdot 3x^2}{x^6}$$

$$= \frac{x^2(6\log x - 5)}{x^6} = \frac{6\log x - 5}{x^4}$$

$y''=0$ とおくと，$\log x = \dfrac{5}{6}$ より　　$x = e^{\frac{5}{6}}$

よって，関数の増減，凹凸は次の表のようになる。

x	0	$\cdots$	$e^{\frac{1}{2}}$	$\cdots$	$e^{\frac{5}{6}}$	$\cdots$
y'	／	$+$	0	$-$	$-$	$-$
y''	／	$-$	$-$	$-$	0	$+$
y	／	↗	$\dfrac{1}{2e}$	↘	$\dfrac{5}{6e^{\frac{5}{3}}}$	↘

◀ $x=e^{\frac{5}{6}}$ のとき

$y = \dfrac{\log e^{\frac{5}{6}}}{\left(e^{\frac{5}{6}}\right)^2} = \dfrac{\frac{5}{6}}{e^{\frac{5}{3}}} = \dfrac{5}{6e^{\frac{5}{3}}}$

ゆえに，この関数は

$x=e^{\frac{1}{2}}$ のとき　極大値 $\dfrac{1}{2e}$

極小値はない

変曲点 $\left(e^{\frac{5}{6}},\ \dfrac{5}{6e^{\frac{5}{3}}}\right)$

次に，$t=\log x$ とおくと $x=e^t$ であり，$x\to\infty$ のとき $t\to\infty$ であるから

$\lim\limits_{x\to\infty} y = \lim\limits_{x\to\infty} \dfrac{\log x}{x^2} = \lim\limits_{t\to\infty} \dfrac{t}{e^{2t}}$

$= \lim\limits_{t\to\infty} \dfrac{t}{e^t}\cdot\dfrac{1}{e^t} = 0$

$\lim\limits_{x\to+0} y = \lim\limits_{x\to+0} \dfrac{\log x}{x^2} = -\infty$

であるから，x 軸，y 軸は漸近線である。

したがって，グラフは **右の図**。

$x=\dfrac{1}{t}$ とおくと，

◀ $x\to+0$ のとき $t\to\infty$ であるから

$\lim\limits_{x\to+0} \dfrac{\log x}{x^2} = \lim\limits_{t\to\infty} t^2\log\dfrac{1}{t}$

$= \lim\limits_{t\to\infty}(-t^2\log t)$

$= -\infty$

(4)　この関数の定義域は　　$x>0$

◀ 真数条件より $x>0$ である。

$$y' = \log x + x \cdot \frac{1}{x} = \log x + 1$$

◀ $(uv)' = u'v + uv'$

$y' = 0$ とおくと，$\log x = -1$ より　$x = \dfrac{1}{e}$

$y'' = \dfrac{1}{x}$ であるから，$x > 0$ のとき常に $y'' > 0$ である。

◀ $y'' = 0$ を満たす x は存在しない。

よって，関数の増減，凹凸は次の表のようになる。

x	0	$\cdots$	$\dfrac{1}{e}$	$\cdots$
y'	／	$-$	0	$+$
y''	／	$+$	$+$	$+$
y	／	↘	$-\dfrac{1}{e}$	↗

◀ $x > 0$ のとき $y'' > 0$ であるから，$x > 0$ において，グラフは下に凸である。

ゆえに，この関数は

$x = \dfrac{1}{e}$ のとき　極小値 $-\dfrac{1}{e}$

極大値はない

変曲点はない

$\lim\limits_{x \to +0} y = \lim\limits_{x \to +0} x\log x$ は $\log x = -t$ とおくと

$$x = e^{-t} = \frac{1}{e^t}$$

また，$x \to +0$ のとき $-t \to -\infty$ すなわち $t \to \infty$ であるから

$$\lim_{x \to +0} x\log x = \lim_{t \to \infty} \frac{1}{e^t}(-t)$$

$$= -\lim_{t \to \infty} \frac{t}{e^t} = 0$$

したがって，グラフは **右の図**。

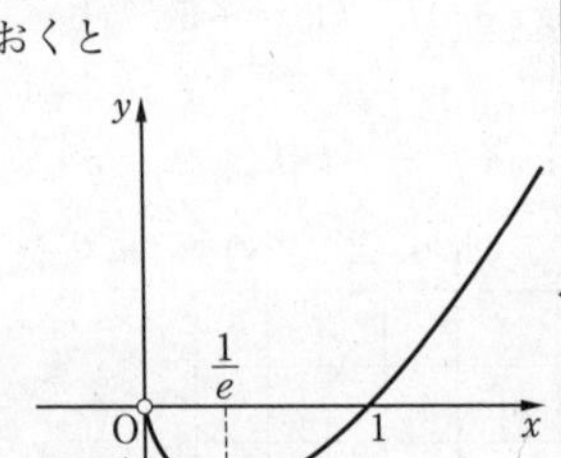

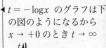

◀ $t = -\log x$ のグラフは下の図のようになるから $x \to +0$ のとき $t \to \infty$

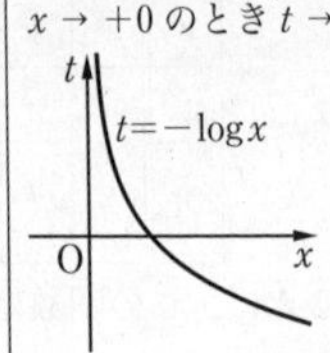

練習 **99**　次の関数の増減，極値，グラフの凹凸，変曲点を調べて，そのグラフをかけ。

(1)　$y = \sqrt{25 - x^2} - \dfrac{1}{2}x$　　(2)　$y = x\sqrt{1 - x^2}$

(3)　$y = \sqrt[3]{x^2}(2x - 5)$　　(4)　$y = \sqrt[3]{x^2} - x$

(1)　$25 - x^2 \geqq 0$ より，この関数の定義域は　$-5 \leqq x \leqq 5$

$$y' = \frac{-x}{\sqrt{25 - x^2}} - \frac{1}{2} = \frac{-2x - \sqrt{25 - x^2}}{2\sqrt{25 - x^2}}$$

$y' = 0$ とおくと　$2x = -\sqrt{25 - x^2}$

◀ 両辺を 2 乗して
$4x^2 = 25 - x^2$
$5x^2 = 25$ より　$x^2 = 5$
$x = -\dfrac{1}{2}\sqrt{25 - x^2} \leqq 0$
であるから
$x = -\sqrt{5}$

$x \leqq 0$ に注意してこれを解くと　$x = -\sqrt{5}$

$$y'' = -\frac{1 \cdot \sqrt{25 - x^2} - x \cdot \dfrac{-x}{\sqrt{25 - x^2}}}{25 - x^2} = \frac{-25}{(25 - x^2)\sqrt{25 - x^2}}$$

$-5 < x < 5$ の範囲で常に　$y'' < 0$

◀ $x = \pm 5$ のとき，y' および y'' は定義されない。

よって，関数の増減，凹凸は次の表のようになる。

x	-5	$\cdots$	$-\sqrt{5}$	$\cdots$	5
y'	／	$+$	0	$-$	／
y''	／	$-$	$-$	$-$	／
y	$\frac{5}{2}$	↗	$\frac{5\sqrt{5}}{2}$	↘	$-\frac{5}{2}$

ゆえに，この関数は

$x=-\sqrt{5}$ のとき　極大値 $\frac{5\sqrt{5}}{2}$

極小値はない

変曲点はない

ここで

$\lim_{x\to-5+0} y'=\infty,\ \lim_{x\to5-0} y'=-\infty$

したがって，グラフは **右の図**。

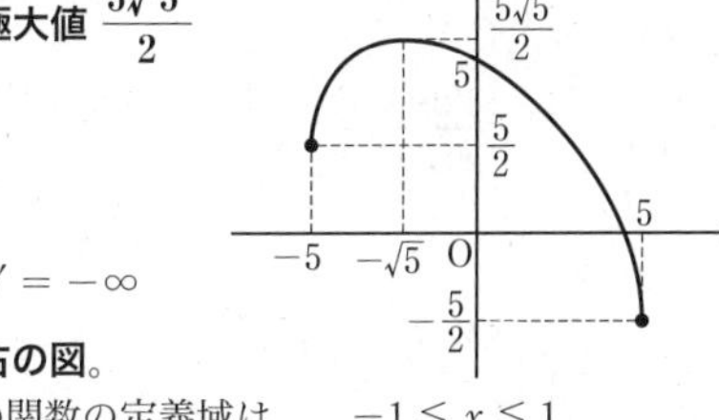

◀ グラフは，点 $\left(-5,\ \frac{5}{2}\right)$ で直線 $x=-5$ に接し，点 $\left(5,\ -\frac{5}{2}\right)$ で直線 $x=5$ に接する。

(2) $1-x^2\geqq0$ より，この関数の定義域は　$-1\leqq x\leqq1$

◀ $y=f(x)$ とおくと，$f(-x)=-f(x)$ より $f(x)$ は奇関数で，グラフは原点に関して対称である。

$$y'=1\cdot\sqrt{1-x^2}+x\cdot\frac{-2x}{2\sqrt{1-x^2}}=\frac{1-x^2-x^2}{\sqrt{1-x^2}}=\frac{-2x^2+1}{\sqrt{1-x^2}}$$

$$=\frac{(1+\sqrt{2}\,x)(1-\sqrt{2}\,x)}{\sqrt{1-x^2}}$$

$y'=0$ とおくと　$x=\pm\frac{\sqrt{2}}{2}$

$$y''=\frac{-4x\sqrt{1-x^2}-(-2x^2+1)\cdot\frac{-2x}{2\sqrt{1-x^2}}}{1-x^2}$$

$$=\frac{-4x(1-x^2)-(2x^2-1)x}{(1-x^2)\sqrt{1-x^2}}$$

$$=\frac{2x^3-3x}{(1-x^2)\sqrt{1-x^2}}=\frac{2x\left(x+\frac{\sqrt{6}}{2}\right)\left(x-\frac{\sqrt{6}}{2}\right)}{(1-x^2)\sqrt{1-x^2}}$$

$y''=0$ とおくと，$-1\leqq x\leqq1$ より　$x=0$

◀ $x=\pm\frac{\sqrt{6}}{2}$ は，$-1\leqq x\leqq1$ の範囲外である。

よって，関数の増減，凹凸は次の表のようになる。

x	-1	$\cdots$	$-\frac{\sqrt{2}}{2}$	$\cdots$	0	$\cdots$	$\frac{\sqrt{2}}{2}$	$\cdots$	1
y'		$-$	0	$+$	$+$	$+$	0	$-$	
y''		$+$	$+$	$+$	0	$-$	$-$	$-$	
y	0	↘	$-\frac{1}{2}$	↗	0	↗	$\frac{1}{2}$	↘	0

ゆえに，この関数は

$x=\frac{\sqrt{2}}{2}$ のとき　極大値 $\frac{1}{2}$

$x=-\frac{\sqrt{2}}{2}$ のとき　極小値 $-\frac{1}{2}$

変曲点 $(0,\ 0)$

ここで

$$\lim_{x \to 1-0} y' = -\infty$$

$$\lim_{x \to -1+0} y' = -\infty$$

したがって，グラフは **右の図**。

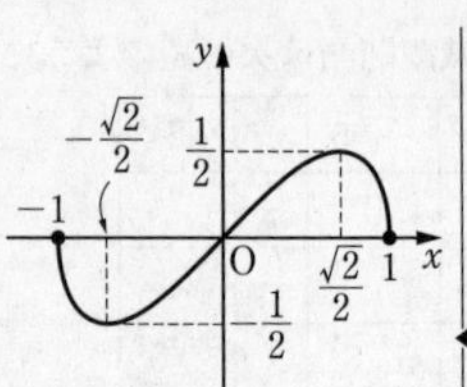

(3)　この関数の定義域は実数全体である。

◀ $\sqrt[n]{x^m} = x^{\frac{m}{n}}$

$y = x^{\frac{2}{3}}(2x-5) = 2x^{\frac{5}{3}} - 5x^{\frac{2}{3}}$　より

◀微分しやすいように展開しておく。

$$y' = \frac{10}{3}x^{\frac{2}{3}} - \frac{10}{3}x^{-\frac{1}{3}} = \frac{10(x-1)}{3\sqrt[3]{x}}$$

◀ y は $x=0$ において微分可能でないことに注意する。

$y' = 0$ とおくと　　$x = 1$

$$y'' = \frac{20}{9}x^{-\frac{1}{3}} + \frac{10}{9}x^{-\frac{4}{3}} = \frac{10(2x+1)}{9\sqrt[3]{x^4}}$$

◀ $x=0$ のとき，y'' も定義されない。

$y'' = 0$ とおくと　　$x = -\frac{1}{2}$

よって，関数の増減，凹凸は次の表のようになる。

◀ $\sqrt[3]{\left(-\frac{1}{2}\right)^2}\left\{2\cdot\left(-\frac{1}{2}\right)-5\right\}$

$= -\frac{6}{\sqrt[3]{4}}$

$= -\frac{6\cdot\sqrt[3]{2}}{\sqrt[3]{4}\cdot\sqrt[3]{2}}$

$= -\frac{6}{2}\sqrt[3]{2}$

$= -3\sqrt[3]{2}$

x	$\cdots$	$-\frac{1}{2}$	$\cdots$	0	$\cdots$	1	$\cdots$
y'	$+$	$+$	$+$	／	$-$	0	$+$
y''	$-$	0	$+$	／	$+$	$+$	$+$
y	↗	$-3\sqrt[3]{2}$	↗	0	↘	-3	↗

ゆえに，この関数は

$x=0$ のとき　極大値 0

$x=1$ のとき　極小値 -3

◀ $x=0$ のとき微分可能でないが，この点で極値をとる。

変曲点 $\left(-\frac{1}{2},\ -3\sqrt[3]{2}\right)$

ここで

$$\lim_{x \to \infty} y = \infty,\quad \lim_{x \to -\infty} y = -\infty$$

$$\lim_{x \to +0} y' = -\infty,\quad \lim_{x \to -0} y' = \infty$$

◀グラフは原点Oで y 軸に接するようにかく。

したがって，グラフは **右の図**。

(4)　この関数の定義域は実数全体である。

$y = x^{\frac{2}{3}} - x$　より

$$y' = \frac{2}{3}x^{-\frac{1}{3}} - 1 = \frac{2-3\sqrt[3]{x}}{3\sqrt[3]{x}}$$

◀ y は $x=0$ において微分可能でないことに注意する。

$y' = 0$ とおくと，$2-3\sqrt[3]{x} = 0$ より　　$x = \frac{8}{27}$

◀ $\sqrt[3]{x} = \frac{2}{3}$　より　$x = \frac{8}{27}$

$$y'' = -\frac{2}{9}x^{-\frac{4}{3}} = \frac{-2}{9\sqrt[3]{x^4}}$$

◀ $y'' = 0$ となる x の値はない。

よって，すべての実数 x に対して　　$y'' < 0$

よって，関数の増減，凹凸は次の表のようになる。

x	$\cdots$	0	$\cdots$	$\frac{8}{27}$	$\cdots$
y'	$-$	／	$+$	0	$-$
y''	$-$	／	$-$	$-$	$-$
y	↘	0	↗	$\frac{4}{27}$	↘

◀ $\sqrt[3]{\left(\frac{8}{27}\right)^2}-\frac{8}{27}$
$=\sqrt[3]{\left(\frac{2}{3}\right)^6}-\frac{8}{27}$
$=\left(\frac{2}{3}\right)^2-\frac{8}{27}$
$=\frac{12-8}{27}=\frac{4}{27}$

ゆえに，この関数は

$x=\frac{8}{27}$ のとき　極大値 $\frac{4}{27}$

$x=0$ のとき　極小値 0

変曲点はない

ここで

$\lim_{x\to\infty}y=-\infty$，$\lim_{x\to-\infty}y=\infty$

$\lim_{x\to+0}y'=\infty$，$\lim_{x\to-0}y'=-\infty$

したがって，グラフは **右の図**。

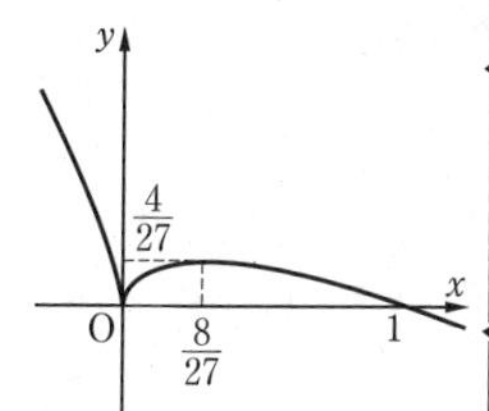

◀ $x=0$ のとき微分可能でないが，この点で極値をとる。

◀ グラフは原点Oで y 軸に接するようにかく。

練習 100 次の関数のグラフの漸近線の方程式を求めよ。

(1) $f(x)=\frac{x}{x^2-9}$　(2) $f(x)=\frac{4x^2-3}{x^2+1}$　(3) $f(x)=\frac{2x^2+x-2}{2x+3}$

(1) この関数の定義域は　$x \neq \pm 3$

$$\lim_{x\to3+0}\frac{x}{x^2-9}=\infty,\quad \lim_{x\to3-0}\frac{x}{x^2-9}=-\infty$$

$$\lim_{x\to-3+0}\frac{x}{x^2-9}=\infty,\quad \lim_{x\to-3-0}\frac{x}{x^2-9}=-\infty$$

であるから，2直線 $x=3$，$x=-3$ は漸近線である。

また　$$\lim_{x\to\infty}\frac{x}{x^2-9}=\lim_{x\to\infty}\frac{\frac{1}{x}}{1-\frac{9}{x^2}}=0$$

$$\lim_{x\to-\infty}\frac{x}{x^2-9}=0$$

であるから，直線 $y=0$ は漸近線である。

したがって，漸近線の方程式は　**$x=3$，$x=-3$，$y=0$**

◀ (分母) $\neq 0$ より　$x^2-9\neq 0$

◀ $\lim_{x\to a+0}f(x)$，$\lim_{x\to a-0}f(x)$ の少なくとも一方が ∞ または $-\infty$ となるとき，直線 $x=a$ は $y=f(x)$ の漸近線である。

◀ $\lim_{x\to\infty}f(x)=a$ または $\lim_{x\to-\infty}f(x)=a$ が成り立つとき，直線 $y=a$ は $y=f(x)$ の漸近線である。

(2) この関数の定義域は実数全体である。

$f(x)=4-\frac{7}{x^2+1}$ より

$$\lim_{x\to\infty}f(x)=\lim_{x\to-\infty}f(x)=4$$

したがって，漸近線の方程式は　**$y=4$**

◀ $\frac{4x^2-3}{x^2+1}=\frac{4-\frac{3}{x^2}}{1+\frac{1}{x^2}}$ と変形してもよい。

(3) この関数の定義域は　$x\neq-\frac{3}{2}$

$f(x)=x-1+\frac{1}{2x+3}$ より

$$\lim_{x\to-\frac{3}{2}+0}f(x)=\lim_{x\to-\frac{3}{2}+0}\left(x-1+\frac{1}{2x+3}\right)=\infty$$

◀ (分母) $\neq 0$ より　$2x+3\neq 0$

◀ $2x^2+x-2=(2x+3)(x-1)+1$

3章 8 関数の増減とグラフ

$$\lim_{x\to -\frac{3}{2}-0} f(x) = \lim_{x\to -\frac{3}{2}-0}\left(x-1+\frac{1}{2x+3}\right) = -\infty$$

であるから，直線 $x=-\dfrac{3}{2}$ は漸近線である。

次に　$\displaystyle\lim_{x\to\infty}\{f(x)-(x-1)\} = \lim_{x\to\infty}\frac{1}{2x+3} = 0$

$\displaystyle\lim_{x\to-\infty}\{f(x)-(x-1)\} = \lim_{x\to-\infty}\frac{1}{2x+3} = 0$

であるから，直線 $y=x-1$ は漸近線である。

したがって，漸近線の方程式は　　$\boldsymbol{x=-\dfrac{3}{2},\ y=x-1}$

◀ この関数は座標軸に平行でない直線を漸近線にもつ。

Plus One

練習 100 (1), (2), (3) の関数 $f(x)$ のグラフは下の図のようになる。

(1) $f(x)=\dfrac{x}{x^2-9}$ のグラフ

漸近線は
直線 $x=3$, $x=-3$
$y=0$

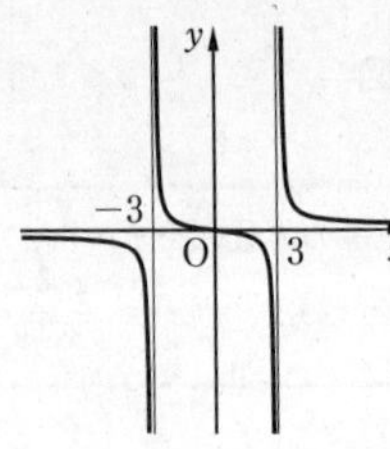

⬅ $f(-x)=-f(x)$ が成り立つから，$y=f(x)$ は奇関数で，グラフは原点に関して対称となる。

(2) $f(x)=\dfrac{4x^2-3}{x^2+1}$ のグラフ

漸近線は
直線 $y=4$

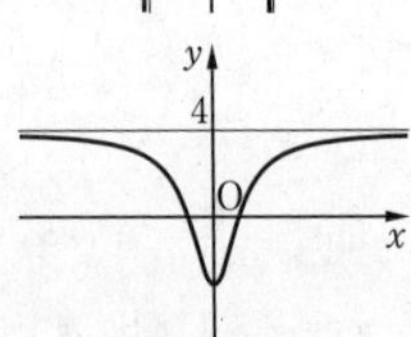

⬅ $f(-x)=f(x)$ が成り立つから，$y=f(x)$ は偶関数で，グラフは y 軸に関して対称となる。

(3) $f(x)=\dfrac{2x^2+x-2}{2x+3}$

漸近線は

直線 $x=-\dfrac{3}{2}$
$y=x-1$

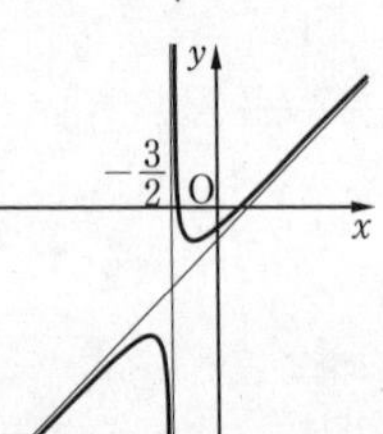

練習 101 次の関数の増減，極値，グラフの凹凸，変曲点，漸近線を調べて，そのグラフをかけ。

(1) $y=\dfrac{x}{x^2+1}$　　(2) $y=\dfrac{x^3}{x^2+1}$

(1) $f(x)=\dfrac{x}{x^2+1}$ とおくと，この関数の定義域は実数全体である。

$$f'(x)=\frac{1\cdot(x^2+1)-x\cdot 2x}{(x^2+1)^2}=\frac{-x^2+1}{(x^2+1)^2}=-\frac{(x+1)(x-1)}{(x^2+1)^2}$$

$f'(x)=0$ とおくと　　$x=\pm 1$

◀ $f(-x)=\dfrac{-x}{(-x)^2+1}$
$=-\dfrac{x}{x^2+1}$
$=-f(x)$
より $f(x)$ は奇関数で，ラフは原点に関して対である。

$$f''(x)=\frac{-2x\cdot(x^2+1)^2-(-x^2+1)\cdot 2(x^2+1)\cdot 2x}{(x^2+1)^4}$$
$$=\frac{-2x(x^2+1)+4x(x^2-1)}{(x^2+1)^3}$$
$$=\frac{2x^3-6x}{(x^2+1)^3}=\frac{2x(x^2-3)}{(x^2+1)^3}$$

$f''(x)=0$ とおくと　　$x=0,\ \pm\sqrt{3}$

よって，関数の増減，凹凸は次の表のようになる。

x	$\cdots$	$-\sqrt{3}$	$\cdots$	-1	$\cdots$	0	$\cdots$	1	$\cdots$	$\sqrt{3}$	$\cdots$
$f'(x)$	$-$	$-$	$-$	0	$+$	$+$	$+$	0	$-$	$-$	$-$
$f''(x)$	$-$	0	$+$	$+$	$+$	0	$-$	$-$	$-$	0	$+$
$f(x)$	↘	$-\frac{\sqrt{3}}{4}$	↘	$-\frac{1}{2}$	↗	0	↗	$\frac{1}{2}$	↘	$\frac{\sqrt{3}}{4}$	↘

ゆえに，この関数は

$x=1$ のとき　極大値 $\frac{1}{2}$

$x=-1$ のとき　極小値 $-\frac{1}{2}$

変曲点

$\left(-\sqrt{3},\ -\frac{\sqrt{3}}{4}\right)$, $(0,\ 0)$, $\left(\sqrt{3},\ \frac{\sqrt{3}}{4}\right)$

また　　$\lim_{x\to\infty}f(x)=\lim_{x\to-\infty}f(x)=0$

よって　**漸近線　直線 $y=0$**

したがって，$y=f(x)$ のグラフは **右の図**。

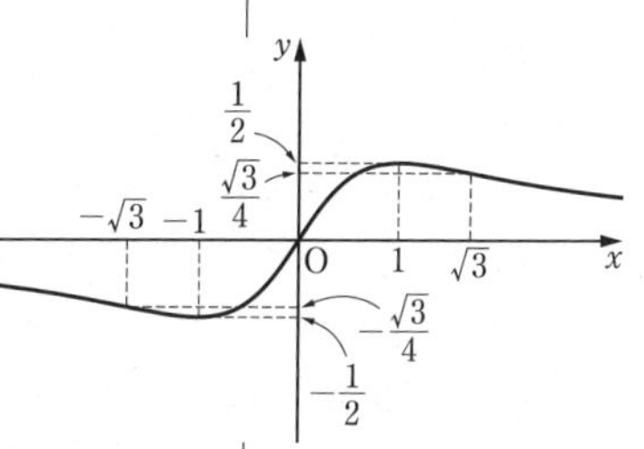

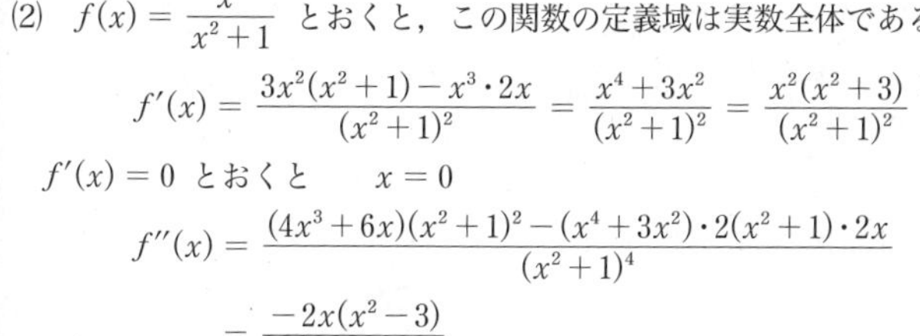

(2)　$f(x)=\frac{x^3}{x^2+1}$ とおくと，この関数の定義域は実数全体である。

$$f'(x)=\frac{3x^2(x^2+1)-x^3\cdot 2x}{(x^2+1)^2}=\frac{x^4+3x^2}{(x^2+1)^2}=\frac{x^2(x^2+3)}{(x^2+1)^2}$$

$f'(x)=0$ とおくと　　$x=0$

$$f''(x)=\frac{(4x^3+6x)(x^2+1)^2-(x^4+3x^2)\cdot 2(x^2+1)\cdot 2x}{(x^2+1)^4}$$
$$=\frac{-2x(x^2-3)}{(x^2+1)^3}$$

◀ (分母) $=x^2+1>0$

◀ $f(-x)=\frac{(-x)^3}{(-x)^2+1}$
$=-\frac{x^3}{x^2+1}$
$=-f(x)$
より $f(x)$ は奇関数で，グラフは原点に関して対称である。

$f''(x)=0$ とおくと　　$x=0,\ \pm\sqrt{3}$

よって，関数の増減，凹凸は次の表のようになる。

x	$\cdots$	$-\sqrt{3}$	$\cdots$	0	$\cdots$	$\sqrt{3}$	$\cdots$
$f'(x)$	$+$	$+$	$+$	0	$+$	$+$	$+$
$f''(x)$	$+$	0	$-$	0	$+$	0	$-$
$f(x)$	↗	$-\frac{3\sqrt{3}}{4}$	↗	0	↗	$\frac{3\sqrt{3}}{4}$	↗

ゆえに，この関数は

極値はない

変曲点 $\left(-\sqrt{3},\ -\frac{3\sqrt{3}}{4}\right)$, $(0,\ 0)$, $\left(\sqrt{3},\ \frac{3\sqrt{3}}{4}\right)$

また　$f(x)=x-\dfrac{x}{x^2+1}=x-\dfrac{\frac{1}{x}}{1+\frac{1}{x^2}}$

であるから

$\lim_{x\to\infty}\{f(x)-x\}=0$

$\lim_{x\to-\infty}\{f(x)-x\}=0$

よって　**漸近線　直線 $y=x$**

したがって，$y=f(x)$ のグラフは

右の図。

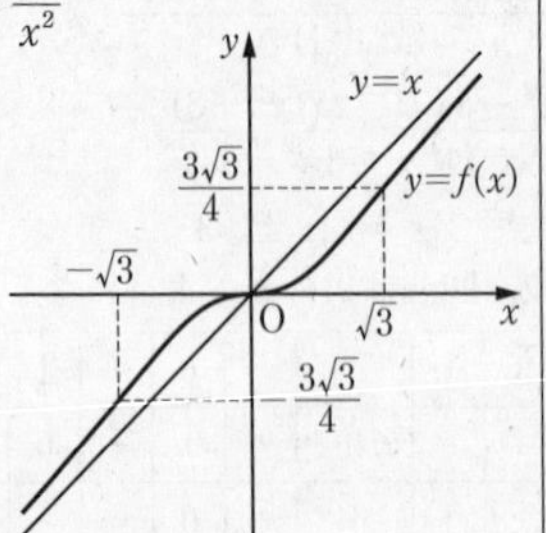

練習 102 次の方程式で表される曲線の概形をかけ。

(1)　$y^2=x(x-3)^2$　　　(2)　$y^2=4x^2(1-x^2)$

(1)　$y^2=x(x-3)^2$ …① とおくと，$y^2\geqq 0$，$x(x-3)^2\geqq 0$ より

x の値の範囲は　　$x\geqq 0$

①を y について解くと　　$y=\pm(x-3)\sqrt{x}$

よって，この曲線は

$y=(x-3)\sqrt{x}$ と $y=-(x-3)\sqrt{x}$

の2つのグラフを合わせたものである。

$f(x)=(x-3)\sqrt{x}$ $(x\geqq 0)$ とおくと

$$f'(x)=1\cdot\sqrt{x}+(x-3)\cdot\frac{1}{2\sqrt{x}}=\frac{3(x-1)}{2\sqrt{x}}$$

$f'(x)=0$ とおくと　　$x=1$

$$f''(x)=\frac{3}{2}\cdot\frac{1\cdot\sqrt{x}-(x-1)\cdot\frac{1}{2\sqrt{x}}}{(\sqrt{x})^2}=\frac{3(x+1)}{4x\sqrt{x}}$$

$x>0$ のとき　　$f''(x)>0$

よって，$f(x)$ の増減表は次のようになる。

x	0	…	1	…
$f'(x)$	／	－	0	＋
$f''(x)$	／	＋	＋	＋
$f(x)$	0	↘	-2	↗

また，$\lim_{x\to\infty}f(x)=\infty$，$\lim_{x\to+0}f'(x)=-\infty$ で

あるから，$y=f(x)$ のグラフは図1。

したがって，求める曲線の概形は，**図2** のようになる。

図1

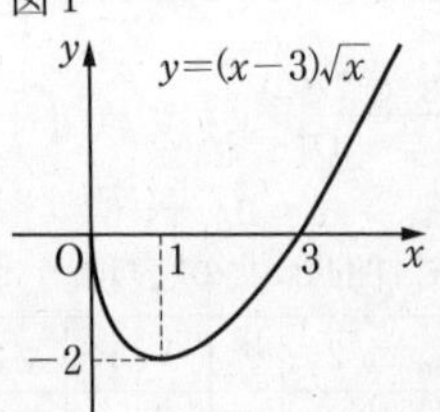

図2

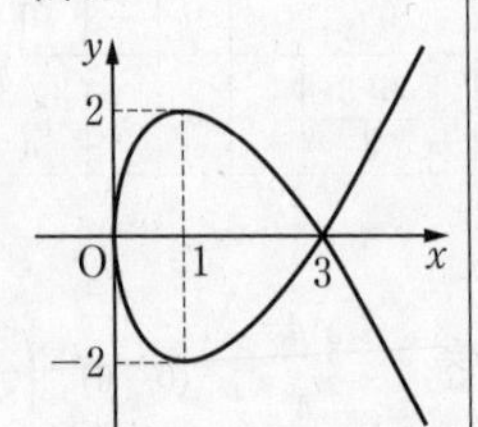

◀ (左辺) $=y^2\geqq 0$ より (右辺) $\geqq 0$ であり，$x(x-3)^2\geqq 0$ よって　$x\geqq 0$

◀ $y=(x-3)\sqrt{x}$ と $y=-(x-3)\sqrt{x}$ のグラフは x 軸に関して対称である。

◀ $\lim_{x\to+0}f'(x)=-\infty$ より $y=f(x)$ のグラフは，原点において y 軸に接する。

(2) $y^2=4x^2(1-x^2)$ …① とおくと，$y^2 \geqq 0$，$4x^2(1-x^2) \geqq 0$ より
x の値の範囲は　$-1 \leqq x \leqq 1$
① を y について解くと　$y=\pm 2x\sqrt{1-x^2}$
よって，この曲線は

$$y=2x\sqrt{1-x^2} \text{ と } y=-2x\sqrt{1-x^2}$$

の 2 つのグラフを合わせたものである。
$f(x)=2x\sqrt{1-x^2}$ $(-1 \leqq x \leqq 1)$ とおくと

$$f'(x)=2\sqrt{1-x^2}+2x\cdot\frac{-2x}{2\sqrt{1-x^2}}=\frac{-2(2x^2-1)}{\sqrt{1-x^2}}$$

$f'(x)=0$ とおくと　$x=\pm\dfrac{\sqrt{2}}{2}$

$$f''(x)=\frac{-2\cdot 4x\sqrt{1-x^2}+2(2x^2-1)\cdot\dfrac{-2x}{2\sqrt{1-x^2}}}{1-x^2}$$

$$=\frac{2x(2x^2-3)}{(1-x^2)\sqrt{1-x^2}}$$

$f''(x)=0$ とおくと，$-1 \leqq x \leqq 1$ より　$x=0$
よって，$f(x)$ の増減表は次のようになる。

x	-1	…	$-\frac{\sqrt{2}}{2}$	…	0	…	$\frac{\sqrt{2}}{2}$	…	1
$f'(x)$	／	$-$	0	$+$	$+$	$+$	0	$-$	／
$f''(x)$	／	$+$	$+$	$+$	0	$-$	$-$	$-$	／
$f(x)$	0	↘	-1	↗	0	↗	1	↘	0

また，$\displaystyle\lim_{x\to 1-0} f'(x)=-\infty$，$\displaystyle\lim_{x\to -1+0} f'(x)=-\infty$ であるから，
$y=f(x)$ のグラフは図 1。
したがって，求める曲線の概形は，**図 2** のようになる。

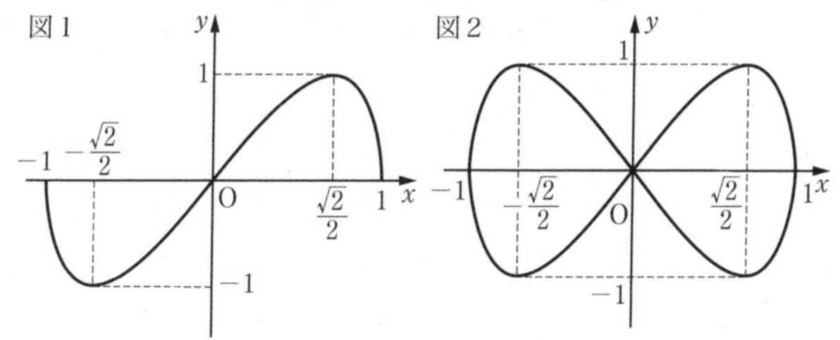

◀ (左辺) $=y^2 \geqq 0$ より
(右辺) $\geqq 0$ であり，
$4x^2(1-x^2) \geqq 0$
よって　$-1 \leqq x \leqq 1$

◀ $y=2x\sqrt{1-x^2}$ と
$y=-2x\sqrt{1-x^2}$ のグラフは x 軸に関して対称である。

◀ $x=\pm\dfrac{\sqrt{6}}{2}$ は，
$-1 \leqq x \leqq 1$ の範囲外である。

◀ $y=f(x)$ のグラフは点 $(\pm 1,\ 0)$ において，直線 $x=\pm 1$ に接する。(複号同順)

Plus One

練習 102 (2) の曲線 $y^2=4x^2(1-x^2)$ は，x を $-x$ に置き換えても同じ式になるから，この曲線は y 軸に関して対称である。また，y を $-y$ に置き換えても同じ式になるから，この曲線は x 軸に関しても対称である。
このことから，$y=2x\sqrt{1-x^2}$ の $0 \leqq x \leqq 1$ の部分の増減を調べるだけでも曲線の概形をかくことができる。

練習 103 媒介変数 t で表された曲線 $\begin{cases} x = 1 - t^2 \\ y = 1 - t - t^2 + t^3 \end{cases}$ の概形をかけ。ただし，凹凸は調べなくてよい。

$\dfrac{dx}{dt} = -2t$ より，$\dfrac{dx}{dt} = 0$ とおくと　$t = 0$

$\dfrac{dy}{dt} = -1 - 2t + 3t^2 = (t-1)(3t+1)$ より

$\dfrac{dy}{dt} = 0$ とおくと　$t = -\dfrac{1}{3}$，1

よって，x，y の増減は次の表のようになる。

t	$\cdots$	$-\dfrac{1}{3}$	$\cdots$	0	$\cdots$	1	$\cdots$
$\dfrac{dx}{dt}$	+	+	+	0	−	−	−
x	→	$\dfrac{8}{9}$	→	1	←	0	←
$\dfrac{dy}{dt}$	+	0	−	−	−	0	+
y	↑	$\dfrac{32}{27}$	↓	1	↓	0	↑
$(x,\ y)$	↗	$\left(\dfrac{8}{9},\ \dfrac{32}{27}\right)$	↘	$(1,\ 1)$	↙	$(0,\ 0)$	↖

◀ $y = (t-1)^2(t+1)$ より $y = 0$ とおくと　$t = \pm 1$　$t = \pm 1$ のとき $x = 0$ であるから，この曲線と x 軸の共有点は原点 O のみ。

また，$x = 0$ となるのは

$1 - t^2 = 0$ より　　$t = \pm 1$

$t = -1$ のとき　　$y = 0$

さらに　$\displaystyle\lim_{t \to -\infty} x = -\infty$，$\displaystyle\lim_{t \to -\infty} y = -\infty$

　　$\displaystyle\lim_{t \to \infty} x = -\infty$，$\displaystyle\lim_{t \to \infty} y = \infty$

したがって，曲線の概形は **右の図**。

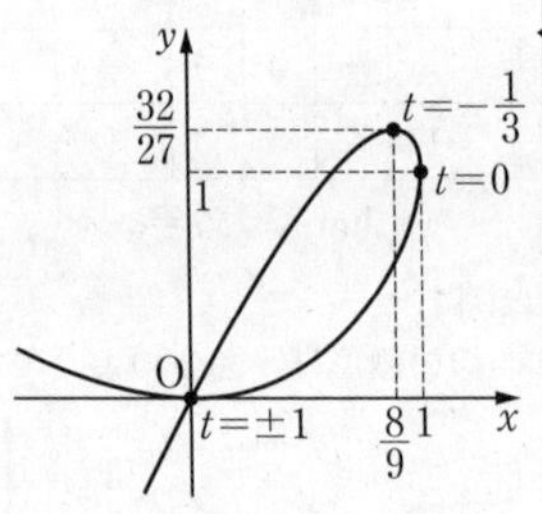

◀ x は t の 2 次関数であり t^2 の係数が負であるから $t \to -\infty$，$t \to \infty$ のときともに $x \to -\infty$ となる。y は t の 3 次関数であり t^3 の係数が正であるから $t \to -\infty$ のとき $y \to -\infty$，$t \to \infty$ のとき $y \to \infty$ となる。

練習 104 関数 $f(x) = \pi x + \cos \pi x + \sin \pi x$ が極小値をとるときの x の値を求めよ。

$f'(x) = \pi - \pi \sin \pi x + \pi \cos \pi x = \pi + \sqrt{2}\pi \sin\left(\pi x + \dfrac{3}{4}\pi\right)$

$f'(x) = 0$ とおくと，$\sin\left(\pi x + \dfrac{3}{4}\pi\right) = -\dfrac{1}{\sqrt{2}}$ より

$\pi x + \dfrac{3}{4}\pi = \dfrac{5}{4}\pi + 2n\pi$　または　$\pi x + \dfrac{3}{4}\pi = \dfrac{7}{4}\pi + 2n\pi$

(n は整数)

◀ 三角関数の合成 $-\sin\theta + \cos\theta = \sqrt{2}\sin\left(\theta + \dfrac{3}{4}\pi\right)$

また，$f''(x) = \sqrt{2}\pi^2 \cos\left(\pi x + \dfrac{3}{4}\pi\right)$ より

$\sqrt{2}\pi^2 \cos\left(\dfrac{7}{4}\pi + 2n\pi\right) > 0$，　$\sqrt{2}\pi^2 \cos\left(\dfrac{5}{4}\pi + 2n\pi\right) < 0$

であるから，$\pi x + \dfrac{3}{4}\pi = \dfrac{7}{4}\pi + 2n\pi$ となる x は　$x = 2n + 1$

◀ $\cos\left(\dfrac{7}{4}\pi + 2n\pi\right) > 0$　$\cos\left(\dfrac{5}{4}\pi + 2n\pi\right) < 0$

よって，$x=2n+1$ のとき，$f'(x)=0$ かつ $f''(x)>0$ より，極小値をとるから，関数 $f(x)$ が極小値をとるとき

$x=2n+1$ (n は整数)

◀ $\pi x=\pi+2n\pi$ より $x=1+2n$

p.187 問題編 8　関数の増減とグラフ

問題 **89** 次の関数の極値を求めよ。

(1) $y=\dfrac{3x-1}{x^3+1}$　　(2) $y=\dfrac{x^2}{\sqrt{(x^4+2)^3}}$

(1) $x^3+1=(x+1)(x^2-x+1)$ であるから，

この関数の定義域は　$x \neq -1$

$$y'=\frac{3(x^3+1)-(3x-1)\cdot 3x^2}{(x^3+1)^2}$$

$$=-\frac{3(x-1)(2x^2+x+1)}{(x^3+1)^2}$$

◀ $x^2-x+1=\left(x-\dfrac{1}{2}\right)^2+\dfrac{3}{4}>0$

◀ $2x^2+x+1=2\left(x+\dfrac{1}{4}\right)^2+\dfrac{7}{8}>0$ であるから，$x-1$ の符号を考えればよい。

$y'=0$ とおくと　$x=1$

よって，y の増減表は次のようになる。

x	$\cdots$	-1	$\cdots$	1	$\cdots$
y'	$+$	／	$+$	0	$-$
y	↗	／	↗	1	↘

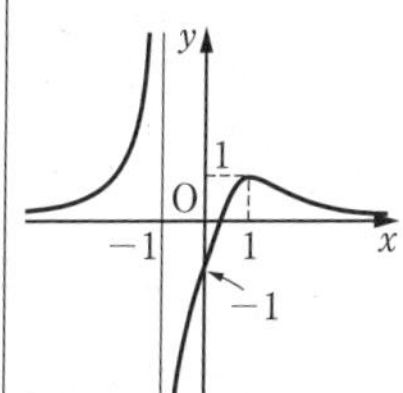

ゆえに，この関数は

$x=1$ のとき　極大値 1

極小値はない

(2) この関数の定義域は実数全体である。

$$y'=\frac{2x\sqrt{(x^4+2)^3}-x^2\cdot\frac{3}{2}\sqrt{x^4+2}\cdot 4x^3}{\left\{\sqrt{(x^4+2)^3}\right\}^2}$$

$$=\frac{2x(x^4+2)^3-6x^5(x^4+2)^2}{(x^4+2)^3\sqrt{(x^4+2)^3}}$$

$$=\frac{-4x(x^2+1)(x-1)(x+1)}{(x^4+2)^2\sqrt{x^4+2}}$$

◀ $\left\{\sqrt{(x^4+2)^3}\right\}'=\left\{(x^4+2)^{\frac{3}{2}}\right\}'=\dfrac{3}{2}(x^4+2)^{\frac{1}{2}}\cdot 4x^3$

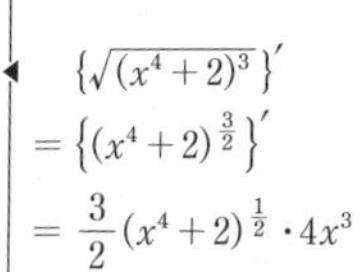

$y'=0$ とおくと　$x=-1,\ 0,\ 1$

よって，y の増減表は次のようになる。

x	$\cdots$	-1	$\cdots$	0	$\cdots$	1	$\cdots$
y'	$+$	0	$-$	0	$+$	0	$-$
y	↗	$\dfrac{\sqrt{3}}{9}$	↘	0	↗	$\dfrac{\sqrt{3}}{9}$	↘

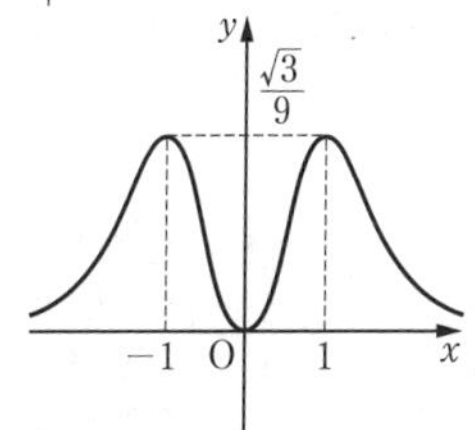

ゆえに，この関数は

$x=-1,\ 1$ のとき　極大値 $\dfrac{\sqrt{3}}{9}$

$x=0$ のとき　極小値 0

問題 **90** 関数 $y=\dfrac{6}{\sin x}+\dfrac{\sin x}{\cos x}$ $(0<x<2\pi)$ の極値を求めよ。 （立命館大　改）

この関数の定義域は　$x\neq\dfrac{\pi}{2},\ x\neq\pi,\ x\neq\dfrac{3}{2}\pi$

$$y'=\frac{-6\cos x}{\sin^2 x}+\frac{1}{\cos^2 x}=\frac{-6\cos^3 x+\sin^2 x}{\sin^2 x\cos^2 x}$$

$$=\frac{-6\cos^3 x-\cos^2 x+1}{\sin^2 x\cos^2 x}=\frac{-(2\cos x-1)(3\cos^2 x+2\cos x+1)}{\sin^2 x\cos^2 x}$$

◀ $\sin^2 x=1-\cos^2 x$

◀ $6X^3+X^2-1=(2X-1)(3X^2+2X+1)$ と因数分解できる。

$3\cos^2 x+2\cos x+1=3\left(\cos x+\dfrac{1}{3}\right)^2+\dfrac{2}{3}>0$ より，

$y'=0$ とおくと　$\cos x=\dfrac{1}{2}$

$0\leqq x\leqq 2\pi$ の範囲で　$x=\dfrac{\pi}{3},\ \dfrac{5}{3}\pi$

よって，y の増減表は次のようになる。

x	0	…	$\frac{\pi}{3}$	…	$\frac{\pi}{2}$	…	π	…	$\frac{3}{2}\pi$	…	$\frac{5}{3}\pi$	…	2π
y'	／	−	0	+	／	+	／	+	／	+	0	−	／
y	／	↘	$5\sqrt{3}$	↗	／	↗	／	↗	／	↗	$-5\sqrt{3}$	↘	／

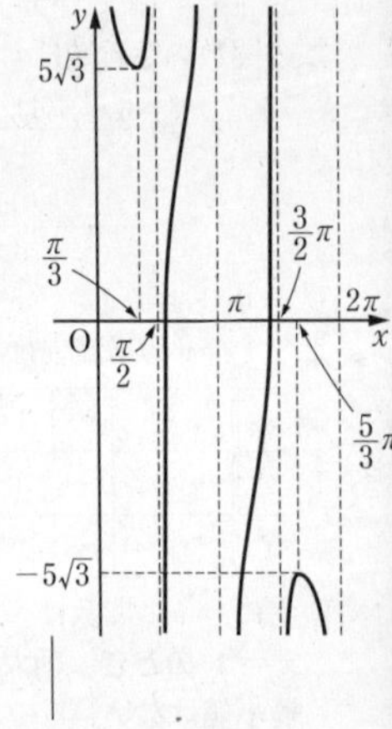

ゆえに，この関数は

$x=\dfrac{\pi}{3}$ のとき　極小値 $5\sqrt{3}$

$x=\dfrac{5}{3}\pi$ のとき　極大値 $-5\sqrt{3}$

問題 **91** 次の関数の極値を求めよ。

(1) $y=xe^{-x^2}$　　(2) $y=\dfrac{\log x}{x^2}$

(1) この関数の定義域は実数全体である。

$$y'=e^{-x^2}+x\cdot(-2x)e^{-x^2}=(1-2x^2)e^{-x^2}$$

$y'=0$ とおくと　$x=\pm\dfrac{\sqrt{2}}{2}$

よって，y の増減表は次のようになる。

◀ $e^{-x^2}>0$ であるから，$1-2x^2$ の符号のみを考えればよい。

x	…	$-\frac{\sqrt{2}}{2}$	…	$\frac{\sqrt{2}}{2}$	…
y'	−	0	+	0	−
y	↘	$-\frac{1}{\sqrt{2e}}$	↗	$\frac{1}{\sqrt{2e}}$	↘

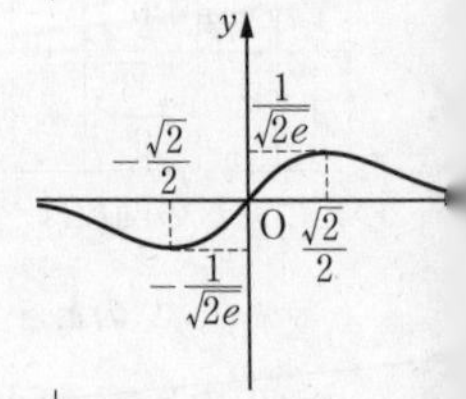

ゆえに，この関数は

$x=\dfrac{\sqrt{2}}{2}$ のとき　極大値 $\dfrac{1}{\sqrt{2e}}$

$x=-\dfrac{\sqrt{2}}{2}$ のとき　極小値 $-\dfrac{1}{\sqrt{2e}}$

(2)　この関数の定義域は　　$x>0$

$y=\dfrac{\log x}{x^2}=\dfrac{1}{x^2}\log x$ より

$$y'=-\frac{2}{x^3}\log x+\frac{1}{x^3}=\frac{1-2\log x}{x^3}$$

$y'=0$ とおくと，$\log x=\dfrac{1}{2}$ より　　$x=e^{\frac{1}{2}}=\sqrt{e}$

よって，y の増減表は次のようになる。

x	0	$\cdots$	$\sqrt{e}$	$\cdots$
y'	／	$+$	0	$-$
y	／	↗	$\dfrac{1}{2e}$	↘

ゆえに，この関数は

$x=\sqrt{e}$ のとき　極大値 $\dfrac{1}{2e}$

極小値はない

◀ $\log x$ の真数条件より $x>0$ となる。

◀ $x^3>0$ であるから，$1-2\log x$ の符号のみを考えればよい。

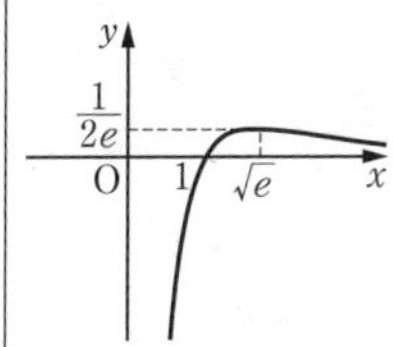

問題 **92**　次の関数の極値を求めよ。

(1)　$y=|x|\sqrt{2-x^2}$　　　　(2)　$y=|x-1|\sqrt{3-x^2}$

(1)　この関数の定義域は，$2-x^2\geqq 0$ より　　$x^2-2\leqq 0$

$$(x+\sqrt{2})(x-\sqrt{2})\leqq 0$$

よって　　$-\sqrt{2}\leqq x\leqq\sqrt{2}$

(ア)　$0\leqq x\leqq\sqrt{2}$ のとき　　$y=x\sqrt{2-x^2}$

よって，$0<x<\sqrt{2}$ のとき

$$y'=\sqrt{2-x^2}+x\cdot\frac{-2x}{2\sqrt{2-x^2}}$$

$$=\frac{(2-x^2)-x^2}{\sqrt{2-x^2}}=\frac{2(1-x^2)}{\sqrt{2-x^2}}$$

$y'=0$ とおくと，$0<x<\sqrt{2}$ より　　$x=1$

(イ)　$-\sqrt{2}\leqq x\leqq 0$ のとき　　$y=-x\sqrt{2-x^2}$

よって，$-\sqrt{2}<x<0$ のとき

$$y'=-\frac{2-2x^2}{\sqrt{2-x^2}}=\frac{2(x^2-1)}{\sqrt{2-x^2}}$$

$y'=0$ とおくと，$-\sqrt{2}<x<0$ より　　$x=-1$

(ア)，(イ) より，y の増減表は次のようになる。

x	$-\sqrt{2}$	$\cdots$	-1	$\cdots$	0	$\cdots$	1	$\cdots$	$\sqrt{2}$
y'	／	$+$	0	$-$	／	$+$	0	$-$	／
y	0	↗	1	↘	0	↗	1	↘	0

ゆえに，この関数は

$x=-1,\ 1$ のとき　極大値 1

$x=0$ のとき　極小値 0

(2)　この関数の定義域は，$3-x^2\geqq 0$ より　　$x^2-3\leqq 0$

◀ $y=|x|\sqrt{2-x^2}$ は $x=0,\ \pm\sqrt{2}$ で微分可能でないから，関数の微分は $x\neq 0,\ x\neq\pm\sqrt{2}$ で考える。

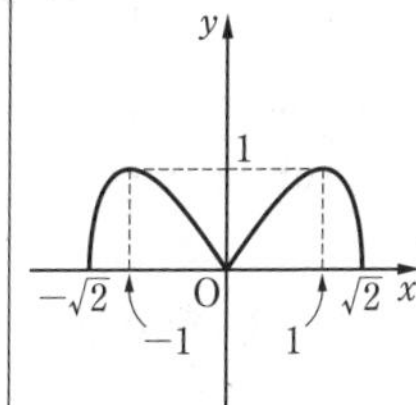

◀ $x=0$ のとき y' は存在しないが，その点で極値をとる。

$(x+\sqrt{3})(x-\sqrt{3}) \leqq 0$

よって　$-\sqrt{3} \leqq x \leqq \sqrt{3}$

(ア)　$1 \leqq x \leqq \sqrt{3}$ のとき　$y=(x-1)\sqrt{3-x^2}$

よって，$1<x<\sqrt{3}$ のとき

$$y'=\sqrt{3-x^2}+(x-1)\cdot\frac{-2x}{2\sqrt{3-x^2}}$$

$$=\frac{(3-x^2)-x(x-1)}{\sqrt{3-x^2}}=\frac{3+x-2x^2}{\sqrt{3-x^2}}$$

$y'=0$ とおくと　$2x^2-x-3=0$

$(2x-3)(x+1)=0$

$1<x<\sqrt{3}$ より　$x=\dfrac{3}{2}$

(イ)　$-\sqrt{3} \leqq x \leqq 1$ のとき　$y=-(x-1)\sqrt{3-x^2}$

よって，$-\sqrt{3}<x<1$ のとき

$$y'=-\frac{3+x-2x^2}{\sqrt{3-x^2}}=\frac{2x^2-x-3}{\sqrt{3-x^2}}$$

$y'=0$ とおくと　$2x^2-x-3=0$

$(2x-3)(x+1)=0$

$-\sqrt{3}<x<1$ より　$x=-1$

(ア)，(イ) より，y の増減表は次のようになる。

x	$-\sqrt{3}$	$\cdots$	-1	$\cdots$	1	$\cdots$	$\dfrac{3}{2}$	$\cdots$	$\sqrt{3}$
y'	／	$+$	0	$-$	／	$+$	0	$-$	／
y	0	↗	$2\sqrt{2}$	↘	0	↗	$\dfrac{\sqrt{3}}{4}$	↘	0

ゆえに，この関数は

$x=-1$ のとき　極大値 $2\sqrt{2}$

$x=\dfrac{3}{2}$ のとき　極大値 $\dfrac{\sqrt{3}}{4}$

$x=1$ のとき　極小値 0

◀ $y=|x-1|\sqrt{3-x^2}$ は $x=1,\ \pm\sqrt{3}$ で微分可能でないから，関数の微分は $x \neq 1,\ x \neq \pm\sqrt{3}$ で考える。

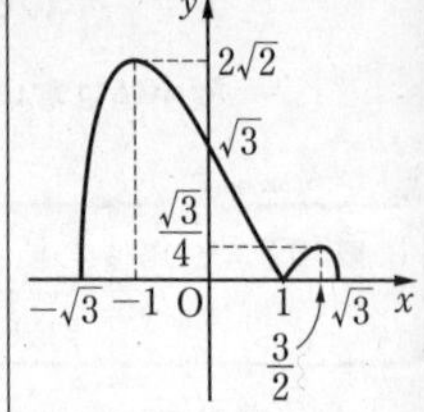

◀ $x=1$ のとき y' は存在しないが，その点で極値をとる。

問題 93　関数 $f(x)=\dfrac{ax}{x^2+a^2}$ の極値を求めよ。ただし，a は 0 でない定数とする。

この関数の定義域は実数全体である。

$$f'(x)=\frac{a\{(x^2+a^2)-2x^2\}}{(x^2+a^2)^2}=-\frac{a(x+a)(x-a)}{(x^2+a^2)^2}$$

$f'(x)=0$ とおくと　$x=-a,\ a$

(ア)　$a>0$ のとき

$f(x)$ の増減表は，次のようになる。

◀ $a \neq 0$ より $x^2+a^2 \neq 0$

◀ $x^2+a^2>0$ であるから $f'(x)$ の符号は $-a(x+a)(x-a)$ で考えればよい

x	$\cdots$	$-a$	$\cdots$	a	$\cdots$
$f'(x)$	$-$	0	$+$	0	$-$
$f(x)$	↘	$-\dfrac{1}{2}$	↗	$\dfrac{1}{2}$	↘

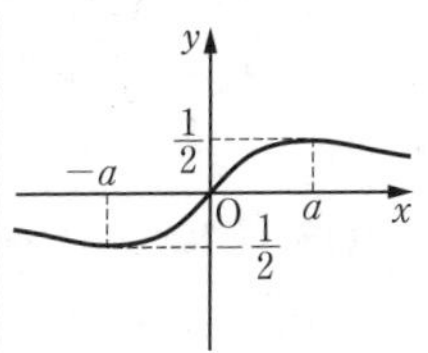

よって，この関数は

$x=a$ で極大値 $\dfrac{1}{2}$，$x=-a$ で極小値 $-\dfrac{1}{2}$

(イ)　$a<0$ のとき

$f(x)$ の増減表は，次のようになる。

x	$\cdots$	a	$\cdots$	$-a$	$\cdots$
$f'(x)$	$+$	0	$-$	0	$+$
$f(x)$	↗	$\dfrac{1}{2}$	↘	$-\dfrac{1}{2}$	↗

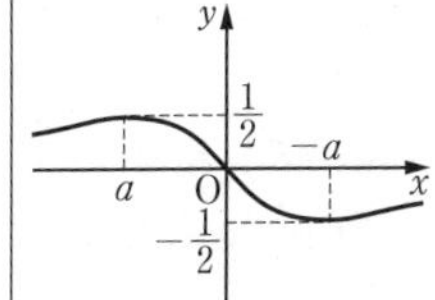

よって，この関数は

$x=a$ で極大値 $\dfrac{1}{2}$，$x=-a$ で極小値 $-\dfrac{1}{2}$

(ア)，(イ) より，この関数は

$x=a$ で極大値 $\dfrac{1}{2}$

$x=-a$ で極小値 $-\dfrac{1}{2}$

問題 94　a を実数とする。関数 $f(x)=ax+\cos x+\dfrac{1}{2}\sin 2x$ が極値をもたないとき，a の値の範囲を定めよ。　(神戸大)

この関数の定義域は実数全体である。

◀ まず定義域を調べる。

$$f'(x)=a-\sin x+\cos 2x$$

関数 $f(x)$ が極値をもたないとき，「すべての実数 x に対して $f'(x)\geqq 0$」または「すべての実数 x に対して $f'(x)\leqq 0$」が成り立つ。

◀ $f(x)$ が極値をもたない $\Longleftrightarrow f'(x)$ の符号が変わらない

ここで，$f'(x)\geqq 0$ となるとき　$\sin x-\cos 2x\leqq a$

$f'(x)\leqq 0$ となるとき　$\sin x-\cos 2x\geqq a$

$g(x)=\sin x-\cos 2x$ とおくと

◀ $f'(x)=a-\sin x+\cos 2x$ の符号を調べるには $\sin x-\cos 2x$ と a の大小を比べればよい。

$$\begin{aligned}g(x)&=\sin x-\cos 2x\\&=\sin x-(1-2\sin^2 x)\\&=2\sin^2 x+\sin x-1\end{aligned}$$

$\sin x=t$ とおくと，$-1\leqq t\leqq 1$ であり

$$g(x)=2t^2+t-1=2\left(t+\frac{1}{4}\right)^2-\frac{9}{8}$$

よって

$t=-\dfrac{1}{4}$ のとき　最小値 $-\dfrac{9}{8}$

$t=1$ のとき　最大値 2

したがって，すべての実数 x に対して $f'(x)\geqq 0$ または $f'(x)\leqq 0$ が成り立つのは，$-1\leqq t\leqq 1$ の範囲のすべての実数 t に対して $g(x)\leqq a$ または $g(x)\geqq a$ が成り立つときであるから

◀ 直線 $y=a$ が曲線 $y=2t^2+t-1$ $(-1\leqq t\leqq 1)$ に接するか上方または接するか下方にある。

$a \leqq -\dfrac{9}{8}$, $2 \leqq a$

Plus One

実数全体で定義された関数 $f(x)$ が極値をもたないのは，次の(ア)，(イ)の場合がある。
(ア) $f'(\alpha)=0$ を満たす $x=\alpha$ は存在するが，$x=\alpha$ の前後で $f'(x)$ の符号が変わらない
(イ) $f'(\alpha)=0$ を満たす $x=\alpha$ が存在せず，$f'(x)$ の符号が常に正または負である
このことから，$f'(x)$ の符号が変化しない，すなわち「すべての実数 x に対して $f'(x) \geqq 0$」または「すべての実数 x に対して $f'(x) \leqq 0$」となる条件を求めればよい。

問題 95 関数 $f(x)=\dfrac{4x-a}{x^2+1}$ は極大値 1 をとる。
(1) 定数 a の値を求めよ。
(2) 関数 $f(x)$ の極小値を求めよ。

(1) この関数の定義域は実数全体である。

$$f'(x)=\frac{4(x^2+1)-(4x-a)\cdot 2x}{(x^2+1)^2}=-\frac{2(2x^2-ax-2)}{(x^2+1)^2}$$

ここで，2 次方程式 $2x^2-ax-2=0$ の判別式を D とすると，
$D=a^2+16>0$ より，この方程式は異なる 2 つの実数解をもつ。
$f'(x)$ の分母は常に正であるから，この 2 次方程式の解の前後で $f'(x)$ の符号が変化する。

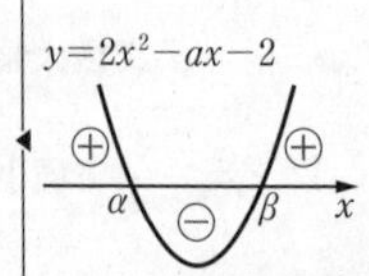

ここで，この関数が極大値をとるときの x の値を t とすると，
$f'(t)=0$ であるから

$$\frac{2(2t^2-at-2)}{(t^2+1)^2}=0$$

よって　$2t^2-at-2=0$ …①

また，極大値が 1 であるから　$f(t)=\dfrac{4t-a}{t^2+1}=1$

$4t-a=t^2+1$ より　$a=-t^2+4t-1$ …②

①に代入して整理すると　$t^3-2t^2+t-2=0$

$(t-2)(t^2+1)=0$ より　$t=2$

②に代入すると　$a=3$

2	1	−2	1	−2
+)		2	0	2
	1	0	1	0

よって
t^3-2t^2+t-2
$=(t-2)(t^2+1)$

逆に，このとき $f(x)=\dfrac{4x-3}{x^2+1}$ であるから

◀十分性を確かめる。

$$f'(x)=-\frac{2(2x^2-3x-2)}{(x^2+1)^2}=-\frac{2(2x+1)(x-2)}{(x^2+1)^2}$$

◀$f'(x)=0$ の解は $x=-\dfrac{1}{2}$, 2

$f(x)$ の増減表は次のようになる。

x	…	$-\frac{1}{2}$	…	2	…
$f'(x)$	−	0	+	0	−
$f(x)$	↘	−4	↗	1	↘

増減表より，関数 $f(x)$ は確かに $x=2$ のとき極大値 1 をとる。
したがって，求める a の値は　$\boldsymbol{a=3}$

(2) (1)の結果より

$x=-\dfrac{1}{2}$ のとき　極小値 -4

問題 96 関数 $y=\log\dfrac{2a-x}{x}$ のグラフは，その変曲点に関して対称であることを示せ。ただし，a は正の定数とする。

$f(x)=\log\dfrac{2a-x}{x}$ とおくと，この関数の定義域は

$\dfrac{2a-x}{x}>0$ より　　$0<x<2a$

また，$f(x)=\log(2a-x)-\log x$ であるから

$$f'(x)=\frac{-1}{2a-x}-\frac{1}{x}=\frac{1}{x-2a}-\frac{1}{x}$$

$$f''(x)=\frac{-1}{(x-2a)^2}+\frac{1}{x^2}=\frac{-x^2+(x-2a)^2}{x^2(x-2a)^2}=\frac{-4a(x-a)}{x^2(x-2a)^2}$$

$f''(x)=0$ とおくと，$0<x<2a$ より　　$x=a$

$y=f(x)$ のグラフの凹凸は次の表のようになる。

x	0	$\cdots$	a	$\cdots$	$2a$
$f''(x)$	／	$+$	0	$-$	／
$f(x)$	／	下に凸	0	上に凸	／

よって，変曲点の座標は　　$(a,\ 0)$

次に，曲線 $y=f(x)$ を x 軸方向に $-a$ だけ平行移動した曲線の方程式を $y=g(x)$ とおくと

$$g(x)=f(x+a)=\log\frac{2a-(x+a)}{x+a}=\log\frac{-x+a}{x+a}$$

このとき

$$g(-x)=\log\frac{x+a}{-x+a}=\log\left(\frac{-x+a}{x+a}\right)^{-1}$$

$$=-\log\frac{-x+a}{x+a}=-g(x)$$

ゆえに，$y=g(x)$ のグラフは原点に関して対称である。

したがって，$y=f(x)$ のグラフは変曲点 $(a,\ 0)$ に関して対称である。

◀ 真数条件を満たす x の値の範囲が定義域である。

◀ $\dfrac{2a-x}{x}>0$ の両辺に $x^2\ (>0)$ を掛けると

$x(2a-x)>0$

$x(x-2a)<0$

よって　$0<x<2a$

◀ 変曲点 $(a,\ 0)$ に関して対称であることを直接示すのは難しいから，$y=f(x)$ に対して，変曲点 $(a,\ 0)$ を原点に移すような平行移動を行い，それが原点に関して対称であることを示せばよい。

問題 97 次の関数の増減，極値，グラフの凹凸，変曲点を調べて，そのグラフをかけ。

(1)　$y=\dfrac{1}{2}\sin 2x-2\sin x+x$　$(0\leqq x\leqq 2\pi)$

(2)　$y=\dfrac{\sin x}{3+\cos x}$　$(0\leqq x\leqq 2\pi)$

(1)　$y'=\cos 2x-2\cos x+1$

$\quad=2\cos^2 x-1-2\cos x+1=2\cos x(\cos x-1)$

$y'=0$ とおくと　　$\cos x=0,\ 1$

$0\leqq x\leqq 2\pi$ の範囲で　　$x=0,\ \dfrac{\pi}{2},\ \dfrac{3}{2}\pi,\ 2\pi$

$y''=-2\sin 2x+2\sin x$

◀ $\cos 2x=2\cos^2 x-1$ を代入して，$\cos x$ の 2 次関数と考える。

3章 8 関数の増減とグラフ

$= -4\sin x\cos x + 2\sin x = 2\sin x(1-2\cos x)$

◀ $\sin 2x = 2\sin x\cos x$ を利用して式を変形する。

$y''=0$ とおくと　　$\sin x = 0,\ \cos x = \dfrac{1}{2}$

$0 \leqq x \leqq 2\pi$ の範囲で　　$x = 0,\ \dfrac{\pi}{3},\ \pi,\ \dfrac{5}{3}\pi,\ 2\pi$

よって，関数の増減，凹凸は次の表のようになる。

x	0	$\cdots$	$\dfrac{\pi}{3}$	$\cdots$	$\dfrac{\pi}{2}$	$\cdots$	π	$\cdots$	$\dfrac{3}{2}\pi$	$\cdots$	$\dfrac{5}{3}\pi$	$\cdots$	2π
y'		$-$	$-$	$-$	0	$+$	$+$	$+$	0	$-$	$-$	$-$	
y''		$-$	0	$+$	$+$	$+$	0	$-$	$-$	$-$	0	$+$	
y	0	↘	$\dfrac{\pi}{3}-\dfrac{3\sqrt{3}}{4}$	↘	$\dfrac{\pi}{2}-2$	↗	π	↗	$\dfrac{3}{2}\pi+2$	↘	$\dfrac{5}{3}\pi+\dfrac{3\sqrt{3}}{4}$	↘	2π

ゆえに，この関数は

$x=\dfrac{3}{2}\pi$ のとき　極大値 $\dfrac{3}{2}\pi+2$

$x=\dfrac{\pi}{2}$ のとき　極小値 $\dfrac{\pi}{2}-2$

変曲点 $\left(\dfrac{\pi}{3},\ \dfrac{\pi}{3}-\dfrac{3\sqrt{3}}{4}\right)$，$(\pi,\ \pi)$，

$\left(\dfrac{5}{3}\pi,\ \dfrac{5}{3}\pi+\dfrac{3\sqrt{3}}{4}\right)$

したがって，グラフは **右の図**。

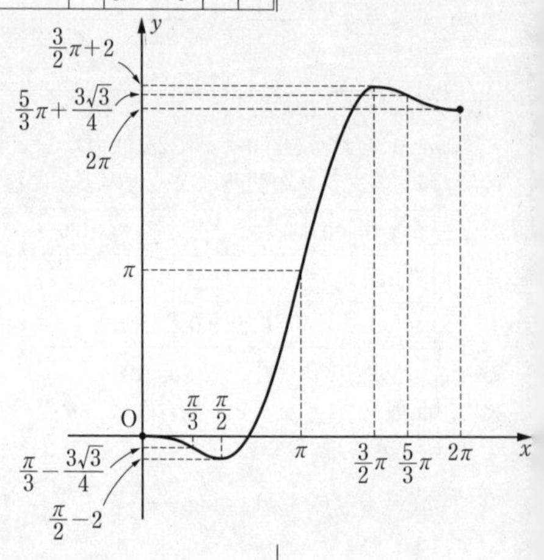

(2)　$y' = \dfrac{\cos x(3+\cos x) - \sin x(-\sin x)}{(3+\cos x)^2} = \dfrac{3\cos x + 1}{(3+\cos x)^2}$

◀ $3+\cos x > 0$

$y'' = \dfrac{-3\sin x(3+\cos x)^2 - (3\cos x+1)\cdot 2(3+\cos x)(-\sin x)}{(3+\cos x)^4}$

$= \dfrac{\sin x(3\cos x - 7)}{(3+\cos x)^3}$

◀ $3\cos x - 7 < 0$

$y'=0$ とおくと　　$\cos x = -\dfrac{1}{3}$

$\cos x = -\dfrac{1}{3}$ を満たす x を $\alpha\ \left(\dfrac{\pi}{2} < \alpha < \pi\right)$ とすると，$0 \leqq x \leqq 2\pi$ の範囲で

$x = \alpha,\ 2\pi - \alpha$

◀ 詳しく考えると $\cos\alpha = -\dfrac{1}{3} > -\dfrac{1}{2} = \cos\dfrac{2}{3}\pi$ よって　$\dfrac{\pi}{2} < \alpha < \dfrac{2}{3}\pi$

$y''=0$ とおくと，$\sin x = 0$ より　　$x = 0,\ \pi,\ 2\pi$

よって，関数の増減，凹凸は次の表のようになる。

x	0	…	α	…	π	…	$2\pi-\alpha$	…	2π
y'		$+$	0	$-$	$-$	$-$	0	$+$	
y''		$-$	$-$	$-$	0	$+$	$+$	$+$	
y	0	↗	$\dfrac{\sqrt{2}}{4}$	↘	0	↘	$-\dfrac{\sqrt{2}}{4}$	↗	0

◀ $\cos\alpha=-\dfrac{1}{3}$ $\left(\dfrac{\pi}{2}<\alpha<\pi\right)$ より $\sin\alpha=\dfrac{2\sqrt{2}}{3}$

ゆえに，この関数は

$x=\alpha$ のとき　極大値 $\dfrac{\sqrt{2}}{4}$

$x=2\pi-\alpha$ のとき　極小値 $-\dfrac{\sqrt{2}}{4}$

変曲点 $(\pi,\ 0)$

したがって，グラフは **右の図**。

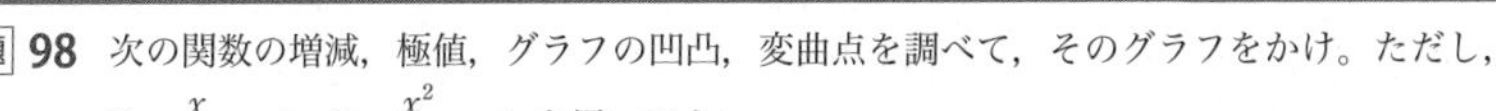

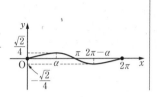

問題 **98** 次の関数の増減，極値，グラフの凹凸，変曲点を調べて，そのグラフをかけ。ただし，$\displaystyle\lim_{x\to\infty}\frac{x}{e^x}=0$，$\displaystyle\lim_{x\to\infty}\frac{x^2}{e^x}=0$ を用いてよい。

(1) $y=(\log x)^2$　　(2) $y=\dfrac{x}{\log x}$　　(3) $y=\log(x^2+x+1)$

(1) この関数の定義域は　$x>0$

◀ 真数条件より，定義域は $x>0$

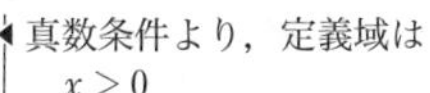

$$y'=2(\log x)\cdot\frac{1}{x}=\frac{2\log x}{x}$$

◀ 合成関数の微分法を用いる。

$y'=0$ とおくと，$\log x=0$ より　$x=1$

$$y''=\frac{\dfrac{2}{x}\cdot x-(2\log x)\cdot 1}{x^2}=\frac{2(1-\log x)}{x^2}$$

◀ $\left(\dfrac{u}{v}\right)'=\dfrac{u'v-uv'}{v^2}$

$y''=0$ とおくと，$\log x=1$ より　$x=e$

よって，関数の増減，凹凸は次の表のようになる。

x	0	…	1	…	e	…
y'	／	$-$	0	$+$	$+$	$+$
y''	／	$+$	$+$	$+$	0	$-$
y	／	↘	0	↗	1	↗

ゆえに，この関数は

$x=1$ のとき　極小値 0

極大値はない

変曲点 $(e,\ 1)$

また

$$\lim_{x\to+0}y=\lim_{x\to+0}(\log x)^2=\infty$$

$$\lim_{x\to\infty}y=\lim_{x\to\infty}(\log x)^2=\infty$$

であるから，y 軸は漸近線である。

したがって，グラフは **右の図**。

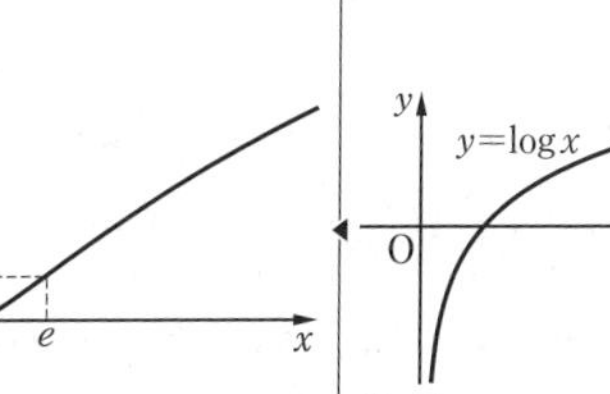

◀ $\displaystyle\lim_{x\to+0}\log x=-\infty$ であるから　$\displaystyle\lim_{x\to+0}(\log x)^2=\infty$

(2) この関数の定義域は　$x>0$ かつ $\log x\neq 0$

であるから　$x>0$ かつ $x\neq 1$　すなわち　$0<x<1,\ 1<x$

◀ 真数条件と (分母) $\neq 0$ より，定義域は $x>0$ かつ $x\neq 1$

$$y' = \frac{1\cdot\log x - x\cdot\dfrac{1}{x}}{(\log x)^2} = \frac{\log x - 1}{(\log x)^2}$$

◀ $\left(\dfrac{u}{v}\right)' = \dfrac{u'v - uv'}{v^2}$

$y' = 0$ とおくと，$\log x = 1$ より　　$x = e$

$$y'' = \frac{\dfrac{1}{x}(\log x)^2 - (\log x - 1)\cdot 2\log x\cdot\dfrac{1}{x}}{(\log x)^4}$$

$$= -\frac{\log x(\log x - 2)}{x(\log x)^4} = -\frac{\log x - 2}{x(\log x)^3}$$

$y'' = 0$ とおくと，$\log x = 2$ より　　$x = e^2$

よって，関数の増減，凹凸は次の表のようになる。

x	0	$\cdots$	1	$\cdots$	e	$\cdots$	e^2	$\cdots$
y'	/	$-$	/	$-$	0	$+$	$+$	$+$
y''	/	$-$	/	$+$	$+$	$+$	0	$-$
y	/	↘	/	↘	e	↗	$\dfrac{e^2}{2}$	↗

ゆえに，この関数は

$x = e$ のとき　極小値 e

極大値はない

変曲点 $\left(e^2,\ \dfrac{e^2}{2}\right)$

また　$\displaystyle\lim_{x\to+0} y = \lim_{x\to+0}\frac{x}{\log x} = 0$

$\displaystyle\lim_{x\to1-0} y = \lim_{x\to1-0}\frac{x}{\log x} = -\infty$

$\displaystyle\lim_{x\to1+0} y = \lim_{x\to1+0}\frac{x}{\log x} = \infty$

$\displaystyle\lim_{x\to\infty} y = \lim_{x\to\infty}\frac{x}{\log x} = \infty$

であるから，直線 $x = 1$ は漸近線である。

したがって，グラフは **右の図**。

◀ $x = \dfrac{1}{t}$ とおくと，$x\to+0$ のとき $t\to\infty$ であるから

$$\lim_{x\to+0}\frac{x}{\log x} = \lim_{t\to\infty}\frac{\dfrac{1}{t}}{\log\dfrac{1}{t}} = \lim_{t\to\infty}\frac{1}{-t\log t} = 0$$

◀ $x = e^t$ とおくと，$x\to\infty$ のとき $t\to\infty$ であるから

$$\lim_{x\to\infty}\frac{x}{\log x} = \lim_{t\to\infty}\frac{e^t}{\log e^t} = \lim_{t\to\infty}\frac{e^t}{t} = \lim_{t\to\infty}\frac{1}{\dfrac{t}{e^t}} = \infty$$

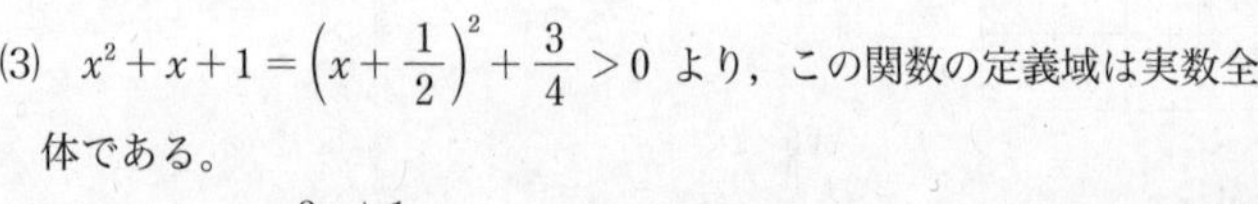

(3)　$x^2 + x + 1 = \left(x + \dfrac{1}{2}\right)^2 + \dfrac{3}{4} > 0$ より，この関数の定義域は実数全体である。

◀ すべての実数 x に対して $x^2+x+1>0$ であるから定義域は実数全体である。

$$y' = \frac{2x+1}{x^2+x+1}$$

◀ $\{\log f(x)\}' = \dfrac{f'(x)}{f(x)}$

$y' = 0$ とおくと，$2x + 1 = 0$ より　　$x = -\dfrac{1}{2}$

$$y'' = \frac{2(x^2+x+1) - (2x+1)^2}{(x^2+x+1)^2} = \frac{-2x^2-2x+1}{(x^2+x+1)^2}$$

$y'' = 0$ とおくと，$-2x^2 - 2x + 1 = 0$ より

$$x = \frac{-1\pm\sqrt{3}}{2}$$

よって，関数の増減，凹凸は次の表のようになる。

x	$\cdots$	$\dfrac{-1-\sqrt{3}}{2}$	$\cdots$	$-\dfrac{1}{2}$	$\cdots$	$\dfrac{-1+\sqrt{3}}{2}$	$\cdots$
y'	$-$	$-$	$-$	0	$+$	$+$	$+$
y''	$-$	0	$+$	$+$	$+$	0	$-$
y	↘	$\log\dfrac{3}{2}$	↘	$\log\dfrac{3}{4}$	↗	$\log\dfrac{3}{2}$	↗

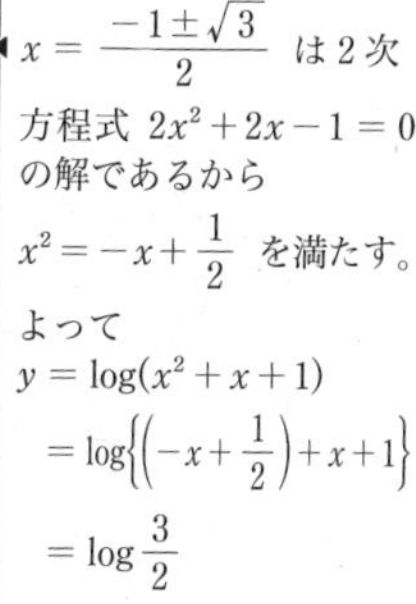

◀ $x=\dfrac{-1\pm\sqrt{3}}{2}$ は2次方程式 $2x^2+2x-1=0$ の解であるから

$x^2=-x+\dfrac{1}{2}$ を満たす。

よって

$y=\log(x^2+x+1)$

$=\log\left\{\left(-x+\dfrac{1}{2}\right)+x+1\right\}$

$=\log\dfrac{3}{2}$

ゆえに，この関数は

$x=-\dfrac{1}{2}$ のとき　極小値 $\log\dfrac{3}{4}$

極大値はない

変曲点 $\left(\dfrac{-1-\sqrt{3}}{2},\ \log\dfrac{3}{2}\right)$，$\left(\dfrac{-1+\sqrt{3}}{2},\ \log\dfrac{3}{2}\right)$

また　$\displaystyle\lim_{x\to\pm\infty}y=\lim_{x\to\pm\infty}\log(x^2+x+1)$

$\displaystyle=\lim_{x\to\pm\infty}\log x^2\left(1+\frac{1}{x}+\frac{1}{x^2}\right)=\infty$

したがって，グラフは **下の図**。

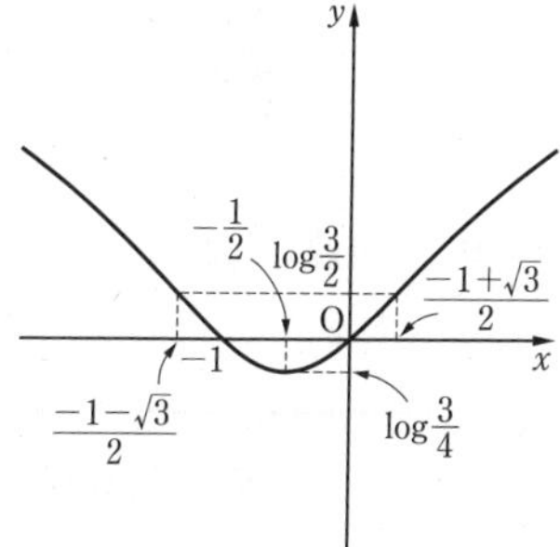

問題 99　曲線 $C: 2x^2-2xy+y^2=1$ について，次の問に答えよ。

(1)　曲線 C は原点に関して対称であることを示せ。

(2)　曲線 C の概形をかけ。

(1)　曲線 $C: 2x^2-2xy+y^2=1$ 上の任意の点 $\mathrm{P}(a,\ b)$ をとると，$2a^2-2ab+b^2=1$ が成り立ち，P と原点に関して対称な点 $\mathrm{P}'(-a,\ -b)$ についても $2(-a)^2-2(-a)(-b)+(-b)^2=2a^2-2ab+b^2=1$ が成り立ち，P' は曲線 C 上にある。

よって，この曲線は原点に関して対称である。

(2)　曲線 C の方程式において，$y^2-2xy+2x^2-1=0$ より

$$y=x\pm\sqrt{x^2-(2x^2-1)}=x\pm\sqrt{1-x^2}$$

$y=x+\sqrt{1-x^2}$ と原点に関して対称なグラフは

$-y=-x+\sqrt{1-(-x)^2}$ すなわち $y=x-\sqrt{1-x^2}$ であるから，

曲線 C のグラフは，$y=x+\sqrt{1-x^2}$ と，これと原点に関して対称なグラフ $y=x-\sqrt{1-x^2}$ を合わせたものである。

◀ $y=f(x)$ と原点に関して対称な曲線の式は $-y=f(-x)$

$y=x+\sqrt{1-x^2}$ について，$1-x^2\geqq 0$ より定義域は　$-1\leqq x\leqq 1$

$y'=1+\dfrac{-2x}{2\sqrt{1-x^2}}=\dfrac{\sqrt{1-x^2}-x}{\sqrt{1-x^2}}$ より，$y'=0$ を満たす x を求め

るために分子に着目して

$$\sqrt{1-x^2}=x$$

このとき $x \geqq 0$ である。

両辺を 2 乗すると　　$1-x^2=x^2$

$0 \leqq x \leqq 1$ においては　　$x=\dfrac{\sqrt{2}}{2}$

$$y''=-\frac{1\cdot\sqrt{1-x^2}-x\cdot\dfrac{-2x}{2\sqrt{1-x^2}}}{1-x^2}=-\frac{(1-x^2)+x^2}{(1-x^2)\sqrt{1-x^2}}$$

$$=-\frac{1}{(1-x^2)\sqrt{1-x^2}}$$

よって，関数の増減，凹凸は次の表のようになる。

x	-1	$\cdots$	$\dfrac{\sqrt{2}}{2}$	$\cdots$	1
y'		$+$	0	$-$	
y''		$-$	$-$	$-$	
y	-1	↗	$\sqrt{2}$	↘	1

ここで，$\displaystyle\lim_{x\to-1+0}f'(x)=\infty$

$\displaystyle\lim_{x\to1-0}f'(x)=-\infty$

これと，$y=x-\sqrt{1-x^2}$ のグラフを合わせて，曲線 C の概形は

右上の図。

◀ グラフは $(-1,\ -1)$ で直線 $x=-1$ に，$(1,\ 1)$ で直線 $x=1$ に接するようにかく。

問題 100 関数 $f(x)=\dfrac{bx^2+cx+1}{2x+a}$ において，$y=f(x)$ のグラフの漸近線が 2 直線 $x=1$，$y=2x+1$ であるとき，定数 a，b，c の値を求めよ。

直線 $x=1$ が漸近線であるから　　$\displaystyle\lim_{x\to1}(2x+a)=0$

よって，$2+a=0$ より　　$a=-2$　　$\cdots$①

また，直線 $y=2x+1$ が漸近線であるから

$\displaystyle\lim_{x\to\infty}\{f(x)-(2x+1)\}=0$　または　$\displaystyle\lim_{x\to-\infty}\{f(x)-(2x+1)\}=0$

が成り立つ。

$$f(x)-(2x+1)=\frac{bx^2+cx+1}{2x+a}-2x-1$$

$$=\frac{(b-4)x^2+(c-2a-2)x+1-a}{2x+a}$$

ゆえに　　$b-4=0$　かつ　$c-2a-2=0$　　$\cdots$②

①，② より　　$a=-2$，$b=4$，$c=-2$

このとき　　$f(x)=\dfrac{4x^2-2x+1}{2x-2}$

$$=2x+1+\frac{3}{2x-2}$$

よって，確かに 2 直線 $x=1$，$y=2x+1$ を漸近線にもつ。

したがって　　$\boldsymbol{a=-2,\ b=4,\ c=-2}$

◀ y 軸に平行な直線 $x=$ を漸近線にもつことから，この関数の定義域は $x \neq 1$ となり，$x\to1$ のとき (分母) $\to 0$

◀ これは直線 $y=2x+1$ が $y=f(x)$ の漸近線であるための必要条件である。

◀ 十分性を確かめる。

◀
$$\begin{array}{r}2x+1\\ 2x-2\,\overline{)\,4x^2-2x+1}\\ \underline{4x^2-4x}\\ 2x+1\\ \underline{2x-2}\\ 3\end{array}$$

問題 101 次の関数の増減，極値，グラフの凹凸，変曲点，漸近線を調べて，そのグラフをかけ。

$$y=\frac{x^3}{x^2-3}$$

$f(x)=\dfrac{x^3}{x^2-3}$ とおくと，この関数の定義域は　$x \fallingdotseq \pm\sqrt{3}$

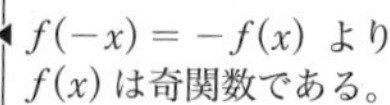
◀ $f(-x)=-f(x)$ より $f(x)$ は奇関数である。

$$f'(x)=\frac{3x^2(x^2-3)-x^3\cdot 2x}{(x^2-3)^2}=\frac{x^4-9x^2}{(x^2-3)^2}=\frac{x^2(x+3)(x-3)}{(x^2-3)^2}$$

$$=1-\frac{3x^2+9}{(x^2-3)^2}$$

$f'(x)=0$ とおくと　$x=0,\ \pm3$

$$f''(x)=-\frac{6x(x^2-3)^2-(3x^2+9)2(x^2-3)\cdot 2x}{(x^2-3)^4}$$

$$=-\frac{x\{6(x^2-3)-4(3x^2+9)\}}{(x^2-3)^3}$$

$$=\frac{6x(x^2+9)}{(x^2-3)^3}$$

$f''(x)=0$ とおくと　$x=0$

よって，関数の増減，凹凸は次の表のようになる。

x	$\cdots$	-3	$\cdots$	$-\sqrt{3}$	$\cdots$	0	$\cdots$	$\sqrt{3}$	$\cdots$	3	$\cdots$
$f'(x)$	$+$	0	$-$	／	$-$	0	$-$	／	$-$	0	$+$
$f''(x)$	$-$	$-$	$-$	／	$+$	0	$-$	／	$+$	$+$	$+$
$f(x)$	↗	$-\dfrac{9}{2}$	↘	／	↘	0	↘	／	↘	$\dfrac{9}{2}$	↗

ゆえに，この関数は

$x=-3$ のとき　極大値 $-\dfrac{9}{2}$

$x=3$ のとき　極小値 $\dfrac{9}{2}$

変曲点 $(0,\ 0)$

また

$$\lim_{x\to\infty}\{f(x)-x\}=\lim_{x\to\infty}\frac{3x}{x^2-3}=0$$

$$\lim_{x\to-\infty}\{f(x)-x\}=\lim_{x\to-\infty}\frac{3x}{x^2-3}=0$$

$$\lim_{x\to\sqrt{3}+0}f(x)=\infty,\ \lim_{x\to\sqrt{3}-0}f(x)=-\infty,$$

$$\lim_{x\to-\sqrt{3}+0}f(x)=\infty,\ \lim_{x\to-\sqrt{3}-0}f(x)=-\infty$$

よって

漸近線　3 直線 $y=x,\ x=\sqrt{3},$
$x=-\sqrt{3}$

したがって，$y=f(x)$ のグラフは **右の図。**

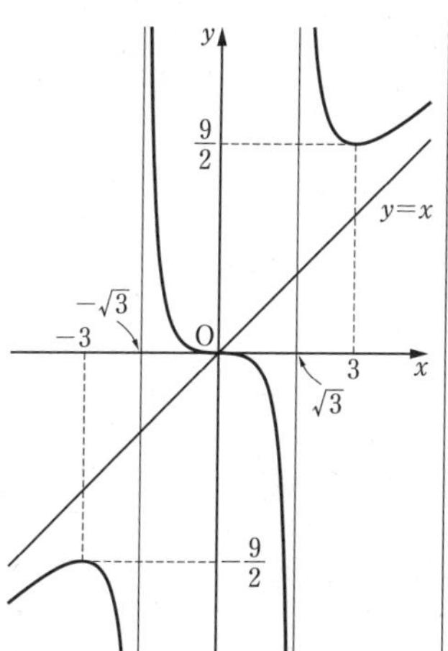

問題 **102** 次の方程式で表される曲線の概形をかけ。

(1) $4x^2-4xy+y^2=1$　　(2) $5x^2-4xy+y^2=1$

(1)　$y^2-4xy+4x^2-1=0$

これを y について解くと

$$y=2x\pm\sqrt{(2x)^2-(4x^2-1)}$$
$$=2x\pm1$$

よって，この曲線は 2 直線

$y=2x+1$ と $y=2x-1$

になる。

したがって，曲線の概形は **右の図**。

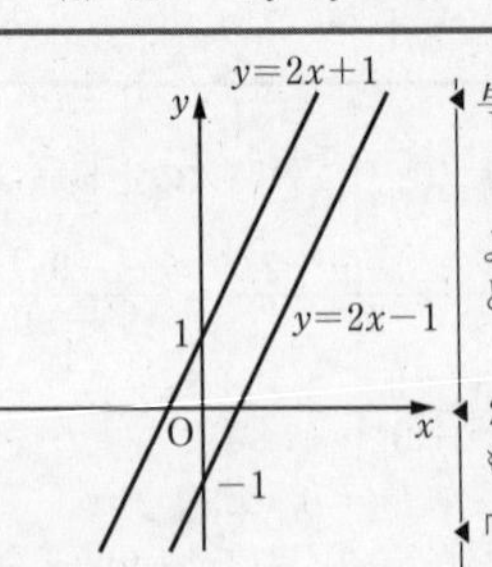

◀ 与式は
$4x^2-4xy+y^2=1$
$(2x-y)^2=1$
よって $2x-y=\pm1$
としてもよい。

◀ 2 次式が直線を表すこともある。

◀「曲線」は「直線」も含む

(2)　与式を y について整理すると

$$y^2-4xy+(5x^2-1)=0$$

これを y について解くと　$y=2x\pm\sqrt{1-x^2}$

すなわち，この曲線は

$$y=2x+\sqrt{1-x^2} \text{ と } y=2x-\sqrt{1-x^2}$$

の 2 つのグラフを合わせたものである。

$1-x^2\geqq0$ より，x の値の範囲は　$-1\leqq x\leqq1$

まず，$y=2x+\sqrt{1-x^2}$ について

$-1<x<1$ のとき

$$y'=2-\frac{x}{\sqrt{1-x^2}}=\frac{2\sqrt{1-x^2}-x}{\sqrt{1-x^2}}$$

$y'=0$ とおくと　$2\sqrt{1-x^2}=x$　…①

両辺を 2 乗して　$4(1-x^2)=x^2$

① より，$x\geqq0$ であるから　$x=\dfrac{2\sqrt5}{5}$

また

$$y''=-\frac{1}{(1-x^2)\sqrt{1-x^2}}<0$$

よって，y の増減表は右のようになる。

x	-1	$\cdots$	$\dfrac{2\sqrt5}{5}$	$\cdots$	1
y'	／	$+$	0	$-$	／
y''	／	$-$	$-$	$-$	／
y	-2	↗	$\sqrt5$	↘	2

また

$$\lim_{x\to-1+0}y'=\infty,\ \lim_{x\to1-0}y'=-\infty$$

次に，$y=2x-\sqrt{1-x^2}$ について

$$y'=2+\frac{x}{\sqrt{1-x^2}}$$

$y'=0$ とおくと　$x=-\dfrac{2\sqrt5}{5}$

また　$y''=\dfrac{1}{(1-x^2)\sqrt{1-x^2}}>0$

よって，y の増減表は右のようになる。

x	-1	$\cdots$	$-\dfrac{2\sqrt5}{5}$	$\cdots$	1
y'	／	$-$	0	$+$	／
y''	／	$+$	$+$	$+$	／
y	-2	↘	$-\sqrt5$	↗	2

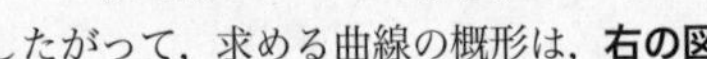

また　$\displaystyle\lim_{x\to-1+0}y'=-\infty,\ \lim_{x\to1-0}y'=\infty$

したがって，求める曲線の概形は，**右の図**

◀ x を定数と考えて，2 次方程式の解の公式を用いる。

◀ $x=\pm1$ のとき，y' と y'' は定義されない。

◀ $4-4x^2=x^2$ となり
$5x^2=4$

◀ ① において，(左辺) ≧ 0 より　(右辺) $=x\geqq0$

◀ $y'=0$ より
$2\sqrt{1-x^2}=-x$
となるから　$x\leqq0$
両辺を 2 乗して
$4(1-x^2)=x^2$
この解のうち，$x\leqq0$ であるものを求めると
$x=-\dfrac{2\sqrt5}{5}$

のようになる。

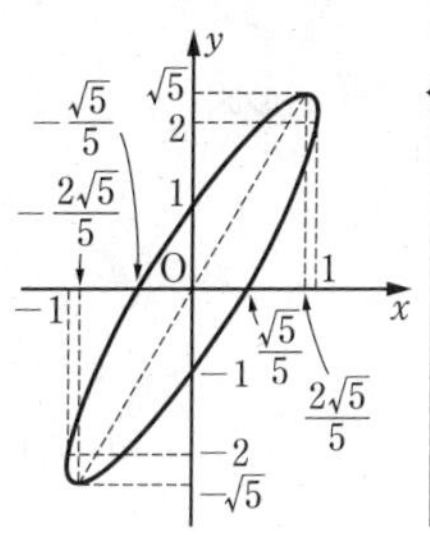

◀ $x=0$ のとき $y^2=1$ より $y=\pm1$
$y=0$ のとき $5x^2=1$ より $x=\pm\dfrac{1}{\sqrt{5}}=\pm\dfrac{\sqrt{5}}{5}$

問題 **103** 媒介変数 θ で表された曲線 $\begin{cases} x=(1+\cos\theta)\cos\theta \\ y=(1+\cos\theta)\sin\theta \end{cases}$ の概形をかけ。ただし，凹凸は調べなくてよい。

$$\frac{dx}{d\theta}=-\sin\theta\cos\theta+(1+\cos\theta)\cdot(-\sin\theta)=-\sin\theta(2\cos\theta+1)$$

◀ 積の微分法

$$\frac{dy}{d\theta}=-\sin\theta\sin\theta+(1+\cos\theta)\cos\theta=-(1-\cos^2\theta)+\cos\theta+\cos^2\theta$$
$$=2\cos^2\theta+\cos\theta-1=(2\cos\theta-1)(\cos\theta+1)$$

◀ $\sin^2\theta=1-\cos^2\theta$

この曲線は周期が 2π の周期関数であるから，$0\leqq\theta\leqq2\pi$ の範囲で

$\dfrac{dx}{d\theta}=0$ とおくと，$\sin\theta=0$ または $\cos\theta=-\dfrac{1}{2}$ より

$$\theta=0,\ \frac{2}{3}\pi,\ \pi,\ \frac{4}{3}\pi,\ 2\pi$$

$\dfrac{dy}{d\theta}=0$ とおくと，$\cos\theta=-1,\ \dfrac{1}{2}$ より

$$\theta=\frac{\pi}{3},\ \pi,\ \frac{5}{3}\pi$$

よって，x，y の増減は次の表のようになる。

θ	0	$\cdots$	$\frac{\pi}{3}$	$\cdots$	$\frac{2}{3}\pi$	$\cdots$	π	$\cdots$	$\frac{4}{3}\pi$	$\cdots$	$\frac{5}{3}\pi$	$\cdots$	2π
$\frac{dx}{d\theta}$	0	$-$	$-$	$-$	0	$+$	0	$-$	0	$+$	$+$	$+$	0
x	2	←	$\frac{3}{4}$	←	$-\frac{1}{4}$	→	0	←	$-\frac{1}{4}$	→	$\frac{3}{4}$	→	2
$\frac{dy}{d\theta}$	$+$	$+$	0	$-$	$-$	$-$	0	$-$	$-$	$-$	0	$+$	$+$
y	0	↑	$\frac{3\sqrt{3}}{4}$	↓	$\frac{\sqrt{3}}{4}$	↓	0	↓	$-\frac{\sqrt{3}}{4}$	↓	$-\frac{3\sqrt{3}}{4}$	↑	0
$(x,\ y)$	$(2,\ 0)$	↖	$\left(\frac{3}{4},\ \frac{3\sqrt{3}}{4}\right)$	↙	$\left(-\frac{1}{4},\ \frac{\sqrt{3}}{4}\right)$	↘	$(0,\ 0)$	↙	$\left(-\frac{1}{4},\ -\frac{\sqrt{3}}{4}\right)$	↘	$\left(\frac{3}{4},\ -\frac{3\sqrt{3}}{4}\right)$	↗	$(2,\ 0)$

したがって，曲線の概形は **右の図**。

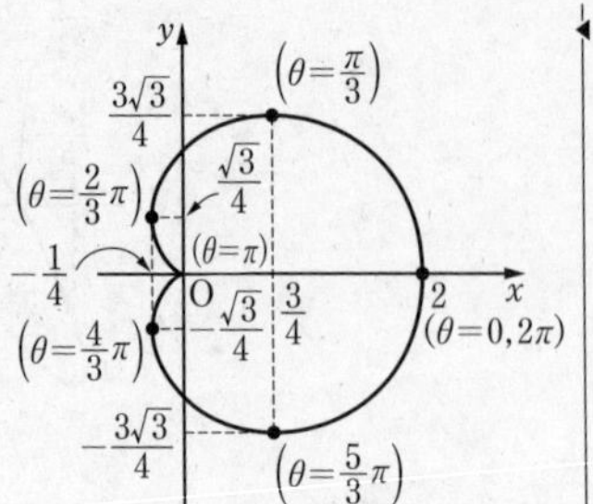

◀ この曲線はカージオイドといわれる。

Plus One

増減表の $(x,\ y)$ の段のみに着目すると，$\theta=\pi$ の近くにおけるグラフは右の図のようになると考えるかもしれないが，実際には解答のようなグラフとなる。

$\theta=\pi$ におけるグラフの様子を詳しく調べるためには，次のように考えればよい。

$$\lim_{\theta\to\pi}\frac{dy}{dx}=\lim_{\theta\to\pi}\frac{\frac{dy}{d\theta}}{\frac{dx}{d\theta}}=\lim_{\theta\to\pi}\frac{(2\cos\theta-1)(\cos\theta+1)}{-\sin\theta(2\cos\theta+1)}=\cdots=0$$

⬅ 分母・分子に $\cos\theta-1$ を掛けて考える。

であるから，曲線は x 軸に接するのである。

問題 104 関数 $f(x)=x-a^2x\log x$ が区間 $0<x<1$ において極値をもつように，定数 a の値の範囲を定めよ。

$a=0$ のとき $f(x)=x$ となり，$f(x)$ は極値をもたない。

よって　　$a\neq 0$

$$f'(x)=1-a^2\left(\log x+x\cdot\frac{1}{x}\right)=-a^2\log x+(1-a^2)$$

$$f''(x)=-\frac{a^2}{x}$$

$0<x<1$ のとき $a^2>0$ より $f''(x)<0$ となり，$f'(x)$ は常に減少する。

また，区間 $0<x\leqq 1$ において $f'(x)$ は連続であり，

$\lim_{x\to+0}f'(x)=\lim_{x\to+0}\{-a^2\log x+(1-a^2)\}=\infty$ であるから，

◀ $\lim_{x\to+0}\log x=-\infty$

$0<x<1$ において $f(x)$ が極値をもつための条件は

$$f'(1)=1-a^2<0$$

$a^2-1>0$ より　　$a<-1,\ 1<a$

これは，$a\neq 0$ を満たす。

したがって　　$\boldsymbol{a<-1,\ 1<a}$

◀ このとき，$f(x)$ はただ1つの極大値をもつ。

1 次の関数の極値を求めよ。

(1) $y=\dfrac{x^3-2x-2}{x}$　　(2) $y=\cos 2x-2\cos x\ (0 \leqq x \leqq 2\pi)$

(3) $y=(x^2-3x+1)e^{-x}$　　(4) $y=|x-1|\sqrt{x+2}$

(1) この関数の定義域は　$x \neq 0$

$$y'=\frac{(3x^2-2)x-(x^3-2x-2)\cdot 1}{x^2}$$

$$=\frac{2(x+1)(x^2-x+1)}{x^2}$$

◀ $x^2-x+1=\left(x-\dfrac{1}{2}\right)^2+\dfrac{3}{4}>0$

$y'=0$ とおくと　$x=-1$

よって，y の増減表は次のようになる。

x	$\cdots$	-1	$\cdots$	0	$\cdots$
y'	$-$	0	$+$	／	$+$
y	↘	1	↗	／	↗

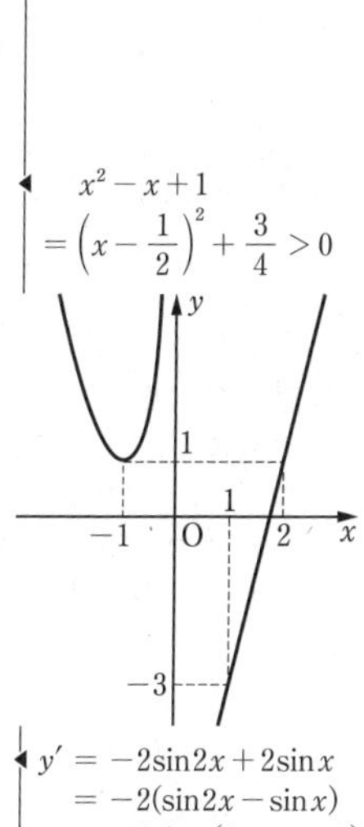

ゆえに，この関数は

$x=-1$ のとき　極小値 1

極大値はない

(2) $y'=-2\sin 2x+2\sin x=-2\sin x(2\cos x-1)$

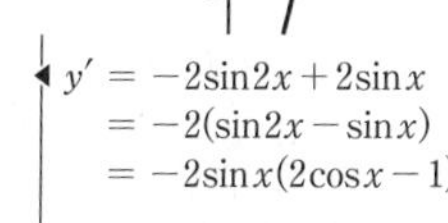

$y'=0$ とおくと　$\sin x=0$ または $\cos x=\dfrac{1}{2}$

$0 \leqq x \leqq 2\pi$ の範囲で　$x=0,\ \dfrac{\pi}{3},\ \pi,\ \dfrac{5}{3}\pi,\ 2\pi$

よって，y の増減表は次のようになる。

x	0	$\cdots$	$\dfrac{\pi}{3}$	$\cdots$	π	$\cdots$	$\dfrac{5}{3}\pi$	$\cdots$	2π
y'		$-$	0	$+$	0	$-$	0	$+$	
y	-1	↘	$-\dfrac{3}{2}$	↗	3	↘	$-\dfrac{3}{2}$	↗	-1

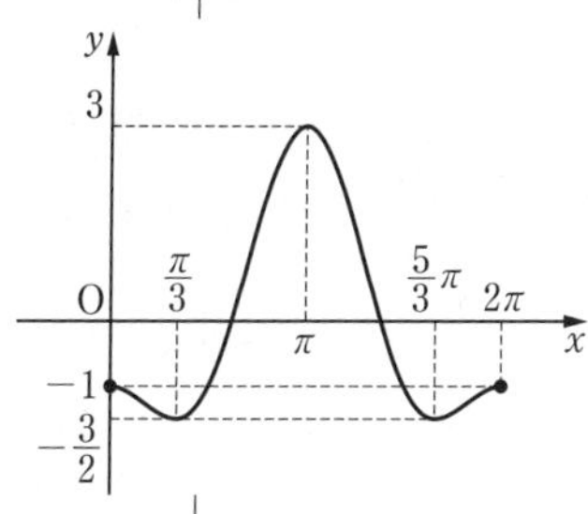

ゆえに，この関数は

$x=\pi$ のとき　極大値 3

$x=\dfrac{\pi}{3},\ \dfrac{5}{3}\pi$ のとき　極小値 $-\dfrac{3}{2}$

(3) この関数の定義域は実数全体である。

$$y'=(2x-3)\cdot e^{-x}-(x^2-3x+1)\cdot e^{-x}$$

$$=-(x-1)(x-4)e^{-x}$$

◀ $e^{-x}>0$ であるから $(x-1)(x-4)=0$

$y'=0$ とおくと　$x=1,\ 4$

よって，y の増減表は次のようになる。

x	$\cdots$	1	$\cdots$	4	$\cdots$
y'	$-$	0	$+$	0	$-$
y	↘	$-\dfrac{1}{e}$	↗	$\dfrac{5}{e^4}$	↘

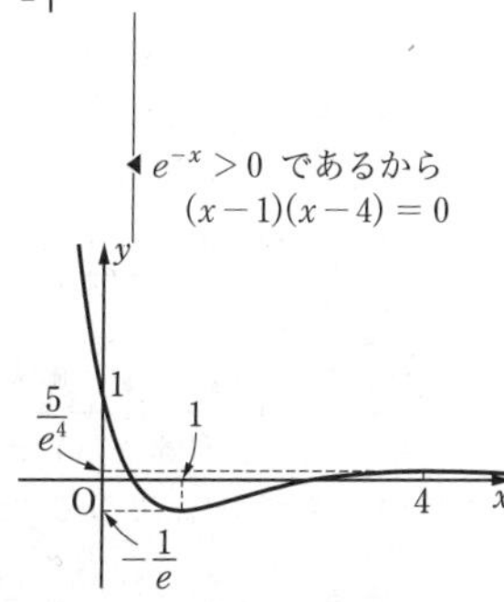

ゆえに，この関数は

$$x=4 \text{ のとき　極大値 } \frac{5}{e^4}$$

$$x=1 \text{ のとき　極小値 } -\frac{1}{e}$$

(4)　この関数の定義域は，$x+2 \geqq 0$ より　　$x \geqq -2$

(ア)　$x \geqq 1$ のとき　　$y=(x-1)\sqrt{x+2}$

よって，$x>1$ のとき

$$y'=\sqrt{x+2}+(x-1)\frac{1}{2\sqrt{x+2}}=\frac{3(x+1)}{2\sqrt{x+2}}>0$$

(イ)　$-2 \leqq x<1$ のとき　　$y=-(x-1)\sqrt{x+2}$

よって，$-2<x<1$ のとき

$$y'=-\sqrt{x+2}-(x-1)\frac{1}{2\sqrt{x+2}}=-\frac{3(x+1)}{2\sqrt{x+2}}$$

$y'=0$ とおくと　　$x=-1$

(ア)，(イ) より，y の増減表は右のようになる。

ゆえに，この関数は

$x=-1$ のとき　極大値 2

$x=1$ のとき　極小値 0

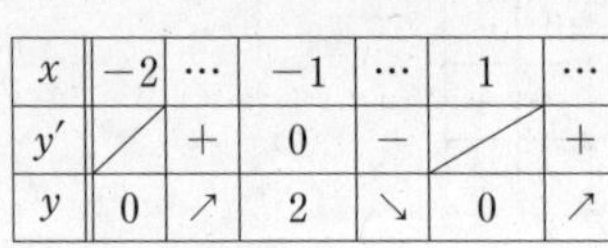

x	-2	$\cdots$	-1	$\cdots$	1	$\cdots$
y'	／	$+$	0	$-$	／	$+$
y	0	↗	2	↘	0	↗

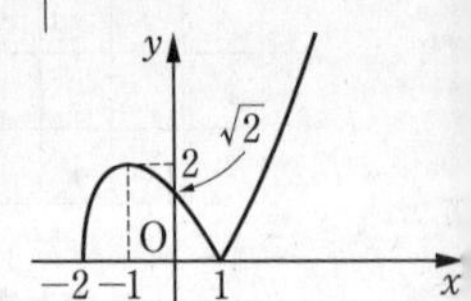

2　関数 $f(x)=\dfrac{ax+b}{x^2-x+1}$ について，次の問に答えよ。ただし，a，b は定数とし，$a \neq 0$ とする。

(1)　関数 $f(x)$ は 2 つの極値をとることを示せ。

(2)　関数 $f(x)$ が $x=-2$ において極値 1 をとるとき，a，b の値を求めよ。

(1)　この関数の定義域は実数全体である。

◀ $x^2-x+1=\left(x-\dfrac{1}{2}\right)^2+\dfrac{3}{4}>0$

$$f'(x)=\frac{a(x^2-x+1)-(ax+b)(2x-1)}{(x^2-x+1)^2}$$

$$=-\frac{ax^2+2bx-(a+b)}{(x^2-x+1)^2}$$

$a \neq 0$ より，2 次方程式 $ax^2+2bx-(a+b)=0$ …① の判別式を D とすると

$$\frac{D}{4}=b^2+a(a+b)=a^2+ab+b^2=\left(a+\frac{b}{2}\right)^2+\frac{3}{4}b^2>0$$

◀ $a \neq 0$ より　$\dfrac{D}{4} \neq 0$

よって，① は異なる 2 つの実数解をもつ。

ゆえに，$f'(x)=0$ は異なる 2 つの実数解をもつ。

この 2 つの実数解を $x=\alpha$，β $(\alpha<\beta)$ とおくと，関数 $f(x)$ の増減表は次のようになる。

(ア)　$a>0$ のとき

x	$\cdots$	α	$\cdots$	β	$\cdots$
$f'(x)$	$-$	0	$+$	0	$-$
$f(x)$	↘	極小	↗	極大	↘

(イ)　$a<0$ のとき

x	$\cdots$	α	$\cdots$	β	$\cdots$
$f'(x)$	$+$	0	$-$	0	$+$
$f(x)$	↗	極大	↘	極小	↗

(ア)，(イ) より，関数 $f(x)$ は a の正負にかかわらず極大値と極小値を 1 つずつもつから，2 つの極値をとる。

(2) $f(-2)=1$, $f'(-2)=0$ であるから,

$\dfrac{-2a+b}{7}=1$, $4a-4b-(a+b)=0$ より

$-2a+b=7$, $3a-5b=0$

これを解いて　$a=-5$, $b=-3$

このとき, ① は　$5x^2+6x-8=0$

$(x+2)(5x-4)=0$ より　$x=-2$, $\dfrac{4}{5}$

関数 $f(x)$ の増減表は右のようになる。

よって, 関数 $f(x)$ は $x=-2$ で極大値 1 をとるから

$a=-5$, $b=-3$

x	$\cdots$	-2	$\cdots$	$\frac{4}{5}$	$\cdots$
$f'(x)$	$+$	0	$-$	0	$+$
$f(x)$	↗	1	↘	$-\frac{25}{3}$	↗

◀ $x=-2$ で極値をもつとき $f'(-2)=0$

◀ これは題意を満たすための必要条件であるから, 十分性を確かめる。

◀ $f(x)=\dfrac{-5x-3}{x^2-x+1}$
$f'(x)=\dfrac{(x+2)(5x-4)}{(x^2-x+1)^2}$

3 次の関数の増減, 極値, グラフの凹凸, 変曲点を調べて, そのグラフをかけ。
(1) $y=x+\sin 2x$ $(0 \leqq x \leqq \pi)$
(2) $y=(\log x-1)\log x$
(3) $y=\sqrt{x^3+1}$

(1) $y'=1+2\cos 2x$

$y'=0$ とおくと　$\cos 2x=-\dfrac{1}{2}$

$0 \leqq x \leqq \pi$ の範囲で　$x=\dfrac{\pi}{3}$, $\dfrac{2}{3}\pi$

$y''=-4\sin 2x$

$y''=0$ とおくと　$\sin 2x=0$

$0 \leqq x \leqq \pi$ の範囲で　$x=0$, $\dfrac{\pi}{2}$, π

よって, 関数の増減, 凹凸は次の表のようになる。

x	0	$\cdots$	$\frac{\pi}{3}$	$\cdots$	$\frac{\pi}{2}$	$\cdots$	$\frac{2}{3}\pi$	$\cdots$	π
y'		$+$	0	$-$	$-$	$-$	0	$+$	
y''		$-$	$-$	$-$	0	$+$	$+$	$+$	
y	0	↗	$\frac{\pi}{3}+\frac{\sqrt{3}}{2}$	↘	$\frac{\pi}{2}$	↘	$\frac{2}{3}\pi-\frac{\sqrt{3}}{2}$	↗	π

ゆえに, この関数は

$x=\dfrac{\pi}{3}$ のとき　極大値 $\dfrac{\pi}{3}+\dfrac{\sqrt{3}}{2}$

$x=\dfrac{2}{3}\pi$ のとき　極小値 $\dfrac{2}{3}\pi-\dfrac{\sqrt{3}}{2}$

変曲点 $\left(\dfrac{\pi}{2},\ \dfrac{\pi}{2}\right)$

したがって, グラフは **右の図**。

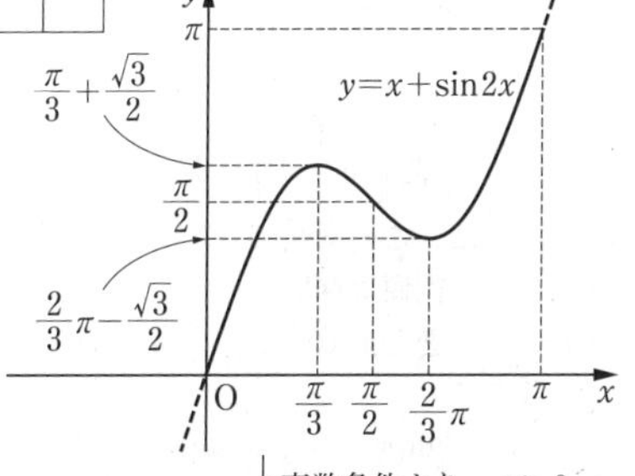

(2) この関数の定義域は　$x>0$

$y=(\log x)^2-\log x$ より　$y'=2\log x\cdot\dfrac{1}{x}-\dfrac{1}{x}=\dfrac{2\log x-1}{x}$

◀ 真数条件より　$x>0$

3章 8 関数の増減とグラフ

$y'=0$ とおくと，$\log x=\dfrac{1}{2}$ より　　$x=\sqrt{e}$

◀ $x=e^{\frac{1}{2}}$

$$y''=\frac{\dfrac{2}{x}\cdot x-(2\log x-1)}{x^2}=\frac{3-2\log x}{x^2}$$

$y''=0$ とおくと，$\log x=\dfrac{3}{2}$ より　　$x=\sqrt{e^3}$

◀ $x=e^{\frac{3}{2}}$

よって，関数の増減，凹凸は次の表のようになる。

x	0	$\cdots$	$\sqrt{e}$	$\cdots$	$\sqrt{e^3}$	$\cdots$
y'	／	$-$	0	$+$	$+$	$+$
y''	／	$+$	$+$	$+$	0	$-$
y	／	↘	$-\dfrac{1}{4}$	↗	$\dfrac{3}{4}$	↗

ゆえに，この関数は

$x=\sqrt{e}$ のとき　極小値 $-\dfrac{1}{4}$

極大値はない

変曲点 $\left(\sqrt{e^3},\ \dfrac{3}{4}\right)$

また

$\lim\limits_{x\to\infty}y=\infty$，$\lim\limits_{x\to+0}y=\infty$

したがって，グラフは **右の図**。

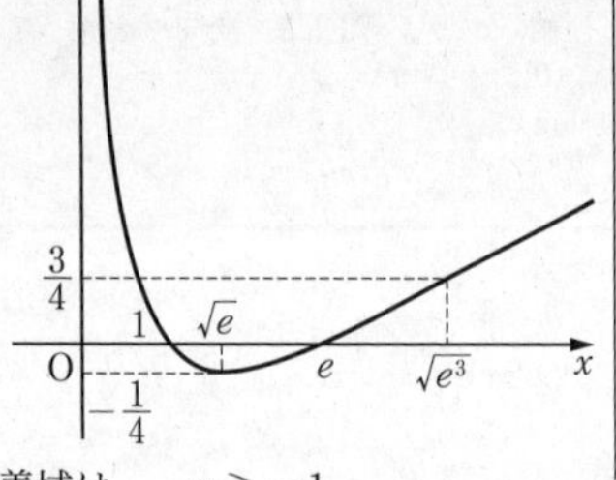

(3)　$x^3+1\geqq 0$ より，この関数の定義域は　　$x\geqq -1$

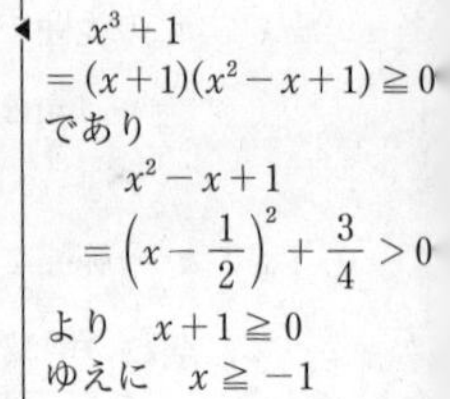
◀ x^3+1
$=(x+1)(x^2-x+1)\geqq 0$
であり
x^2-x+1
$=\left(x-\dfrac{1}{2}\right)^2+\dfrac{3}{4}>0$
より　$x+1\geqq 0$
ゆえに　$x\geqq -1$

$$y'=\frac{3x^2}{2\sqrt{x^3+1}}$$

$y'=0$ とおくと　　$x=0$

$$y''=\frac{6x\cdot 2\sqrt{x^3+1}-3x^2\cdot 2\cdot\dfrac{3x^2}{2\sqrt{x^3+1}}}{4(x^3+1)}$$

$$=\frac{3x(x^3+4)}{4(x^3+1)\sqrt{x^3+1}}$$

$y''=0$ とおくと，$x\geqq -1$ より　　$x=0$

よって，関数の増減，凹凸は次の表のようになる。

x	-1	$\cdots$	0	$\cdots$
y'	／	$+$	0	$+$
y''	／	$-$	0	$+$
y	0	↗	1	↗

ゆえに，この関数は

極値はない

変曲点 $(0,\ 1)$

ここで

$\lim\limits_{x\to\infty}y=\infty$，$\lim\limits_{x\to-1+0}y'=\infty$

したがって，グラフは **右の図**。

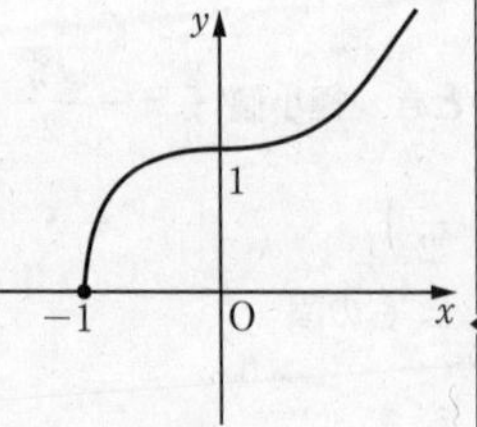

◀ $\lim\limits_{x\to-1+0}y'=\infty$ より，グラ[illegible]フは点 $(-1,\ 0)$ で直[illegible] $x=-1$ に接するように[illegible]かく。

4 次の関数の増減，極値，グラフの凹凸，変曲点，漸近線を調べて，そのグラフをかけ。

$$y=\frac{x}{x^2-1}$$

この関数の定義域は　$x \neq \pm 1$

$$y'=\frac{1\cdot(x^2-1)-x\cdot 2x}{(x^2-1)^2}=-\frac{x^2+1}{(x^2-1)^2}<0$$

◀ $x^2+1>0$，$(x^2-1)^2>0$

$$y''=-\frac{2x(x^2-1)^2-(x^2+1)\cdot 2(x^2-1)\cdot 2x}{(x^2-1)^4}=\frac{2x(x^2+3)}{(x^2-1)^3}$$

◀ $y'=-(x^2+1)\cdot\dfrac{1}{(x^2-1)^2}$ と考えて，積の微分法を用いてもよい。

$y''=0$ とおくと　$x=0$

よって，関数の増減，凹凸は次の表のようになる。

x	$\cdots$	-1	$\cdots$	0	$\cdots$	1	$\cdots$
y'	$-$		$-$	$-$	$-$		$-$
y''	$-$		$+$	0	$-$		$+$
y	↘		↘	0	↘		↘

◀ $f(x)=\dfrac{x}{x^2-1}$ とおくと $f(-x)=-f(x)$ が成り立つから，$y=f(x)$ のグラフは原点に関して対称（$f(x)$ は奇関数）である。

ゆえに，この関数は

極値はない

変曲点 (0, 0)

また，$y=\dfrac{x}{x^2-1}$ より

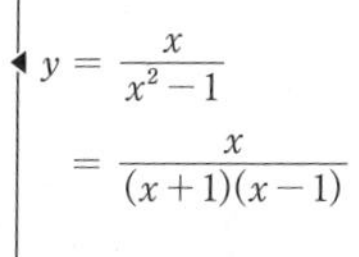

◀ $y=\dfrac{x}{x^2-1}=\dfrac{x}{(x+1)(x-1)}$

$\lim_{x\to\infty} y=0$，$\lim_{x\to-\infty} y=0$

$\lim_{x\to 1+0} y=\infty$，$\lim_{x\to 1-0} y=-\infty$

$\lim_{x\to -1+0} y=\infty$，$\lim_{x\to -1-0} y=-\infty$

よって

漸近線　x 軸，2 直線 $x=1$，$x=-1$

したがって，グラフは **右の図**。

9 いろいろな微分の応用

p.191 Quick Check 9

① (1) $y'=4x^3-12x^2=4x^2(x-3)$

$y'=0$ とおくと，$0 \leqq x \leqq 4$ の範囲で

$x=0,\ 3$

よって，y の増減表は次のようになる。

x	0	$\cdots$	3	$\cdots$	4
y'		$-$	0	$+$	
y	16	↘	-11	↗	16

増減表より

$x=0,\ 4$ のとき　最大値 16

$x=3$ のとき　最小値 -11

(2) $y'=1\cdot\sin x+x\cos x-\sin x$

$=x\cos x$

$y'=0$ とおくと，$0 \leqq x \leqq 2\pi$ の範囲で

$x=0,\ \dfrac{\pi}{2},\ \dfrac{3}{2}\pi$

よって，y の増減表は次のようになる。

x	0	$\cdots$	$\frac{\pi}{2}$	$\cdots$	$\frac{3}{2}\pi$	$\cdots$	2π
y'		$+$	0	$-$	0	$+$	
y	1	↗	$\frac{\pi}{2}$	↘	$-\frac{3}{2}\pi$	↗	1

増減表より

$x=\dfrac{\pi}{2}$ のとき　最大値 $\dfrac{\pi}{2}$

$x=\dfrac{3}{2}\pi$ のとき　最小値 $-\dfrac{3}{2}\pi$

② 〔1〕 (1) 与式を変形すると　$x-\cos x=0$

$f(x)=x-\cos x$ とおくと

$f'(x)=1+\sin x \geqq 0$

よって，関数 $f(x)$ は常に増加する。

また，$\lim_{x\to-\infty} f(x)=-\infty$，$\lim_{x\to\infty} f(x)=\infty$

より，$y=f(x)$ のグラフは x 軸と共有点を 1 個もつ。

したがって，方程式 $f(x)=0$ の実数解の個数は **1 個**。

(2) $x=0$ は解でないから，両辺を x で割ると　$x^2-a+\dfrac{2}{x}=0$

よって　$x^2+\dfrac{2}{x}=a$

$f(x)=x^2+\dfrac{2}{x}$ とおくと

$f'(x)=2x-\dfrac{2}{x^2}=\dfrac{2(x^3-1)}{x^2}$

$=\dfrac{2(x-1)(x^2+x+1)}{x^2}$

$f'(x)=0$ とおくと　$x=1$

よって，$f(x)$ の増減表は次のようになる。

x	$\cdots$	0	$\cdots$	1	$\cdots$
$f'(x)$	$-$	／	$-$	0	$+$
$f(x)$	↘	／	↘	3	↗

また

$\lim_{x\to-0} f(x)=-\infty$，$\lim_{x\to+0} f(x)=\infty$

$\lim_{x\to-\infty} f(x)=\infty$，　$\lim_{x\to\infty} f(x)=\infty$

ゆえに，$y=f(x)$ のグラフは下の図

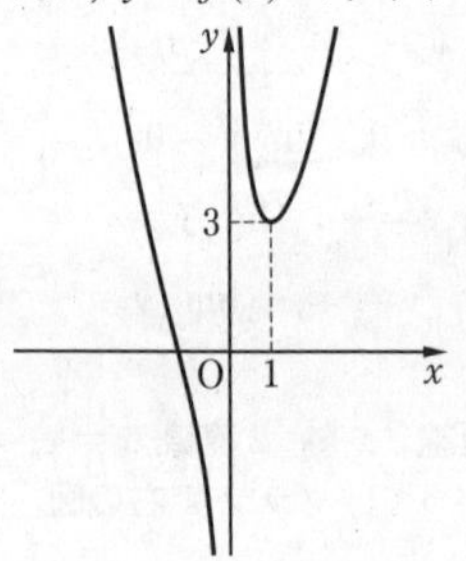

方程式 $f(x)=a$ の実数解の個数は $y=f(x)$ のグラフと直線 $y=a$ の共有点の個数に等しいから

$a>3$ のとき　3 個

$a=3$ のとき　2 個

$a<3$ のとき　1 個

〔2〕 (1) $f(x)=e^x-ex$ とおくと

$f'(x)=e^x-e$

$f'(x)=0$ とおくと　$x=1$

よって，$f(x)$ の増減表は次のようになる。

x	$\cdots$	1	$\cdots$
$f'(x)$	$-$	0	$+$
$f(x)$	↘	0	↗

ゆえに，$f(x)$ は $x=1$ のとき最小値 $f(1)=0$ をとり，$f(x) \geqq f(1)=$ であるから　$f(x) \geqq 0$

したがって　$e^x \geqq ex$

等号は $x=1$ のとき成り立つ。

(2)　$f(x)=2x-\sin x$ とおくと

$f'(x)=2-\cos x>0$

よって，関数 $f(x)$ は区間 $x \geqq 0$ で増加する。

さらに，$f(0)=0$ より

$x>0$ のとき　$f(x)>f(0)=0$

したがって，$x>0$ のとき　$2x>\sin x$

練習 105 次の関数の最大値，最小値を求めよ。

(1)　$f(x)=2\sin x+\sin 2x \quad (0 \leqq x \leqq 2\pi)$

(2)　$f(x)=(x-2)e^x \quad (0 \leqq x \leqq 3)$

(1)　$f'(x)=2\cos x+2\cos 2x=2\cos x+2(2\cos^2 x-1)$
$=2(2\cos x-1)(\cos x+1)$

◀ 2倍角の公式により
$\cos 2x=2\cos^2 x-1$

$f'(x)=0$ とおくと，$\cos x=\dfrac{1}{2}$，-1 より，

$0 \leqq x \leqq 2\pi$ の範囲で　　$x=\dfrac{\pi}{3}$，π，$\dfrac{5}{3}\pi$

よって，$f(x)$ の増減表は次のようになる。

x	0	$\cdots$	$\dfrac{\pi}{3}$	$\cdots$	π	$\cdots$	$\dfrac{5}{3}\pi$	$\cdots$	2π
$f'(x)$		$+$	0	$-$	0	$-$	0	$+$	
$f(x)$	0	↗	$\dfrac{3\sqrt{3}}{2}$	↘	0	↘	$-\dfrac{3\sqrt{3}}{2}$	↗	0

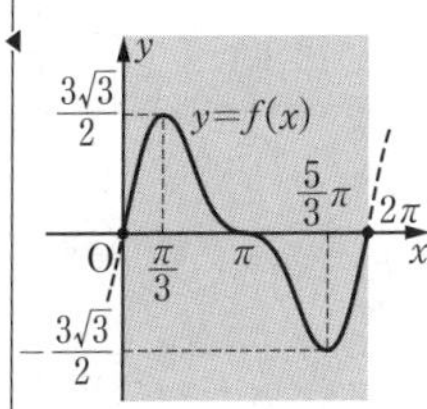

ゆえに，この関数は

$x=\dfrac{\pi}{3}$ のとき　最大値 $\dfrac{3\sqrt{3}}{2}$

$x=\dfrac{5}{3}\pi$ のとき　最小値 $-\dfrac{3\sqrt{3}}{2}$

(2)　$f'(x)=e^x+(x-2)e^x=(x-1)e^x$

$f'(x)=0$ とおくと　　$x=1$

よって，$f(x)$ の増減表は次のようになる。

x	0	$\cdots$	1	$\cdots$	3
$f'(x)$		$-$	0	$+$	
$f(x)$	-2	↘	$-e$	↗	e^3

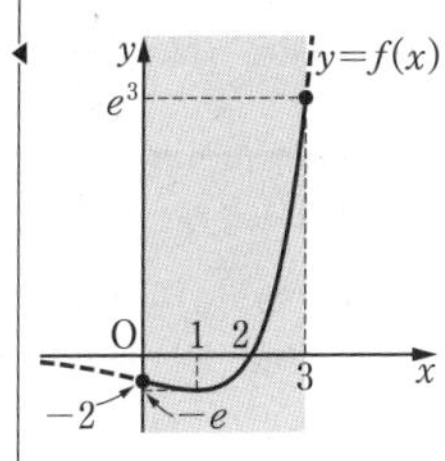

ゆえに，この関数は

$x=3$ のとき　最大値 e^3

$x=1$ のとき　最小値 $-e$

練習 106 次の関数の最大値，最小値を求めよ。

(1)　$f(x)=2x+\sqrt{5-x^2}$　　(2)　$f(x)=\dfrac{x+1}{x^2+x+1}$

(1)　定義域は $5-x^2 \geqq 0$ より　　$-\sqrt{5} \leqq x \leqq \sqrt{5}$

$$f'(x)=2+\frac{-x}{\sqrt{5-x^2}}=\frac{2\sqrt{5-x^2}-x}{\sqrt{5-x^2}}$$

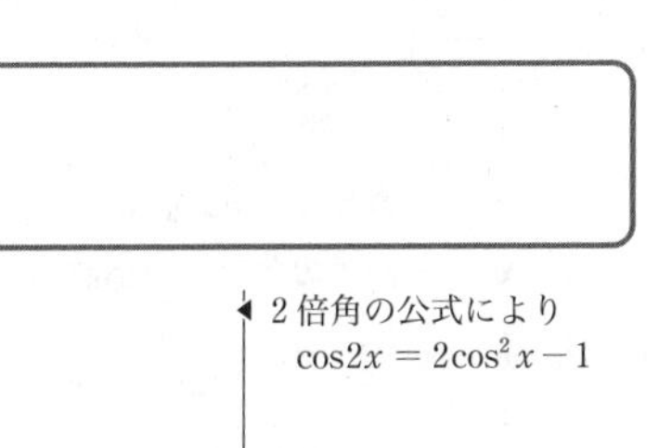

$f'(x)=0$ とおくと　　$2\sqrt{5-x^2}=x$

$x \geqq 0$ に注意して，これを解くと　　$x=2$

よって，$f(x)$ の増減表は次のようになる。

x	$-\sqrt{5}$	$\cdots$	2	$\cdots$	$\sqrt{5}$
$f'(x)$		$+$	0	$-$	
$f(x)$	$-2\sqrt{5}$	↗	5	↘	$2\sqrt{5}$

ゆえに，この関数は

$x=2$ のとき　最大値 5

$x=-\sqrt{5}$ のとき　最小値 $-2\sqrt{5}$

◀両辺を 2 乗して
$4(5-x^2)=x^2$
$20=5x^2$ より　$x^2=4$
ここで，
$2\sqrt{5-x^2}=x \geqq 0$ であるから　$x=2$

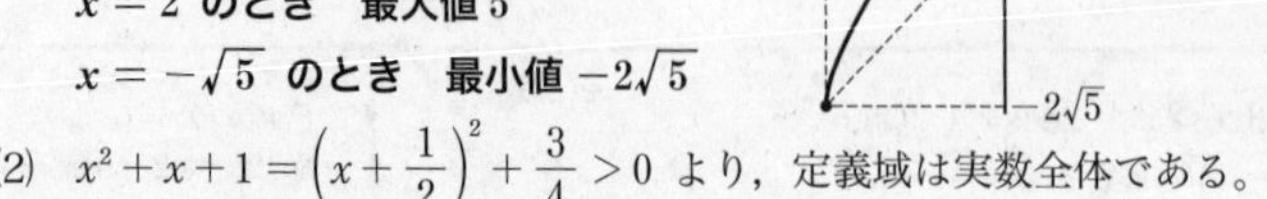

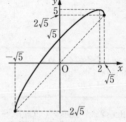

(2)　$x^2+x+1=\left(x+\dfrac{1}{2}\right)^2+\dfrac{3}{4}>0$ より，定義域は実数全体である。

◀分母が 0 になることはないから，すべての実数で定義される。

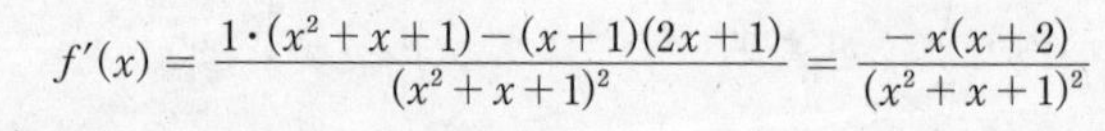

$$f'(x)=\frac{1\cdot(x^2+x+1)-(x+1)(2x+1)}{(x^2+x+1)^2}=\frac{-x(x+2)}{(x^2+x+1)^2}$$

$f'(x)=0$ とおくと　　$x=0,\ -2$

よって，$f(x)$ の増減表は次のようになる。

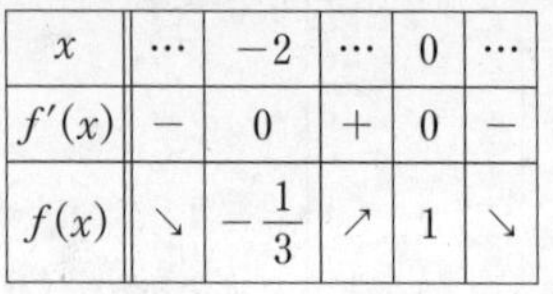

x	$\cdots$	-2	$\cdots$	0	$\cdots$
$f'(x)$	$-$	0	$+$	0	$-$
$f(x)$	↘	$-\dfrac{1}{3}$	↗	1	↘

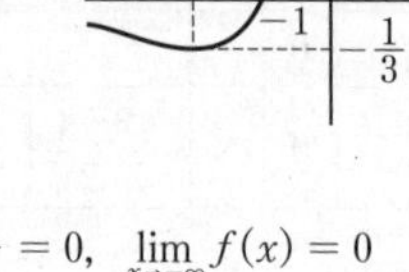

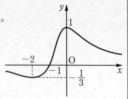

また　$\displaystyle\lim_{x\to\infty}f(x)=\lim_{x\to\infty}\frac{\dfrac{1}{x}+\dfrac{1}{x^2}}{1+\dfrac{1}{x}+\dfrac{1}{x^2}}=0,\ \lim_{x\to-\infty}f(x)=0$

◀増減表だけでは，最大値最小値が存在するかどうかは分からない。
例えば，$\displaystyle\lim_{x\to\infty}f(x)=-\infty$ となれば最小値は存在しない。

ゆえに，この関数は

$x=0$ のとき　最大値 1

$x=-2$ のとき　最小値 $-\dfrac{1}{3}$

練習 107 関数 $f(x)=(x^2-3)e^x$ の $-\sqrt{3} \leqq x \leqq t$ における最大値 $M(t)$ および最小値 $m(t)$ を求めよ。ただし，t は $t>-\sqrt{3}$ の定数とする。

$f'(x)=2xe^x+(x^2-3)e^x=(x^2+2x-3)e^x$

$x \geqq -\sqrt{3}$ において，$f'(x)=0$ とおくと　　$x^2+2x-3=0$

$(x+3)(x-1)=0$ より　　$x=1$

よって，$f(x)$ の増減表は次のようになる。

x	$-\sqrt{3}$	$\cdots$	1	$\cdots$
$f'(x)$		$-$	0	$+$
$f(x)$	0	↘	$-2e$	↗

次に，$f(t)=f(-\sqrt{3})$ を満たす t の値を求めると，$(t^2-3)e^t=0$ より　　$t=\pm\sqrt{3}$

よって，$y=f(x)$ のグラフは右の図のようになるから

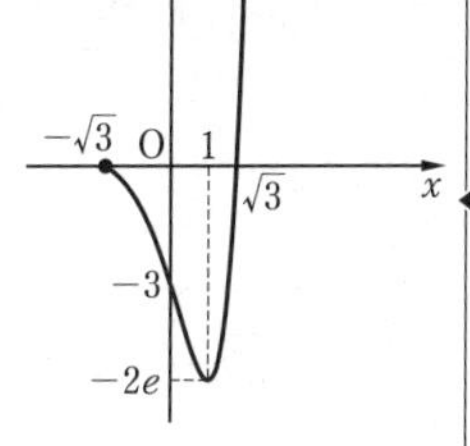

◀極小となる点 $(x=1)$ を境として最小値が，$y=f(x)$ が x 軸と交わる点 $(x=\sqrt{3})$ を境として最大値が変化するから，これらの点の前後で t の値によって場合分けする。

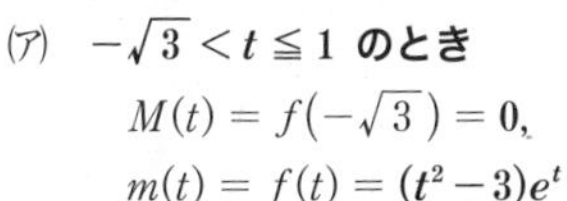

(ア)　**$-\sqrt{3}<t\leqq 1$ のとき**

$M(t)=f(-\sqrt{3})=\mathbf{0}$,

$m(t)=f(t)=\boldsymbol{(t^2-3)e^t}$

(イ)　**$1<t\leqq\sqrt{3}$ のとき**

$M(t)=f(-\sqrt{3})=\mathbf{0}$，$m(t)=f(1)=\boldsymbol{-2e}$

(ウ)　**$\sqrt{3}<t$ のとき**

$M(t)=f(t)=\boldsymbol{(t^2-3)e^t}$，$m(t)=f(1)=\boldsymbol{-2e}$

(ア)

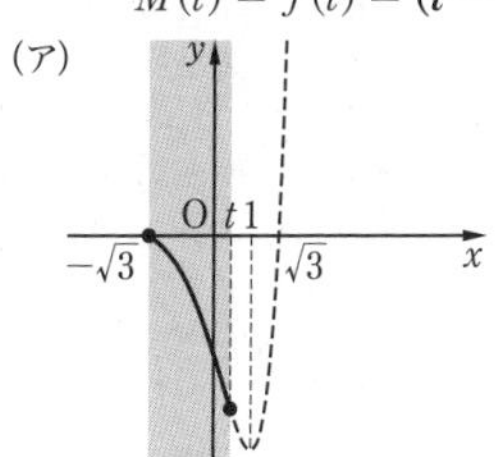

(イ)

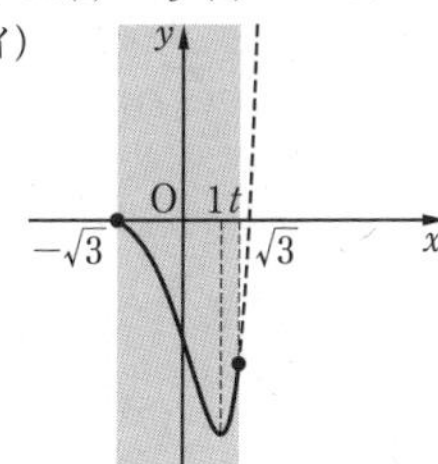

(ウ)

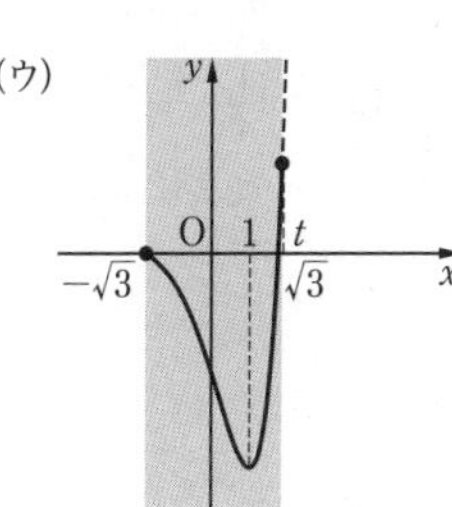

練習 108 関数 $f(x)=x\log x+a$ の最小値が $3a+2$ となるとき，定数 a の値を求めよ。　（工学院大）

関数 $f(x)$ の定義域は　　$x>0$

◀$\log x$ の真数条件より $x>0$

$$f'(x)=\log x+x\cdot\frac{1}{x}=\log x+1$$

$f'(x)=0$ とおくと，$\log x+1=0$ より　　$x=\dfrac{1}{e}$

◀$\log x=-1=\log e^{-1}$ より $x=e^{-1}=\dfrac{1}{e}$

よって，$f(x)$ の増減表は右のようになる。

x	0	$\cdots$	$\frac{1}{e}$	$\cdots$
$f'(x)$	／	$-$	0	$+$
$f(x)$	／	↘	極小	↗

ゆえに，関数 $f(x)$ は，$x=\dfrac{1}{e}$ のとき最小となり，最小値は

$$f\left(\frac{1}{e}\right)=\frac{1}{e}\log\frac{1}{e}+a=-\frac{1}{e}+a$$

◀$\log\dfrac{1}{e}=\log e^{-1}=-1$

最小値が $3a+2$ であるから　　$-\dfrac{1}{e}+a=3a+2$

したがって，求める a の値は　　$\boldsymbol{a=-\dfrac{1}{2e}-1}$

練習 109 曲線 $y=e^{-2x}$ 上の点 $\mathrm{A}(a,\ e^{-2a})$ $(a\geqq 0)$ における接線 l と x 軸，y 軸との交点をそれぞれ B，C とおく。また，原点を O とするとき，△OBC の面積 $S(a)$ の最大値およびそのときの a の値を求めよ。

$y'=-2e^{-2x}$ であるから，点 $\mathrm{A}(a,\ e^{-2a})$ における接線 l の方程式は

$$y-e^{-2a}=-2e^{-2a}(x-a)$$

◀$y=f(x)$ 上の点 $(t,\ f(t))$ における接線の方程式は $y-f(t)=f'(t)(x-t)$

$x=0$ のとき　$y=e^{-2a}+2ae^{-2a}=\dfrac{2a+1}{e^{2a}}$

$y=0$ のとき　$x=\dfrac{2a+1}{2}$

◀ $x=0$ を代入して y 切片を，$y=0$ を代入して x 切片を求める。

よって，2 点 B，C の座標は

$$\mathrm{B}\left(\frac{2a+1}{2},\ 0\right),\ \mathrm{C}\left(0,\ \frac{2a+1}{e^{2a}}\right)$$

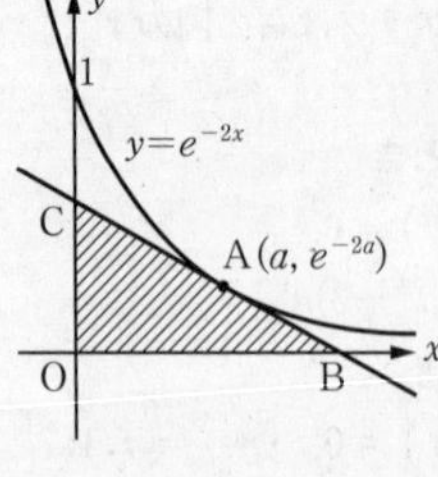
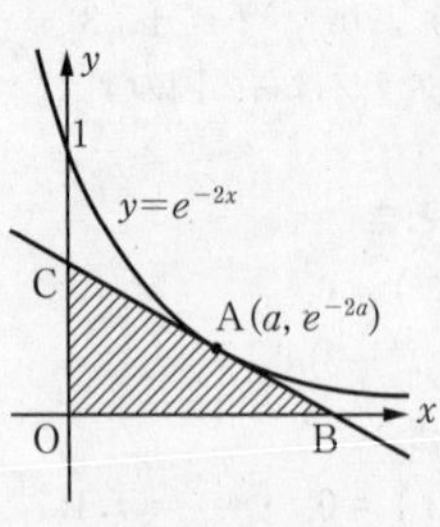

$a \geqq 0$ のとき

$$\frac{2a+1}{2}>0,\ \frac{2a+1}{e^{2a}}>0$$

であるから

$$S(a)=\frac{1}{2}\mathrm{OB}\cdot\mathrm{OC}=\frac{1}{2}\cdot\frac{2a+1}{2}\cdot\frac{2a+1}{e^{2a}}=\frac{(2a+1)^2}{4e^{2a}}$$

◀ 点 B の x 座標，点 C の y 座標はともに正であるから，その値が OB，OC の長さとなる。

$$S'(a)=\frac{1}{4}\cdot\frac{2(2a+1)\cdot 2\cdot e^{2a}-(2a+1)^2\cdot e^{2a}\cdot 2}{(e^{2a})^2}$$

$$=\frac{(2a+1)(1-2a)}{2e^{2a}}$$

◀ a の関数 $S(a)$ を a で微分する。

$S'(a)=0$ とおくと，$a \geqq 0$ の範囲で

$$a=\frac{1}{2}$$

よって，$S(a)$ の増減表は右のようになる。

a	0	…	$\frac{1}{2}$	…
$S'(a)$		+	0	−
$S(a)$	$\frac{1}{4}$	↗	$\frac{1}{e}$	↘

◀ $S(a)$ のグラフは下の図。

したがって，$S(a)$ は

$a=\dfrac{1}{2}$ のとき　最大値 $\dfrac{1}{e}$

練習 110 原点を通り傾き m の直線 l がある。2 点 P(1, 1)，Q(3, 1) から直線 l に下ろした垂線をそれぞれ PA，QB とするとき，$d=\mathrm{PA}^2+\mathrm{QB}^2$ が最小となる m の値を求めよ。（お茶の水女子大）

直線 l の方程式は，$mx-y=0$ であるから，
点 P(1, 1)，Q(3, 1) から直線 l までの距離はそれぞれ

$$\mathrm{PA}=\frac{|m-1|}{\sqrt{m^2+1}},\ \mathrm{QB}=\frac{|3m-1|}{\sqrt{m^2+1}}$$

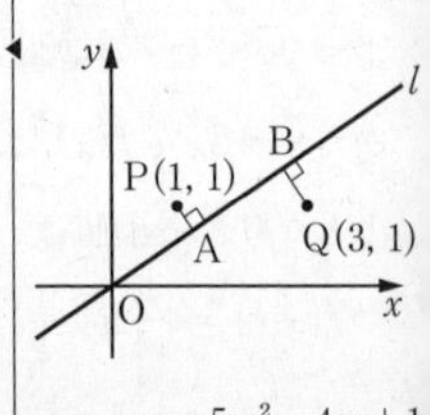

よって　$d=\dfrac{(m-1)^2}{m^2+1}+\dfrac{(3m-1)^2}{m^2+1}=\dfrac{10m^2-8m+2}{m^2+1}$

$d=f(m)$ とおくと

$$f'(m)=2\cdot\frac{(10m-4)(m^2+1)-(5m^2-4m+1)\cdot 2m}{(m^2+1)^2}$$

◀ $f(m)=2\cdot\dfrac{5m^2-4m+1}{m^2+1}$

$$=2\cdot\frac{4m^2+8m-4}{(m^2+1)^2}=\frac{8(m^2+2m-1)}{(m^2+1)^2}$$

$f'(m)=0$ とおくと　$m=-1\pm\sqrt{2}$

◀ $m^2+2m-1=0$ を解いて　$m=-1\pm\sqrt{2}$

ゆえに，$f(m)$ の増減表は次のようになる。

m	…	$-1-\sqrt{2}$	…	$-1+\sqrt{2}$	…
$f'(m)$	+	0	−	0	+
$f(m)$	↗	極大	↘	極小	↗

◀ $f'(m)$ の分母は任意の m の値に対して正であるから，$f'(m)$ の符号は分子の符号に一致する。

ここで　$\lim_{m\to-\infty} f(m) = \lim_{m\to-\infty}\left(\dfrac{10-\dfrac{8}{m}+\dfrac{2}{m^2}}{1+\dfrac{1}{m^2}}\right) = 10$

$f(-1+\sqrt{2}) = 6-4\sqrt{2}$

したがって，d が最小となる m の値は　$\boldsymbol{m=-1+\sqrt{2}}$

◀もし $\lim_{m\to-\infty} f(m) < f(-1+\sqrt{2})$ となれば，最小値は存在しない。

◀$0<6-4\sqrt{2}<10$

練習 111 $BC=CD=DB=x$，$AB=AC=AD$ の三角錐 ABCD が半径 3 の球に外接している。
(1) 頂点 A から平面 BCD に下ろした垂線の長さ h を，x を用いて表せ。
(2) 三角錐 ABCD の体積 V の最小値およびそのときの x の値を求めよ。

(1) 球の中心を O，線分 CD の中点を M，球が平面 BCD，ACD と接する点を E，F とする。
頂点 A，B と点 O を通る平面による三角錐の断面を考える。
対称性より，点 E は △BCD の重心，線分 AE は頂点 A から平面 BCD に下ろした垂線であるから

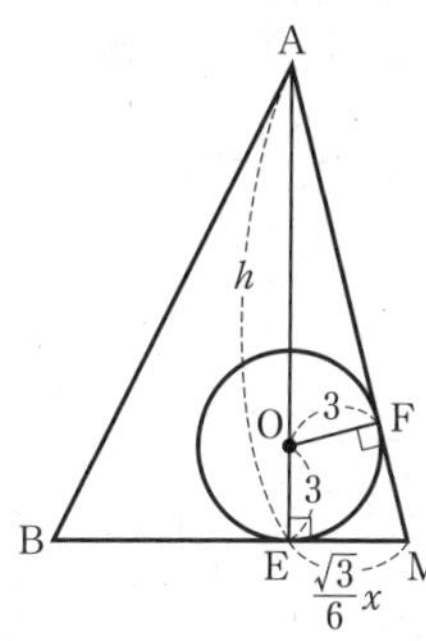

◀対称性より，点 M，E，F はすべてこの断面上にある。

$$BM = \frac{\sqrt{3}}{2}BC = \frac{\sqrt{3}}{2}x$$

$$EM = \frac{1}{3}BM = \frac{\sqrt{3}}{6}x$$

$$OA = AE - OE = h-3$$

$$AM = \sqrt{AE^2+EM^2} = \sqrt{h^2+\frac{1}{12}x^2}$$

また，△AOF ∽ △AME より　$OA : OF = MA : ME$

◀相似比を利用する。

よって　$(h-3) : 3 = \sqrt{h^2+\dfrac{1}{12}x^2} : \dfrac{\sqrt{3}}{6}x$

$\dfrac{\sqrt{3}}{6}(h-3)x = 3\sqrt{h^2+\dfrac{1}{12}x^2}$ より

$$h\{(x^2-108)h-6x^2\}=0 \quad \cdots ①$$

◀両辺を 2 乗して整理する。

ここで，$\dfrac{\sqrt{3}}{6}x>3$ より　$x>6\sqrt{3}$

◀$EM>OF$ より $\dfrac{\sqrt{3}}{6}x>3$

また，$h>6$ であるから，① より　$\boldsymbol{h=\dfrac{6x^2}{x^2-108}}$

(2) 三角錐 ABCD の体積 V は，(1) より

$$V = \frac{1}{3}\cdot\frac{\sqrt{3}}{4}x^2\cdot h = \frac{1}{3}\cdot\frac{\sqrt{3}}{4}x^2\cdot\frac{6x^2}{x^2-108}$$

$$= \frac{\sqrt{3}\,x^4}{2(x^2-108)}$$

$$V' = \frac{\sqrt{3}}{2}\cdot\frac{4x^3(x^2-108)-x^4\cdot 2x}{(x^2-108)^2}$$

$$= \sqrt{3}\cdot\frac{x^3(x^2-216)}{(x^2-108)^2}$$

◀さらに $x^2=t$ とおき $V=\dfrac{\sqrt{3}\,t^2}{2(t-108)}$ $(t>108)$ の増減を考えてもよい。

$V'=0$ とおくと，

$x > 6\sqrt{3}$ において

$x = 6\sqrt{6}$

よって，V の増減表は右のようになるから，V は

x	$6\sqrt{3}$	$\cdots$	$6\sqrt{6}$	$\cdots$
V'		$-$	0	$+$
V		$\searrow$	$216\sqrt{3}$	$\nearrow$

$x = 6\sqrt{6}$ のとき　最小値 $216\sqrt{3}$

練習 112 k を正の実数とするとき，x についての方程式 $x = k\log x$ の実数解の個数を求めよ。ただし，$\displaystyle\lim_{x\to\infty}\frac{x}{\log x} = \infty$ を用いてよい。　(大阪教育大　改)

真数は正であるから　$x > 0$

$x = 1$ は方程式 $x = k\log x$ …① の解ではないから，① の実数解と ① の両辺を $\log x\ (\neq 0)$ で割った方程式 $\dfrac{x}{\log x} = k$ の実数解の個数は等しい。

◀ $\log x = 0$ となる $x = 1$ が方程式の解となるかどうか確かめる。

$f(x) = \dfrac{x}{\log x}$ とおくと

$$f'(x) = \frac{1\cdot\log x - x\cdot\dfrac{1}{x}}{(\log x)^2} = \frac{\log x - 1}{(\log x)^2}$$

$f'(x) = 0$ とおくと　$x = e$

◀ $\log x - 1 = 0$ より $x = e$

よって，関数 $f(x)$ の増減表は右のようになる。

x	0	$\cdots$	1	$\cdots$	e	$\cdots$
$f'(x)$		$-$		$-$	0	$+$
$f(x)$		$\searrow$		$\searrow$	e	$\nearrow$

また　$\displaystyle\lim_{x\to\infty} f(x) = \infty,\ \lim_{x\to+0} f(x) = 0$

$\displaystyle\lim_{x\to1+0} f(x) = \infty,\ \lim_{x\to1-0} f(x) = -\infty$

◀ 直線 $x = 1$ は漸近線である。

ゆえに，$y = f(x)$ のグラフは右の図のようになる。

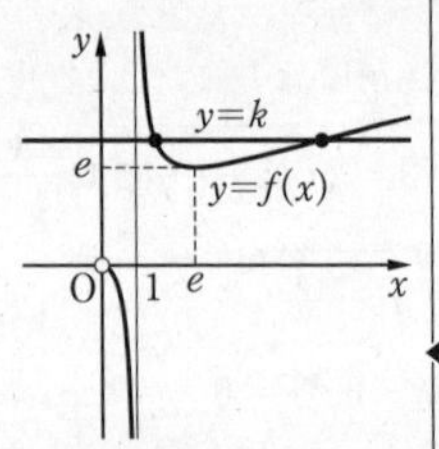

方程式 $f(x) = k$ の実数解の個数は，$y = f(x)$ のグラフと直線 $y = k$ の共有点の個数と一致するから

$k > e$ のとき　2 個
$k = e$ のとき　1 個
$0 < k < e$ のとき　0 個

◀ k は正の実数であるから $k > 0$ で考える。

練習 113 3 次方程式 $ax^3 - x^2 - x + 1 = 0$ の実数解の個数が 1 個であるとき，定数 a のとり得る値の範囲を求めよ。　(福岡大)

$x = 0$ は方程式 $ax^3 - x^2 - x + 1 = 0$ …① の解ではないから，① の実数解の個数と ① の両辺を $x^3\ (\neq 0)$ で割った方程式 $a = \dfrac{1}{x} + \dfrac{1}{x^2} - \dfrac{1}{x^3}$ の実数解の個数は等しい。

◀ $x = 0$ は方程式 $ax^3 - x^2 - x + 1 = 0$ の解ではないから $x \neq 0$ としてよい。

$f(x) = \dfrac{1}{x} + \dfrac{1}{x^2} - \dfrac{1}{x^3}$ とおくと，関数 $y = f(x)$ のグラフと直線 $y = a$ が，1 つの共有点をもつような定数 a の値の範囲を求める。

$$f'(x) = -\frac{1}{x^2} - \frac{2}{x^3} + \frac{3}{x^4} = -\frac{x^2 + 2x - 3}{x^4} = -\frac{(x+3)(x-1)}{x^4}$$

$f'(x)=0$ とおくと

　　$x=-3,\ 1$

よって，$f(x)$ の増減表は右のようになる。

x	$\cdots$	-3	$\cdots$	0	$\cdots$	1	$\cdots$
$f'(x)$	$-$	0	$+$	／	$+$	0	$-$
$f(x)$	↘	$-\dfrac{5}{27}$	↗	／	↗	1	↘

ここで　$\lim_{x\to+0} f(x)=-\infty$,

　　　$\lim_{x\to-0} f(x)=\infty$

また　　$\lim_{x\to\infty} f(x)=0$,

　　　$\lim_{x\to-\infty} f(x)=0$

◀直線 $x=0$（y 軸）は漸近線である。

$y=f(x)$ のグラフは右の図。

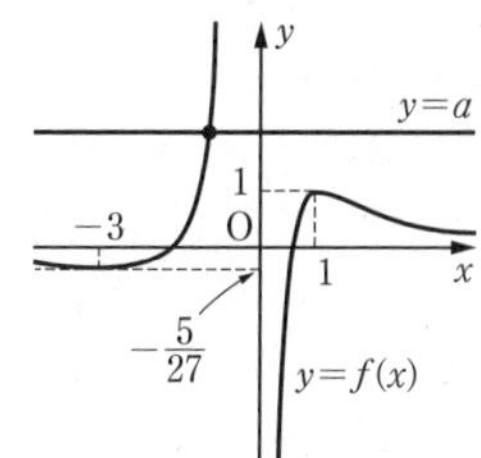

したがって，求める a の値の範囲は

$$\boldsymbol{a<-\frac{5}{27},\ 1<a}$$

練習 114 点 A$(0,\ a)$ から曲線 $y=xe^{-x}$ に異なる 3 本の接線が引けるとき，a の値の範囲を求めよ。ただし，$\lim_{x\to\infty} x^2e^{-x}=0$ を用いてよい。　　（中部大　改）

接点を P$(t,\ te^{-t})$ とおくと，

$y'=-(x-1)e^{-x}$ より，点 P における接線の方程式は

$$y-te^{-t}=-(t-1)e^{-t}(x-t)$$

これが点 A$(0,\ a)$ を通るから

$$a-te^{-t}=-(t-1)e^{-t}(-t)$$

すなわち　　$a=t^2e^{-t}$　　$\cdots$①

ここで，方程式①を満たす実数 t は，接点 P の x 座標を表し，接点の個数は接線の本数と一致するから，求める条件は，t の方程式①が異なる 3 つの実数解をもつことである。

$f(t)=t^2e^{-t}$ とおくと

$$f'(t)=-t(t-2)e^{-t}$$

$f'(t)=0$ とおくと　　$t=0,\ 2$

よって，$f(t)$ の増減表は右のようになる。

t	$\cdots$	0	$\cdots$	2	$\cdots$
$f'(t)$	$-$	0	$+$	0	$-$
$f(t)$	↘	0	↗	$4e^{-2}$	↘

また

$$\lim_{t\to\infty} f(t)=0,\ \lim_{t\to-\infty} f(t)=\infty$$

ゆえに，$y=f(t)$ のグラフは右の図。

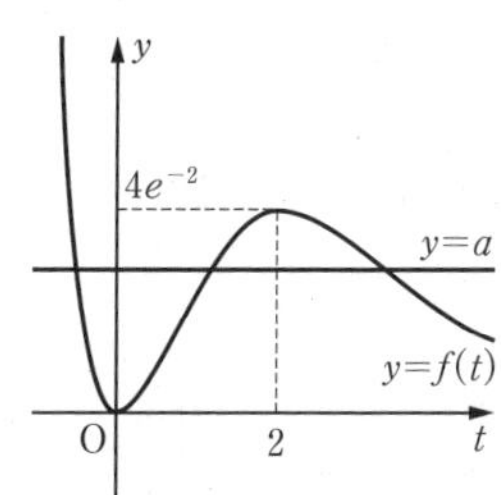

したがって，$y=f(t)$ のグラフと直線 $y=a$ が異なる 3 個の共有点をもつような a の値の範囲は

$$\boldsymbol{0<a<4e^{-2}}$$

◀$y''=(x-2)e^{-x}$

x	$\cdots$	1	$\cdots$	2	$\cdots$
y'	$+$	0	$-$	$-$	$-$
y''	$-$	$-$	$-$	0	$+$
y	↗	e^{-1}	↘	$2e^{-2}$	↘

$\lim_{x\to\infty} f(x)=0$ より

$y=xe^{-x}$ のグラフは下の図。

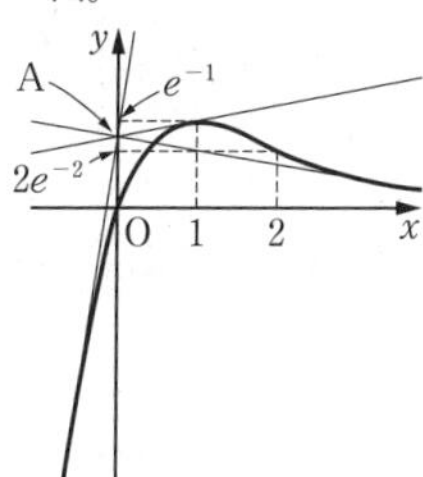

このグラフに 1 本の接線が 2 点で接する接線は存在しないから，接点の個数と接線の本数は一致する。

練習 115 (1)　不等式 $(x-1)e^x+1\geqq 0$ を証明せよ。

(2)　$x\geqq 0$ のとき，不等式 $\log(1+x)\geqq\dfrac{x}{1+x}$ を証明せよ。　　（横浜国立大）

---

(1)　$f(x)=(x-1)e^x+1$ とおくと

◀左辺を $f(x)$ とおく。

$$f'(x) = e^x + (x-1)e^x = xe^x$$

$f'(x)=0$ とおくと　　$x=0$

◀ $e^x > 0$ である。

よって，増減表は右のようになり，

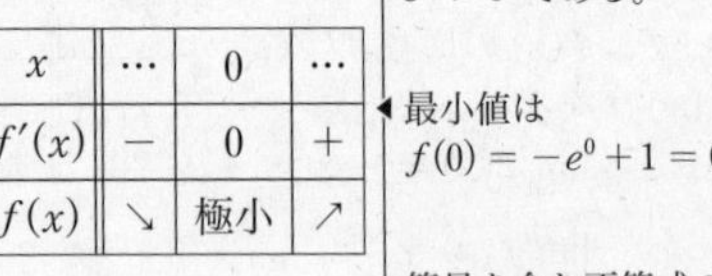

x	$\cdots$	0	$\cdots$
$f'(x)$	$-$	0	$+$
$f(x)$	↘	極小	↗

$f(x)$ は $x=0$ のとき最小値をとる。

◀ 最小値は $f(0) = -e^0 + 1 = 0$

よって　　$f(x) \geqq f(0) = 0$

したがって　　$(x-1)e^x + 1 \geqq 0$

等号は $x=0$ のとき成り立つ。

◀ 等号を含む不等式の証明は等号成立条件を答える

(2)　$f(x) = \log(1+x) - \dfrac{x}{1+x}$ とおくと

◀ (左辺) − (右辺) $= f(x)$ とおく。

$$f'(x) = \frac{1}{1+x} - \frac{1}{(1+x)^2} = \frac{x}{(1+x)^2}$$

$x>0$ の範囲において，常に $f'(x)>0$ であるから，$f(x)$ は $x \geqq 0$ で増加する。

よって　　$f(x) \geqq f(0) = 0$

したがって，$x \geqq 0$ のとき　　$\log(1+x) \geqq \dfrac{x}{1+x}$

等号は $x=0$ のとき成り立つ。

練習 116　$x>0$ のとき，不等式 $x - \dfrac{x^2}{2} < \log(x+1) < x$ を証明せよ。

(ア)　$\log(x+1) < x$ を示す。

$f(x) = x - \log(x+1)$ とおくと，$f(x)$ は $x \geqq 0$ の範囲で連続である。

◀ (右辺) − (左辺) $= f(x)$ とおき，$x>0$ における $f(x)$ の増減を調べる。

$$f'(x) = 1 - \frac{1}{x+1} = \frac{x}{x+1}$$

これより，$x>0$ のとき　　$f'(x)>0$

よって，$f(x)$ は区間 $x \geqq 0$ で増加する。

ゆえに，$x>0$ のとき　　$f(x) > f(0) = 0$

◀ $f(0) = -\log 1 = 0$

したがって　　$\log(x+1) < x$

(イ)　$x - \dfrac{x^2}{2} < \log(x+1)$ を示す。

$g(x) = \log(x+1) - \left(x - \dfrac{x^2}{2}\right)$ とおくと，$g(x)$ は $x \geqq 0$ の範囲で連続である。

◀ (右辺) − (左辺) $= g(x)$ とおき，$x>0$ におけ $g(x)$ の増減を調べる。

$$g'(x) = \frac{1}{x+1} - (1-x) = \frac{x^2}{x+1}$$

これより，$x>0$ のとき　　$g'(x)>0$

よって，$g(x)$ は区間 $x \geqq 0$ で増加する。

ゆえに，$x>0$ のとき　　$g(x) > g(0) = 0$

したがって　　$x - \dfrac{x^2}{2} < \log(x+1)$

(ア)，(イ) より，$x>0$ のとき　　$x - \dfrac{x^2}{2} < \log(x+1) < x$

練習 117 (1) 不等式 $e^{x^2} \geqq 1+x^2$ が成り立つことを示せ。

(2) (1)の結果を利用して $\displaystyle\lim_{x\to\infty}\frac{x}{e^{x^2}}$ を求めよ。 (東京電機大　改)

(1) $f(x)=e^{x^2}-(1+x^2)$ とおくと

$$f'(x)=2xe^{x^2}-2x=2x(e^{x^2}-1)$$

$f'(x)=0$ とおくと　$x=0$

$f(x)$ の増減表は右のようになり，

$x=0$ のとき　最小値0

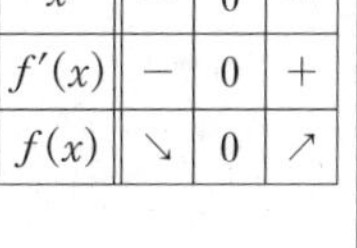

x	$\cdots$	0	$\cdots$
$f'(x)$	$-$	0	$+$
$f(x)$	↘	0	↗

よって　$f(x)\geqq f(0)=0$

したがって　$e^{x^2}\geqq 1+x^2$

等号は $x=0$ のとき成り立つ。

(2) (1)より　$e^{x^2}\geqq 1+x^2>0$

逆数をとると　$0<\dfrac{1}{e^{x^2}}\leqq\dfrac{1}{1+x^2}$

$x>0$ のとき，辺々に x を掛けると　$0<\dfrac{x}{e^{x^2}}\leqq\dfrac{x}{1+x^2}$

◀ $x\to\infty$ より $x>0$ として考えてよい。

ここで $\displaystyle\lim_{x\to\infty}\frac{x}{1+x^2}=\lim_{x\to\infty}\frac{\frac{1}{x}}{\frac{1}{x^2}+1}=0$ であるから，はさみうちの原理により　$\displaystyle\lim_{x\to\infty}\frac{x}{e^{x^2}}=\mathbf{0}$

練習 118 (1) $x\geqq 1$ のとき，不等式 $x\log x\geqq(x-1)\log(x+1)$ を証明せよ。

(2) 自然数 n に対して，不等式 $(n!)^2\geqq n^n$ を証明せよ。 (名古屋市立大)

(1) $f(x)=x\log x-(x-1)\log(x+1)$ とおくと，$f(x)$ は $x\geqq 1$ の範囲で連続である。

$$f'(x)=\log x+1-\log(x+1)-\frac{x-1}{x+1}$$

$$=\log x-\log(x+1)+\frac{2}{x+1}$$

ここで，$f''(x)=\dfrac{1}{x}-\dfrac{1}{x+1}-\dfrac{2}{(x+1)^2}=\dfrac{1-x}{x(x+1)^2}$ であるから，

◀ $x\geqq 1$ のとき，$f'(x)$ の増減を調べるために，さらに $f''(x)$ を求める。

$x\geqq 1$ のとき　$f''(x)\leqq 0$

よって，$f'(x)$ は $x\geqq 1$ で減少する。

また　$\displaystyle\lim_{x\to\infty}f'(x)=\lim_{x\to\infty}\left(\log\frac{x}{x+1}+\frac{2}{x+1}\right)=0$

◀ $f'(x)$ は正の値をとりながら減少する。

ゆえに，$f'(x)>0$ であるから，$f(x)$ は区間 $x\geqq 1$ で増加し

$f(x)\geqq f(1)=0$

◀ $f(1)=\log 1-0=0$

したがって，$x\geqq 1$ のとき

$x\log x\geqq(x-1)\log(x+1)$

等号は $x=1$ のとき成り立つ。

◀ 等号を含む不等式の証明は等号成立条件も答える。

(2) 数学的帰納法で証明する。

[1] $n=1$ のとき，(左辺) $=1$，(右辺) $=1$ となり成り立つ。

3章 9 いろいろな微分の応用

[2] $n=k$ のとき，与えられた不等式が成り立つと仮定すると

$$(k!)^2 \geqq k^k$$

ここで，(1) より $k^k \geqq (k+1)^{k-1}$ であるから

$$(k!)^2 \geqq (k+1)^{k-1}$$

$n=k+1$ のときについて考えると

$$\{(k+1)!\}^2 = \{(k+1)\cdot k!\}^2 = (k+1)^2\cdot(k!)^2$$
$$\geqq (k+1)^2\cdot(k+1)^{k-1} = (k+1)^{k+1}$$

よって，$n=k+1$ のときも成り立つ。

[1]，[2] より，すべての自然数 n について　$(n!)^2 \geqq n^n$

等号は $n=1,\ 2$ のとき成り立つ。

◀(1) より $\log x^x \geqq \log(x+1)^{x-1}$ よって　$x^x \geqq (x+1)^{x-1}$

◀$(k+1)! = (k+1)\cdot k!$

◀$n=2$ のときも成り立つことに注意する。

練習 119 (1) 999^{1000} と 1000^{999} の大小を比較せよ。（名古屋市立大）

(2) $e^{\sqrt{\pi}}$ と $\pi^{\sqrt{e}}$ の大小を比較せよ。

(1) $f(x) = \dfrac{\log x}{x}$ $(x>0)$ とおくと

$$f'(x) = \frac{\frac{1}{x}\cdot x - \log x\cdot 1}{x^2} = \frac{1-\log x}{x^2}$$

$f'(x)=0$ とおくと，$1-\log x = 0$ より　$x=e$

よって，$f(x)$ の増減表は次のようになる。

x	0	$\cdots$	e	$\cdots$
$f'(x)$	／	$+$	0	$-$
$f(x)$	／	↗	極大	↘

ゆえに，$f(x)$ は区間 $x \geqq e$ で減少する。

よって　$f(999) > f(1000)$

$$\frac{\log 999}{999} > \frac{\log 1000}{1000}$$

$$1000\log 999 > 999\log 1000$$

したがって　$\log 999^{1000} > \log 1000^{999}$

底 e は 1 より大きいから　$\mathbf{999^{1000} > 1000^{999}}$

◀$\displaystyle\lim_{x\to+0}\frac{\log x}{x} = -\infty$，$\displaystyle\lim_{x\to\infty}\frac{\log x}{x} = 0$ より，グラフは下の図。

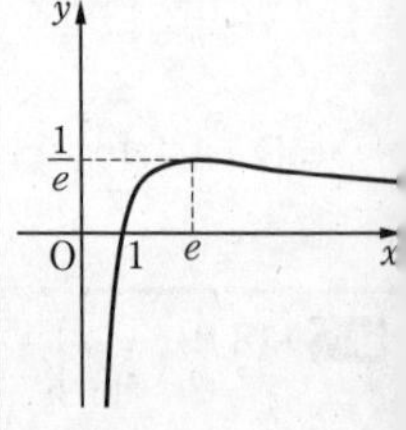

◀比較するのは $f(999)$ と $f(1000)$ の値であるから $x \geqq e$ で $f(x)$ が常に減少することを利用する。
$999 < 1000 \iff f(999) > f(1000)$

◀$a>1$ のとき $\log_a p > \log_a q \iff p > q$

(2) $e<\pi$ より　$\sqrt{e} < \sqrt{\pi}$

また，$\pi < e^2$ より $\sqrt{\pi} < e$ であるから

$$\sqrt{e} < \sqrt{\pi} < e$$

(1) の増減表より，関数 $f(x)$ は区間 $x \leqq e$ で増加するから

$$f(\sqrt{e}) < f(\sqrt{\pi})$$

すなわち　$\dfrac{\log\sqrt{e}}{\sqrt{e}} < \dfrac{\log\sqrt{\pi}}{\sqrt{\pi}}$

両辺に $\sqrt{\pi e}$ (>0) を掛けて　$\sqrt{\pi}\log e^{\frac{1}{2}} < \sqrt{e}\log \pi^{\frac{1}{2}}$

$$\frac{1}{2}\sqrt{\pi}\log e < \frac{1}{2}\sqrt{e}\log\pi$$

よって　$\sqrt{\pi}\log e < \sqrt{e}\log\pi$

$$\log e^{\sqrt{\pi}} < \log \pi^{\sqrt{e}}$$

◀$2<e<3$，$3<\pi<4$ より $\sqrt{2}<\sqrt{e}<\sqrt{\pi}<2<e$ である。

◀比較するのは $f(\sqrt{e})$ と $f(\sqrt{\pi})$ の値であるから $x \leqq e$ で $f(x)$ が常に増加することを利用する。
$\sqrt{e} < \sqrt{\pi} \iff f(\sqrt{e}) < f(\sqrt{\pi})$

◀$\log_a M^r = r\log_a M$

底 e は 1 より大きいから　　$\boldsymbol{e^{\sqrt{\pi}} < \pi^{\sqrt{e}}}$

〔別解〕（(2) の解答 7 行目以降）

両辺に $\sqrt{\pi e}$ を掛けて　　$\sqrt{\pi}\log\sqrt{e} < \sqrt{e}\log\sqrt{\pi}$

よって　　$\log\sqrt{e}^{\sqrt{\pi}} < \log\sqrt{\pi}^{\sqrt{e}}$

底 e は 1 より大きいから　　$\sqrt{e}^{\sqrt{\pi}} < \sqrt{\pi}^{\sqrt{e}}$

両辺は正より，2 乗しても大小関係は変わらないから

両辺を 2 乗して　　$e^{\sqrt{\pi}} < \pi^{\sqrt{e}}$

◀ $\sqrt{e}^{\sqrt{\pi}} < \sqrt{\pi}^{\sqrt{e}}$ の両辺を 2 乗すると $\sqrt{e}^{2\sqrt{\pi}} < \sqrt{\pi}^{2\sqrt{e}}$ すなわち　$e^{\sqrt{\pi}} < \pi^{\sqrt{e}}$

練習 120 すべての正の数 x に対して，不等式 $kx^3 \geqq \log x$ が成り立つような定数 k の値の範囲を求めよ。

$x > 0$ のとき，$kx^3 \geqq \log x$ より　　$\dfrac{\log x}{x^3} \leqq k$

◀ 不等式の両辺を $x^3\ (>0)$ で割る。

$f(x) = \dfrac{\log x}{x^3}$ とおくと

$$f'(x) = \frac{\frac{1}{x}\cdot x^3 - \log x\cdot 3x^2}{x^6} = \frac{1-3\log x}{x^4}$$

$f'(x) = 0$ とおくと，$1-3\log x = 0$ より　　$x = \sqrt[3]{e}$

◀ $\log x = \dfrac{1}{3}$ より　$x = e^{\frac{1}{3}}$

よって，$x > 0$ における関数 $f(x)$ の増減表は右のようになる。

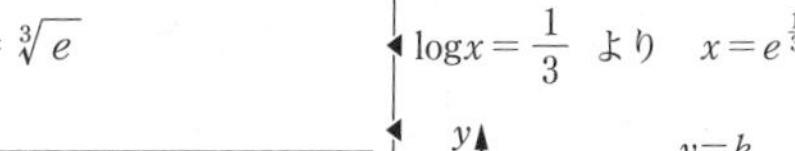

x	0	$\cdots$	$\sqrt[3]{e}$	$\cdots$
$f'(x)$	／	$+$	0	$-$
$f(x)$	／	↗	極大	↘

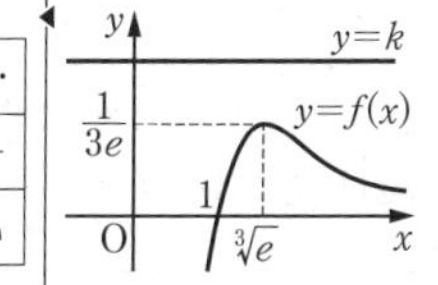

増減表より，$f(x)$ は $x = \sqrt[3]{e}$ のとき最大となり，最大値は

$$f(\sqrt[3]{e}) = \frac{\log\sqrt[3]{e}}{(\sqrt[3]{e})^3} = \frac{1}{3e}$$

ゆえに，$x > 0$ のとき　$f(x) = \dfrac{\log x}{x^3} \leqq \dfrac{1}{3e}$

◀ $f(x) \leqq$（最大値）であるから，求める条件は（最大値）$\leqq k$

したがって，すべての正の数 x に対して，$kx^3 \geqq \log x$ が成り立つような k の値の範囲は　　$\boldsymbol{k \geqq \dfrac{1}{3e}}$

p.208

問題編 9　いろいろな微分の応用

問題 105 関数 $f(x) = e^{-2x}\sin^2 x\ (0 \leqq x \leqq 2\pi)$ の最大値，最小値を求めよ。

$$\begin{aligned} f'(x) &= -2e^{-2x}\sin^2 x + e^{-2x}\cdot 2\sin x\cos x \\ &= -2e^{-2x}\sin x(\sin x - \cos x) \\ &= -2\sqrt{2}e^{-2x}\sin x\sin\left(x-\frac{\pi}{4}\right) \end{aligned}$$

◀ 三角関数の合成 $\sin x - \cos x = \sqrt{2}\sin\left(x - \dfrac{\pi}{4}\right)$

$f'(x) = 0$ とおくと　　$\sin x = 0$　または　$\sin\left(x-\dfrac{\pi}{4}\right) = 0$

$0 \leqq x \leqq 2\pi$ の範囲で　　$x = 0,\ \dfrac{\pi}{4},\ \pi,\ \dfrac{5}{4}\pi,\ 2\pi$

よって，$f(x)$ の増減表は次のようになる。

x	0	$\cdots$	$\frac{\pi}{4}$	$\cdots$	π	$\cdots$	$\frac{5}{4}\pi$	$\cdots$	2π
$f'(x)$		$+$	0	$-$	0	$+$	0	$-$	
$f(x)$	0	↗	$\frac{1}{2}e^{-\frac{\pi}{2}}$	↘	0	↗	$\frac{1}{2}e^{-\frac{5}{2}\pi}$	↘	0

$e>1$ より $\frac{1}{2}e^{-\frac{\pi}{2}} > \frac{1}{2}e^{-\frac{5}{2}\pi}$ であるから，この関数は

◀極大となる点が2つあるから，2つの極大値の大小を比較し，どちらが最大値か調べる。

$x=\frac{\pi}{4}$ のとき　最大値 $\frac{1}{2}e^{-\frac{\pi}{2}}$

$x=0,\ \pi,\ 2\pi$ のとき　最小値0

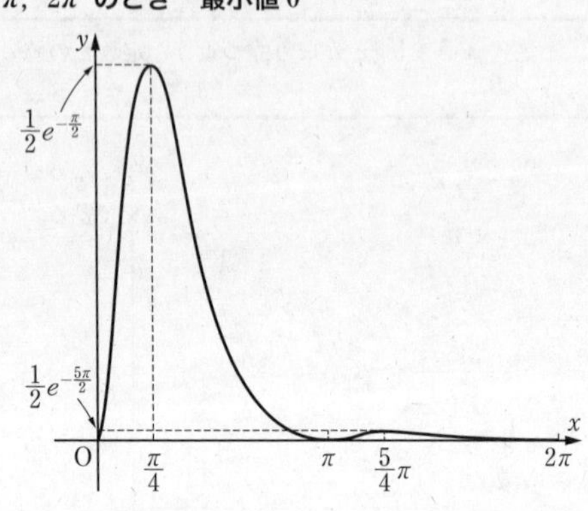

問題 106 関数 $f(x)=\dfrac{\sqrt{2}+\sin x}{\sqrt{2}+\cos x}$ を最大，最小にする x の値を求めよ。　（日本女子大）

$f(x)=\dfrac{\sqrt{2}+\sin x}{\sqrt{2}+\cos x}$ は周期が 2π である周期関数であるから，

$0 \leqq x \leqq 2\pi$ の範囲で考える。

◀ $f(x+2\pi)=f(x)$ が成り立つから，$f(x)$ は周期が 2π の周期関数である。

$$f'(x)=\frac{\cos x(\sqrt{2}+\cos x)+(\sqrt{2}+\sin x)\sin x}{(\sqrt{2}+\cos x)^2}$$

$$=\frac{\sqrt{2}(\sin x+\cos x)+1}{(\sqrt{2}+\cos x)^2}$$

$$=\frac{2\left\{\sin\left(x+\frac{\pi}{4}\right)+\frac{1}{2}\right\}}{(\sqrt{2}+\cos x)^2}$$

◀周期関数の最大値・最小値を考えるときは，1周期の範囲内の最大値・最小値を考えれば十分である。

◀ $\sin^2 x+\cos^2 x=1$

◀三角関数の合成
$\sin x+\cos x$
$=\sqrt{2}\sin\left(x+\frac{\pi}{4}\right)$

$f'(x)=0$ とおくと　$\sin\left(x+\frac{\pi}{4}\right)+\frac{1}{2}=0$

よって　$\sin\left(x+\frac{\pi}{4}\right)=-\frac{1}{2}$

$0 \leqq x \leqq 2\pi$ より，$\frac{\pi}{4} \leqq x+\frac{\pi}{4} \leqq \frac{9}{4}\pi$ の範囲でこの方程式を解くと

$$x+\frac{\pi}{4}=\frac{7}{6}\pi,\ \frac{11}{6}\pi \quad すなわち \quad x=\frac{11}{12}\pi,\ \frac{19}{12}\pi$$

よって，$f(x)$ の増減表は次のようになる。

x	0	$\cdots$	$\frac{11}{12}\pi$	$\cdots$	$\frac{19}{12}\pi$	$\cdots$	2π
$f'(x)$		$+$	0	$-$	0	$+$	
$f(x)$	$2-\sqrt{2}$	↗	極大	↘	極小	↗	$2-\sqrt{2}$

ゆえに，この関数は

$x=\frac{11}{12}\pi+2n\pi$ **（n は整数）のとき　最大**

$x=\frac{19}{12}\pi+2n\pi$ **（n は整数）のとき　最小**

◀端点における関数の値が一致するから，端点で最大・最小とならない。

◀周期 2π ごとに，最大値，最小値をとるから，答えは一般角で表す。

問題 107 関数 $f(x)=\frac{4x}{x^2+2}$ の $t \leqq x \leqq t+1$ における最大値 $M(t)$ を求めよ。

$$f'(x)=\frac{4(x^2+2)-4x\cdot 2x}{(x^2+2)^2}=\frac{-4(x^2-2)}{(x^2+2)^2}$$

$f'(x)=0$ とおくと　　$x=\pm\sqrt{2}$

よって，$f(x)$ の増減表は次のようになる。

x	$\cdots$	$-\sqrt{2}$	$\cdots$	$\sqrt{2}$	$\cdots$
$f'(x)$	$-$	0	$+$	0	$-$
$f(x)$	↘	$-\sqrt{2}$	↗	$\sqrt{2}$	↘

◀すべての実数 x に対して（分母）$=x^2+2>0$ であるから，$f(x)$ の定義域は実数全体である。

◀$\lim_{x\to\infty} f(x)=0$，$\lim_{x\to-\infty} f(x)=0$

次に，$f(t)=f(t+1)$ を満たす t の値を求めると，$\frac{4t}{t^2+2}=\frac{4(t+1)}{(t+1)^2+2}$ より

$t=-2,\ 1$

◀分母をはらって整理すると　$t^2+t-2=0$

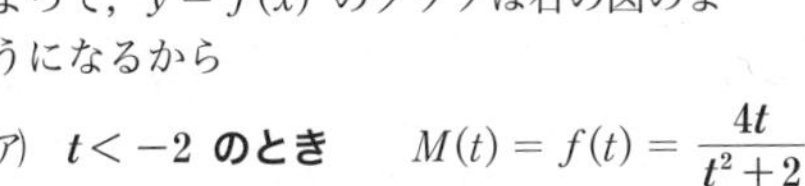

よって，$y=f(x)$ のグラフは右の図のようになるから

(ア)　**$t<-2$ のとき**　　$M(t)=f(t)=\frac{4t}{t^2+2}$

◀$f(t)>f(t+1)$ である。

(イ)　**$-2 \leqq t<\sqrt{2}-1$ のとき**

$t+1<\sqrt{2}$ であるから

$$M(t)=f(t+1)=\frac{4(t+1)}{(t+1)^2+2}=\frac{4t+4}{t^2+2t+3}$$

◀$f(t) \leqq f(t+1)$ である。

(ウ)　**$\sqrt{2}-1 \leqq t<\sqrt{2}$ のとき**

$t<\sqrt{2} \leqq t+1$ であるから

$$M(t)=f(\sqrt{2})=\sqrt{2}$$

◀極大値 $f(\sqrt{2})$ が最大値となる。

(エ)　**$t \geqq \sqrt{2}$ のとき**　　$M(t)=f(t)=\frac{4t}{t^2+2}$

◀$f(t)>f(t+1)$ である。

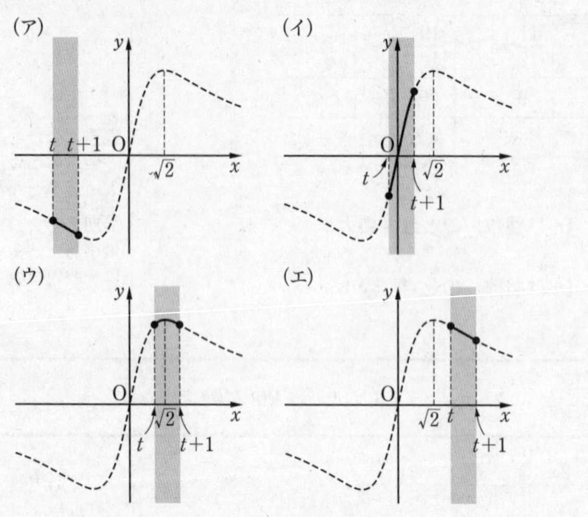

問題 108 関数 $f(x)=\dfrac{x^2+ax+1}{x^2+1}$ の最大値と最小値の積が -1 となるとき，定数 a の値を求めよ。ただし，$a\neq 0$ とする。

関数 $f(x)$ の定義域は実数全体である。

◀すべての実数 x に対して $x^2+1>0$ より，分母が 0 になることはない。

$f(x)=\dfrac{x^2+ax+1}{x^2+1}=1+\dfrac{ax}{x^2+1}$ より

$$f'(x)=\frac{a(x^2+1)-ax\cdot 2x}{(x^2+1)^2}=\frac{-a(x+1)(x-1)}{(x^2+1)^2}$$

$f'(x)=0$ とおくと　　$x=\pm 1$

よって，関数 $f(x)$ の増減表は次のようになる。

◀ $f'(x)$ の分子の x^2 の係数が $-a$ であるから，a の正負によって，$f'(x)$ の符号が変わる。

(ア) $a>0$ のとき

x	$\cdots$	-1	$\cdots$	1	$\cdots$
$f'(x)$	$-$	0	$+$	0	$-$
$f(x)$	↘	極小	↗	極大	↘

(イ) $a<0$ のとき

x	$\cdots$	-1	$\cdots$	1	$\cdots$
$f'(x)$	$+$	0	$-$	0	$+$
$f(x)$	↗	極大	↘	極小	↗

(ア)，(イ)の増減表より，関数 $f(x)$ は $a>0$，$a<0$ のいずれの場合も $x=\pm 1$ のとき極値をとる。

また，$\displaystyle\lim_{x\to\infty}f(x)=\lim_{x\to-\infty}f(x)=1$ より，その極大値が最大値，極小値が最小値となる。

◀ $a>0$ のとき

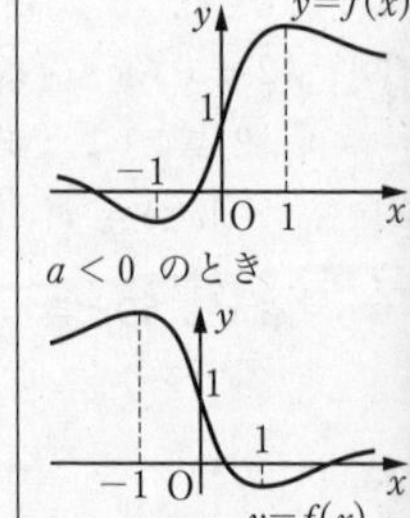

ゆえに，最大値と最小値の積が -1 となるとき

$$f(1)\cdot f(-1)=-1$$

$$\frac{2+a}{2}\cdot\frac{2-a}{2}=-1$$

$4-a^2=-4$ より　　$a=\pm 2\sqrt{2}$

これは，$a\neq 0$ を満たす。

したがって，求める a の値は　　$\boldsymbol{a=\pm 2\sqrt{2}}$

問題 109 半径1の円に内接する二等辺三角形の頂角の大きさを θ とする。
(1) この三角形の面積 S を，θ を用いて表せ。
(2) 面積 S が最大となるとき，θ の値を求めよ。

(1) 二等辺三角形の3頂点をA，B，Cとし，AB = AC とする。

このとき　$\angle A=\theta,\ \angle B=\angle C=\dfrac{\pi-\theta}{2}$

◀二等辺三角形の底角は等しい。

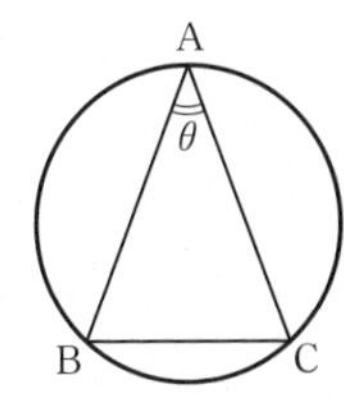

よって，正弦定理により

$$\begin{aligned}AB=AC&=2\sin B\\&=2\sin\frac{\pi-\theta}{2}\\&=2\cos\frac{\theta}{2}\end{aligned}$$

◀外接円の半径が1であるから，正弦定理により $\dfrac{AC}{\sin B}=\dfrac{AB}{\sin C}=2$

◀$\sin\left(\dfrac{\pi}{2}-\alpha\right)=\cos\alpha$

したがって，△ABC の面積 S は

$$\begin{aligned}S&=\frac{1}{2}AB\cdot AC\sin\theta=\frac{1}{2}\left(2\cos\frac{\theta}{2}\right)^2\sin\theta\\&=2\cos^2\frac{\theta}{2}\sin\theta=\boldsymbol{\sin\theta(1+\cos\theta)}\end{aligned}$$

◀半角の公式 $\cos^2\dfrac{\theta}{2}=\dfrac{1+\cos\theta}{2}$

(2) θ は △ABC の内角であるから　$0<\theta<\pi$

S を θ で微分すると

$$\begin{aligned}S'&=\cos\theta(1+\cos\theta)+\sin\theta(-\sin\theta)\\&=2\cos^2\theta+\cos\theta-1\\&=(2\cos\theta-1)(\cos\theta+1)\end{aligned}$$

◀$\sin^2\theta=1-\cos^2\theta$

$S'=0$ とおくと，$0<\theta<\pi$ の範囲で

$\theta=\dfrac{\pi}{3}$

よって，S の増減表は右のようになる。

θ	0	$\cdots$	$\dfrac{\pi}{3}$	$\cdots$	π
S'	／	$+$	0	$-$	／
S	／	↗	$\dfrac{3\sqrt{3}}{4}$	↘	／

したがって，面積 S が最大となるときの θ の値は　$\boldsymbol{\theta=\dfrac{\pi}{3}}$

◀このとき，△ABC の内角はすべて $\dfrac{\pi}{3}$ となるから，△ABC は正三角形である。

問題 110 曲線 $2\cos x+y+1=0$ $(0\leqq x\leqq\pi)$ 上を動く点Pがある。直線 $y=x$ に関して点Pと対称な点をQとするとき，線分PQの長さの最大値と最小値を求めよ。

$2\cos x+y+1=0$ より

$y=-2\cos x-1$

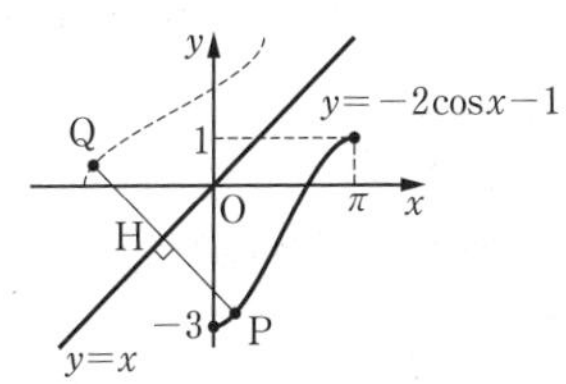

点Pの座標を $(t,\ -2\cos t-1)$ $(0\leqq t\leqq\pi)$ とおき，点Pから直線 $y=x$ に垂線PHを下ろす。

点Pは領域 $y<x$ 内に存在するから，$-2\cos t-1<t$ であり

$$PH=\frac{|t-(-2\cos t-1)|}{\sqrt{1^2+(-1)^2}}=\frac{\sqrt{2}}{2}(t+2\cos t+1)$$

◀点 $(t,\ -2\cos t-1)$ と直線 $x-y=0$ の距離

$l(t)=PQ$ とおくと，$PQ=2PH$ であるから

$$l(t)=\sqrt{2}(t+2\cos t+1)$$
$$l'(t)=\sqrt{2}(1-2\sin t)$$

$l'(t)=0$ とおくと，$\sin t=\dfrac{1}{2}$ より

$0 \leqq t \leqq \pi$ の範囲で　　$t=\dfrac{\pi}{6},\ \dfrac{5}{6}\pi$

よって，$l(t)$ の増減表は次のようになる。

t	0	$\cdots$	$\dfrac{\pi}{6}$	$\cdots$	$\dfrac{5}{6}\pi$	$\cdots$	π
$l'(t)$		$+$	0	$-$	0	$+$	
$l(t)$	$3\sqrt{2}$	↗	$\sqrt{2}\left(\dfrac{\pi}{6}+\sqrt{3}+1\right)$	↘	$\sqrt{2}\left(\dfrac{5}{6}\pi-\sqrt{3}+1\right)$	↗	$\sqrt{2}(\pi-1)$

$\sqrt{2}\left(\dfrac{\pi}{6}+\sqrt{3}+1\right)>\sqrt{2}(\pi-1),\ 3\sqrt{2}>\sqrt{2}\left(\dfrac{5}{6}\pi-\sqrt{3}+1\right)$

であるから，$l(t)=\mathrm{PQ}$ は

最大値 $\sqrt{2}\left(\dfrac{\pi}{6}+\sqrt{3}+1\right)$，**最小値** $\sqrt{2}\left(\dfrac{5}{6}\pi-\sqrt{3}+1\right)$

◀ $\pi=3.14\cdots$，$\sqrt{3}=1.73\cdots$ を用いて比較する。

問題 111 体積が一定の値 V である直円柱の表面積を最小にするには，底面の半径と高さの比をどのようにすればよいか。

底面の半径を x，高さを y，表面積を S とすると，$x>0$ であり

$V=\pi x^2 y$　　$\cdots$①

$S=2\pi x^2+2\pi xy$　　$\cdots$②

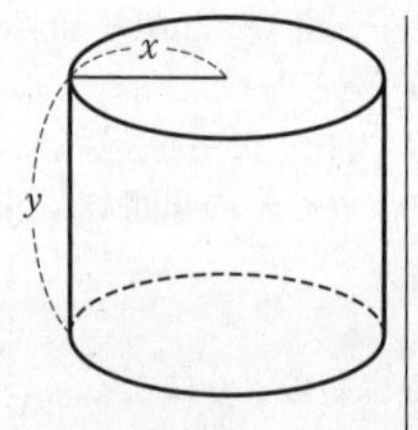

① より　　$y=\dfrac{V}{\pi x^2}$　　$\cdots$③

③ を ② に代入して　　$S=2\pi x^2+\dfrac{2V}{x}$

$$\frac{dS}{dx}=4\pi x-\frac{2V}{x^2}=\frac{2(2\pi x^3-V)}{x^2}$$

$\dfrac{dS}{dx}=0$ とおくと　　$x=\sqrt[3]{\dfrac{V}{2\pi}}$

◀ $2\pi x^3-V=0$ より $x^3=\dfrac{V}{2\pi}$

よって，S の増減表は右のようになるから，S は $x=\sqrt[3]{\dfrac{V}{2\pi}}$ のとき最小となる。

x	0	$\cdots$	$\sqrt[3]{\dfrac{V}{2\pi}}$	$\cdots$
$\dfrac{dS}{dx}$	／	$-$	0	$+$
S	／	↘	極小	↗

このとき　　$V=2\pi x^3$

これを ③ に代入して　　$y=\dfrac{2\pi x^3}{\pi x^2}=2x$

したがって，$y=2x$ であるから，底面の半径と高さの比を **1:2** にすればよい。

問題 112 k を定数とするとき，x についての方程式 $e^x=kx^2$ の異なる実数解の個数を調べよ。ただし，$\displaystyle\lim_{x\to\infty}\frac{x^2}{e^x}=0$ を用いてよい。

$x=0$ は方程式 $e^x=kx^2$ $\cdots$① の解ではないから，① の実数解の個数

◀ $x=0$ は方程式 $e^x=kx$ の解ではないから x キとしてよい。

と両辺を $x^2\ (\neq 0)$ で割った方程式 $k=\dfrac{e^x}{x^2}$ の実数解の個数は等しい。

$f(x)=\dfrac{e^x}{x^2}$ とおくと

$$f'(x)=\frac{(x-2)e^x}{x^3}$$

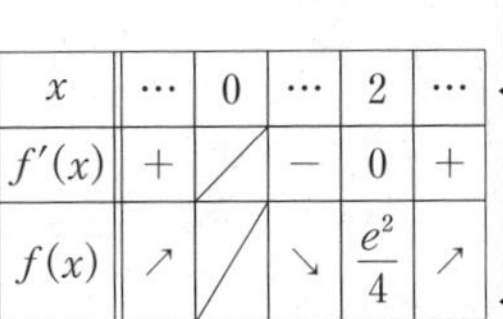

x	$\cdots$	0	$\cdots$	2	$\cdots$
$f'(x)$	$+$	／	$-$	0	$+$
$f(x)$	↗	／	↘	$\dfrac{e^2}{4}$	↗

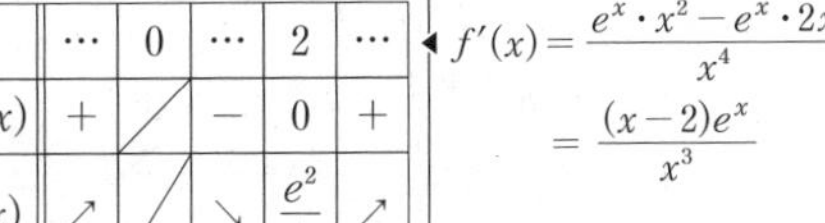

◀ $f'(x)=\dfrac{e^x\cdot x^2-e^x\cdot 2x}{x^4}$
$=\dfrac{(x-2)e^x}{x^3}$

$f'(x)=0$ とおくと　　$x=2$

よって，$f(x)$ の増減表は右のようになる。

また　　$\displaystyle\lim_{x\to\infty}f(x)=\infty,\ \lim_{x\to-\infty}f(x)=0$

$\displaystyle\lim_{x\to+0}f(x)=\infty,\ \lim_{x\to-0}f(x)=\infty$

◀ $x\to 0$ のとき，$x^2>0$ かつ $e^x\to 1$，$x^2\to 0$ である。

◀ 直線 $x=0$ （y 軸）は漸近線である。

ゆえに，$y=f(x)$ のグラフは右の図のようになる。

方程式 $f(x)=k$ の実数解の個数は，$y=f(x)$ のグラフと直線 $y=k$ の共有点の個数と一致するから

◀ 直線 $y=k$ を上下に移動させて，2つのグラフの共有点の個数を考える。

$k>\dfrac{e^2}{4}$ のとき　3個

$k=\dfrac{e^2}{4}$ のとき　2個

$0<k<\dfrac{e^2}{4}$ のとき　1個

$k\leqq 0$ のとき　0個

3章 9 いろいろな微分の応用

問題 113 x についての方程式 $\sin x=ke^x$ が $0\leqq x\leqq 2\pi$ の範囲に異なる2つの実数解をもつとき，定数 k の値の範囲を求めよ。

$e^x>0$ であるから，$\sin x=ke^x$ の両辺を e^x で割った方程式 $k=e^{-x}\sin x\ (0\leqq x\leqq 2\pi)$ について考える。

◀ $\sin x=ke^x$ の両辺を $e^x\ (>0)$ で割ると $\dfrac{\sin x}{e^x}=k$
すなわち　$e^{-x}\sin x=k$

$f(x)=e^{-x}\sin x$ とおくと，関数 $y=f(x)$ のグラフと直線 $y=k$ が，$0\leqq x\leqq 2\pi$ の範囲で異なる2個の共有点をもつような定数 k の値の範囲を求める。

$$f'(x)=-e^{-x}\sin x+e^{-x}\cos x$$
$$=-e^{-x}(\sin x-\cos x)=-\sqrt{2}\,e^{-x}\sin\left(x-\frac{\pi}{4}\right)$$

◀ $f'(x)=e^{-x}(-\sin x+\cos x)$
$=\sqrt{2}\,e^{-x}\sin\left(x+\dfrac{3}{4}\pi\right)$
としてもよい。

$f'(x)=0$ とおくと，$0\leqq x\leqq 2\pi$ の範囲で　　$x=\dfrac{\pi}{4},\ \dfrac{5}{4}\pi$

よって，関数の増減表は次のようになる。

x	0	$\cdots$	$\dfrac{\pi}{4}$	$\cdots$	$\dfrac{5}{4}\pi$	$\cdots$	2π
$f'(x)$		$+$	0	$-$	0	$+$	
$f(x)$	0	↗	$\dfrac{\sqrt{2}}{2}e^{-\frac{\pi}{4}}$	↘	$-\dfrac{\sqrt{2}}{2}e^{-\frac{5}{4}\pi}$	↗	0

ゆえに，$y=f(x)$ のグラフは下の図。

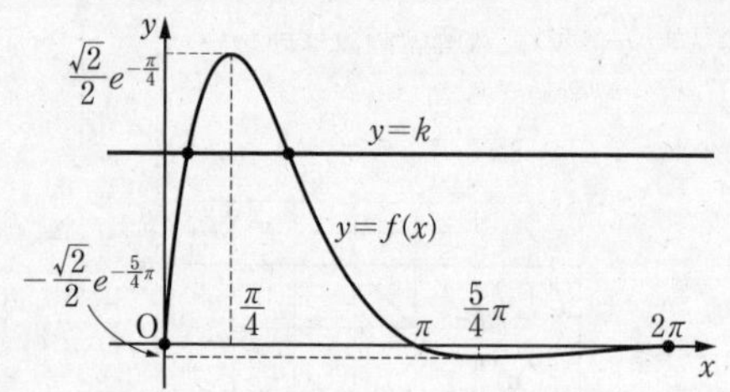

◀ $k=0$ のとき，方程式は異なる 3 個の実数解をもち，
$k=\frac{\sqrt{2}}{2}e^{-\frac{\pi}{4}}$，$-\frac{\sqrt{2}}{2}e^{-\frac{5}{4}\pi}$
のとき，1 つの実数解をもつ。

したがって，求める k の値の範囲は

$$-\frac{\sqrt{2}}{2}e^{-\frac{5}{4}\pi}<k<0,\ 0<k<\frac{\sqrt{2}}{2}e^{-\frac{\pi}{4}}$$

問題 114 y 軸上の点 $\mathrm{A}(0,\ a)$ から曲線 $y=\frac{1}{x^2+1}$ に異なる 4 本の接線が引けるとき，a の値の範囲を求めよ。

接点を $\mathrm{P}\left(t,\ \frac{1}{t^2+1}\right)$ とおくと，

$y'=-\frac{2x}{(x^2+1)^2}$ より，点 P における接線の方程式は

$$y-\frac{1}{t^2+1}=-\frac{2t}{(t^2+1)^2}(x-t)$$

これが点 $\mathrm{A}(0,\ a)$ を通るから　$a-\frac{1}{t^2+1}=\frac{2t^2}{(t^2+1)^2}$

よって　$a=\frac{3t^2+1}{(t^2+1)^2}$　…①

方程式①を満たす実数 t は，接点 P の x 座標を表し，接点の個数は接線の本数と一致するから，求める条件は，t の方程式①が異なる 4 つの実数解をもつことである。

$f(t)=\frac{3t^2+1}{(t^2+1)^2}$ とおくと

$$f'(t)=\frac{6t(t^2+1)^2-(3t^2+1)\cdot 2(t^2+1)\cdot 2t}{(t^2+1)^4}$$

$$=\frac{-2t(3t^2-1)}{(t^2+1)^3}$$

$f'(t)=0$ とおくと　$t=0,\ \pm\frac{\sqrt{3}}{3}$

よって，$f(t)$ の増減表は次のようになる。

t	…	$-\frac{\sqrt{3}}{3}$	…	0	…	$\frac{\sqrt{3}}{3}$	…
$f'(t)$	＋	0	－	0	＋	0	－
$f(t)$	↗	$\frac{9}{8}$	↘	1	↗	$\frac{9}{8}$	↘

また　$\lim_{t\to\infty}f(t)=\lim_{t\to-\infty}f(t)=0$

ゆえに，$y=f(t)$ のグラフは右の図。

したがって，$y=f(t)$ のグラフと直線 $y=a$

◀

x	…	0	…
y'	＋	0	－
y	↗	1	↘

$\lim_{x\to\infty}y=\lim_{x\to-\infty}y=0$

より，グラフは下の図。

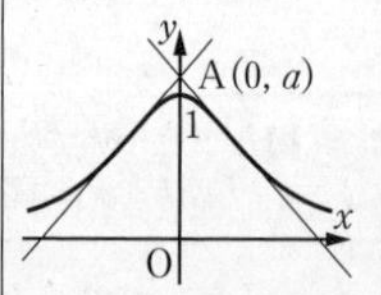

このグラフより「接点の個数」＝「接線の本数」が分かる。

◀ $s=t^2$ とおくと，①が異なる 4 つの実数解をもつことと $a=\frac{3s+1}{(s+1)^2}$ が $s>0$ の範囲で異なる 2 つの実数解をもつことは同値であることを利用して，$g(s)=\frac{3s+1}{(s+1)^2}$ $(s>0)$ のグラフを利用する解法もある。

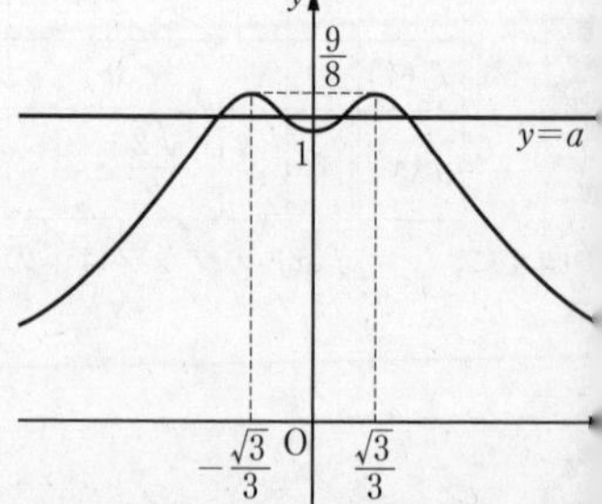

が異なる4個の共有点をもつような a の値の範囲は

$$1 < a < \frac{9}{8}$$

問題 115 $x \geqq 0$ のとき，不等式 $x^3 - k^2x \geqq k(x^2-1)$ が常に成り立つように定数 k の値の範囲を定めよ。

$f(x) = x^3 - k^2x - k(x^2-1)$ とおく。

◀ (左辺) − (右辺) $= f(x)$ とおく。

$x \geqq 0$ のとき $f(x) \geqq 0$ が常に成り立つような k の値の範囲を求める。

◀ $x \geqq 0$ のとき $f(x) \geqq 0$ が常に成り立つ条件は，$x \geqq 0$ において ($f(x)$ の最小値) $\geqq 0$ となることである。

このとき，$f(0) \geqq 0$ となるから

$$k \geqq 0$$

また　$f'(x) = 3x^2 - k^2 - 2kx = (3x+k)(x-k)$

(ア) $k > 0$ のとき

$x \geqq 0$ の範囲で，$f(x)$ の増減表は右のようになり，$f(x)$ は $x = k$ のとき最小値をとる。

x	0	$\cdots$	k	$\cdots$
$f'(x)$		$-$	0	$+$
$f(x)$	k	↘	極小	↗

この範囲で $f(x) \geqq 0$ が常に成り立つための条件は，最小値 $f(k)$ が0以上となることであるから

$$f(k) = -k(k^2-1) \geqq 0$$

すなわち　$k(k+1)(k-1) \leqq 0$　$\cdots$①

$k > 0$ であるから　$(k+1)(k-1) \leqq 0$

よって　$-1 \leqq k \leqq 1$

$k > 0$ であるから，① の解は

$$0 < k \leqq 1$$

(イ) $k = 0$ のとき

$f(x) = x^3$ となり，$x \geqq 0$ のとき $f(x) \geqq 0$ は常に成り立つ。

◀ $k = 0$ は題意を満たす。

(ア)，(イ) より，求める k の値の範囲は

$$\boldsymbol{0 \leqq k \leqq 1}$$

問題 116 $0 < x < 1$ のとき，不等式 $\log\frac{1}{1-x^2} < \left(\log\frac{1}{1-x}\right)^2$ を証明せよ。

$f(x) = \left(\log\frac{1}{1-x}\right)^2 - \log\frac{1}{1-x^2}$ とおくと，$f(x)$ は $0 \leqq x < 1$ の範囲で連続である。

◀ (右辺) − (左辺) $= f(x)$ とおき，$0 \leqq x < 1$ における $f(x)$ の増減を調べる。

また　$f(0) = 0$

よって

$$f'(x) = 2\left(\log\frac{1}{1-x}\right)\cdot\left(\log\frac{1}{1-x}\right)' - \frac{1}{\frac{1}{1-x^2}}\cdot\left(\frac{1}{1-x^2}\right)'$$

$$= 2\left(\log\frac{1}{1-x}\right)\cdot\frac{1}{\frac{1}{1-x}}\cdot\left(\frac{1}{1-x}\right)' - (1-x^2)\cdot\frac{2x}{(1-x^2)^2}$$

$$= 2\left(\log\frac{1}{1-x}\right)\cdot\frac{1}{1-x} - \frac{2x}{1-x^2}$$

◀ $\left(\frac{1}{1-x^2}\right)' = \{(1-x^2)^{-1}\}'$
$= -(1-x^2)^{-2}\cdot(1-x^2)'$
$= \frac{2x}{(1-x^2)^2}$

◀ $\left(\frac{1}{1-x}\right)' = \{(1-x)^{-1}\}'$
$= -(1-x)^{-2}\cdot(1-x)'$
$= \frac{1}{(1-x)^2}$

$$= 2\left(\log\frac{1}{1-x}\right)\cdot\frac{1}{1-x} - \frac{2x}{(1-x)(1+x)}$$

$$= \frac{2}{1-x}\left(\log\frac{1}{1-x} - \frac{x}{1+x}\right) \quad \cdots ①$$

ここで，$g(x) = \log\frac{1}{1-x} - \frac{x}{1+x}$ とおくと，$g(x)$ もまた $0 \leqq x < 1$ の範囲で連続である。

また　$g(0) = 0$

よって

$$g'(x) = \frac{1}{1-x} - \frac{1}{(1+x)^2}$$

◀ $f'(x)$ 全体を再び微分するのではなく，符号が分かりにくい部分を抜き出して考える。

$0 < x < 1$ のとき $\frac{1}{1-x} > 1$，$\frac{1}{(1+x)^2} < 1$ より $g'(x) > 0$ であるから

$$g(x) > g(0) = 0$$

◀ $0 \leqq x < 1$ で $g(x)$ は増加

よって，① より，$0 < x < 1$ のとき　$f'(x) > 0$

◀ $0 < x < 1$ のとき $f'(x) = \underbrace{\frac{2}{1-x}}_{>0}\left(\underbrace{\log\frac{1}{1-x} - \frac{x}{1+x}}_{>0}\right)$

ゆえに，$0 < x < 1$ の範囲で　$f(x) > f(0) = 0$

◀ $0 \leqq x < 1$ で $f(x)$ は増加

したがって，$0 < x < 1$ のとき

$$\log\frac{1}{1-x^2} < \left(\log\frac{1}{1-x}\right)^2$$

問題 117 (1)　$x > 0$ のとき，不等式 $2\sqrt{x} > \log x$ を示せ。

(2)　極限 $\lim_{x\to\infty}\frac{\log x}{x} = 0$ および $\lim_{y\to 0} y\log|y| = 0$ を示せ。　(徳島大)

(1)　$f(x) = 2\sqrt{x} - \log x$ $(x > 0)$ とおくと　$f'(x) = \frac{\sqrt{x}-1}{x}$

◀ $f'(x) = \frac{1}{\sqrt{x}} - \frac{1}{x} = \frac{\sqrt{x}-1}{x}$

$f'(x) = 0$ とおくと，$\sqrt{x} - 1 = 0$ より　$x = 1$

$f(x)$ の増減表は右のようになり，

x	0	$\cdots$	1	$\cdots$
$f'(x)$	／	$-$	0	$+$
$f(x)$	／	↘	2	↗

$x = 1$ のとき　最小値 2

よって　$f(x) \geqq f(1) = 2 > 0$

したがって，$x > 0$ のとき　$f(x) > 0$

すなわち　$2\sqrt{x} > \log x$

(2)　$x \to \infty$ であるから，$x > 1$ として (1) の結果を用いると

◀ $x \to \infty$ を考えるから，は限りなく大きくなる。よって，$x > 1$ の場合で考えればよく，このとき $\log x > 0$ である。

$$0 < \log x < 2\sqrt{x}$$

よって　$0 < \frac{\log x}{x} < \frac{2\sqrt{x}}{x} = \frac{2}{\sqrt{x}}$

ここで，$\lim_{x\to\infty}\frac{2}{\sqrt{x}} = 0$ であるから，

はさみうちの原理により　$\lim_{x\to\infty}\frac{\log x}{x} = 0$

次に

(ア)　$y \to +0$ のとき

◀ 絶対値を外すために場合分けをする。

$\frac{1}{y} = x$ とおくと $y = \frac{1}{x}$ となり，$x \to \infty$ であるから

$$\lim_{y\to+0} y\log|y| = \lim_{y\to+0} y\log y$$

$$= \lim_{x\to\infty} \frac{1}{x} \log \frac{1}{x} = \lim_{x\to\infty}\left(-\frac{\log x}{x}\right) = 0$$

◀ $\log \frac{1}{x} = \log x^{-1} = -\log x$

(イ) $y \to -0$ のとき

$\frac{1}{-y} = x$ とおくと $y = \frac{1}{-x}$ となり，$x \to \infty$ であるから

$$\lim_{y\to -0} y\log|y| = \lim_{y\to -0} y\log(-y) = \lim_{x\to\infty}\left(-\frac{1}{x}\log\frac{1}{x}\right)$$

$$= \lim_{x\to\infty} \frac{-\log x}{-x} = \lim_{x\to\infty} \frac{\log x}{x} = 0$$

(ア)，(イ) より　　$\lim_{y\to 0} y\log|y| = 0$

問題 118 $0 < p < 1$ とするとき，次の不等式を証明せよ。

(1) a，x が正の数のとき　　$x^p + a^p > (x+a)^p$

(2) x_1，x_2，$\cdots$，x_n $(n \geqq 2)$ がすべて正の数のとき
$x_1{}^p + x_2{}^p + \cdots + x_n{}^p > (x_1 + x_2 + \cdots + x_n)^p$

(1) $f(x) = x^p + a^p - (x+a)^p$ とおくと，$f(x)$ は $x \geqq 0$ の範囲で連続である。

$$f'(x) = px^{p-1} - p(x+a)^{p-1} = p\left\{\left(\frac{1}{x}\right)^{1-p} - \left(\frac{1}{x+a}\right)^{1-p}\right\}$$

$x > 0$，$a > 0$ より，$x + a > x$ であるから　　$\frac{1}{x} > \frac{1}{x+a}$

◀ $\left(\frac{1}{x}\right)^{1-p}$ と $\left(\frac{1}{x+a}\right)^{1-p}$ の大小を比較する。

$1 - p > 0$ より，$\left(\frac{1}{x}\right)^{1-p} > \left(\frac{1}{x+a}\right)^{1-p}$ であるから　　$f'(x) > 0$

◀ $0 < p < 1$ より $1 - p > 0$

よって，$f(x)$ は区間 $x \geqq 0$ で増加する。
ゆえに，$x > 0$ のとき　　$f(x) > f(0) = 0$
したがって　　$x^p + a^p > (x+a)^p$

(2) 数学的帰納法で証明する。

[1] $n = 2$ のとき，(1) より $x_1{}^p + x_2{}^p > (x_1 + x_2)^p$ は成り立つ。

◀ (1) の不等式を利用する。

[2] $n = k$ のとき，与えられた不等式が成り立つと仮定すると

$$x_1{}^p + x_2{}^p + \cdots + x_k{}^p > (x_1 + x_2 + \cdots + x_k)^p$$

両辺に $x_{k+1}{}^p$ を加えると

$x_1{}^p + x_2{}^p + \cdots + x_k{}^p + x_{k+1}{}^p > (x_1 + x_2 + \cdots + x_k)^p + x_{k+1}{}^p$

$x_1 + x_2 + \cdots + x_k = a$ とおくと，$a > 0$，$x_{k+1} > 0$ であるから

$$a^p + x_{k+1}{}^p > (a + x_{k+1})^p = (x_1 + x_2 + \cdots + x_k + x_{k+1})^p$$

◀ (1) の不等式を利用する。

したがって

$$x_1{}^p + x_2{}^p + \cdots + x_k{}^p + x_{k+1}{}^p > (x_1 + x_2 + \cdots + x_k + x_{k+1})^p$$

よって，$n = k+1$ のときも成り立つ。

[1]，[2] より，2 以上の自然数 n について，与えられた不等式は成り立つ。

問題 119 実数 a，b は $b > a > 0$ を満たす。このとき，関数 $f(x) = \frac{\log(x+1)}{x}$ を利用して，不等式 $(a+1)^b > (b+1)^a$ を証明せよ。　　(岡山大　改)

$f(x) = \frac{\log(x+1)}{x}$ の定義域は，

$x+1>0$ かつ $x \neq 0$ より　　$-1<x<0,\ 0<x$

$$f'(x)=\frac{\frac{1}{x+1}\cdot x-\log(x+1)}{x^2}=\frac{x-(x+1)\log(x+1)}{x^2(x+1)}$$

ここで，$f'(x)$ の分子を $h(x)$ とおく。

$h(x)=x-(x+1)\log(x+1)$ について

$$h'(x)=1-1\cdot\log(x+1)-(x+1)\cdot\frac{1}{x+1}=-\log(x+1)$$

よって，$x>0$ において　　$h'(x)<0$

すなわち，関数 $h(x)$ は，区間 $x>0$ で減少する。

また，$\lim_{x\to+0}h(x)=0$ であるから，$x>0$ において　　$h(x)<0$

よって，$f'(x)=\dfrac{x-(x+1)\log(x+1)}{x^2(x+1)}$ は，$x>0$ において

$f'(x)<0$

すなわち，関数 $f(x)$ は区間 $x>0$ で減少する。

よって，$0<a<b$ である実数 $a,\ b$ について

$$f(a)>f(b)\quad すなわち\quad \frac{\log(a+1)}{a}>\frac{\log(b+1)}{b}$$

$a>0$ かつ $b>0$ より　$b\log(a+1)>a\log(b+1)$

$\log(a+1)^b>\log(b+1)^a$

両辺の底 e は 1 より大きいから　$(a+1)^b>(b+1)^a$

◀符号が分かりにくい分子のみ $h(x)$ とおいて，$h(x)$ の増減を考える。

◀$x>0$ における $h(x)$ の符号から，$f'(x)$ の符号が定まる。

◀$a>0$ かつ $b>0$ より不等号の向きは変わらない

◀$\log_a M^r=r\log_a M$

問題 120 すべての正の数 x に対して，不等式 $a^x \geqq ax$ が成り立つような正の定数 a の条件を求めよ。

$a>0,\ x>0$ であるから，$a^x \geqq ax$ の両辺の自然対数をとると

$\log a^x \geqq \log ax$

よって　　$x\log a \geqq \log a+\log x$

$f(x)=x\log a-\log a-\log x$ とおくと　　$f'(x)=\log a-\dfrac{1}{x}$

(ア)　$0<a\leqq 1$ のとき

$\log a \leqq 0$ より，$x>0$ において，常に $f'(x)<0$

よって，$f(x)$ は減少関数であるから

$x>1$ において $f(x)<f(1)=0$ となり，不適である。

(イ)　$a>1$ のとき

$f'(x)=0$ とおくと，$\log a=\dfrac{1}{x}$ より　　$x=\dfrac{1}{\log a}$

$\log a>0$ より，$x>0$ における関数 $f(x)$ の増減表は右のようになる。

x	0	…	$\frac{1}{\log a}$	…
$f'(x)$	／	$-$	0	$+$
$f(x)$	／	↘	極小	↗

ゆえに，$f(x)$ の最小値は

$$f\left(\frac{1}{\log a}\right)=1-\log a+\log(\log a)$$

$x>0$ において，常に $f(x)\geqq 0$ となるためには $f\left(\dfrac{1}{\log a}\right)\geqq 0$ となればよい。

ここで，$g(a)=f\left(\dfrac{1}{\log a}\right)=1-\log a+\log(\log a)$ とおくと

◀$\log a$ の正負，すなわち $0<a\leqq 1$ と $a>1$ で場合分けする。

◀$f(x)$ は減少関数で，x 軸と (1, 0) で交わるから $x<1$ のとき $f(x)>0$　$1<x$ のとき $f(x)<0$ である。

◀($f(x)$ の最小値) $\geqq 0$ すなわち $1-\log a+\log(\log a)\geqq$ となるような a の値の範囲を求める。

$$g'(a)=-\frac{1}{a}+\frac{1}{a\log a}=\frac{1-\log a}{a\log a}$$

$g'(a)=0$ とおくと，$1-\log a=0$ より　　$a=e$

よって，$a>1$ における関数 $g(a)$ の増減表は右のようになる。

a	1	$\cdots$	e	$\cdots$
$g'(a)$	／	$+$	0	$-$
$g(a)$	／	↗	0	↘

ゆえに，$g(a)$ は $a=e$ のとき最大となり，最大値は

$$g(e)=1-\log e+\log(\log e)=0$$

ゆえに，$g(a)\geqq 0$ となるのは，$a=e$ のときだけである。

(ア)，(イ) より，求める a の条件は　　$\boldsymbol{a=e}$

◀最大値 $g(e)=0$ より，$a>1$ のとき $g(a)\leqq 0$ である。この結果から，$g(a)$ は正とはならず，$g(a)=0$ となる $a=e$ が求める条件となる。

p.211

定期テスト攻略 ▶9

1 次の関数の最大値，最小値を求めよ。

(1) $f(x)=(3x-2x^2)e^{-x}\ (x\geqq 0)$　　(2) $f(x)=\dfrac{2x-3}{x^2+4}$

(1) $f'(x)=(3-4x)\cdot e^{-x}+(3x-2x^2)\cdot e^{-x}(-1)$

$\qquad=(2x^2-7x+3)e^{-x}=(2x-1)(x-3)e^{-x}$

$f'(x)=0$ とおくと　$x=\dfrac{1}{2}$，3

◀$e^{-x}>0$

よって，$f(x)$ の増減表は次のようになる。

x	0	$\cdots$	$\frac{1}{2}$	$\cdots$	3	$\cdots$
$f'(x)$		$+$	0	$-$	0	$+$
$f(x)$	0	↗	$\frac{1}{\sqrt{e}}$	↘	$-\frac{9}{e^3}$	↗

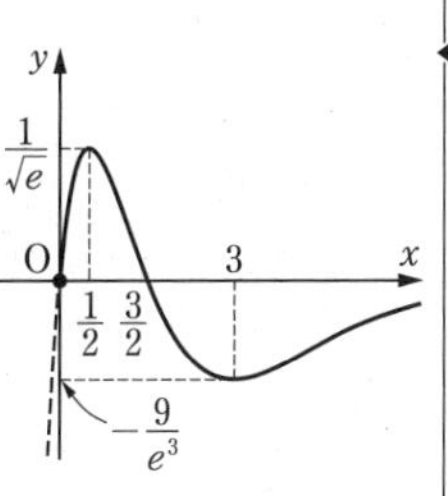

また，$f(x)=-x(2x-3)e^{-x}$ であり，常に $e^{-x}>0$ であるから，

$x>\dfrac{3}{2}$ のとき $y<0$ である。

◀$\displaystyle\lim_{x\to\infty}y=\lim_{x\to\infty}\frac{3x-2x^2}{e^x}=0$ を求めてもよい。

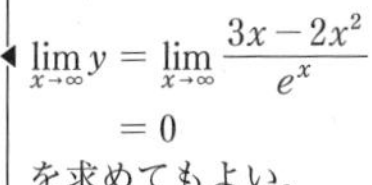

ゆえに，この関数は

$\boldsymbol{x=\dfrac{1}{2}}$ **のとき　最大値** $\boldsymbol{\dfrac{1}{\sqrt{e}}}$

$\boldsymbol{x=3}$ **のとき　最小値** $\boldsymbol{-\dfrac{9}{e^3}}$

(2) 定義域は実数全体である。

$$f'(x)=\frac{2(x^2+4)-(2x-3)\cdot 2x}{(x^2+4)^2}=-\frac{2(x+1)(x-4)}{(x^2+4)^2}$$

$f'(x)=0$ とおくと

$\quad x=-1,\ 4$

よって，$f(x)$ の増減表は右のようになる。

x	$\cdots$	-1	$\cdots$	4	$\cdots$
$f'(x)$	$-$	0	$+$	0	$-$
$f(x)$	↘	-1	↗	$\frac{1}{4}$	↘

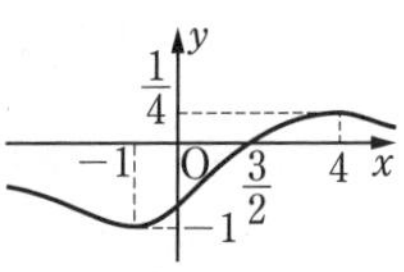

また

$$\lim_{x\to\infty} f(x)=0,\quad \lim_{x\to-\infty} f(x)=0$$

ゆえに，この関数は

$x=4$ のとき　最大値 $\frac{1}{4}$

$x=-1$ のとき　最小値 -1

◀定義域が実数全体の場合は，$x\to\pm\infty$ を調べる。

$$\lim_{x\to\pm\infty} f(x)=\lim_{x\to\pm\infty}\frac{\frac{2}{x}-\frac{3}{x^2}}{1+\frac{4}{x^2}}=0$$

2 関数 $y=\frac{2x}{x^2+1}$ の $-a\leqq x\leqq a$ における最大値と最小値を求めよ。ただし，a は正の定数とする。

$$y'=\frac{2(x^2+1)-2x\cdot 2x}{(x^2+1)^2}=-\frac{2(x+1)(x-1)}{(x^2+1)^2}$$

$y'=0$ とおくと　　$x=-1,\ 1$

よって，y の増減表は次のようになる。

x	$\cdots$	-1	$\cdots$	1	$\cdots$
y'	$-$	0	$+$	0	$-$
y	↘	-1	↗	1	↘

また

$$\lim_{x\to\infty} y=\lim_{x\to\infty}\frac{2x}{x^2+1}=\lim_{x\to\infty}\frac{\frac{2}{x}}{1+\frac{1}{x^2}}=0$$

$$\lim_{x\to-\infty} y=\lim_{x\to-\infty}\frac{2x}{x^2+1}=\lim_{x\to-\infty}\frac{\frac{2}{x}}{1+\frac{1}{x^2}}=0$$

◀定義域が実数全体の場合は，$x\to\pm\infty$ を調べる。

であるから，x 軸はグラフの漸近線である。

よって，グラフは下の図のようになる。

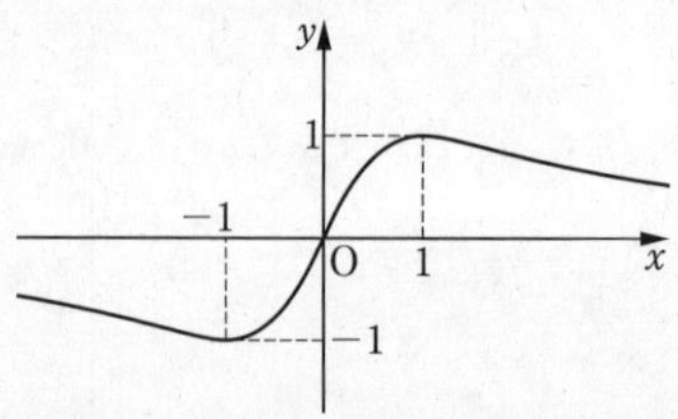

◀グラフは原点に関して対称である。

したがって，$-a\leqq x\leqq a$ における最大値，最小値は

$0<a<1$ のとき

$x=a$ で最大値 $\frac{2a}{a^2+1}$

$x=-a$ で最小値 $-\frac{2a}{a^2+1}$

$a\geqq 1$ のとき

$x=1$ で最大値 1

$x=-1$ で最小値 -1

3 aを定数とする。関数 $y=a(x-\sin 2x)$ $(-\pi \leqq x \leqq \pi)$ の最大値が2であるようなaの値を求めよ。

$a=0$ のとき，$y=0$ となり，最大値が2とならない。
よって，$a \neq 0$ で考える。
$f(x)=x-\sin 2x$ とおくと　　$f'(x)=1-2\cos 2x$
また，$f(-x)=-x-\sin(-2x)=-x+\sin 2x=-f(x)$ が成り立つから，$f(x)$ は奇関数である。
よって，$0 \leqq x \leqq \pi$ における $f(x)$ の最大値，最小値を調べる。

$f'(x)=0$ とおくと　　$\cos 2x=\dfrac{1}{2}$

$0 \leqq x \leqq \pi$ より，$0 \leqq 2x \leqq 2\pi$ であるから　　$2x=\dfrac{\pi}{3},\ \dfrac{5}{3}\pi$

よって　　$x=\dfrac{\pi}{6},\ \dfrac{5}{6}\pi$

ゆえに，$0 \leqq x \leqq \pi$ における $f(x)$ の増減表は次のようになる。

x	0	$\cdots$	$\dfrac{\pi}{6}$	$\cdots$	$\dfrac{5}{6}\pi$	$\cdots$	π
$f'(x)$		$-$	0	$+$	0	$-$	
$f(x)$	0	↘	$\dfrac{\pi}{6}-\dfrac{\sqrt{3}}{2}$	↗	$\dfrac{5}{6}\pi+\dfrac{\sqrt{3}}{2}$	↘	π

よって，$0 \leqq x \leqq \pi$ において，$f(x)$ は

$x=\dfrac{\pi}{6}$ のとき　　最小値 $\dfrac{\pi}{6}-\dfrac{\sqrt{3}}{2}$

$x=\dfrac{5}{6}\pi$ のとき　　最大値 $\dfrac{5}{6}\pi+\dfrac{\sqrt{3}}{2}$

ここで，$f(x)$ は奇関数であり，$\left|\dfrac{\pi}{6}-\dfrac{\sqrt{3}}{2}\right|<\left|\dfrac{5}{6}\pi+\dfrac{\sqrt{3}}{2}\right|$ であるから，$-\pi \leqq x \leqq \pi$ において，$f(x)$ は

最大値 $\dfrac{5}{6}\pi+\dfrac{\sqrt{3}}{2}$，　最小値 $-\left(\dfrac{5}{6}\pi+\dfrac{\sqrt{3}}{2}\right)$

(ア) $a>0$ のとき，$y=af(x)$ は $f(x)$ が最大となるとき最大値をとり，最大値が2であるから

$a\left(\dfrac{5}{6}\pi+\dfrac{\sqrt{3}}{2}\right)=2$ より　　$a=\dfrac{12}{5\pi+3\sqrt{3}}$

(イ) $a<0$ のとき，$y=af(x)$ は $f(x)$ が最小となるとき最大値をとり，最大値が2であるから

$a\left\{-\left(\dfrac{5}{6}\pi+\dfrac{\sqrt{3}}{2}\right)\right\}=2$ より　　$a=-\dfrac{12}{5\pi+3\sqrt{3}}$

(ア)，(イ) より，求めるaの値は

$$\boldsymbol{a=\pm\dfrac{12}{5\pi+3\sqrt{3}}}$$

◀ $a=0$ のときは題意を満たさない。

◀ $f(-x)=-f(x)$ が成り立つとき，$f(x)$ は奇関数で，原点に関して対称である。

◀ $\left|\dfrac{\pi}{6}-\dfrac{\sqrt{3}}{2}\right|=-\dfrac{\pi}{6}+\dfrac{\sqrt{3}}{2}$
$\left|\dfrac{5}{6}\pi+\dfrac{\sqrt{3}}{2}\right|=\dfrac{5}{6}\pi+\dfrac{\sqrt{3}}{2}$
より
$\left|\dfrac{\pi}{6}-\dfrac{\sqrt{3}}{2}\right|<\left|\dfrac{5}{6}\pi+\dfrac{\sqrt{3}}{2}\right|$
これはy座標が$\dfrac{5}{6}\pi+\dfrac{\sqrt{3}}{2}$の点の方が$x$軸からより離れていることを表している。

4 kを実数とするとき，xについての方程式 $x^2+3x+1=ke^x$ の実数解の個数を求めよ。ただし，$\lim_{x\to\infty} x^2e^{-x}=0$ を用いてよい。

$e^x \neq 0$ であるから，方程式の両辺を e^x で割ると　$\dfrac{x^2+3x+1}{e^x}=k$

ここで，$f(x)=\dfrac{x^2+3x+1}{e^x}$ とおくと

$$f'(x)=\frac{-(x+2)(x-1)}{e^x}$$

$f'(x)=0$ とおくと　$x=-2,\ 1$

よって，関数 $f(x)$ の増減表は次のようになる。

x	$\cdots$	-2	$\cdots$	1	$\cdots$
$f'(x)$	$-$	0	$+$	0	$-$
$f(x)$	↘	$-e^2$	↗	$\dfrac{5}{e}$	↘

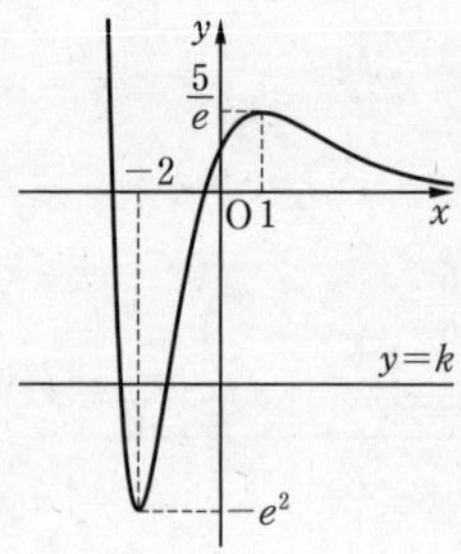

また　$\lim_{x\to\infty} f(x)=0,\ \lim_{x\to-\infty} f(x)=\infty$

◀ $\lim_{x\to\infty}\dfrac{x^2}{e^x}=\lim_{x\to\infty}x^2e^{-x}=0$

ゆえに，$y=f(x)$ のグラフは右の図のようになる。

方程式 $f(x)=k$ の実数解の個数は，$y=f(x)$ のグラフと直線 $y=k$ の共有点の個数と一致するから

$0<k<\dfrac{5}{e}$ のとき　3個

$-e^2<k\leqq 0,\ k=\dfrac{5}{e}$ のとき　2個

$k=-e^2,\ \dfrac{5}{e}<k$ のとき　1個

$k<-e^2$ のとき　0個

5 (1) 関数 $y=(x-1)e^x$ の増減，極値，グラフの凹凸および変曲点を調べて，グラフをかけ。ただし，$\lim_{x\to-\infty}(x-1)e^x=0$ を使ってよい。

(2) $y=-e^x$ の点 $(a,\ -e^a)$ における接線が点 $(0,\ b)$ を通るとき，$a,\ b$ の関係式を求めよ。

(3) 点 $(0,\ b)$ を通る $y=-e^x$ の接線の本数を調べよ。

(1) $f(x)=(x-1)e^x$ とおくと

$$f'(x)=1\cdot e^x+(x-1)e^x=xe^x$$

$f'(x)=0$ とおくと　$x=0$

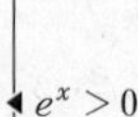

◀ $e^x>0$

また　$f''(x)=1\cdot e^x+xe^x=(x+1)e^x$

$f''(x)=0$ とおくと　$x=-1$

よって，関数の増減，凹凸は次の表のようになる。

x	$\cdots$	-1	$\cdots$	0	$\cdots$
$f'(x)$	$-$	$-$	$-$	0	$+$
$f''(x)$	$-$	0	$+$	$+$	$+$
$f(x)$	↘	$-\dfrac{2}{e}$	↘	-1	↗

ゆえに，この関数は

$x=0$ のとき　極小値 -1

極大値はない

変曲点 $\left(-1,\ -\dfrac{2}{e}\right)$

また　$\displaystyle\lim_{x\to-\infty} f(x)=0,\ \lim_{x\to\infty} f(x)=\infty$

ゆえに，グラフは **右の図**。

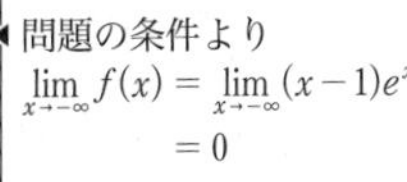

◀問題の条件より
$\displaystyle\lim_{x\to-\infty} f(x)=\lim_{x\to-\infty}(x-1)e^x$
$=0$

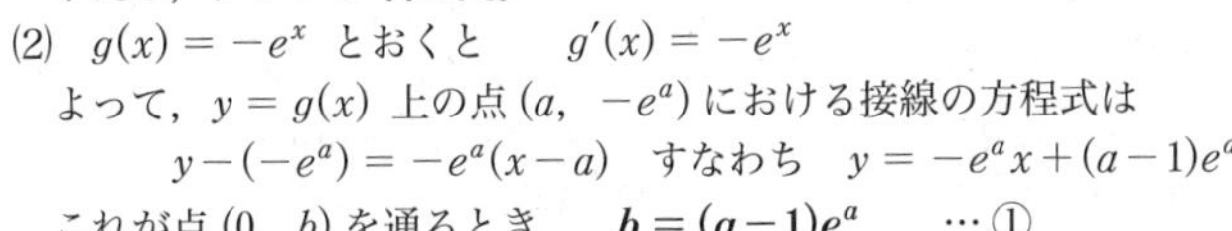

(2)　$g(x)=-e^x$ とおくと　$g'(x)=-e^x$

よって，$y=g(x)$ 上の点 $(a,\ -e^a)$ における接線の方程式は

$y-(-e^a)=-e^a(x-a)$　すなわち　$y=-e^ax+(a-1)e^a$

これが点 $(0,\ b)$ を通るとき　**$b=(a-1)e^a$**　…①

(3)　点 $(0,\ b)$ を通る接線の本数は a の方程式①の実数解の個数と一致する。

これは $y=f(a)$ のグラフと直線 $y=b$ の共有点の個数と一致するから，求める接線の本数は

$-1<b<0$ のとき　2本

$b=-1,\ 0\leqq b$ のとき　1本

$b<-1$ のとき　0本

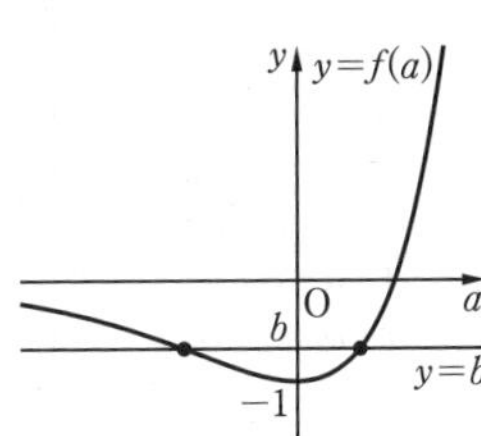

◀$y=f(a)$ のグラフは(1)を利用する。

6

(1)　$x\geqq1$ において，$x>2\log x$ が成り立つことを示せ。ただし，e を自然対数の底とするとき，$2.7<e<2.8$ であることを用いてよい。

(2)　自然数 n に対して，$(2n\log n)^n<e^{2n\log n}$ が成り立つことを示せ。

(1)　$f(x)=x-2\log x\ (x\geqq1)$ とおくと

$$f'(x)=1-\frac{2}{x}=\frac{x-2}{x}$$

$f'(x)=0$ とおくと　$x=2$

よって，$x\geqq1$ における $f(x)$ の増減表は右のようになる。

x	1	…	2	…
$f'(x)$		$-$	0	$+$
$f(x)$	1	↘	$f(2)$	↗

ゆえに，$f(x)$ は $x=2$ のとき最小となる。

最小値は　$f(2)=2-2\log2$
$=2(1-\log2)$
$=2(\log e-\log2)>0$

◀$e>2$ より　$\log e>\log2$

$x\geqq1$ のとき $f(x)>0$ すなわち $x>2\log x$ が成り立つ。

(2)　(1)より，$n\geqq1$ のとき $2\log n<n$ が成り立つ。

両辺に n を掛けると　$2n\log n<n^2$

$n^2=e^{\log n^2}$ より　$2n\log n<e^{\log n^2}$

よって　$2n\log n<e^{2\log n}$

両辺は正であるから，両辺を n 乗すると

$(2n\log n)^n<(e^{2\log n})^n$

よって　$(2n\log n)^n<e^{2n\log n}$

◀$e^{\log n^2}=p$ とおくと
$\log e^{\log n^2}=\log p$
$\log n^2\log e=\log p$
$\log n^2=\log p$
よって　$p=n^2$

10 速度・加速度と近似式

p.213 Quick Check 10

① (1) $v=\dfrac{dx}{dt}=3t^2-8t+5$

$\alpha=\dfrac{dv}{dt}=6t-8$

よって

$t=1$ のとき　$\boldsymbol{v=0,\ \alpha=-2}$

$t=2$ のとき　$\boldsymbol{v=1,\ \alpha=4}$

(2) $v=\dfrac{dx}{dt}=-\pi\sin\pi t$

$\alpha=\dfrac{dv}{dt}=-\pi^2\cos\pi t$

よって

$t=1$ のとき　$\boldsymbol{v=0,\ \alpha=\pi^2}$

$t=2$ のとき　$\boldsymbol{v=0,\ \alpha=-\pi^2}$

② (1) $\vec{v}=\left(\dfrac{dx}{dt},\ \dfrac{dy}{dt}\right)=(2t,\ -2t+4)$

$\vec{\alpha}=\left(\dfrac{d^2x}{dt^2},\ \dfrac{d^2y}{dt^2}\right)=(2,\ -2)$

よって

$|\vec{v}|=\sqrt{(2t)^2+(-2t+4)^2}$

$=\boldsymbol{2\sqrt{2(t^2-2t+2)}}$

$|\vec{\alpha}|=\sqrt{2^2+(-2)^2}=\sqrt{8}=\boldsymbol{2\sqrt{2}}$

(2) $\vec{v}=(-\sin t,\ \cos t)$

$\vec{\alpha}=(-\cos t,\ -\sin t)$

$|\vec{v}|=\sqrt{(-\sin t)^2+\cos^2 t}=\boldsymbol{1}$

$|\vec{\alpha}|=\sqrt{(-\cos t)^2+(-\sin t)^2}=\boldsymbol{1}$

③ (1) $f(x)=x^3$ とおくと

$f'(x)=3x^2$

$f(0)=0,\ f'(0)=0$

であるから

$x\fallingdotseq 0$ のとき　$\boldsymbol{x^3\fallingdotseq 0}$

(2) $f(x)=\sqrt{1+x}$ とおくと

$f'(x)=\dfrac{1}{2\sqrt{1+x}}$

$f(0)=1,\ f'(0)=\dfrac{1}{2}$

であるから

$x\fallingdotseq 0$ のとき　$\boldsymbol{\sqrt{1+x}\fallingdotseq 1+\dfrac{1}{2}x}$

練習 121 直線軌道を走るある電車がブレーキをかけ始めてから止まるまでの間について，t 秒間に走る距離を x m とすると，$x=16(t-3at^2+4a^2t^3-2a^3t^4)$ であるという。ここで，a は，運転席にある調整レバーによって値を調整できる正の定数である。

(1) ブレーキをかけ始めてから t 秒後の電車の速度 v を t と a で表せ。

(2) 駅まで 200 m の地点でブレーキをかけ始めたときにちょうど駅で電車が止まったとする。そのときの a の値を求めよ。　(立教大)

(1) $v=\dfrac{dx}{dt}=16(1-6at+12a^2t^2-8a^3t^3)$

$=\boldsymbol{16(1-2at)^3}$

◀ $a^3-3a^2b+3ab^2-b^3=(a-b)^3$ を用いて因数分解できる

(2) $v=0$ のとき，$1-2at=0$ より　$t=\dfrac{1}{2a}$

◀電車が停止したときの時刻 t は，速度 $v=0$ として求める。

このとき

$$x=16\left\{\frac{1}{2a}-3a\cdot\left(\frac{1}{2a}\right)^2+4a^2\cdot\left(\frac{1}{2a}\right)^3-2a^3\cdot\left(\frac{1}{2a}\right)^4\right\}=\frac{2}{a}$$

よって　$\dfrac{2}{a}=200$

ゆえに　$\boldsymbol{a=\dfrac{1}{100}}$

練習 122 平面上を運動する点Pの座標 $(x,\ y)$ が，時刻 t $(t>0)$ の関数として $x=t-\sin t,\ y=1-\cos t$ で表されるとき，点Pの速さの最大値を求めよ。また，加速度の大きさは一定であることを示せ。

点Pの各座標を t で微分すると

$$\frac{dx}{dt}=1-\cos t,\quad \frac{dy}{dt}=\sin t$$

よって　$$\frac{d^2x}{dt^2}=\sin t,\quad \frac{d^2y}{dt^2}=\cos t$$

点Pの速度を $\vec{v}$，加速度を $\vec{\alpha}$ とすると

$$\vec{v}=(1-\cos t,\ \sin t),\quad \vec{\alpha}=(\sin t,\ \cos t)$$

よって，速さ $|\vec{v}|$ は

$$|\vec{v}|=\sqrt{(1-\cos t)^2+\sin^2 t}=\sqrt{1-2\cos t+\cos^2 t+\sin^2 t}$$
$$=\sqrt{2(1-\cos t)}$$

したがって，速さの最大値は $\cos t=-1$ すなわち $t=(2k-1)\pi$ （k は自然数）のとき　$\sqrt{2\{1-(-1)\}}=2$

また，加速度の大きさは $|\vec{\alpha}|=\sqrt{\sin^2 t+\cos^2 t}=1$ で一定である。

◀速度 $\vec{v}=\left(\dfrac{dx}{dt},\ \dfrac{dy}{dt}\right)$
加速度
$\vec{\alpha}=\dfrac{d\vec{v}}{dt}=\left(\dfrac{d^2x}{dt^2},\ \dfrac{d^2y}{dt^2}\right)$

◀$\sin^2 t+\cos^2 t=1$

練習 123 座標平面上の点 $\mathrm{P}(x,\ y)$ が，時刻 t の関数として，$x=e^t\cos t,\ y=e^t\sin t$ で表されるとき，速度 $\vec{v}$ と位置ベクトル $\overrightarrow{\mathrm{OP}}$ とのなす角 θ を求めよ。

$\dfrac{dx}{dt}=e^t(\cos t-\sin t),\quad \dfrac{dy}{dt}=e^t(\sin t+\cos t)$ より

$$\vec{v}=(e^t(\cos t-\sin t),\ e^t(\sin t+\cos t))$$
$$|\vec{v}|=\sqrt{e^{2t}\{(\cos t-\sin t)^2+(\sin t+\cos t)^2\}}=\sqrt{2}\,e^t$$

また，$\overrightarrow{\mathrm{OP}}=(e^t\cos t,\ e^t\sin t)$ であるから

$$|\overrightarrow{\mathrm{OP}}|=\sqrt{e^{2t}(\cos^2 t+\sin^2 t)}=e^t$$
$$\overrightarrow{\mathrm{OP}}\cdot\vec{v}=e^{2t}\{\cos t(\cos t-\sin t)+\sin t(\sin t+\cos t)\}=e^{2t}$$

よって　$$\cos\theta=\frac{\overrightarrow{\mathrm{OP}}\cdot\vec{v}}{|\overrightarrow{\mathrm{OP}}||\vec{v}|}=\frac{e^{2t}}{e^t\cdot\sqrt{2}\,e^t}=\frac{1}{\sqrt{2}}$$

したがって　$$\boldsymbol{\theta=\frac{\pi}{4}}$$

◀速度 $\vec{v}=\left(\dfrac{dx}{dt},\ \dfrac{dy}{dt}\right)$

◀$\sin^2 t+\cos^2 t=1$

◀なす角 θ は $0\leqq\theta\leqq\pi$ で考える。

練習 124 水面から 30 m の高さの岸壁から長さ 60 m の綱で船を引き寄せる。毎秒 5 m の速さで綱をたぐるとき，たぐり始めてから 2 秒後における船の速さを求めよ。

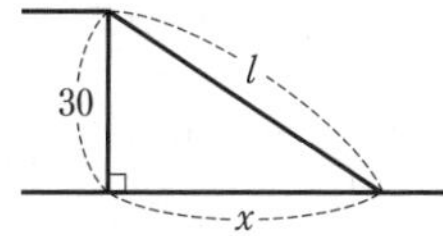

綱をたぐり始めてから t 秒後の綱の長さを l m，岸壁から船までの距離を x m とすると

$$l^2=x^2+30^2$$

両辺を t で微分すると　$2l\cdot\dfrac{dl}{dt}=2x\cdot\dfrac{dx}{dt}$

すなわち　$l\dfrac{dl}{dt}=x\dfrac{dx}{dt}$　…①

◀陰関数の微分法を用いる。

3章 10 速度・加速度と近似式

$\dfrac{dl}{dt}=-5$ であるから，$t=2$ のとき　$l=60-5\cdot 2=50$

また　$x=\sqrt{l^2-30^2}=\sqrt{50^2-30^2}=40$

$l=50$，$x=40$ を ① に代入すると

$50\cdot(-5)=40\cdot\dfrac{dx}{dt}$ より　$\dfrac{dx}{dt}=-\dfrac{25}{4}$

よって，2 秒後における船の速さは　$\left|-\dfrac{25}{4}\right|=\dfrac{25}{4}$ **(m/s)**

◀綱をたぐる速さは $\left|\dfrac{dl}{dt}\right|$ である。綱は短くなっていくから　$\dfrac{dl}{dt}=-5<0$

◀距離 x を時刻 t で微分したものが速度であるから

$v=\dfrac{dx}{dt}$

練習 125 (1)　$\pi=3.14$，$\sqrt{3}=1.73$ として，$\sin 31^\circ$ の近似値を小数第 3 位まで求めよ。
(2)　$\log 1.002$ の近似値を小数第 3 位まで求めよ。

(1)　$f(x)=\sin x$ とすると　$f'(x)=\cos x$

$h \fallingdotseq 0$ のとき　$\sin(a+h)\fallingdotseq \sin a+h\cos a$

$31^\circ=30^\circ+1^\circ=\dfrac{\pi}{6}+\dfrac{\pi}{180}$ より，

$a=\dfrac{\pi}{6}$，$h=\dfrac{\pi}{180}$ とすると，$h\fallingdotseq 0$ であるから

$$\sin 31^\circ=\sin\left(\frac{\pi}{6}+\frac{\pi}{180}\right)\fallingdotseq \sin\frac{\pi}{6}+\frac{\pi}{180}\cos\frac{\pi}{6}$$

$$=\frac{1}{2}+\frac{\pi}{180}\cdot\frac{\sqrt{3}}{2}\fallingdotseq\frac{1}{2}+\frac{3.14}{180}\cdot\frac{1.73}{2}$$

$$\fallingdotseq \mathbf{0.515}$$

◀$h\fallingdotseq 0$ のとき
$f(a+h)\fallingdotseq f(a)+f'(a)h$

◀$\dfrac{\pi}{180}=0.0174\cdots\fallingdotseq 0$

(2)　$f(x)=\log x$ とすると　$f'(x)=\dfrac{1}{x}$

$h\fallingdotseq 0$ のとき　$\log(a+h)\fallingdotseq \log a+\dfrac{h}{a}$

$a=1$，$h=0.002$ とすると，$h\fallingdotseq 0$ であるから

$$\log 1.002=\log(1+0.002)\fallingdotseq \log 1+\frac{0.002}{1}=\mathbf{0.002}$$

◀$h\fallingdotseq 0$ のとき
$f(a+h)=f(a)+f'(a)$

チャレンジ〈4〉 次の関数のマクローリン展開を求めよ。
(1)　$f(x)=\sin x$　　(2)　$f(x)=\log(1+x)$

(1)　$f'(x)=\cos x$，$f''(x)=-\sin x$，$f'''(x)=-\cos x$，

$f^{(4)}(x)=\sin x$，$f^{(5)}(x)=\cos x$，$\cdots$ より，k を自然数とすると

(ア)　$n=4k-3$ のとき

$f^{(n)}(x)=\cos x$ より　$f^{(n)}(0)=1$

(イ)　$n=4k-2$ のとき

$f^{(n)}(x)=-\sin x$ より　$f^{(n)}(0)=0$

(ウ)　$n=4k-1$ のとき

$f^{(n)}(x)=-\cos x$ より　$f^{(n)}(0)=-1$

(エ)　$n=4k$ のとき

$f^{(n)}(x)=\sin x$ より　$f^{(n)}(0)=0$

(ア)～(エ)，および $f(0)=0$ より

$$\boldsymbol{\sin x=x-\frac{1}{3!}x^3+\frac{1}{5!}x^5-\frac{1}{7!}x^7+\frac{1}{9!}x^9-\cdots}$$

◀微分した結果は
$\cos x$，$-\sin x$，$-\cos x$
$\sin x$ を繰り返す。

◀$f(x)=f(0)+f'(0)x+\dfrac{f''(0)}{2!}x^2+\dfrac{f^{(3)}(0)}{3!}x^3+\cdots$ に代入する。

(2) $f'(x)=\dfrac{1}{1+x}=(1+x)^{-1}$, $f''(x)=-(1+x)^{-2}$

$f'''(x)=2(1+x)^{-3}$, $f^{(4)}(x)=-2\cdot3(1+x)^{-4}$, $\cdots$ より

$$f^{(n)}(x)=(-1)^{n-1}\cdot(n-1)!(1+x)^{-n}$$

よって　$f^{(n)}(0)=(-1)^{n-1}(n-1)!$

この結果と $f(0)=\log1=0$ より

$$\log(1+x)=x-\frac{1}{2!}x^2+\frac{2!}{3!}x^3-\frac{3!}{4!}x^4+\frac{4!}{5!}x^5-\cdots$$

$$=\boldsymbol{x-\frac{1}{2}x^2+\frac{1}{3}x^3-\frac{1}{4}x^4+\frac{1}{5}x^5-\cdots}$$

◀ $\dfrac{(n-1)!}{n!}=\dfrac{1}{n}$

練習 126 (1) 球の半径が α% 増加するとき，この球の表面積および体積はそれぞれ何% 増加するか。
(2) 球の表面積が β% 増加するとき，この球の半径および体積はそれぞれ何% 増加するか。

(1) 球の半径を r，表面積を $S(r)$，体積を $V(r)$ とすると

$$S(r)=4\pi r^2,\quad V(r)=\frac{4}{3}\pi r^3$$

$S'(r)=8\pi r$ であるから，$S(r)$ の微小変化量 $\varDelta S$ は

$$\varDelta S\fallingdotseq S'(r)\varDelta r=8\pi r\varDelta r$$

ここで，$\varDelta r=\dfrac{\alpha}{100}r$ であるから　$\dfrac{\varDelta r}{r}=\dfrac{\alpha}{100}$

◀ 半径が α% 増加することより，増加量は
$\varDelta r=r\times\dfrac{\alpha}{100}$

よって　$\dfrac{\varDelta S}{S}\fallingdotseq\dfrac{8\pi r\varDelta r}{4\pi r^2}=\dfrac{2\varDelta r}{r}=\dfrac{2\alpha}{100}$

$V'(r)=4\pi r^2$ であるから，$V(r)$ の微小変化量 $\varDelta V$ は

$$\varDelta V\fallingdotseq V'(r)\varDelta r=4\pi r^2\varDelta r$$

よって　$\dfrac{\varDelta V}{V}\fallingdotseq\dfrac{4\pi r^2\varDelta r}{\frac{4}{3}\pi r^3}=\dfrac{3\varDelta r}{r}=\dfrac{3\alpha}{100}$

したがって，表面積は **約 2α%** 増加し，体積は **約 3α%** 増加する。

(2) 球の半径を r，表面積を $S(r)$，体積を $V(r)$ とすると

$$S(r)=4\pi r^2,\quad V(r)=\frac{4}{3}\pi r^3$$

$S'(r)=8\pi r$ であるから，$S(r)$ の微小変化量 $\varDelta S$ は

$$\varDelta S\fallingdotseq S'(r)\varDelta r=8\pi r\varDelta r$$

ここで，表面積 $S(r)$ が β% 増加するから

$$\varDelta S=\frac{\beta}{100}S(r)$$

◀ 表面積が β% 増加することから，増加量
$\varDelta S=S(r)\times\dfrac{\beta}{100}$

よって，$\dfrac{\beta}{100}S(r)\fallingdotseq8\pi r\varDelta r$ であるから

$$\varDelta r\fallingdotseq\frac{1}{8\pi r}\times\frac{\beta}{100}\times4\pi r^2=\frac{r}{2}\times\frac{\beta}{100}$$

ゆえに　$\dfrac{\varDelta r}{r}\fallingdotseq\dfrac{\beta}{200}=0.005\beta$

◀ $0.005\beta=\dfrac{0.5}{100}\beta$
$=0.5\beta$ (%)

$V'(r)=4\pi r^2$ であるから，$V(r)$ の微小変化量 $\varDelta V$ は

$$\varDelta V\fallingdotseq V'(r)\varDelta r=4\pi r^2\varDelta r$$

よって　$\dfrac{\varDelta V}{V}\fallingdotseq\dfrac{4\pi r^2\varDelta r}{\frac{4}{3}\pi r^3}=\dfrac{3\varDelta r}{r}\fallingdotseq\dfrac{3\beta}{200}=0.015\beta$

◀ $0.015\beta=\dfrac{1.5}{100}\beta$
$=1.5\beta$ (%)

したがって，半径は **約 0.5β% 増加** し，体積は **約 1.5β% 増加** する。

p.221 問題編 10 速度・加速度と近似式

問題 121 練習 121 において，乗客の安全のため，電車の加速度 α の大きさ $|\alpha|$ が 1 を超えない範囲にレバーを調節しておく規則になっている。このとき，ブレーキをかけ始めてから止まるまでの距離を最小にする a の値とそのときの距離を求めよ。（立教大）

$\alpha=\dfrac{dv}{dt}=16\cdot3(1-2at)^2\cdot(-2a)=-96a(1-2at)^2$

◀ 加速度 α は速度 v を t で微分したものである。

よって，$0\leqq t\leqq\dfrac{1}{2a}$ において，$|\alpha|\leqq1$ となるような a の値の範囲は

◀ $t=\dfrac{1}{2a}$ で $v=0$ より $0\leqq t\leqq\dfrac{1}{2a}$

$$|-96a(1-2at)^2|\leqq1$$
$$|-96a|(1-2at)^2\leqq1$$

$0\leqq(1-2at)^2\leqq1$ より　$|-96a|\leqq1$

よって　$0<a\leqq\dfrac{1}{96}$

◀ $a>0$ であることに注意する。

したがって，ブレーキをかけ始めてから止まるまでの距離を最小にするのは $\boldsymbol{a=\dfrac{1}{96}}$ のときであり，そのときの距離は **192 m**

◀ 練習 121 (2) より $x=\dfrac{2}{a}$

問題 122 平面上を運動する点 P の座標 $(x,\ y)$ が，時刻 t の関数として $x=\cos t+\sin t$，$y=\cos t\sin t$ で表されるとき

(1) 点 P がえがく曲線を図示せよ。

(2) 点 P の速さの最大値を求めよ。また，そのときの加速度の大きさを求めよ。

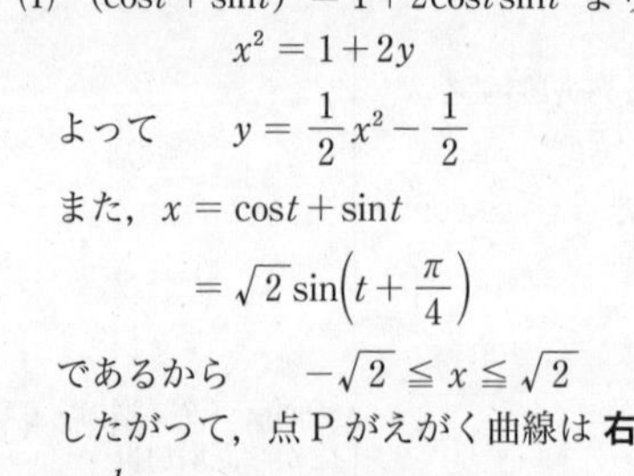

(1) $(\cos t+\sin t)^2=1+2\cos t\sin t$ より

$$x^2=1+2y$$

◀ $x=\cos t+\sin t$，$y=\cos t\sin t$ より t を消去する。

よって　$y=\dfrac{1}{2}x^2-\dfrac{1}{2}$

また，$x=\cos t+\sin t$
$$=\sqrt{2}\sin\left(t+\frac{\pi}{4}\right)$$

◀ t はすべての実数値をとるから，三角関数の合成を用いて x のとり得る値の範囲を求める。

であるから　$-\sqrt{2}\leqq x\leqq\sqrt{2}$

したがって，点 P がえがく曲線は **右の図**。

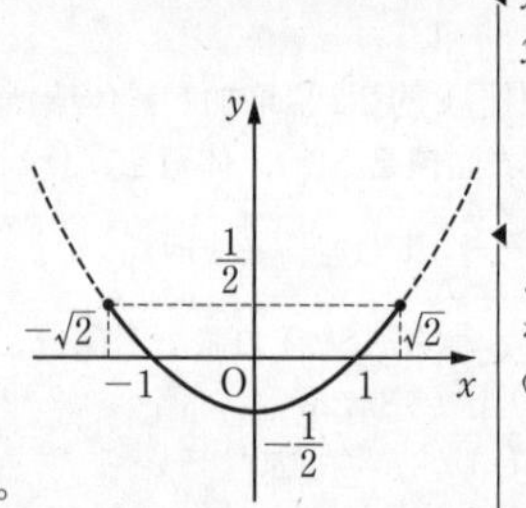

(2) $\dfrac{dx}{dt}=-\sin t+\cos t$

$\dfrac{dy}{dt}=(-\sin t)\sin t+\cos t\cdot\cos t=\cos2t$

◀ 2 倍角の公式より $\cos^2t-\sin^2t=\cos2t$

であるから

$$\left(\frac{dx}{dt}\right)^2+\left(\frac{dy}{dt}\right)^2=(-\sin t+\cos t)^2+(\cos2t)^2$$
$$=1-2\sin t\cos t+\cos^2 2t$$
$$=-\sin^2 2t-\sin2t+2$$
$$=-\left(\sin2t+\frac{1}{2}\right)^2+\frac{9}{4}$$

◀ $\cos^2 2t=1-\sin^2 2t$，$2\sin t\cos t=\sin2t$

◀ $\sin2t$ の 2 次関数と考えて，平方完成する。

$-1 \leqq \sin 2t \leqq 1$ より，$\left(\dfrac{dx}{dt}\right)^2+\left(\dfrac{dy}{dt}\right)^2$ は，$\sin 2t=-\dfrac{1}{2}$，すなわち，

$t=\dfrac{7}{12}\pi+n\pi,\ \dfrac{11}{12}\pi+n\pi$（$n$ は整数）のとき最大値 $\dfrac{9}{4}$ をとる。

したがって，速さの最大値は　$\boldsymbol{\dfrac{3}{2}}$

このとき，

$\dfrac{d^2x}{dt^2}=-\cos t-\sin t,\ \dfrac{d^2y}{dt^2}=-2\sin 2t$ より

$$\begin{aligned}\left(\frac{d^2x}{dt^2}\right)^2+\left(\frac{d^2y}{dt^2}\right)^2&=(-\cos t-\sin t)^2+(-2\sin 2t)^2\\&=1+2\sin t\cos t+4\sin^2 2t\\&=4\sin^2 2t+\sin 2t+1\\&=4\left(-\frac{1}{2}\right)^2+\left(-\frac{1}{2}\right)+1=\frac{3}{2}\end{aligned}$$

したがって，加速度の大きさは　$\boldsymbol{\dfrac{\sqrt{6}}{2}}$

◀ t はすべての実数値をとるから $-1 \leqq \sin 2t \leqq 1$

◀ 一般角で表すことに注意する。

◀ $|\vec{v}|=\sqrt{\left(\dfrac{dx}{dt}\right)^2+\left(\dfrac{dy}{dt}\right)^2}$ であるから，$\sqrt{\dfrac{9}{4}}=\dfrac{3}{2}$ が最大値であることに注意する。

◀ $|\vec{\alpha}|=\sqrt{\left(\dfrac{d^2x}{dt^2}\right)^2+\left(\dfrac{d^2y}{dt^2}\right)^2}$ であるから，加速度の大きさは $\sqrt{\dfrac{3}{2}}=\dfrac{\sqrt{6}}{2}$ である。

問題 123 座標平面上の点 $\mathrm{P}(x,\ y)$ が，時刻 t の関数として，$x=e^t\cos t,\ y=e^t\sin t$ で表されるとき，点 P の加速度の大きさが $2e^2$ となる時刻 t を求めよ。

$\dfrac{dx}{dt}=e^t(\cos t-\sin t),\ \dfrac{dy}{dt}=e^t(\sin t+\cos t)$ より

$$\frac{d^2x}{dt^2}=e^t(\cos t-\sin t)+e^t(-\sin t-\cos t)=-2e^t\sin t$$

$$\frac{d^2y}{dt^2}=e^t(\sin t+\cos t)+e^t(\cos t-\sin t)=2e^t\cos t$$

点 P の加速度の大きさは

$$\sqrt{(-2e^t\sin t)^2+(2e^t\cos t)^2}=\sqrt{4e^{2t}(\sin^2 t+\cos^2 t)}=\sqrt{4e^{2t}}=2e^t$$

よって，$2e^t=2e^2$ より　$\boldsymbol{t=2}$

◀ 加速度の大きさ $|\vec{\alpha}|=\sqrt{\left(\dfrac{d^2x}{dt^2}\right)^2+\left(\dfrac{d^2y}{dt^2}\right)^2}$

問題 124 球形のしゃぼん玉の半径が毎秒 2 mm の割合で増加している。半径が 5 cm になったとき，その表面積と体積が増加する割合を求めよ。

膨らみ始めてから t 秒後のしゃぼん玉の半径を r cm，表面積を S cm^2，

体積を V cm^3 とすると　$S=4\pi r^2,\quad V=\dfrac{4}{3}\pi r^3$

よって　$\dfrac{dS}{dt}=8\pi r\dfrac{dr}{dt},\ \dfrac{dV}{dt}=4\pi r^2\dfrac{dr}{dt}$

$\dfrac{dr}{dt}=\dfrac{1}{5}$，$r=5$ を代入すると

$$\frac{dS}{dt}=8\pi\cdot 5\cdot\frac{1}{5}=8\pi,\qquad \frac{dV}{dt}=4\pi\cdot 5^2\cdot\frac{1}{5}=20\pi$$

したがって，表面積と体積が増加する割合は，それぞれ

8π cm^2/s，20π cm^3/s

◀ t の関数 S，V を t で微分する（合成関数の微分法を用いる）。

◀ mm を cm に直して考えることに注意する。
$2\,\mathrm{mm}=\dfrac{1}{5}\,\mathrm{cm}$

問題 125 (1) $x \fallingdotseq 0$ のとき，次の関数の1次近似式をつくれ。

(ア) $\dfrac{1}{1-x}$　(イ) $\sin x$　(ウ) e^x　(エ) $\log(1+x)$

(2) $x \fallingdotseq 0$ のとき，$\log(1+x)$ の2次近似式を求めよ。

(3) (2)の結果を用いて，$\log 1.1$ の近似値を小数第3位まで求めよ。

(1) $x \fallingdotseq 0$ であるから，$f(x) \fallingdotseq f(0)+f'(0)x$ を用いる。

(ア) $f(x)=\dfrac{1}{1-x}$ より　$f'(x)=\dfrac{1}{(1-x)^2}$

よって　$f(0)=1,\ f'(0)=1$

したがって　$\dfrac{1}{1-x} \fallingdotseq \boldsymbol{1+x}$

◀ $f(x)=(1-x)^{-1}$ より $f'(x)$ $=-(1-x)^{-2}\cdot(1-x)'$ $=(1-x)^{-2}$ $=\dfrac{1}{(1-x)^2}$

(イ) $f(x)=\sin x$ より　$f'(x)=\cos x$

よって　$f(0)=0,\ f'(0)=1$

したがって　$\sin x \fallingdotseq \boldsymbol{x}$

(ウ) $f(x)=e^x$ より　$f'(x)=e^x$

よって　$f(0)=1,\ f'(0)=1$

したがって　$e^x \fallingdotseq \boldsymbol{1+x}$

(エ) $f(x)=\log(1+x)$ より　$f'(x)=\dfrac{1}{1+x}$

◀ $\{\log f(x)\}'=\dfrac{f'(x)}{f(x)}$

よって　$f(0)=0,\ f'(0)=1$

したがって　$\log(1+x) \fallingdotseq \boldsymbol{x}$

(2) $f(x)=\log(1+x)$ とおくと

$$f'(x)=\frac{1}{1+x},\ f''(x)=-\frac{1}{(1+x)^2}$$

$x \fallingdotseq 0$ のとき　$f(x) \fallingdotseq f(0)+f'(0)x+\dfrac{1}{2}f''(0)x^2$

であるから　$\log(1+x) \fallingdotseq \boldsymbol{x-\dfrac{x^2}{2}}$

◀ 2次近似式 例題125 **Point** 参照。$h \fallingdotseq 0$ のとき $f(a+h) \fallingdotseq f(a)+f'(a)h$ $+f''(a)\cdot\dfrac{h^2}{2}$ において $a=0,\ h=x$ とおくと，$x \fallingdotseq 0$ のとき $f(x) \fallingdotseq f(0)+f'(0)x$ $+\dfrac{1}{2}f''(0)x^2$

(3) (2)の結果より

$$\log 1.1=\log(1+0.1) \fallingdotseq 0.1-\frac{0.1^2}{2}=\boldsymbol{0.095}$$

問題 126 2辺の長さが3cm，4cmで，そのはさむ角が30°の三角形がある。2辺の長さをそのままにして，はさむ角が1°増すと，その面積はどれだけ増すか。$\sqrt{3}=1.73$，$\pi=3.14$ として小数第2位まで求めよ。

2辺の長さが3cm，4cm，そのはさむ角を x とすると，

三角形の面積は　$S(x)=\dfrac{1}{2}\times 3\times 4\sin x=6\sin x$

$S'(x)=6\cos x$ であるから，$S(x)$ の微小変化量 ΔS は

$$\Delta S \fallingdotseq S'\left(\frac{\pi}{6}\right)\Delta x=6\cos\frac{\pi}{6}\times\frac{\pi}{180}=6\times\frac{\sqrt{3}}{2}\times\frac{\pi}{180}$$

◀ $1^\circ=\dfrac{\pi}{180}$（ラジアン）

$$= \frac{\sqrt{3}}{60}\pi \fallingdotseq \mathbf{0.09\ (cm^2)}$$

p.223 定期テスト攻略 ▶10

1 数直線上を運動する点Pの時刻 t $(0 \leqq t \leqq 2\pi)$ における座標 x が $x = \sin t + \cos t$ で表されるとき，次のものを求めよ。
(1) 時刻 $t = \pi$ における点Pの速度，速さ，加速度
(2) 速度 v の最大値およびそのときの時刻 t

(1) 時刻 t における点Pの速度を v，加速度を α とおくと

$$v = \frac{dx}{dt} = \cos t - \sin t,\quad \alpha = \frac{dv}{dt} = -\sin t - \cos t$$

◀ $\alpha = \dfrac{dv}{dt} = \dfrac{d^2x}{dt^2}$

よって，$t = \pi$ のとき
速度 $v = \cos\pi - \sin\pi = \mathbf{-1}$，速さ $|v| = \mathbf{1}$
加速度 $\alpha = -\sin\pi - \cos\pi = \mathbf{1}$

(2) $v = \cos t - \sin t = \sqrt{2}\sin\left(t + \dfrac{3}{4}\pi\right)$

◀ 三角関数の合成
$a\sin\theta + b\cos\theta$
$= \sqrt{a^2+b^2}\sin(\theta+\alpha)$

$0 \leqq t \leqq 2\pi$ より，$-\sqrt{2} \leqq \sqrt{2}\sin\left(t + \dfrac{3}{4}\pi\right) \leqq \sqrt{2}$ であるから，v の最大値は $\sqrt{2}$ であり，そのとき

$$t + \frac{3}{4}\pi = \frac{5}{2}\pi$$

よって　$\boldsymbol{t = \dfrac{7}{4}\pi}$ **のとき　最大値** $\boldsymbol{\sqrt{2}}$

2 平面上を運動する点Pの座標 $(x,\ y)$ が，時刻 t の関数として $x = \dfrac{1}{6}t^3 - \dfrac{1}{2}t^2$，$y = \dfrac{1}{6}t^3 - \dfrac{3}{2}t^2$ で表されるとき，次のものを求めよ。
(1) 点Pの加速度の大きさが最小となる時刻 t
(2) (1)のときの点Pの速度と速さ

(1) 点Pの各座標を t で微分すると

$$\frac{dx}{dt} = \frac{1}{2}t^2 - t,\quad \frac{dy}{dt} = \frac{1}{2}t^2 - 3t$$

よって　$\dfrac{d^2x}{dt^2} = t - 1,\quad \dfrac{d^2y}{dt^2} = t - 3$

点Pの速度を $\vec{v}$，加速度を $\vec{\alpha}$ とすると

$$\vec{v} = \left(\frac{1}{2}t^2 - t,\ \frac{1}{2}t^2 - 3t\right),\quad \vec{\alpha} = (t-1,\ t-3)$$

点Pの加速度の大きさ $|\vec{\alpha}|$ について

$$|\vec{\alpha}| = \sqrt{(t-1)^2 + (t-3)^2} = \sqrt{2(t-2)^2 + 2}$$

◀ 加速度の大きさ
$|\vec{\alpha}| = \sqrt{\left(\dfrac{d^2x}{dt^2}\right)^2 + \left(\dfrac{d^2y}{dt^2}\right)^2}$

したがって，$|\vec{\alpha}|$ は $\boldsymbol{t = 2}$ のとき最小となる。

(2) $t = 2$ のとき，点Pの速度は

$$\boldsymbol{\vec{v} = (0,\ -4)}$$

よって，このときの点Pの速さは

$$|\vec{v}| = \sqrt{0^2 + (-4)^2} = 4$$

3 右の図のような直円錐状の容器が，容器の頂点を下にし，軸を鉛直にして置かれている。ただし，底面の円の半径は容器の深さの $\sqrt{2}$ 倍になっている。この容器に毎秒 $w\,\text{cm}^3$ の割合で水を注ぐとき，水の量が $v\,\text{cm}^3$ になった瞬間における水面の上昇する速度を求めよ。

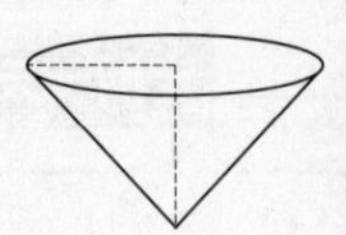

t 秒後の水面の高さを $h\,\text{cm}$ として，$\dfrac{dh}{dt}$ を求めればよい。t 秒後の水面の円の半径は $\sqrt{2}\,h\,\text{cm}$ より，容器内の水量を $V\,\text{cm}^3$ とすると

$$V = \frac{1}{3}\pi\left(\sqrt{2}\,h\right)^2 \cdot h = \frac{2\pi}{3}h^3 \qquad \cdots ①$$

この両辺を t で微分すると

$$\frac{dV}{dt} = \frac{2\pi}{3} \cdot 3h^2 \cdot \frac{dh}{dt} = 2\pi h^2 \frac{dh}{dt}$$

ここで，$\dfrac{dV}{dt} = w$ より　　$\dfrac{dh}{dt} = \dfrac{w}{2\pi h^2}$　　$\cdots ②$

$V = v$ のとき，① より $\dfrac{2\pi}{3}h^3 = v$ であるから　　$h = \sqrt[3]{\dfrac{3v}{2\pi}}$

② より，求める速度は　　$\dfrac{dh}{dt} = \dfrac{w}{2\pi\sqrt[3]{\dfrac{9v^2}{4\pi^2}}} = \boldsymbol{\dfrac{w}{\sqrt[3]{18\pi v^2}}}$　**(cm/s)**

◀ 水面の円の半径を $r\,\text{cm}$ とすると　$V = \dfrac{1}{3}\pi r^2 h$

◀ 容器に毎秒 w の水が注がれるから，容器内水量の1秒あたりの変化量 $\dfrac{dV}{dt}$ は同じく w である。

4 壁に立てかけた長さ 5 m のはしごの下端を，上端が壁から離れないようにして 12 cm/s の速さで水平に引っ張るものとする。下端が壁から 3 m 離れた瞬間における上端の動く速さを求めよ。

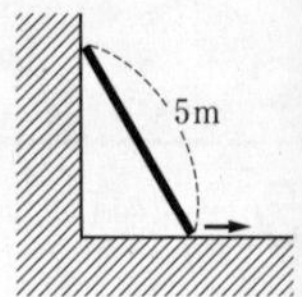

右の図のように，はしごの下端と壁までの距離を x m，はしごの上端までの高さを y m とすると　　$y^2 = 25 - x^2$

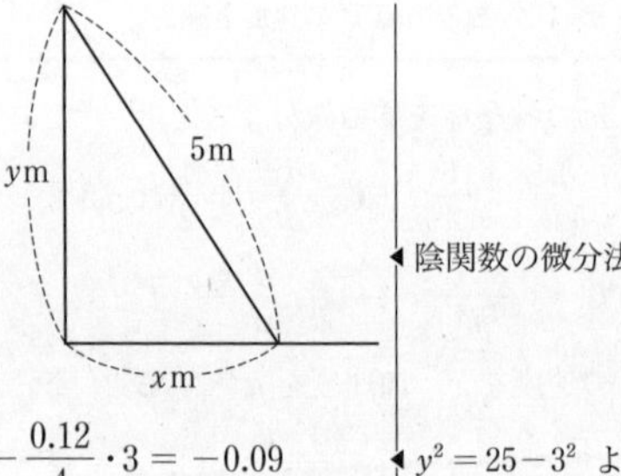

両辺を t で微分すると

$2y\dfrac{dy}{dt} = -2x\dfrac{dx}{dt}$ より　　$y\dfrac{dy}{dt} = -x\dfrac{dx}{dt}$

$\dfrac{dx}{dt} = 0.12$ より　　$\dfrac{dy}{dt} = -\dfrac{0.12}{y}x$

$x = 3$ のとき，$y = 4$ であるから　　$\dfrac{dy}{dt} = -\dfrac{0.12}{4} \cdot 3 = -0.09$

したがって，下向きに　　**9 cm/s**

◀ 陰関数の微分法を用い

◀ $y^2 = 25 - 3^2$ より　$y =$

5 (1) $h \fallingdotseq 0$ のとき，$\sqrt[3]{a+h}$ の近似式を求めよ。
(2) $\sqrt[3]{1.01}$ の近似値を小数第 3 位まで求めよ。

(1) $f(x) = \sqrt[3]{x}$ とすると　　$f'(x) = \dfrac{1}{3\sqrt[3]{x^2}}$

$h \fallingdotseq 0$ のとき，$f(a+h) \fallingdotseq f(a)+f'(a)h$ であるから

$$\sqrt[3]{a+h} \fallingdotseq \boldsymbol{\sqrt[3]{a}+\frac{1}{3\sqrt[3]{a^2}}h}$$

(2) $1.01=1+0.01$ より，$a=1$，$h=0.01$ とすると，$h \fallingdotseq 0$ であるから

$$\sqrt[3]{1.01}=\sqrt[3]{1+0.01} \fallingdotseq \sqrt[3]{1}+\frac{1}{3\sqrt[3]{1^2}}\cdot 0.01 \fallingdotseq \mathbf{1.003}$$

3章 10 速度・加速度と近似式

4章 積分とその応用

11 不定積分

p.229 Quick Check 11

以降，C は積分定数とする。

① (1) $\displaystyle\int x^{-3}dx=\frac{1}{-2}x^{-2}+C$

$\displaystyle=-\frac{1}{2x^2}+C$

(2) $\displaystyle\int x\sqrt[3]{x}\,dx=\int x^{\frac{4}{3}}dx$

$\displaystyle=\frac{3}{7}x^{\frac{7}{3}}+C$

$\displaystyle=\frac{3}{7}x^2\sqrt[3]{x}+C$

(3) $\displaystyle\int\frac{x^2+1}{x}dx=\int\left(x+\frac{1}{x}\right)dx$

$\displaystyle=\frac{1}{2}x^2+\log|x|+C$

(4) $\displaystyle\int(2\sin x-3\cos x)dx$

$=-2\cos x-3\sin x+C$

(5) $\displaystyle\int\left(\cos x+\frac{1}{\cos^2 x}\right)dx$

$=\sin x+\tan x+C$

(6) $\displaystyle\int 2^x(3^x-1)dx=\int(6^x-2^x)dx$

$\displaystyle=\frac{6^x}{\log 6}-\frac{2^x}{\log 2}+C$

② (1) $\displaystyle\int\sin(2x+1)dx$

$\displaystyle=-\frac{1}{2}\cos(2x+1)+C$

(2) $\displaystyle\int\frac{2x}{x^2+1}dx=\int\frac{(x^2+1)'}{x^2+1}dx$

$=\log|x^2+1|+C=\log(x^2+1)+C$

(3) $\displaystyle\int\tan x\,dx=\int\frac{\sin x}{\cos x}dx$

$\displaystyle=-\int\frac{(\cos x)'}{\cos x}dx=-\log|\cos x|+C$

③ (1) $\displaystyle\int x\sin x\,dx=\int x(-\cos x)'dx$

$\displaystyle=-x\cos x+\int\cos x\,dx$

$=-x\cos x+\sin x+C$

(2) $\displaystyle\int\log x\,dx=\int 1\cdot\log x\,dx$

$\displaystyle=\int(x)'\log x\,dx$

$\displaystyle=x\log x-\int x\cdot\frac{1}{x}dx$

$=x\log x-x+C$

④ (1) $\displaystyle\int\frac{dx}{x(x+1)}$

$\displaystyle=\int\left(\frac{1}{x}-\frac{1}{x+1}\right)dx$

$=\log|x|-\log|x+1|+C$

$\displaystyle=\log\left|\frac{x}{x+1}\right|+C$

(2) $\displaystyle\int\sin 3x\cos 2x\,dx$

$\displaystyle=\frac{1}{2}\int\{\sin(3x+2x)+\sin(3x-2x)\}d$

$\displaystyle=\frac{1}{2}\int(\sin 5x+\sin x)dx$

$\displaystyle=-\frac{1}{10}\cos 5x-\frac{1}{2}\cos x+C$

練習 **127** 次の不定積分を求めよ。

(1) $\displaystyle\int x^2\sqrt{x}\,dx$ (2) $\displaystyle\int\left(\frac{1}{x^5}-\frac{1}{x^2}+\frac{1}{x\sqrt{x}}\right)dx$

(3) $\displaystyle\int\frac{(x-1)(x-2)}{x^2}dx$ (4) $\displaystyle\int\frac{(x+2)^2}{\sqrt{x}}dx$

(1) $\displaystyle\int x^2\sqrt{x}\,dx=\int x^2\cdot x^{\frac{1}{2}}dx=\int x^{\frac{5}{2}}dx$

$$= \frac{1}{\frac{5}{2}+1} x^{\frac{5}{2}+1} + C = \frac{2}{7} x^{\frac{7}{2}} + C = \boldsymbol{\frac{2}{7} x^3 \sqrt{x} + C}$$

◀ C は積分定数を表すものとする。(以下同様)

(2) $$\int \left(\frac{1}{x^5} - \frac{1}{x^2} + \frac{1}{x\sqrt{x}} \right) dx = \int \left(x^{-5} - x^{-2} + x^{-\frac{3}{2}} \right) dx$$
$$= -\frac{1}{4} x^{-4} - (-1)x^{-1} + (-2)x^{-\frac{1}{2}} + C$$
$$= \boldsymbol{-\frac{1}{4x^4} + \frac{1}{x} - \frac{2}{\sqrt{x}} + C}$$

(3) $$\int \frac{(x-1)(x-2)}{x^2} dx = \int \frac{x^2 - 3x + 2}{x^2} dx = \int \left(1 - \frac{3}{x} + 2x^{-2} \right) dx$$
$$= \boldsymbol{x - 3\log|x| - \frac{2}{x} + C}$$

◀ 約分して，各項を x^n の形で表す。

(4) $$\int \frac{(x+2)^2}{\sqrt{x}} dx = \int \frac{x^2 + 4x + 4}{x^{\frac{1}{2}}} dx$$
$$= \int \left(x^{\frac{3}{2}} + 4x^{\frac{1}{2}} + 4x^{-\frac{1}{2}} \right) dx$$
$$= \frac{2}{5} x^{\frac{5}{2}} + 4 \cdot \frac{2}{3} x^{\frac{3}{2}} + 4 \cdot 2x^{\frac{1}{2}} + C$$
$$= \boldsymbol{\frac{2}{5} x^2 \sqrt{x} + \frac{8}{3} x\sqrt{x} + 8\sqrt{x} + C}$$

◀ $x^{\frac{5}{2}} = x^2 \cdot x^{\frac{1}{2}} = x^2\sqrt{x}$
$x^{\frac{3}{2}} = x \cdot x^{\frac{1}{2}} = x\sqrt{x}$

4章 11 不定積分

Plus One

積分した後は，微分してもとに戻ることを確認するとミスを防ぐことができる。
例えば，(4) では

$$\left(\frac{2}{5} x^2 \sqrt{x} + \frac{8}{3} x\sqrt{x} + 8\sqrt{x} + C \right)' = \left(\frac{2}{5} x^{\frac{5}{2}} + \frac{8}{3} x^{\frac{3}{2}} + 8x^{\frac{1}{2}} + C \right)'$$
$$= \frac{2}{5} \cdot \frac{5}{2} x^{\frac{5}{2}-1} + \frac{8}{3} \cdot \frac{3}{2} x^{\frac{3}{2}-1} + 8 \cdot \frac{1}{2} x^{\frac{1}{2}-1}$$
$$= x^{\frac{3}{2}} + 4x^{\frac{1}{2}} + 4x^{-\frac{1}{2}} \quad \cdots ①$$

! ① の式に戻ることを確認すればよく，① をさらに $\frac{(x+2)^2}{\sqrt{x}}$ まで変形する必要はない。

練習 128 次の不定積分を求めよ。

(1) $\int (\tan x - 3)\cos x \, dx$　　(2) $\int \frac{4 + \cos^3 x}{\cos^2 x} dx$　　(3) $\int (2e^x - 3^x) dx$

(1) $$\int (\tan x - 3)\cos x \, dx = \int (\sin x - 3\cos x) dx$$
$$= \boldsymbol{-\cos x - 3\sin x + C}$$

◀ $\tan x = \frac{\sin x}{\cos x}$ より
$\tan x \cos x = \sin x$

(2) $$\int \frac{4 + \cos^3 x}{\cos^2 x} dx = \int \left(\frac{4}{\cos^2 x} + \cos x \right) dx = \boldsymbol{4\tan x + \sin x + C}$$

◀ $\int \frac{1}{\cos^2 x} dx = \tan x + C$

(3) $$\int (2e^x - 3^x) dx = \boldsymbol{2e^x - \frac{3^x}{\log 3} + C}$$

◀ $\int a^x dx = \frac{a^x}{\log a} + C$

練習 129 次の不定積分を求めよ。

(1) $\displaystyle\int \frac{dx}{(3x+2)^3}$　(2) $\displaystyle\int \sqrt[3]{3-4x}\,dx$　(3) $\displaystyle\int \cos(3x-1)dx$

(4) $\displaystyle\int e^{-3x}\,dx$　(5) $\displaystyle\int \frac{dx}{4x+3}$

(1) $\displaystyle\int \frac{dx}{(3x+2)^3} = \int (3x+2)^{-3}\,dx = \frac{1}{3}\left\{-\frac{1}{2}(3x+2)^{-2}\right\}+C$

$\displaystyle= -\boldsymbol{\frac{1}{6(3x+2)^2}+C}$

◀ $\displaystyle\int t^{-3}\,dt = -\frac{1}{2}t^{-2}+C$

(2) $\displaystyle\int \sqrt[3]{3-4x}\,dx = \int (3-4x)^{\frac{1}{3}}\,dx = \frac{1}{-4}\cdot\frac{3}{4}(3-4x)^{\frac{4}{3}}+C$

$\displaystyle= -\boldsymbol{\frac{3}{16}(3-4x)\sqrt[3]{3-4x}+C}$

◀ $\displaystyle\int t^{\frac{1}{3}}\,dt = \frac{3}{4}t^{\frac{4}{3}}+C$

(3) $\displaystyle\int \cos(3x-1)dx = \boldsymbol{\frac{1}{3}\sin(3x-1)+C}$

(4) $\displaystyle\int e^{-3x}\,dx = \boldsymbol{-\frac{1}{3}e^{-3x}+C}$

(5) $\displaystyle\int \frac{dx}{4x+3} = \boldsymbol{\frac{1}{4}\log|4x+3|+C}$

練習 130 次の不定積分を求めよ。

(1) $\displaystyle\int (2x+1)(x-3)^3dx$　(2) $\displaystyle\int (x-3)\sqrt{1-x}\,dx$

(1) $x-3=t$ とおくと，$x=t+3$ であり　$\dfrac{dx}{dt}=1$

よって

$\displaystyle\int (2x+1)(x-3)^3\,dx = \int \{2(t+3)+1\}\cdot t^3\,dt$

$\displaystyle= \int (2t^4+7t^3)dt$

$\displaystyle= \frac{2}{5}t^5+\frac{7}{4}t^4+C$

$\displaystyle= \frac{1}{20}t^4(8t+35)+C$

$\displaystyle= \boldsymbol{\frac{1}{20}(x-3)^4(8x+11)+C}$

◀ $\dfrac{dx}{dt}=1$ より $dx=dt$

◀ x の式で答える。

(2) $\sqrt{1-x}=t$ とおくと，$x=1-t^2$ であり　$\dfrac{dx}{dt}=-2t$

よって

$\displaystyle\int (x-3)\sqrt{1-x}\,dx = \int (-t^2-2)\cdot t\cdot(-2t)dt$

$\displaystyle= 2\int (t^4+2t^2)dt = 2\left(\frac{t^5}{5}+\frac{2t^3}{3}\right)+C$

$\displaystyle= \frac{2}{15}t^3(3t^2+10)+C$

$\displaystyle= \frac{2}{15}\sqrt{(1-x)^3}\{3(1-x)+10\}+C$

◀ $dx=(-2t)dt$

$$= \frac{2}{15}(13-3x)(1-x)\sqrt{1-x}+C$$

◀ x の式で答える。

練習 131 次の不定積分を求めよ。

(1) $\int x^2\sqrt[3]{x^3-1}\,dx$　　(2) $\int \sin^3 x\cos x\,dx$　　(3) $\int e^x(e^x+1)^2 dx$

(1) $x^3-1=t$ とおくと　$3x^2=\dfrac{dt}{dx}$

◀ $3x^2dx=dt$ より $x^2dx=\dfrac{1}{3}dt$

よって

$$\int x^2\sqrt[3]{x^3-1}\,dx = \frac{1}{3}\int\sqrt[3]{t}\,dt = \frac{1}{3}\int t^{\frac{1}{3}}dt = \frac{1}{3}\cdot\frac{3}{4}t^{\frac{4}{3}}+C = \frac{1}{4}(x^3-1)^{\frac{4}{3}}+C$$

$$= \boldsymbol{\frac{1}{4}(x^3-1)\sqrt[3]{x^3-1}+C}$$

(2) $\sin x=t$ とおくと　$\cos x=\dfrac{dt}{dx}$

◀ $\cos x\,dx=dt$

よって

$$\int \sin^3 x\cos x\,dx = \int t^3dt = \frac{1}{4}t^4+C = \boldsymbol{\frac{1}{4}\sin^4 x+C}$$

(3) $e^x+1=t$ とおくと　$e^x=\dfrac{dt}{dx}$

◀ $e^x dx=dt$

よって

$$\int e^x(e^x+1)^2dx = \int t^2dt = \frac{1}{3}t^3+C = \boldsymbol{\frac{1}{3}(e^x+1)^3+C}$$

〔別解〕

(1) $x^2=\dfrac{1}{3}(x^3-1)'$ であるから

$$\int x^2\sqrt[3]{x^3-1}\,dx = \frac{1}{3}\int(x^3-1)^{\frac{1}{3}}\cdot(x^3-1)'dx = \frac{1}{3}\cdot\frac{3}{4}(x^3-1)^{\frac{4}{3}}+C = \frac{1}{4}(x^3-1)\sqrt[3]{x^3-1}+C$$

(2) $\cos x=(\sin x)'$ であるから

$$\int \sin^3 x\cos x\,dx = \int\sin^3 x(\sin x)'dx = \frac{1}{4}\sin^4 x+C$$

(3) $e^x=(e^x+1)'$ であるから

$$\int e^x(e^x+1)^2dx=\int(e^x+1)^2(e^x+1)'dx$$
$$=\frac{1}{3}(e^x+1)^3+C$$

練習 132 次の不定積分を求めよ。

(1) $\displaystyle\int\frac{x+1}{x^2+2x-5}dx$　(2) $\displaystyle\int\frac{(2x-1)(x+1)}{4x^3+3x^2-6x+1}dx$

(3) $\displaystyle\int\frac{e^x(2e^x+1)}{e^{2x}+e^x+1}dx$　(4) $\displaystyle\int\tan(2x-1)dx$

(5) $\displaystyle\int\frac{\cos x}{3\sin x-1}dx$　(6) $\displaystyle\int\frac{\sin x}{2\cos x-3}dx$

(1) $$\int\frac{x+1}{x^2+2x-5}dx=\frac{1}{2}\int\frac{2x+2}{x^2+2x-5}dx$$
$$=\frac{1}{2}\int\frac{(x^2+2x-5)'}{x^2+2x-5}dx$$
$$=\boldsymbol{\frac{1}{2}\log|x^2+2x-5|+C}$$

◀ $\displaystyle\int\frac{f'(x)}{f(x)}dx=\log|f(x)|+C$

(2) $$\int\frac{(2x-1)(x+1)}{4x^3+3x^2-6x+1}dx=\int\frac{2x^2+x-1}{4x^3+3x^2-6x+1}dx$$
$$=\frac{1}{6}\int\frac{(4x^3+3x^2-6x+1)'}{4x^3+3x^2-6x+1}dx$$
$$=\boldsymbol{\frac{1}{6}\log|4x^3+3x^2-6x+1|+C}$$

(3) $$\int\frac{e^x(2e^x+1)}{e^{2x}+e^x+1}dx=\int\frac{2e^{2x}+e^x}{e^{2x}+e^x+1}dx$$
$$=\int\frac{(e^{2x}+e^x+1)'}{e^{2x}+e^x+1}dx$$
$$=\boldsymbol{\log(e^{2x}+e^x+1)+C}$$

◀ $(e^{2x}+e^x+1)'=2e^{2x}+e^x$

◀ $e^{2x}>0$, $e^x>0$ より $e^{2x}+e^x+1>0$

(4) $$\int\tan(2x-1)dx=-\frac{1}{2}\int\frac{-2\sin(2x-1)}{\cos(2x-1)}dx$$
$$=-\frac{1}{2}\int\frac{\{\cos(2x-1)\}'}{\cos(2x-1)}dx$$
$$=\boldsymbol{-\frac{1}{2}\log|\cos(2x-1)|+C}$$

(5) $$\int\frac{\cos x}{3\sin x-1}dx=\frac{1}{3}\int\frac{3\cos x}{3\sin x-1}dx$$
$$=\frac{1}{3}\int\frac{(3\sin x-1)'}{3\sin x-1}dx$$
$$=\boldsymbol{\frac{1}{3}\log|3\sin x-1|+C}$$

(6) $$\int\frac{\sin x}{2\cos x-3}dx=-\frac{1}{2}\int\frac{-2\sin x}{2\cos x-3}dx$$
$$=-\frac{1}{2}\int\frac{(2\cos x-3)'}{2\cos x-3}dx$$
$$=\boldsymbol{-\frac{1}{2}\log(3-2\cos x)+C}$$

◀ $|\cos x|\leqq 1$ であるから $|2\cos x-3|=3-2\cos x$

練習 133 次の不定積分を求めよ。

(1) $\displaystyle\int \frac{x^2+3x-2}{x-1}dx$　　(2) $\displaystyle\int \frac{3x+4}{(x+1)(x+2)}dx$　　(3) $\displaystyle\int \frac{dx}{x(x+1)^2}$

(1) $\displaystyle\int \frac{x^2+3x-2}{x-1}dx = \int\left(x+4+\frac{2}{x-1}\right)dx$

$\displaystyle= \boldsymbol{\frac{1}{2}x^2+4x+2\log|x-1|+C}$

◀分子を分母で割ると商 $x+4$，余り 2

(2) $\displaystyle\frac{3x+4}{(x+1)(x+2)} = \frac{a}{x+1}+\frac{b}{x+2}$ とおいて，分母をはらうと

◀部分分数に分解する。

$3x+4=a(x+2)+b(x+1)$

$(a+b-3)x+(2a+b-4)=0$

係数を比較すると　$a=1,\ b=2$

◀ x についての恒等式であるから $\begin{cases} a+b-3=0 \\ 2a+b-4=0 \end{cases}$

よって

$\displaystyle\int \frac{3x+4}{(x+1)(x+2)}dx = \int\left(\frac{1}{x+1}+\frac{2}{x+2}\right)dx$

$=\log|x+1|+2\log|x+2|+C$

$=\boldsymbol{\log\{|x+1|(x+2)^2\}+C}$

◀ $2\log|x+2|=\log|x+2|^2 = \log(x+2)^2$

(3) $\displaystyle\frac{1}{x(x+1)^2} = \frac{a}{x}+\frac{b}{x+1}+\frac{c}{(x+1)^2}$ とおいて，分母をはらうと

◀部分分数の形に注意する。

$1=a(x+1)^2+bx(x+1)+cx$

$(a+b)x^2+(2a+b+c)x+a-1=0$

係数を比較すると　$a=1,\ b=-1,\ c=-1$

◀ x についての恒等式であるから $\begin{cases} a+b=0 \\ 2a+b+c=0 \\ a-1=0 \end{cases}$

よって

$\displaystyle\int \frac{dx}{x(x+1)^2} = \int\left\{\frac{1}{x}-\frac{1}{x+1}-\frac{1}{(x+1)^2}\right\}dx$

$\displaystyle=\log|x|-\log|x+1|+\frac{1}{x+1}+C$

$\displaystyle=\boldsymbol{\log\left|\frac{x}{x+1}\right|+\frac{1}{x+1}+C}$

Plus One

一般に $\displaystyle\frac{1}{(x+\alpha)^n(x+\beta)^m}$（$n$，$m$ は自然数）を部分分数分解すると，定数 a_1，a_2，$\cdots$，a_n，b_1，b_2，$\cdots$，b_m に対して

$$\frac{a_1}{x+\alpha}+\frac{a_2}{(x+\alpha)^2}+\cdots+\frac{a_n}{(x+\alpha)^n}+\frac{b_1}{x+\beta}+\frac{b_2}{(x+\beta)^2}+\cdots+\frac{b_m}{(x+\beta)^m}$$

の形になる。

練習 134 次の不定積分を求めよ。

(1) $\displaystyle\int x\sin 2x\,dx$　　(2) $\displaystyle\int xe^{\frac{x}{2}}dx$　　(3) $\displaystyle\int x^2\log x\,dx$

(4) $\displaystyle\int \log(3x+2)dx$　　(5) $\displaystyle\int (3x+2\alpha)(2x+\beta)^2dx$

(1) $\displaystyle\int x\sin 2x\,dx = \int x\left(-\frac{1}{2}\cos 2x\right)'dx$

$$= -\frac{1}{2}x\cos 2x - \int (x)'\left(-\frac{1}{2}\cos 2x\right)dx$$

$$= -\frac{1}{2}x\cos 2x + \frac{1}{2}\int \cos 2x\,dx$$

$$= -\frac{1}{2}\boldsymbol{x\cos 2x} + \frac{1}{4}\boldsymbol{\sin 2x + C}$$

◀ $f(x) = \frac{x}{2}$, $g'(x) = 2\sin 2x$ とおいて $f'(x) = \frac{1}{2}$, $g(x) = -\cos 2x$ を利用してもよい。

(2) $\int xe^{\frac{x}{2}}dx = \int x\left(2e^{\frac{x}{2}}\right)'dx = x\cdot 2e^{\frac{x}{2}} - \int (x)'2e^{\frac{x}{2}}dx$

$$= 2xe^{\frac{x}{2}} - 2\int e^{\frac{x}{2}}dx = \boldsymbol{2xe^{\frac{x}{2}} - 4e^{\frac{x}{2}} + C}$$

(3) $\int x^2\log x\,dx = \int\left(\frac{1}{3}x^3\right)'(\log x)dx$

$$= \frac{1}{3}x^3\log x - \frac{1}{3}\int x^3\cdot\frac{1}{x}dx$$

$$= \frac{1}{3}x^3\log x - \frac{1}{3}\int x^2 dx$$

$$= \boldsymbol{\frac{1}{3}x^3\log x - \frac{1}{9}x^3 + C}$$

◀部分積分法では，$\log x$ を微分するように考える。

(4) $\int \log(3x+2)dx = \int 1\cdot\log(3x+2)dx$

$$= \int \frac{1}{3}\cdot(3x+2)'\log(3x+2)dx$$

$$= \frac{1}{3}\left\{(3x+2)\log(3x+2) - \int (3x+2)\cdot\frac{3}{3x+2}dx\right\}$$

$$= \frac{1}{3}(3x+2)\log(3x+2) - \frac{1}{3}\int 3\,dx$$

$$= \boldsymbol{\frac{1}{3}(3x+2)\log(3x+2) - x + C}$$

◀ $g(x) = 3x$ とするのではなく，$g(x) = 3x+2$ と考えると，後の計算が簡単になる。

(5) $\int (3x+2\alpha)(2x+\beta)^2dx$

$$= \int (3x+2\alpha)\left\{\frac{1}{6}(2x+\beta)^3\right\}'dx$$

$$= (3x+2\alpha)\cdot\frac{1}{6}(2x+\beta)^3 - \int 3\cdot\frac{1}{6}(2x+\beta)^3dx$$

$$= \frac{1}{6}(3x+2\alpha)(2x+\beta)^3 - \frac{1}{2}\cdot\frac{1}{8}(2x+\beta)^4 + C$$

$$= \frac{1}{48}(2x+\beta)^3\{8(3x+2\alpha) - 3(2x+\beta)\} + C$$

$$= \boldsymbol{\frac{1}{48}(2x+\beta)^3(18x+16\alpha-3\beta) + C}$$

◀ $\int (ax+b)^n dx = \frac{1}{a(n+1)}(ax+b)^{n+1} + C$

練習 135 次の不定積分を求めよ。

(1) $\int x^2e^x\,dx$　　(2) $\int x^2\cos x\,dx$　　(3) $\int\left(\frac{\log x}{x}\right)^2dx$

(1) $\int x^2e^x\,dx = \int x^2(e^x)'dx = x^2e^x - \int 2xe^x\,dx$

$$= x^2e^x - 2\int x(e^x)'dx$$

◀部分積分法を繰り返し用いる。

$$= x^2e^x - 2\left(xe^x - \int 1\cdot e^x\,dx\right)$$
$$= \boldsymbol{(x^2-2x+2)e^x+C}$$

(2) $$\int x^2\cos x\,dx = \int x^2(\sin x)'\,dx = x^2\sin x - \int 2x\sin x\,dx$$
$$= x^2\sin x - 2\int x(-\cos x)'\,dx$$
$$= x^2\sin x - 2\left(-x\cos x + \int 1\cdot\cos x\,dx\right)$$
$$= \boldsymbol{x^2\sin x + 2x\cos x - 2\sin x + C}$$

◀ $\sin x = (-\cos x)'$

(3) $$\int\left(\frac{\log x}{x}\right)^2 dx = \int\frac{(\log x)^2}{x^2}\,dx$$
$$= \int\left(-\frac{1}{x}\right)'(\log x)^2\,dx$$
$$= -\frac{1}{x}(\log x)^2 - \int\left(-\frac{1}{x}\right)\cdot 2(\log x)\cdot\frac{1}{x}\,dx$$
$$= -\frac{1}{x}(\log x)^2 + \int\frac{2}{x^2}\log x\,dx$$
$$= -\frac{1}{x}(\log x)^2 + 2\int\left(-\frac{1}{x}\right)'\log x\,dx$$
$$= -\frac{1}{x}(\log x)^2 + 2\left(-\frac{1}{x}\log x + \int\frac{1}{x}\cdot\frac{1}{x}\,dx\right)$$
$$= \boldsymbol{-\frac{1}{x}(\log x)^2 - \frac{2}{x}\log x - \frac{2}{x} + C}$$

◀ $\frac{1}{x^2} = \left(-\frac{1}{x}\right)'$

◀ $\int\frac{1}{x^2}\,dx = -\frac{1}{x} + C$

練習 136 不定積分 $I = \int e^{-x}\sin x\,dx$，$J = \int e^{-x}\cos x\,dx$ を求めよ。

$$I = \int(-e^{-x})'\sin x\,dx = -e^{-x}\sin x - \int(-e^{-x})\cos x\,dx$$
$$= -e^{-x}\sin x + \int e^{-x}\cos x\,dx = -e^{-x}\sin x + J$$

◀ I に部分積分法を用いる。

◀ $\int e^{-x}\cos x\,dx$ を J に置き換える。

よって　$I - J = -e^{-x}\sin x$　…①

$$J = \int(-e^{-x})'\cos x\,dx = -e^{-x}\cos x - \int(-e^{-x})(-\sin x)\,dx$$
$$= -e^{-x}\cos x - \int e^{-x}\sin x\,dx = -e^{-x}\cos x - I$$

◀ J に部分積分法を用いる。

◀ $\int e^{-x}\sin x\,dx$ を I に置き換える。

よって　$I + J = -e^{-x}\cos x$　…②

①＋② より　$2I = -e^{-x}(\sin x + \cos x)$

②－① より　$2J = e^{-x}(\sin x - \cos x)$

◀ I と J の連立方程式と考える。

したがって，積分定数を考えると

$$\boldsymbol{I = -\frac{1}{2}e^{-x}(\sin x + \cos x) + C}$$
$$\boldsymbol{J = \frac{1}{2}e^{-x}(\sin x - \cos x) + C}$$

◀ I と J は不定積分であるから，積分定数を忘れないようにする。

〔別解 1〕（部分積分法を連続して 2 回用いる。）

$$I = \int(-e^{-x})'\sin x\,dx = -e^{-x}\sin x - \int(-e^{-x})\cos x\,dx$$
$$= -e^{-x}\sin x + \int e^{-x}\cos x\,dx$$

◀ ここまでは上の解と同様。

4章 11 不定積分

$$= -e^{-x}\sin x + \int (-e^{-x})' \cos x\, dx$$

$$= -e^{-x}\sin x - e^{-x}\cos x - \int (-e^{-x})(-\sin x)dx$$

$$= -e^{-x}\sin x - e^{-x}\cos x - \int e^{-x}\sin x\, dx$$

$$= -e^{-x}(\sin x + \cos x) - I$$

◀ $2I = -e^{-x}(\sin x + \cos x)$

よって　$I = -\dfrac{1}{2}e^{-x}(\sin x + \cos x) + C$

◀ J も同様に求められる。

〔別解 2〕（積の微分法を利用する。）

$(e^{-x}\sin x)' = -e^{-x}\sin x + e^{-x}\cos x$

$(e^{-x}\cos x)' = -e^{-x}\cos x - e^{-x}\sin x$

◀ 積の微分法 $\{f(x)g(x)\}' = f'(x)g(x) + f(x)g'(x)$

これらの両辺を積分すると

$e^{-x}\sin x = -I + J$　…①

$e^{-x}\cos x = -J - I$　…②

◀ $\int(-e^{-x}\sin x + e^{-x}\cos x)dx = -\int e^{-x}\sin x\, dx + \int e^{-x}\cos x\, dx = -I + J$

①＋② より　$-2I = e^{-x}(\sin x + \cos x)$

よって　$I = -\dfrac{1}{2}e^{-x}(\sin x + \cos x) + C$

①－② より　$2J = e^{-x}(\sin x - \cos x)$

よって　$J = \dfrac{1}{2}e^{-x}(\sin x - \cos x) + C$

練習 137 関数 $f(x)$ は $x > 0$ で微分可能であるとする。曲線 $y = f(x)$ は点 $(e,\ 1)$ を通り，その曲線上の点 $(x,\ y)$ における接線の傾きが $\dfrac{1}{x}$ で表されるという。そのような曲線の方程式を求めよ。

曲線 $y = f(x)$ 上の点 $(x,\ y)$ における接線の傾きは $f'(x)$ であるから

$$f'(x) = \frac{1}{x}$$

よって　$f(x) = \displaystyle\int \frac{1}{x}dx = \log x + C$

◀ C は積分定数である。

この曲線が点 $(e,\ 1)$ を通るから　$\log e + C = 1$

ゆえに　$C = 0$

◀ $\log e = 1$ より $1 + C = 1$

したがって，求める曲線の方程式は　$\boldsymbol{y = \log x}$

練習 138 次の不定積分を求めよ。

(1) $\displaystyle\int \cos 3x \sin 2x\, dx$　　(2) $\displaystyle\int \sin 3x \sin 4x\, dx$

(1) $\displaystyle\int \cos 3x \sin 2x\, dx = \int \frac{1}{2}\{\sin(3x+2x) - \sin(3x-2x)\}dx$

$$= \frac{1}{2}\int(\sin 5x - \sin x)dx$$

$$= \frac{1}{2}\left(-\frac{1}{5}\cos 5x + \cos x\right) + C$$

$$= \boldsymbol{-\frac{1}{10}\cos 5x + \frac{1}{2}\cos x + C}$$

◀ $\cos\alpha\sin\beta = \dfrac{1}{2}\{\sin(\alpha+\beta) - \sin(\alpha-\beta)\}$

(2) $\displaystyle\int \sin 3x \sin 4x\,dx = -\frac{1}{2}\int\{\cos(3x+4x)-\cos(3x-4x)\}dx$

$\displaystyle= -\frac{1}{2}\int\{\cos 7x-\cos(-x)\}dx$

$\displaystyle= -\frac{1}{2}\left(\frac{1}{7}\sin 7x-\sin x\right)+C$

$\displaystyle= \boldsymbol{-\frac{1}{14}\sin 7x+\frac{1}{2}\sin x+C}$

◀ $\sin\alpha\sin\beta$
$\displaystyle= -\frac{1}{2}\{\cos(\alpha+\beta)$
$-\cos(\alpha-\beta)\}$

◀ $\displaystyle\int\cos(-x)dx$
$\displaystyle=\int\cos x\,dx$

練習 139 次の不定積分を求めよ。

(1) $\displaystyle\int \cos^2 x\,dx$　　(2) $\displaystyle\int \sin^3 x\,dx$

(3) $\displaystyle\int \sin^4 x\,dx$　　(4) $\displaystyle\int \frac{dx}{\cos x}$

(1) $\displaystyle\int \cos^2 x\,dx = \int\frac{1+\cos 2x}{2}dx = \boldsymbol{\frac{1}{2}x+\frac{1}{4}\sin 2x+C}$

◀ 偶数乗⇨半角の公式

(2) $\displaystyle\int \sin^3 x\,dx = \int \sin^2 x\sin x\,dx = \int(1-\cos^2 x)\sin x\,dx$

ここで，$\cos x = t$ とおくと　　$\displaystyle-\sin x = \frac{dt}{dx}$

よって　　$\displaystyle(\text{与式}) = \int(1-t^2)\cdot(-1)dt$

$\displaystyle= \frac{1}{3}t^3-t+C = \boldsymbol{\frac{1}{3}\cos^3 x-\cos x+C}$

◀ 奇数乗
⇨ $\displaystyle\int f(\cos x)\sin x\,dx$ の
形をつくるために，$\sin x$
を1つ分ける。

◀ $\sin x\,dx = (-1)dt$

〔別解〕

$\sin 3x = 3\sin x-4\sin^3 x$ より　　$\displaystyle\sin^3 x = \frac{1}{4}(3\sin x-\sin 3x)$

よって　　$\displaystyle\int \sin^3 x\,dx = \frac{1}{4}\int(3\sin x-\sin 3x)dx$

$\displaystyle= \frac{1}{4}\left(-3\cos x+\frac{1}{3}\cos 3x\right)+C$

$\displaystyle= \boldsymbol{-\frac{3}{4}\cos x+\frac{1}{12}\cos 3x+C}$

◀ $\sin 3x$
$=\sin(2x+x)$
$=\sin 2x\cos x$
$+\cos 2x\sin x$
$=2\sin x\cos^2 x$
$+(1-2\sin^2 x)\sin x$
$=2\sin x(1-\sin^2 x)$
$+\sin x-2\sin^3 x$
$=3\sin x-4\sin^3 x$

(3) $\displaystyle\int \sin^4 x\,dx = \int\left(\frac{1-\cos 2x}{2}\right)^2 dx$

$\displaystyle= \frac{1}{4}\int(1-2\cos 2x+\cos^2 2x)dx$

$\displaystyle= \frac{1}{4}\int\left(1-2\cos 2x+\frac{1+\cos 4x}{2}\right)dx$

$\displaystyle= \frac{1}{4}\int\left(\frac{3}{2}-2\cos 2x+\frac{1}{2}\cos 4x\right)dx$

$\displaystyle= \boldsymbol{\frac{3}{8}x-\frac{1}{4}\sin 2x+\frac{1}{32}\sin 4x+C}$

(4) $\displaystyle\int \frac{dx}{\cos x} = \int\frac{\cos x}{\cos^2 x}dx = \int\frac{\cos x}{1-\sin^2 x}dx$

ここで，$\sin x = t$ とおくと　　$\displaystyle\cos x = \frac{dt}{dx}$

◀ $\cos x\,dx = dt$

4章 11 不定積分

よって　(与式) $= \int \frac{1}{1-t^2}dt = -\int \frac{1}{(t+1)(t-1)}dt$

$$= -\frac{1}{2}\int\left(\frac{1}{t-1} - \frac{1}{t+1}\right)dt$$

$$= -\frac{1}{2}\{\log|t-1| - \log|t+1|\} + C$$

$$= -\frac{1}{2}\log\left|\frac{t-1}{t+1}\right| + C = -\frac{1}{2}\log\left|\frac{\sin x - 1}{\sin x + 1}\right| + C$$

◀ $-1 \leqq \sin x \leqq 1$ より $\sin x - 1 \leqq 0$, $\sin x + 1 \geqq 0$

$$= -\frac{1}{2}\log\frac{1-\sin x}{1+\sin x} + C$$

チャレンジ
〈5〉 $I_n = \int \tan^n x\,dx$ $(n = 1, 2, 3, \cdots)$ とおく。

(1) $I_{n+2} = \frac{1}{n+1}\tan^{n+1}x - I_n$ が成り立つことを示せ。

(2) I_6 を求めよ。

(1) $I_{n+2} = \int \tan^{n+2} x\,dx = \int \tan^n x \tan^2 x\,dx$

◀ I_n の形をつくるために，$\tan^2 x$ を分ける。

$$= \int \tan^n x\left(\frac{1}{\cos^2 x} - 1\right)dx$$

$$= \int \tan^n x \cdot \frac{1}{\cos^2 x}dx - \int \tan^n x\,dx$$

$$= \int \tan^n x \cdot \frac{1}{\cos^2 x}dx - I_n \quad \cdots ①$$

ここで，$\int \tan^n x \cdot \frac{1}{\cos^2 x}dx$ について，$\frac{1}{\cos^2 x} = (\tan x)'$ であるから，
$\tan x = u$ とおくと

$$\int \tan^n x \cdot \frac{1}{\cos^2 x}dx = \int u^n du = \frac{1}{n+1}u^{n+1} + C$$

$$= \frac{1}{n+1}\tan^{n+1}x + C \quad \cdots ②$$

したがって，①，② より　$I_{n+2} = \frac{1}{n+1}\tan^{n+1}x - I_n$

◀ I_{n+2}，I_n はともに不定積分であるから，② で現れた積分定数を省略してもよい。

(2) (1) より　$I_6 = \frac{1}{5}\tan^5 x - I_4 = \frac{1}{5}\tan^5 x - \frac{1}{3}\tan^3 x + I_2$

ここで　$I_2 = \int \tan^2 x\,dx = \int\left(\frac{1}{\cos^2 x} - 1\right)dx = \tan x - x + C$

よって　$\boldsymbol{I_6 = \frac{1}{5}\tan^5 x - \frac{1}{3}\tan^3 x + \tan x - x + C}$

練習 140 次の不定積分を求めよ。

(1) $\int \frac{e^x}{e^x + e^{-x}}dx$　　(2) $\int \frac{e^{2x}}{1-e^x}dx$　(広島市立大)

(3) $\int \frac{e^{-2x}}{1+e^{-x}}dx$　(関西大)

(1) $e^x = t$ とおくと　$e^x = \frac{dt}{dx}$

◀ $e^x\,dx = dt$

$$\int \frac{e^x}{e^x+e^{-x}}dx = \int \frac{dt}{t+\frac{1}{t}} = \int \frac{t}{t^2+1}dt$$

$$= \int \frac{1}{2}\frac{(t^2+1)'}{t^2+1}dt = \frac{1}{2}\log|t^2+1|+C = \mathbf{\frac{1}{2}\log(e^{2x}+1)+C}$$

◀ $\int \frac{f'(x)}{f(x)}dx = \log|f(x)|+C$

◀ $e^{2x}+1>0$

(2) $e^x=t$ とおくと　$e^x = \frac{dt}{dx}$

◀ $e^x\,dx = dt$

$$\int \frac{e^{2x}}{1-e^x}dx = \int \frac{e^x}{1-e^x}\cdot e^x\,dx = \int \frac{t}{1-t}dt$$

$$= \int \frac{-(1-t)+1}{1-t}dt = \int\left(-1+\frac{1}{1-t}\right)dt$$

◀ (分母の次数) ≦ (分子の次数) の形は，帯分数式化する。

$$= -t-\log|1-t|+C = \mathbf{-e^x-\log|1-e^x|+C}$$

◀ $1-e^x$ は正と限らないから，絶対値は外さない。

(3) $e^x=t$ とおくと　$e^x = \frac{dt}{dx}$

◀ 分母・分子に e^{3x} を掛ける。

$$\int \frac{e^{-2x}}{1+e^{-x}}dx = \int \frac{e^x}{e^{3x}+e^{2x}}dx = \int \frac{dt}{t^3+t^2}$$

◀ $e^x\,dx = dt$

$$= \int \frac{1}{t(t+1)}\cdot\frac{1}{t}dt = \int\left(\frac{1}{t}-\frac{1}{t+1}\right)\frac{1}{t}dt$$

◀ 部分分数に分解する。

$$= \int\left\{\frac{1}{t^2}-\frac{1}{t(t+1)}\right\}dt = \int\left(\frac{1}{t^2}-\frac{1}{t}+\frac{1}{t+1}\right)dt$$

$$= -\frac{1}{t}-\log|t|+\log|t+1|+C$$

$$= -\frac{1}{e^x}-\log e^x+\log(e^x+1)+C$$

◀ $e^x>0$，$e^x+1>0$

$$= \mathbf{-\frac{1}{e^x}-x+\log(e^x+1)+C}$$

◀ $\log_a a^p = p$

練習 141 $t=x+\sqrt{x^2+4}$ と置き換えることにより，不定積分 $\int \frac{dx}{\sqrt{x^2+4}}$ を求めよ。

$t=x+\sqrt{x^2+4}$ とおくと

$$\frac{dt}{dx} = 1+\frac{x}{\sqrt{x^2+4}} = \frac{\sqrt{x^2+4}+x}{\sqrt{x^2+4}} = \frac{t}{\sqrt{x^2+4}}$$

◀ 分子に再び t が現れる。

よって　$\int \frac{dx}{\sqrt{x^2+4}} = \int \frac{dt}{t} = \log|t|+C$

◀ $\frac{dx}{\sqrt{x^2+4}} = \frac{dt}{t}$

$$= \log|x+\sqrt{x^2+4}|+C$$

$$= \mathbf{\log(x+\sqrt{x^2+4})+C}$$

◀ $\sqrt{x^2+4} > \sqrt{x^2} = |x| \geqq -x$ より　$x+\sqrt{x^2+4}>0$

練習 142 $t=\tan\frac{x}{2}$ とおくことにより，不定積分 $\int \frac{dx}{\cos x}$ を求めよ。

三角関数の相互関係より　$1+\tan^2\frac{x}{2} = \frac{1}{\cos^2\frac{x}{2}}$

◀ $1+\tan^2\theta = \frac{1}{\cos^2\theta}$

$t=\tan\frac{x}{2}$ を代入すると　$\cos^2\frac{x}{2} = \frac{1}{1+t^2}$

よって　$\cos x=2\cos^2\frac{x}{2}-1=\frac{2}{1+t^2}-1=\frac{1-t^2}{1+t^2}$

$t=\tan\frac{x}{2}$ より　$\frac{dt}{dx}=\frac{\frac{1}{2}}{\cos^2\frac{x}{2}}=\frac{1+t^2}{2}$

◀ $dx=\frac{2}{1+t^2}dt$

$$\int\frac{dx}{\cos x}=\int\frac{1+t^2}{1-t^2}\cdot\frac{2}{1+t^2}dt=\int\frac{2}{1-t^2}dt$$
$$=\int\frac{2}{(1-t)(1+t)}dt=\int\left(\frac{1}{1-t}+\frac{1}{1+t}\right)dt$$
$$=-\log|1-t|+\log|1+t|+C$$
$$=\log\left|\frac{1+t}{1-t}\right|+C=\boldsymbol{\log\left|\frac{1+\tan\frac{x}{2}}{1-\tan\frac{x}{2}}\right|+C}$$

◀部分分数に分解する。

p.250 問題編 11 不定積分

問題 127 次の不定積分を求めよ。

(1) $\int\frac{(x-1)^2}{x\sqrt{x}}dx$　　(2) $\int\frac{(\sqrt{x}-2)^3}{x}dx$

(1) $$\int\frac{(x-1)^2}{x\sqrt{x}}dx=\int\frac{x^2-2x+1}{x^{\frac{3}{2}}}dx$$
$$=\int\left(x^{\frac{1}{2}}-2x^{-\frac{1}{2}}+x^{-\frac{3}{2}}\right)dx$$
$$=\frac{2}{3}x^{\frac{3}{2}}-4x^{\frac{1}{2}}-2x^{-\frac{1}{2}}+C$$
$$=\boldsymbol{\frac{2}{3}x\sqrt{x}-4\sqrt{x}-\frac{2}{\sqrt{x}}+C}$$

(2) $$\int\frac{(\sqrt{x}-2)^3}{x}dx=\int\frac{x^{\frac{3}{2}}-6x+12x^{\frac{1}{2}}-8}{x}dx$$
$$=\int\left(x^{\frac{1}{2}}-6+12x^{-\frac{1}{2}}-8x^{-1}\right)dx$$
$$=\frac{2}{3}x^{\frac{3}{2}}-6x+12\cdot2x^{\frac{1}{2}}-8\log|x|+C$$
$$=\boldsymbol{\frac{2}{3}x\sqrt{x}-6x+24\sqrt{x}-8\log|x|+C}$$

◀ $\sqrt{x}=x^{\frac{1}{2}}$ として考える
$\left(x^{\frac{1}{2}}-2\right)^3$
$=\left(x^{\frac{1}{2}}\right)^3-3\cdot\left(x^{\frac{1}{2}}\right)^2\cdot2$
$+3\cdot x^{\frac{1}{2}}\cdot2^2-$
$=x^{\frac{3}{2}}-6x+12x^{\frac{1}{2}}-8$

問題 128 次の不定積分を求めよ。

(1) $\int\frac{\sin^2x-\cos^2x}{\sin^2x\cos^2x}dx$　　(2) $\int\frac{\cos^2x}{1+\sin x}dx$　　(3) $\int\frac{25^x-1}{5^x+1}dx$

(1) $$\int\frac{\sin^2x-\cos^2x}{\sin^2x\cos^2x}dx=\int\left(\frac{\sin^2x}{\sin^2x\cos^2x}-\frac{\cos^2x}{\sin^2x\cos^2x}\right)dx$$
$$=\int\left(\frac{1}{\cos^2x}-\frac{1}{\sin^2x}\right)dx$$

$\int\frac{1}{\cos^2x}dx=\tan x+$
◀ $\int\frac{1}{\sin^2x}dx=-\frac{1}{\tan x}$

$$= \tan x + \frac{1}{\tan x} + C$$

(2) $\displaystyle\int \frac{\cos^2 x}{1+\sin x}dx = \int \frac{1-\sin^2 x}{1+\sin x}dx$

$$= \int \frac{(1+\sin x)(1-\sin x)}{1+\sin x}dx$$

$$= \int (1-\sin x)dx = \boldsymbol{x+\cos x + C}$$

(3) $\displaystyle\int \frac{25^x-1}{5^x+1}dx = \int \frac{(5^x)^2-1}{5^x+1}dx = \int \frac{(5^x+1)(5^x-1)}{5^x+1}dx$

$$= \int (5^x-1)dx = \boldsymbol{\frac{5^x}{\log 5} - x + C}$$

◀ $25^x - 1 = (5^2)^x - 1$
$= (5^x)^2 - 1$

◀ $\displaystyle\int a^x dx = \frac{a^x}{\log a} + C$

問題 129 次の不定積分を求めよ。

(1) $\displaystyle\int \frac{dx}{\cos^2 2x}$　　(2) $\displaystyle\int 3^{2x-1}dx$　　(3) $\displaystyle\int (e^t - e^{-t})^2 dt$

(1) $\displaystyle\int \frac{dx}{\cos^2 2x} = \frac{1}{2}\cdot\tan 2x + C = \boldsymbol{\frac{1}{2}\tan 2x + C}$

◀ $\displaystyle\int \frac{dt}{\cos^2 t} = \tan t + C$

(2) $\displaystyle\int 3^{2x-1}dx = \frac{1}{2}\cdot\frac{3^{2x-1}}{\log 3} + C = \boldsymbol{\frac{3^{2x-1}}{2\log 3} + C}$

◀ $\displaystyle\int 3^t dt = \frac{3^t}{\log 3} + C$

(3) $\displaystyle\int (e^t - e^{-t})^2 dt = \int (e^{2t} + e^{-2t} - 2)dt$

$$= \frac{1}{2}\cdot e^{2t} + \left(-\frac{1}{2}\right)\cdot e^{-2t} - 2t + C = \boldsymbol{\frac{1}{2}e^{2t} - \frac{1}{2}e^{-2t} - 2t + C}$$

◀ $(e^t - e^{-t})^2$
$= e^{2t} - 2\cdot e^t e^{-t} + e^{-2t}$
$= e^{2t} + e^{-2t} - 2$

問題 130 次の不定積分を求めよ。

(1) $\displaystyle\int \frac{x+1}{(2x-1)^3}dx$　　(2) $\displaystyle\int \frac{1}{(\sqrt{x}-1)\sqrt{x}}dx$

(1) $2x-1=t$ とおくと，$x = \dfrac{t+1}{2}$ であり　$\dfrac{dx}{dt} = \dfrac{1}{2}$

よって

$$\int \frac{x+1}{(2x-1)^3}dx = \int \frac{\frac{t+1}{2}+1}{t^3}\cdot\frac{1}{2}dt$$

$$= \frac{1}{4}\int \frac{t+3}{t^3}dt = \frac{1}{4}\int (t^{-2} + 3t^{-3})dt$$

$$= \frac{1}{4}\left(-t^{-1} - \frac{3}{2}t^{-2}\right) + C = -\frac{1}{4t} - \frac{3}{8t^2} + C$$

$$= -\frac{2t+3}{8t^2} + C = \boldsymbol{-\frac{4x+1}{8(2x-1)^2} + C}$$

◀ $dx = \dfrac{1}{2}dt$

◀ x の式で答える。

(2) $\sqrt{x} - 1 = t$ とおくと，$x = (t+1)^2$ であり　$\dfrac{dx}{dt} = 2(t+1)$

よって

$$\int \frac{1}{(\sqrt{x}-1)\sqrt{x}}dx = \int \frac{2(t+1)}{t(t+1)}dt = \int \frac{2}{t}dt$$

◀ $\sqrt{x} = t$ として解いてもよい。

◀ $dx = 2(t+1)dt$

4章 11 不定積分

$= 2\log|t| + C = \mathbf{2\log|\sqrt{x}-1|+C}$ ◀ x の式で答える。

問題 131 次の不定積分を求めよ。

(1) $\displaystyle\int \frac{x^2}{\sqrt{2x^3-1}}dx$　(2) $\displaystyle\int \frac{\tan x}{\cos^2 x}dx$　(3) $\displaystyle\int \frac{1}{x}(\log x)^2 dx$

(1) $x^2 = \dfrac{1}{6}(2x^3-1)'$ であるから，$2x^3-1=u$ とおくと

$$\int \frac{x^2}{\sqrt{2x^3-1}}dx = \frac{1}{6}\int \frac{(2x^3-1)'}{\sqrt{2x^3-1}}dx = \frac{1}{6}\int \frac{du}{\sqrt{u}}$$

$$= \frac{1}{6}\int u^{-\frac{1}{2}}du = \frac{1}{3}u^{\frac{1}{2}} + C = \mathbf{\frac{1}{3}\sqrt{2x^3-1}+C}$$

◀ $2x^3-1=t$ とおき，$6x^2 = \dfrac{dt}{dx}$ であるから $x^2dx = \dfrac{1}{6}dt$ と考えてもよい。

(2) $\dfrac{1}{\cos^2 x} = (\tan x)'$ であるから，$\tan x = u$ とおくと

$$\int \frac{\tan x}{\cos^2 x}dx = \int (\tan x)(\tan x)'dx$$

$$= \int u\,du = \frac{1}{2}u^2 + C = \mathbf{\frac{1}{2}\tan^2 x + C}$$

◀ $\tan x = t$ とおき，$\dfrac{1}{\cos^2 x} = \dfrac{dt}{dx}$ であるから $\dfrac{dx}{\cos^2 x} = dt$ と考えてもよい。

(3) $\dfrac{1}{x} = (\log x)'$ であるから，$\log x = u$ とおくと

$$\int \frac{1}{x}(\log x)^2 dx = \int (\log x)^2(\log x)'dx$$

$$= \int u^2 du = \frac{1}{3}u^3 + C = \mathbf{\frac{1}{3}(\log x)^3 + C}$$

◀ $\log x = t$ とおき，$\dfrac{1}{x} = \dfrac{dt}{dx}$ であるから $\dfrac{dx}{x} = dt$ と考えてもよい。

問題 132 次の不定積分を求めよ。

(1) $\displaystyle\int \frac{(e^x-1)^2}{e^x+1}dx$　(2) $\displaystyle\int \frac{e^{2x}-1}{e^{2x}+1}dx$　(3) $\displaystyle\int \frac{\log x+1}{x\log x}dx$

(1) $$\int \frac{(e^x-1)^2}{e^x+1}dx = \int \frac{(e^x+1)^2-4e^x}{e^x+1}dx$$

$$= \int \left(e^x+1-\frac{4e^x}{e^x+1}\right)dx$$

$$= \mathbf{e^x + x - 4\log(e^x+1) + C}$$

◀ 展開して分子を分母で割ってもよい。

◀ $\dfrac{e^x}{e^x+1} = \dfrac{(e^x+1)'}{e^x+1}$

(2) $$\int \frac{e^{2x}-1}{e^{2x}+1}dx = \int \frac{e^x-e^{-x}}{e^x+e^{-x}}dx$$

$$= \int \frac{(e^x+e^{-x})'}{e^x+e^{-x}}dx = \mathbf{\log(e^x+e^{-x}) + C}$$

◀ $\dfrac{(e^{2x}-1)e^{-x}}{(e^{2x}+1)e^{-x}} = \dfrac{e^x-e^{-x}}{e^x+e^{-x}}$

(3) $$\int \frac{\log x+1}{x\log x}dx = \int \left(\frac{1}{x} + \frac{\frac{1}{x}}{\log x}\right)dx = \int \frac{1}{x}dx + \int \frac{(\log x)'}{\log x}dx$$

$$= \mathbf{\log x + \log|\log x| + C}$$

◀ $\dfrac{1}{x} = (\log x)'$

問題 133 次の不定積分を求めよ。

(1) $\displaystyle\int \frac{x^2+x}{x^2-5x+6}dx$　(2) $\displaystyle\int \frac{5x+1}{x^3+2x^2-x-2}dx$

(1) $\dfrac{x^2+x}{x^2-5x+6}=1+\dfrac{6x-6}{(x-2)(x-3)}$

◀分子を分母で割ると商1，余り $6x-6$

次に，$\dfrac{6x-6}{(x-2)(x-3)}=\dfrac{a}{x-2}+\dfrac{b}{x-3}$ とおいて，分母をはらうと

$$6x-6=(a+b)x-(3a+2b)$$

◀x についての恒等式であるから $\begin{cases}a+b=6\\-(3a+2b)=-6\end{cases}$

係数を比較すると　$a=-6,\ b=12$

よって

$$\int\frac{x^2+x}{x^2-5x+6}dx=\int\left(1+\frac{-6}{x-2}+\frac{12}{x-3}\right)dx$$
$$=x-6\log|x-2|+12\log|x-3|+C$$
$$=\boldsymbol{x+6\log\frac{(x-3)^2}{|x-2|}+C}$$

(2) $x^3+2x^2-x-2=(x-1)(x^2+3x+2)=(x-1)(x+1)(x+2)$

◀
1	1	2	−1	−2
+)		1	3	2
	1	3	2	0

より　$\dfrac{5x+1}{x^3+2x^2-x-2}=\dfrac{5x+1}{(x-1)(x+1)(x+2)}$

次に，$\dfrac{5x+1}{(x-1)(x+1)(x+2)}=\dfrac{a}{x-1}+\dfrac{b}{x+1}+\dfrac{c}{x+2}$ とおいて，

分母をはらうと

$$5x+1=(a+b+c)x^2+(3a+b)x+(2a-2b-c)$$

◀x についての恒等式であるから $\begin{cases}a+b+c=0\\3a+b=5\\2a-2b-c=1\end{cases}$

係数を比較すると　$a=1,\ b=2,\ c=-3$

よって

$$\int\frac{5x+1}{x^3+2x^2-x-2}dx=\int\left(\frac{1}{x-1}+\frac{2}{x+1}+\frac{-3}{x+2}\right)dx$$
$$=\log|x-1|+2\log|x+1|-3\log|x+2|+C$$
$$=\boldsymbol{\log\frac{|x-1|(x+1)^2}{|x+2|^3}+C}$$

問題 134 次の不定積分を求めよ。

(1) $\displaystyle\int\frac{x}{\cos^2x}dx$　　(2) $\displaystyle\int\frac{x}{e^x}dx$　　(3) $\displaystyle\int\log\frac{1}{1+x}dx$

(1) $\displaystyle\int\frac{x}{\cos^2x}dx=\int x(\tan x)'dx=x\tan x-\int\tan x\,dx$

$$=x\tan x-\int\frac{\sin x}{\cos x}dx=x\tan x-\int\left\{-\frac{(\cos x)'}{\cos x}\right\}dx$$
$$=\boldsymbol{x\tan x+\log|\cos x|+C}$$

◀$f(x)=x$，$g'(x)=\dfrac{1}{\cos^2x}$ と考えると $f'(x)=1$，$g(x)=\tan x$

(2) $\displaystyle\int\frac{x}{e^x}dx=\int xe^{-x}dx=\int x(-e^{-x})'dx$

$$=-xe^{-x}+\int e^{-x}dx=\boldsymbol{-xe^{-x}-e^{-x}+C}$$

◀$f(x)=x$，$g'(x)=e^{-x}$ と考えると $f'(x)=1$，$g(x)=-e^{-x}$

(3) $\displaystyle\int\log\frac{1}{1+x}dx=-\int\log(1+x)dx=-\int(1+x)'\log(1+x)dx$

$$=-(1+x)\log(1+x)+\int(1+x)\cdot\frac{1}{1+x}dx$$
$$=\boldsymbol{-(1+x)\log(1+x)+x+C}$$

◀$\log\dfrac{1}{1+x}=\log(1+x)^{-1}=-\log(1+x)$

4章 11 不定積分

問題 **135** 次の不定積分を求めよ。

(1) $\int (\log x)^3 dx$　　(2) $\int x^3 \sin x\, dx$　　(3) $\int x^3 e^{-x^2} dx$

(1) $\int (\log x)^3 dx = \int (x)'(\log x)^3 dx$

◀ $1=(x)'$ と考える。

$= x(\log x)^3 - \int x\cdot 3(\log x)^2 \cdot \frac{1}{x} dx$

$= x(\log x)^3 - 3\int (\log x)^2 dx$

$= x(\log x)^3 - 3\int (x)'(\log x)^2 dx$

$= x(\log x)^3 - 3\left\{x(\log x)^2 - \int x\cdot 2(\log x)\cdot \frac{1}{x} dx\right\}$

◀部分積分法を繰り返し用いる。

$= x(\log x)^3 - 3x(\log x)^2 + 6\int (x)'\log x\, dx$

$= x(\log x)^3 - 3x(\log x)^2 + 6x\log x - 6\int x\cdot\frac{1}{x} dx$

$= \boldsymbol{x(\log x)^3 - 3x(\log x)^2 + 6x\log x - 6x + C}$

(2) $\int x^3 \sin x\, dx = \int x^3(-\cos x)' dx$

$= -x^3\cos x + 3\int x^2 \cos x\, dx$

$= -x^3\cos x + 3\int x^2(\sin x)' dx$

$= -x^3\cos x + 3x^2\sin x - 6\int x\sin x\, dx$

$= -x^3\cos x + 3x^2\sin x - 6\int x(-\cos x)' dx$

$= -x^3\cos x + 3x^2\sin x + 6x\cos x - 6\int \cos x\, dx$

$= \boldsymbol{-x^3\cos x + 3x^2\sin x + 6x\cos x - 6\sin x + C}$

(3) $\int x^3 e^{-x^2} dx = -\frac{1}{2}\int x^2\cdot e^{-x^2}(-x^2)' dx$

◀ $x^3e^{-x^2} = x^2\cdot xe^{-x^2}$ と考える。
PlusOne 参照。

ここで，$-x^2 = t$ とおくと

$-\frac{1}{2}\int x^2\cdot e^{-x^2}(-x^2)' dx = \frac{1}{2}\int te^t dt$

◀ $-x^2=t$ とおくと，$-2x\frac{dx}{dt}=1$ より $-2x\,dx = dt$

$= \frac{1}{2}\int t(e^t)' dt = \frac{1}{2}\left\{te^t - \int (t)'e^t dt\right\}$

$= \frac{1}{2}\left(te^t - \int e^t dt\right) = \frac{1}{2}(te^t - e^t) + C$

$= \frac{1}{2}(t-1)e^t + C = \boldsymbol{-\frac{1}{2}(x^2+1)e^{-x^2} + C}$

◀ x の式で答える。

PlusOne

部分積分法　$\int f(x)g'(x)dx = f(x)g(x) - \int f'(x)g(x)dx$

問題 135 (3) において，被積分関数を x^3 と e^{-x^2} の積と考えてみよう。e^{-x^2} の原始関数は分からないから，$f(x)=e^{-x^2}$，$g'(x)=x^3$ として部分積分法を用いると

$$\int x^3 e^{-x^2}dx = \int\left(\frac{1}{4}x^4\right)' e^{-x^2}dx$$
$$= \frac{1}{4}x^4e^{-x^2} - \int\frac{1}{4}x^4\cdot e^{-x^2}\cdot(-2x)dx$$
$$= \frac{1}{4}x^4e^{-x^2} + \frac{1}{2}\int x^5 e^{-x^2}dx$$

となり，被積分関数の x の次数が上がってしまう。

次に，e^{-x^2} を $g'(x)$ の一部にしようと考えると，$xe^{-x^2} = -\frac{1}{2}\cdot(-2x)\cdot e^{-x^2}$ は例題 131 で学習した $f(g(x))g'(x)$ の形となり，置換積分法により原始関数を求めることができる。そこで，解答のように被積分関数を x^2 と xe^{-x^2} の積と考える。

問題 136 次の不定積分を求めよ。

(1) $\int e^x\cos 2x\,dx$　　(2) $\int e^{-x}\sin^2 x\,dx$　　(3) $\int \sin(\log x)\,dx$

(1) $I = \int e^x\cos 2x\,dx$ とおくと

$$I = \int(e^x)'\cos 2x\,dx = e^x\cos 2x - \int e^x(\cos 2x)'dx$$

◀部分積分法を用いる。

$$= e^x\cos 2x + 2\int e^x\sin 2x\,dx$$
$$= e^x\cos 2x + 2\int(e^x)'\sin 2x\,dx$$
$$= e^x\cos 2x + 2\left\{e^x\sin 2x - \int e^x(\sin 2x)'dx\right\}$$

◀さらに部分積分法を用いる。

$$= e^x\cos 2x + 2e^x\sin 2x - 4\int e^x\cos 2x\,dx$$
$$= e^x(\cos 2x + 2\sin 2x) - 4I$$

$5I = e^x(\cos 2x + 2\sin 2x)$ より，積分定数を考えると

$$I = \boldsymbol{\frac{1}{5}e^x(\cos 2x + 2\sin 2x) + C}$$

(2) $$\int e^{-x}\sin^2 x\,dx = \int e^{-x}\cdot\frac{1-\cos 2x}{2}dx$$

◀半角の公式
$\sin^2 x = \frac{1-\cos 2x}{2}$

$$= \int\left(\frac{1}{2}e^{-x} - \frac{1}{2}e^{-x}\cos 2x\right)dx$$
$$= -\frac{1}{2}e^{-x} - \frac{1}{2}\int e^{-x}\cos 2x\,dx$$

ここで，$I = \int e^{-x}\cos 2x\,dx$ とおくと

$$I = \int(-e^{-x})'\cos 2x\,dx$$
$$= -e^{-x}\cos 2x - 2\int e^{-x}\sin 2x\,dx$$

◀部分積分法を用いる。

$$= -e^{-x}\cos 2x - 2\int(-e^{-x})'\sin 2x\,dx$$
$$= -e^{-x}\cos 2x - 2\left\{-e^{-x}\sin 2x + 2\int e^{-x}\cos 2x\,dx\right\}$$

◀さらに部分積分法を用いる。符号に注意する。

$$= -e^{-x}\cos 2x + 2e^{-x}\sin 2x - 4\int e^{-x}\cos 2x\,dx$$

$$= -e^{-x}(\cos 2x - 2\sin 2x) - 4I$$

$5I = -e^{-x}(\cos 2x - 2\sin 2x)$ より，積分定数を考えると

$$I = -\frac{1}{5}e^{-x}(\cos 2x - 2\sin 2x) + C'$$

$$= \frac{1}{5}e^{-x}(2\sin 2x - \cos 2x) + C' \quad (C' \text{ は積分定数})$$

したがって

$$\int e^{-x}\sin^2 x\,dx = -\frac{1}{2}e^{-x} - \frac{1}{2}\left\{\frac{1}{5}e^{-x}(2\sin 2x - \cos 2x) + C'\right\}$$

$$= \boldsymbol{-\frac{1}{2}e^{-x} - \frac{1}{10}e^{-x}(2\sin 2x - \cos 2x) + C}$$

◀ $-\frac{1}{2}C'$ をあらためて C に置き換える。

(3) $I = \int \sin(\log x)dx$ とおくと

$$I = x\sin(\log x) - \int x\{\cos(\log x)\}\cdot\frac{1}{x}dx$$

$$= x\sin(\log x) - \int \cos(\log x)dx$$

$$= x\sin(\log x) - x\cos(\log x) + \int x\{-\sin(\log x)\}\cdot\frac{1}{x}dx$$

$$= x\sin(\log x) - x\cos(\log x) - \int \sin(\log x)dx$$

$$= x\{\sin(\log x) - \cos(\log x)\} - I$$

$2I = x\{\sin(\log x) - \cos(\log x)\}$ より，積分定数を考えると

$$I = \boldsymbol{\frac{x}{2}\{\sin(\log x) - \cos(\log x)\} + C}$$

◀ $\log x = t$ すなわち $x = e^t$ とおくと $\frac{dx}{dt} = e^t$ より $\int \sin(\log x)dx = \int e^t \sin t\,dt$ と考えることもできる。

問題 137 関数 $f(x)$ は $x>0$ で微分可能であるとする。曲線 $y=f(x)$ は点 $(0,\ 1)$ を通り，その曲線上の点 $(x,\ y)$ における接線の傾きが $\frac{4x^2}{\sqrt{2x+1}}$ で表されるという。そのような曲線の方程式を求めよ。

曲線 $y=f(x)$ 上の点 $(x,\ y)$ における接線の傾きは $f'(x)$ であるから

$$f'(x) = \frac{4x^2}{\sqrt{2x+1}}$$

よって　$f(x) = \int \frac{4x^2}{\sqrt{2x+1}}dx$

$2x+1=t$ とおくと，$4x^2 = (t-1)^2$ であり　$\frac{dt}{dx} = 2$

よって　$f(x) = \int \frac{(t-1)^2}{\sqrt{t}}\cdot\frac{1}{2}dt$

$$= \frac{1}{2}\int\left(t^{\frac{3}{2}} - 2t^{\frac{1}{2}} + t^{-\frac{1}{2}}\right)dt$$

$$= \frac{1}{2}\left(\frac{2}{5}t^{\frac{5}{2}} - \frac{4}{3}t^{\frac{3}{2}} + 2t^{\frac{1}{2}}\right) + C$$

$$= \frac{1}{15}t^{\frac{1}{2}}(3t^2 - 10t + 15) + C$$

$$= \frac{4}{15}\sqrt{2x+1}(3x^2 - 2x + 2) + C$$

この曲線が点 (0, 1) を通るから　$\frac{4}{15}\cdot 2+C=1$

◀ $f(0)=1$

ゆえに　$C=\frac{7}{15}$

したがって，求める曲線の方程式は

$$\boldsymbol{y=\frac{4}{15}\sqrt{2x+1}(3x^2-2x+2)+\frac{7}{15}}$$

問題 138 m, n を自然数とするとき，不定積分 $\int \sin mx\cos nx\,dx$ を求めよ。

$I=\int \sin mx\cos nx\,dx$ とおくと

$$I=\frac{1}{2}\int\{\sin(m+n)x+\sin(m-n)x\}dx$$

◀ $\sin\alpha\cos\beta$ $=\frac{1}{2}\{\sin(\alpha+\beta)+\sin(\alpha-\beta)\}$

(ア)　$m-n=0$ すなわち $m=n$ のとき

$$I=\frac{1}{2}\int\sin 2mx\,dx=-\frac{1}{4m}\cos 2mx+C$$

◀ x の係数が 0 になるかどうかで場合分けする。m, n は自然数であるから，$m+n$ は 0 にはならない。

(イ)　$m-n\neq 0$ すなわち $m\neq n$ のとき

$$I=\frac{1}{2}\left\{-\frac{1}{m+n}\cos(m+n)x-\frac{1}{m-n}\cos(m-n)x\right\}+C$$

$$=-\frac{1}{2}\left\{\frac{1}{m+n}\cos(m+n)x+\frac{1}{m-n}\cos(m-n)x\right\}+C$$

(ア), (イ) より

$m=n$ のとき　$\boldsymbol{-\frac{1}{4m}\cos 2mx+C}$

$m\neq n$ のとき　$\boldsymbol{-\frac{1}{2}\left\{\frac{1}{m+n}\cos(m+n)x+\frac{1}{m-n}\cos(m-n)x\right\}+C}$

問題 139 次の不定積分を求めよ。

(1) $\int\cos^2 2x\,dx$　　(2) $\int\sin^3 2x\,dx$

(3) $\int\cos^4 2x\,dx$　　(4) $\int\frac{dx}{1-\sin x}$

(1) $\int\cos^2 2x\,dx=\int\frac{1+\cos 4x}{2}dx=\boldsymbol{\frac{1}{2}x+\frac{1}{8}\sin 4x+C}$

◀ 偶数乗⇨半角の公式

(2) $\int\sin^3 2x\,dx=\int\sin^2 2x\sin 2x\,dx=\int(1-\cos^2 2x)\sin 2x\,dx$

◀ 奇数乗 ⇨ $\sin 2x$ を 1 つ分ける。

ここで，$\cos 2x=t$ とおくと　$-2\sin 2x=\frac{dt}{dx}$

◀ $\sin 2x\,dx=\left(-\frac{1}{2}\right)dt$

よって　(与式) $=\int(1-t^2)\cdot\left(-\frac{1}{2}\right)dt$

$$=-\frac{1}{2}t+\frac{1}{6}t^3+C$$

$$=\boldsymbol{-\frac{1}{2}\cos 2x+\frac{1}{6}\cos^3 2x+C}$$

(3) $\int\cos^4 2x\,dx=\int\left(\frac{1+\cos 4x}{2}\right)^2dx$

◀ 偶数乗⇨半角の公式

4章 11 不定積分

$$= \frac{1}{4}\int (1+2\cos 4x+\cos^2 4x)dx$$

$$= \frac{1}{4}\int \left(1+2\cos 4x+\frac{1+\cos 8x}{2}\right)dx$$

◀半角の公式を繰り返し用いる。

$$= \frac{1}{4}\int \left(\frac{3}{2}+2\cos 4x+\frac{1}{2}\cos 8x\right)dx$$

$$= \boldsymbol{\frac{3}{8}x+\frac{1}{8}\sin 4x+\frac{1}{64}\sin 8x+C}$$

(4) $$\int \frac{dx}{1-\sin x} = \int \frac{1+\sin x}{(1-\sin x)(1+\sin x)}dx$$

$$= \int \frac{1+\sin x}{\cos^2 x}dx = \int \left(\frac{1}{\cos^2 x}+\frac{\sin x}{\cos^2 x}\right)dx$$

◀$\int \frac{\sin x}{\cos^2 x}dx$ は $\cos x = u$ とおいても解ける。

$$= \tan x - \int (\cos x)^{-2}(\cos x)' dx$$

$$= \boldsymbol{\tan x + \frac{1}{\cos x} + C}$$

問題 140 不定積分 $\int \frac{dx}{3e^x-5e^{-x}+2}$ を求めよ。

$e^x = t$ とおくと　$e^x = \frac{dt}{dx}$

◀$e^x\,dx = dt$

$$\int \frac{dx}{3e^x-5e^{-x}+2} = \int \frac{e^x}{3e^{2x}+2e^x-5}dx = \int \frac{dt}{3t^2+2t-5}$$

$$= \int \frac{dt}{(t-1)(3t+5)} = \int \frac{1}{8}\left(\frac{1}{t-1}-\frac{3}{3t+5}\right)dt$$

$$= \frac{1}{8}(\log|t-1|-\log|3t+5|)+C$$

$$= \frac{1}{8}\log\left|\frac{t-1}{3t+5}\right|+C = \boldsymbol{\frac{1}{8}\log\frac{|e^x-1|}{3e^x+5}+C}$$

◀$\frac{1}{(t-1)(3t+5)} = \frac{a}{t-1}+\frac{b}{3t+5}$ とおくと　$a=\frac{1}{8}$, $b=-\frac{3}{8}$

問題 141 $t = x+\sqrt{x^2+1}$ と置き換えることにより，不定積分 $\int \sqrt{x^2+1}\,dx$ を求めよ。

$$\int \sqrt{x^2+1}\,dx = \int (x)'\sqrt{x^2+1}\,dx$$

$$= x\sqrt{x^2+1} - \int \frac{x^2}{\sqrt{x^2+1}}dx$$

$$= x\sqrt{x^2+1} - \int \frac{x^2+1-1}{\sqrt{x^2+1}}dx$$

$$= x\sqrt{x^2+1} - \int \sqrt{x^2+1}\,dx + \int \frac{dx}{\sqrt{x^2+1}}$$

◀部分積分法を用いる。$f(x)=\sqrt{x^2+1}$, $g'(x)=1$ とおいて $f'(x)=\frac{x}{\sqrt{x^2+1}}$, $g(x)=x$ を用いる。

よって　$2\int \sqrt{x^2+1}\,dx = x\sqrt{x^2+1} + \int \frac{dx}{\sqrt{x^2+1}}$

ゆえに　$\int \sqrt{x^2+1}\,dx = \frac{1}{2}x\sqrt{x^2+1} + \frac{1}{2}\int \frac{dx}{\sqrt{x^2+1}}$

◀$\int \frac{dx}{\sqrt{x^2+1}}$ は例題 141 (1) 参照。

ここで，$t = x+\sqrt{x^2+1}$ とおくと　$\frac{dt}{dx} = 1+\frac{x}{\sqrt{x^2+1}} = \frac{t}{\sqrt{x^2+1}}$

◀$\frac{dx}{\sqrt{x^2+1}} = \frac{dt}{t}$

したがって

$$\int \sqrt{x^2+1}\,dx = \frac{1}{2}x\sqrt{x^2+1} + \frac{1}{2}\int \frac{dt}{t}$$

$$= \frac{1}{2}x\sqrt{x^2+1} + \frac{1}{2}\log|t| + C$$

$$= \boldsymbol{\frac{1}{2}x\sqrt{x^2+1} + \frac{1}{2}\log(x+\sqrt{x^2+1}) + C}$$

◀ $x+\sqrt{x^2+1}>0$

問題 **142** $t=\tan\dfrac{x}{2}$ とおくことにより，不定積分 $\displaystyle\int \frac{5}{3\sin x+4\cos x}dx$ を求めよ。

三角関数の相互関係より　$1+\tan^2\dfrac{x}{2} = \dfrac{1}{\cos^2\dfrac{x}{2}}$

$t=\tan\dfrac{x}{2}$ を代入すると　$\cos^2\dfrac{x}{2} = \dfrac{1}{1+t^2}$

よって

$$\cos x = 2\cos^2\frac{x}{2} - 1 = \frac{2}{1+t^2} - 1 = \frac{1-t^2}{1+t^2}$$

$$\sin x = 2\sin\frac{x}{2}\cos\frac{x}{2} = 2\tan\frac{x}{2}\cos^2\frac{x}{2} = 2t\cdot\frac{1}{1+t^2} = \frac{2t}{1+t^2}$$

◀ $\tan\dfrac{x}{2} = \dfrac{\sin\dfrac{x}{2}}{\cos\dfrac{x}{2}}$ を用いる。

$t=\tan\dfrac{x}{2}$ より　$\dfrac{dt}{dx} = \dfrac{\dfrac{1}{2}}{\cos^2\dfrac{x}{2}} = \dfrac{1+t^2}{2}$

◀ $dx = \dfrac{2}{1+t^2}dt$

ここで

$$3\sin x + 4\cos x = \frac{6t}{1+t^2} + \frac{4(1-t^2)}{1+t^2} = \frac{-4t^2+6t+4}{1+t^2}$$

$$= \frac{-2(2t^2-3t-2)}{1+t^2} = \frac{-2(2t+1)(t-2)}{1+t^2}$$

よって

$$\int \frac{5}{3\sin x+4\cos x}dx = \int \frac{5(1+t^2)}{-2(2t+1)(t-2)}\cdot\frac{2}{1+t^2}dt$$

$$= \int \frac{-5}{(2t+1)(t-2)}dt$$

$$= \int\left(\frac{2}{2t+1} - \frac{1}{t-2}\right)dt$$

$$= \log|2t+1| - \log|t-2| + C$$

$$= \log\left|\frac{2t+1}{t-2}\right| + C = \boldsymbol{\log\left|\frac{2\tan\frac{x}{2}+1}{\tan\frac{x}{2}-2}\right| + C}$$

◀ $\dfrac{-5}{(2t+1)(t-2)} = \dfrac{a}{2t+1} + \dfrac{b}{t-2}$ とおくと　$a=2,\ b=-1$

4章 11 不定積分

1 次の不定積分を求めよ。

(1) $\displaystyle\int \frac{(\sqrt{x}+1)^3}{x^2}dx$　　(2) $\displaystyle\int\left(\frac{1}{1-\sin x}+\frac{1}{1+\sin x}\right)dx$

(3) $\displaystyle\int \frac{dx}{1-2x}$

(1) $\displaystyle\int \frac{(\sqrt{x}+1)^3}{x^2}dx=\int\frac{x\sqrt{x}+3x+3\sqrt{x}+1}{x^2}dx$

$\displaystyle=\int\left(x^{-\frac{1}{2}}+3x^{-\frac{3}{2}}+x^{-2}+\frac{3}{x}\right)dx$

$=2x^{\frac{1}{2}}-6x^{-\frac{1}{2}}-x^{-1}+3\log|x|+C$

$\displaystyle=\mathbf{2\sqrt{x}-\frac{6}{\sqrt{x}}-\frac{1}{x}+3\log x+C}$

◀ $\sqrt{x}$ を含むから $x\geqq0$ であり，分母が x であるから $x\neq0$ である。よって $x>0$

◀ $x>0$ より $\log|x|=\log x$

(2) $\displaystyle\int\left(\frac{1}{1-\sin x}+\frac{1}{1+\sin x}\right)dx=\int\frac{1+\sin x+1-\sin x}{(1-\sin x)(1+\sin x)}dx$

$\displaystyle=\int\frac{2}{1-\sin^2 x}dx$

$\displaystyle=\int\frac{2}{\cos^2 x}dx=\mathbf{2\tan x+C}$

◀ $\displaystyle\int\frac{1}{\cos^2 x}dx=\tan x+C$

(3) $\displaystyle\int\frac{dx}{1-2x}=\left(-\frac{1}{2}\right)\cdot\log|1-2x|+C$

$\displaystyle=\mathbf{-\frac{1}{2}\log|1-2x|+C}$

◀ $\displaystyle\int\frac{dt}{t}=\log|t|+C$

2 次の不定積分を求めよ。

(1) $\displaystyle\int\frac{x}{\sqrt{x+1}+1}dx$　　(2) $\displaystyle\int\frac{x}{\sqrt{7x^2+1}}dx$

(3) $\displaystyle\int\frac{2^x}{2^x+1}dx$

(1) $\sqrt{x+1}=t$ とおくと，$x=t^2-1$ であり　$\dfrac{dx}{dt}=2t$

$\displaystyle\int\frac{x}{\sqrt{x+1}+1}dx=\int\frac{t^2-1}{t+1}\cdot 2t\,dt$

$\displaystyle=2\int\frac{t(t+1)(t-1)}{t+1}dt=2\int t(t-1)dt$

$\displaystyle=2\int(t^2-t)dt=\frac{2}{3}t^3-t^2+C_1$

$\displaystyle=\mathbf{\frac{2}{3}(x+1)\sqrt{x+1}-x+C}$

◀ $\dfrac{dx}{dt}=2t$ より $dx=2t\,dt$

◀ $-1+C_1$ をあらためて C とおく。

(2) $\displaystyle\int\frac{x}{\sqrt{7x^2+1}}dx=\frac{1}{14}\int\frac{14x}{\sqrt{7x^2+1}}dx$

$\displaystyle=\frac{1}{14}\int(7x^2+1)^{-\frac{1}{2}}(7x^2+1)'dx$

◀ $\displaystyle\int f(g(x))g'(x)dx$ の形であることを見抜く。$7x^2+1=t$ などとおいて置換積分法を用いてもよい。

$$= \frac{1}{14}\cdot 2(7x^2+1)^{\frac{1}{2}}+C$$

$$= \boldsymbol{\frac{1}{7}\sqrt{7x^2+1}+C}$$

(3) $(2^x+1)'=2^x\log 2$ より，$2^x=\dfrac{1}{\log 2}(2^x+1)'$ であるから

$$\int \frac{2^x}{2^x+1}dx = \frac{1}{\log 2}\int \frac{(2^x+1)'}{2^x+1}dx$$

$$= \frac{1}{\log 2}\log|2^x+1|+C = \boldsymbol{\frac{1}{\log 2}\log(2^x+1)+C}$$

◀すべての x について $2^x>0$ であるから $2^x+1>0$

3 (1) $\dfrac{x^2+5}{(x+1)^2(x-2)}=\dfrac{a}{(x+1)^2}+\dfrac{b}{x+1}+\dfrac{c}{x-2}$ を満たす定数 a，b，c の値を求めよ。

(2) 不定積分 $\displaystyle\int \frac{x^2+5}{(x+1)^2(x-2)}dx$ を求めよ。

(1) 与えられた等式の両辺に $(x+1)^2(x-2)$ を掛けると

$$x^2+5=a(x-2)+b(x+1)(x-2)+c(x+1)^2$$

$$=(b+c)x^2+(a-b+2c)x-2a-2b+c$$

係数を比較すると

$$b+c=1,\ a-b+2c=0,\ -2a-2b+c=5$$

これを解くと　$\boldsymbol{a=-2,\ b=0,\ c=1}$

(2) (1) より

$$\int \frac{x^2+5}{(x+1)^2(x-2)}dx = \int\left\{\frac{-2}{(x+1)^2}+\frac{1}{x-2}\right\}dx$$

$$= \int\left\{-2(x+1)^{-2}+\frac{1}{x-2}\right\}dx$$

$$= 2(x+1)^{-1}+\log|x-2|+C$$

$$= \boldsymbol{\frac{2}{x+1}+\log|x-2|+C}$$

◀ $\displaystyle\int(ax+b)^n dx = \frac{1}{a}\cdot\frac{1}{n+1}(ax+b)^{n+1}+C$

4 次の不定積分を求めよ。

(1) $\displaystyle\int (x+1)^2\log x\,dx$　　(2) $\displaystyle\int e^{-x}\sin x\cos x\,dx$

(1) $\displaystyle\int (x+1)^2\log x\,dx = \int\left\{\frac{(x+1)^3}{3}\right\}'\log x\,dx$

◀部分積分法を用いる。

$$= \frac{(x+1)^3}{3}\log x-\int\frac{(x+1)^3}{3}\cdot\frac{1}{x}dx$$

$$= \frac{(x+1)^3}{3}\log x-\int\left(\frac{x^2}{3}+x+1+\frac{1}{3x}\right)dx$$

$$= \boldsymbol{\frac{(x+1)^3}{3}\log x-\frac{x^3}{9}-\frac{x^2}{2}-x-\frac{1}{3}\log x+C}$$

◀ $x>0$

(2) $\displaystyle\int e^{-x}\sin x\cos x\,dx = \frac{1}{2}\int e^{-x}\sin 2x\,dx$

$I=\displaystyle\int e^{-x}\sin 2x\,dx$ とおくと

$$I=\int(-e^{-x})'\sin 2x\,dx$$
$$=-e^{-x}\sin 2x+\int e^{-x}\cdot(2\cos 2x)dx$$
$$=-e^{-x}\sin 2x+2\int(-e^{-x})'\cos 2x\,dx$$
$$=-e^{-x}\sin 2x+2\left\{-e^{-x}\cos 2x+\int e^{-x}(-2\sin 2x)dx\right\}$$
$$=-e^{-x}\sin 2x-2e^{-x}\cos 2x-4I$$

$5I=-e^{-x}(\sin 2x+2\cos 2x)$ より，積分定数を考えると

$$I=-\frac{1}{5}e^{-x}(\sin 2x+2\cos 2x)+C' \quad (C' \text{ は積分定数})$$

したがって

$$\int e^{-x}\sin x\cos x\,dx=\frac{1}{2}\left\{-\frac{1}{5}e^{-x}(\sin 2x+2\cos 2x)+C'\right\}$$
$$=-\frac{1}{10}e^{-x}(\sin 2x+2\cos 2x)+C$$

5 次の不定積分を求めよ。

(1) $\int\cos 4x\sin 2x\,dx$　　(2) $\int\frac{e^{2ax}}{e^{2ax}+3e^{ax}+2}dx$　ただし，$a\neq 0$

(1) $$\int\cos 4x\sin 2x\,dx=\int\frac{1}{2}\{\sin(4x+2x)-\sin(4x-2x)\}dx$$
$$=\frac{1}{2}\int(\sin 6x-\sin 2x)dx$$
$$=\frac{1}{2}\left(-\frac{1}{6}\cos 6x+\frac{1}{2}\cos 2x\right)+C$$
$$=-\frac{1}{12}\cos 6x+\frac{1}{4}\cos 2x+C$$

◀ $\cos\alpha\sin\beta=\frac{1}{2}\{\sin(\alpha+\beta)-\sin(\alpha-\beta)\}$

(2) $e^{ax}=t$ とおくと　$ae^{ax}=\frac{dt}{dx}$

◀ $e^{ax}dx=\frac{1}{a}dt$

$$\int\frac{e^{2ax}}{e^{2ax}+3e^{ax}+2}dx=\int\frac{e^{ax}}{(e^{ax})^2+3e^{ax}+2}\cdot e^{ax}dx$$
$$=\frac{1}{a}\int\frac{t}{t^2+3t+2}dt$$
$$=\frac{1}{a}\int\frac{t}{(t+1)(t+2)}dt$$
$$=\frac{1}{a}\int\left(\frac{2}{t+2}-\frac{1}{t+1}\right)dt$$
$$=\frac{1}{a}(2\log|t+2|-\log|t+1|)+C$$
$$=\frac{1}{a}\log\frac{(e^{ax}+2)^2}{e^{ax}+1}+C$$

◀ $\frac{t}{(t+1)(t+2)}=\frac{a}{t+1}+\frac{b}{t+2}$
より
$t=a(t+2)+b(t+$
これより　$a=-1,\ b=$

12 定積分

p.255 Quick Check 12

① (1) $\displaystyle\int_1^8 \frac{dx}{\sqrt[3]{x}} = \int_1^8 x^{-\frac{1}{3}}dx$

$\displaystyle= \left[\frac{3}{2}x^{\frac{2}{3}}\right]_1^8 = \frac{3}{2}\cdot 4 - \frac{3}{2}$

$\displaystyle= \boldsymbol{\frac{9}{2}}$

(2) $\displaystyle\int_1^2 \frac{x^3+x-2}{x}dx$

$\displaystyle= \int_1^2\left(x^2+1-\frac{2}{x}\right)dx$

$\displaystyle= \left[\frac{1}{3}x^3+x-2\log|x|\right]_1^2$

$\displaystyle= \left(\frac{8}{3}+2-2\log 2\right)-\left(\frac{1}{3}+1\right)$

$\displaystyle= \boldsymbol{\frac{10}{3}-2\log 2}$

(3) $\displaystyle\int_0^{\frac{\pi}{3}} \cos 2x\,dx$

$\displaystyle= \left[\frac{1}{2}\sin 2x\right]_0^{\frac{\pi}{3}}$

$\displaystyle= \frac{\sqrt{3}}{4}-0 = \boldsymbol{\frac{\sqrt{3}}{4}}$

(4) $\displaystyle\int_{-1}^1 (x^5+4x^3-x^2+1)dx$

$\displaystyle= 2\int_0^1(-x^2+1)dx$

$\displaystyle= 2\left[-\frac{1}{3}x^3+x\right]_0^1 = \boldsymbol{\frac{4}{3}}$

(5) $\displaystyle\int_{-\pi}^{\pi}(3\sin x+4\cos x)dx$

$\displaystyle= 2\int_0^{\pi}4\cos x\,dx = 8\Big[\sin x\Big]_0^{\pi} = \boldsymbol{0}$

② (1) $x-1=t$ とおくと，$x=t+1$ より

$\displaystyle\frac{dx}{dt}=1$

x と t の対応は右の表のようになるから

x	$0\to 1$
t	$-1\to 0$

$\displaystyle\int_0^1 x(x-1)^3dx = \int_{-1}^0(t+1)t^3dt$

$\displaystyle= \int_{-1}^0(t^4+t^3)dt$

$\displaystyle= \left[\frac{1}{5}t^5+\frac{1}{4}t^4\right]_{-1}^0$

$\displaystyle= -\left(-\frac{1}{5}+\frac{1}{4}\right) = \boldsymbol{-\frac{1}{20}}$

(2) $x+1=t$ とおくと，$x=t-1$ より

$\displaystyle\frac{dx}{dt}=1$

x と t の対応は右の表のようになるから

x	$0\to 1$
t	$1\to 2$

$\displaystyle\int_0^1 x\sqrt{x+1}\,dx$

$\displaystyle= \int_1^2(t-1)\sqrt{t}\,dt$

$\displaystyle= \int_1^2(t^{\frac{3}{2}}-t^{\frac{1}{2}})dt$

$\displaystyle= \left[\frac{2}{5}t^{\frac{5}{2}}-\frac{2}{3}t^{\frac{3}{2}}\right]_1^2$

$\displaystyle= \left(\frac{2}{5}\cdot 2^{\frac{5}{2}}-\frac{2}{3}\cdot 2^{\frac{3}{2}}\right)-\left(\frac{2}{5}-\frac{2}{3}\right)$

$\displaystyle= \boldsymbol{\frac{4\sqrt{2}+4}{15}}$

(3) $2x=(x^2+1)'$ であるから，$u=x^2+1$ とおくと，x と u の対応は右の表のようになる。

x	$0\to 1$
u	$1\to 2$

よって

$\displaystyle\int_0^1 \frac{2x}{x^2+1}dx$

$\displaystyle= \int_0^1 \frac{1}{x^2+1}(x^2+1)'dx$

$\displaystyle= \int_1^2\frac{1}{u}du = \Big[\log|u|\Big]_1^2$

$= \boldsymbol{\log 2}$

③ $\displaystyle\int_0^{\pi} x\sin x\,dx = \int_0^{\pi} x(-\cos x)'dx$

$\displaystyle= \Big[-x\cos x\Big]_0^{\pi}+\int_0^{\pi}\cos x\,dx$

$\displaystyle= \pi+\Big[\sin x\Big]_0^{\pi} = \pi+0 = \boldsymbol{\pi}$

④ 両辺を x で微分すると

$\boldsymbol{f(x)=2x-3}$

与式に $x=a$ を代入すると

$\displaystyle\int_a^a f(t)dt = a^2-3a+2$

よって，$a^2-3a+2=0$ より

$\boldsymbol{a=1,\ 2}$

練習 143 次の定積分を求めよ。

(1) $\displaystyle\int_0^2 x^2\sqrt{x}\,dx$ (2) $\displaystyle\int_{-1}^2 3^{2x}\,dx$

(3) $\displaystyle\int_0^1 (3x-2)^4\,dx$ (4) $\displaystyle\int_{-\frac{\pi}{6}}^{\frac{\pi}{3}} \cos 2x\,dx$

(1) $\displaystyle\int_0^2 x^2\sqrt{x}\,dx=\int_0^2 x^{\frac{5}{2}}\,dx$

$\displaystyle=\left[\frac{2}{7}x^{\frac{7}{2}}\right]_0^2=\frac{2}{7}\left(2^{\frac{7}{2}}-0\right)=\boldsymbol{\frac{16\sqrt{2}}{7}}$

◀ $x^2\sqrt{x}=x^2\cdot x^{\frac{1}{2}}=x^{\frac{5}{2}}$

◀ $2^{\frac{7}{2}}=2^3\cdot 2^{\frac{1}{2}}=8\sqrt{2}$

(2) $\displaystyle\int_{-1}^2 3^{2x}\,dx=\int_{-1}^2 9^x\,dx=\left[\frac{9^x}{\log 9}\right]_{-1}^2$

$\displaystyle=\frac{1}{2\log 3}\left(81-\frac{1}{9}\right)=\boldsymbol{\frac{364}{9\log 3}}$

◀ $\displaystyle\int a^x\,dx=\frac{a^x}{\log a}+C$

◀ $\log 9=\log 3^2=2\log 3$

〔別解〕

$\displaystyle\int_{-1}^2 3^{2x}\,dx=\left[\frac{1}{2}\cdot\frac{3^{2x}}{\log 3}\right]_{-1}^2=\frac{1}{2\log 3}\left(81-\frac{1}{9}\right)=\frac{364}{9\log 3}$

(3) $\displaystyle\int_0^1 (3x-2)^4\,dx=\left[\frac{1}{3}\cdot\frac{1}{5}(3x-2)^5\right]_0^1$

$\displaystyle=\frac{1}{15}\{1-(-32)\}=\boldsymbol{\frac{11}{5}}$

◀ $\displaystyle\int (ax+b)^n\,dx$
$\displaystyle=\frac{1}{a}\cdot\frac{1}{n+1}(ax+b)^{n+1}+C$

(4) $\displaystyle\int_{-\frac{\pi}{6}}^{\frac{\pi}{3}} \cos 2x\,dx=\left[\frac{1}{2}\sin 2x\right]_{-\frac{\pi}{6}}^{\frac{\pi}{3}}$

$\displaystyle=\frac{1}{2}\left\{\frac{\sqrt{3}}{2}-\left(-\frac{\sqrt{3}}{2}\right)\right\}=\boldsymbol{\frac{\sqrt{3}}{2}}$

◀ $\displaystyle\int \cos 2x\,dx$
$\displaystyle=\frac{1}{2}\sin 2x+C$

練習 144 次の定積分を求めよ。

(1) $\displaystyle\int_1^8 \frac{(\sqrt[3]{x}-1)^3}{x}\,dx$ (2) $\displaystyle\int_0^1 \frac{2x-5}{x^2-5x+6}\,dx$ (3) $\displaystyle\int_0^1 \frac{dx}{x^2-5x+6}$

(1) $\displaystyle\int_1^8 \frac{(\sqrt[3]{x}-1)^3}{x}\,dx=\int_1^8 \frac{x-3\sqrt[3]{x^2}+3\sqrt[3]{x}-1}{x}\,dx$

$\displaystyle=\int_1^8\left(1-3x^{-\frac{1}{3}}+3x^{-\frac{2}{3}}-\frac{1}{x}\right)dx=\left[x-\frac{9}{2}x^{\frac{2}{3}}+9x^{\frac{1}{3}}-\log|x|\right]_1^8$

$\displaystyle=\left(8-\frac{9}{2}\cdot 8^{\frac{2}{3}}+9\cdot 8^{\frac{1}{3}}-\log 8\right)-\left(1-\frac{9}{2}+9-\log 1\right)$

$\displaystyle=\boldsymbol{\frac{5}{2}-3\log 2}$

◀ $\sqrt[3]{x^2}=x^{\frac{2}{3}}$, $\sqrt[3]{x}=x^{\frac{1}{3}}$
である。

◀ $\displaystyle(8-1)-\frac{9}{2}\left(8^{\frac{2}{3}}-1\right)$
$+9\left(8^{\frac{1}{3}}-1\right)-(\log 8-\log$
と計算してもよい。

(2) $\displaystyle\int_0^1 \frac{2x-5}{x^2-5x+6}\,dx=\int_0^1 \frac{(x^2-5x+6)'}{x^2-5x+6}\,dx$

$\displaystyle=\Big[\log|x^2-5x+6|\Big]_0^1$

$=\log 2-\log 6=\boldsymbol{-\log 3}$

◀ $\displaystyle\int \frac{f'(x)}{f(x)}\,dx=\log|f(x)|+$

$\displaystyle\log 2-\log 6=\log\frac{2}{6}$

◀ $\displaystyle=\log\frac{1}{3}=-\log 3$

(3) $\displaystyle\int_0^1 \frac{dx}{x^2-5x+6}=\int_0^1 \frac{1}{(x-2)(x-3)}\,dx=\int_0^1\left(\frac{1}{x-3}-\frac{1}{x-2}\right)dx$

◀ 部分分数に分解する。

$$= \left[\log|x-3| - \log|x-2|\right]_0^1$$

$$= \left[\log\left|\frac{x-3}{x-2}\right|\right]_0^1 = \log 2 - \log\frac{3}{2} = \mathbf{\log\frac{4}{3}}$$

練習 145 次の定積分を求めよ。

(1) $\int_0^{\frac{\pi}{2}} \sin^2 x\,dx$　(2) $\int_0^{\frac{\pi}{2}} \sin 2x \cos x\,dx$　(3) $\int_0^{\frac{\pi}{4}} \tan^2 x\,dx$

(1) $\int_0^{\frac{\pi}{2}} \sin^2 x\,dx = \int_0^{\frac{\pi}{2}} \frac{1-\cos 2x}{2}dx$

$$= \frac{1}{2}\left[x - \frac{1}{2}\sin 2x\right]_0^{\frac{\pi}{2}} = \frac{1}{2}\cdot\frac{\pi}{2} = \boldsymbol{\frac{\pi}{4}}$$

◀半角の公式 $\sin^2\frac{x}{2} = \frac{1-\cos x}{2}$

(2) $\int_0^{\frac{\pi}{2}} \sin 2x\cos x\,dx = \frac{1}{2}\int_0^{\frac{\pi}{2}}(\sin 3x + \sin x)dx$

$$= \frac{1}{2}\left[-\frac{1}{3}\cos 3x - \cos x\right]_0^{\frac{\pi}{2}}$$

$$= \frac{1}{2}\left\{-\left(-\frac{1}{3}-1\right)\right\} = \boldsymbol{\frac{2}{3}}$$

◀ $\sin\alpha\cos\beta = \frac{1}{2}\{\sin(\alpha+\beta) + \sin(\alpha-\beta)\}$

(3) $\int_0^{\frac{\pi}{4}} \tan^2 x\,dx = \int_0^{\frac{\pi}{4}} \frac{\sin^2 x}{\cos^2 x}dx = \int_0^{\frac{\pi}{4}} \frac{1-\cos^2 x}{\cos^2 x}dx$

$$= \int_0^{\frac{\pi}{4}}\left(\frac{1}{\cos^2 x} - 1\right)dx = \left[\tan x - x\right]_0^{\frac{\pi}{4}}$$

$$= \left(1 - \frac{\pi}{4}\right) - 0 = \boldsymbol{1 - \frac{\pi}{4}}$$

◀ $1 + \tan^2 x = \frac{1}{\cos^2 x}$ より $\tan^2 x = \frac{1}{\cos^2 x} - 1$ と変形してもよい。

◀ $\int \frac{dx}{\cos^2 x} = \tan x + C$

練習 146 次の定積分を求めよ。

(1) $\int_{-1}^{\log 2} e^{|x|}e^x\,dx$　(2) $\int_0^{\pi} |\sin x + \cos x|\,dx$

(1) $|x| = \begin{cases} x & (x \geqq 0) \\ -x & (x \leqq 0) \end{cases}$ より

$$\int_{-1}^{\log 2} e^{|x|}e^x\,dx = \int_{-1}^{0} e^{-x}\cdot e^x\,dx + \int_0^{\log 2} e^x\cdot e^x\,dx$$

$$= \int_{-1}^{0} dx + \int_0^{\log 2} e^{2x}\,dx = \left[x\right]_{-1}^{0} + \left[\frac{1}{2}e^{2x}\right]_0^{\log 2}$$

$$= 1 + \left(\frac{1}{2}\cdot 4 - \frac{1}{2}\right) = \mathbf{\frac{5}{2}}$$

◀ $a^{\log_a M} = M$ より $e^{2\log 2} = e^{\log 4} = 4$

(2) $|\sin x + \cos x| = \left|\sqrt{2}\sin\left(x + \frac{\pi}{4}\right)\right|$

$$= \begin{cases} \sqrt{2}\sin\left(x + \frac{\pi}{4}\right) & \left(0 \leqq x \leqq \frac{3}{4}\pi\right) \\ -\sqrt{2}\sin\left(x + \frac{\pi}{4}\right) & \left(\frac{3}{4}\pi \leqq x \leqq \pi\right) \end{cases}$$

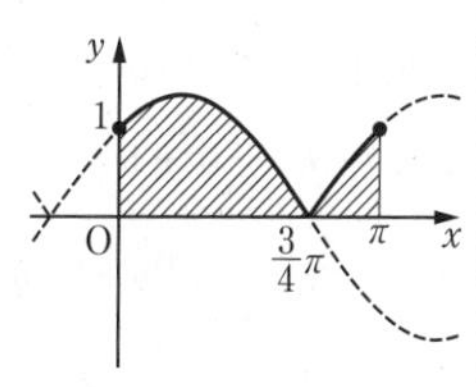

よって

◀ $\sin x + \cos x = \sin x - (-\cos x)$ と考えて，$y = \sin x$, $y = -\cos x$ のグラフをかいて，考えてもよい。

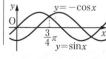

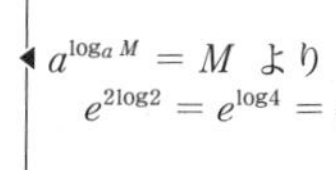

$$\int_0^{\pi} |\sin x + \cos x|\, dx$$
$$= \int_0^{\frac{3}{4}\pi} \sqrt{2}\sin\left(x+\frac{\pi}{4}\right)dx - \int_{\frac{3}{4}\pi}^{\pi} \sqrt{2}\sin\left(x+\frac{\pi}{4}\right)dx$$
$$= -\sqrt{2}\left[\cos\left(x+\frac{\pi}{4}\right)\right]_0^{\frac{3}{4}\pi} + \sqrt{2}\left[\cos\left(x+\frac{\pi}{4}\right)\right]_{\frac{3}{4}\pi}^{\pi}$$
$$= -\sqrt{2}\left(-1-\frac{1}{\sqrt{2}}\right) + \sqrt{2}\left\{-\frac{1}{\sqrt{2}}-(-1)\right\} = 2\sqrt{2}$$

練習 147 次の定積分を求めよ。

(1) $\displaystyle\int_1^2 (x-1)(x-2)^3 dx$　(2) $\displaystyle\int_{\frac{1}{2}}^1 x\sqrt{2x-1}\,dx$　(3) $\displaystyle\int_1^e \frac{(\log x)^2}{x}dx$

(1) $x-2=t$ とおくと，

$x=t+2$ となり　$\dfrac{dx}{dt}=1$

x	$1 \to 2$
t	$-1 \to 0$

◀ $dx = dt$

x と t の対応は右の表のようになるから

◀ 部分積分法を用いても計算することができる。

$$\int_1^2 (x-1)(x-2)^3 dx = \int_{-1}^0 (t+1)t^3 dt$$
$$= \int_{-1}^0 (t^4+t^3)dt$$
$$= \left[\frac{t^5}{5}+\frac{t^4}{4}\right]_{-1}^0 = -\frac{1}{20}$$

(2) $\sqrt{2x-1}=t$ とおくと，

$x=\dfrac{1}{2}(t^2+1)$ となり　$\dfrac{dx}{dt}=t$

x	$\frac{1}{2} \to 1$
t	$0 \to 1$

◀ $dx = t\,dt$

x と t の対応は右の表のようになるから

$$\int_{\frac{1}{2}}^1 x\sqrt{2x-1}\,dx = \int_0^1 \frac{1}{2}(t^2+1)t\cdot t\,dt$$
$$= \frac{1}{2}\int_0^1 (t^4+t^2)dt$$
$$= \frac{1}{2}\left[\frac{1}{5}t^5+\frac{1}{3}t^3\right]_0^1$$
$$= \frac{1}{2}\left(\frac{1}{5}+\frac{1}{3}\right) = \frac{4}{15}$$

〔別解〕

$2x-1=t$ とおくと，

$x=\dfrac{1}{2}(t+1)$ となり　$\dfrac{dx}{dt}=\dfrac{1}{2}$

x	$\frac{1}{2} \to 1$
t	$0 \to 1$

◀ $\dfrac{dx}{dt}=\dfrac{1}{2}$ より $dx=\dfrac{1}{2}dt$

x と t の対応は右の表のようになるから

$$\int_{\frac{1}{2}}^1 x\sqrt{2x-1}\,dx = \int_0^1 \frac{1}{2}(t+1)\sqrt{t}\cdot\frac{1}{2}dt$$
$$= \frac{1}{4}\int_0^1 \left(t^{\frac{3}{2}}+t^{\frac{1}{2}}\right)dt$$
$$= \frac{1}{4}\left[\frac{2}{5}t^{\frac{5}{2}}+\frac{2}{3}t^{\frac{3}{2}}\right]_0^1$$

$$= \frac{1}{4}\left(\frac{2}{5} + \frac{2}{3}\right) = \frac{4}{15}$$

(3) $\log x = t$ とおくと　$\frac{1}{x} = \frac{dt}{dx}$

◀ $\frac{1}{x}dx = dt$

x と t の対応は右の表のようになるから

x	$1 \to e$
t	$0 \to 1$

$$\int_1^e \frac{(\log x)^2}{x}dx = \int_0^1 t^2 dt = \left[\frac{t^3}{3}\right]_0^1 = \mathbf{\frac{1}{3}}$$

練習 148 次の定積分を求めよ。

(1) $\displaystyle\int_0^{\sqrt{3}} \sqrt{3 - x^2}\,dx$　　(2) $\displaystyle\int_2^4 \sqrt{16 - x^2}\,dx$　　(3) $\displaystyle\int_{-\sqrt{3}}^1 \frac{dx}{\sqrt{4 - x^2}}$

(1) $x = \sqrt{3}\sin\theta$ とおくと　$\frac{dx}{d\theta} = \sqrt{3}\cos\theta$

◀ $dx = \sqrt{3}\cos\theta\, d\theta$

x と θ の対応は右の表のようになるから

x	$0 \to \sqrt{3}$
θ	$0 \to \frac{\pi}{2}$

◀ $x = \sqrt{3}$ のとき
$\sqrt{3} = \sqrt{3}\sin\theta$
$\sin\theta = 1$ より　$\theta = \frac{\pi}{2}$

$$\int_0^{\sqrt{3}} \sqrt{3 - x^2}\,dx = \int_0^{\frac{\pi}{2}} \sqrt{3 - 3\sin^2\theta} \cdot \sqrt{3}\cos\theta\, d\theta$$

$$= \int_0^{\frac{\pi}{2}} \sqrt{3}\sqrt{1 - \sin^2\theta} \cdot \sqrt{3}\cos\theta\, d\theta$$

$$= 3\int_0^{\frac{\pi}{2}} |\cos\theta| \cdot \cos\theta\, d\theta$$

◀ $\sqrt{1 - \sin^2\theta} = \sqrt{\cos^2\theta} = |\cos\theta|$

$$= 3\int_0^{\frac{\pi}{2}} \cos^2\theta\, d\theta = 3\int_0^{\frac{\pi}{2}} \frac{1 + \cos 2\theta}{2} d\theta$$

$0 \leqq \theta \leqq \frac{\pi}{2}$ のとき
$\cos\theta \geqq 0$
よって　$|\cos\theta| = \cos\theta$

$$= \frac{3}{2}\left[\theta + \frac{1}{2}\sin 2\theta\right]_0^{\frac{\pi}{2}} = \mathbf{\frac{3}{4}\pi}$$

〔別解〕

$y = \sqrt{3 - x^2}$ のグラフは，円 $x^2 + y^2 = 3$ の $y \geqq 0$ の部分である。

よって，$\displaystyle\int_0^{\sqrt{3}} \sqrt{3 - x^2}\,dx$ の値は右の図の斜線部分の面積に等しいから

$$\int_0^{\sqrt{3}} \sqrt{3 - x^2}\,dx = \pi \cdot (\sqrt{3})^2 \cdot \frac{1}{4} = \frac{3}{4}\pi$$

◀ $y = \sqrt{3 - x^2}$ より $y \geqq 0$ であり，両辺を2乗すると
$y^2 = 3 - x^2$
よって　$x^2 + y^2 = 3$
$y \geqq 0$ より，
円 $x^2 + y^2 = 3$ の上半分となる。

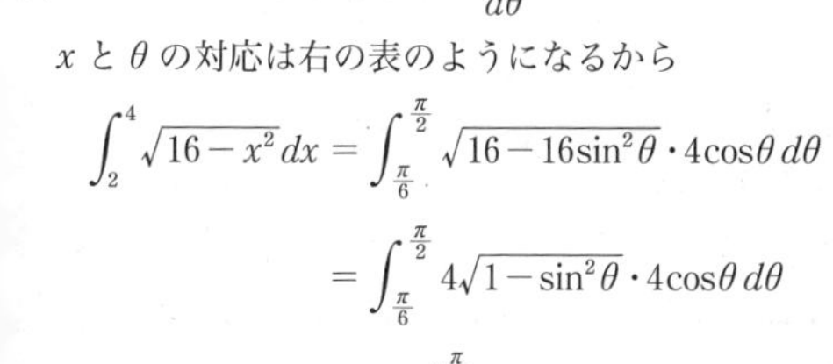

(2) $x = 4\sin\theta$ とおくと　$\frac{dx}{d\theta} = 4\cos\theta$

◀ $dx = 4\cos\theta\, d\theta$

x と θ の対応は右の表のようになるから

x	$2 \to 4$
θ	$\frac{\pi}{6} \to \frac{\pi}{2}$

◀ $x = 2$ のとき
$\sin\theta = \frac{1}{2}$ より　$\theta = \frac{\pi}{6}$
$x = 4$ のとき
$\sin\theta = 1$ より　$\theta = \frac{\pi}{2}$

$$\int_2^4 \sqrt{16 - x^2}\,dx = \int_{\frac{\pi}{6}}^{\frac{\pi}{2}} \sqrt{16 - 16\sin^2\theta} \cdot 4\cos\theta\, d\theta$$

$$= \int_{\frac{\pi}{6}}^{\frac{\pi}{2}} 4\sqrt{1 - \sin^2\theta} \cdot 4\cos\theta\, d\theta$$

$$= 16\int_{\frac{\pi}{6}}^{\frac{\pi}{2}} |\cos\theta| \cdot \cos\theta\, d\theta = 16\int_{\frac{\pi}{6}}^{\frac{\pi}{2}} \cos^2\theta\, d\theta$$

◀ $\frac{\pi}{6} \leqq \theta \leqq \frac{\pi}{2}$ のとき
$\cos\theta \geqq 0$
よって　$|\cos\theta| = \cos\theta$

$$= 16\int_{\frac{\pi}{6}}^{\frac{\pi}{2}} \frac{1 + \cos 2\theta}{2} d\theta = 8\left[\theta + \frac{1}{2}\sin 2\theta\right]_{\frac{\pi}{6}}^{\frac{\pi}{2}}$$

$$= 8\left\{\frac{\pi}{2} - \left(\frac{\pi}{6} + \frac{\sqrt{3}}{4}\right)\right\} = \frac{8}{3}\pi - 2\sqrt{3}$$

〔別解〕

$y = \sqrt{16 - x^2}$ のグラフは，円 $x^2 + y^2 = 16$ の $y \geqq 0$ の部分である。

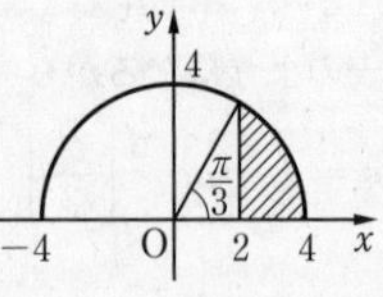

よって，$\int_2^4 \sqrt{16 - x^2}\,dx$ の値は右の図の斜線部分の面積に等しいから

$$\int_2^4 \sqrt{16 - x^2}\,dx = \frac{1}{2}\cdot 4^2 \cdot \frac{\pi}{3} - \frac{1}{2}\cdot 2 \cdot 2\sqrt{3}$$

$$= \frac{8}{3}\pi - 2\sqrt{3}$$

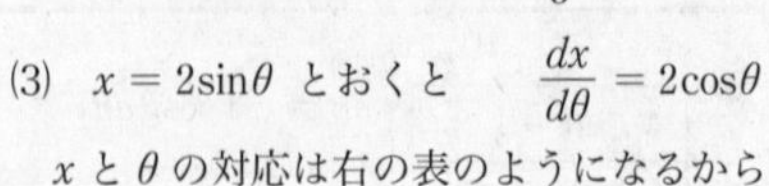

◀ 半径 r，中心角 θ の扇形の面積は $\frac{1}{2}r^2\theta$

(3)　$x = 2\sin\theta$ とおくと　$\frac{dx}{d\theta} = 2\cos\theta$

◀ $dx = 2\cos\theta\,d\theta$

x と θ の対応は右の表のようになるから

x	$-\sqrt{3} \to 1$
θ	$-\frac{\pi}{3} \to \frac{\pi}{6}$

◀ $x = -\sqrt{3}$ のとき $\sin\theta = -\frac{\sqrt{3}}{2}$ より $\theta = -\frac{\pi}{3}$
$x = 1$ のとき $\sin\theta = \frac{1}{2}$ より $\theta = \frac{\pi}{6}$

$$\int_{-\sqrt{3}}^{1} \frac{dx}{\sqrt{4 - x^2}} = \int_{-\frac{\pi}{3}}^{\frac{\pi}{6}} \frac{2\cos\theta}{\sqrt{4 - 4\sin^2\theta}}\,d\theta$$

$$= \int_{-\frac{\pi}{3}}^{\frac{\pi}{6}} \frac{2\cos\theta}{2\sqrt{1 - \sin^2\theta}}\,d\theta = \int_{-\frac{\pi}{3}}^{\frac{\pi}{6}} \frac{\cos\theta}{|\cos\theta|}\,d\theta$$

$$= \int_{-\frac{\pi}{3}}^{\frac{\pi}{6}} d\theta = \Big[\theta\Big]_{-\frac{\pi}{3}}^{\frac{\pi}{6}} = \boldsymbol{\frac{\pi}{2}}$$

Plus One

練習 148 (1) において，$x = \sqrt{3}\sin\theta$ と置換して，x と θ の対応を考えるとき，$x = \sqrt{3}$ となる θ の値は $\theta = \cdots,\ -\frac{3}{2}\pi,\ \frac{\pi}{2},\ \frac{5}{2}\pi,\ \frac{9}{2}\pi,\ \cdots$ と無数に存在するが，計算が簡単になるような区間 $\theta : 0 \to \frac{\pi}{2}$ にするとよい。例えば，右の表のように対応を考えてもよいが，絶対値記号の外し方に注意が必要になる。

x	$0 \to \sqrt{3}$
θ	$0 \to \frac{5}{2}\pi$

$$\int_0^{\sqrt{3}} \sqrt{3 - x^2}\,dx = 3\int_0^{\frac{5}{2}\pi} |\cos\theta|\cos\theta\,d\theta$$

$$= 3\left\{\int_0^{\frac{\pi}{2}} \cos^2\theta\,d\theta + \int_{\frac{\pi}{2}}^{\frac{3}{2}\pi} (-\cos^2\theta)\,d\theta + \int_{\frac{3}{2}\pi}^{\frac{5}{2}\pi} \cos^2\theta\,d\theta\right\}$$

◀ $|\cos\theta| = \begin{cases} \cos\theta & \left(0 \leqq \theta \leqq \frac{\pi}{2},\ \frac{3}{2}\pi \leqq \theta \leqq \frac{5}{2}\pi\right) \\ -\cos\theta & \left(\frac{\pi}{2} \leqq \theta \leqq \frac{3}{2}\pi\right) \end{cases}$

$$= 3\left\{\left[\frac{\theta}{2} + \frac{\sin 2\theta}{4}\right]_0^{\frac{\pi}{2}} - \left[\frac{\theta}{2} + \frac{\sin 2\theta}{4}\right]_{\frac{\pi}{2}}^{\frac{3}{2}\pi} + \left[\frac{\theta}{2} + \frac{\sin 2\theta}{4}\right]_{\frac{3}{2}\pi}^{\frac{5}{2}\pi}\right\}$$

$$= 3\left\{\left(\frac{\pi}{4} - 0\right) - \left(\frac{3}{4}\pi - \frac{\pi}{4}\right) + \left(\frac{5}{4}\pi - \frac{3}{4}\pi\right)\right\} = \frac{3}{4}\pi$$

練習 149 次の定積分を求めよ。

(1)　$\int_{-2}^{2} \frac{dx}{x^2 + 4}$　　　(2)　$\int_0^{\sqrt{6}} \frac{dx}{\sqrt{x^2 + 2}}$

(1) $x=2\tan\theta\left(-\dfrac{\pi}{2}<\theta<\dfrac{\pi}{2}\right)$ とおくと

$$\frac{dx}{d\theta}=\frac{2}{\cos^2\theta}$$

x	$-2 \to 2$
θ	$-\dfrac{\pi}{4} \to \dfrac{\pi}{4}$

◀ $dx=\dfrac{2}{\cos^2\theta}d\theta$

x と θ の対応は右の表のようになるから

◀ $x=2$ のとき

$1=\tan\theta$ より　$\theta=\dfrac{\pi}{4}$

$$\int_{-2}^{2}\frac{dx}{x^2+4}=\int_{-\frac{\pi}{4}}^{\frac{\pi}{4}}\frac{1}{4\tan^2\theta+4}\cdot\frac{2}{\cos^2\theta}d\theta$$

$$=\frac{1}{2}\int_{-\frac{\pi}{4}}^{\frac{\pi}{4}}\frac{1}{\tan^2\theta+1}\cdot\frac{1}{\cos^2\theta}d\theta$$

$$=\frac{1}{2}\int_{-\frac{\pi}{4}}^{\frac{\pi}{4}}d\theta=\frac{1}{2}\Big[\theta\Big]_{-\frac{\pi}{4}}^{\frac{\pi}{4}}=\boldsymbol{\frac{\pi}{4}}$$

(2) $x=\sqrt{2}\tan\theta\left(-\dfrac{\pi}{2}<\theta<\dfrac{\pi}{2}\right)$ とおくと

$$\frac{dx}{d\theta}=\frac{\sqrt{2}}{\cos^2\theta}$$

x	$0 \to \sqrt{6}$
θ	$0 \to \dfrac{\pi}{3}$

◀ $dx=\dfrac{\sqrt{2}}{\cos^2\theta}d\theta$

x と θ の対応は右の表のようになるから

◀ $x=\sqrt{6}$ のとき

$\tan\theta=\sqrt{3}$ より $\theta=\dfrac{\pi}{3}$

$$\int_{0}^{\sqrt{6}}\frac{dx}{\sqrt{x^2+2}}=\int_{0}^{\frac{\pi}{3}}\frac{1}{\sqrt{2\tan^2\theta+2}}\cdot\frac{\sqrt{2}}{\cos^2\theta}d\theta$$

$$=\int_{0}^{\frac{\pi}{3}}\frac{1}{\sqrt{2}\sqrt{\tan^2\theta+1}}\cdot\frac{\sqrt{2}}{\cos^2\theta}d\theta$$

$$=\int_{0}^{\frac{\pi}{3}}|\cos\theta|\cdot\frac{1}{\cos^2\theta}d\theta$$

◀ $0\leqq\theta\leqq\dfrac{\pi}{3}$ のとき

$\cos\theta>0$

よって　$|\cos\theta|=\cos\theta$

$$=\int_{0}^{\frac{\pi}{3}}\frac{\cos\theta}{\cos^2\theta}d\theta=\int_{0}^{\frac{\pi}{3}}\frac{\cos\theta}{1-\sin^2\theta}d\theta$$

$$=\frac{1}{2}\int_{0}^{\frac{\pi}{3}}\left(\frac{\cos\theta}{1-\sin\theta}+\frac{\cos\theta}{1+\sin\theta}\right)d\theta$$

◀ $\dfrac{\cos\theta}{1-\sin\theta}=-\dfrac{(1-\sin\theta)'}{1-\sin\theta}$

$\dfrac{\cos\theta}{1+\sin\theta}=\dfrac{(1+\sin\theta)'}{1+\sin\theta}$

$$=\frac{1}{2}\Big[-\log|1-\sin\theta|+\log|1+\sin\theta|\Big]_{0}^{\frac{\pi}{3}}$$

$$=\frac{1}{2}\left[\log\left|\frac{1+\sin\theta}{1-\sin\theta}\right|\right]_{0}^{\frac{\pi}{3}}=\frac{1}{2}\log\frac{2+\sqrt{3}}{2-\sqrt{3}}$$

$$=\frac{1}{2}\log\frac{(2+\sqrt{3})^2}{(2-\sqrt{3})(2+\sqrt{3})}=\frac{1}{2}\cdot2\log(2+\sqrt{3})$$

$$=\boldsymbol{\log(2+\sqrt{3})}$$

〔別解〕

$t=x+\sqrt{x^2+2}$ とおくと

$$\frac{dt}{dx}=1+\frac{x}{\sqrt{x^2+2}}=\frac{\sqrt{x^2+2}+x}{\sqrt{x^2+2}}=\frac{t}{\sqrt{x^2+2}}$$

◀ 分子に再び t が現れる。

$\dfrac{dt}{dx}=\dfrac{t}{\sqrt{x^2+2}}$ より

$\dfrac{dx}{\sqrt{x^2+2}}=\dfrac{dt}{t}$

x と t の対応は右のようになるから

x	$0 \to \sqrt{6}$
t	$\sqrt{2} \to 2\sqrt{2}+\sqrt{6}$

$$\int_{0}^{\sqrt{6}}\frac{dx}{\sqrt{x^2+2}}=\int_{\sqrt{2}}^{2\sqrt{2}+\sqrt{6}}\frac{dt}{t}$$

$$=\Big[\log|t|\Big]_{\sqrt{2}}^{2\sqrt{2}+\sqrt{6}}$$

$$= \log\frac{2\sqrt{2}+\sqrt{6}}{\sqrt{2}}$$
$$= \log(2+\sqrt{3})$$

Plus One

$x = a\tan\theta$ と置き換えるとき，$\theta: -\dfrac{\pi}{4} \to \dfrac{5}{4}\pi$ としてはいけない。これは，$\tan\theta$ が $\theta = \dfrac{\pi}{2}$ で連続でないからである。$x = a\tan\theta$ と置き換えるときは $-\dfrac{\pi}{2} < \theta < \dfrac{\pi}{2}$ の範囲で考えるようにする。
練習 148 の **Plus One** のように，$x = a\sin\theta$ と置き換える場合には θ の範囲をどのようにとっても積分の値は一致したが，これは $\sin\theta$ が実数全体で連続な関数だからである。

練習 150 次の定積分を求めよ。

(1) $\displaystyle\int_{-1}^{1}(x^2+x)(x-3)dx$　(2) $\displaystyle\int_{-\frac{\pi}{2}}^{\frac{\pi}{2}} x^2\sin x\,dx$　(3) $\displaystyle\int_{-\frac{\pi}{3}}^{\frac{\pi}{3}} \cos x(\sin x-\cos x)dx$

(1) $\displaystyle\int_{-1}^{1}(x^2+x)(x-3)dx = \int_{-1}^{1}(x^3-2x^2-3x)dx$

x^2 は偶関数，x^3，x は奇関数であるから

$$\int_{-1}^{1}(x^3-2x^2-3x)dx = 2\int_{0}^{1}(-2x^2)dx = 2\left[-\frac{2}{3}x^3\right]_0^1 = -\frac{4}{3}$$

◀ $(-x)^2 = x^2$
$(-x)^3 = -x^3$
$(-x) = -x$

(2) $f(x) = x^2\sin x$ とおくと

$$f(-x) = (-x)^2\sin(-x) = -x^2\sin x = -f(x)$$

よって，$f(x) = x^2\sin x$ は奇関数である。

ゆえに　$\displaystyle\int_{-\frac{\pi}{2}}^{\frac{\pi}{2}} x^2\sin x\,dx = \mathbf{0}$

◀ x^2 は偶関数，$\sin x$ は奇関数であり，(偶関数)×(奇関数)＝(奇関数) であるから，$x^2\sin x$ は奇関数であると考えてもよい。(問題 150 参照)

(3) $\displaystyle\int_{-\frac{\pi}{3}}^{\frac{\pi}{3}} \cos x(\sin x-\cos x)dx = \int_{-\frac{\pi}{3}}^{\frac{\pi}{3}}(\sin x\cos x-\cos^2 x)dx$

$\sin x\cos x = \dfrac{1}{2}\sin 2x$ であり，$\sin 2x$ は奇関数，$\cos^2 x$ は偶関数であるから

◀ $f(x) = \sin 2x$,
$g(x) = \cos^2 x$ とすると
$f(-x) = \sin(-2x)$
$= -\sin 2x$
$= -f(x)$
$g(-x) = \cos^2(-x)$
$= \cos^2 x = g(x)$

$$\int_{-\frac{\pi}{3}}^{\frac{\pi}{3}}(\sin x\cos x-\cos^2 x)dx = 2\int_{0}^{\frac{\pi}{3}}(-\cos^2 x)dx$$
$$= -\int_{0}^{\frac{\pi}{3}}(1+\cos 2x)dx$$
$$= -\left[x+\frac{1}{2}\sin 2x\right]_0^{\frac{\pi}{3}}$$
$$= -\boldsymbol{\frac{\pi}{3}-\frac{\sqrt{3}}{4}}$$

練習 151 次の定積分を求めよ。

(1) $\displaystyle\int_0^{\frac{\pi}{2}} x\cos x\,dx$　　(2) $\displaystyle\int_0^1 xe^{-x}dx$

(3) $\displaystyle\int_1^e x\log x\,dx$　　(4) $\displaystyle\int_0^{\pi} x\cos^2 x\,dx$

(1) $\displaystyle\int_0^{\frac{\pi}{2}} x\cos x\,dx = \int_0^{\frac{\pi}{2}} x(\sin x)'dx$

$\displaystyle= \Big[x\sin x\Big]_0^{\frac{\pi}{2}} - \int_0^{\frac{\pi}{2}} \sin x\,dx = \frac{\pi}{2} + \Big[\cos x\Big]_0^{\frac{\pi}{2}}$

$\displaystyle= \frac{\pi}{2} + (-1) = \boldsymbol{\frac{\pi}{2} - 1}$

◀ $\displaystyle\int x\cos x\,dx$
$= x\sin x + \cos x + C$

(2) $\displaystyle\int_0^1 xe^{-x}dx = \int_0^1 x(-e^{-x})'dx$

$\displaystyle= -\Big[xe^{-x}\Big]_0^1 + \int_0^1 e^{-x}dx = -\frac{1}{e} + \Big[-e^{-x}\Big]_0^1$

$\displaystyle= -\frac{1}{e} + \left\{-\frac{1}{e} - (-1)\right\} = \boldsymbol{1 - \frac{2}{e}}$

◀ $\displaystyle\int xe^{-x}dx$
$= -xe^{-x} - e^{-x} + C$

(3) $\displaystyle\int_1^e x\log x\,dx = \int_1^e \left(\frac{1}{2}x^2\right)'\log x\,dx$

$\displaystyle= \frac{1}{2}\Big[x^2\log x\Big]_1^e - \frac{1}{2}\int_1^e x^2 \cdot \frac{1}{x}dx$

$\displaystyle= \frac{1}{2}(e^2\log e - \log 1) - \frac{1}{2}\int_1^e x\,dx$

$\displaystyle= \frac{e^2}{2} - \frac{1}{4}\Big[x^2\Big]_1^e$

$\displaystyle= \frac{e^2}{2} - \frac{1}{4}(e^2 - 1) = \boldsymbol{\frac{e^2}{4} + \frac{1}{4}}$

◀ $\displaystyle\int x\log x\,dx$
$\displaystyle= \frac{1}{2}x^2\log x - \frac{1}{4}x^2 + C$

(4) $\displaystyle\int_0^{\pi} x\cos^2 x\,dx = \int_0^{\pi} x \cdot \frac{1+\cos 2x}{2}dx$

$\displaystyle= \frac{1}{2}\int_0^{\pi} x\,dx + \frac{1}{2}\int_0^{\pi} x\cos 2x\,dx$

$\displaystyle= \frac{1}{2}\left[\frac{1}{2}x^2\right]_0^{\pi} + \frac{1}{2}\int_0^{\pi} x\left(\frac{1}{2}\sin 2x\right)'dx$

$\displaystyle= \frac{\pi^2}{4} + \frac{1}{2}\left(\left[\frac{1}{2}x\sin 2x\right]_0^{\pi} - \frac{1}{2}\int_0^{\pi}\sin 2x\,dx\right)$

$\displaystyle= \frac{\pi^2}{4} - \frac{1}{4}\left[-\frac{1}{2}\cos 2x\right]_0^{\pi} = \boldsymbol{\frac{\pi^2}{4}}$

◀ $\displaystyle\cos^2 x = \frac{1+\cos 2x}{2}$

練習 152 次の定積分を求めよ。

(1) $\displaystyle\int_1^e (\log x)^2 dx$　　(2) $\displaystyle\int_0^{\frac{\pi}{2}} x^2\sin x\,dx$　　(3) $\displaystyle\int_0^{\pi} e^{-x}\cos x\,dx$

(1) $\displaystyle\int_1^e (\log x)^2 dx = \int_1^e (x)'(\log x)^2 dx$

$\displaystyle= \Big[x(\log x)^2\Big]_1^e - 2\int_1^e x \cdot \log x \cdot \frac{1}{x}dx$

◀ $\displaystyle\{(\log x)^2\}' = 2\log x \cdot \frac{1}{x}$

4章 12 定積分

$$= e-2\int_1^e \log x\,dx$$

$$= e-2\left(\left[x\log x\right]_1^e-\int_1^e x\cdot\frac{1}{x}\,dx\right)$$

$$= e-2\left(e-\int_1^e dx\right) = -e+2\left[x\right]_1^e = \boldsymbol{e-2}$$

◀ $\int_1^e \log x\,dx$ は例題 151 (2 を参照。

(2) $\int_0^{\frac{\pi}{2}} x^2\sin x\,dx = -\int_0^{\frac{\pi}{2}} x^2(\cos x)'\,dx$

$$= -\left[x^2\cos x\right]_0^{\frac{\pi}{2}}+2\int_0^{\frac{\pi}{2}} x\cos x\,dx = 2\left(\left[x\sin x\right]_0^{\frac{\pi}{2}}-\int_0^{\frac{\pi}{2}}\sin x\,dx\right)$$

◀ $\int_0^{\frac{\pi}{2}} x\cos x\,dx$ は練習 15 (1) を参照。

$$= 2\left(\frac{\pi}{2}+\left[\cos x\right]_0^{\frac{\pi}{2}}\right) = \boldsymbol{\pi-2}$$

(3) $\int_0^{\pi} e^{-x}\cos x\,dx = \left[e^{-x}\sin x\right]_0^{\pi}+\int_0^{\pi} e^{-x}\sin x\,dx$

◀ $\left[e^{-x}\sin x\right]_0^{\pi}=0$

$$= -\left[e^{-x}\cos x\right]_0^{\pi}-\int_0^{\pi} e^{-x}\cos x\,dx$$

$$= e^{-\pi}+1-\int_0^{\pi} e^{-x}\cos x\,dx$$

◀ $\int_0^{\pi} e^{-x}\cos x\,dx$ が繰り返し出てくることを利用する。例題 152 (3) 参照。

よって　$2\int_0^{\pi} e^{-x}\cos x\,dx = e^{-\pi}+1$

ゆえに　$\int_0^{\pi} e^{-x}\cos x\,dx = \boldsymbol{\frac{1}{2}e^{-\pi}+\frac{1}{2}}$

〔別解〕

$(e^{-x}\sin x)' = -e^{-x}\sin x+e^{-x}\cos x$　…①

$(e^{-x}\cos x)' = -e^{-x}\cos x-e^{-x}\sin x$　…②

とおくと，(①－②)$\times\frac{1}{2}$ より

$$\frac{1}{2}\{e^{-x}(\sin x-\cos x)\}' = e^{-x}\cos x$$

両辺を x で積分すると

$$\int e^{-x}\cos x\,dx = \frac{1}{2}\int\{e^{-x}(\sin x-\cos x)\}'\,dx$$

よって　$\int e^{-x}\cos x\,dx = \frac{1}{2}e^{-x}(\sin x-\cos x)+C$

◀ $\int f'(x)dx = f(x)+C$

したがって

$$\int_0^{\pi} e^{-x}\cos x\,dx = \frac{1}{2}\left[e^{-x}(\sin x-\cos x)\right]_0^{\pi}$$

$$= \frac{1}{2}\{e^{-\pi}(\sin\pi-\cos\pi)-e^0(\sin 0-\cos 0)\}$$

$$= \frac{1}{2}(e^{-\pi}+1) = \frac{1}{2}e^{-\pi}+\frac{1}{2}$$

練習 153 $t>0$ とし，$S(t)=\int_t^{t+1}|e^{x-1}-1|\,dx$ とする。$S(t)$ を最小にする t の値を求めよ。

$$|e^{x-1}-1| = \begin{cases} e^{x-1}-1 & (x \geqq 1) \\ -e^{x-1}+1 & (x \leqq 1) \end{cases}$$

◀ $e^{x-1}-1\geqq 0$ となる x 値の範囲は $e^{x-1}\geqq 1$ より $x-1$ よって　$x\geqq 1$

(ア)　$0<t<1$ のとき

$$S(t)=\int_t^1(-e^{x-1}+1)dx+\int_1^{t+1}(e^{x-1}-1)dx$$

$$=\left[-e^{x-1}+x\right]_t^1+\left[e^{x-1}-x\right]_1^{t+1}$$

$$=e^{t-1}+e^t-2t-1$$

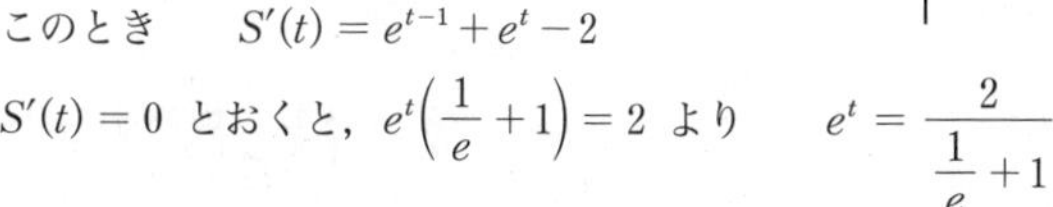

◀ 積分区間内に 1 を含むかどうかで場合分けする。

このとき　　$S'(t)=e^{t-1}+e^t-2$

◀ $\dfrac{d}{dt}\displaystyle\int_t^1(-e^{x-1}+1)dx=e^{t-1}-1$
$\dfrac{d}{dt}\displaystyle\int_1^{t+1}(e^{x-1}-1)dx=e^{(t+1)-1}-1$

$S'(t)=0$ とおくと，$e^t\left(\dfrac{1}{e}+1\right)=2$ より　　$e^t=\dfrac{2}{\dfrac{1}{e}+1}$

よって　　$t=\log\dfrac{2e}{1+e}$

ここで，$1<\dfrac{2e}{1+e}<e$ より　　$0<\log\dfrac{2e}{1+e}<1$

◀ $e>1$ より
$1=\dfrac{2e}{e+e}<\dfrac{2e}{1+e}$,
$\dfrac{2e}{1+e}<\dfrac{2e}{1+1}=e$

(イ)　$t\geqq 1$ のとき

$$S(t)=\int_t^{t+1}(e^{x-1}-1)dx$$

$$=\left[e^{x-1}-x\right]_t^{t+1}=e^t-e^{t-1}-1$$

このとき　　$S'(t)=e^t-e^{t-1}=e^{t-1}(e-1)>0$

◀ $e>1$，$e^{t-1}>0$

(ア)，(イ) より，$S(t)$ の増減表は右のようになる。

◀ $S(t)$ は $t=1$ で連続。

t	0	$\cdots$	$\log\dfrac{2e}{1+e}$	$\cdots$	1	$\cdots$
$S'(t)$	／	$-$	0	$+$		$+$
$S(t)$	／	↘	最小	↗		↗

したがって，$S(t)$ を最小にする t の値は

$$\boldsymbol{t=\log\frac{2e}{1+e}}$$

練習 154 定積分 $\displaystyle\int_{-\pi}^{\pi}(x-a\cos x-b\sin 2x)^2\,dx$ を最小にするような実数 a，b の値を求めよ。また，そのときの最小値を求めよ。

$I=\displaystyle\int_{-\pi}^{\pi}(x-a\cos x-b\sin 2x)^2\,dx$ とおくと

$$I=\int_{-\pi}^{\pi}(x^2+a^2\cos^2 x+b^2\sin^2 2x-2ax\cos x-2bx\sin 2x+2ab\cos x\sin 2x)dx$$

x^2，$\cos^2 x$，$\sin^2 2x$，$x\sin 2x$ は偶関数，$x\cos x$，$\cos x\sin 2x$ は奇関数であるから

$$I=2\int_0^{\pi}(x^2+a^2\cos^2 x+b^2\sin^2 2x-2bx\sin 2x)dx$$

◀ $f(x)$ が偶関数ならば
$\displaystyle\int_{-a}^{a}f(x)dx=2\int_0^a f(x)dx$
奇関数ならば
$\displaystyle\int_{-a}^{a}f(x)dx=0$

ここで

$$\int_0^{\pi}x^2\,dx=\left[\frac{1}{3}x^3\right]_0^{\pi}=\frac{1}{3}\pi^3$$

$$\int_0^{\pi}\cos^2 x\,dx=\int_0^{\pi}\frac{1+\cos 2x}{2}dx=\left[\frac{x}{2}+\frac{\sin 2x}{4}\right]_0^{\pi}=\frac{\pi}{2}$$

$$\int_0^{\pi}\sin^2 2x\,dx=\int_0^{\pi}\frac{1-\cos 4x}{2}dx=\left[\frac{x}{2}-\frac{\sin 4x}{8}\right]_0^{\pi}=\frac{\pi}{2}$$

◀ 半角の公式を用いて次数を下げる。

4章 12 定積分

$$\int_0^{\pi} x\sin 2x\,dx = \int_0^{\pi} x\left(-\frac{1}{2}\cos 2x\right)'dx$$

◀部分積分法を用いる。

$$= \left[-\frac{x}{2}\cos 2x\right]_0^{\pi} + \frac{1}{2}\int_0^{\pi}\cos 2x\,dx$$

$$= -\frac{\pi}{2} + \frac{1}{2}\left[\frac{1}{2}\sin 2x\right]_0^{\pi} = -\frac{\pi}{2}$$

よって　　$I = \frac{2}{3}\pi^3 + \pi a^2 + \pi b^2 + 2\pi b$

$$= \pi a^2 + \pi(b+1)^2 + \frac{2}{3}\pi^3 - \pi$$

◀a, b それぞれについて平方完成する。

したがって，この定積分は

$a=0$, $b=-1$ のとき　最小値 $\frac{2}{3}\pi^3-\pi$

練習 155 等式 $f(x) = 2\sin x - \int_0^{\frac{\pi}{2}} xf(t)\cos t\,dt$ を満たす関数 $f(x)$ を求めよ。

$f(x) = 2\sin x - x\int_0^{\frac{\pi}{2}} f(t)\cos t\,dt$ …① と変形できる。

◀t で積分するから，t 以外の文字を定数と考える。また，$\int_0^{\frac{\pi}{2}} f(t)\cos t\,dt$ は定数であるから k とおく。

$k = \int_0^{\frac{\pi}{2}} f(t)\cos t\,dt$ …② とおくと，① は

$f(x) = 2\sin x - kx$　　…③

③ を ② に代入すると

$$k = \int_0^{\frac{\pi}{2}} (2\sin t - kt)\cos t\,dt$$

$$= \int_0^{\frac{\pi}{2}} (2\sin t\cos t - kt\cos t)dt$$

◀$2\sin t\cos t = \sin 2t$

$$= \int_0^{\frac{\pi}{2}} \sin 2t\,dt - k\int_0^{\frac{\pi}{2}} t\cos t\,dt$$

$$= \left[-\frac{1}{2}\cos 2t\right]_0^{\frac{\pi}{2}} - k\left(\left[t\sin t\right]_0^{\frac{\pi}{2}} - \int_0^{\frac{\pi}{2}} \sin t\,dt\right)$$

◀部分積分法を用いる。

$$= \frac{1}{2} - \left(-\frac{1}{2}\right) - k\left(\frac{\pi}{2} - \left[-\cos t\right]_0^{\frac{\pi}{2}}\right)$$

$$= 1 - k\left(\frac{\pi}{2} - 1\right)$$

◀$\left[-\cos t\right]_0^{\frac{\pi}{2}} = 0-(-1)$
$= 1$

ゆえに　　$k = 1 - k\left(\frac{\pi}{2}-1\right)$　すなわち　$k = \frac{2}{\pi}$

③ に代入すると　　**$f(x) = 2\sin x - \frac{2}{\pi}x$**

練習 156 次の関数 $f(x)$ を x で微分せよ。

(1) $f(x) = \int_0^x (x+2t)e^{2t}\,dt$　　　　(2) $f(x) = \int_x^{x^3} t^2\log t\,dt$

(1) $\int_0^x (x+2t)e^{2t}\,dt = x\int_0^x e^{2t}\,dt + 2\int_0^x te^{2t}\,dt$ であるから

$$f'(x) = (x)'\int_0^x e^{2t}\,dt + x\left(\frac{d}{dx}\int_0^x e^{2t}\,dt\right) + 2\cdot\frac{d}{dx}\int_0^x te^{2t}\,dt$$

◀積の微分法を利用する。

$$= \int_0^x e^{2t}\,dt + xe^{2x} + 2xe^{2x} = \left[\frac{1}{2}e^{2t}\right]_0^x + 3xe^{2x}$$

$$= \frac{1}{2}(e^{2x}-1) + 3xe^{2x} = \boldsymbol{\left(3x+\frac{1}{2}\right)e^{2x} - \frac{1}{2}}$$

(2)　$F(t) = \int t^2 \log t\,dt$ とおくと

$$f(x) = \int_x^{x^3} t^2 \log t\,dt = \Big[F(t)\Big]_x^{x^3} = F(x^3) - F(x)$$

ここで，$\frac{d}{dt}F(t) = t^2 \log t$ であるから

$$f'(x) = \frac{d}{dx}\int_x^{x^3} t^2 \log t\,dt$$

$$= \{F(x^3) - F(x)\}' = F'(x^3)\cdot(x^3)' - F'(x)$$

◀合成関数の微分法

$$= x^6 \log x^3 \cdot 3x^2 - x^2 \log x$$

$$= 9x^8 \log x - x^2 \log x = \boldsymbol{x^2(9x^6-1)\log x}$$

練習 157 次の等式を満たす関数 $f(x)$ と定数 a の値を求めよ。

$$\int_a^x (x-t)f(t)dt = e^x - x - 1$$

与えられた等式は

$$x\int_a^x f(t)dt - \int_a^x tf(t)dt = e^x - x - 1$$

◀x を定数と考える。

両辺を x で微分すると

$$\int_a^x f(t)dt + xf(x) - xf(x) = e^x - 1$$

◀$\left(x\int_a^x f(t)dt\right)' = (x)'\int_a^x f(t)dt + x\left(\int_a^x f(t)dt\right)'$

よって　$\int_a^x f(t)dt = e^x - 1$　…①

① の両辺を x で微分すると　$f(x) = e^x$

① に $x=a$ を代入すると　$\int_a^a f(t)dt = e^a - 1$

ゆえに，$0 = e^a - 1$ より　$a = 0$

◀$\int_a^a f(t)dt = 0$

したがって　$\boldsymbol{f(x) = e^x}$，$\boldsymbol{a = 0}$

練習 158 関数 $f(x)$ が連続であり $f(1) = 3$ を満たすとき，極限値 $I = \lim_{x\to1}\frac{1}{x-1}\int_1^x t^3 f(t^2)dt$ を求めよ。

$\int_1^x t^3 f(t^2)dt = F(x)$ とおくと　$I = \lim_{x\to1}\frac{F(x)}{x-1}$

$F(1) = 0$ であるから

◀$F(1) = \int_1^1 t^3 f(t^2)dt = 0$

$$I = \lim_{x\to1}\frac{F(x)}{x-1} = \lim_{x\to1}\frac{F(x)-F(1)}{x-1} = F'(1)$$

ここで　$F'(x) = \frac{d}{dx}\int_1^x t^3 f(t^2)dt = x^3 f(x^2)$

◀$\frac{d}{dx}\int_a^x f(t)dt = f(x)$

4章 12 定積分

よって　$F'(1)=1^3\cdot f(1^2)=f(1)=3$

したがって　$I=\lim_{x\to1}\dfrac{1}{x-1}\int_1^x t^3f(t^2)dt=\mathbf{3}$

練習 159 $I_n=\int_0^1 x^ne^{-x}dx$ $(n=0,\ 1,\ 2,\ \cdots)$ とおくとき，次の式が成り立つことを示せ。

(1) $I_n-nI_{n-1}=-\dfrac{1}{e}$ $(n=1,\ 2,\ 3,\ \cdots)$

(2) $I_n=n!\left\{1-\dfrac{1}{e}\left(\dfrac{1}{0!}+\dfrac{1}{1!}+\dfrac{1}{2!}+\cdots+\dfrac{1}{n!}\right)\right\}$

(1) $I_n=\int_0^1 x^ne^{-x}dx=\Big[-x^ne^{-x}\Big]_0^1-\int_0^1 nx^{n-1}(-e^{-x})dx$

$=-\dfrac{1}{e}+n\int_0^1 x^{n-1}e^{-x}dx=-\dfrac{1}{e}+nI_{n-1}$

◀次数を下げるために部分積分法を用いる。

よって　$I_n-nI_{n-1}=-\dfrac{1}{e}$ $(n=1,\ 2,\ 3,\ \cdots)$

(2) (1)より　$I_k-kI_{k-1}=-\dfrac{1}{e}$ $(k=1,\ 2,\ 3,\ \cdots)$

両辺を $k!$ で割ると　$\dfrac{I_k}{k!}-\dfrac{I_{k-1}}{(k-1)!}=-\dfrac{1}{k!e}$　$\cdots$①

◀$\dfrac{k}{k!}=\dfrac{k}{k(k-1)(k-2)\cdots1}=\dfrac{1}{(k-1)!}$

①に $k=1,\ 2,\ 3,\ \cdots,\ n$ をそれぞれ代入すると

$$I_1-I_0=-\frac{1}{e}$$
$$\frac{I_2}{2!}-I_1=-\frac{1}{2!e}$$
$$\frac{I_3}{3!}-\frac{I_2}{2!}=-\frac{1}{3!e}$$
$$\vdots$$
$$\frac{I_n}{n!}-\frac{I_{n-1}}{(n-1)!}=-\frac{1}{n!e}$$

◀$0!=1$

$I_1-I_0=-\dfrac{1}{e}$

$\dfrac{I_2}{2!}-I_1=-\dfrac{1}{2!e}$

$\dfrac{I_3}{3!}-\dfrac{I_2}{2!}=-\dfrac{1}{3!e}$

$\vdots$

$+)\ \dfrac{I_n}{n!}-\dfrac{I_{n-1}}{(n-1)!}=-\dfrac{1}{n!e}$

$\dfrac{I_n}{n!}-I_0=-\dfrac{1}{e}\left(1+\dfrac{1}{2!}+\cdots+\dfrac{1}{n!}\right)$

辺々足し合わせて　$\dfrac{I_n}{n!}-I_0=-\dfrac{1}{e}\left(1+\dfrac{1}{2!}+\dfrac{1}{3!}+\cdots+\dfrac{1}{n!}\right)$

$I_0=\int_0^1 e^{-x}dx=\Big[-e^{-x}\Big]_0^1=-\dfrac{1}{e}+1$ より

◀I_0 を求める。

$\dfrac{I_n}{n!}=\left(-\dfrac{1}{e}+1\right)-\dfrac{1}{e}\left(1+\dfrac{1}{2!}+\dfrac{1}{3!}+\cdots+\dfrac{1}{n!}\right)$

$=1-\dfrac{1}{e}\left(1+1+\dfrac{1}{2!}+\dfrac{1}{3!}+\cdots+\dfrac{1}{n!}\right)$

$=1-\dfrac{1}{e}\left(\dfrac{1}{0!}+\dfrac{1}{1!}+\dfrac{1}{2!}+\dfrac{1}{3!}+\cdots+\dfrac{1}{n!}\right)$

◀$0!=1$ より，$1=\dfrac{1}{0!}$ と変形できる。

よって　$I_n=n!\left\{1-\dfrac{1}{e}\left(\dfrac{1}{0!}+\dfrac{1}{1!}+\dfrac{1}{2!}+\cdots+\dfrac{1}{n!}\right)\right\}$

$(n=1,\ 2,\ 3,\ \cdots)$

これは，$n=0$ のときも成り立つ。

ゆえに　$I_n=n!\left\{1-\dfrac{1}{e}\left(\dfrac{1}{0!}+\dfrac{1}{1!}+\dfrac{1}{2!}+\cdots+\dfrac{1}{n!}\right)\right\}$

Plus One

$0 \leqq x \leqq 1$ において，$0 \leqq x^n e^{-x} \leqq x^n$ が成り立つから

$$0 \leqq \int_0^1 x^n e^{-x}\,dx \leqq \int_0^1 x^n\,dx$$

⬅ 例題 163 参照

$\displaystyle\int_0^1 x^n\,dx = \left[\frac{1}{n+1}x^{n+1}\right]_0^1 = \frac{1}{n+1}$ であるから

$n \to \infty$ のとき　$\dfrac{1}{n+1} \to 0$

よって　$\displaystyle\lim_{n\to\infty} I_n = 0$　…②

⬅ はさみうちの原理により

(2) の結果より

$$eI_n = n!\left\{e - \left(\frac{1}{0!} + \frac{1}{1!} + \frac{1}{2!} + \frac{1}{3!} + \cdots + \frac{1}{n!}\right)\right\}$$

であるから，$n \to \infty$ のとき，② より

$$e = \frac{1}{0!} + \frac{1}{1!} + \frac{1}{2!} + \frac{1}{3!} + \cdots$$

練習 160 (1)　関数 $f(x)$ が $0 \leqq x \leqq a$ で連続であるとき，次の等式を証明せよ。

$$\int_0^a f(x)dx = \int_0^a f(a-x)dx$$

(2)　(1) の結果を利用して，定積分 $\displaystyle\int_0^\pi x\sin^3 x\,dx$ を求めよ。

(1)　$x = a - t$ とおくと　$\dfrac{dx}{dt} = -1$

x	$0 \to a$
t	$a \to 0$

◀ $dx = (-1)dt$

x と t の対応は右の表のようになるから

$$\int_0^a f(x)dx = \int_a^0 f(a-t)\cdot(-1)dt = \int_0^a f(a-t)dt$$

◀ $\displaystyle\int_0^a f(a-t)dt$ と $\displaystyle\int_0^a f(a-x)dx$ は積分変数が変わっただけであり定積分の値は等しい。

したがって　$\displaystyle\int_0^a f(x)dx = \int_0^a f(a-x)dx$

(2)　$I = \displaystyle\int_0^\pi x\sin^3 x\,dx$ とおく。

$f(x) = x\sin^3 x$ は $0 \leqq x \leqq \pi$ で連続であるから，(1) の結果を用いると

$$\begin{aligned} I &= \int_0^\pi (\pi - x)\sin^3(\pi - x)dx \\ &= \int_0^\pi (\pi - x)\sin^3 x\,dx \\ &= \pi\int_0^\pi \sin^3 x\,dx - \int_0^\pi x\sin^3 x\,dx \\ &= \pi\int_0^\pi \sin^3 x\,dx - I \end{aligned}$$

◀ $\sin(\pi - x) = \sin x$

よって，$2I = \pi\displaystyle\int_0^\pi \sin^3 x\,dx$ より

$$\begin{aligned} I &= \frac{\pi}{2}\int_0^\pi \sin^3 x\,dx \\ &= \frac{\pi}{2}\int_0^\pi (1 - \cos^2 x)\sin x\,dx \end{aligned}$$

4章 12 定積分

$t=\cos x$ とおくと　$\dfrac{dt}{dx}=-\sin x$

x と t の対応は右の表のようになるから

x	$0\to\ \pi$
t	$1\to -1$

$$I=\frac{\pi}{2}\int_1^{-1}(1-t^2)\cdot(-1)dt$$
$$=\frac{\pi}{2}\int_{-1}^{1}(1-t^2)dt=\pi\int_0^1(1-t^2)dt$$
$$=\pi\left[t-\frac{1}{3}t^3\right]_0^1=\pi\left(1-\frac{1}{3}\right)=\boldsymbol{\frac{2}{3}\pi}$$

◀ $f(t)=1-t^2$ が偶関数であることを利用して計算する。

p.275 | 問題編 12 | 定積分

問題 143 次の定積分を求めよ。

(1) $\displaystyle\int_{\frac{\pi}{6}}^{\frac{\pi}{3}}\frac{dx}{\cos^2 x}$　(2) $\displaystyle\int_0^1\frac{dx}{(2x+1)^4}$　(3) $\displaystyle\int_1^2(e^x+3^x)dx$

(1) $\displaystyle\int_{\frac{\pi}{6}}^{\frac{\pi}{3}}\frac{dx}{\cos^2 x}=\Big[\tan x\Big]_{\frac{\pi}{6}}^{\frac{\pi}{3}}=\sqrt{3}-\frac{1}{\sqrt{3}}=\boldsymbol{\frac{2\sqrt{3}}{3}}$

◀ $\displaystyle\int\frac{1}{\cos^2 x}dx=\tan x+C$

(2) $\displaystyle\int_0^1\frac{dx}{(2x+1)^4}=\int_0^1(2x+1)^{-4}dx$
$$=\left[\frac{1}{2}\cdot\left\{-\frac{1}{3}(2x+1)^{-3}\right\}\right]_0^1$$
$$=-\frac{1}{6}\left(\frac{1}{27}-1\right)=\boldsymbol{\frac{13}{81}}$$

(3) $\displaystyle\int_1^2(e^x+3^x)dx=\left[e^x+\frac{3^x}{\log 3}\right]_1^2$
$$=\left(e^2+\frac{9}{\log 3}\right)-\left(e+\frac{3}{\log 3}\right)$$
$$=\boldsymbol{e^2-e+\frac{6}{\log 3}}$$

◀ $(e^2-e)+\dfrac{1}{\log 3}(3^2-3$
$=e^2-e+\dfrac{6}{\log 3}$
と計算してもよい。

問題 144 次の定積分を求めよ。

(1) $\displaystyle\int_{-1}^0\frac{x^2+2x+1}{x+2}dx$　(2) $\displaystyle\int_1^2\frac{dx}{(x-3)(x-4)(x-5)}$

(1) $\displaystyle\int_{-1}^0\frac{x^2+2x+1}{x+2}dx=\int_{-1}^0\left(x+\frac{1}{x+2}\right)dx=\left[\frac{1}{2}x^2+\log|x+2|\right]_{-1}^0$
$$=\log 2-\left(\frac{1}{2}+\log 1\right)=\boldsymbol{\log 2-\frac{1}{2}}$$

◀ 分子を分母で割ると，
は x，余りは 1

(2) $\displaystyle\frac{1}{(x-3)(x-4)(x-5)}=\frac{a}{(x-3)(x-4)}+\frac{b}{(x-4)(x-5)}$

とおいて，分母をはらうと

$$1=a(x-5)+b(x-3)$$

すなわち　$1=(a+b)x+(-5a-3b)$

◀ $\dfrac{1}{(x-3)(x-4)(x-}$
$=\dfrac{a}{x-3}+\dfrac{b}{x-4}+\dfrac{}{x-}$
とおいて，a，b，c を
めてもよい。

係数を比較すると　$a=-\dfrac{1}{2},\ b=\dfrac{1}{2}$

◀ x についての恒等式であるから $\begin{cases}a+b=0\\-5a-3b=1\end{cases}$

よって　$$\frac{1}{(x-3)(x-4)(x-5)}$$
$$=-\frac{1}{2}\left\{\frac{1}{(x-3)(x-4)}-\frac{1}{(x-4)(x-5)}\right\}$$
$$=-\frac{1}{2}\left\{\left(\frac{1}{x-4}-\frac{1}{x-3}\right)-\left(\frac{1}{x-5}-\frac{1}{x-4}\right)\right\}$$
$$=\frac{1}{2}\left(\frac{1}{x-3}-\frac{2}{x-4}+\frac{1}{x-5}\right)$$

◀ 部分分数に分解する。

したがって
$$\int_1^2\frac{dx}{(x-3)(x-4)(x-5)}$$
$$=\int_1^2\frac{1}{2}\left(\frac{1}{x-3}-\frac{2}{x-4}+\frac{1}{x-5}\right)dx$$
$$=\frac{1}{2}\Big[\log|x-3|-2\log|x-4|+\log|x-5|\Big]_1^2$$
$$=\frac{1}{2}\left[\log\left|\frac{(x-3)(x-5)}{(x-4)^2}\right|\right]_1^2=\boldsymbol{\frac{1}{2}\log\frac{27}{32}}$$

問題 145 次の定積分を求めよ。

(1) $\displaystyle\int_0^{\frac{\pi}{2}}\sin^4 2x\,dx$　(2) $\displaystyle\int_{-\frac{\pi}{4}}^{\frac{\pi}{3}}\frac{\cos2\theta}{\cos^2\theta}\,d\theta$　(3) $\displaystyle\int_0^{2\pi}\sin4x\sin6x\,dx$

(1) $$\int_0^{\frac{\pi}{2}}\sin^4 2x\,dx=\int_0^{\frac{\pi}{2}}\left(\frac{1-\cos4x}{2}\right)^2dx$$
$$=\frac{1}{4}\int_0^{\frac{\pi}{2}}(1-2\cos4x+\cos^2 4x)dx$$
$$=\frac{1}{4}\int_0^{\frac{\pi}{2}}\left(1-2\cos4x+\frac{1+\cos8x}{2}\right)dx$$
$$=\frac{1}{4}\int_0^{\frac{\pi}{2}}\left(\frac{3}{2}-2\cos4x+\frac{1}{2}\cos8x\right)dx$$
$$=\frac{1}{4}\left[\frac{3}{2}x-\frac{1}{2}\sin4x+\frac{1}{16}\sin8x\right]_0^{\frac{\pi}{2}}$$
$$=\boldsymbol{\frac{3}{16}\pi}$$

◀ 半角の公式

◀ 半角の公式を繰り返し用いる。

(2) $$\int_{-\frac{\pi}{4}}^{\frac{\pi}{3}}\frac{\cos2\theta}{\cos^2\theta}d\theta=\int_{-\frac{\pi}{4}}^{\frac{\pi}{3}}\frac{2\cos^2\theta-1}{\cos^2\theta}d\theta$$
$$=\int_{-\frac{\pi}{4}}^{\frac{\pi}{3}}\left(2-\frac{1}{\cos^2\theta}\right)d\theta$$
$$=\Big[2\theta-\tan\theta\Big]_{-\frac{\pi}{4}}^{\frac{\pi}{3}}$$
$$=\left(\frac{2}{3}\pi-\sqrt{3}\right)-\left(-\frac{\pi}{2}+1\right)=\boldsymbol{\frac{7}{6}\pi-\sqrt{3}-1}$$

◀ 2倍角の公式 $\cos2\theta=2\cos^2\theta-1$

(3) $\displaystyle\int_0^{2\pi} \sin 4x \sin 6x\,dx = -\frac{1}{2}\int_0^{2\pi} \{\cos 10x - \cos(-2x)\}dx$

$\displaystyle = -\frac{1}{2}\left[\frac{1}{10}\sin 10x - \frac{1}{2}\sin 2x\right]_0^{2\pi} = \mathbf{0}$

◀ $\sin\alpha\sin\beta$
$= -\dfrac{1}{2}\{\cos(\alpha+\beta) - \cos(\alpha-\beta)\}$

問題 146 次の定積分を求めよ。

(1) $\displaystyle\int_0^2 |\sqrt{x} - x^2|dx$　　(2) $\displaystyle\int_0^{2\pi} \sqrt{1+\cos x}\,dx$

(1) $\sqrt{x} - x^2 = \sqrt{x}(1 - x\sqrt{x})$ であるから

$$|\sqrt{x} - x^2| = \begin{cases} \sqrt{x} - x^2 & (0 \leqq x \leqq 1) \\ -\sqrt{x} + x^2 & (1 \leqq x) \end{cases}$$

◀ $\sqrt{x} \geqq 0$ より，$1 - x\sqrt{x}$ の正負を調べる。

よって

$$\int_0^2 |\sqrt{x} - x^2|dx = \int_0^1 (\sqrt{x} - x^2)dx + \int_1^2 \{-(\sqrt{x} - x^2)\}dx$$

$$= \left[\frac{2}{3}x^{\frac{3}{2}} - \frac{1}{3}x^3\right]_0^1 - \left[\frac{2}{3}x^{\frac{3}{2}} - \frac{1}{3}x^3\right]_1^2$$

$$= \mathbf{\frac{10}{3} - \frac{4\sqrt{2}}{3}}$$

(2) $1 + \cos x = 1 + \left(2\cos^2\dfrac{x}{2} - 1\right) = 2\cos^2\dfrac{x}{2}$ であるから

$$\sqrt{1+\cos x} = \sqrt{2}\left|\cos\frac{x}{2}\right|$$

◀ $\sqrt{\ }$ の中に2乗をつくるために，$\cos x$ について2倍角の公式を利用する。

ここで　$\left|\cos\dfrac{x}{2}\right| = \begin{cases} \cos\dfrac{x}{2} & (0 \leqq x \leqq \pi) \\ -\cos\dfrac{x}{2} & (\pi \leqq x \leqq 2\pi) \end{cases}$

◀ $0 \leqq \dfrac{x}{2} \leqq \dfrac{\pi}{2}$ のとき
$\cos\dfrac{x}{2} \geqq 0$
$\dfrac{\pi}{2} \leqq \dfrac{x}{2} \leqq \pi$ のとき
$\cos\dfrac{x}{2} \leqq 0$

よって

$$\int_0^{2\pi} \sqrt{1+\cos x}\,dx = \sqrt{2}\int_0^{2\pi} \left|\cos\frac{x}{2}\right|dx$$

$$= \sqrt{2}\int_0^{\pi} \cos\frac{x}{2}dx - \sqrt{2}\int_{\pi}^{2\pi} \cos\frac{x}{2}dx$$

$$= \sqrt{2}\left[2\sin\frac{x}{2}\right]_0^{\pi} - \sqrt{2}\left[2\sin\frac{x}{2}\right]_{\pi}^{2\pi}$$

$$= \sqrt{2}\cdot 2 - \sqrt{2}\cdot(-2) = \mathbf{4\sqrt{2}}$$

問題 147 次の定積分を求めよ。

(1) $\displaystyle\int_0^2 \frac{e^{2x}}{e^x+1}dx$　　(2) $\displaystyle\int_0^{\frac{\pi}{4}} \frac{\sin 2\theta}{1+\cos\theta}d\theta$　　(3) $\displaystyle\int_0^{\frac{\pi}{4}} e^{\sin^2 x}\sin 2x\,dx$

(1) $e^x = t$ とおくと　$e^x = \dfrac{dt}{dx}$

x	$0 \to 2$
t	$1 \to e^2$

◀ $e^x\,dx = dt$

x と t の対応は右の表のようになるから

$$\int_0^2 \frac{e^{2x}}{e^x+1}dx = \int_0^2 \frac{e^x}{e^x+1}\cdot e^x\,dx$$

$$=\int_1^{e^2}\frac{t}{t+1}dt=\int_1^{e^2}\left(1-\frac{1}{t+1}\right)dt$$

$$=\Big[t-\log|t+1|\Big]_1^{e^2}$$

$$=\boldsymbol{e^2-1-\log\frac{e^2+1}{2}}$$

◀ $\dfrac{t}{t+1}=\dfrac{(t+1)-1}{t+1}=1-\dfrac{1}{t+1}$

(2) $\cos\theta=t$ とおくと　$-\sin\theta=\dfrac{dt}{d\theta}$

◀ $\sin\theta\,d\theta=(-1)dt$

θ と t の対応は右の表のようになるから

θ	$0\to\dfrac{\pi}{4}$
t	$1\to\dfrac{\sqrt{2}}{2}$

$$\int_0^{\frac{\pi}{4}}\frac{\sin2\theta}{1+\cos\theta}d\theta=\int_0^{\frac{\pi}{4}}\frac{2\sin\theta\cos\theta}{1+\cos\theta}d\theta$$

$$=\int_1^{\frac{\sqrt{2}}{2}}\frac{2t}{1+t}\cdot(-1)dt=2\int_{\frac{\sqrt{2}}{2}}^1\frac{t}{1+t}dt$$

◀ $-\displaystyle\int_a^b f(x)dx=\int_b^a f(x)dx$

$$=2\int_{\frac{\sqrt{2}}{2}}^1\left(1-\frac{1}{1+t}\right)dt=2\Big[t-\log|1+t|\Big]_{\frac{\sqrt{2}}{2}}^1$$

$$=\boldsymbol{2-\sqrt{2}+2\log\frac{2+\sqrt{2}}{4}}$$

(3) $e^{\sin^2x}\sin2x=e^{\sin^2x}\cdot2\sin x\cos x$ であるから，

$\sin^2x=t$ とおくと　$2\sin x\cos x=\dfrac{dt}{dx}$

◀ $2\sin x\cos x\,dx=dt$

x と t の対応は右の表のようになるから

x	$0\to\dfrac{\pi}{4}$
t	$0\to\dfrac{1}{2}$

$$\int_0^{\frac{\pi}{4}}e^{\sin^2x}\sin2x\,dx=\int_0^{\frac{\pi}{4}}e^{\sin^2x}\cdot2\sin x\cos x\,dx$$

$$=\int_0^{\frac{1}{2}}e^t\,dt=\Big[e^t\Big]_0^{\frac{1}{2}}=\boldsymbol{\sqrt{e}-1}$$

◀ $e^0=1$ である。

問題 **148** 定積分 $\displaystyle\int_0^1\frac{x^2}{\sqrt{2-x^2}}dx$ を求めよ。

$x=\sqrt{2}\sin\theta$ とおくと　$\dfrac{dx}{d\theta}=\sqrt{2}\cos\theta$

◀ $dx=\sqrt{2}\cos\theta\,d\theta$

x と θ の対応は右の表のようになるから

x	$0\to1$
θ	$0\to\dfrac{\pi}{4}$

◀ $x=1$ のとき

$\sin\theta=\dfrac{1}{\sqrt{2}}$ より $\theta=\dfrac{\pi}{4}$

$$\int_0^1\frac{x^2}{\sqrt{2-x^2}}dx=\int_0^{\frac{\pi}{4}}\frac{2\sin^2\theta}{\sqrt{2-2\sin^2\theta}}\cdot\sqrt{2}\cos\theta\,d\theta$$

$$=\int_0^{\frac{\pi}{4}}\frac{2\sin^2\theta}{\sqrt{2}\sqrt{1-\sin^2\theta}}\cdot\sqrt{2}\cos\theta\,d\theta$$

$$=2\int_0^{\frac{\pi}{4}}\frac{\sin^2\theta}{|\cos\theta|}\cdot\cos\theta\,d\theta$$

◀ $0\leqq\theta\leqq\dfrac{\pi}{4}$ のとき

$\cos\theta>0$

よって　$|\cos\theta|=\cos\theta$

$$=2\int_0^{\frac{\pi}{4}}\sin^2\theta\,d\theta$$

$$=2\int_0^{\frac{\pi}{4}}\frac{1-\cos2\theta}{2}d\theta$$

$$=\Big[\theta-\frac{1}{2}\sin2\theta\Big]_0^{\frac{\pi}{4}}=\boldsymbol{\frac{\pi}{4}-\frac{1}{2}}$$

問題 149 定積分 $\displaystyle\int_1^2 \frac{dx}{x^2-2x+2}$ を求めよ。

$$\int_1^2 \frac{dx}{x^2-2x+2} = \int_1^2 \frac{dx}{(x-1)^2+1}$$

$x-1=\tan\theta\ \left(-\dfrac{\pi}{2}<\theta<\dfrac{\pi}{2}\right)$ とおくと　$\dfrac{dx}{d\theta}=\dfrac{1}{\cos^2\theta}$

◀被積分関数の分母が $\tan^2\theta+1$ となるように x を置換する。

x と θ の対応は右の表のようになるから

x	$1 \to 2$
θ	$0 \to \dfrac{\pi}{4}$

$$(\text{与式}) = \int_0^{\frac{\pi}{4}} \frac{1}{\tan^2\theta+1}\cdot\frac{1}{\cos^2\theta}\,d\theta$$

$$= \int_0^{\frac{\pi}{4}} d\theta = \Big[\theta\Big]_0^{\frac{\pi}{4}} = \boldsymbol{\frac{\pi}{4}}$$

◀$1+\tan^2\theta=\dfrac{1}{\cos^2\theta}$

問題 150〔1〕 次のことを証明せよ。

(1) $f(x)$ が偶関数，$g(x)$ が奇関数であるとき，$f(x)g(x)$ は奇関数である。

(2) $g(x)$ が奇関数，$h(x)$ が奇関数であるとき，$g(x)h(x)$ は偶関数である。

〔2〕 定積分 $\displaystyle\int_{-\frac{\pi}{2}}^{\frac{\pi}{2}} e^x\sin x\,dx+\int_{-\frac{\pi}{2}}^{\frac{\pi}{2}} e^{-x}\sin x\,dx$ を求めよ。

〔1〕 (1) $f(x)$ が偶関数であるから　$f(-x)=f(x)$

◀偶関数，奇関数の性質

$g(x)$ が奇関数であるから　$g(-x)=-g(x)$

よって　$f(-x)g(-x)=f(x)\cdot\{-g(x)\}=-f(x)g(x)$

ゆえに，$f(x)$ が偶関数，$g(x)$ が奇関数であるとき，$f(x)g(x)$ は奇関数である。

(2) $g(x)$ が奇関数であるから　$g(-x)=-g(x)$

$h(x)$ が奇関数であるから　$h(-x)=-h(x)$

よって　$g(-x)h(-x)=\{-g(x)\}\cdot\{-h(x)\}=g(x)h(x)$

ゆえに，$g(x)$ が奇関数，$h(x)$ が奇関数であるとき，$g(x)h(x)$ は偶関数である。

〔2〕 $\displaystyle\int_{-\frac{\pi}{2}}^{\frac{\pi}{2}} e^x\sin x\,dx+\int_{-\frac{\pi}{2}}^{\frac{\pi}{2}} e^{-x}\sin x\,dx=\int_{-\frac{\pi}{2}}^{\frac{\pi}{2}}(e^x+e^{-x})\sin x\,dx$

◀普通に積分計算をすると複雑である。

e^x+e^{-x} は偶関数，$\sin x$ は奇関数であるから，$(e^x+e^{-x})\sin x$ は奇関数である。

◀$f(x)=e^x+e^{-x}$ とおくと $f(-x)=e^{-x}+e^x=f(x)$

よって　$\displaystyle\int_{-\frac{\pi}{2}}^{\frac{\pi}{2}}(e^x\sin x+e^{-x}\sin x)dx=\mathbf{0}$

問題 151 次の定積分を求めよ。

(1) $\displaystyle\int_0^{\frac{\pi}{4}} \frac{x}{\cos^2 x}dx$　　(2) $\displaystyle\int_0^{\frac{3}{2}\pi} x|\sin x|\,dx$

(1) $\displaystyle\int_0^{\frac{\pi}{4}} \frac{x}{\cos^2 x}dx=\int_0^{\frac{\pi}{4}} x(\tan x)'dx$

◀$\displaystyle\int\frac{x}{\cos^2 x}dx$ $=x\tan x+\log|\cos x|+$

$$=\Big[x\tan x\Big]_0^{\frac{\pi}{4}}-\int_0^{\frac{\pi}{4}}\tan x\,dx=\frac{\pi}{4}-\int_0^{\frac{\pi}{4}}\frac{\sin x}{\cos x}dx$$

$$= \frac{\pi}{4} + \int_0^{\frac{\pi}{4}} \frac{(\cos x)'}{\cos x} dx = \frac{\pi}{4} + \Big[\log|\cos x|\Big]_0^{\frac{\pi}{4}}$$

$$= \frac{\pi}{4} + \left(\log\frac{\sqrt{2}}{2} - \log 1\right) = \boldsymbol{\frac{\pi}{4} - \frac{1}{2}\log 2}$$

◀ $\dfrac{\sin x}{\cos x} = \dfrac{-(\cos x)'}{\cos x}$

(2) $|\sin x| = \begin{cases} \sin x & (0 \leqq x \leqq \pi) \\ -\sin x & \left(\pi \leqq x \leqq \frac{3}{2}\pi\right) \end{cases}$ であるから

$$\int_0^{\frac{3}{2}\pi} x|\sin x|\, dx = \int_0^{\pi} x\sin x\, dx + \int_{\pi}^{\frac{3}{2}\pi} x(-\sin x) dx$$

$$= \int_0^{\pi} x(-\cos x)' dx + \int_{\pi}^{\frac{3}{2}\pi} x(\cos x)' dx$$

$$= \left\{\Big[x(-\cos x)\Big]_0^{\pi} - \int_0^{\pi} (-\cos x) dx\right\} + \left\{\Big[x\cos x\Big]_{\pi}^{\frac{3}{2}\pi} - \int_{\pi}^{\frac{3}{2}\pi} \cos x\, dx\right\}$$

$$= \left(\pi + \Big[\sin x\Big]_0^{\pi}\right) + \left(\pi - \Big[\sin x\Big]_{\pi}^{\frac{3}{2}\pi}\right) = \boldsymbol{2\pi + 1}$$

◀ $\displaystyle\int x\sin x\, dx = -x\cos x + \sin x + C$

問題 152 次の定積分を求めよ。

(1) $\displaystyle\int_1^e x(\log x)^2 dx$　　(2) $\displaystyle\int_0^{\frac{\pi}{2}} x^2\cos^2 x\, dx$　　(3) $\displaystyle\int_0^{\frac{\pi}{2}} e^{-x}\sin 2x\, dx$

(1) $\displaystyle\int_1^e x(\log x)^2 dx = \int_1^e \left(\frac{1}{2}x^2\right)'(\log x)^2 dx$

$$= \left[\frac{1}{2}x^2(\log x)^2\right]_1^e - \int_1^e \frac{1}{2}x^2(2\log x)\frac{1}{x} dx$$

◀ $\{(\log x)^2\}' = 2\log x \cdot \dfrac{1}{x}$

$$= \frac{1}{2}e^2 - \int_1^e x\log x\, dx$$

$$= \frac{1}{2}e^2 - \int_1^e \left(\frac{1}{2}x^2\right)'\log x\, dx$$

$$= \frac{1}{2}e^2 - \left\{\left[\frac{1}{2}x^2\log x\right]_1^e - \int_1^e \frac{1}{2}x^2 \cdot \frac{1}{x} dx\right\}$$

$$= \frac{1}{2}e^2 - \left(\frac{1}{2}e^2 - \frac{1}{2}\int_1^e x\, dx\right)$$

$$= \frac{1}{2}\left[\frac{1}{2}x^2\right]_1^e = \boldsymbol{\frac{1}{4}(e^2 - 1)}$$

(2) $\displaystyle\int_0^{\frac{\pi}{2}} x^2\cos^2 x\, dx = \int_0^{\frac{\pi}{2}} x^2 \cdot \frac{1+\cos 2x}{2} dx$

◀ $\cos^2 x = \dfrac{1+\cos 2x}{2}$

$$= \frac{1}{2}\left(\int_0^{\frac{\pi}{2}} x^2 dx + \int_0^{\frac{\pi}{2}} x^2\cos 2x\, dx\right)$$

$$= \frac{1}{2}\left\{\left[\frac{1}{3}x^3\right]_0^{\frac{\pi}{2}} + \int_0^{\frac{\pi}{2}} x^2\left(\frac{1}{2}\sin 2x\right)' dx\right\}$$

$$= \frac{1}{2} \cdot \frac{\pi^3}{24} + \frac{1}{2}\left\{\left[x^2\left(\frac{1}{2}\sin 2x\right)\right]_0^{\frac{\pi}{2}} - \int_0^{\frac{\pi}{2}} 2x \cdot \frac{1}{2}\sin 2x\, dx\right\}$$

$$= \frac{1}{48}\pi^3 - \frac{1}{2}\int_0^{\frac{\pi}{2}} x\sin 2x\, dx$$

$$=\frac{1}{48}\pi^3-\frac{1}{2}\int_0^{\frac{\pi}{2}}x\left(-\frac{1}{2}\cos 2x\right)'dx$$

$$=\frac{1}{48}\pi^3-\frac{1}{2}\left\{\left[x\left(-\frac{1}{2}\cos 2x\right)\right]_0^{\frac{\pi}{2}}-\int_0^{\frac{\pi}{2}}\left(-\frac{1}{2}\cos 2x\right)dx\right\}$$

$$=\frac{1}{48}\pi^3-\frac{1}{2}\left(\frac{\pi}{4}+\frac{1}{2}\left[\frac{1}{2}\sin 2x\right]_0^{\frac{\pi}{2}}\right)=\boldsymbol{\frac{1}{48}\pi^3-\frac{1}{8}\pi}$$

(3) $\displaystyle\int_0^{\frac{\pi}{2}}e^{-x}\sin 2x\,dx=\int_0^{\frac{\pi}{2}}e^{-x}\left(-\frac{1}{2}\cos 2x\right)'dx$

$$=\left[e^{-x}\left(-\frac{1}{2}\cos 2x\right)\right]_0^{\frac{\pi}{2}}-\int_0^{\frac{\pi}{2}}(-e^{-x})\left(-\frac{1}{2}\cos 2x\right)dx$$

$$=\left(\frac{1}{2}e^{-\frac{\pi}{2}}+\frac{1}{2}\right)-\frac{1}{2}\int_0^{\frac{\pi}{2}}e^{-x}\left(\frac{1}{2}\sin 2x\right)'dx$$

$$=\left(\frac{1}{2}e^{-\frac{\pi}{2}}+\frac{1}{2}\right)-\frac{1}{2}\left\{\left[e^{-x}\left(\frac{1}{2}\sin 2x\right)\right]_0^{\frac{\pi}{2}}-\int_0^{\frac{\pi}{2}}(-e^{-x})\left(\frac{1}{2}\sin 2x\right)dx\right\}$$

$$=\left(\frac{1}{2}e^{-\frac{\pi}{2}}+\frac{1}{2}\right)-\frac{1}{2}\cdot\frac{1}{2}\int_0^{\frac{\pi}{2}}e^{-x}\sin 2x\,dx$$

$$=\left(\frac{1}{2}e^{-\frac{\pi}{2}}+\frac{1}{2}\right)-\frac{1}{4}\int_0^{\frac{\pi}{2}}e^{-x}\sin 2x\,dx$$

◀ $\displaystyle\int_0^{\frac{\pi}{2}}e^{-x}\sin 2x\,dx$ が繰り返し出てくる。

よって　$\displaystyle\frac{5}{4}\int_0^{\frac{\pi}{2}}e^{-x}\sin 2x\,dx=\frac{1}{2}e^{-\frac{\pi}{2}}+\frac{1}{2}$

◀ $\displaystyle\int_0^{\frac{\pi}{2}}e^{-x}\sin 2x\,dx=I$ とおくと $I=\left(\frac{1}{2}e^{-\frac{\pi}{2}}+\frac{1}{2}\right)-\frac{1}{4}$

ゆえに　$\displaystyle\int_0^{\frac{\pi}{2}}e^{-x}\sin 2x\,dx=\boldsymbol{\frac{2}{5}e^{-\frac{\pi}{2}}+\frac{2}{5}}$

〔別解〕

$(e^{-x}\sin 2x)'=-e^{-x}\sin 2x+2e^{-x}\cos 2x$　…①

$(e^{-x}\cos 2x)'=-e^{-x}\cos 2x-2e^{-x}\sin 2x$　…②

とおくと，$(①+②\times 2)\times\left(-\frac{1}{5}\right)$ より

$$-\frac{1}{5}\{e^{-x}(\sin 2x+2\cos 2x)\}'=e^{-x}\sin 2x$$

両辺を x で積分すると

$$\int e^{-x}\sin 2x\,dx=-\frac{1}{5}\int\{e^{-x}(\sin 2x+2\cos 2x)\}'dx$$

よって　$\displaystyle\int e^{-x}\sin 2x\,dx=-\frac{1}{5}\{e^{-x}(\sin 2x+2\cos 2x)\}+C$

◀ $\displaystyle\int f'(x)dx=f(x)+C$

したがって

$$\int_0^{\frac{\pi}{2}}e^{-x}\sin 2x\,dx=-\frac{1}{5}\left[e^{-x}(\sin 2x+2\cos 2x)\right]_0^{\frac{\pi}{2}}$$

$$=-\frac{1}{5}\left\{e^{-\frac{\pi}{2}}(\sin\pi+2\cos\pi)-e^0(\sin 0+2\cos 0)\right\}$$

$$=-\frac{1}{5}\left(-2e^{-\frac{\pi}{2}}-2\right)=\frac{2}{5}e^{-\frac{\pi}{2}}+\frac{2}{5}$$

問題 **153** $\displaystyle f(x)=\int_0^{\frac{\pi}{2}}|t-x|\sin t\,dt$ とする。$f(x)$ の最小値を求めよ。

$|t-x|=\begin{cases} t-x & (t \geqq x) \\ -(t-x) & (t \leqq x) \end{cases}$ であり，積分区間が $0 \leqq t \leqq \dfrac{\pi}{2}$ であるから

(ア)　$x<0$　　(イ)　$0 \leqq x < \dfrac{\pi}{2}$　　(ウ)　$x \geqq \dfrac{\pi}{2}$

の3つの場合に分けて考える。

ここで　$\displaystyle\int t\sin t\,dt = -t\cos t + \int \cos t\,dt = -t\cos t + \sin t + C$

(ア)　$x<0$ のとき

$$\int_0^{\frac{\pi}{2}} |t-x|\sin t\,dt = \int_0^{\frac{\pi}{2}} (t-x)\sin t\,dt$$
$$= \int_0^{\frac{\pi}{2}} t\sin t\,dt - x\int_0^{\frac{\pi}{2}} \sin t\,dt$$
$$= \Big[-t\cos t + \sin t\Big]_0^{\frac{\pi}{2}} + x\Big[\cos t\Big]_0^{\frac{\pi}{2}} = 1-x$$

(イ)　$0 \leqq x < \dfrac{\pi}{2}$ のとき

$$\int_0^{\frac{\pi}{2}} |t-x|\sin t\,dt = \int_0^{x} (x-t)\sin t\,dt + \int_x^{\frac{\pi}{2}} (t-x)\sin t\,dt$$
$$= x\int_0^{x} \sin t\,dt - \int_0^{x} t\sin t\,dt + \int_x^{\frac{\pi}{2}} t\sin t\,dt - x\int_x^{\frac{\pi}{2}} \sin t\,dt$$
$$= -x\Big[\cos t\Big]_0^{x} - \Big[-t\cos t + \sin t\Big]_0^{x} + \Big[-t\cos t + \sin t\Big]_x^{\frac{\pi}{2}} + x\Big[\cos t\Big]_x^{\frac{\pi}{2}}$$
$$= -x\cos x + x - (-x\cos x + \sin x) + 1 - (-x\cos x + \sin x) - x\cos x$$
$$= x - 2\sin x + 1$$

(ウ)　$x \geqq \dfrac{\pi}{2}$ のとき

$$\int_0^{\frac{\pi}{2}} |t-x|\sin t\,dt = \int_0^{\frac{\pi}{2}} (x-t)\sin t\,dt = x-1$$

(ア)〜(ウ) より

$$f(x) = \begin{cases} 1-x & (x<0) \\ x-2\sin x+1 & \left(0 \leqq x < \dfrac{\pi}{2}\right) \\ x-1 & \left(x \geqq \dfrac{\pi}{2}\right) \end{cases}$$

ゆえに

$$f'(x) = \begin{cases} -1 & (x<0) \\ 1-2\cos x & \left(0 \leqq x < \dfrac{\pi}{2}\right) \\ 1 & \left(x \geqq \dfrac{\pi}{2}\right) \end{cases}$$

$f'(x)=0$ とおくと

$0 \leqq x < \dfrac{\pi}{2}$ のとき，$\cos x = \dfrac{1}{2}$ となり　　$x = \dfrac{\pi}{3}$

$f(x)$ の増減表は次のようになる。

◀積分変数は t であるから，x は定数とみることに注意する。

◀積分区間 $0 \leqq t \leqq \dfrac{\pi}{2}$ と x の位置関係について，場合分けする。

◀$0 \leqq t \leqq \dfrac{\pi}{2}$ では $t>x$

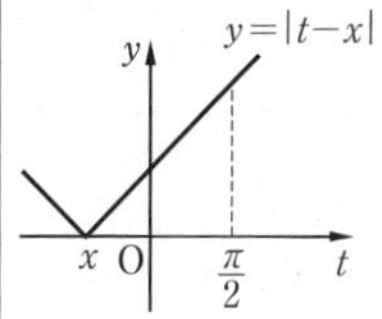

◀$0 \leqq t < x$ では $t<x$

$x \leqq t < \dfrac{\pi}{2}$ では $t \geqq x$

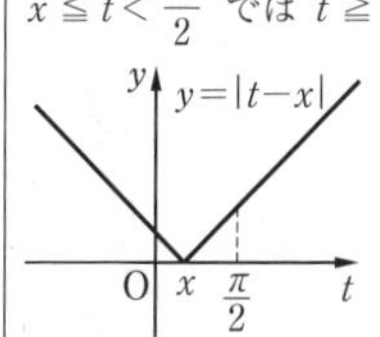

◀$0 \leqq t \leqq \dfrac{\pi}{2}$ では $t \leqq x$

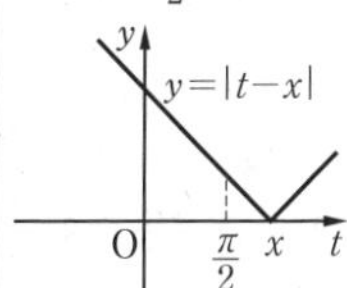

計算は(ア)の結果を利用する。

4章 12 定積分

x	$\cdots$	0	$\cdots$	$\dfrac{\pi}{3}$	$\cdots$	$\dfrac{\pi}{2}$	$\cdots$
$f'(x)$	$-$		$-$	0	$+$		$+$
$f(x)$	↘		↘	最小	↗		↗

◀ $f(x)$ は $x=0,\ \dfrac{\pi}{2}$ において連続かつ微分可能であり $f'(0)=-1,\ f'\left(\dfrac{\pi}{2}\right)=1$ である。

したがって，$f(x)$ は

$$\boldsymbol{x=\frac{\pi}{3}}\ \textbf{のとき　最小値}\ \boldsymbol{\frac{\pi}{3}-\sqrt{3}+1}$$

問題 154 定積分 $\displaystyle\int_{-\frac{\pi}{4}}^{\frac{\pi}{4}}\{(16x^2+a\sin x)^2+(\cos x+b\tan x)^2+a\}dx$ を最小にするような実数 a，b の値を求めよ。

$\displaystyle I=\int_{-\frac{\pi}{4}}^{\frac{\pi}{4}}\{(16x^2+a\sin x)^2+(\cos x+b\tan x)^2+a\}dx$ とおくと

$$I=\int_{-\frac{\pi}{4}}^{\frac{\pi}{4}}(256x^4+32ax^2\sin x+a^2\sin^2 x+\cos^2 x+2b\sin x+b^2\tan^2 x+a)dx$$

x^4，$\sin^2 x$，$\cos^2 x$，$\tan^2 x$，a は偶関数，$x^2\sin x$，$\sin x$ は奇関数であるから

◀ $x^2\sin x$ が奇関数であることは練習 150 (2) 参照。

$$I=2\int_0^{\frac{\pi}{4}}(256x^4+a^2\sin^2 x+\cos^2 x+b^2\tan^2 x+a)dx$$

ここで

$$\int\sin^2 x\,dx=\frac{1}{2}\int(1-\cos 2x)dx=\frac{1}{2}\left(x-\frac{1}{2}\sin 2x\right)+C_1$$

$$\int\cos^2 x\,dx=\frac{1}{2}\int(1+\cos 2x)dx=\frac{1}{2}\left(x+\frac{1}{2}\sin 2x\right)+C_2$$

$$\int\tan^2 x\,dx=\int\frac{\sin^2 x}{\cos^2 x}dx=\int\frac{1-\cos^2 x}{\cos^2 x}dx=\int\left(\frac{1}{\cos^2 x}-1\right)dx$$

$$=\tan x-x+C_3\quad(C_1,\ C_2,\ C_3\ \text{は積分定数})$$

よって

$$I=2\left[\frac{256}{5}x^5+\frac{1}{2}a^2\left(x-\frac{1}{2}\sin 2x\right)+\frac{1}{2}\left(x+\frac{1}{2}\sin 2x\right)+b^2(\tan x-x)+ax\right]_0^{\frac{\pi}{4}}$$

$$=\frac{\pi^5}{10}+a^2\left(\frac{\pi}{4}-\frac{1}{2}\right)+\left(\frac{\pi}{4}+\frac{1}{2}\right)+2b^2\left(1-\frac{\pi}{4}\right)+\frac{\pi}{2}a$$

$$=\frac{\pi-2}{4}a^2+\frac{\pi}{2}a+\frac{4-\pi}{2}b^2+\frac{\pi^5}{10}+\frac{\pi}{4}+\frac{1}{2}$$

$$=\frac{\pi-2}{4}\left\{a+\frac{\pi}{\pi-2}\right\}^2+\frac{4-\pi}{2}b^2+\frac{\pi^5}{10}+\frac{\pi}{4}+\frac{1}{2}-\frac{\pi^2}{4(\pi-2)}$$

◀ a，b それぞれについて方完成する。

したがって，I が最小となるとき

$$\boldsymbol{a=-\frac{\pi}{\pi-2},\quad b=0}$$

問題 **155** 等式 $f(x)=\sin x+\dfrac{1}{\pi}\displaystyle\int_0^\pi f(t)\cos(t-x)dt$ を満たす関数 $f(x)$ を求めよ。

$$f(x)=\sin x+\frac{1}{\pi}\int_0^\pi f(t)(\cos t\cos x+\sin t\sin x)dt$$

◀三角関数の加法定理

$$=\sin x+\frac{1}{\pi}\cos x\int_0^\pi f(t)\cos t\,dt+\frac{1}{\pi}\sin x\int_0^\pi f(t)\sin t\,dt \quad \cdots ①$$

◀ t で積分するから，t 以外の文字を定数と考える。

となるから

$$A=\frac{1}{\pi}\int_0^\pi f(t)\sin t\,dt \ \cdots ②,\quad B=\frac{1}{\pi}\int_0^\pi f(t)\cos t\,dt \ \cdots ③$$

とおくと，① は　　$f(x)=(A+1)\sin x+B\cos x$　　$\cdots$ ④

④ を ② に代入すると

$$A=\frac{1}{\pi}\int_0^\pi\{(A+1)\sin t+B\cos t\}\sin t\,dt$$

$$=\frac{1}{\pi}\int_0^\pi\left\{(A+1)\frac{1-\cos 2t}{2}+\frac{B}{2}\sin 2t\right\}dt$$

◀ $\sin^2 t=\dfrac{1-\cos 2t}{2}$

$\sin t\cos t=\dfrac{1}{2}\sin 2t$

$$=\frac{1}{\pi}\left[\frac{A+1}{2}\left(t-\frac{1}{2}\sin 2t\right)-\frac{B}{4}\cos 2t\right]_0^\pi=\frac{A+1}{2}$$

よって　　$A=1$　　$\cdots$ ⑤

④ を ③ に代入すると

$$B=\frac{1}{\pi}\int_0^\pi\{(A+1)\sin t+B\cos t\}\cos t\,dt$$

$$=\frac{1}{\pi}\int_0^\pi\left(\frac{A+1}{2}\sin 2t+B\frac{1+\cos 2t}{2}\right)dt$$

◀ $\cos^2 t=\dfrac{1+\cos 2t}{2}$

$$=\frac{1}{\pi}\left[-\frac{A+1}{4}\cos 2t+\frac{B}{2}\left(t+\frac{1}{2}\sin 2t\right)\right]_0^\pi=\frac{B}{2}$$

よって　　$B=0$　　$\cdots$ ⑥

⑤，⑥ を ④ に代入すると　　$\boldsymbol{f(x)=2\sin x}$

問題 **156** 関数 $f(x)=\displaystyle\int_{-x}^{x}\frac{\sin t}{1+e^t}dt$ を x で微分せよ。

$$f'(x)=\frac{d}{dx}\int_{-x}^{x}\frac{\sin t}{1+e^t}dt$$

$$=\frac{\sin x}{1+e^x}\cdot(x)'-\frac{\sin(-x)}{1+e^{-x}}\cdot(-x)'$$

$$=\frac{\sin x}{1+e^x}-\frac{\sin x}{1+e^{-x}}$$

◀ $\sin(-x)=-\sin x$

$$=\frac{\sin x}{1+e^x}-\frac{e^x\sin x}{e^x(1+e^{-x})}$$

◀通分するために，第 2 項の分母・分子に e^x を掛ける。

$$=\frac{\sin x}{1+e^x}-\frac{e^x\sin x}{e^x+1}=\boldsymbol{\frac{(1-e^x)\sin x}{e^x+1}}$$

問題 **157** $f(x)+\displaystyle\int_0^x\{f'(t)-g(t)\}dt=1$，$g(x)+\displaystyle\int_0^1\{f(t)+g'(t)\}dt=x+x^2$ を満たすような関数 $f(x)$，$g(x)$ を求めよ。

4章 12 定積分

$f(x)+\int_0^x \{f'(t)-g(t)\}dt=1$ 　　$\cdots$①

$g(x)+\int_0^1 \{f(t)+g'(t)\}dt=x+x^2$ 　$\cdots$② とおく。

①の両辺を x で微分すると　$f'(x)+\{f'(x)-g(x)\}=0$

よって　$f'(x)=\dfrac{1}{2}g(x)$　$\cdots$③

$k=\int_0^1 \{f(t)+g'(t)\}dt$ $\cdots$④ とおくと，②は

$g(x)=x^2+x-k$　$\cdots$⑤

◀ $\int_0^1 \{f(t)+g'(t)\}dt$ は定数である。

③に代入すると　$f'(x)=\dfrac{1}{2}x^2+\dfrac{1}{2}x-\dfrac{k}{2}$

ゆえに　$f(x)=\int f'(x)dx=\dfrac{1}{6}x^3+\dfrac{1}{4}x^2-\dfrac{k}{2}x+C$　$\cdots$⑥

①に $x=0$ を代入すると $f(0)=1$ であるから，⑥より

◀ $\int_0^0 \{f'(t)-g(t)\}dt=0$

$C=1$ となり　$f(x)=\dfrac{1}{6}x^3+\dfrac{1}{4}x^2-\dfrac{k}{2}x+1$　$\cdots$⑦

⑤より $g'(x)=2x+1$ であるから，④に代入すると

◀ k は定数であるから $(x^2+x-k)'=2x+$

$$\begin{aligned}k&=\int_0^1 \{f(t)+g'(t)\}dt\\&=\int_0^1\left\{\frac{1}{6}t^3+\frac{1}{4}t^2+\left(2-\frac{k}{2}\right)t+2\right\}dt\\&=\left[\frac{1}{24}t^4+\frac{1}{12}t^3+\frac{4-k}{4}t^2+2t\right]_0^1\\&=\frac{1}{24}+\frac{1}{12}+\frac{4-k}{4}+2\end{aligned}$$

これより　$k=\dfrac{5}{2}$

⑤，⑦に代入すると

$$\boldsymbol{f(x)=\frac{1}{6}x^3+\frac{1}{4}x^2-\frac{5}{4}x+1,\ \ g(x)=x^2+x-\frac{5}{2}}$$

問題 158 $F(x)=\int_0^1 (t+1)^x\,dt$ $(x>-1)$ とする。このとき，$\displaystyle\lim_{x\to0}\frac{\log F(x)}{x}$ を求めよ。

$$F(x)=\left[\frac{1}{x+1}(t+1)^{x+1}\right]_0^1=\frac{2^{x+1}-1}{x+1}$$

$x>-1$ より　$F(x)>0$

◀ $x>-1$ のとき $2^{x+1}>1,\ x+1>0$

ここで，$g(x)=\log F(x)$ とおく。

$F(0)=1$ より　$g(0)=\log F(0)=0$

よって　$\displaystyle\lim_{x\to0}\frac{\log F(x)}{x}=\lim_{x\to0}\frac{g(x)-g(0)}{x-0}=g'(0)$　$\cdots$①

ここで　$g'(x)=\{\log F(x)\}'=\dfrac{F'(x)}{F(x)}$

$F'(x)=\dfrac{2^{x+1}(\log2)(x+1)-(2^{x+1}-1)}{(x+1)^2}$ より

$F'(0)=2\log2-1$

ゆえに　$g'(0)=\dfrac{F'(0)}{F(0)}=2\log 2-1$　$\cdots$②

①，②より　$\displaystyle\lim_{x\to 0}\frac{\log F(x)}{x}=\mathbf{2\log 2-1}$

問題 159 $I_n=\displaystyle\int_0^{\frac{\pi}{4}}\tan^n x\,dx$ $(n=1,\ 2,\ 3,\ \cdots)$ とおく。

(1) $I_n+I_{n+2}=\dfrac{1}{n+1}$ が成り立つことを示せ。

(2) I_3 を求めよ。

---

(1) $I_{n+2}=\displaystyle\int_0^{\frac{\pi}{4}}\tan^{n+2}x\,dx=\int_0^{\frac{\pi}{4}}\tan^n x\cdot\tan^2 x\,dx$

$=\displaystyle\int_0^{\frac{\pi}{4}}\tan^n x\left(\frac{1}{\cos^2 x}-1\right)dx=\int_0^{\frac{\pi}{4}}\tan^n x\cdot\frac{1}{\cos^2 x}\,dx-I_n$

ここで，$J=\displaystyle\int_0^{\frac{\pi}{4}}\tan^n x\cdot\frac{1}{\cos^2 x}\,dx$ とし，$\tan x=t$ とおくと

$\dfrac{dt}{dx}=\dfrac{1}{\cos^2 x}$

x と t の対応は右の表のようになるから

x	$0\to\dfrac{\pi}{4}$
t	$0\to 1$

$J=\displaystyle\int_0^{\frac{\pi}{4}}\tan^n x\cdot\frac{dt}{dx}\,dx=\int_0^1 t^n\,dt=\frac{1}{n+1}$

したがって，$I_{n+2}=\dfrac{1}{n+1}-I_n$ より　$I_n+I_{n+2}=\dfrac{1}{n+1}$

◀ $\displaystyle\int_0^{\frac{\pi}{4}}\tan^n x\,dx$ をつくる。

◀ $1+\tan^2 x=\dfrac{1}{\cos^2 x}$ より $\tan^2 x=\dfrac{1}{\cos^2 x}-1$

◀ $\displaystyle\int_0^1 t^n\,dt=\left[\frac{1}{n+1}t^{n+1}\right]_0^1=\frac{1}{n+1}$

〔別解〕

$I_n+I_{n+2}=\displaystyle\int_0^{\frac{\pi}{4}}(\tan^n x+\tan^{n+2}x)\,dx$

$=\displaystyle\int_0^{\frac{\pi}{4}}(1+\tan^2 x)\tan^n x\,dx=\int_0^{\frac{\pi}{4}}\frac{1}{\cos^2 x}\tan^n x\,dx$

$=\displaystyle\int_0^{\frac{\pi}{4}}(\tan x)'\tan^n x\,dx$

$=\left[\dfrac{1}{n+1}\tan^{n+1}x\right]_0^{\frac{\pi}{4}}=\dfrac{1}{n+1}$

◀ $1+\tan^2 x=\dfrac{1}{\cos^2 x}$

(2) $I_1=\displaystyle\int_0^{\frac{\pi}{4}}\tan x\,dx=\int_0^{\frac{\pi}{4}}\frac{\sin x}{\cos x}\,dx$

$=\displaystyle\int_0^{\frac{\pi}{4}}\frac{-(\cos x)'}{\cos x}\,dx=\Big[-\log(\cos x)\Big]_0^{\frac{\pi}{4}}=\frac{1}{2}\log 2$

(1) より　$I_3=\dfrac{1}{2}-I_1=\dfrac{1}{2}-\dfrac{1}{2}\log 2=\mathbf{\dfrac{1}{2}(1-\log 2)}$

◀ $0\leqq x\leqq\dfrac{\pi}{4}$ のとき $\dfrac{1}{\sqrt{2}}\leqq\cos x\leqq 1$ であるから絶対値は必要ない。

Plus One

$0\leqq x\leqq\dfrac{\pi}{4}$ において，$0\leqq\tan x\leqq 1$ より $\tan^n x\geqq\tan^{n+2}x$ であるから

4章 12 定積分

$$\int_0^{\frac{\pi}{4}} \tan^n x\,dx \geqq \int_0^{\frac{\pi}{4}} \tan^{n+2} x\,dx \quad すなわち \quad I_n \geqq I_{n+2}$$

← 例題 163 参照

よって，(1) より　$\dfrac{1}{n+1} = I_{n+2} + I_n \geqq I_{n+2} + I_{n+2} = 2I_{n+2}$

すなわち　$0 \leqq I_{n+2} \leqq \dfrac{1}{2(n+1)}$

$\displaystyle\lim_{n\to\infty} \frac{1}{2(n+1)} = 0$ であるから，はさみうちの原理により

$$\lim_{n\to\infty} I_{n+2} = 0 \quad すなわち \quad \lim_{n\to\infty} I_n = 0$$

問題 160 関数 $f(x)$ が $0 \leqq x \leqq 1$ で連続であるとき，等式 $\displaystyle\int_0^{\pi} xf(\sin x)dx = \frac{\pi}{2}\int_0^{\pi} f(\sin x)dx$ が成り立つことを利用して，定積分 $\displaystyle\int_0^{\pi} \frac{x\sin x}{3+\sin^2 x}dx$ を求めよ。

$f(x) = \dfrac{x}{3+x^2}$ とおくと，$f(x)$ は $0 \leqq x \leqq 1$ で連続であるから

$$\int_0^{\pi} xf(\sin x)dx = \frac{\pi}{2}\int_0^{\pi} f(\sin x)dx$$

よって

$$\begin{aligned}
\int_0^{\pi} \frac{x\sin x}{3+\sin^2 x}dx &= \frac{\pi}{2}\int_0^{\pi} \frac{\sin x}{3+\sin^2 x}dx \\
&= \frac{\pi}{2}\int_0^{\pi} \frac{\sin x}{4-\cos^2 x}dx \\
&= \frac{\pi}{2}\int_0^{\pi} \frac{\sin x}{(2-\cos x)(2+\cos x)}dx \\
&= \frac{\pi}{2}\int_0^{\pi} \frac{1}{4}\left(\frac{\sin x}{2-\cos x} + \frac{\sin x}{2+\cos x}\right)dx \\
&= \frac{\pi}{8}\int_0^{\pi} \left\{\frac{(2-\cos x)'}{2-\cos x} - \frac{(2+\cos x)'}{2+\cos x}\right\}dx \\
&= \frac{\pi}{8}\Big[\log(2-\cos x) - \log(2+\cos x)\Big]_0^{\pi} \\
&= \frac{\pi}{8}\{\log 3 - (-\log 3)\} = \frac{\pi}{8}\cdot 2\log 3 = \boldsymbol{\frac{\pi}{4}\log 3}
\end{aligned}$$

◀ $\sin^2 x = 1 - \cos^2 x$ より
$3 + \sin^2 x = 4 - \cos^2$
$= (2-\cos x)(2+\cos x)$

◀ $-1 \leqq \cos x \leqq 1$ より
$2 - \cos x > 0$
$2 + \cos x > 0$

p.277 定期テスト攻略 ▸ 12

1 次の定積分を求めよ。

(1) $\displaystyle\int_{-2}^{1} \frac{2x^3+5x^2-14x-2}{x^2+2x-8}dx$　　(2) $\displaystyle\int_0^{2} \frac{2x-1}{x^2-x+1}dx$

(3) $\displaystyle\int_{-\frac{\pi}{4}}^{\frac{\pi}{6}} \cos 5x \cos x\,dx$　　(4) $\displaystyle\int_{-1}^{1} |xe^x|\,dx$

(1) $\displaystyle\int_{-2}^{1} \frac{2x^3+5x^2-14x-2}{x^2+2x-8}dx$

$$= \int_{-2}^{1}\left(2x+1+\frac{6}{x^2+2x-8}\right)dx$$

$$= \int_{-2}^{1}\left(2x+1+\frac{6}{(x-2)(x+4)}\right)dx$$

$$= \int_{-2}^{1}\left(2x+1+\frac{1}{x-2}-\frac{1}{x+4}\right)dx$$

$$= \Big[x^2+x+\log|x-2|-\log|x+4|\Big]_{-2}^{1}$$

$$= (1+1+\log 1-\log 5)-(4-2+\log 4-\log 2)$$

$$= \log 2-\log 5-\log 4 = \boldsymbol{\log\frac{1}{10}}$$

◀ $2x^3+5x^2-14x-2 = (x^2+2x-8)(2x+1)+6$

◀ $\dfrac{6}{(x-2)(x+4)} = \dfrac{a}{x-2}+\dfrac{b}{x+4}$ とおくと $a=1,\ b=-1$

(2) $$\int_0^2 \frac{2x-1}{x^2-x+1}dx = \int_0^2 \frac{(x^2-x+1)'}{x^2-x+1}dx$$

$$= \Big[\log|x^2-x+1|\Big]_0^2$$

$$= \log|4-2+1|-\log 1 = \boldsymbol{\log 3}$$

(3) $$\int_{-\frac{\pi}{4}}^{\frac{\pi}{6}} \cos 5x\cos x\,dx = \frac{1}{2}\int_{-\frac{\pi}{4}}^{\frac{\pi}{6}}(\cos 6x+\cos 4x)dx$$

$$= \frac{1}{2}\left[\frac{1}{6}\sin 6x+\frac{1}{4}\sin 4x\right]_{-\frac{\pi}{4}}^{\frac{\pi}{6}}$$

$$= \frac{1}{2}\left\{\left(\frac{1}{6}\cdot 0+\frac{1}{4}\cdot\frac{\sqrt{3}}{2}\right)-\left(\frac{1}{6}\cdot 1+\frac{1}{4}\cdot 0\right)\right\}$$

$$= \frac{1}{2}\left(\frac{\sqrt{3}}{8}-\frac{1}{6}\right) = \boldsymbol{\frac{\sqrt{3}}{16}-\frac{1}{12}}$$

◀ $\cos\alpha\cos\beta = \dfrac{1}{2}\{\cos(\alpha+\beta)+\cos(\alpha-\beta)\}$

(4) $$|xe^x| = \begin{cases} xe^x & (0 \leqq x \leqq 1) \\ -xe^x & (-1 \leqq x \leqq 0) \end{cases}$$

ここで　$\displaystyle\int xe^x dx = xe^x - \int e^x dx = (x-1)e^x + C$

◀ 部分積分法

よって

$$\int_{-1}^{1}|xe^x|dx = \int_{-1}^{0}(-xe^x)dx + \int_0^1 xe^x dx$$

$$= -\Big[(x-1)e^x\Big]_{-1}^{0} + \Big[(x-1)e^x\Big]_0^1$$

$$= -\{(-1)-(-2e^{-1})\}+\{0-(-1)\}$$

$$= \boldsymbol{2-\frac{2}{e}}$$

2 次の定積分を求めよ。

(1) $\displaystyle\int_0^4 \frac{x}{\sqrt{2x+1}}dx$　　(2) $\displaystyle\int_0^{\frac{1}{2}} (x+1)\sqrt{1-2x^2}\,dx$

(3) $\displaystyle\int_{-3}^{-1} \frac{dx}{x^2+4x+5}$　　(4) $\displaystyle\int_1^3 \frac{\log(x+1)}{x^2}dx$

(1) $\sqrt{2x+1}=t$ とおくと，$x=\dfrac{1}{2}(t^2-1)$ となり

$$\frac{dx}{dt} = t$$

◀ $dx = t\,dt$

4章 12 定積分

x と t の対応は右の表のようになるから

x	$0 \to 4$
t	$1 \to 3$

$$\int_0^4 \frac{x}{\sqrt{2x+1}}dx = \int_1^3 \frac{t^2-1}{2t} \cdot t\,dt$$
$$= \frac{1}{2}\int_1^3 (t^2-1)dt$$
$$= \frac{1}{2}\left[\frac{1}{3}t^3 - t\right]_1^3 = \mathbf{\frac{10}{3}}$$

〔別解〕

$$\int_0^4 \frac{x}{\sqrt{2x+1}}dx = \frac{1}{2}\int_0^4 \frac{(2x+1)-1}{\sqrt{2x+1}}dx$$
$$= \frac{1}{2}\int_0^4 \left\{(2x+1)^{\frac{1}{2}} - (2x+1)^{-\frac{1}{2}}\right\}dx$$
$$= \frac{1}{2}\left[\frac{1}{2}\cdot\frac{2}{3}(2x+1)^{\frac{3}{2}} - \frac{1}{2}\cdot 2(2x+1)^{\frac{1}{2}}\right]_0^4 = \frac{10}{3}$$

◀ $\displaystyle\int f(ax+b)dx = \frac{1}{a}F(ax+b)+C$

(2) $x = \dfrac{1}{\sqrt{2}}\sin\theta$ とおくと　$\dfrac{dx}{d\theta} = \dfrac{1}{\sqrt{2}}\cos\theta$

x と θ の対応は右の表のようになるから

x	$0 \to \frac{1}{2}$
θ	$0 \to \frac{\pi}{4}$

◀ $x = \dfrac{1}{2}$ のとき $\dfrac{1}{2} = \dfrac{1}{\sqrt{2}}\sin\theta$
$\sin\theta = \dfrac{1}{\sqrt{2}}$ より
$\theta = \dfrac{\pi}{4}$

$$\int_0^{\frac{1}{2}} (x+1)\sqrt{1-2x^2}\,dx$$
$$= \int_0^{\frac{\pi}{4}} \left(\frac{1}{\sqrt{2}}\sin\theta + 1\right)\sqrt{1-\sin^2\theta}\cdot\frac{1}{\sqrt{2}}\cos\theta\,d\theta$$
$$= \int_0^{\frac{\pi}{4}} \left(\frac{1}{\sqrt{2}}\sin\theta + 1\right)\sqrt{\cos^2\theta}\cdot\frac{1}{\sqrt{2}}\cos\theta\,d\theta$$

◀ $0 \leqq \theta \leqq \dfrac{\pi}{4}$ のとき
$\sqrt{\cos^2\theta} = |\cos\theta| = \cos\theta$

$$= \frac{1}{2}\int_0^{\frac{\pi}{4}} \sin\theta\cos^2\theta\,d\theta + \frac{1}{\sqrt{2}}\int_0^{\frac{\pi}{4}} \cos^2\theta\,d\theta$$
$$= \frac{1}{2}\int_0^{\frac{\pi}{4}} \sin\theta\cos^2\theta\,d\theta + \frac{1}{\sqrt{2}}\int_0^{\frac{\pi}{4}} \frac{1+\cos2\theta}{2}d\theta$$

◀ $\displaystyle\int_0^{\frac{\pi}{4}} \sin\theta\cos^2\theta\,d\theta$ は, $t=\cos\theta$ とおいて置換積分法を用いてもよい。

$$= -\frac{1}{2}\left[\frac{1}{3}\cos^3\theta\right]_0^{\frac{\pi}{4}} + \frac{\sqrt{2}}{4}\left[\theta + \frac{1}{2}\sin2\theta\right]_0^{\frac{\pi}{4}}$$
$$= -\frac{1}{6}\left(\frac{1}{2\sqrt{2}} - 1\right) + \frac{\sqrt{2}}{4}\left(\frac{\pi}{4} + \frac{1}{2}\right)$$
$$= \mathbf{\frac{1}{6} + \frac{\sqrt{2}}{12} + \frac{\sqrt{2}}{16}\pi}$$

(3) $\displaystyle\int_{-3}^{-1} \frac{dx}{x^2+4x+5} = \int_{-3}^{-1} \frac{dx}{(x+2)^2+1}$

$x+2 = \tan\theta$ $\left(-\dfrac{\pi}{2} < \theta < \dfrac{\pi}{2}\right)$ とおくと　$\dfrac{dx}{d\theta} = \dfrac{1}{\cos^2\theta}$

◀ 被積分関数の分母が $\tan^2\theta+1$ となるようにを置換する。

x と θ の対応は右の表のようになるから

x	$-3 \to -1$
θ	$-\frac{\pi}{4} \to \frac{\pi}{4}$

$$(\text{与式}) = \int_{-\frac{\pi}{4}}^{\frac{\pi}{4}} \frac{1}{\tan^2\theta+1}\cdot\frac{1}{\cos^2\theta}d\theta$$

◀ $1+\tan^2\theta = \dfrac{1}{\cos^2\theta}$

$$= \int_{-\frac{\pi}{4}}^{\frac{\pi}{4}} d\theta = \Big[\theta\Big]_{-\frac{\pi}{4}}^{\frac{\pi}{4}} = \mathbf{\frac{\pi}{2}}$$

(4) $\displaystyle\int_1^3 \frac{\log(x+1)}{x^2}dx = \int_1^3 (-x^{-1})'\log(x+1)dx$

◀ $\dfrac{1}{x^2} = x^{-2}$

$$= \left[-\frac{1}{x}\log(x+1) \right]_1^3 - \int_1^3 \left(-\frac{1}{x} \cdot \frac{1}{x+1} \right) dx$$

$$= \left\{ -\frac{1}{3}\log 4 - (-\log 2) \right\} + \int_1^3 \left(\frac{1}{x} - \frac{1}{x+1} \right) dx$$

◀ $\dfrac{1}{x(x+1)} = \dfrac{1}{x} - \dfrac{1}{x+1}$ 部分分数に分解する。

$$= \log 2 - \frac{2}{3}\log 2 + \left[\log x - \log(x+1) \right]_1^3$$

$$= \frac{1}{3}\log 2 + (\log 3 - \log 4) - (-\log 2)$$

$$= \mathbf{\log 3 - \frac{2}{3}\log 2}$$

3 どのような実数 p, q に対しても

$$\int_{-\frac{\pi}{2}}^{\frac{\pi}{2}} (p\cos x + q\sin x)(x^2 + \alpha x + \beta)dx = 0$$

が成り立つような実数 α, β の値を求めよ。

$(p\cos x + q\sin x)(x^2 + \alpha x + \beta)$

$= px^2\cos x + p\alpha x\cos x + p\beta\cos x + qx^2\sin x + q\alpha x\sin x + q\beta\sin x$

ここで，x^2，$\cos x$ は偶関数であり，x，$\sin x$ は奇関数であるから，

$x^2\cos x$，$x\sin x$ は偶関数であり，$x\cos x$，$x^2\sin x$ は奇関数である。

◀ (偶関数)×(偶関数) ＝(偶関数)
(偶関数)×(奇関数) ＝(奇関数)
(奇関数)×(奇関数) ＝(偶関数)

よって

$$\int_{-\frac{\pi}{2}}^{\frac{\pi}{2}} (p\cos x + q\sin x)(x^2 + \alpha x + \beta)dx$$

$$= 2\int_0^{\frac{\pi}{2}} (px^2\cos x + p\beta\cos x + q\alpha x\sin x)dx$$

ここで　$\displaystyle\int_0^{\frac{\pi}{2}} x^2\cos x\,dx = \left[x^2\sin x \right]_0^{\frac{\pi}{2}} - \int_0^{\frac{\pi}{2}} 2x\sin x\,dx$

$$= \frac{\pi^2}{4} - 2\left\{ \left[-x\cos x \right]_0^{\frac{\pi}{2}} - \int_0^{\frac{\pi}{2}} (-\cos x)dx \right\}$$

$$= \frac{\pi^2}{4} - 2\left[\sin x \right]_0^{\frac{\pi}{2}} = \frac{\pi^2}{4} - 2$$

$$\int_0^{\frac{\pi}{2}} \cos x\,dx = \left[\sin x \right]_0^{\frac{\pi}{2}} = 1$$

$$\int_0^{\frac{\pi}{2}} x\sin x\,dx = \left[-x\cos x \right]_0^{\frac{\pi}{2}} - \int_0^{\frac{\pi}{2}} (-\cos x)dx = \left[\sin x \right]_0^{\frac{\pi}{2}} = 1$$

よって，与えられた等式は　$2\left\{ p\left(\dfrac{\pi^2}{4} - 2 \right) + p\beta + q\alpha \right\} = 0$

ゆえに　$p\left(\dfrac{\pi^2}{4} - 2 + \beta \right) + q\alpha = 0$

◀ p，q についての恒等式であるから，p，q について整理する。

これが，p，q の値にかかわらず成り立つのは

$\dfrac{\pi^2}{4} - 2 + \beta = 0$　かつ　$\alpha = 0$

したがって　$\boldsymbol{\alpha = 0}$，$\boldsymbol{\beta = 2 - \dfrac{\pi^2}{4}}$

4章 12 定積分

4 関数 $f(x)$ は $f(x)=3x+2\int_0^1(t+e^x)f(t)dt$ を満たしている。

(1) $\int_0^1 f(x)dx=a$, $\int_0^1 xf(x)dx=b$ とするとき，$f(x)$ を x, a, b の式で表せ。

(2) a, b の値および $f(x)$ を求めよ。

(1) $f(x)=3x+2\int_0^1(t+e^x)f(t)dt$ より

$$f(x)=3x+2\int_0^1 tf(t)dt+2e^x\int_0^1 f(t)dt \quad \cdots ①$$

$\int_0^1 f(t)dt=a \cdots ②$, $\int_0^1 tf(t)dt=b \cdots ③$ であるから

① に代入すると　$\boldsymbol{f(x)=3x+2ae^x+2b}$　$\cdots ④$

(2) ④ を ③ に代入すると

$$b=\int_0^1 t(3t+2ae^t+2b)dt$$
$$=\int_0^1(3t^2+2ate^t+2bt)dt$$
$$=\Big[t^3+2a(t-1)e^t+bt^2\Big]_0^1$$
$$=(1+b)-(-2a)=b+2a+1$$

◀ $\int te^t dt=te^t-\int e^t dt$
$=te^t-e^t+C$
$=(t-1)e^t+C$

よって，$2a+1=0$ より　$\boldsymbol{a=-\frac{1}{2}}$　$\cdots ⑤$

④，⑤ を ② に代入すると

$$-\frac{1}{2}=\int_0^1(3t-e^t+2b)dt$$
$$=\Big[\frac{3}{2}t^2-e^t+2bt\Big]_0^1$$
$$=\Big(\frac{3}{2}-e+2b\Big)-(-1)=2b+\frac{5}{2}-e$$

よって，$2b=-3+e$ より　$\boldsymbol{b=\frac{e-3}{2}}$　$\cdots ⑥$

⑤，⑥ を ④ に代入すると　$\boldsymbol{f(x)=3x-e^x+e-3}$

5 $f(x)=\int_{-x}^{x}t\cos\Big(\frac{\pi}{4}-t\Big)dt$ とする。

(1) $f(x)$ の導関数 $f'(x)$ を求めよ。

(2) $0\leqq x\leqq 2\pi$ における $f(x)$ の最大値と最小値を求めよ。

(1) $t\cos\Big(\frac{\pi}{4}-t\Big)$ の原始関数の 1 つを $g(t)$ とすると，

$g'(t)=t\cos\Big(\frac{\pi}{4}-t\Big)$ であり

$$f(x)=\int_{-x}^{x}t\cos\Big(\frac{\pi}{4}-t\Big)dt$$
$$=\Big[g(t)\Big]_{-x}^{x}=g(x)-g(-x)$$

◀ $t\cos\Big(\frac{\pi}{4}-t\Big)$ の原始関
を具体的に求めないで
$g(t)$ とおくと，後の計
が楽になることがある

よって

$$
\begin{aligned}
f'(x) &= g'(x) - g'(-x)\cdot(-x)' \\
&= g'(x) + g'(-x) \\
&= x\cos\left(\frac{\pi}{4} - x\right) + (-x)\cos\left(\frac{\pi}{4} + x\right) \\
&= x\left(\cos\frac{\pi}{4}\cos x + \sin\frac{\pi}{4}\sin x\right) - x\left(\cos\frac{\pi}{4}\cos x - \sin\frac{\pi}{4}\sin x\right) \\
&= \boldsymbol{\sqrt{2}\,x\sin x}
\end{aligned}
$$

◀一般に
$\dfrac{d}{dx}\displaystyle\int_{g(x)}^{h(x)} f(t)dt$
$= f(h(x))h'(x) - f(g(x))g'(x)$

◀加法定理
$\cos(\alpha \pm \beta)$
$= \cos\alpha\cos\beta \mp \sin\alpha\sin\beta$
（複号同順）

(2)　$f'(x) = 0$ とおくと　　$x = 0$　または　$\sin x = 0$

$0 \leqq x \leqq 2\pi$ の範囲で　　$x = 0,\ \pi,\ 2\pi$

$f(x)$ の増減表は次のようになる。

x	0	$\cdots$	π	$\cdots$	2π
$f'(x)$		$+$	0	$-$	
$f(x)$	$f(0)$	↗	極大	↘	$f(2\pi)$

(1) より，$f'(x) = \sqrt{2}\,x\sin x$ であるから

$$
\begin{aligned}
f(x) &= \int \sqrt{2}\,x\sin x\,dx \\
&= -\sqrt{2}\,x\cos x + \sqrt{2}\int \cos x\,dx \\
&= -\sqrt{2}\,x\cos x + \sqrt{2}\sin x + C
\end{aligned}
$$

また，$f(0) = \displaystyle\int_0^0 t\cos\left(\frac{\pi}{4} - t\right)dt = 0$ であるから

◀一般に $\displaystyle\int_a^a f(x)dx = 0$

$C = 0$

よって　　$f(x) = -\sqrt{2}\,x\cos x + \sqrt{2}\sin x$

ゆえに

$f(\pi) = -\sqrt{2}\,\pi\cos\pi + \sqrt{2}\sin\pi = \sqrt{2}\,\pi$

$f(2\pi) = -2\sqrt{2}\,\pi\cos 2\pi + \sqrt{2}\sin 2\pi = -2\sqrt{2}\,\pi$

であるから，$f(x)$ は

$x = \pi$ のとき　最大値 $\sqrt{2}\,\pi$

$x = 2\pi$ のとき　最小値 $-2\sqrt{2}\,\pi$

13 区分求積法，面積

p.281 Quick Check 13

① (1) $\displaystyle\lim_{n\to\infty}\frac{1}{n}\left(\frac{1}{n}+\frac{2}{n}+\frac{3}{n}+\cdots+\frac{n}{n}\right)$

$\displaystyle=\lim_{n\to\infty}\frac{1}{n}\sum_{k=1}^{n}\frac{k}{n}$

$\displaystyle=\int_0^1 x\,dx=\left[\frac{x^2}{2}\right]_0^1=\frac{1}{2}$

(2) $\displaystyle\lim_{n\to\infty}\frac{1}{n}\left(1+e^{\frac{1}{n}}+e^{\frac{2}{n}}+\cdots+e^{\frac{n-1}{n}}\right)$

$\displaystyle=\lim_{n\to\infty}\frac{1}{n}\sum_{k=0}^{n-1}e^{\frac{k}{n}}$

$\displaystyle=\int_0^1 e^x\,dx=\left[e^x\right]_0^1=e-1$

② (1) $0\leqq x\leqq\dfrac{\pi}{2}$ より

$0\leqq\sin x\leqq1$，$0\leqq\cos x\leqq1$

また，$f(x)=x-\sin x$ とおくと

$f'(x)=1-\cos x\geqq0$

よって，$f(x)$ は常に増加する。

$f(0)=0$ より

$0\leqq x\leqq\dfrac{\pi}{2}$ のとき　$f(x)\geqq0$

したがって　$0\leqq\sin x\leqq x$

(2) (1)の不等式において，等号が成り立つのは $x=0$ のときだけである。

よって

$\displaystyle\int_0^{\frac{\pi}{2}}0\,dx<\int_0^{\frac{\pi}{2}}\sin x\,dx<\int_0^{\frac{\pi}{2}}x\,dx$

$\displaystyle0<\int_0^{\frac{\pi}{2}}\sin x\,dx<\left[\frac{x^2}{2}\right]_0^{\frac{\pi}{2}}$

したがって

$\displaystyle0<\int_0^{\frac{\pi}{2}}\sin x\,dx<\frac{\pi^2}{8}$

③ (1)

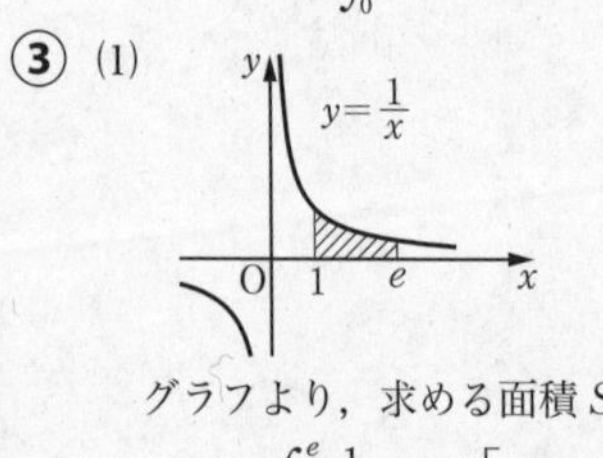

グラフより，求める面積 S は

$\displaystyle S=\int_1^e\frac{1}{x}\,dx=\left[\log|x|\right]_1^e=1$

(2)

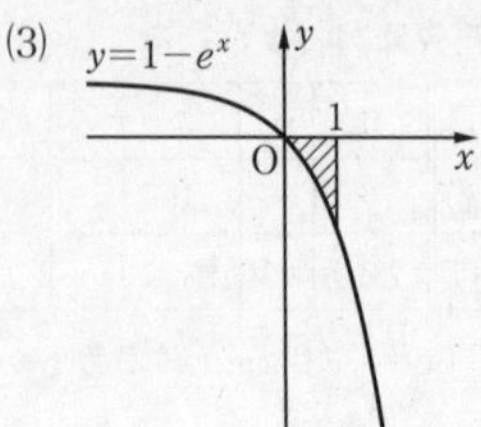

グラフより，求める面積 S は

$\displaystyle S=\int_0^{\pi}\sin x\,dx=\left[-\cos x\right]_0^{\pi}=2$

(3)

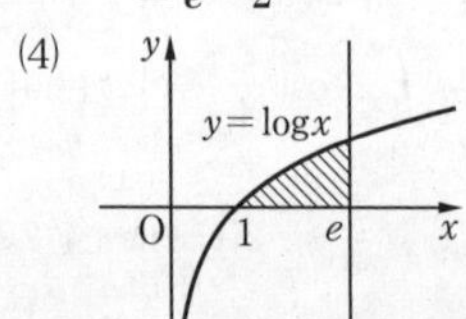

グラフより，求める面積 S は

$\displaystyle S=-\int_0^1(1-e^x)dx=-\left[x-e^x\right]_0^1$

$=e-2$

(4)

グラフより，求める面積 S は

$\displaystyle S=\int_1^e\log x\,dx$

$\displaystyle=\int_1^e(x)'\log x\,dx$

$\displaystyle=\left[x\log x\right]_1^e-\int_1^e x\cdot\frac{1}{x}dx$

$\displaystyle=e-\left[x\right]_1^e=1$

④ (1) $y=\dfrac{2}{x}$ と $y=-x+3$ の共有点の座標は，$\dfrac{2}{x}=-x+3$ より

$x^2-3x+2=0$

$(x-1)(x-2)=0$

よって　　$x=1,\ 2$

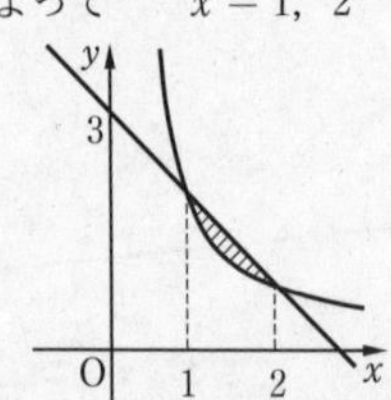

グラフより，求める面積 S は

$$S=\int_1^2\left\{(-x+3)-\frac{2}{x}\right\}dx$$

$$=\left[-\frac{1}{2}x^2+3x-2\log|x|\right]_1^2$$

$$=\mathbf{\frac{3}{2}-2\log 2}$$

(2) $y=\sqrt{x+2}$，$y=\frac{1}{2}x+1$ の共有点の

x 座標は，$\sqrt{x+2}=\frac{1}{2}x+1$ より

$$2\sqrt{x+2}=x+2$$

両辺を 2 乗すると　$4x+8=x^2+4x+4$

$x^2-4=0$ より　　$x=-2,\ 2$

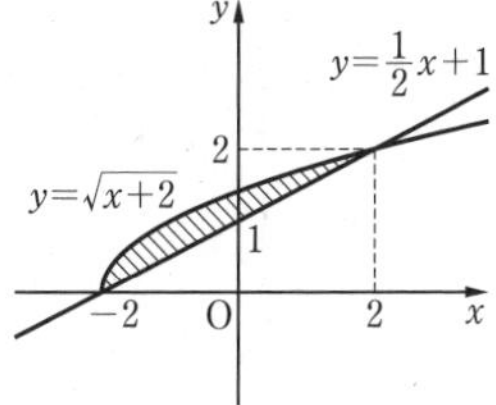

グラフより，求める面積 S は

$$S=\int_{-2}^2\left\{\sqrt{x+2}-\left(\frac{1}{2}x+1\right)\right\}dx$$

$$=\left[\frac{2}{3}(x+2)\sqrt{x+2}-\frac{1}{4}x^2-x\right]_{-2}^2$$

$$=\mathbf{\frac{4}{3}}$$

5 (1)

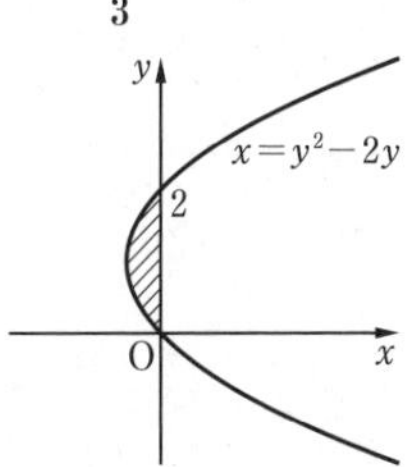

グラフより，求める面積 S は

$$S=-\int_0^2(y^2-2y)dy$$

$$=-\left[\frac{1}{3}y^3-y^2\right]_0^2=\mathbf{\frac{4}{3}}$$

(2) $y=\log x$ を変形すると　　$x=e^y$

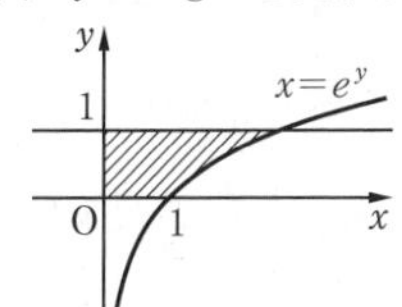

グラフより，求める面積 S は

$$S=\int_0^1 e^y dy=\left[e^y\right]_0^1=\mathbf{e-1}$$

練習 161 次の極限値を求めよ。

(1) $\lim_{n\to\infty}\left\{\frac{n}{(n+1)^2}+\frac{n}{(n+2)^2}+\cdots+\frac{n}{(n+n)^2}\right\}$　(明治大)

(2) $\lim_{n\to\infty}\frac{1^4+2^4+\cdots+(n-1)^4}{n^5}$　(愛媛大)

(3) $\lim_{n\to\infty}\frac{1}{n^2}\sum_{k=1}^{n}\left(k\sin\frac{k}{2n}\pi\right)$　(信州大)

(1) $\frac{n}{(n+1)^2}+\frac{n}{(n+2)^2}+\cdots+\frac{n}{(n+n)^2}$

$$=\frac{\frac{1}{n}}{\left(1+\frac{1}{n}\right)^2}+\frac{\frac{1}{n}}{\left(1+\frac{2}{n}\right)^2}+\cdots+\frac{\frac{1}{n}}{\left(1+\frac{n}{n}\right)^2}$$

◀分母・分子を n^2 で割って，$\frac{k}{n}$ の形をつくる。

$$=\frac{1}{n}\left\{\frac{1}{\left(1+\frac{1}{n}\right)^2}+\frac{1}{\left(1+\frac{2}{n}\right)^2}+\cdots+\frac{1}{\left(1+\frac{n}{n}\right)^2}\right\}$$

$$=\frac{1}{n}\sum_{k=1}^{n}\frac{1}{\left(1+\frac{k}{n}\right)^2}$$

よって，$f(x)=\frac{1}{(1+x)^2}$ とおくと

$$(\text{与式}) = \lim_{n\to\infty}\frac{1}{n}\sum_{k=1}^{n}\frac{1}{\left(1+\frac{k}{n}\right)^2} = \lim_{n\to\infty}\frac{1}{n}\sum_{k=1}^{n} f\left(\frac{k}{n}\right)$$

$$= \int_0^1 f(x)dx = \int_0^1 \frac{1}{(1+x)^2}dx = \left[-\frac{1}{1+x}\right]_0^1 = \mathbf{\frac{1}{2}}$$

(2) $\dfrac{1^4+2^4+\cdots+(n-1)^4}{n^5}$

$$= \frac{1}{n}\cdot\frac{1^4+2^4+\cdots+(n-1)^4}{n^4}$$

◀ $\dfrac{1}{n}$ でくくる。

$$= \frac{1}{n}\left\{\left(\frac{0}{n}\right)^4+\left(\frac{1}{n}\right)^4+\left(\frac{2}{n}\right)^4+\cdots+\left(\frac{n-1}{n}\right)^4\right\} = \frac{1}{n}\sum_{k=0}^{n-1}\left(\frac{k}{n}\right)^4$$

◀ $\left(\dfrac{0}{n}\right)^4 = 0$ を補って考える。

よって，$f(x) = x^4$ とおくと

$$(\text{与式}) = \lim_{n\to\infty}\frac{1}{n}\sum_{k=0}^{n-1}\left(\frac{k}{n}\right)^4 = \lim_{n\to\infty}\frac{1}{n}\sum_{k=0}^{n-1} f\left(\frac{k}{n}\right)$$

$$= \int_0^1 f(x)dx = \int_0^1 x^4\,dx = \left[\frac{1}{5}x^5\right]_0^1 = \mathbf{\frac{1}{5}}$$

(3) $\dfrac{1}{n^2}\displaystyle\sum_{k=1}^{n}\left(k\sin\frac{k}{2n}\pi\right) = \frac{1}{n}\sum_{k=1}^{n}\frac{k}{n}\sin\left(\frac{\pi}{2}\cdot\frac{k}{n}\right)$

◀ $\dfrac{k}{n}$ の形をつくる。

よって，$f(x) = x\sin\dfrac{\pi}{2}x$ とおくと

$$(\text{与式}) = \lim_{n\to\infty}\frac{1}{n}\sum_{k=1}^{n}\frac{k}{n}\sin\left(\frac{\pi}{2}\cdot\frac{k}{n}\right) = \lim_{n\to\infty}\frac{1}{n}\sum_{k=1}^{n} f\left(\frac{k}{n}\right)$$

$$= \int_0^1 f(x)dx = \int_0^1 x\sin\frac{\pi}{2}x\,dx$$

$$= \int_0^1 x\left(-\frac{2}{\pi}\cos\frac{\pi}{2}x\right)'dx$$

$$= \left[x\cdot\left(-\frac{2}{\pi}\cos\frac{\pi}{2}x\right)\right]_0^1 + \int_0^1\frac{2}{\pi}\cos\frac{\pi}{2}x\,dx$$

◀ 部分積分法を用いる。

$$= \frac{2}{\pi}\left[\frac{2}{\pi}\sin\frac{\pi}{2}x\right]_0^1 = \mathbf{\frac{4}{\pi^2}}$$

練習 162 例題 162 において，$\displaystyle\lim_{n\to\infty}\frac{\mathrm{AP}_1+\mathrm{AP}_2+\cdots+\mathrm{AP}_n}{n}$ を求めよ。

$\angle\mathrm{AOP}_k = \dfrac{\pi}{n}k$ より

$$\angle\mathrm{ABP}_k = \frac{\pi}{2n}k$$

◀ (円周角) $= \dfrac{1}{2}\times$(中心角)

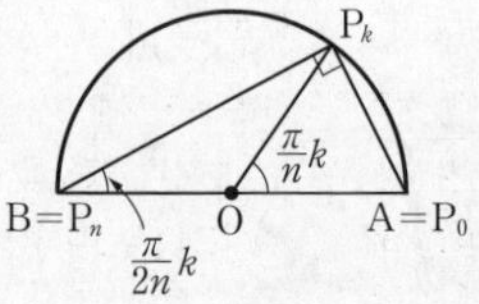

よって，$\triangle\mathrm{ABP}_k$ において，
$\angle\mathrm{AP}_k\mathrm{B} = 90^\circ$ より

$$\mathrm{AP}_k = \mathrm{AB}\sin\angle\mathrm{ABP}_k = 2a\sin\frac{\pi}{2n}k$$

◀〔別解〕参照。

したがって

$$\lim_{n\to\infty}\frac{\mathrm{AP}_1+\mathrm{AP}_2+\cdots+\mathrm{AP}_n}{n} = \lim_{n\to\infty}\frac{1}{n}\sum_{k=1}^{n}\mathrm{AP}_k$$

$$= \lim_{n\to\infty}\frac{1}{n}\sum_{k=1}^{n}2a\sin\frac{\pi}{2n}k$$

$$= 2a\lim_{n\to\infty}\frac{1}{n}\sum_{k=1}^{n}\sin\left(\frac{\pi}{2}\cdot\frac{k}{n}\right)$$
$$= 2a\int_0^1 \sin\frac{\pi}{2}x\,dx$$
$$= 2a\left[-\frac{2}{\pi}\cos\frac{\pi}{2}x\right]_0^1 = \boldsymbol{\frac{4a}{\pi}}$$

〔別解〕 ($\mathrm{AP}_k = 2a\sin\frac{\pi}{2n}k$ について)

$\triangle\mathrm{AOP}_k$ において，$\angle\mathrm{AOP}_k = \frac{\pi}{n}k$ より，余弦定理を用いて

$$\mathrm{AP}_k{}^2 = a^2 + a^2 - 2a\cdot a\cos\frac{\pi}{n}k$$
$$= 2a^2\left(1-\cos\frac{\pi}{n}k\right)$$
$$= 2a^2\cdot 2\sin^2\frac{\pi}{2n}k = 4a^2\sin^2\frac{\pi}{2n}k$$

◀半角の公式 $\sin^2\frac{\theta}{2} = \frac{1-\cos\theta}{2}$

$\mathrm{AP}_k > 0$ より　　$\mathrm{AP}_k = 2a\sin\frac{\pi}{2n}k$

練習 163 $0 \leqq x \leqq 2$ のとき，$\frac{1}{(x+1)^2} \leqq \frac{1}{x^3+1} \leqq 1$ であることを示し，これを用いて不等式 $\frac{2}{3} < \int_0^2 \frac{dx}{x^3+1} < 2$ を証明せよ。

$0 \leqq x \leqq 2$ のとき，$0 \leqq x^3$ であるから　　$1 \leqq x^3+1$

両辺ともに正であるから，逆数をとると　　$1 \geqq \frac{1}{x^3+1}$　…①

◀$A>0$，$B>0$ のとき $A \leqq B \Longleftrightarrow \frac{1}{B} \leqq \frac{1}{A}$

また　　$(x^3+1)-(x+1)^2 = x^3-x^2-2x = x(x-2)(x+1)$

$0 \leqq x \leqq 2$ より　　$x(x-2)(x+1) \leqq 0$

よって　　$x^3+1 \leqq (x+1)^2$

両辺ともに正であるから，逆数をとると　　$\frac{1}{x^3+1} \geqq \frac{1}{(x+1)^2}$　…②

①，② より，$0 \leqq x \leqq 2$ のとき　　$\frac{1}{(x+1)^2} \leqq \frac{1}{x^3+1} \leqq 1$　…③

不等式 ③ において，等号が成り立つのは $x=0$，2 のときだけである

から　　$\int_0^2 \frac{dx}{(x+1)^2} < \int_0^2 \frac{dx}{x^3+1} < \int_0^2 dx$

◀$x=0$ のとき両方の等号が，$x=2$ のとき左側の等号が，成り立つだけである。

ここで　　$\int_0^2 \frac{dx}{(x+1)^2} = \left[-\frac{1}{x+1}\right]_0^2 = \frac{2}{3}$，$\int_0^2 dx = \left[x\right]_0^2 = 2$

◀等号が成り立たないことに注意する。

したがって　　$\frac{2}{3} < \int_0^2 \frac{dx}{x^3+1} < 2$

練習 164 n を 2 以上の自然数とするとき，次の不等式を証明せよ。

$$\log(n+1) < 1 + \frac{1}{2} + \frac{1}{3} + \cdots + \frac{1}{n} < 1 + \log n$$

$x>0$ で $y=\frac{1}{x}$ は減少関数である。

◀各項の逆数をとる。

自然数 k に対して，$k<x<k+1$ のとき

$$\frac{1}{k+1}<\frac{1}{x}<\frac{1}{k}$$

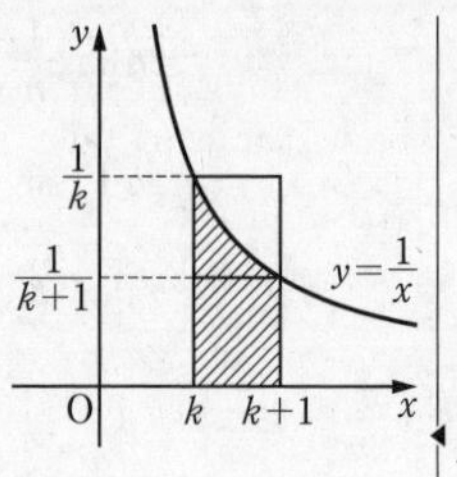

よって

$$\int_k^{k+1}\frac{1}{k+1}dx<\int_k^{k+1}\frac{1}{x}dx<\int_k^{k+1}\frac{1}{k}dx$$

すなわち　$$\frac{1}{k+1}<\int_k^{k+1}\frac{1}{x}dx<\frac{1}{k}$$

◀ $\frac{1}{k+1}$ ▢ $\frac{1}{k}$ < ▢ < ▢　k　$k+1$

面積の大小関係を表している。

$\frac{1}{k+1}<\int_k^{k+1}\frac{1}{x}dx$ より

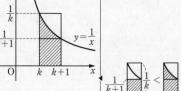

$$\sum_{k=1}^{n-1}\frac{1}{k+1}<\sum_{k=1}^{n-1}\int_k^{k+1}\frac{1}{x}dx$$

◀両辺に $k=1, 2, \cdots, n-1$ を代入して加える。

ここで

$$\sum_{k=1}^{n-1}\int_k^{k+1}\frac{1}{x}dx=\int_1^2\frac{1}{x}dx+\int_2^3\frac{1}{x}dx+\cdots+\int_{n-1}^n\frac{1}{x}dx$$

$$=\int_1^n\frac{1}{x}dx=\Big[\log x\Big]_1^n=\log n$$

よって　$$\frac{1}{2}+\frac{1}{3}+\cdots+\frac{1}{n}<\log n$$

両辺に1を加えて

$$1+\frac{1}{2}+\frac{1}{3}+\cdots+\frac{1}{n}<1+\log n \quad \cdots①$$

次に $\int_k^{k+1}\frac{1}{x}dx<\frac{1}{k}$ より　$\sum_{k=1}^{n}\int_k^{k+1}\frac{1}{x}dx<\sum_{k=1}^{n}\frac{1}{k}$

◀両辺に $k=1, 2, \cdots,$ を代入して加える。

ここで

$$\sum_{k=1}^{n}\int_k^{k+1}\frac{1}{x}dx=\int_1^2\frac{1}{x}dx+\int_2^3\frac{1}{x}dx+\cdots+\int_n^{n+1}\frac{1}{x}dx$$

$$=\int_1^{n+1}\frac{1}{x}dx=\Big[\log x\Big]_1^{n+1}=\log(n+1)$$

よって　$$\log(n+1)<1+\frac{1}{2}+\frac{1}{3}+\cdots+\frac{1}{n} \quad \cdots②$$

したがって，①，②より

$$\log(n+1)<1+\frac{1}{2}+\frac{1}{3}+\cdots+\frac{1}{n}<1+\log n$$

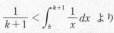

練習 165 次の曲線や直線で囲まれた図形の面積を求めよ。

(1)　$y=\frac{1}{(x+1)^2}$，x 軸，$x=0$，$x=1$

(2)　$y=1+\log x$，x 軸，$x=\frac{1}{e^2}$，$x=1$

(1)　$y=\frac{1}{(x+1)^2}$ のグラフは，$x\geqq 0$ の範囲では常に x 軸より上方にあり，グラフの概形は右の図のようになるから，求める面積 S は

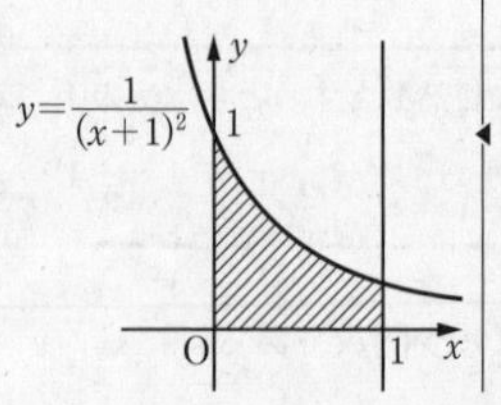

◀ $x\geqq 0$ のとき $y'=-\frac{2}{(x+1)^3}<0$ より，グラフは常に減少する。

$$S=\int_0^1\frac{1}{(x+1)^2}dx$$

$$= \left[-\frac{1}{x+1}\right]_0^1 = \mathbf{\frac{1}{2}}$$

(2) グラフの概形は右の図のようになるから，求める面積 S は

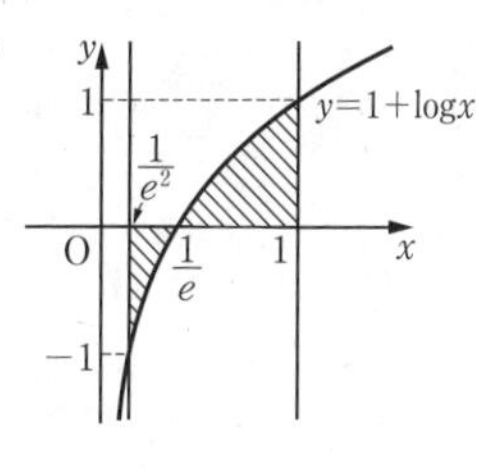

$$S = -\int_{\frac{1}{e^2}}^{\frac{1}{e}} (1+\log x)dx$$

$$+\int_{\frac{1}{e}}^{1} (1+\log x)dx$$

$$= -\Big[x\log x\Big]_{\frac{1}{e^2}}^{\frac{1}{e}} + \Big[x\log x\Big]_{\frac{1}{e}}^{1}$$

$$= -\left(-\frac{1}{e}+\frac{2}{e^2}\right)+\frac{1}{e} = \mathbf{\frac{2}{e^2}(e-1)}$$

練習 166 次の曲線と x 軸で囲まれた図形の面積を求めよ。

(1) $y=\cos x+\cos^2 x \quad (0 \leqq x \leqq \pi)$ (2) $y=\dfrac{x^2-3x}{x^2+3}$

(1) $y=\cos x+\cos^2 x$ において $y=0$ とおくと $0 \leqq x \leqq \pi$ の範囲で $x=\dfrac{\pi}{2},\ \pi$

$y'=-\sin x(1+2\cos x)$ より，y の増減表は右のようになる。

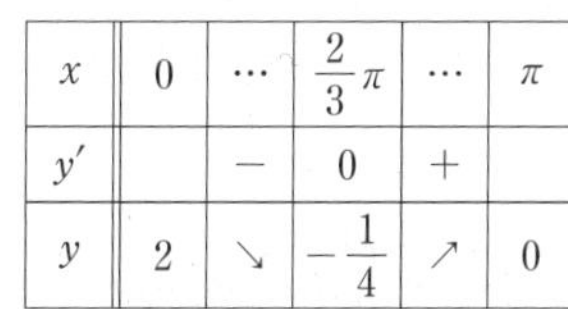

x	0	$\cdots$	$\frac{2}{3}\pi$	$\cdots$	π
y'		$-$	0	$+$	
y	2	↘	$-\frac{1}{4}$	↗	0

◀ $\cos x+\cos^2 x=0$ より
$\cos x(1+\cos x)=0$
$\cos x=0,\ -1$
よって $x=\dfrac{\pi}{2},\ \pi$

◀ $y'=-\sin x+2\cos x(-\sin x)$
$=-\sin x(1+2\cos x)$

よって，グラフは右の図のようになるから，求める面積 S は

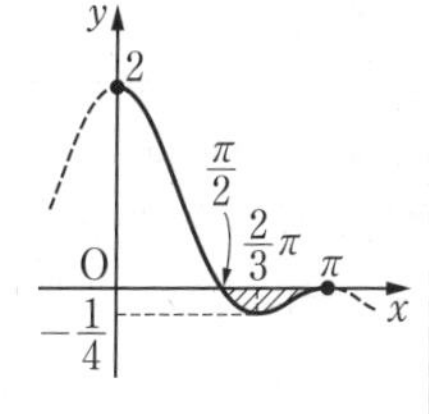

$$S = -\int_{\frac{\pi}{2}}^{\pi} (\cos x+\cos^2 x)dx$$

$$= -\int_{\frac{\pi}{2}}^{\pi} \left(\cos x+\frac{1+\cos 2x}{2}\right)dx$$

$$= -\left[\sin x+\frac{x}{2}+\frac{\sin 2x}{4}\right]_{\frac{\pi}{2}}^{\pi}$$

$$= \mathbf{1-\frac{\pi}{4}}$$

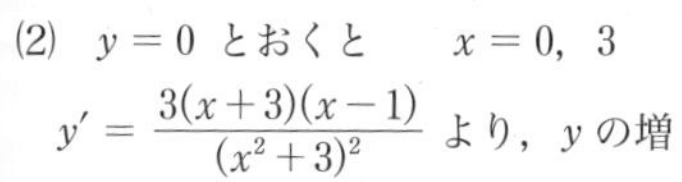

(2) $y=0$ とおくと $x=0,\ 3$

$y'=\dfrac{3(x+3)(x-1)}{(x^2+3)^2}$ より，y の増減表は右のようになる。

x	$\cdots$	-3	$\cdots$	1	$\cdots$
y'	$+$	0	$-$	0	$+$
y	↗	$\frac{3}{2}$	↘	$-\frac{1}{2}$	↗

◀ $\displaystyle\lim_{x\to\pm\infty}\frac{x^2-3x}{x^2+3}=\lim_{x\to\pm\infty}\frac{1-\frac{3}{x}}{1+\frac{3}{x^2}}$
$=1$
より直線 $y=1$ は漸近線。

よって，グラフは右の図のようになるから，求める面積 S は

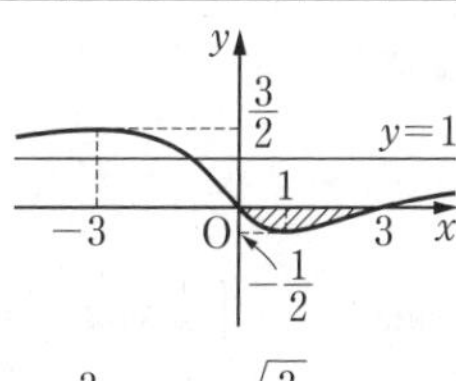

$$S = -\int_0^3 \frac{x^2-3x}{x^2+3}dx$$

$$= \int_0^3 \left(-1+\frac{3x}{x^2+3}+\frac{3}{x^2+3}\right)dx$$

$$= \int_0^3 \left\{-1+\frac{3}{2}\cdot\frac{(x^2+3)'}{x^2+3}\right\}dx+\int_0^{\frac{\pi}{3}} \frac{3}{3\tan^2\theta+3}\cdot\frac{\sqrt{3}}{\cos^2\theta}d\theta$$

◀ $x=\sqrt{3}\tan\theta$ とおくと
$\dfrac{3}{x^2+3}=\dfrac{1}{\tan^2\theta+1}$
$=\cos^2\theta$
$\dfrac{dx}{d\theta}=\dfrac{\sqrt{3}}{\cos^2\theta}$

4章 13 区分求積法，面積

$$= \left[-x + \frac{3}{2}\log(x^2+3)\right]_0^3 + \int_0^{\frac{\pi}{3}} \sqrt{3}\,d\theta$$

$$= -3 + 3\log 2 + \left[\sqrt{3}\,\theta\right]_0^{\frac{\pi}{3}} = \boldsymbol{\frac{\sqrt{3}}{3}\pi + 3\log 2 - 3}$$

Plus One

曲線と x 軸で囲まれた面積を考えるとき，曲線と x 軸の上下を考えた。解答では，グラフをかいて調べたが，グラフをかかずに具体的に x の値を代入して考えることもできる。

練習 166 (2) において，共有点をとる $x=0$ から $x=3$ の間で，曲線 $y=\dfrac{x^2-3x}{x^2+3}$ …① と x 軸の上下が変わることはない（上下が変わるためには，その間に交点が必要である）。

よって，例えば $x=1$ を①に代入すると $y=-\dfrac{1}{2}$ であるから，$x=1$ のとき曲線①は x 軸の下方にある。よって，曲線①は $0 \leqq x \leqq 3$ において，常に x 軸の下方にある。

同様に，練習 166 (1) も区間 $\dfrac{\pi}{2} \leqq x < \pi$ で曲線と x 軸の上下は変わらないから，例えば $x=\dfrac{2}{3}\pi$ を代入して曲線と x 軸の位置関係を考えることができる。

練習 167 次の曲線または直線で囲まれた図形の面積を求めよ。

(1) $y=\sin x$, $y=\cos 2x$ $(0 \leqq x \leqq 2\pi)$

(2) $y=\dfrac{3}{x-3}$, $y=-x-1$ (3) $y=e^x$, $y=x^2e^x$

(1) 2 曲線の共有点の x 座標は，$\sin x=\cos 2x$ より

$(2\sin x-1)(\sin x+1)=0$ ◀ $\cos 2x = 1-2\sin^2 x$

よって $\sin x = \dfrac{1}{2}, -1$

$0 \leqq x \leqq 2\pi$ であるから

$x = \dfrac{\pi}{6}, \dfrac{5}{6}\pi, \dfrac{3}{2}\pi$

区間 $\dfrac{\pi}{6} \leqq x \leqq \dfrac{5}{6}\pi$ で

$\sin x \geqq \cos 2x$

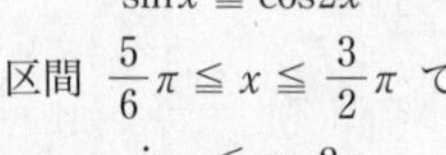

区間 $\dfrac{5}{6}\pi \leqq x \leqq \dfrac{3}{2}\pi$ で

$\sin x \leqq \cos 2x$

であるから，求める面積 S は

$$S = \int_{\frac{\pi}{6}}^{\frac{5}{6}\pi} (\sin x - \cos 2x)dx + \int_{\frac{5}{6}\pi}^{\frac{3}{2}\pi} (\cos 2x - \sin x)dx$$

$$= \left[-\cos x - \frac{1}{2}\sin 2x\right]_{\frac{\pi}{6}}^{\frac{5}{6}\pi} + \left[\frac{1}{2}\sin 2x + \cos x\right]_{\frac{5}{6}\pi}^{\frac{3}{2}\pi}$$

$$= \left(\frac{\sqrt{3}}{2} + \frac{\sqrt{3}}{4}\right) - \left(-\frac{\sqrt{3}}{2} - \frac{\sqrt{3}}{4}\right) + 0 - \left(-\frac{\sqrt{3}}{4} - \frac{\sqrt{3}}{2}\right)$$

$$= \frac{9\sqrt{3}}{4}$$

(2) 曲線と直線の共有点の x 座標は，

$$\frac{3}{x-3} = -x-1 \text{ より}$$

$$3 = -(x+1)(x-3)$$

$x(x-2) = 0$ となり　　$x = 0,\ 2$

区間 $0 \leqq x \leqq 2$ で $\dfrac{3}{x-3} \geqq -x-1$ であるから，求める面積 S は

$$S = \int_0^2 \left\{\frac{3}{x-3} - (-x-1)\right\}dx$$

$$= \left[3\log|x-3| + \frac{1}{2}x^2 + x\right]_0^2 = \mathbf{4 - 3\log 3}$$

(3) 2曲線の共有点の座標は，$e^x = x^2e^x$ より

$$(x^2-1)e^x = 0$$

$e^x \neq 0$ より $x^2 - 1 = 0$ となり　　$x = \pm 1$

区間 $-1 \leqq x \leqq 1$ で $e^x \geqq x^2e^x$ であるから，求める面積 S は

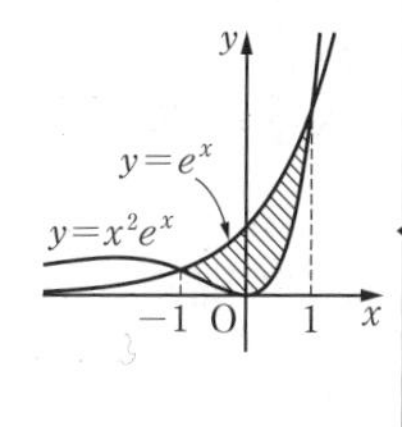

◀ $-1 \leqq x \leqq 1$ より $0 \leqq x^2 \leqq 1$ よって　$x^2e^x \leqq e^x$

$$S = \int_{-1}^1 (e^x - x^2e^x)dx = \int_{-1}^1 (1-x^2)(e^x)'\,dx$$

$$= \left[(1-x^2)e^x\right]_{-1}^1 + \int_{-1}^1 2xe^x\,dx = \int_{-1}^1 2x(e^x)'dx$$

◀ $\left[(1-x^2)e^x\right]_{-1}^1 = 0$

$$= \left[2xe^x\right]_{-1}^1 - \int_{-1}^1 2e^x\,dx$$

$$= 2e + 2e^{-1} - \left[2e^x\right]_{-1}^1 = \frac{\mathbf{4}}{\boldsymbol{e}}$$

練習 168 2曲線 $y = \cos x \left(0 \leqq x \leqq \dfrac{\pi}{2}\right)$，$y = 2\sin x \left(0 \leqq x \leqq \dfrac{\pi}{2}\right)$ および y 軸で囲まれた図形の面積を求めよ。

2曲線の共有点の x 座標を $\alpha \left(0 < \alpha < \dfrac{\pi}{2}\right)$ とすると

$$\cos\alpha = 2\sin\alpha$$

これより，$\cos^2\alpha = 4\sin^2\alpha$ となり

$$\sin^2\alpha + 4\sin^2\alpha = 1$$

◀ $\sin^2\alpha + \cos^2\alpha = 1$ に代入する。

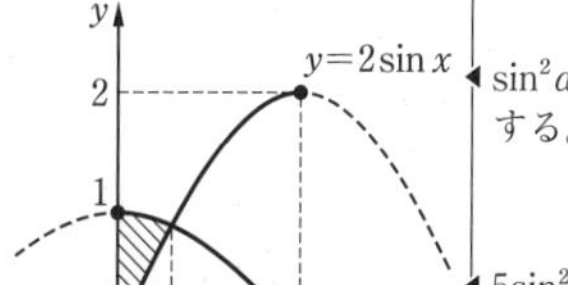

$0 < \alpha < \dfrac{\pi}{2}$ より，$0 < \sin\alpha < 1$ であるから　　$\sin\alpha = \dfrac{\sqrt{5}}{5}$

◀ $5\sin^2\alpha = 1$ より $\sin\alpha = \pm\dfrac{\sqrt{5}}{5}$

区間 $0 \leqq x \leqq \alpha$ で $\cos x \geqq 2\sin x$ であるから，求める面積 S は

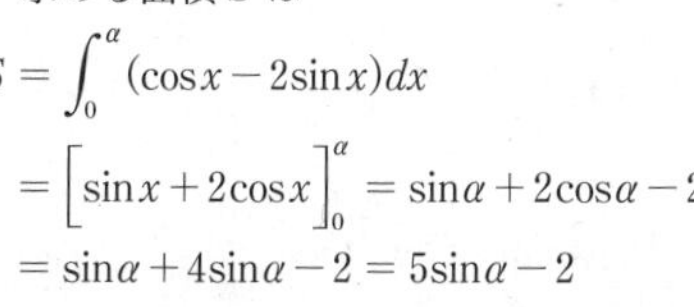

$$S = \int_0^\alpha (\cos x - 2\sin x)dx$$

$$= \left[\sin x + 2\cos x\right]_0^\alpha = \sin\alpha + 2\cos\alpha - 2$$

$$= \sin\alpha + 4\sin\alpha - 2 = 5\sin\alpha - 2$$

◀ $\cos\alpha = 2\sin\alpha$

$$= 5\cdot\frac{\sqrt{5}}{5} - 2 = \sqrt{5} - 2$$

◀ $\sin\alpha = \frac{\sqrt{5}}{5}$

練習 169 次の曲線や直線で囲まれた図形の面積を求めよ。

(1) $x = -1 - y^2$, y 軸, $y = -1$, $y = 2$

(2) $y = \sqrt{x-1}$, y 軸, $y = 0$, $y = 2$

(1) グラフの概形は右の図のようになる。

したがって，求める面積 S は

$$S = -\int_{-1}^{2} x\,dy$$

$$= \int_{-1}^{2}(1+y^2)dy$$

$$= \left[y + \frac{y^3}{3}\right]_{-1}^{2} = \mathbf{6}$$

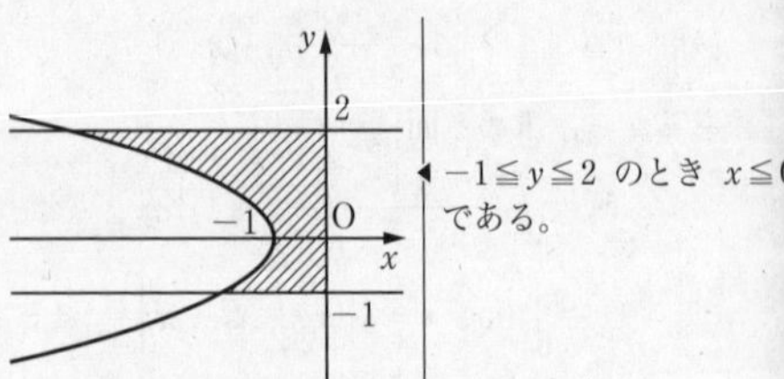

◀ $-1 \leqq y \leqq 2$ のとき $x \leqq$ 0 である。

(2) グラフの概形は右の図のようになる。

したがって，求める面積 S は

$$S = \int_{0}^{2} x\,dy$$

$$= \int_{0}^{2}(y^2+1)dy$$

$$= \left[\frac{y^3}{3} + y\right]_{0}^{2} = \mathbf{\frac{14}{3}}$$

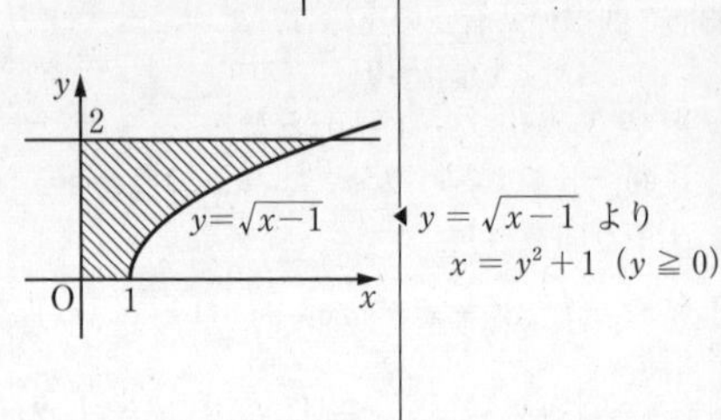

◀ $y = \sqrt{x-1}$ より $x = y^2 + 1\ (y \geqq 0)$

練習 170 曲線 $C : y = \frac{\log 2x}{x}$（ただし，$x > 0$）において，原点を通り，曲線 C に接する直線を l とする。このとき，x 軸，曲線 C，直線 l によって囲まれた図形の面積を求めよ。（日本工業大）

$y' = \frac{1-\log 2x}{x^2}$ より，曲線 C 上の点 $\left(\alpha,\ \frac{\log 2\alpha}{\alpha}\right)$ における接線の方程

式は　$y - \frac{\log 2\alpha}{\alpha} = \frac{1-\log 2\alpha}{\alpha^2}(x-\alpha)$

◀ $y - f(\alpha) = f'(\alpha)(x-$

この接線が原点を通ることより

$$-\frac{\log 2\alpha}{\alpha} = -\frac{1-\log 2\alpha}{\alpha}$$

$\log 2\alpha = \frac{1}{2}$ となり　$\alpha = \frac{\sqrt{e}}{2}$

◀ $2\alpha = e^{\frac{1}{2}} = \sqrt{e}$

よって，接線 l は　$y = \frac{2}{e}x$

また，曲線 C において $y = 0$ とすると

$x = \frac{1}{2}$ となり，区間 $\frac{1}{2} \leqq x \leqq \frac{\sqrt{e}}{2}$ で

$\frac{2}{e}x \geqq \frac{\log 2x}{x}$ である。

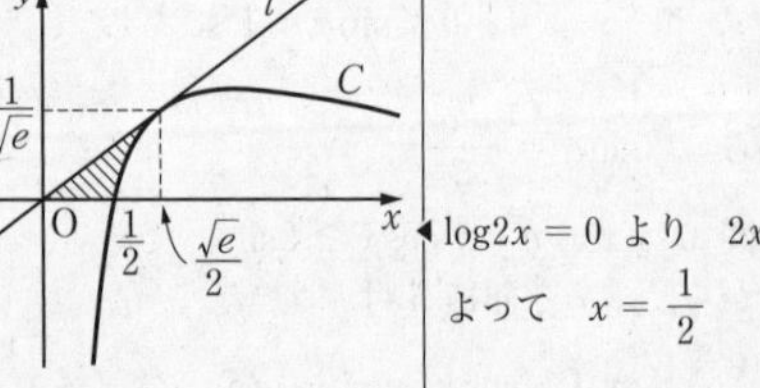

◀ $\log 2x = 0$ より $2x =$ よって $x = \frac{1}{2}$

したがって，求める面積は

$$\int_{0}^{\frac{\sqrt{e}}{2}} \frac{2}{e}x\,dx - \int_{\frac{1}{2}}^{\frac{\sqrt{e}}{2}} \frac{\log 2x}{x}\,dx = \left[\frac{x^2}{e}\right]_{0}^{\frac{\sqrt{e}}{2}} - \int_{\frac{1}{2}}^{\frac{\sqrt{e}}{2}} (\log 2x)'\log 2x\,dx$$

◀ $\frac{1}{x} = (\log 2x)'$ とみる

$$= \frac{1}{4} - \left[\frac{1}{2}(\log 2x)^2\right]_{\frac{1}{2}}^{\frac{\sqrt{e}}{2}} = \frac{\mathbf{1}}{\mathbf{8}}$$

◀ $\frac{1}{2}(\log\sqrt{e})^2 = \frac{1}{2}\cdot\left(\frac{1}{2}\right)^2$

練習 171 曲線 $y=\log x$ と点 $(0,\ 1)$ からこの曲線に引いた接線および x 軸で囲まれた図形の面積を求めよ。

接点の座標を $\mathrm{A}(t,\ \log t)$ とおく。

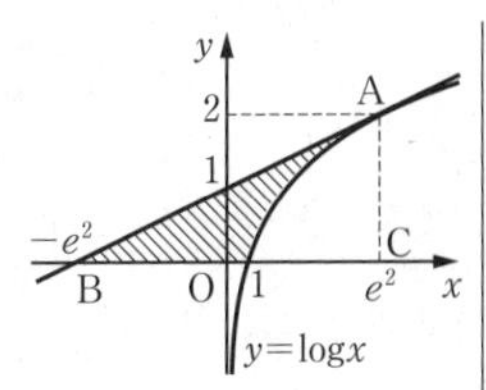

$y=\log x$ より　　$y'=\frac{1}{x}$

よって，接線の方程式は

$$y-\log t = \frac{1}{t}(x-t)$$

これが点 $(0,\ 1)$ を通るから

$1-\log t = -1$

◀ $\log t = 2$ より $t=e^2$

よって　　$t=e^2$

ゆえに，接点 A の座標は　　$\mathrm{A}(e^2,\ 2)$

また，接線の方程式は $y=\frac{1}{e^2}x+1$ となるから，

x 軸との交点 B の座標は　　$\mathrm{B}(-e^2,\ 0)$

◀ $y=0$ とおくと $\frac{1}{e^2}x=-1$ これより　$x=-e^2$

点 A から x 軸へ垂線 AC を下ろすと，$\mathrm{C}(e^2,\ 0)$ であり，求める面積は，$\triangle$ABC の面積から曲線 $y=\log x$ と x 軸および線分 AC で囲まれた図形の面積を引いたものである。したがって

$$\frac{1}{2}\cdot 2e^2\cdot 2 - \int_1^{e^2}\log x\,dx = 2e^2 - \Big[x\log x - x\Big]_1^{e^2}$$
$$= \boldsymbol{e^2-1}$$

◀ $\int \log x\,dx = x\log x - x + C$

練習 172 a を正の定数とするとき，曲線 $C: y=\frac{1}{a}\log x - a$ とおく。

(1) 原点から曲線 C に接線 l を引く。l の方程式を求めよ。
(2) 曲線 C と接線 l および x 軸で囲まれた図形の面積 $S(a)$ を求めよ。
(3) $S(a)$ の最小値とそのときの a の値を求めよ。

(1) 接点の座標を $\left(t,\ \frac{1}{a}\log t - a\right)$ とおく。

◀ 真数条件より $x>0$ であるから $y'=\frac{1}{ax}>0$

$y'=\frac{1}{ax}$ より，接線の方程式は

$$y-\left(\frac{1}{a}\log t - a\right) = \frac{1}{at}(x-t) \quad \cdots ①$$

◀ 点 $(t,\ f(t))$ における接線の方程式は $y-f(t)=f'(t)(x-t)$

これが原点を通るから　　$0-\left(\frac{1}{a}\log t - a\right) = \frac{1}{at}(0-t)$

$\log t = a^2+1$ より　　$t=e^{a^2+1}$

① に代入すると，求める接線の方程式は　　$\boldsymbol{y=\frac{1}{ae^{a^2+1}}x}$

(2) (1) より，接点の y 座標は　　$y=\frac{1}{ae^{a^2+1}}\cdot e^{a^2+1} = \frac{1}{a}$

◀ 接点の x 座標 e^{a^2+1} を接線の方程式 $y=\frac{1}{ae^{a^2+1}}x$ に代入する。

曲線 C は $\log x = a(y+a)$ と変形できるから　　$x=e^{ay+a^2}$

また，接線の方程式は　　$x = ae^{a^2+1}y$

よって，グラフの位置関係は右の図のようになるから，求める面積 $S(a)$ は

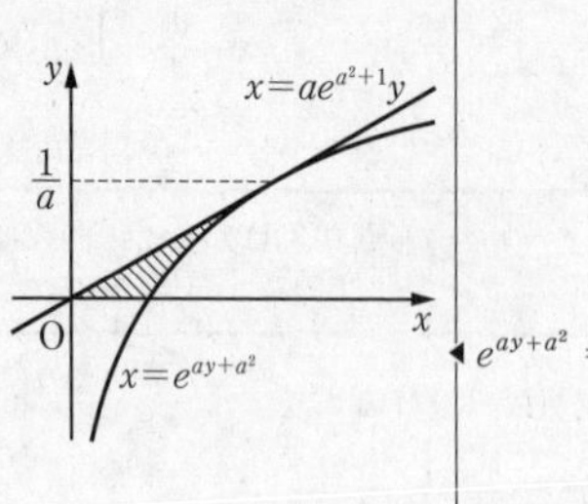

$$S(a) = \int_0^{\frac{1}{a}} (e^{ay+a^2} - ae^{a^2+1}y)dy$$

$$= \left[e^{a^2}\frac{1}{a}e^{ay} - \frac{1}{2}ae^{a^2+1}y^2\right]_0^{\frac{1}{a}}$$

$$= \left(\frac{e}{2}-1\right)\frac{e^{a^2}}{a}$$

◀ $e^{ay+a^2} = e^{ay}\cdot e^{a^2}$

(3)　$S'(a) = \left(\dfrac{e}{2}-1\right)\dfrac{2a^2-1}{a^2}e^{a^2}$

よって，$S(a)$ の増減表は右のようになる。したがって，$S(a)$ は

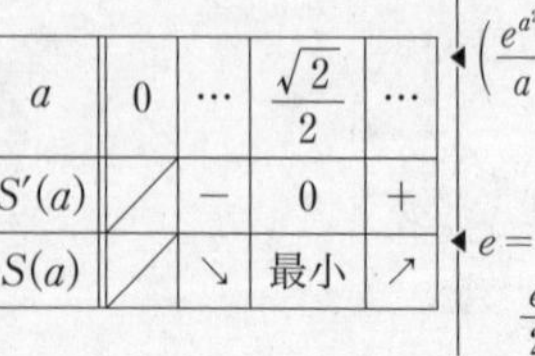

a	0	…	$\frac{\sqrt{2}}{2}$	…
$S'(a)$	／	−	0	＋
$S(a)$	／	↘	最小	↗

$a = \dfrac{\sqrt{2}}{2}$ のとき　最小値 $\left(\dfrac{e}{2}-1\right)\sqrt{2e}$

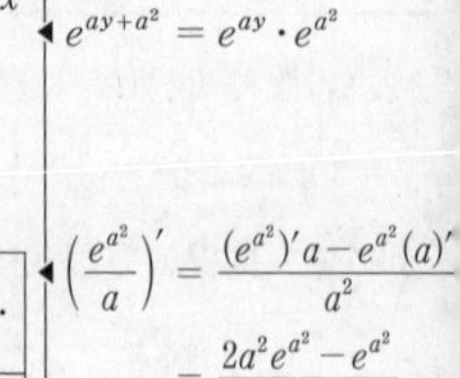

◀ $\left(\dfrac{e^{a^2}}{a}\right)' = \dfrac{(e^{a^2})'a - e^{a^2}(a)'}{a^2}$

$= \dfrac{2a^2e^{a^2} - e^{a^2}}{a^2}$

◀ $e = 2.718\cdots$ であるから

$\dfrac{e}{2} - 1 > 0$

練習 173　曲線 $y^2 = x^2(1-x)$ …① で囲まれた図形の面積を求めよ。

①で，y を $-y$ に置き換えても，もとの式と変わらない。
よって，曲線①は，x 軸について対称である。

◀ ①で，y を $-y$ に置き換えると
$(-y)^2 = x^2(1-x)$
すなわち $y^2 = x^2(1-x)$
となり，①と一致する。

①を変形すると　　$y = \pm x\sqrt{1-x}$

$1-x \geqq 0$ より　　$x \leqq 1$

$y = x\sqrt{1-x}$ …② について

$$y' = \sqrt{1-x} + x\cdot\frac{-1}{2\sqrt{1-x}}$$

$$= \frac{2-3x}{2\sqrt{1-x}}$$

よって，関数②の増減表は右のようになる。

x	…	$\frac{2}{3}$	…	1
y'	＋	0	−	／
y	↗	$\frac{2\sqrt{3}}{9}$	↘	0

これと対称性から曲線①の概形は右の図のようになる。

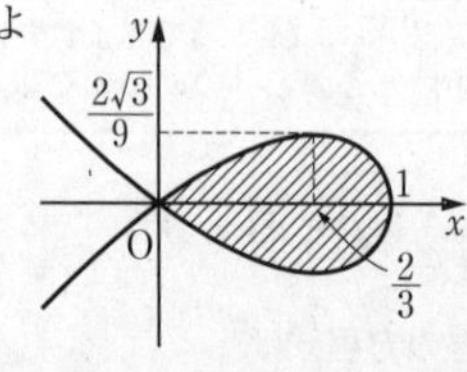

したがって，求める面積 S は

$$S = 2\int_0^1 x\sqrt{1-x}\,dx$$

◀ $y = x\sqrt{1-x}$ $(0 \leqq x \leqq$ と x 軸で囲まれた図形 面積を2倍すればよい

ここで，$1-x=t$ とおくと　$\dfrac{dx}{dt} = -1$

◀ $dx = (-1)dt$

x と t の対応は右の表のようになるから

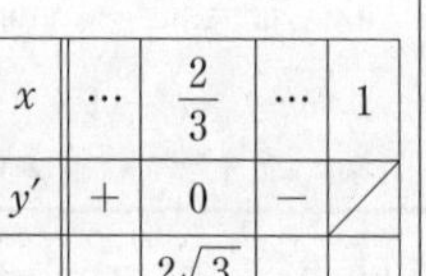

x	$0 \to 1$
t	$1 \to 0$

$$S = 2\int_1^0 (1-t)\sqrt{t}\cdot(-1)dt$$

$$= 2\int_1^0 (-t^{\frac{1}{2}} + t^{\frac{3}{2}})dt$$

$$= 2\left[-\frac{2}{3}t^{\frac{3}{2}} + \frac{2}{5}t^{\frac{5}{2}}\right]_1^0 = \mathbf{\frac{8}{15}}$$

練習 174 $0 \leqq \theta \leqq 2\pi$ において，アステロイド $\begin{cases} x = \cos^3\theta \\ y = \sin^3\theta \end{cases}$ で囲まれた図形の面積を求めよ。例題 159 の結果を利用してよい。

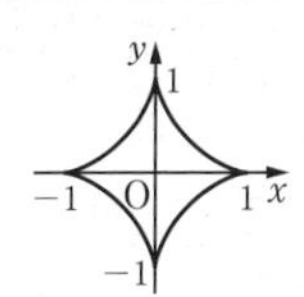

$x = \cos^3\theta$，$y = \sin^3\theta$ より

$$x^{\frac{2}{3}} + y^{\frac{2}{3}} = (\cos^3\theta)^{\frac{2}{3}} + (\sin^3\theta)^{\frac{2}{3}}$$
$$= \cos^2\theta + \sin^2\theta = 1$$

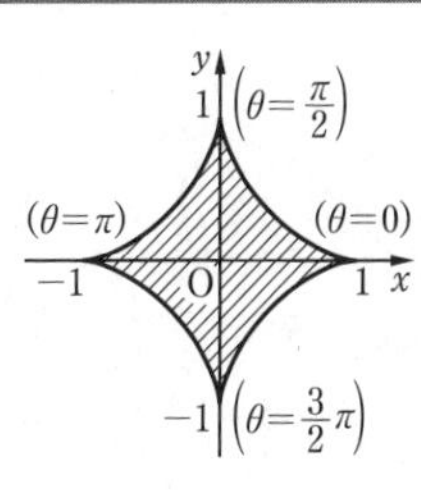

この曲線の概形は右の図のようになり，x 軸，y 軸それぞれについて対称である。
よって，第 1 象限の部分の面積を求めて 4 倍すればよい。

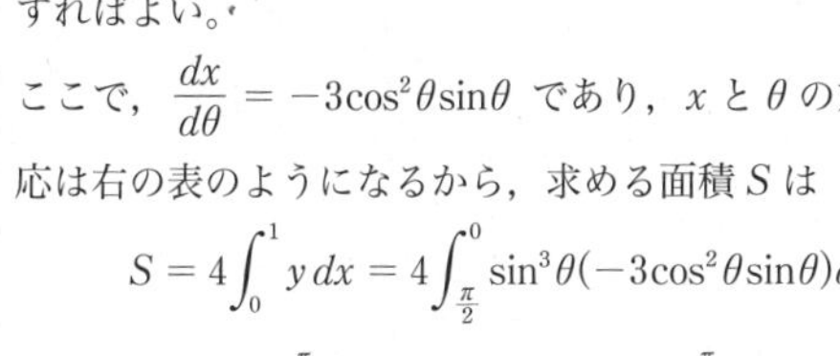

ここで，$\dfrac{dx}{d\theta} = -3\cos^2\theta\sin\theta$ であり，x と θ の対応は右の表のようになるから，求める面積 S は

x	$0 \to 1$
θ	$\frac{\pi}{2} \to 0$

◀ $x = \cos^3\theta$ の両辺を θ で微分すると
$\dfrac{dx}{d\theta} = 3\cos^2\theta(-\sin\theta)$

$$S = 4\int_0^1 y\,dx = 4\int_{\frac{\pi}{2}}^0 \sin^3\theta(-3\cos^2\theta\sin\theta)d\theta$$
$$= 12\int_0^{\frac{\pi}{2}} \sin^4\theta\cos^2\theta\,d\theta = 12\int_0^{\frac{\pi}{2}} (\sin^4\theta - \sin^6\theta)d\theta$$
$$= 12\left(\frac{3}{16}\pi - \frac{5}{32}\pi\right) = \boldsymbol{\frac{3}{8}\pi}$$

◀ 例題 159 より
$\displaystyle\int_0^{\frac{\pi}{2}} \sin^4\theta\,d\theta = \frac{3}{4}\cdot\frac{1}{2}\cdot\frac{\pi}{2}$
$\displaystyle\int_0^{\frac{\pi}{2}} \sin^6\theta\,d\theta = \frac{5}{6}\cdot\frac{3}{4}\cdot\frac{1}{2}\cdot\frac{\pi}{2}$

チャレンジ〈6〉 $a > 0$ とする。レムニスケート（連珠形）$r^2 = a^2\cos 2\theta$ で囲まれた図形の面積を求めよ。

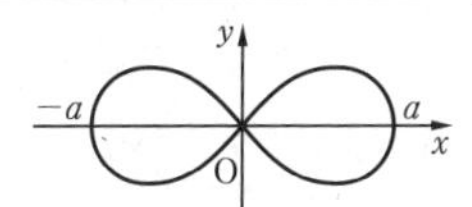

レムニスケートは x 軸および y 軸について対称であるから，求める面積 S は

$$S = 4\cdot\frac{1}{2}\int_0^{\frac{\pi}{4}} r^2\,d\theta = 2\int_0^{\frac{\pi}{4}} a^2\cos 2\theta\,d\theta$$
$$= 2a^2\int_0^{\frac{\pi}{4}} \cos 2\theta\,d\theta = 2a^2\left[\frac{1}{2}\sin 2\theta\right]_0^{\frac{\pi}{4}}$$
$$= 2a^2\left(\frac{1}{2} - 0\right) = \boldsymbol{a^2}$$

練習 175 k は $0 \leqq k \leqq \dfrac{\pi}{2}$ を満たす定数とする。2 つの曲線 $C_1 : y = \sin 2x$ と $C_2 : y = k\cos x$ $\left(0 \leqq x \leqq \dfrac{\pi}{2}\right)$ がある。C_1 と x 軸で囲まれた図形の面積を C_2 が 2 等分するような定数 k の値を求めよ。

曲線 C_1 と x 軸で囲まれた図形の面積 S は

$$S = \int_0^{\frac{\pi}{2}} \sin 2x\,dx = \left[-\frac{1}{2}\cos 2x\right]_0^{\frac{\pi}{2}} = 1$$

2 曲線 C_1, C_2 の共有点の x 座標を α $\left(0<\alpha<\frac{\pi}{2}\right)$ とすると

$$\sin 2\alpha = k\cos\alpha$$

よって　$\cos\alpha(2\sin\alpha - k) = 0$

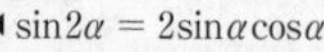

$\cos\alpha \neq 0$ より　$\sin\alpha = \frac{k}{2}$　…①

◀ $0<\alpha<\frac{\pi}{2}$ より　$0<\cos\alpha<1$

$\int_{\alpha}^{\frac{\pi}{2}}(\sin 2x - k\cos x)dx = \frac{S}{2} = \frac{1}{2}$ より

$$\left[-\frac{1}{2}\cos 2x - k\sin x\right]_{\alpha}^{\frac{\pi}{2}} = \frac{1}{2}$$

$$\frac{1}{2} - k + \frac{1}{2}\cos 2\alpha + k\sin\alpha = \frac{1}{2}$$

$$\frac{1}{2} - k + \frac{1}{2}(1 - 2\sin^2\alpha) + k\sin\alpha = \frac{1}{2}$$

◀ $\cos 2\alpha = 1 - 2\sin^2\alpha$

①より　$\frac{1}{2} - k + \frac{1}{2}\left(1 - \frac{k^2}{2}\right) + \frac{k^2}{2} = \frac{1}{2}$

整理して　$k^2 - 4k + 2 = 0$

$0 \leqq k \leqq \frac{\pi}{2}$ より　$\boldsymbol{k = 2 - \sqrt{2}}$

練習 176　2 つの曲線 $C_1 : y = e^{-x}\sin x$ と $C_2 : y = e^{-x}$ がある。$x \geqq 0$ の範囲で，この 2 つの曲線で囲まれた図形の面積を y 軸に近いほうから順に S_1, S_2, S_3, …, S_n, … とする。

(1)　S_n を求めよ。　　(2)　$S = \lim_{n\to\infty}\sum_{k=1}^{n} S_k$ を求めよ。

(1)　$e^{-x}\sin x = e^{-x}$ とすると　$e^{-x}(\sin x - 1) = 0$

$e^{-x} > 0$ より，$\sin x = 1$ となり，C_1 と C_2 の交点の x 座標は

$x = \left(2n - \frac{3}{2}\right)\pi$　(n は自然数)

◀ $x = \frac{\pi}{2} + 2(n-1)\pi$ より

$x \geqq 0$ において，$e^{-x} \geqq e^{-x}\sin x$ であるから，グラフの概形は右の図のようになる。

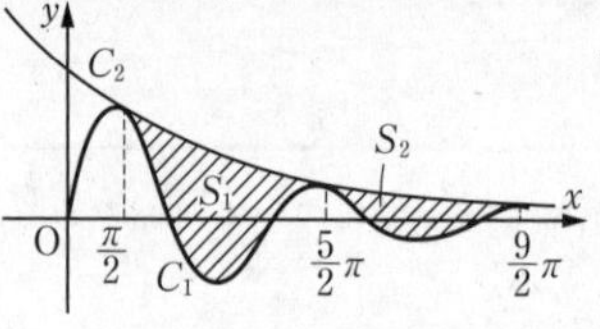

よって

$$S_n = \int_{\left(2n-\frac{3}{2}\right)\pi}^{\left(2n+\frac{1}{2}\right)\pi}(e^{-x} - e^{-x}\sin x)dx$$

$$= \left[-e^{-x}\right]_{\left(2n-\frac{3}{2}\right)\pi}^{\left(2n+\frac{1}{2}\right)\pi} - \frac{1}{2}\left[-e^{-x}\cos x - e^{-x}\sin x\right]_{\left(2n-\frac{3}{2}\right)\pi}^{\left(2n+\frac{1}{2}\right)\pi}$$

$$= -\frac{1}{2}\left\{e^{-\left(2n+\frac{1}{2}\right)\pi} - e^{-\left(2n-\frac{3}{2}\right)\pi}\right\}$$

$$= \boldsymbol{\frac{1}{2}(e^{2\pi} - 1)e^{-\left(2n+\frac{1}{2}\right)\pi}}$$

◀ $x = \left(2n - \frac{3}{2}\right)\pi$, $\left(2n + \frac{1}{2}\right)\pi$ のとき $\cos x = 0$, $\sin x = 1$ である。

(2)　$S = \lim_{n\to\infty}\sum_{k=1}^{n} S_k$ は，初項 $\frac{1}{2}(e^{2\pi} - 1)e^{-\frac{5}{2}\pi}$，公比 $e^{-2\pi}$ の無限等比級数であり，$|e^{-2\pi}| < 1$ であるから

$$S=\frac{\frac{1}{2}(e^{2\pi}-1)e^{-\frac{5}{2}\pi}}{1-e^{-2\pi}}=\frac{1}{2e^{\frac{1}{2}\pi}}$$

◀分母・分子に $e^{2\pi}$ を掛ける。

p.302

問題編 13 区分求積法，面積

問題 **161** 次の極限値を求めよ。

(1) $\displaystyle\lim_{n\to\infty}\frac{1}{\sqrt{n}}\left(\frac{1}{\sqrt{n+1}}+\frac{1}{\sqrt{n+2}}+\cdots+\frac{1}{\sqrt{2n}}\right)$

(2) $\displaystyle\lim_{n\to\infty}\log\left(\frac{n+1}{n}\right)^{\frac{1}{n}}\left(\frac{n+2}{n}\right)^{\frac{1}{n}}\cdots\left(\frac{2n}{n}\right)^{\frac{1}{n}}$

(3) $\displaystyle\lim_{n\to\infty}\frac{1}{n^3}\sum_{k=1}^{n}\left(k^2\sin\frac{k}{n}\pi\right)$

(1) $\displaystyle\frac{1}{\sqrt{n}}\left(\frac{1}{\sqrt{n+1}}+\frac{1}{\sqrt{n+2}}+\cdots+\frac{1}{\sqrt{2n}}\right)$

$$=\frac{1}{n}\left(\frac{1}{\sqrt{1+\frac{1}{n}}}+\frac{1}{\sqrt{1+\frac{2}{n}}}+\cdots+\frac{1}{\sqrt{1+\frac{n}{n}}}\right)$$

$$=\frac{1}{n}\sum_{k=1}^{n}\frac{1}{\sqrt{1+\frac{k}{n}}}$$

よって，$f(x)=\dfrac{1}{\sqrt{1+x}}$ とおくと

$$(与式)=\lim_{n\to\infty}\frac{1}{n}\sum_{k=1}^{n}\frac{1}{\sqrt{1+\frac{k}{n}}}=\lim_{n\to\infty}\frac{1}{n}\sum_{k=1}^{n}f\left(\frac{k}{n}\right)=\int_0^1 f(x)dx$$

$$=\int_0^1\frac{1}{\sqrt{1+x}}dx=\Big[2\sqrt{1+x}\Big]_0^1=\mathbf{2(\sqrt{2}-1)}$$

(2) $\displaystyle\log\left(\frac{n+1}{n}\right)^{\frac{1}{n}}\left(\frac{n+2}{n}\right)^{\frac{1}{n}}\cdots\left(\frac{2n}{n}\right)^{\frac{1}{n}}$

$$=\log\left\{\left(1+\frac{1}{n}\right)\left(1+\frac{2}{n}\right)\cdots\left(1+\frac{n}{n}\right)\right\}^{\frac{1}{n}}$$

$$=\frac{1}{n}\log\left(1+\frac{1}{n}\right)\left(1+\frac{2}{n}\right)\cdots\left(1+\frac{n}{n}\right)$$

◀$\log M^r=r\log M$ を利用して $\frac{1}{n}$ をくくり出す。

$$=\frac{1}{n}\left\{\log\left(1+\frac{1}{n}\right)+\log\left(1+\frac{2}{n}\right)+\cdots+\log\left(1+\frac{n}{n}\right)\right\}$$

◀$\log MN=\log M+\log N$

$$=\frac{1}{n}\sum_{k=1}^{n}\log\left\{1+\left(\frac{k}{n}\right)\right\}$$

よって，$f(x)=\log(1+x)$ とおくと

$$(与式)=\lim_{n\to\infty}\frac{1}{n}\sum_{k=1}^{n}\log\left\{1+\left(\frac{k}{n}\right)\right\}=\lim_{n\to\infty}\frac{1}{n}\sum_{k=1}^{n}f\left(\frac{k}{n}\right)$$

$$=\int_0^1 f(x)dx=\int_0^1\log(1+x)dx$$

$$=\int_0^1(1+x)'\log(1+x)dx$$

$$= \Big[(1+x)\log(1+x)\Big]_0^1 - \int_0^1 dx$$

$$= 2\log 2 - \Big[x\Big]_0^1 = \mathbf{2\log 2 - 1}$$

(3) $\displaystyle \frac{1}{n^3}\sum_{k=1}^{n}\left(k^2 \sin\frac{k}{n}\pi\right) = \frac{1}{n}\sum_{k=1}^{n}\left(\frac{k}{n}\right)^2 \sin\left(\frac{k}{n}\cdot\pi\right)$

よって，$f(x) = x^2\sin\pi x$ とおくと

$$(\text{与式}) = \lim_{n\to\infty}\frac{1}{n}\sum_{k=1}^{n}\left(\frac{k}{n}\right)^2\sin\left(\frac{k}{n}\cdot\pi\right) = \lim_{n\to\infty}\frac{1}{n}\sum_{k=1}^{n}f\left(\frac{k}{n}\right)$$

$$= \int_0^1 f(x)dx = \int_0^1 x^2\sin\pi x\,dx = \int_0^1 x^2\left(-\frac{1}{\pi}\cos\pi x\right)' dx$$

$$= \left[-\frac{1}{\pi}x^2\cos\pi x\right]_0^1 + \int_0^1 \frac{2}{\pi}x\cos\pi x\,dx$$

◀部分積分法を用いる。

$$= \frac{1}{\pi} + \frac{2}{\pi}\int_0^1 x\left(\frac{1}{\pi}\sin\pi x\right)' dx$$

$$= \frac{1}{\pi} + \frac{2}{\pi}\left(\left[\frac{1}{\pi}x\sin\pi x\right]_0^1 - \int_0^1 \frac{1}{\pi}\sin\pi x\,dx\right)$$

◀部分積分法を用いる。

$$= \frac{1}{\pi} - \frac{2}{\pi^2}\left[-\frac{1}{\pi}\cos\pi x\right]_0^1 = \frac{1}{\pi} + \frac{2}{\pi^3}(-1-1)$$

$$= \boldsymbol{\frac{1}{\pi} - \frac{4}{\pi^3}}$$

問題 162 座標平面において半円 $x^2+y^2=1\ (y \geqq 0)$ 上の点 $(1,\ 0)$ を A_0 とする。この半円を n 等分する点を A_0 に近い順に $\mathrm{A}_1,\ \mathrm{A}_2,\ \cdots,\ \mathrm{A}_{n-1}$ とし，点 $(-1,\ 0)$ を A_n とする。平面上の点 $\mathrm{P}(p,\ q)$ に対して，$\displaystyle \lim_{n\to\infty}\frac{\mathrm{PA}_1{}^2+\mathrm{PA}_2{}^2+\cdots+\mathrm{PA}_n{}^2}{n}$ を求めよ。

$\angle \mathrm{A}_0\mathrm{OA}_k = \dfrac{\pi}{n}k$ であるから，点 A_k の座標は，$\mathrm{A}_k\left(\cos\dfrac{k\pi}{n},\ \sin\dfrac{k\pi}{n}\right)$ となり

$$\mathrm{PA}_k{}^2 = \left(\cos\frac{k\pi}{n} - p\right)^2 + \left(\sin\frac{k\pi}{n} - q\right)^2$$

$$= p^2 + q^2 + 1 - 2p\cos\frac{k\pi}{n} - 2q\sin\frac{k\pi}{n}$$

◀$\sin^2\dfrac{k\pi}{n} + \cos^2\dfrac{k\pi}{n} = 1$

よって

$$\lim_{n\to\infty}\frac{\mathrm{PA}_1{}^2+\mathrm{PA}_2{}^2+\cdots+\mathrm{PA}_n{}^2}{n}$$

$$= \lim_{n\to\infty}\frac{1}{n}\sum_{k=1}^{n}\mathrm{PA}_k{}^2$$

$$= \lim_{n\to\infty}\frac{1}{n}\sum_{k=1}^{n}\left(p^2+q^2+1-2p\cos\frac{k\pi}{n} - 2q\sin\frac{k\pi}{n}\right)$$

$$= \lim_{n\to\infty}\left\{(p^2+q^2+1) - 2p\frac{1}{n}\sum_{k=1}^{n}\cos\frac{k\pi}{n} - 2q\frac{1}{n}\sum_{k=1}^{n}\sin\frac{k\pi}{n}\right\}$$

◀$\displaystyle \frac{1}{n}\sum_{k=1}^{n}c = \frac{1}{n}\cdot nc = c$

$$= (p^2+q^2+1) - 2p\int_0^1 \cos\pi x\,dx - 2q\int_0^1 \sin\pi x\,dx$$

$$= (p^2+q^2+1) - 2p\left[\frac{1}{\pi}\sin\pi x\right]_0^1 - 2q\left[-\frac{1}{\pi}\cos\pi x\right]_0^1$$

$$= \boldsymbol{p^2+q^2-\frac{4}{\pi}q+1}$$

問題 163 $0 \leqq x \leqq \frac{\pi}{2}$ のとき，$\frac{2}{\pi}x \leqq \sin x \leqq x$ であることを示し，これを用いて不等式

$\frac{\pi}{2}(e-1) < \int_0^{\frac{\pi}{2}} e^{\sin x}dx < e^{\frac{\pi}{2}} - 1$ を証明せよ。

$f(x) = x - \sin x$ とおくと　$f'(x) = 1 - \cos x \geqq 0$

◀ 等号成立は $x=0$ のときのみである。

よって，$f(x)$ は増加関数であり，$f(0)=0$ より，

$0 \leqq x \leqq \frac{\pi}{2}$ のとき，$f(x) \geqq 0$ となるから　$\sin x \leqq x$　…①

また，$g(x) = \sin x - \frac{2}{\pi}x$ とおくと　$g'(x) = \cos x - \frac{2}{\pi}$

◀
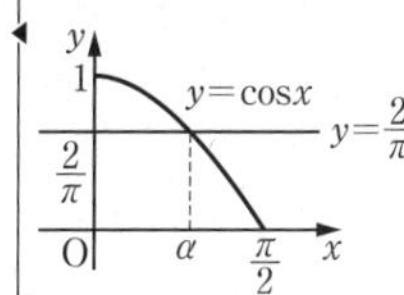

$\cos\alpha - \frac{2}{\pi} = 0$，$0 < \alpha < \frac{\pi}{2}$ となる α に対して，$g(x)$ の増減表は次のようになる。

x	0	$\cdots$	α	$\cdots$	$\frac{\pi}{2}$
$g'(x)$		$+$	0	$-$	
$g(x)$	0	↗	極大	↘	0

よって，最小値は $g(0) = g\left(\frac{\pi}{2}\right) = 0$

ゆえに，$0 \leqq x \leqq \frac{\pi}{2}$ において

$g(x) \geqq 0$ となるから

$$\frac{2}{\pi}x \leqq \sin x \quad \cdots②$$

①，② より，$0 \leqq x \leqq \frac{\pi}{2}$ のとき　$\frac{2}{\pi}x \leqq \sin x \leqq x$

次に，e^x は増加関数であるから，

$0 \leqq x \leqq \frac{\pi}{2}$ のとき　$e^{\frac{2}{\pi}x} \leqq e^{\sin x} \leqq e^x$

◀ $a < b \Longleftrightarrow e^a < e^b$

$0 < x < \frac{\pi}{2}$ において，等号は成り立たないから

$$\int_0^{\frac{\pi}{2}} e^{\frac{2}{\pi}x}dx < \int_0^{\frac{\pi}{2}} e^{\sin x}dx < \int_0^{\frac{\pi}{2}} e^x dx$$

◀ 等号が成り立たないことに注意する。

ここで　$\int_0^{\frac{\pi}{2}} e^{\frac{2}{\pi}x}dx = \left[\frac{\pi}{2}e^{\frac{2}{\pi}x}\right]_0^{\frac{\pi}{2}} = \frac{\pi}{2}(e-1)$

また　$\int_0^{\frac{\pi}{2}} e^x dx = \left[e^x\right]_0^{\frac{\pi}{2}} = e^{\frac{\pi}{2}} - 1$

したがって　$\frac{\pi}{2}(e-1) < \int_0^{\frac{\pi}{2}} e^{\sin x}dx < e^{\frac{\pi}{2}} - 1$

〔「$0 \leqq x \leqq \frac{\pi}{2}$ のとき $\frac{2}{\pi}x \leqq \sin x \leqq x$」の 別解〕

$y = \sin x$ とおくと　$y' = \cos x$

$x=0$ のとき，$y'=1$ となるから，$y=x$ は $y=\sin x$ の原点における接線である。

◀ $y=\sin x$ は $0 \leqq x \leqq \frac{\pi}{2}$ で上に凸である。

4章 13 区分求積法，面積

よって，$0 \leqq x \leqq \dfrac{\pi}{2}$ において，$\sin x \leqq x$ となる。

また，原点と点 $\left(\dfrac{\pi}{2},\ 1\right)$ を通る直線は，

$y = \dfrac{2}{\pi}x$ となることから

$0 \leqq x \leqq \dfrac{\pi}{2}$ のとき　　$\dfrac{2}{\pi}x \leqq \sin x \leqq x$

問題 164 n を自然数とするとき，次の不等式を証明せよ。

$$n\log n - n + 1 < \log(n!) < (n+1)\log(n+1) - n$$

$x > 0$ で $y = \log x$ は増加関数である。
自然数 k に対して，$k < x < k+1$ のとき

$$\log k < \log x < \log(k+1)$$

よって

$$\int_k^{k+1} \log k\,dx < \int_k^{k+1} \log x\,dx < \int_k^{k+1} \log(k+1)dx$$

すなわち

$$\log k < \int_k^{k+1} \log x\,dx < \log(k+1)$$

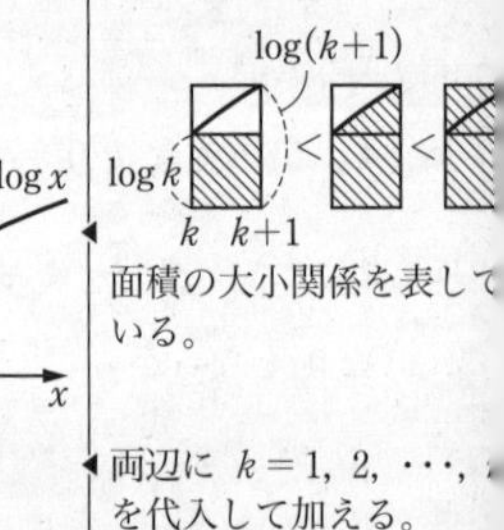

◀面積の大小関係を表している。

$\log k < \displaystyle\int_k^{k+1} \log x\,dx$ より

$$\sum_{k=1}^{n} \log k < \sum_{k=1}^{n} \int_k^{k+1} \log x\,dx$$

◀両辺に $k = 1,\ 2,\ \cdots,\ n$ を代入して加える。

ここで

$$\sum_{k=1}^{n} \log k = \log 1 + \log 2 + \log 3 + \cdots + \log n$$

$$= \log(1 \cdot 2 \cdot 3 \cdot \cdots \cdot n) = \log(n!)$$

$$\sum_{k=1}^{n} \int_k^{k+1} \log x\,dx = \int_1^2 \log x\,dx + \int_2^3 \log x\,dx + \cdots + \int_n^{n+1} \log x\,dx$$

$$= \int_1^{n+1} \log x\,dx = \Big[x\log x - x\Big]_1^{n+1}$$

$$= \{(n+1)\log(n+1) - (n+1)\} - (\log 1 - 1)$$

$$= (n+1)\log(n+1) - n$$

◀ $\displaystyle\int \log x\,dx = \int (x)'\log x\,dx = x\log x - \int x \cdot \frac{1}{x}\,dx = x\log x - x + C$

よって　　$\log(n!) < (n+1)\log(n+1) - n$　　…①

次に $\displaystyle\int_k^{k+1} \log x\,dx < \log(k+1)$ より　$\displaystyle\sum_{k=1}^{n-1} \int_k^{k+1} \log x\,dx < \sum_{k=1}^{n-1} \log(k+1)$

◀両辺に $k = 1,\ 2,\ \cdots,\ n-1$ を代入して加える。

ここで

$$\sum_{k=1}^{n-1} \int_k^{k+1} \log x\,dx = \int_1^2 \log x\,dx + \int_2^3 \log x\,dx + \cdots + \int_{n-1}^{n} \log x\,dx$$

$$= \int_1^{n} \log x\,dx = \Big[x\log x - x\Big]_1^{n}$$

$$= (n\log n - n) - (\log 1 - 1)$$

$$= n\log n - n + 1$$

$$\sum_{k=1}^{n-1} \log(k+1) = \log 2 + \log 3 + \cdots + \log n$$

$= \log(2\cdot3\cdot\cdots\cdots n) = \log(n!)$

よって　　$n\log n - n + 1 < \log(n!)$　　$\cdots$ ②

したがって，①，② より

$n\log n - n + 1 < \log(n!) < (n+1)\log(n+1) - n$

問題 165 曲線 $y = \dfrac{1}{x^2+1}$ と x 軸，y 軸，直線 $x=1$ で囲まれた図形の面積を求めよ。

$y = \dfrac{1}{x^2+1}$ のグラフは，常に x 軸より上方にあり，グラフは右の図のようになるから，求める面積 S は

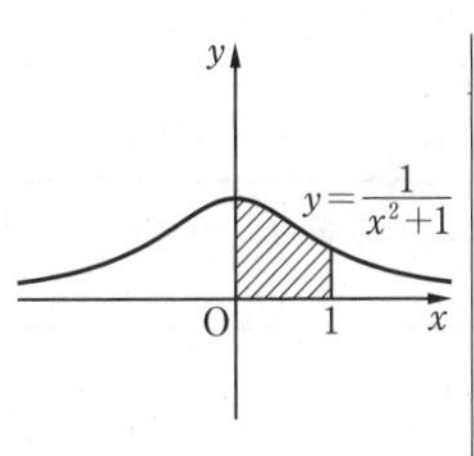

$$S = \int_0^1 \frac{1}{x^2+1}\,dx$$

$x = \tan\theta$ とおくと　　$\dfrac{dx}{d\theta} = \dfrac{1}{\cos^2\theta}$

x と θ の対応は右の表のようになるから

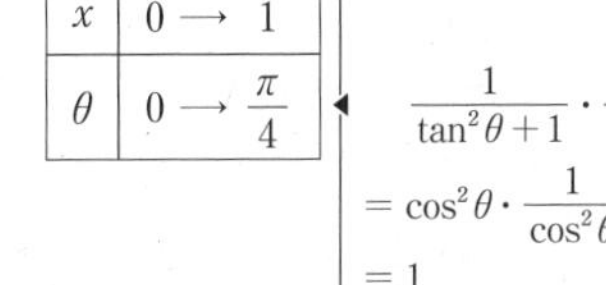

x	$0 \to 1$
θ	$0 \to \dfrac{\pi}{4}$

$$S = \int_0^{\frac{\pi}{4}} \frac{1}{\tan^2\theta+1}\cdot\frac{1}{\cos^2\theta}\,d\theta$$

$$= \int_0^{\frac{\pi}{4}} d\theta = \Big[\theta\Big]_0^{\frac{\pi}{4}} = \boldsymbol{\frac{\pi}{4}}$$

◀ $\dfrac{1}{\tan^2\theta+1}\cdot\dfrac{1}{\cos^2\theta}$
$= \cos^2\theta\cdot\dfrac{1}{\cos^2\theta}$
$= 1$

問題 166 曲線 $y = x\sqrt{1-x^2}$ と x 軸で囲まれた図形の面積を求めよ。

$1 - x^2 \geqq 0$ より　　$-1 \leqq x \leqq 1$

$y = 0$ とおくと　　$x = 0,\ \pm1$

$-1 \leqq x \leqq 0$ のとき，$y \leqq 0$

$0 \leqq x \leqq 1$ のとき，$y \geqq 0$ である。

よって，求める面積 S は

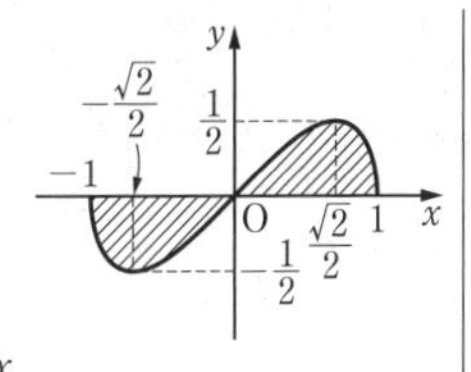

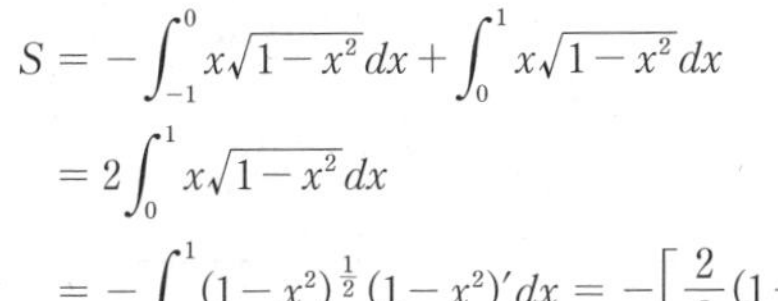

$$S = -\int_{-1}^0 x\sqrt{1-x^2}\,dx + \int_0^1 x\sqrt{1-x^2}\,dx$$

$$= 2\int_0^1 x\sqrt{1-x^2}\,dx$$

$$= -\int_0^1 (1-x^2)^{\frac{1}{2}}(1-x^2)'\,dx = -\left[\frac{2}{3}(1-x^2)^{\frac{3}{2}}\right]_0^1 = \boldsymbol{\frac{2}{3}}$$

◀ $f(x) = x\sqrt{1-x^2}$ とすると $f(-x) = -f(x)$ となり，グラフは原点に関して対称である。

問題 167 曲線 $y = xe^{-x}$ と曲線 $y = 2xe^{-2x}$ で囲まれた図形の面積を求めよ。

2 曲線の共有点の x 座標は，

$xe^{-x} = 2xe^{-2x}$ より

$x = 0,\ \log2$

区間 $0 \leqq x \leqq \log2$ で $xe^{-x} \leqq 2xe^{-2x}$ であるから，求める面積 S は

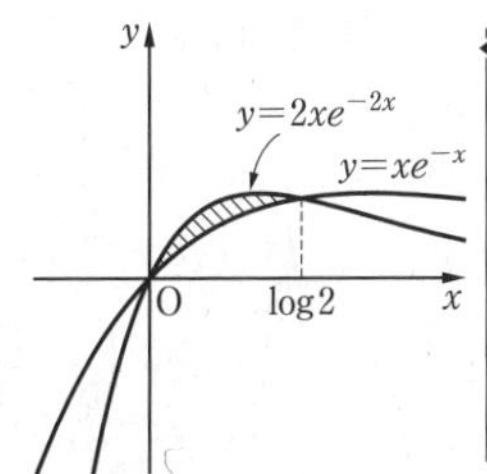

$$S = \int_0^{\log2} (2xe^{-2x} - xe^{-x})\,dx$$

◀ $xe^{-x} = 2xe^{-2x}$ より
$xe^{-x}(1-2e^{-x}) = 0$
$e^{-x} \neq 0$ より
$x = 0$ または $e^{-x} = \dfrac{1}{2}$
よって　$x = 0,\ \log2$

$$= \int_0^{\log 2} 2x\left(-\frac{1}{2}e^{-2x}\right)' dx - \int_0^{\log 2} x(-e^{-x})' dx$$

$$= \left[-xe^{-2x}\right]_0^{\log 2} - \int_0^{\log 2}(-e^{-2x})dx + \left[xe^{-x}\right]_0^{\log 2} - \int_0^{\log 2} e^{-x}dx$$

$$= -\log 2\cdot\frac{1}{4} - \left[\frac{1}{2}e^{-2x}\right]_0^{\log 2} + \log 2\cdot\frac{1}{2} - \left[-e^{-x}\right]_0^{\log 2}$$

$$= \frac{1}{4}\log 2 - \left(\frac{1}{8}-\frac{1}{2}\right) - \left(-\frac{1}{2}+1\right)$$

$$= \mathbf{\frac{1}{4}\log 2 - \frac{1}{8}}$$

◀ $e^{-2\log 2} = e^{\log\frac{1}{4}} = \frac{1}{4}$

$e^{-\log 2} = e^{\log\frac{1}{2}} = \frac{1}{2}$

問題 168 2 曲線 $y=\sin 2x$, $y=a\sin x$ $(0<a<2)$ で囲まれた図形の面積を a で表せ。ただし，$0\leqq x\leqq\pi$ とする。

2 曲線の共有点の x 座標は，

$\sin 2x = a\sin x$ より

$\sin x(2\cos x - a) = 0$

◀ $\sin 2x = 2\sin x\cos x$

$\sin x = 0$ または $\cos x = \frac{a}{2}$ より

$x = 0,\ \pi,\ \alpha$

ただし　$\cos\alpha = \frac{a}{2}$ $\left(0<\alpha<\frac{\pi}{2}\right)$

ただし，$0<a<2$ より

$0<\frac{a}{2}<1$

したがって，求める面積 S は

$$S = \int_0^{\alpha}(\sin 2x - a\sin x)dx + \int_{\alpha}^{\pi}(a\sin x - \sin 2x)dx$$

$$= \left[-\frac{1}{2}\cos 2x + a\cos x\right]_0^{\alpha} + \left[-a\cos x + \frac{1}{2}\cos 2x\right]_{\alpha}^{\pi}$$

$$= -\frac{1}{2}\cos 2\alpha + a\cos\alpha - \left(-\frac{1}{2}+a\right) + \left(a+\frac{1}{2}\right) - \left(-a\cos\alpha + \frac{1}{2}\cos 2\alpha\right)$$

$$= -\cos 2\alpha + 2a\cos\alpha + 1$$

$$= -\left(\frac{a^2}{2}-1\right) + 2a\cdot\frac{a}{2} + 1 = \mathbf{\frac{a^2}{2}+2}$$

◀ $\cos 2\alpha = 2\cos^2\alpha - 1$

$= \frac{a^2}{2} - 1$

問題 169 次の曲線や直線で囲まれた図形の面積を求めよ。

(1)　$x=-y^2+4y$, y 軸, $y=-2$, $y=3$

(2)　$y=|\log x|$, $y=1$

(1)　曲線と y 軸の共有点の y 座標は，

$-y^2+4y=0$ より　　$y=0,\ 4$

グラフの概形は右の図のようになる。

したがって，求める面積 S は

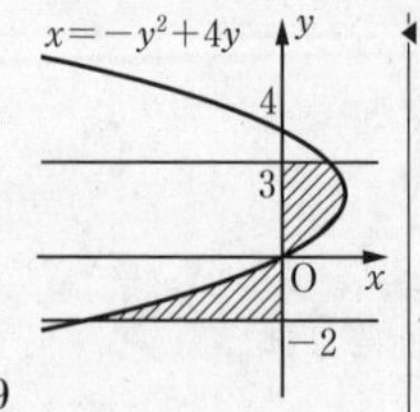

◀ $x=-y^2+4y$

$=-(y-2)^2+4$

より，頂点が $(4,\ 2)$ の放物線である。

$$S = -\int_{-2}^{0}(-y^2+4y)dy + \int_0^3(-y^2+4y)dy$$

$$= -\left[-\frac{y^3}{3}+2y^2\right]_{-2}^{0} + \left[-\frac{y^3}{3}+2y^2\right]_0^3 = \mathbf{\frac{59}{3}}$$

(2) $\log x \geqq 0$ すなわち $x \geqq 1$ のとき

$$y=|\log x|=\log x$$

$\log x<0$ すなわち $0<x<1$ のとき

$$y=|\log x|=-\log x$$

グラフの概形は右の図のようになる。

したがって，求める面積 S は

$$S=\int_0^1 (e^y-e^{-y})dy=\Big[e^y+e^{-y}\Big]_0^1$$

$$=\boldsymbol{e+\frac{1}{e}-2}$$

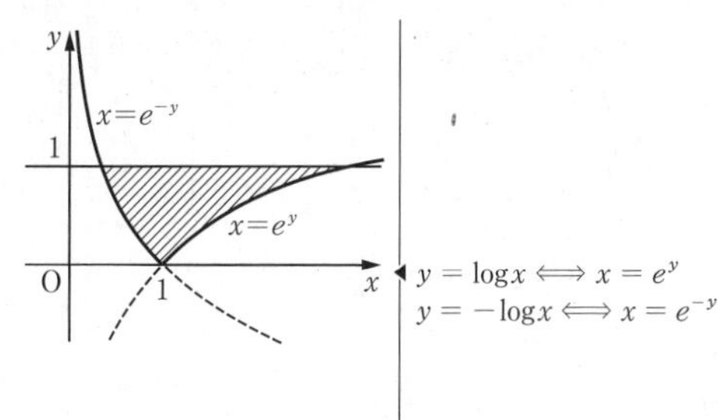

◀ $y=\log x \iff x=e^y$
$y=-\log x \iff x=e^{-y}$

問題 **170** 関数 $f(x)=\dfrac{1}{1+x^2}$ について，次の各問に答えよ。

(1) 曲線 $y=f(x)$ 上の点 $\mathrm{P}\left(\sqrt{3},\ \dfrac{1}{4}\right)$ における接線 l の方程式を求めよ。

(2) 曲線 $y=f(x)$ と接線 l との共有点のうち，点 P と異なる点 Q の x 座標を求めよ。

(3) 曲線 $y=f(x)$ と接線 l によって囲まれる部分の面積を求めよ。 (宮崎大)

---

(1) $f'(x)=-\dfrac{2x}{(1+x^2)^2}$ より $f'(\sqrt{3})=-\dfrac{\sqrt{3}}{8}$

よって，接線 l の方程式は

$y-\dfrac{1}{4}=-\dfrac{\sqrt{3}}{8}(x-\sqrt{3})$ より $\boldsymbol{y=-\dfrac{\sqrt{3}}{8}x+\dfrac{5}{8}}$

◀ $f(x)$ の増減表は

x	$\cdots$	0	$\cdots$
$f'(x)$	$+$	0	$-$
$f(x)$	↗	1	↘

また $\lim\limits_{x\to\pm\infty} y=0$

(2) $\dfrac{1}{1+x^2}=-\dfrac{\sqrt{3}}{8}x+\dfrac{5}{8}$ より

$$(\sqrt{3}x-5)(1+x^2)=-8$$

$$\sqrt{3}x^3-5x^2+\sqrt{3}x+3=0$$

よって

$$(x-\sqrt{3})^2(\sqrt{3}x+1)=0$$

点 Q は点 P と異なるから $x \neq \sqrt{3}$

ゆえに $\boldsymbol{x=-\dfrac{1}{\sqrt{3}}}$

◀ $P(x)$
$=\sqrt{3}x^3-5x^2+\sqrt{3}x+3$
とおくと，$P(\sqrt{3})=0$
より
$P(x)$
$=(x-\sqrt{3})(\sqrt{3}x^2-2x-\sqrt{3})$
$=(x-\sqrt{3})^2(\sqrt{3}x+1)$

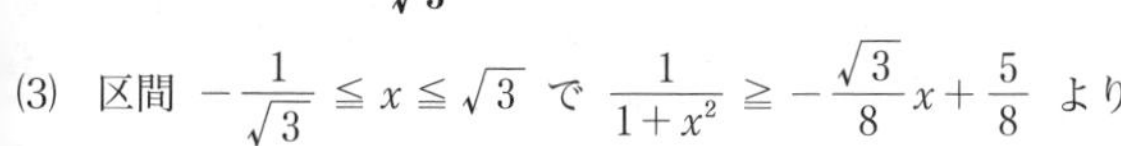

(3) 区間 $-\dfrac{1}{\sqrt{3}} \leqq x \leqq \sqrt{3}$ で $\dfrac{1}{1+x^2} \geqq -\dfrac{\sqrt{3}}{8}x+\dfrac{5}{8}$ より

求める面積 S は

$$S=\int_{-\frac{1}{\sqrt{3}}}^{\sqrt{3}} \frac{1}{1+x^2}dx-\int_{-\frac{1}{\sqrt{3}}}^{\sqrt{3}}\left(-\frac{\sqrt{3}}{8}x+\frac{5}{8}\right)dx$$

$\displaystyle\int_{-\frac{1}{\sqrt{3}}}^{\sqrt{3}} \frac{1}{1+x^2}dx$ において，$x=\tan\theta \left(-\dfrac{\pi}{2}<\theta<\dfrac{\pi}{2}\right)$ とおくと

$$\frac{dx}{d\theta}=\frac{1}{\cos^2\theta},\ 1+x^2=1+\tan^2\theta=\frac{1}{\cos^2\theta}$$

x と θ の対応は右の表のようになるから

x	$-\dfrac{1}{\sqrt{3}} \longrightarrow \sqrt{3}$
θ	$-\dfrac{\pi}{6} \longrightarrow \dfrac{\pi}{3}$

$$\int_{-\frac{1}{\sqrt{3}}}^{\sqrt{3}} \frac{dx}{1+x^2}=\int_{-\frac{\pi}{6}}^{\frac{\pi}{3}} d\theta=\Big[\theta\Big]_{-\frac{\pi}{6}}^{\frac{\pi}{3}}$$

$$= \frac{\pi}{3} - \left(-\frac{\pi}{6}\right) = \frac{\pi}{2}$$

また　$\displaystyle\int_{-\frac{1}{\sqrt{3}}}^{\sqrt{3}} \left(-\frac{\sqrt{3}}{8}x + \frac{5}{8}\right)dx = \left[-\frac{\sqrt{3}}{16}x^2 + \frac{5}{8}x\right]_{-\frac{1}{\sqrt{3}}}^{\sqrt{3}} = \frac{2\sqrt{3}}{3}$

したがって　$S = \boldsymbol{\dfrac{\pi}{2} - \dfrac{2\sqrt{3}}{3}}$

問題 **171** 曲線 $y = xe^x$ に点 $\left(\frac{1}{2},\ 0\right)$ から引いた接線のうち傾きの大きいほうを l とする。この曲線と直線 l および x 軸で囲まれた図形の面積を求めよ。

接点の座標を $(t,\ te^t)$ とおく。

$y' = (x+1)e^x$ より　接線の方程式は

$$y - te^t = (t+1)e^t(x-t)$$

これが点 $\left(\frac{1}{2},\ 0\right)$ を通るから　$-te^t = (t+1)e^t\left(\frac{1}{2} - t\right)$

$e^t > 0$ より，両辺を e^t で割ると　$-t = (t+1)\left(\frac{1}{2} - t\right)$

$2t^2 - t - 1 = 0$ より　$(2t+1)(t-1) = 0$

よって　$t = -\frac{1}{2},\ 1$

ゆえに，接線の傾き $(t+1)e^t$ は

$$t = -\frac{1}{2}\ のとき\ \frac{1}{2\sqrt{e}},\quad t = 1\ のとき\ 2e$$

$\frac{1}{2\sqrt{e}} < 2e$ より，傾きが大きい方の接線 l は $t = 1$ のときである。

よって，接線 l の方程式は　$y = 2ex - e$

グラフの位置関係は右の図のようになるから，求める面積 S は

$$S = \int_0^1 xe^x\,dx - \int_{\frac{1}{2}}^1 (2ex - e)dx$$

$$= \left(\left[xe^x\right]_0^1 - \int_0^1 e^x dx\right) - \left[ex^2 - ex\right]_{\frac{1}{2}}^1$$

$$= e - \left[e^x\right]_0^1 - \frac{e}{4} = \boldsymbol{1 - \frac{e}{4}}$$

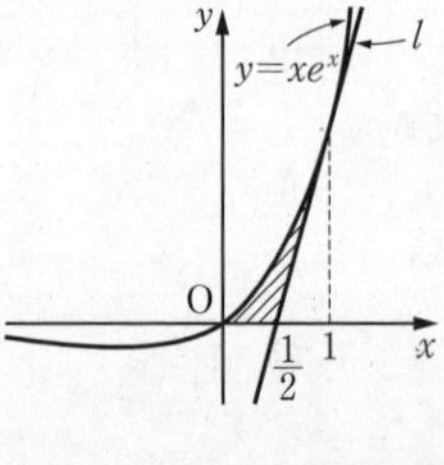

◀点 $(t,\ f(t))$ における接線の方程式は $y - f(t) = f'(t)(x-t)$

◀$\int_{\frac{1}{2}}^1 (2ex - e)dx$ は三角形の面積 $\frac{1}{2}\left(1 - \frac{1}{2}\right)e = \frac{e}{4}$ を計算してもよい。

問題 **172** 曲線 $y = \sin x$ $(0 \leqq x \leqq 3\pi)$ と 4 個の共有点をもつように，直線 $y = k$ を引く。この曲線と直線で囲まれた 3 つの図形の面積の和が最小となるように k の値を定めよ。

$y = \sin x$ $(0 \leqq x \leqq 3\pi)$ と $y = k$ が 4 個の共有点をもつためには $0 \leqq k < 1$ である。

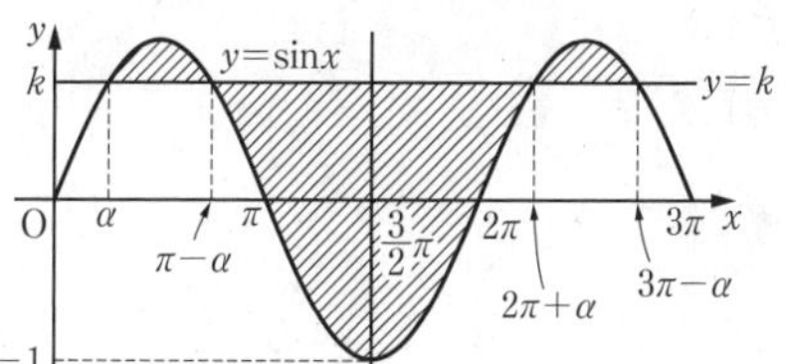

共有点の x 座標のうち，最も小さい値を α とおくと，$0 \leqq \alpha < \frac{\pi}{2}$，$k = \sin\alpha$ となり，他の共有点の x 座標は $\pi - \alpha$，$2\pi + \alpha$，$3\pi - \alpha$ となる。

◀ReAction 例題 168「共有点の x 座標が求まらないときは，α とおいて計算を進めよ」

また，この図形は直線 $x = \frac{3}{2}\pi$ に関して対称であるから，求める面積 S は

$$S = 2\int_{\alpha}^{\pi-\alpha}(\sin x - k)dx + 2\int_{\pi-\alpha}^{\frac{3}{2}\pi}(k - \sin x)dx$$

$$= 2\Big[-\cos x - kx\Big]_{\alpha}^{\pi-\alpha} + 2\Big[kx + \cos x\Big]_{\pi-\alpha}^{\frac{3}{2}\pi}$$

$$= 2\{\cos\alpha - k(\pi - \alpha) + \cos\alpha + k\alpha\} + 2\left\{\frac{3}{2}k\pi - k(\pi - \alpha) + \cos\alpha\right\}$$

◀ $\cos(\pi - \alpha) = -\cos\alpha$

$$= 6\cos\alpha + (6\alpha - \pi)k$$

$$= 6\cos\alpha + (6\alpha - \pi)\sin\alpha$$

◀ $k = \sin\alpha$

よって　$\frac{dS}{d\alpha} = -6\sin\alpha + 6\sin\alpha + (6\alpha - \pi)\cos\alpha$

$$= (6\alpha - \pi)\cos\alpha$$

$0 \leqq \alpha < \frac{\pi}{2}$ の範囲で，$\frac{dS}{d\alpha} = 0$ とおくと　$\alpha = \frac{\pi}{6}$

よって，S の増減表は右のようになる。

α	0	$\cdots$	$\frac{\pi}{6}$	$\cdots$	$\frac{\pi}{2}$
$\frac{dS}{d\alpha}$		$-$	0	$+$	／
S		↘	最小	↗	／

ゆえに，S は $\alpha = \frac{\pi}{6}$ のとき最小となる。

したがって

$$k = \sin\frac{\pi}{6} = \frac{1}{2}$$

問題 173　2つの楕円 $x^2 + \frac{y^2}{3} = 1$ …①，$\frac{x^2}{3} + y^2 = 1$ …② について

(1)　4つの交点の座標を求めよ。

(2)　2つの楕円の内部の重なった図形の面積を求めよ。

(1)　② より $y^2 = 1 - \frac{x^2}{3}$ であり，① に代入すると

$$x^2 + \frac{1}{3}\left(1 - \frac{x^2}{3}\right) = 1$$

$\frac{8}{9}x^2 = \frac{2}{3}$ より　$x^2 = \frac{3}{4}$

$x = \pm\frac{\sqrt{3}}{2}$ より，$y^2 = \frac{3}{4}$ であるから　$y = \pm\frac{\sqrt{3}}{2}$

したがって，交点の座標は

$$\left(\frac{\sqrt{3}}{2},\ \frac{\sqrt{3}}{2}\right),\ \left(\frac{\sqrt{3}}{2},\ -\frac{\sqrt{3}}{2}\right),\ \left(-\frac{\sqrt{3}}{2},\ \frac{\sqrt{3}}{2}\right),\ \left(-\frac{\sqrt{3}}{2},\ -\frac{\sqrt{3}}{2}\right)$$

(2)　楕円 ①，② は x 軸，y 軸に関して対称である。

また，①，② は x と y を入れかえたものであるから，直線 $y=x$ に関して対称である。

$x \geqq 0$，$y \geqq 0$ のとき，② は

$$y=\sqrt{\frac{3-x^2}{3}}$$

よって，求める面積 S は

$$S=8\int_0^{\frac{\sqrt{3}}{2}}\left(\frac{1}{\sqrt{3}}\sqrt{3-x^2}-x\right)dx$$

$$=\frac{8}{\sqrt{3}}\int_0^{\frac{\sqrt{3}}{2}}\sqrt{3-x^2}\,dx-8\left[\frac{1}{2}x^2\right]_0^{\frac{\sqrt{3}}{2}}$$

$$=\frac{8}{\sqrt{3}}\left\{\frac{\pi}{12}\cdot(\sqrt{3})^2+\frac{1}{2}\cdot\frac{\sqrt{3}}{2}\cdot\frac{3}{2}\right\}-3$$

$$=\boldsymbol{\frac{2\sqrt{3}}{3}\pi}$$

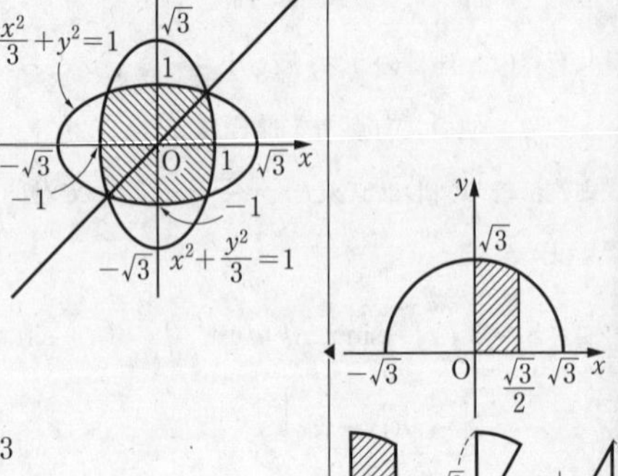

問題 174 曲線 $\begin{cases}x=\sin t\\ y=t\cos t\end{cases}$ $\left(0 \leqq t \leqq \frac{\pi}{2}\right)$ と x 軸で囲まれた図形の面積を求めよ。

与えられた曲線と x 軸の共有点を求める。

$y=t\cos t=0$ とおくと，$0 \leqq t \leqq \frac{\pi}{2}$ より　　$t=0,\ \frac{\pi}{2}$

よって，共有点の座標は　　$(0,\ 0)$，$(1,\ 0)$

また，$0 \leqq t \leqq \frac{\pi}{2}$ において，x は増加し，$y \geqq 0$ となる。

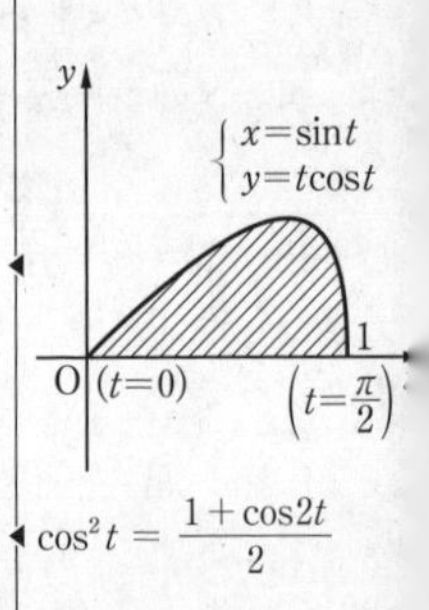

また，$\frac{dx}{dt}=\cos t$ であるから，求める面積 S は

$$S=\int_0^1 y\,dx=\int_0^{\frac{\pi}{2}}t\cos t\cdot\cos t\,dt=\int_0^{\frac{\pi}{2}}t\cdot\frac{1+\cos 2t}{2}\,dt$$

◀ $\cos^2 t=\frac{1+\cos 2t}{2}$

$$=\frac{1}{2}\int_0^{\frac{\pi}{2}}t\,dt+\frac{1}{2}\int_0^{\frac{\pi}{2}}t\cos 2t\,dt$$

$$=\frac{1}{2}\left[\frac{t^2}{2}\right]_0^{\frac{\pi}{2}}+\frac{1}{2}\left\{\left[t\cdot\frac{\sin 2t}{2}\right]_0^{\frac{\pi}{2}}-\int_0^{\frac{\pi}{2}}\frac{\sin 2t}{2}\,dt\right\}$$

◀ 部分積分法を用いる。

$$=\frac{\pi^2}{16}-\frac{1}{4}\int_0^{\frac{\pi}{2}}\sin 2t\,dt=\frac{\pi^2}{16}-\frac{1}{4}\left[-\frac{\cos 2t}{2}\right]_0^{\frac{\pi}{2}}$$

$$=\boldsymbol{\frac{\pi^2}{16}-\frac{1}{4}}$$

問題 175 k は正の定数とする。2 つの曲線 $C_1: y = k\cos x$ と $C_2: y = \sin x$ $\left(0 \leqq x \leqq \dfrac{\pi}{2}\right)$ について，C_1，C_2 と y 軸で囲まれた図形の面積を S_1，C_1，C_2 と直線 $x = \dfrac{\pi}{2}$ で囲まれた図形の面積を S_2 とする。$2S_1 = S_2$ となるように k を定め，このときの S_1 を求めよ。

2 曲線 C_1，C_2 の共有点の x 座標

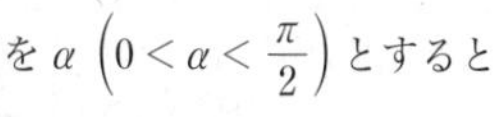
を α $\left(0 < \alpha < \dfrac{\pi}{2}\right)$ とすると

$$k\cos\alpha = \sin\alpha \qquad \cdots ①$$

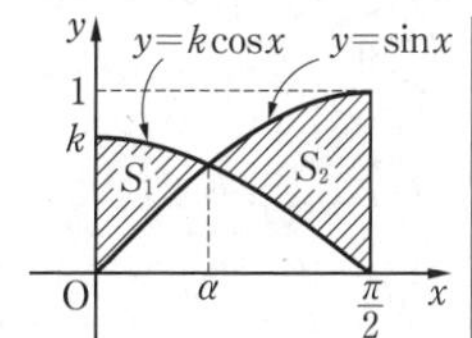

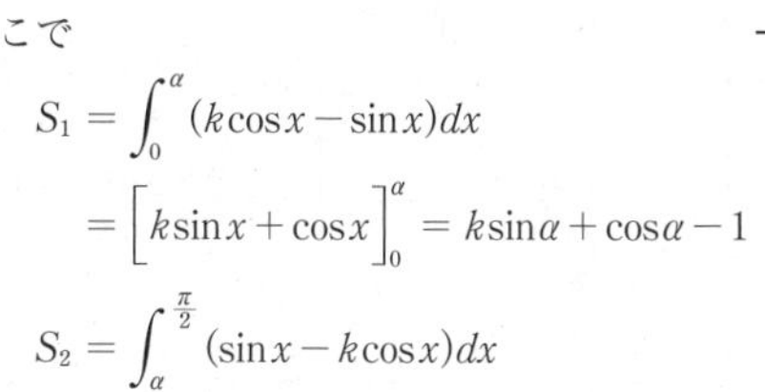
ここで

$$S_1 = \int_0^{\alpha} (k\cos x - \sin x)dx$$

$$= \Big[k\sin x + \cos x\Big]_0^{\alpha} = k\sin\alpha + \cos\alpha - 1$$

$$S_2 = \int_{\alpha}^{\frac{\pi}{2}} (\sin x - k\cos x)dx$$

$$= \Big[-\cos x - k\sin x\Big]_{\alpha}^{\frac{\pi}{2}} = -k + \cos\alpha + k\sin\alpha$$

① より，$\tan\alpha = k$ となるから

$$\cos\alpha = \frac{1}{\sqrt{k^2+1}},\ \sin\alpha = \frac{k}{\sqrt{k^2+1}}$$

◀ $1 + \tan^2\alpha = \dfrac{1}{\cos^2\alpha}$
$\sin\alpha = \tan\alpha\cos\alpha$

よって　$S_1 = \sqrt{k^2+1} - 1$，　$S_2 = -k + \sqrt{k^2+1}$

$2S_1 = S_2$ であるから

$$2\left(\sqrt{k^2+1} - 1\right) = -k + \sqrt{k^2+1}$$

$$\sqrt{k^2+1} = 2 - k$$

◀ $2 - k > 0$

両辺を 2 乗すると　$k^2 + 1 = (2-k)^2$

$0 < k < 2$ より　$\boldsymbol{k = \dfrac{3}{4}}$

このとき　$S_1 = \sqrt{\left(\dfrac{3}{4}\right)^2 + 1} - 1 = \boldsymbol{\dfrac{1}{4}}$

問題 176 曲線 $C: y = -\log x$ 上の点 $P_0(1,\ 0)$ における接線と y 軸との交点を Q_1 とする。Q_1 から x 軸に平行に引いた直線と C との交点を P_1 とする。P_1 における C の接線と y 軸との交点を Q_2 とする。以下，同様に P_{n-1}，Q_n $(n = 1,\ 2,\ \cdots)$ を定める。2 直線 $P_{n-1}Q_n$，P_nQ_n と C で囲まれた図形の面積を S_n とするとき，$S = \lim\limits_{n\to\infty}\sum\limits_{k=1}^{n} S_k$ を求めよ。

$P_n(a_n,\ -\log a_n)$，$Q_n(0,\ -\log a_n)$ とおく。

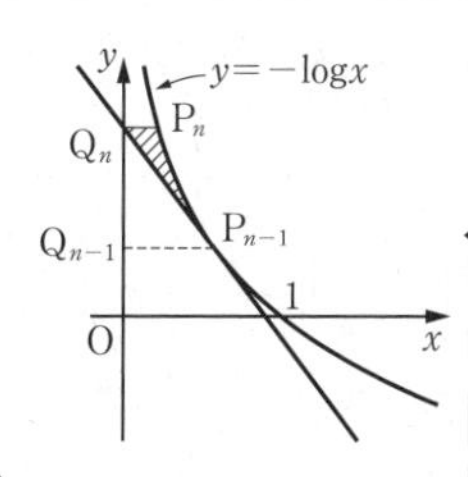

$y = -\log x$ のとき，$y' = -\dfrac{1}{x}$ より，

点 P_{n-1} における接線の方程式は

◀ $P_{n-1}(a_{n-1},\ -\log a_{n-1})$

$$y + \log a_{n-1} = -\frac{1}{a_{n-1}}(x - a_{n-1})$$

この直線と y 軸の交点 Q_n の y 座標は，

$x = 0$ とおくと，$y = 1 - \log a_{n-1}$ であるから

$$Q_n(0,\ 1 - \log a_{n-1})$$

よって，$-\log a_n = 1-\log a_{n-1}$ であるから　　$a_n = e^{-1}a_{n-1}$

また $a_0=1$ であるから　　$a_n = e^{-n}$

ゆえに，$\mathrm{P}_n(e^{-n},\ n)$，$\mathrm{Q}_n(0,\ n)$ となる。

$y=-\log x$ より $x=e^{-y}$ となるから

$$S_n = \int_{n-1}^{n} e^{-y}dy - \frac{1}{2}\cdot 1\cdot e^{-(n-1)}$$
$$= -\Big[e^{-y}\Big]_{n-1}^{n} - \frac{1}{2}e^{-(n-1)}$$
$$= -e^{-n}+e^{-(n-1)} - \frac{1}{2}e^{-(n-1)} = \frac{1}{2}(e-2)e^{-n}$$

◀ $\mathrm{Q}_n(0,\ -\log a_n)$

◀ $\log a_n = \log a_{n-1} - 1$
$= \log a_{n-1} - \log e$
$= \log \dfrac{a_{n-1}}{e}$
よって　$a_n = e^{-1}a_{n-1}$

◀ $\triangle \mathrm{P}_{n-1}\mathrm{Q}_{n-1}\mathrm{Q}_n$ は $\mathrm{Q}_{n-1}\mathrm{Q}_n = 1$，$\mathrm{P}_{n-1}\mathrm{Q}_{n-1} = e^{-(n-1)}$ の直角三角形である。

したがって，S は

$$S = \lim_{n\to\infty}\sum_{k=1}^{n} S_k = \lim_{n\to\infty}\sum_{k=1}^{n}\frac{1}{2}(e-2)e^{-k}$$
$$= \frac{1}{2}(e-2)\cdot\frac{e^{-1}}{1-e^{-1}} = \boldsymbol{\frac{e-2}{2(e-1)}}$$

◀ 公比が e^{-1} $(|e^{-1}|<1)$ の無限等比級数である。

p.305 定期テスト攻略 ▶ 13

1 次の極限値を求めよ。

(1) $\displaystyle\lim_{n\to\infty}\frac{1}{n}\log\left\{\frac{n}{n}\cdot\frac{n+2}{n}\cdot\frac{n+4}{n}\cdot\cdots\cdot\frac{n+2(n-1)}{n}\right\}$

(2) $\displaystyle\lim_{n\to\infty}\frac{1}{n^3}\left(\sin\frac{\pi}{n}+2^2\sin\frac{2\pi}{n}+3^2\sin\frac{3\pi}{n}+\cdots+n^2\sin\frac{n\pi}{n}\right)$

(1) (与式) $\displaystyle = \lim_{n\to\infty}\frac{1}{n}\sum_{k=0}^{n-1}\log\frac{n+2k}{n} = \lim_{n\to\infty}\frac{1}{n}\sum_{k=0}^{n-1}\log\left(1+2\cdot\frac{k}{n}\right)$
$$= \int_0^1 \log(1+2x)dx = \frac{1}{2}\int_0^1 (1+2x)'\log(1+2x)dx$$
$$= \frac{1}{2}\Big[(1+2x)\log(1+2x)\Big]_0^1 - \frac{1}{2}\int_0^1 (1+2x)\cdot\frac{2}{1+2x}dx$$
$$= \frac{3}{2}\log 3 - \Big[x\Big]_0^1 = \boldsymbol{\frac{3}{2}\log 3 - 1}$$

◀ $\log\left\{\dfrac{n}{n}\cdot\dfrac{n+2}{n}\cdot\dfrac{n+4}{n}\cdots\cdot\dfrac{n+2(n-1)}{n}\right\}$
$= \log\dfrac{n}{n} + \log\dfrac{n+2}{n} + \log\dfrac{n+4}{n} + \cdots + \log\dfrac{n+2(n-1)}{n}$

(2) (与式) $\displaystyle = \lim_{n\to\infty}\frac{1}{n^3}\sum_{k=1}^{n}k^2\sin\frac{k\pi}{n} = \lim_{n\to\infty}\frac{1}{n}\sum_{k=1}^{n}\left(\frac{k}{n}\right)^2\sin\frac{k}{n}\pi$
$$= \int_0^1 x^2\sin\pi x\,dx = \int_0^1 x^2\left(-\frac{1}{\pi}\cos\pi x\right)'dx$$
$$= \left[x^2\left(-\frac{1}{\pi}\cos\pi x\right)\right]_0^1 - \int_0^1 2x\left(-\frac{1}{\pi}\cos\pi x\right)dx$$
$$= \frac{1}{\pi} + \frac{2}{\pi}\int_0^1 x\cos\pi x\,dx$$
$$= \frac{1}{\pi} + \frac{2}{\pi}\left(\left[x\cdot\frac{1}{\pi}\sin\pi x\right]_0^1 - \int_0^1\frac{1}{\pi}\sin\pi x\,dx\right)$$
$$= \frac{1}{\pi} + \frac{2}{\pi}\left(0 - \frac{1}{\pi}\left[-\frac{1}{\pi}\cos\pi x\right]_0^1\right) = \boldsymbol{\frac{1}{\pi} - \frac{4}{\pi^3}}$$

◀ 部分積分法を用いる。

◀ 部分積分法を用いる。

2 $0 \leqq x \leqq 1$ のとき，$\dfrac{1}{x^2+1} \leqq \dfrac{1}{x^3+1} \leqq 1$ であることを示し，これを用いて，不等式 $\dfrac{\pi}{4} < \displaystyle\int_0^1 \dfrac{1}{x^3+1}\,dx < 1$ を証明せよ。

$0 \leqq x \leqq 1$ のとき，$0 \leqq x^3 \leqq x^2 \leqq 1$ であるから

$$1 \leqq x^3+1 \leqq x^2+1 \leqq 2$$

◀ $A>0$，$B>0$ のとき $A \leqq B \Longleftrightarrow \dfrac{1}{B} \leqq \dfrac{1}{A}$

よって　$\dfrac{1}{x^2+1} \leqq \dfrac{1}{x^3+1} \leqq 1$　…①

不等式①において，等号が成り立つのは $x=0$，1 のときだけであるから

$$\int_0^1 \frac{1}{x^2+1}\,dx < \int_0^1 \frac{1}{x^3+1}\,dx < \int_0^1 dx$$

◀ 等号が成り立たないことに注意する。

ここで，$\displaystyle\int_0^1 \frac{1}{x^2+1}\,dx$ について，

$x = \tan\theta \left(-\dfrac{\pi}{2} < \theta < \dfrac{\pi}{2}\right)$ とおくと

x	$0 \longrightarrow 1$
θ	$0 \longrightarrow \dfrac{\pi}{4}$

$$\frac{dx}{d\theta} = \frac{1}{\cos^2\theta}$$

よって

$$\int_0^1 \frac{1}{x^2+1}\,dx = \int_0^{\frac{\pi}{4}} \frac{1}{\tan^2\theta+1}\cdot\frac{1}{\cos^2\theta}\,d\theta$$

$$= \int_0^{\frac{\pi}{4}} \cos^2\theta\cdot\frac{1}{\cos^2\theta}\,d\theta = \int_0^{\frac{\pi}{4}} d\theta = \Big[\theta\Big]_0^{\frac{\pi}{4}} = \frac{\pi}{4}$$

また　$\displaystyle\int_0^1 dx = \Big[x\Big]_0^1 = 1$

したがって　$\dfrac{\pi}{4} < \displaystyle\int_0^1 \frac{1}{x^3+1}\,dx < 1$

3 次の図形の面積を求めよ。

(1) 曲線 $y = x\sqrt{2-x}$ と x 軸で囲まれた図形

(2) $0 \leqq x \leqq \pi$ の範囲で，2 曲線 $y=\sin x$ および $y=\sin 3x$ で囲まれた図形

(1) 曲線 $y=x\sqrt{2-x}$ と x 軸の共有点の x 座標は，

◀ 定義域は $x \leqq 2$ である。

$x\sqrt{2-x}=0$ より　$x=0$，2

◀ $y' = \dfrac{4-3x}{2\sqrt{2-x}}$ より，$x=\dfrac{4}{3}$ のとき極大値 $\dfrac{4\sqrt{6}}{9}$ をとる。

$0 \leqq x \leqq 2$ のとき，$x\sqrt{2-x} \geqq 0$ であるから，求める面積 S は

$$S = \int_0^2 x\sqrt{2-x}\,dx$$

$t=2-x$ とおくと，$x=2-t$ となり

$$\frac{dx}{dt} = -1$$

◀ $dx = (-1)dt$

x	$0 \to 2$
t	$2 \to 0$

x と t の対応は右の表のようになるから

$$S = \int_2^0 (2-t)\sqrt{t}\cdot(-1)dt = \int_0^2 \left(2t^{\frac{1}{2}} - t^{\frac{3}{2}}\right)dt$$

$$= \left[\frac{4}{3}t^{\frac{3}{2}} - \frac{2}{5}t^{\frac{5}{2}}\right]_0^2 = \frac{4}{3}\cdot 2^{\frac{3}{2}} - \frac{2}{5}\cdot 2^{\frac{5}{2}} = \boldsymbol{\frac{16\sqrt{2}}{15}}$$

◀ $2^{\frac{3}{2}} = 2\sqrt{2}$，$2^{\frac{5}{2}} = 4\sqrt{2}$

(2) 求める図形は，直線 $x=\dfrac{\pi}{2}$ に関して対称であるから，$0\leqq x\leqq\dfrac{\pi}{2}$ の部分の面積を2倍すればよい。

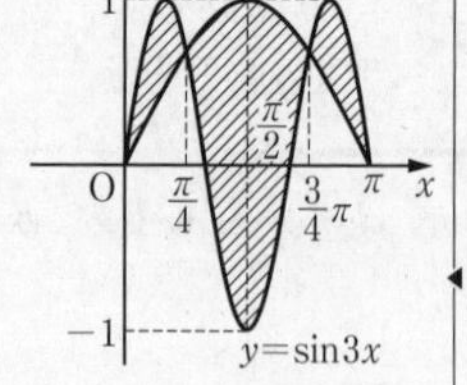

$\sin x=\sin 3x$ とすると

$$\sin x=3\sin x-4\sin^3 x$$

◀3倍角の公式

$0\leqq x\leqq\dfrac{\pi}{2}$ において，これを解くと

$$x=0,\ \frac{\pi}{4}$$

◀$2\sin^3 x-\sin x=0$
$\sin x(2\sin^2 x-1)=0$
$\sin x=0,\ \pm\dfrac{\sqrt{2}}{2}$

したがって，求める面積 S は

$$S=2\int_0^{\frac{\pi}{4}}(\sin 3x-\sin x)dx+2\int_{\frac{\pi}{4}}^{\frac{\pi}{2}}(\sin x-\sin 3x)dx$$

$$=2\left[-\frac{1}{3}\cos 3x+\cos x\right]_0^{\frac{\pi}{4}}+2\left[-\cos x+\frac{1}{3}\cos 3x\right]_{\frac{\pi}{4}}^{\frac{\pi}{2}}$$

$$=2\left\{\left(\frac{\sqrt{2}}{6}+\frac{\sqrt{2}}{2}\right)-\left(-\frac{1}{3}+1\right)\right\}+2\left\{0-\left(-\frac{\sqrt{2}}{2}-\frac{\sqrt{2}}{6}\right)\right\}$$

$$=\frac{8\sqrt{2}-4}{3}$$

4 曲線 $\sqrt{|x|}+\sqrt{|y|}=1$ …① で囲まれた図形の面積を求めよ。

①で，x を $-x$ に置き換えても，もとの式と変わらない。
また，y を $-y$ に置き換えても，もとの式と変わらない。
よって，曲線①は，x 軸についても，y 軸についても対称である。

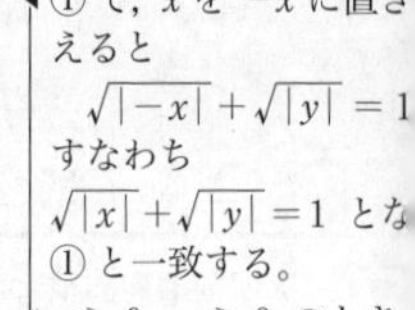
◀①で，x を $-x$ に置き換えると
$\sqrt{|-x|}+\sqrt{|y|}=1$
すなわち
$\sqrt{|x|}+\sqrt{|y|}=1$ とな
①と一致する。

次に，$x\geqq 0,\ y\geqq 0$ のとき，①は　$\sqrt{y}=1-\sqrt{x}$

$x\geqq 0,\ 1-\sqrt{x}\geqq 0$ より　$0\leqq x\leqq 1$

$y=(1-\sqrt{x})^2=1-2\sqrt{x}+x$ …② より

$$y'=-\frac{1}{\sqrt{x}}+1=\frac{\sqrt{x}-1}{\sqrt{x}}$$

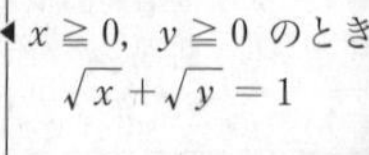
◀$x\geqq 0,\ y\geqq 0$ のとき
$\sqrt{x}+\sqrt{y}=1$

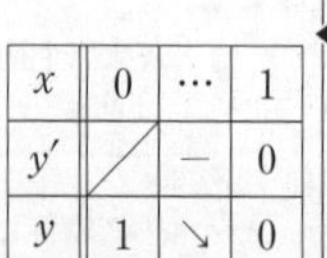

x	0	…	1
y'	／	−	0
y	1	↘	0

よって，関数②の増減表は右のようになる。
これと対称性から曲線①の概形は右の図のようになる。

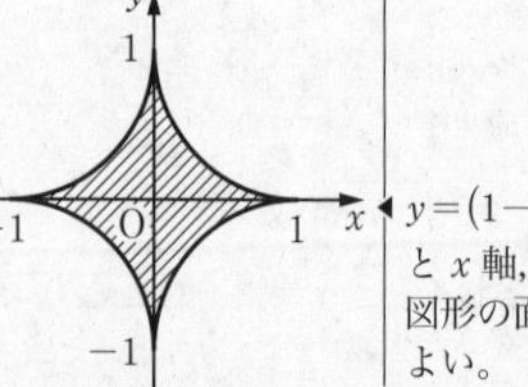

したがって，求める面積 S は

$$S=4\int_0^1(1+x-2\sqrt{x})dx$$

$$=4\left[x+\frac{1}{2}x^2-\frac{4}{3}x^{\frac{3}{2}}\right]_0^1=\frac{2}{3}$$

◀$y=(1-\sqrt{x})^2\ (0\leqq x\leqq$
と x 軸，y 軸で囲まれ
図形の面積を4倍すれ
よい。

5 曲線 $\begin{cases}x=3\cos\theta\\ y=\sin\theta\end{cases}$　$(0\leqq\theta\leqq\pi)$ と x 軸で囲まれた図形の面積を求めよ。

$$\begin{cases} x = 3\cos\theta & \cdots ① \\ y = \sin\theta & \cdots ② \end{cases}$$

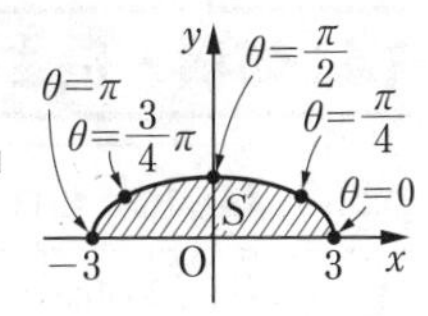

x 軸との交点の y 座標は 0 であるから

$$\sin\theta = 0$$

$0 \leqq \theta \leqq \pi$ の範囲で解くと　　$\theta = 0,\ \pi$

$0 \leqq \theta \leqq \pi$ のとき　　$\sin\theta \geqq 0$

したがって　　$y \geqq 0$

また，① より　　$\dfrac{dx}{d\theta} = -3\sin\theta$

x と θ の対応は右の表のようになるから，求める面積 S は

x	$-3 \longrightarrow 3$
θ	$\pi \longrightarrow 0$

$$\begin{aligned} S &= \int_{-3}^{3} y\,dx \\ &= \int_{\pi}^{0} \sin\theta \cdot (-3\sin\theta)d\theta \\ &= 3\int_{0}^{\pi} \sin^2\theta\,d\theta \\ &= 3\int_{0}^{\pi} \frac{1-\cos 2\theta}{2}d\theta \\ &= \frac{3}{2}\left[\theta - \frac{1}{2}\sin 2\theta\right]_{0}^{\pi} = \boldsymbol{\frac{3}{2}\pi} \end{aligned}$$

4章 13 区分求積法，面積

14 体積・長さ，微分方程式

p.308 Quick Check 14

① 頂点からの距離が x cm のところで，底面と平行な平面で切断したときの断面積を $S(x)$ とすると

$$S(x)=\left(\frac{x}{2}\right)^2=\frac{x^2}{4}\ (\mathrm{cm}^2)$$

したがって，求める体積 V は

$$V=\int_0^{10}S(x)dx=\int_0^{10}\frac{x^2}{4}dx$$

$$=\frac{1}{12}\Big[x^3\Big]_0^{10}=\boldsymbol{\frac{250}{3}}\ \mathbf{(cm^3)}$$

② (1)

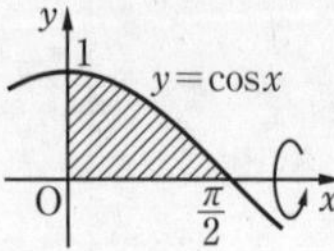

求める体積 V は

$$V=\pi\int_0^{\frac{\pi}{2}}\cos^2 x\,dx$$

$$=\pi\int_0^{\frac{\pi}{2}}\frac{1+\cos 2x}{2}dx$$

$$=\frac{\pi}{2}\left[x+\frac{\sin 2x}{2}\right]_0^{\frac{\pi}{2}}=\boldsymbol{\frac{\pi^2}{4}}$$

(2)

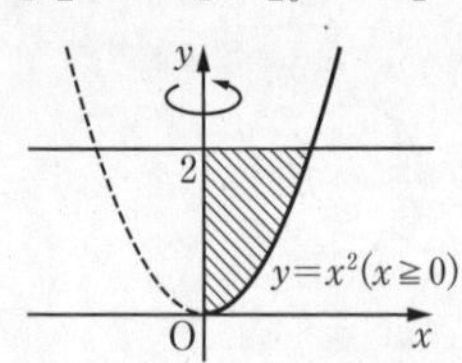

$y=x^2\ (x\geqq 0)$ のとき，求める体積 V は

$$V=\pi\int_0^2 y\,dy=\pi\left[\frac{y^2}{2}\right]_0^2$$

$$=\boldsymbol{2\pi}$$

③ (1) $\dfrac{dx}{d\theta}=\cos\theta-\sin\theta$

$\dfrac{dy}{d\theta}=\cos\theta+\sin\theta$

であるから

$$\left(\frac{dx}{d\theta}\right)^2+\left(\frac{dy}{d\theta}\right)^2$$

$$=(\cos\theta-\sin\theta)^2+(\cos\theta+\sin\theta)^2$$

$$=2$$

したがって，求める曲線の長さ L は

$$L=\int_0^{\frac{\pi}{2}}\sqrt{\left(\frac{dx}{d\theta}\right)^2+\left(\frac{dy}{d\theta}\right)^2}\,d\theta$$

$$=\int_0^{\frac{\pi}{2}}\sqrt{2}\,d\theta$$

$$=\sqrt{2}\Big[\theta\Big]_0^{\frac{\pi}{2}}=\boldsymbol{\frac{\sqrt{2}}{2}\pi}$$

(2) $\dfrac{dy}{dx}=\dfrac{3}{2}\sqrt{x}$ であるから

$$1+\left(\frac{dy}{dx}\right)^2=1+\left(\frac{3}{2}\sqrt{x}\right)^2$$

$$=\frac{9}{4}\left(x+\frac{4}{9}\right)$$

$0\leqq x\leqq 1$ のとき，$x+\dfrac{4}{9}>0$ である。

したがって，求める曲線の長さ L は

$$L=\int_0^1\sqrt{1+\left(\frac{dy}{dx}\right)^2}\,dx$$

$$=\frac{3}{2}\int_0^1\sqrt{x+\frac{4}{9}}\,dx$$

$$=\frac{3}{2}\left[\frac{2}{3}\left(x+\frac{4}{9}\right)^{\frac{3}{2}}\right]_0^1$$

$$=\left(\frac{13}{9}\right)^{\frac{3}{2}}-\left(\frac{4}{9}\right)^{\frac{3}{2}}$$

$$=\boldsymbol{\frac{1}{27}(13\sqrt{13}-8)}$$

④ (1) 求める道のりは

$$\int_0^2|v|\,dt=\int_0^2|t^2-1|\,dt$$

$$=-\int_0^1(t^2-1)dt+\int_1^2(t^2-1)dt$$

$$=\boldsymbol{2}$$

(2) $\dfrac{dx}{dt}=-2\sin t,\ \ \dfrac{dy}{dt}=2\cos t$

であるから

$$\left(\frac{dx}{dt}\right)^2+\left(\frac{dy}{dt}\right)^2$$

$$=(-2\sin t)^2+(2\cos t)^2=4$$

したがって，求める道のりは

$$\int_0^{2\pi}\sqrt{\left(\frac{dx}{dt}\right)^2+\left(\frac{dy}{dt}\right)^2}\,dt$$

$$=\int_0^{2\pi}2\,dt=\boldsymbol{4\pi}$$

練習 177 右の図のように，中心が原点 O で半径が a の円と，M$(x,\ 0)$ を通り x 軸に垂直な直線との交点を P，Q とする。PQ を底辺にもつ正三角形 PQR を x 軸に垂直につくる。点 M が A$(a,\ 0)$ から B$(-a,\ 0)$ まで動くとき，この正三角形がえがく立体の体積を求めよ。

中心が原点で半径が a の円の方程式は $x^2+y^2=a^2$ となる。
点 M の座標が $(x,\ 0)$ のときの正三角形 PQR の面積を $S(x)$ とすると

$$\mathrm{PQ}=2\sqrt{a^2-x^2}$$

$$\mathrm{RM}=\frac{\sqrt{3}}{2}\mathrm{PQ}=\sqrt{3}\sqrt{a^2-x^2}$$

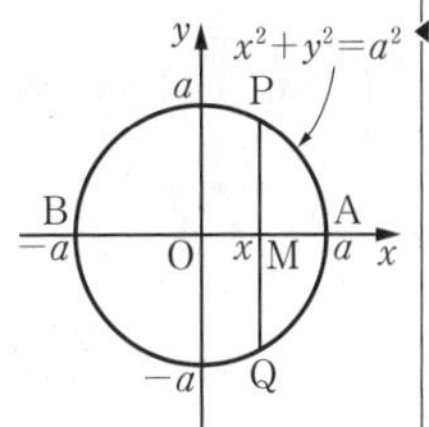

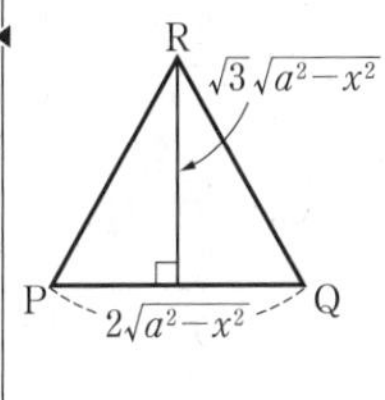

よって

$$S(x)=\frac{1}{2}\cdot 2\sqrt{a^2-x^2}\cdot\sqrt{3}\sqrt{a^2-x^2}$$

$$=\sqrt{3}(a^2-x^2)$$

したがって，求める体積 V は

$$V=\int_{-a}^{a}S(x)dx=\int_{-a}^{a}\sqrt{3}(a^2-x^2)dx$$

$$=2\sqrt{3}\left[a^2x-\frac{x^3}{3}\right]_0^a=\boldsymbol{\frac{4\sqrt{3}}{3}a^3}$$

練習 178 次の曲線や直線で囲まれた図形を x 軸のまわりに 1 回転してできる回転体の体積を求めよ。
(1) $y=1-x^2$，x 軸　　(2) $y=\log x$，x 軸，$x=e$

(1) 曲線 $y=1-x^2$ と x 軸の共有点の x 座標は，$1-x^2=0$ より
$x=\pm 1$

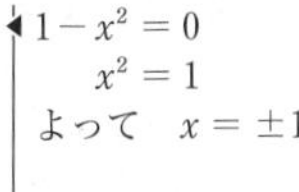
$1-x^2=0$
$x^2=1$
よって　$x=\pm 1$

グラフは右の図のようになるから，求める体積 V は

$$V=\pi\int_{-1}^{1}(1-x^2)^2\,dx$$

$$=2\pi\int_0^1(x^4-2x^2+1)dx$$

$$=2\pi\left[\frac{1}{5}x^5-\frac{2}{3}x^3+x\right]_0^1$$

$$=\boldsymbol{\frac{16}{15}\pi}$$

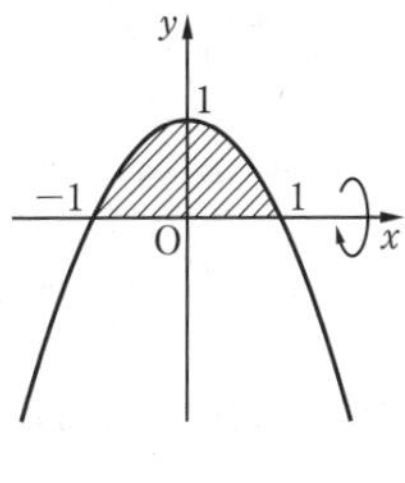

(2) 求める体積 V は

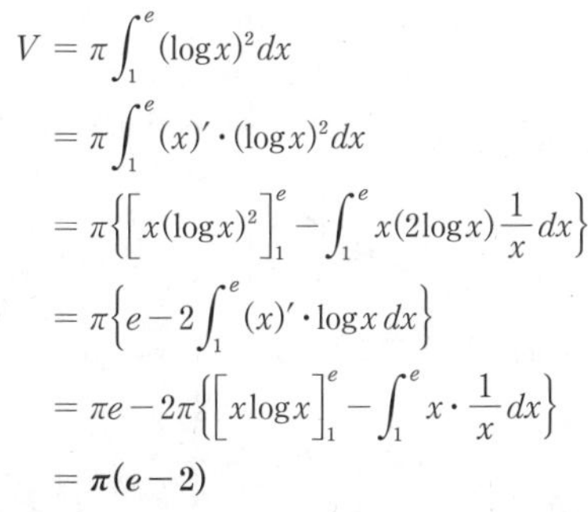

$$V=\pi\int_1^e(\log x)^2dx$$

$$=\pi\int_1^e(x)'\cdot(\log x)^2dx$$

$$=\pi\left\{\Big[x(\log x)^2\Big]_1^e-\int_1^e x(2\log x)\frac{1}{x}dx\right\}$$

◀部分積分法を用いる。

$$=\pi\left\{e-2\int_1^e(x)'\cdot\log x\,dx\right\}$$

◀部分積分法を用いる。

$$=\pi e-2\pi\left\{\Big[x\log x\Big]_1^e-\int_1^e x\cdot\frac{1}{x}dx\right\}$$

$$=\boldsymbol{\pi(e-2)}$$

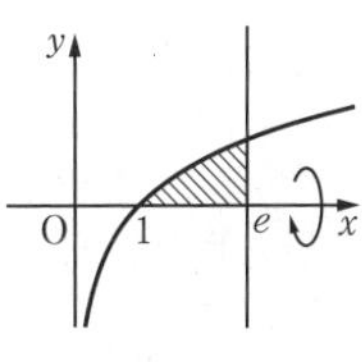

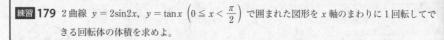

練習 179 2曲線 $y=2\sin 2x$, $y=\tan x$ $\left(0 \leqq x < \dfrac{\pi}{2}\right)$ で囲まれた図形を x 軸のまわりに1回転してできる回転体の体積を求めよ。

2曲線の共有点の x 座標は，

$2\sin 2x = \tan x$ より　　$x = 0,\ \dfrac{\pi}{3}$

したがって，求める体積 V は

$$V = \pi\int_0^{\frac{\pi}{3}} (2\sin 2x)^2\,dx - \pi\int_0^{\frac{\pi}{3}} (\tan x)^2\,dx$$

$$= \pi\int_0^{\frac{\pi}{3}} (4\sin^2 2x - \tan^2 x)dx$$

$$= \pi\int_0^{\frac{\pi}{3}} \left\{4\cdot\frac{1-\cos 4x}{2} - \left(\frac{1}{\cos^2 x} - 1\right)\right\}dx$$

$$= \pi\left[2\left(x - \frac{1}{4}\sin 4x\right) - (\tan x - x)\right]_0^{\frac{\pi}{3}}$$

$$= \boldsymbol{\pi^2 - \frac{3\sqrt{3}}{4}\pi}$$

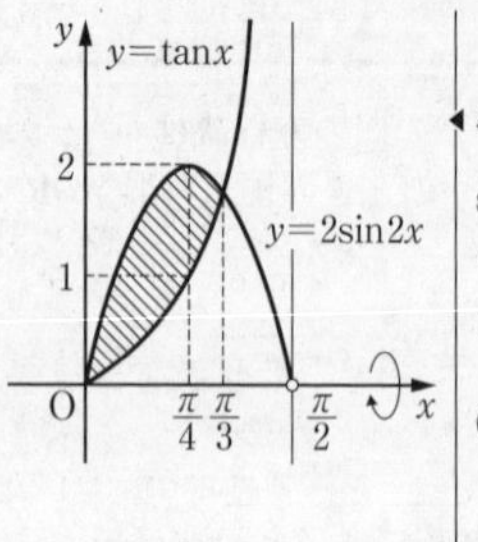

◀ $4\sin x\cos x = \dfrac{\sin x}{\cos x}$

$\sin x(4\cos^2 x - 1) = 0$

よって　$\sin x = 0$

または　$\cos x = \dfrac{1}{2},\ -\dfrac{1}{2}$

$0 \leqq x < \dfrac{\pi}{2}$ より

$x = 0,\ \dfrac{\pi}{3}$

◀ 半角の公式を用いる。

練習 180 次の曲線や直線で囲まれた図形を y 軸のまわりに1回転してできる回転体の体積を求めよ。

(1) $y=\log x$, x 軸, y 軸, $y=1$

(2) $y=\sqrt{x-1}$, $y=\sqrt{x-1}$ 上の点 $(2,\ 1)$ における接線, x 軸

(1) $y = \log x$ のとき　　$x = e^y$

したがって，求める体積 V は

$$V = \pi\int_0^1 e^{2y}\,dy$$

$$= \pi\left[\frac{1}{2}e^{2y}\right]_0^1 = \boldsymbol{\frac{\pi}{2}(e^2-1)}$$

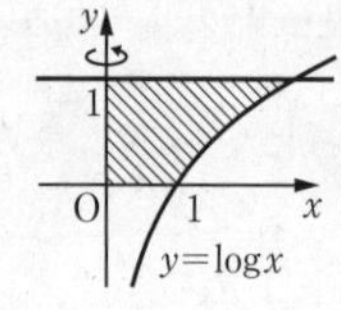

◀ 曲線 $x = g(y)$ $(a \leqq y \leqq$ をy軸のまわりに1回 してできる回転体の体 V は

$V = \pi\displaystyle\int_a^b x^2\,dy$

(2) $y' = \dfrac{1}{2\sqrt{x-1}}$ より，点 $(2,\ 1)$ における接線の方程式は

$y - 1 = \dfrac{1}{2\sqrt{2-1}}(x-2)$　すなわち　$y = \dfrac{1}{2}x$

$y = \sqrt{x-1}$ を x について解くと　　$x = y^2 + 1$

求める回転体は，曲線 $x = y^2 + 1$ $(0 \leqq y \leqq 1)$ を y 軸のまわりに1回転してできる回転体から，底面の半径が2，高さ1の直円錐を除いた立体であるから，求める体積 V は

$$V = \pi\int_0^1 (y^2+1)^2\,dy - \frac{1}{3}\pi\cdot 2^2\cdot 1$$

$$= \pi\int_0^1 (y^4+2y^2+1)dy - \frac{4}{3}\pi$$

$$= \pi\left[\frac{1}{5}y^5 + \frac{2}{3}y^3 + y\right]_0^1 - \frac{4}{3}\pi$$

$$= \pi\left(\frac{1}{5} + \frac{2}{3} + 1\right) - \frac{4}{3}\pi = \boldsymbol{\frac{8}{15}\pi}$$

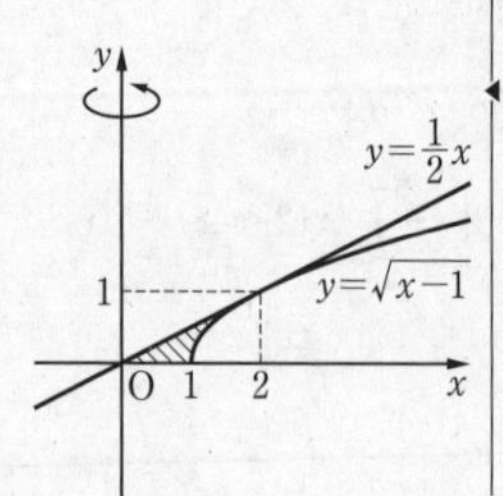

◀ 接線の方程式は $x =$ となることを用いて

$V = \pi\displaystyle\int_0^1 (y^2+1)^2\,dy$

$-\pi\displaystyle\int_0^1 (2y)^2$

としてもよい。

練習 181 放物線 $y=x^2-1$ と直線 $y=x+1$ で囲まれた図形を x 軸のまわりに1回転してできる回転体の体積を求めよ。

放物線と直線の共有点の x 座標は，

$x^2-1=x+1$ とおくと　　$x=-1,\ 2$

よって，回転する図形は図1の斜線部分である。この図形の x 軸より下側にある部分を x 軸に関して対称に折り返すと図2のようになる。

◀ 図1の斜線部分を x 軸のまわりに1回転した立体の体積と図2の斜線部分を x 軸のまわりに1回転した立体の体積は同じである。

図1

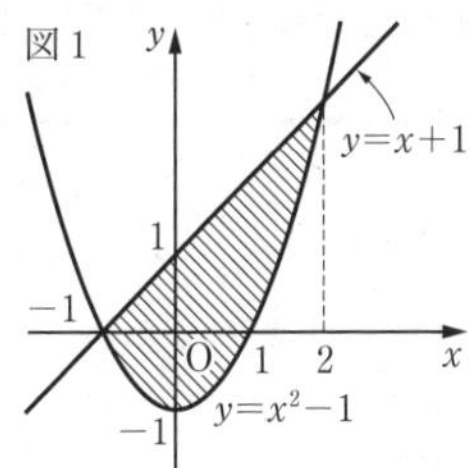

図2

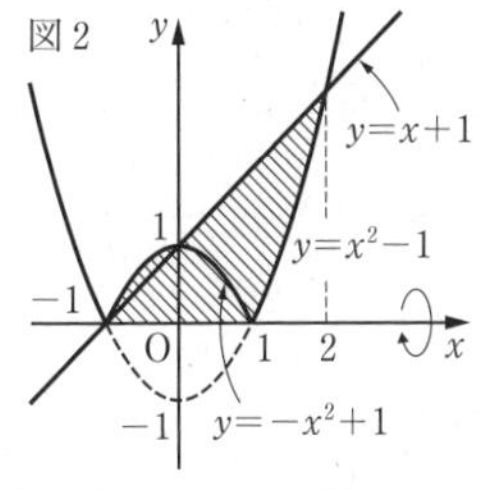

ここで，放物線 $y=x^2-1$ を x 軸対称に折り返した曲線 $y=-x^2+1$ と直線 $y=x+1$ との交点の x 座標は

$-x^2+1=x+1$ とおくと　　$x=-1,\ 0$

したがって，求める体積 V は

$$V=\pi\int_{-1}^{0}(-x^2+1)^2dx+\pi\int_{0}^{2}(x+1)^2dx-\pi\int_{1}^{2}(x^2-1)^2dx$$

$$=\pi\int_{-1}^{0}(x^4-2x^2+1)dx+\pi\int_{0}^{2}(x+1)^2dx-\pi\int_{1}^{2}(x^4-2x^2+1)dx$$

◀ $(-x^2+1)^2=(x^2-1)^2$

$$=\pi\left[\frac{1}{5}x^5-\frac{2}{3}x^3+x\right]_{-1}^{0}+\pi\left[\frac{1}{3}(x+1)^3\right]_{0}^{2}-\pi\left[\frac{1}{5}x^5-\frac{2}{3}x^3+x\right]_{1}^{2}$$

$$=\frac{20}{3}\pi$$

練習 182 楕円 $\dfrac{x^2}{a^2}+\dfrac{(y-c)^2}{b^2}=1$ $(a>0,\ c>b>0)$ を x 軸のまわりに1回転してできる回転体の体積を求めよ。

与式を変形すると

$$(y-c)^2=\frac{b^2}{a^2}(a^2-x^2)$$

$$y-c=\pm\frac{b}{a}\sqrt{a^2-x^2}$$

よって　　$y=c\pm\dfrac{b}{a}\sqrt{a^2-x^2}$

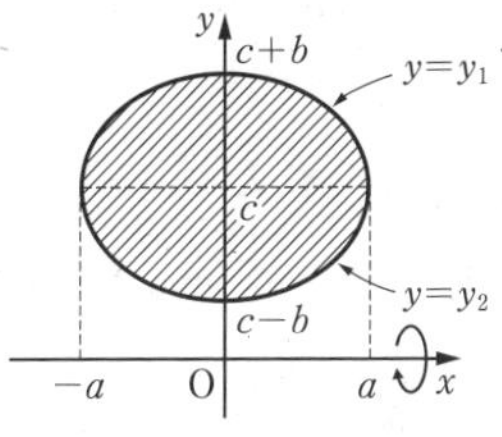

◀ 与えられた楕円は $\dfrac{x^2}{a^2}+\dfrac{y^2}{b^2}=1$ を y 軸方向に c だけ平行移動したものである。
また，$c>b>0$ より $c-b>0$

ここで，$y_1=c+\dfrac{b}{a}\sqrt{a^2-x^2}$，$y_2=c-\dfrac{b}{a}\sqrt{a^2-x^2}$ とおくと，グラフより求める体積 V は

$$V=\pi\int_{-a}^{a}({y_1}^2-{y_2}^2)dx$$

$$=\pi\int_{-a}^{a}(y_1+y_2)(y_1-y_2)dx$$

◀ 因数分解して計算を簡略化する。

$$=\pi\int_{-a}^{a}2c\left(\frac{2b}{a}\sqrt{a^2-x^2}\right)dx$$

4章 14 体積・長さ，微分方程式

$$= \frac{4bc}{a}\pi\int_{-a}^{a}\sqrt{a^2-x^2}\,dx$$

$$= \frac{4bc}{a}\pi\cdot\frac{\pi a^2}{2} = \boldsymbol{2\pi^2 abc}$$

◀ $\int_{-a}^{a}\sqrt{a^2-x^2}\,dx$ は半径 a の半円の面積を表す。

練習 183 水を満たした半径 2 の半球形の容器がある。これを静かに角度 α $\left(0<\alpha<\frac{\pi}{2}\right)$ だけ傾けたとき，水面が h だけ下がった。このとき，こぼれ出た水の量と容器に残った水の量の比が 11：5 になった。h と α の値を求めよ。 （筑波大　改）

右の図のように記号をつける。

CD $= h$ より　　D$(0,\ 2-h)$

容器に残った水の体積 V は，円 $x^2+(y-2)^2=4$ の $0\leqq y\leqq 2-h$ の部分を y 軸のまわりに 1 回転してできる回転体の体積と等しいから

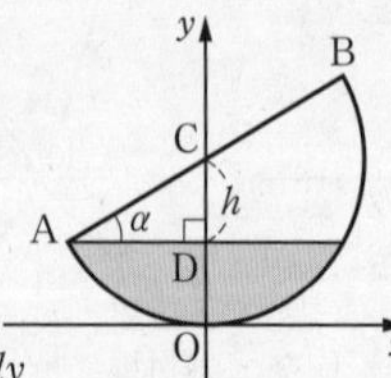

$$V = \pi\int_0^{2-h} x^2dy = \pi\int_0^{2-h}\{4-(y-2)^2\}dy$$

$$= \pi\int_0^{2-h}(4y-y^2)dy = \pi\left[2y^2-\frac{1}{3}y^3\right]_0^{2-h}$$

$$= \pi\left\{2(2-h)^2-\frac{1}{3}(2-h)^3\right\}$$

$$= \frac{\pi}{3}(4+h)(2-h)^2$$

最初に容器に入っていた水の体積は，半径 2 の球の半分の体積に等しいから，その体積を W とすると

$$W = \frac{1}{2}\cdot\frac{4}{3}\pi\cdot 2^3 = \frac{16}{3}\pi$$

◀ 半径 r の球の体積は $\frac{4}{3}\pi r^3$

こぼれ出た水の量と容器に残った水の量の比が 11：5 より

$V : W = 5 : 16$

よって　$16\times\frac{\pi}{3}(4+h)(2-h)^2 = 5\times\frac{16}{3}\pi$

◀ $16V = 5W$

整理して　　$h^3-12h+11=0$

$(h-1)(h^2+h-11)=0$

よって　　$h=1,\ \frac{-1\pm3\sqrt{5}}{2}$

$0<h<2$ より $h=1$

条件より $h=2\sin\alpha$ であるから　　$\sin\alpha = \frac{h}{2} = \frac{1}{2}$

$0<\alpha<\frac{\pi}{2}$ より　　$\alpha = \frac{\pi}{6}$

したがって　　$\boldsymbol{h=1,\ \alpha=\frac{\pi}{6}}$

練習 184 次の曲線と両座標軸または与えられた直線で囲まれた図形を y 軸のまわりに 1 回転してできる回転体の体積を求めよ。

(1)　$y=-x^2-x+2$ $(0\leqq x\leqq 1)$　　(2)　$y=\sin^2 x$ $\left(0\leqq x\leqq\frac{\pi}{2}\right)$，$y$ 軸，$y=1$

(1)　右の図より，求める体積 V は

$$V=\pi\int_0^2 x^2dy$$

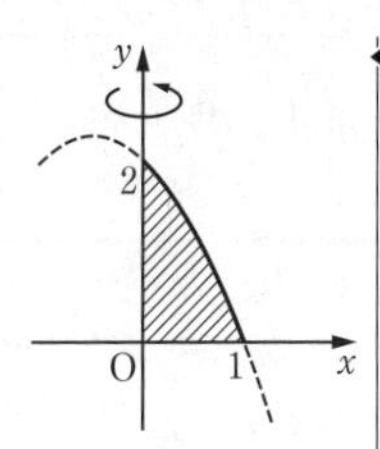

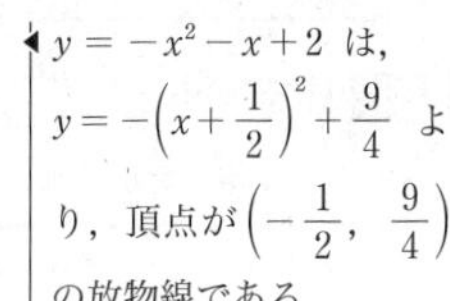
◀ $y=-x^2-x+2$ は，$y=-\left(x+\dfrac{1}{2}\right)^2+\dfrac{9}{4}$ より，頂点が $\left(-\dfrac{1}{2},\ \dfrac{9}{4}\right)$ の放物線である。

ここで $y=-x^2-x+2$ $(0\leqq x\leqq 1)$ であるから　$\dfrac{dy}{dx}=-2x-1$

y と x の対応は右の表のようになるから

y	$0\to 2$
x	$1\to 0$

◀ $dy=(-2x-1)dx$

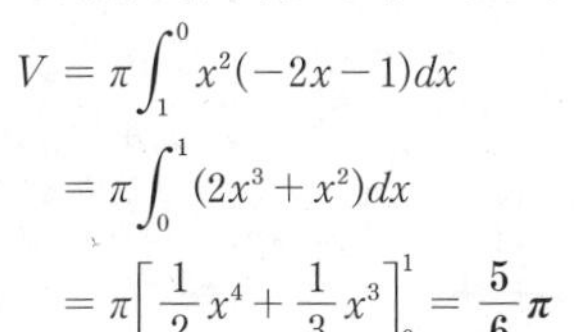

$$V=\pi\int_1^0 x^2(-2x-1)dx$$

$$=\pi\int_0^1(2x^3+x^2)dx$$

$$=\pi\left[\frac{1}{2}x^4+\frac{1}{3}x^3\right]_0^1=\boldsymbol{\frac{5}{6}\pi}$$

(2)　右の図より，求める体積 V は

$$V=\pi\int_0^1 x^2dy$$

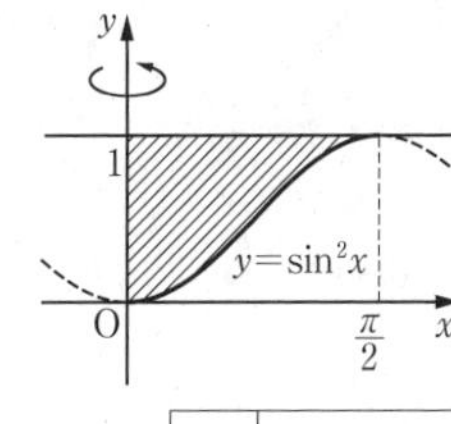

ここで $y=\sin^2 x$ $\left(0\leqq x\leqq\dfrac{\pi}{2}\right)$ であるから　$\dfrac{dy}{dx}=2\sin x\cos x=\sin 2x$

y と x の対応は右の表のようになるから

y	$0\to 1$
x	$0\to\dfrac{\pi}{2}$

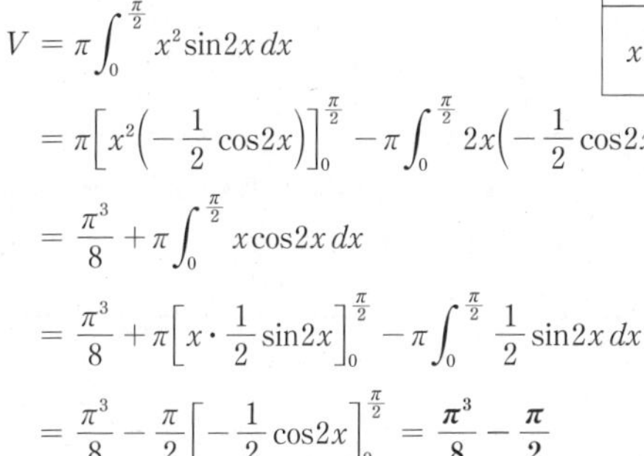

$$V=\pi\int_0^{\frac{\pi}{2}} x^2\sin 2x\,dx$$

$$=\pi\left[x^2\left(-\frac{1}{2}\cos 2x\right)\right]_0^{\frac{\pi}{2}}-\pi\int_0^{\frac{\pi}{2}}2x\left(-\frac{1}{2}\cos 2x\right)dx$$

◀ 部分積分法を用いる。

$$=\frac{\pi^3}{8}+\pi\int_0^{\frac{\pi}{2}}x\cos 2x\,dx$$

$$=\frac{\pi^3}{8}+\pi\left[x\cdot\frac{1}{2}\sin 2x\right]_0^{\frac{\pi}{2}}-\pi\int_0^{\frac{\pi}{2}}\frac{1}{2}\sin 2x\,dx$$

◀ 再び部分積分法を用いる。

$$=\frac{\pi^3}{8}-\frac{\pi}{2}\left[-\frac{1}{2}\cos 2x\right]_0^{\frac{\pi}{2}}=\boldsymbol{\frac{\pi^3}{8}-\frac{\pi}{2}}$$

チャレンジ〈7〉　次の曲線と x 軸で囲まれた図形を y 軸のまわりに1回転してできる回転体の体積 V を求めよ。
(1)　$y=x(x-2)$ $(0\leqq x\leqq 2)$　　(2)　$y=\sin x$ $(0\leqq x\leqq\pi)$

公式 $V=2\pi\displaystyle\int_a^b x|f(x)|dx$ を用いる。

(1)　$V=2\pi\displaystyle\int_0^2 x|x(x-2)|dx=2\pi\int_0^2 x\{-x(x-2)\}dx$

◀ $0\leqq x\leqq 2$ の範囲で $x(x-2)\leqq 0$

$$=2\pi\int_0^2(2x^2-x^3)dx=2\pi\left[\frac{2}{3}x^3-\frac{1}{4}x^4\right]_0^2$$

$$=2\pi\left(\frac{2}{3}\cdot 2^3-\frac{1}{4}\cdot 2^4\right)=\boldsymbol{\frac{8}{3}\pi}$$

(2)　$V=2\pi\displaystyle\int_0^{\pi}x|\sin x|dx=2\pi\int_0^{\pi}x\sin x\,dx=2\pi\int_0^{\pi}x(-\cos x)'dx$

$$=2\pi\left(\Big[-x\cos x\Big]_0^{\pi}+\int_0^{\pi}\cos x\,dx\right)=2\pi\left(\pi+\Big[\sin x\Big]_0^{\pi}\right)=\boldsymbol{2\pi^2}$$

練習 185 楕円 $\begin{cases} x = a\cos\theta \\ y = b\sin\theta \end{cases}$ $(a>0,\ b>0,\ 0 \leqq \theta \leqq 2\pi)$ を x 軸のまわりに1回転してできる回転体の体積を求めよ。

$x = a\cos\theta$ であるから　$\dfrac{dx}{d\theta} = -a\sin\theta$

x と θ の対応は右の表のようになるから，求める回転体の体積 V は

x	$0 \to a$
θ	$\dfrac{\pi}{2} \to 0$

$$V = 2\pi\int_0^a y^2 dx$$
$$= 2\pi\int_{\frac{\pi}{2}}^0 (b\sin\theta)^2(-a\sin\theta)d\theta$$
$$= 2\pi ab^2\int_0^{\frac{\pi}{2}} \sin^3\theta\, d\theta$$

◀ $x \geqq 0$ 部分の立体の体積を2倍する。

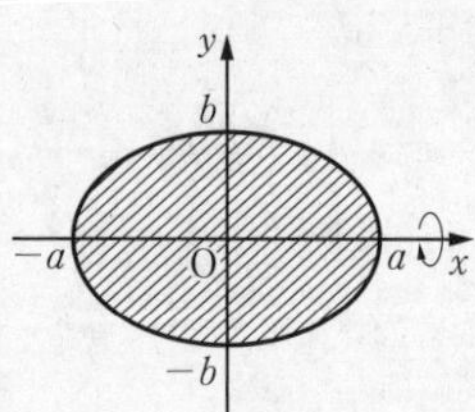

$\sin^3\theta = \dfrac{1}{4}(3\sin\theta - \sin 3\theta)$ であるから

$$V = 2\pi ab^2\int_0^{\frac{\pi}{2}} \frac{1}{4}(3\sin\theta - \sin 3\theta)d\theta$$
$$= 2\pi ab^2\left[-\frac{3}{4}\cos\theta + \frac{1}{12}\cos 3\theta\right]_0^{\frac{\pi}{2}}$$
$$= 2\pi ab^2\left(\frac{3}{4} - \frac{1}{12}\right) = \boldsymbol{\frac{4}{3}\pi ab^2}$$

◀ 3倍角の公式
$\sin 3\theta = 3\sin\theta - 4\sin^3\theta$

[参考] y 軸のまわりに1回転すると
$$V = 2\pi\int_0^b x^2 dy = \frac{4}{3}\pi a^2 b$$

練習 186 曲線 $y = ax + \dfrac{1}{1+x^2}$ と x 軸，y 軸および直線 $x = \sqrt{3}$ で囲まれた図形を x 軸のまわりに1回転してできる立体の体積を $V(a)$ とする。$V(a)$ を a の式で表せ。さらに，$V(a)$ が最小となる a の値を求めよ。　(徳島大)

$$V(a) = \pi\int_0^{\sqrt{3}}\left(ax + \frac{1}{1+x^2}\right)^2 dx$$
$$= \pi\int_0^{\sqrt{3}}\left\{a^2x^2 + \frac{2ax}{1+x^2} + \frac{1}{(1+x^2)^2}\right\}dx$$

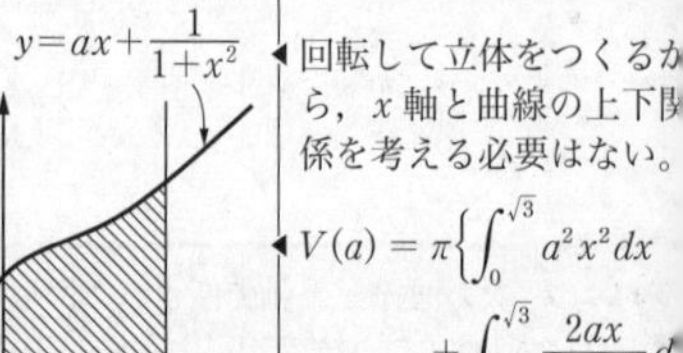

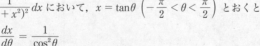

◀ 回転して立体をつくるから，x 軸と曲線の上下関係を考える必要はない。

◀ $V(a) = \pi\left\{\int_0^{\sqrt{3}} a^2x^2 dx + \int_0^{\sqrt{3}} \frac{2ax}{1+x^2} dx + \int_0^{\sqrt{3}} \frac{1}{(1+x^2)^2} dx\right\}$

ここで

$$\int_0^{\sqrt{3}} a^2x^2 dx = \left[\frac{a^2}{3}x^3\right]_0^{\sqrt{3}} = \sqrt{3}\,a^2$$
$$\int_0^{\sqrt{3}} \frac{2ax}{1+x^2}dx = a\Big[\log(1+x^2)\Big]_0^{\sqrt{3}}$$
$$= a\log 4 = 2a\log 2$$

$\displaystyle\int_0^{\sqrt{3}} \frac{1}{(1+x^2)^2}dx$ において，$x = \tan\theta\ \left(-\dfrac{\pi}{2} < \theta < \dfrac{\pi}{2}\right)$ とおくと

$$\frac{dx}{d\theta} = \frac{1}{\cos^2\theta}$$

◀ $\displaystyle\int \frac{1}{(1+x^2)^2}dx$ は $x = \tan\theta$ として置換積分法を用いる。

x と θ の対応は右の表のようになるから

$$\int_0^{\sqrt{3}} \frac{1}{(1+x^2)^2}dx$$

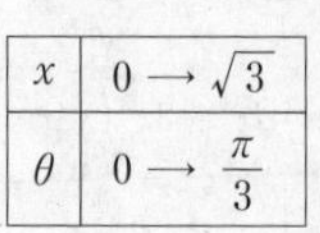

x	$0 \longrightarrow \sqrt{3}$
θ	$0 \longrightarrow \dfrac{\pi}{3}$

$$= \int_0^{\frac{\pi}{3}} \frac{1}{(1+\tan^2\theta)^2} \cdot \frac{1}{\cos^2\theta} d\theta$$

$$= \int_0^{\frac{\pi}{3}} \cos^4\theta \cdot \frac{1}{\cos^2\theta} d\theta = \int_0^{\frac{\pi}{3}} \cos^2\theta\, d\theta$$

◀ $1+\tan^2\theta = \dfrac{1}{\cos^2\theta}$

$$= \int_0^{\frac{\pi}{3}} \frac{1+\cos 2\theta}{2} d\theta = \left[\frac{\theta}{2} + \frac{\sin 2\theta}{4}\right]_0^{\frac{\pi}{3}} = \frac{\pi}{6} + \frac{\sqrt{3}}{8}$$

◀ $\cos^2\theta = \dfrac{1+\cos 2\theta}{2}$

したがって

$$\boldsymbol{V(a) = \pi\left(\sqrt{3}\,a^2 + 2a\log 2 + \frac{\pi}{6} + \frac{\sqrt{3}}{8}\right)}$$

$V(a)$ は a の2次関数であるから

$$V(a) = \sqrt{3}\,\pi\left(a^2 + \frac{2}{\sqrt{3}} a\log 2\right) + \frac{\pi^2}{6} + \frac{\sqrt{3}}{8}\pi$$

$$= \sqrt{3}\,\pi\left(a + \frac{\sqrt{3}\log 2}{3}\right)^2 - \frac{\sqrt{3}\,\pi(\log 2)^2}{3} + \frac{\pi^2}{6} + \frac{\sqrt{3}}{8}\pi$$

よって，$V(a)$ が最小となる a の値は

$$\boldsymbol{a = -\frac{\sqrt{3}\log 2}{3}}$$

◀ $V'(a) = \pi(2\sqrt{3}\,a + 2\log 2)$ より

a	…	$-\dfrac{\sqrt{3}\log 2}{3}$	…
$V'(a)$	$-$	0	$+$
$V(a)$	↘	極小	↗

から a の値を求めてもよい。

練習 187 放物線 $C: y = x^2 - x$ と直線 $l: y = x$ によって囲まれた図形を直線 $y = x$ のまわりに1回転してできる回転体の体積を求めよ。

直線 l と放物線 C は2点 O(0, 0), A(2, 2) で交わる。

また，C について，$y' = 2x - 1$ より

$0 \leqq x \leqq 2$ のとき　$-1 \leqq y' \leqq 3$

放物線 C 上，直線 l 上にそれぞれ点 $\mathrm{P}(x,\ x^2 - x)$, $\mathrm{Q}(x,\ x)$ $(0 \leqq x \leqq 2)$ をとり，点Pから直線 l に垂線PHを下ろすと

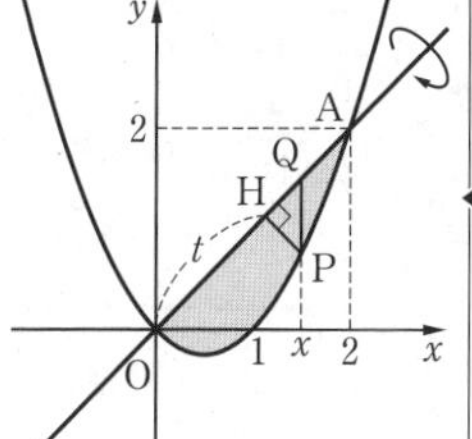

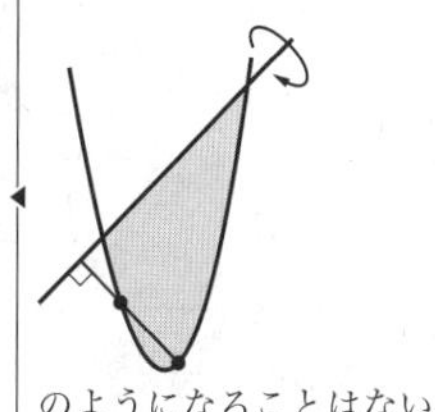

◀ のようになることはない。

$$\mathrm{PQ} = x - (x^2 - x) = 2x - x^2$$

$$\mathrm{PH} = \frac{1}{\sqrt{2}}\mathrm{PQ} = \frac{2x - x^2}{\sqrt{2}}$$

◀ △PQH は HP = HQ の直角二等辺三角形であるから
　PH : PQ = 1 : $\sqrt{2}$
点と直線の距離の公式を用いてもよい。

ここで，OH $= t$ とおくと

$$t = \mathrm{OQ} - \mathrm{QH} = \mathrm{OQ} - \mathrm{PH}$$

$$= \sqrt{2}\,x - \frac{2x - x^2}{\sqrt{2}} = \frac{x^2}{\sqrt{2}}$$

$t = \dfrac{x^2}{\sqrt{2}}$ より　$\dfrac{dt}{dx} = \sqrt{2}\,x$

◀ $dt = \sqrt{2}\,x\,dx$

t と x の対応は右の表のようになるから，求める回転体の体積 V は

t	$0 \longrightarrow 2\sqrt{2}$
x	$0 \longrightarrow\ \ 2$

$$V = \pi\int_0^{2\sqrt{2}} \mathrm{PH}^2\, dt = \pi\int_0^2 \mathrm{PH}^2 \cdot \sqrt{2}\,x\,dx$$

$$= \pi\int_0^2 \left(\frac{2x - x^2}{\sqrt{2}}\right)^2 \cdot \sqrt{2}\,x\,dx$$

$$= \frac{\sqrt{2}}{2}\pi\int_0^2 (x^5 - 4x^4 + 4x^3)dx$$

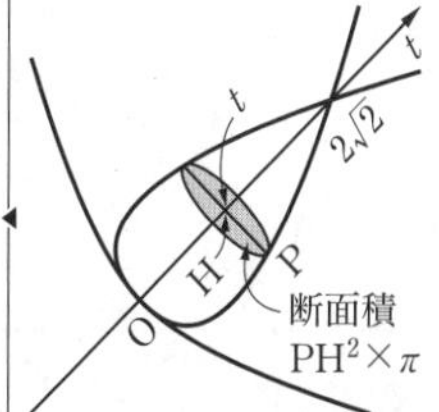

◀ 直線 $y = x$ を t 軸として考えて，V を定積分で表し，x で置換する。

$$= \frac{\sqrt{2}}{2}\pi\left[\frac{1}{6}x^6 - \frac{4}{5}x^5 + x^4\right]_0^2 = \frac{8\sqrt{2}}{15}\pi$$

練習 188 xyz 空間において，連立不等式 $0 \leqq x \leqq 1$，$0 \leqq y \leqq 1$，$0 \leqq z \leqq 1$，$x^2+y^2+z^2-2xy-1 \geqq 0$ で表される立体の体積を求めよ。 (北海道大　改)

求める立体を平面 $z=t$ $(0 \leqq t \leqq 1)$ で切ったときの断面を考える。

◀どのような立体か分からないが，軸に垂直な平面で切った切り口の面積を積分する方法は変わらない。

$z=t$ を $x^2+y^2+z^2-2xy-1 \geqq 0$ に代入すると，

$x^2+y^2+t^2-2xy-1 \geqq 0$ より　　$(x-y)^2 \geqq 1-t^2$

$$x-y \leqq -\sqrt{1-t^2},\ \sqrt{1-t^2} \leqq x-y$$

すなわち　　$y \geqq x+\sqrt{1-t^2}$ または $y \leqq x-\sqrt{1-t^2}$

◀t は定数とみなす。

求める立体を平面 $z=t$ で切った切り口は，右の図の斜線部分で，境界線を含む。

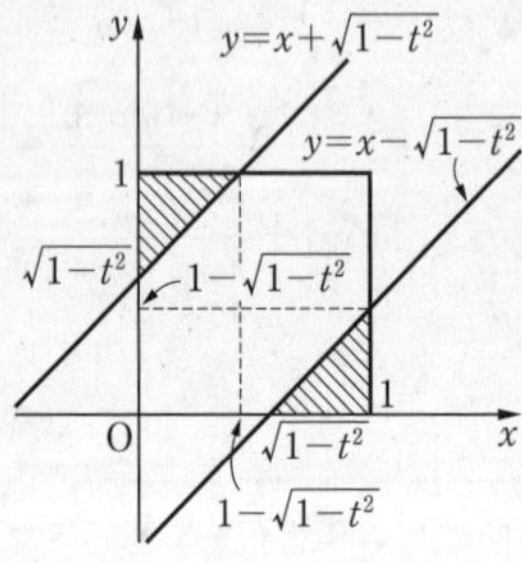

また，2 つに分かれた斜線部分の三角形は合同であるから，その断面積 $S(t)$ は

◀ともに 1 辺が $1-\sqrt{1-t^2}$ の直角二等辺三角形である。

$$S(t) = 2\cdot\frac{1}{2}\left(1-\sqrt{1-t^2}\right)^2$$

$$= 2-t^2-2\sqrt{1-t^2}$$

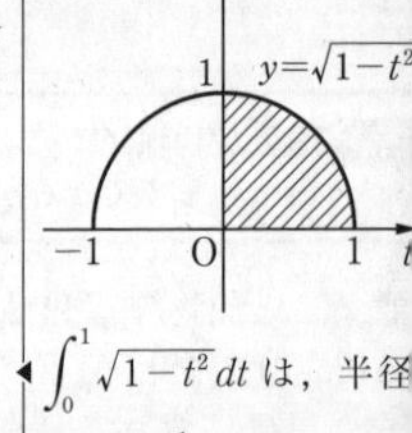

よって，求める立体の体積 V は

$$V = \int_0^1 S(t)dt = \int_0^1 \left(2-t^2-2\sqrt{1-t^2}\right)dt$$

$$= \left[2t-\frac{t^3}{3}\right]_0^1 - 2\int_0^1 \sqrt{1-t^2}\,dt$$

$$= 2-\frac{1}{3}-2\cdot\frac{1}{4}\cdot\pi\cdot 1^2 = \frac{5}{3}-\frac{\pi}{2}$$

◀$\int_0^1 \sqrt{1-t^2}\,dt$ は，半径 1 の円の $\frac{1}{4}$ の面積を表す。

練習 189 曲線 $\begin{cases} x = e^t \sin t \\ y = e^t \cos t \end{cases}$ の $0 \leqq t \leqq 1$ の部分の長さを求めよ。

$$\frac{dx}{dt} = e^t \sin t + e^t \cos t = e^t(\sin t + \cos t),$$

$\dfrac{dy}{dt} = e^t \cos t - e^t \sin t = e^t(\cos t - \sin t)$ であるから

$$\left(\frac{dx}{dt}\right)^2 + \left(\frac{dy}{dt}\right)^2 = 2e^{2t}(\sin^2 t + \cos^2 t) = 2e^{2t}$$

◀$\sin^2 t + \cos^2 t = 1$

したがって，求める曲線の長さ L は

$$L = \int_0^1 \sqrt{\left(\frac{dx}{dt}\right)^2 + \left(\frac{dy}{dt}\right)^2}\,dt$$

$$= \int_0^1 \sqrt{2}\,e^t dt = \sqrt{2}\left[e^t\right]_0^1 = \sqrt{2}(e-1)$$

◀$e^t > 0$ より $\sqrt{2e^{2t}} = \sqrt{2}\,e^t$

練習 190 曲線 $y = \dfrac{x^3}{6} + \dfrac{1}{2x}$ の $1 \leqq x \leqq 2$ の部分の長さを求めよ。

$\dfrac{dy}{dx}=\dfrac{x^2}{2}-\dfrac{1}{2x^2}$ であるから

$$1+\left(\frac{dy}{dx}\right)^2=1+\left(\frac{x^2}{2}-\frac{1}{2x^2}\right)^2$$
$$=\frac{1}{4}\left(x^4+2+\frac{1}{x^4}\right)=\left\{\frac{1}{2}\left(x^2+\frac{1}{x^2}\right)\right\}^2$$

よって　$\sqrt{1+\left(\dfrac{dy}{dx}\right)^2}=\left|\dfrac{1}{2}\left(x^2+\dfrac{1}{x^2}\right)\right|=\dfrac{1}{2}\left(x^2+\dfrac{1}{x^2}\right)$

◀ $x^2>0$, $\dfrac{1}{x^2}>0$ より $\dfrac{1}{2}\left(x^2+\dfrac{1}{x^2}\right)>0$

したがって，求める曲線の長さ L は

$$L=\int_1^2\sqrt{1+\left(\frac{dy}{dx}\right)^2}dx=\int_1^2\frac{1}{2}\left(x^2+\frac{1}{x^2}\right)dx$$
$$=\frac{1}{2}\left[\frac{1}{3}x^3-\frac{1}{x}\right]_1^2=\mathbf{\frac{17}{12}}$$

練習 191 平面上を運動する点Pの座標 $(x,\ y)$ が，$x=2\cos t+\cos 2t$，$y=2\sin t-\sin 2t$ で与えられているとき，時刻 $t=0$ から $t=\dfrac{2}{3}\pi$ までの道のりを求めよ。

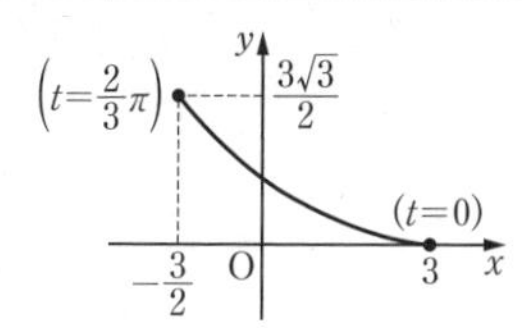

$$\frac{dx}{dt}=-2\sin t-2\sin 2t=-2(\sin t+\sin 2t)$$
$$\frac{dy}{dt}=2\cos t-2\cos 2t=2(\cos t-\cos 2t)$$

であるから

$$\left(\frac{dx}{dt}\right)^2+\left(\frac{dy}{dt}\right)^2=4(\sin t+\sin 2t)^2+4(\cos t-\cos 2t)^2$$
$$=8\{1-(\cos t\cos 2t-\sin t\sin 2t)\}$$
$$=8(1-\cos 3t)$$
$$=8\cdot 2\sin^2\frac{3}{2}t=16\sin^2\frac{3}{2}t$$

◀ $\cos t\cos 2t-\sin t\sin 2t=\cos(t+2t)=\cos 3t$

◀ $\dfrac{1-\cos 3t}{2}=\sin^2\dfrac{3}{2}t$

よって，$0\leqq t\leqq\dfrac{2}{3}\pi$ のとき，$\sin\dfrac{3}{2}t\geqq 0$ より

◀ $0\leqq\dfrac{3}{2}t\leqq\pi$ より $\sin\dfrac{3}{2}t\geqq 0$

$$\sqrt{\left(\frac{dx}{dt}\right)^2+\left(\frac{dy}{dt}\right)^2}=4\sin\frac{3}{2}t$$

したがって，求める道のりは

$$\int_0^{\frac{2}{3}\pi}\sqrt{\left(\frac{dx}{dt}\right)^2+\left(\frac{dy}{dt}\right)^2}dt=\int_0^{\frac{2}{3}\pi}4\sin\frac{3}{2}t\,dt$$
$$=4\left[-\frac{2}{3}\cos\frac{3}{2}t\right]_0^{\frac{2}{3}\pi}=\mathbf{\frac{16}{3}}$$

練習 192〔1〕 次の等式を満たす関数を求めよ。

(1) $\dfrac{dy}{dx}-2x^3=0$　　(2) $\cos(2x+1)+\dfrac{dy}{dx}=0$

〔2〕 等式 $\dfrac{dy}{dx}=xe^{-x}$ を満たす関数のうち，$x=1$ のとき $y=0$ となるものを求めよ。

〔1〕 (1) $\dfrac{dy}{dx}-2x^3=0$ より　$\dfrac{dy}{dx}=2x^3$

両辺を x で積分すると

$$y=\int 2x^3dx=\frac{1}{2}x^4+C$$

よって　$\boldsymbol{y=\dfrac{1}{2}x^4+C}$　**（C は任意定数）**

◀ $n \neq -1$ のとき $\displaystyle\int x^n dx=\frac{x^{n+1}}{n+1}+C$

(2) $\cos(2x+1)+\dfrac{dy}{dx}=0$ より　$\dfrac{dy}{dx}=-\cos(2x+1)$

両辺を x で積分すると

$$y=\int\{-\cos(2x+1)\}dx=-\frac{1}{2}\sin(2x+1)+C$$

よって　$\boldsymbol{y=-\dfrac{1}{2}\sin(2x+1)+C}$　**（C は任意定数）**

◀ $\displaystyle\int \cos x\,dx=\sin x+C$

〔2〕 $y=\displaystyle\int xe^{-x}dx=-xe^{-x}+\int e^{-x}dx=-xe^{-x}-e^{-x}+C$

ここで，$x=1$ のとき $y=0$ であるから

$0=-1\cdot e^{-1}-e^{-1}+C$ より　$C=2e^{-1}=\dfrac{2}{e}$

よって　$\boldsymbol{y=-xe^{-x}-e^{-x}+\dfrac{2}{e}}$

◀ $\displaystyle\int f'(x)g(x)dx$ $\displaystyle=f(x)g(x)-\int f(x)g'(x)d$

練習 193 次の等式を満たす関数を求めよ。

(1) $\dfrac{dy}{dx}=3y$　　(2) $\dfrac{dy}{dx}=y+1$　　(3) $\cos y\cdot\dfrac{dy}{dx}=1$

(1) $\dfrac{dy}{dx}=3y$ において $y \neq 0$ のとき　$\dfrac{1}{y}\dfrac{dy}{dx}=3$

両辺を x で積分すると

$$\int\frac{1}{y}\frac{dy}{dx}dx=\int 3dx$$

よって　$\displaystyle\int\frac{1}{y}dy=\int 3dx$

$\log|y|=3x+C_1$

ゆえに　$y=\pm e^{3x+C_1}=\pm e^{C_1}\cdot e^{3x}$

ここで，$C=\pm e^{C_1}$ とおくと　$y=Ce^{3x}$　$(C \neq 0)$　…①

また，関数 $y=0$ は等式 $\dfrac{dy}{dx}=3y$ を満たす。

① において，$C=0$ とすると $y=0$ となるから，求める関数は

$\boldsymbol{y=Ce^{3x}}$　**（C は任意定数）**

◀ $y \neq 0$ と仮定すること忘れないようにする。
$\dfrac{1}{y}dy=3dx$ と考えて $\displaystyle\int\frac{1}{y}dy=\int 3dx$ を導いてもよい。

◀ $|y|=e^{3x+C_1}$

(2) $\dfrac{dy}{dx}=y+1$ において $y \neq -1$ のとき　$\dfrac{1}{y+1}\dfrac{dy}{dx}=1$

◀ $\dfrac{dy}{y+1}=dx$ としても い。

両辺を x で積分すると

$$\int \frac{1}{y+1}\frac{dy}{dx}dx = \int dx$$

よって　$\displaystyle\int \frac{1}{y+1}dy = \int dx$

$$\log|y+1| = x + C_1$$

◀ $|y+1| = e^{x+C_1}$

ゆえに　$y+1 = \pm e^{x+C_1} = \pm e^{C_1}\cdot e^x$

ここで，$C = \pm e^{C_1}$ とおくと　$y+1 = Ce^x$　$(C \neq 0)$

すなわち　$y = Ce^x - 1$　$\cdots$ ①

また，関数 $y=-1$ は等式 $\dfrac{dy}{dx} = y+1$ を満たす。

① において，$C=0$ とすると $y=-1$ となるから，求める関数は

$y = Ce^x - 1$　(C は任意定数)

(3)　$\cos y\dfrac{dy}{dx} = 1$ より，両辺を x で積分すると

$$\int \cos y\frac{dy}{dx}dx = \int dx$$

◀ $\cos y\,dy = dx$ としてもよい。

よって　$\displaystyle\int \cos y\,dy = \int dx$

したがって，求める関数は

$\sin y = x + C$　(C は任意定数)

4章 14 体積・長さ，微分方程式

練習 194 すべての接線が，その接点 P と原点 O を結ぶ直線 OP に垂直であるような曲線を求めよ。

求める曲線上の任意の点を $\mathrm{P}(x,\ y)$ とすると，P における接線の傾きは $\dfrac{dy}{dx}$

また，直線 OP の傾きは

$x \neq 0$ のとき，$\dfrac{y}{x}$ であるから

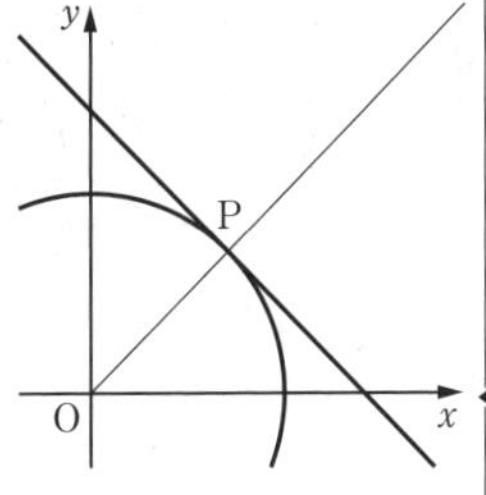

$\dfrac{dy}{dx}\,\dfrac{y}{x} = -1$ となり　$y\dfrac{dy}{dx} = -x$

◀ 接線と接点で直交する直線は法線であり，法線が定点 O を通ることから，原点 O を中心とする円であることが分かる。

両辺を x で積分すると

$$\int y\frac{dy}{dx}dx = -\int x\,dx$$

よって　$\dfrac{y^2}{2} = -\dfrac{x^2}{2} + C_1$　すなわち　$x^2 + y^2 = 2C_1$

$C = 2C_1$ とおくと，$x \neq 0$ より　$C > 0$

◀ $x^2 + y^2 > 0$

また，この曲線上で $x=0$ のときも題意を満たす。

したがって，求める曲線は

円 $x^2 + y^2 = C$　(C は $C>0$ である任意定数)

問題 177 区間 $0 \leqq x \leqq \pi$ において2点 $\mathrm{P}(x,\ x+\sin^2 x)$，$\mathrm{Q}(x,\ \pi)$ を考え，1辺は PQ，他の1辺は長さが $\sin x$ である長方形（特別な場合は線分あるいは点）を x 軸に垂直な平面上につくる。点 P，Q の x 座標が0から π まで動くとき，この長方形がえがく立体図形の体積を求めよ。

（山梨大）

$f(x)=x+\sin^2 x-\pi$ とおく。

$$f'(x)=1+2\sin x\cos x$$
$$=1+\sin 2x \geqq 0$$

より，$f(x)$ は常に増加する。

▲$0 \leqq x \leqq \pi$ の範囲で $-1 \leqq \sin 2x \leqq 1$

よって，区間 $0 \leqq x \leqq \pi$ で $f(x)$ は $x=\pi$ のとき，最大値0をとる。

ゆえに　$f(x) \leqq 0$

すなわち　$x+\sin^2 x \leqq \pi$

区間 $0 \leqq x \leqq \pi$ で

$$\mathrm{PQ}=\pi-(x+\sin^2 x)=\pi-x-\sin^2 x$$

より，与えられた長方形の面積を $S(x)$ とすると

$$S(x)=(\pi-x-\sin^2 x)\sin x$$
$$=\pi\sin x-x\sin x-\sin^3 x$$

求める立体の体積を V とすると

$$V=\int_0^\pi S(x)dx$$
$$=\int_0^\pi(\pi\sin x-x\sin x-\sin^3 x)dx$$
$$=\pi\int_0^\pi \sin x\,dx-\int_0^\pi x\sin x\,dx-\int_0^\pi \sin^3 x\,dx$$

ここで

$$\pi\int_0^\pi \sin x\,dx=\pi\Big[-\cos x\Big]_0^\pi=2\pi$$
$$\int_0^\pi x\sin x\,dx=\Big[-x\cos x\Big]_0^\pi+\int_0^\pi \cos x\,dx$$

▲部分積分法を用いる。

$$=\pi+\Big[\sin x\Big]_0^\pi=\pi$$
$$\int_0^\pi \sin^3 x\,dx=\int_0^\pi(1-\cos^2 x)\sin x\,dx$$

▲3倍角の公式を用いて算してもよい。

$$=\Big[-\cos x+\frac{1}{3}\cos^3 x\Big]_0^\pi=\frac{4}{3}$$

したがって　$V=2\pi-\pi-\dfrac{4}{3}=\boldsymbol{\pi-\dfrac{4}{3}}$

問題 178 次の曲線や直線で囲まれた図形を x 軸のまわりに1回転してできる回転体の体積を求めよ。

(1) $y=\dfrac{-x+2}{x+1}$，x 軸，y 軸　　(2) $y=\cos x$，x 軸，y 軸，$x=\dfrac{4}{3}\pi$

(1) 曲線 $y=\dfrac{-x+2}{x+1}$ と x 軸の共有点の x 座標は　$x=2$

したがって，求める体積 V は

▲$y=\dfrac{-x+2}{x+1}=\dfrac{3}{x+1}$ より，2直線 $x=$ $y=-1$ を漸近線と 直角双曲線である。

$$V=\pi\int_0^2\left(\frac{-x+2}{x+1}\right)^2dx$$
$$=\pi\int_0^2\left(\frac{3}{x+1}-1\right)^2dx$$
$$=\pi\int_0^2\left\{\frac{9}{(x+1)^2}-\frac{6}{x+1}+1\right\}dx$$
$$=\pi\left[-\frac{9}{x+1}-6\log|x+1|+x\right]_0^2$$
$$=\mathbf{2(4-3\log 3)\pi}$$

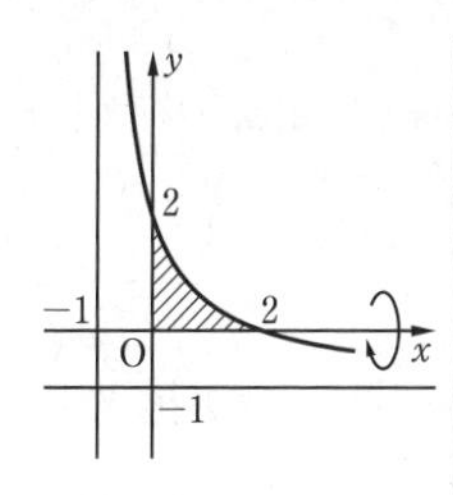

(2) 求める体積 V は

$$V=\pi\int_0^{\frac{4}{3}\pi}\cos^2x\,dx$$
$$=\pi\int_0^{\frac{4}{3}\pi}\frac{1+\cos 2x}{2}dx$$
$$=\frac{\pi}{2}\left[x+\frac{1}{2}\sin 2x\right]_0^{\frac{4}{3}\pi}$$
$$=\frac{2}{3}\boldsymbol{\pi}^2+\frac{\sqrt{3}}{8}\boldsymbol{\pi}$$

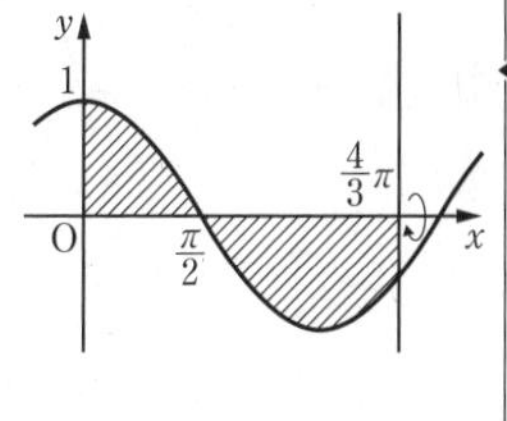

◀半角の公式を用いる。

4章 14 体積・長さ，微分方程式

問題 179 放物線 $y^2=x$ と直線 $y=mx$ $(m>0)$ で囲まれた図形について
(1) この図形を x 軸のまわりに1回転してできる回転体の体積 V_x と y 軸のまわりに1回転してできる回転体の体積 V_y を求めよ。
(2) $V_x=V_y$ となるときの m の値を求めよ。

(1) 放物線と直線の共有点の x 座標は，
$y^2=x$ と $y=mx$ より y を消去して
$$x(m^2x-1)=0$$
よって　$x=0,\ \dfrac{1}{m^2}$

◀$m>0$ であることに注意する。

ゆえに，共有点の座標は
$$(0,\ 0),\ \left(\frac{1}{m^2},\ \frac{1}{m}\right)$$

◀$y=mx$ に代入して，y 座標を求める。

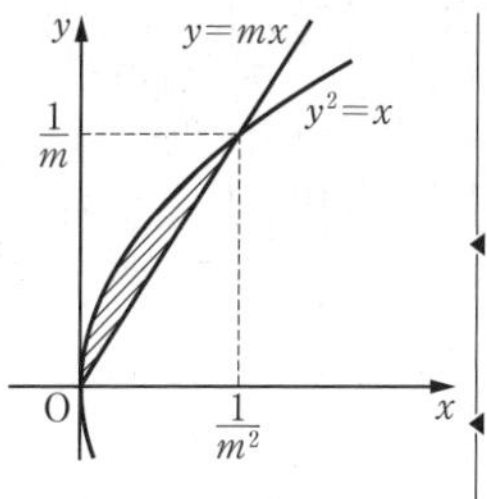

したがって
$$V_x=\pi\int_0^{\frac{1}{m^2}}x\,dx-\pi\int_0^{\frac{1}{m^2}}(mx)^2dx=\pi\int_0^{\frac{1}{m^2}}\{x-(mx)^2\}dx$$
$$=\pi\left[\frac{1}{2}x^2-\frac{m^2}{3}x^3\right]_0^{\frac{1}{m^2}}=\pi\left(\frac{1}{2m^4}-\frac{1}{3m^4}\right)=\boldsymbol{\frac{\pi}{6m^4}}$$
また，$y=mx$ のとき $x=\dfrac{1}{m}y$ であるから
$$V_y=\pi\int_0^{\frac{1}{m}}\left(\frac{1}{m}y\right)^2dy-\pi\int_0^{\frac{1}{m}}(y^2)^2dy$$
$$=\pi\int_0^{\frac{1}{m}}\left\{\left(\frac{1}{m}y\right)^2-(y^2)^2\right\}dy$$
$$=\pi\left[\frac{1}{3m^2}y^3-\frac{1}{5}y^5\right]_0^{\frac{1}{m}}=\pi\left(\frac{1}{3m^5}-\frac{1}{5m^5}\right)=\boldsymbol{\frac{2\pi}{15m^5}}$$

(2) $V_x = V_y$ より，$\dfrac{\pi}{6m^4} = \dfrac{2\pi}{15m^5}$ であり　$12m^4 = 15m^5$

$m > 0$ より　$\boldsymbol{m = \dfrac{4}{5}}$

問題 180 次の曲線や直線で囲まれた図形を y 軸のまわりに1回転してできる回転体の体積を求めよ。
(1) $y = e^x$, $y = e$, y 軸
(2) $y = e^x$, $y = e^x$ 上の点 $(1,\ e)$ における接線，y 軸

(1) $y = e^x$ を x について解くと

$x = \log y$

したがって，求める体積 V は

$$V = \pi\int_1^e (\log y)^2\,dy$$
$$= \pi\int_1^e (y)'(\log y)^2\,dy$$
$$= \pi\Big[y(\log y)^2\Big]_1^e - 2\pi\int_1^e \log y\,dy$$

◀部分積分法を用いる。

$$= \pi e - 2\pi\int_1^e (y)'\log y\,dy = \pi e - 2\pi\Big[y\log y\Big]_1^e + 2\pi\int_1^e dy$$

◀部分積分法を用いる。

$$= -\pi e + 2\pi\Big[y\Big]_1^e = \boldsymbol{\pi(e-2)}$$

(2) $y' = e^x$ より，点 $(1,\ e)$ における接線の方程式は

$y - e = e(x-1)$　すなわち　$x = \dfrac{1}{e}y$

求める回転体は，底面の半径が1，高さ e の直円錐から，曲線 $y = e^x$ を y 軸のまわりに1回転してできる回転体を除いた立体であるから，求める体積 V は

$$V = \frac{1}{3}\pi e - \pi\int_1^e (\log y)^2\,dy$$
$$= \frac{1}{3}\pi e - \pi(e-2)$$
$$= \boldsymbol{2\pi\left(1 - \frac{e}{3}\right)}$$

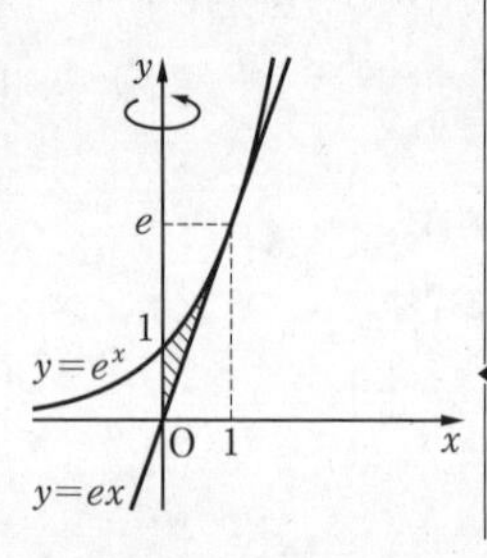

◀(1)より
$\pi\int_1^e (\log y)^2\,dy = \pi(e-$

問題 181 2曲線 $y = \sin x$, $y = \cos x$ $(0 \leqq x \leqq 2\pi)$ で囲まれた図形を x 軸のまわりに1回転してでき る回転体の体積を求めよ。

2曲線の共有点の x 座標は，
$\sin x = \cos x$ とおくと

$x = \dfrac{\pi}{4},\ \dfrac{5}{4}\pi$

よって，回転する図形は図1の斜線部分である。
この図形の x 軸より下側にある部分を x 軸に関して対称に折り返すと

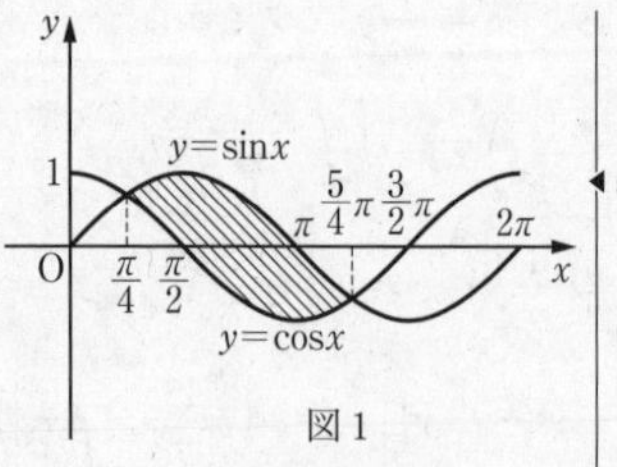

図1

◀ $\sin x = \cos x$ より
$\sqrt{2}\sin\left(x - \dfrac{\pi}{4}\right) =$
$0 \leqq x \leqq 2\pi$ より
$x = \dfrac{\pi}{4},\ \dfrac{5}{4}\pi$

図2のようになる。この図形は直線 $x=\dfrac{3}{4}\pi$ に関して対称であるから，$\dfrac{\pi}{4} \leqq x \leqq \dfrac{3}{4}\pi$ の部分にある図形を1回転してできる立体の体積を2倍すればよい。

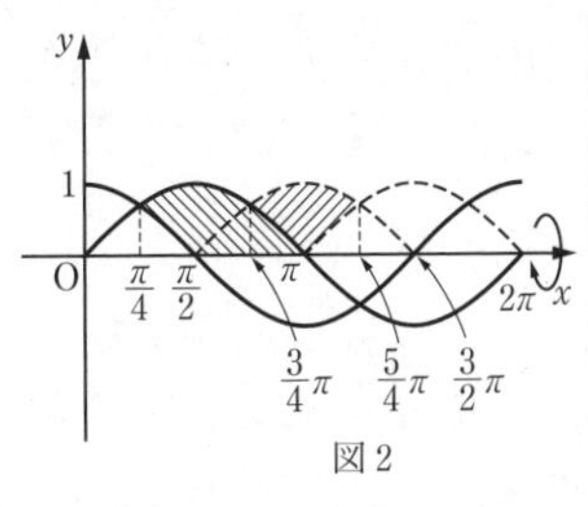

図2

したがって，求める体積 V は

$$V=2\left(\pi\int_{\frac{\pi}{4}}^{\frac{3}{4}\pi}\sin^2 x\,dx-\pi\int_{\frac{\pi}{4}}^{\frac{\pi}{2}}\cos^2 x\,dx\right)$$

$$=2\left(\pi\int_{\frac{\pi}{4}}^{\frac{3}{4}\pi}\frac{1-\cos 2x}{2}dx-\pi\int_{\frac{\pi}{4}}^{\frac{\pi}{2}}\frac{1+\cos 2x}{2}dx\right)$$

$$=\pi\left[x-\frac{1}{2}\sin 2x\right]_{\frac{\pi}{4}}^{\frac{3}{4}\pi}-\pi\left[x+\frac{1}{2}\sin 2x\right]_{\frac{\pi}{4}}^{\frac{\pi}{2}}$$

$$=\pi\left\{\left(\frac{3}{4}\pi+\frac{1}{2}\right)-\left(\frac{\pi}{4}-\frac{1}{2}\right)\right\}-\pi\left\{\frac{\pi}{2}-\left(\frac{\pi}{4}+\frac{1}{2}\right)\right\}$$

$$=\boldsymbol{\frac{\pi}{4}(\pi+6)}$$

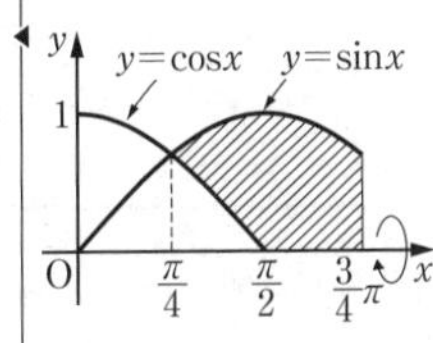

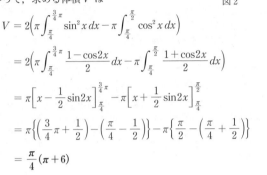

問題 182 楕円 $\dfrac{(x-4)^2}{4}+y^2=1$ の面積を S，この楕円を y 軸のまわりに1回転してできる回転体の体積を V とする。

(1) 面積 S および体積 V を求めよ。

(2) この楕円の重心の座標が $(4,\ 0)$ であることを用いて，$V=S\times$(重心がえがく円周の長さ) が成り立つことを確かめよ。

(1) 与えられた楕円を x 軸方向に -4 だけ平行移動しても面積は変わらないから，楕円 $\dfrac{x^2}{4}+y^2=1$ の面積を求めればよい。

◀ 与えられた楕円は $\dfrac{x^2}{4}+y^2=1$ を x 軸方向に4だけ平行移動したものである。

また，この楕円は x 軸についても，y 軸についても対称である。

$y \geqq 0$ のとき，$y=\dfrac{1}{2}\sqrt{4-x^2}$ であるから，求める面積 S は

$$S=2\int_{-2}^{2}\frac{1}{2}\sqrt{4-x^2}\,dx$$

$$=\int_{-2}^{2}\sqrt{4-x^2}\,dx=\boldsymbol{2\pi}$$

◀ $\displaystyle\int_{-2}^{2}\sqrt{4-x^2}\,dx$ は半径2の半円の面積を表す。

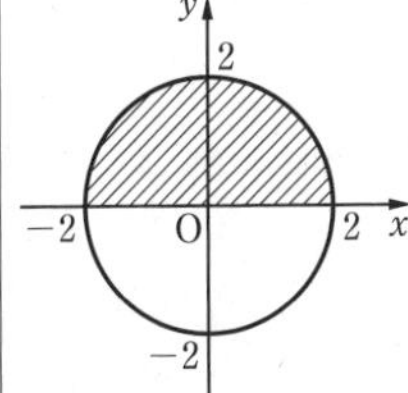

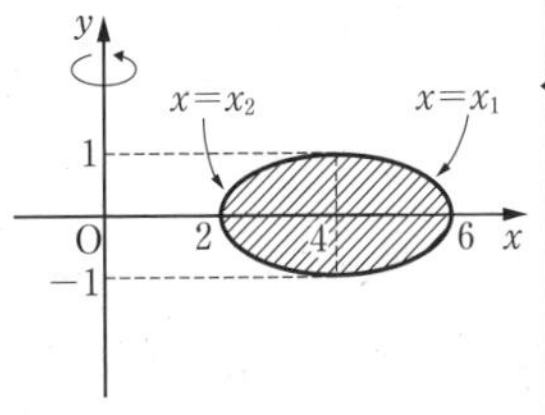

与式を変形すると

$$(x-4)^2=4(1-y^2)$$

$$x-4=\pm 2\sqrt{1-y^2}$$

よって　　$x=4\pm 2\sqrt{1-y^2}$

ここで，$x_1=4+2\sqrt{1-y^2}$，$x_2=4-2\sqrt{1-y^2}$ とおくと，グラフより求める体積 V は

$$V=\pi\int_{-1}^{1}({x_1}^2-{x_2}^2)dy$$

$$=\pi\int_{-1}^{1}(x_1+x_2)(x_1-x_2)dy$$

◀ 因数分解して計算を簡略化する。

$$= \pi\int_{-1}^{1} 8\cdot 4\sqrt{1-y^2}\,dy$$

$$= 32\pi\int_{-1}^{1}\sqrt{1-y^2}\,dy$$

$$= 32\pi\cdot\frac{\pi}{2}$$

$$= \boldsymbol{16\pi^2}$$

◀ $\int_{-1}^{1}\sqrt{1-y^2}\,dy$ は半径1の半円の面積を表す。

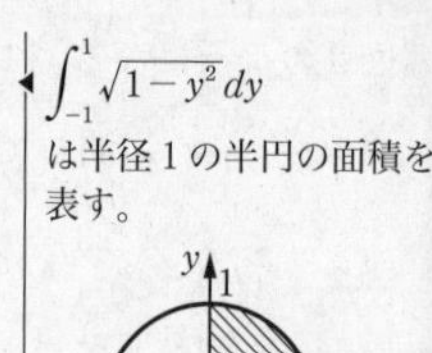

(2) 重心 (4, 0) がえがく円周の長さは　　$2\cdot\pi\cdot 4 = 8\pi$

よって　　$S\times$(重心がえがく円周の長さ) $= 2\pi\cdot 8\pi = 16\pi^2$

となり，これは(1)で求めた V と一致する。

よって，$V = S\times$(重心がえがく円周の長さ) が成り立つ。

問題 183 水を満たした容器がある。この容器の側面は線分 $y=\frac{4}{3}(x-1)$ $(1\leqq x\leqq 4)$ を y 軸のまわりに1回転したものであり，底面は半径1の円である。半径5の鉄球をこの容器の中に静かに沈めるとき，あふれる水の体積の最大値を求めよ。ただし，容器の厚さは考えないものとする。
(群馬大)

底面の円の中心 (0, 0) を通り底面に垂直な平面で切った断面を考える。

鉄球の中心を (0, t) $(t>0)$ とすると

直線 $y=\frac{4}{3}(x-1)$ すなわち

$4x-3y-4=0$ との距離が5であるから

$$\frac{|4\cdot 0-3t-4|}{\sqrt{4^2+(-3)^2}}=5$$

◀点と直線の距離

$$|-3t-4|=25$$

◀ $t>0$ より $-3t-4<0$ であるから $|-3t-4| = -(-3t-4) = 3t+4$

$3t+4=25$ より

$$t=7$$

したがって，鉄球の切り口を表す円の方程式は

$$x^2+(y-7)^2=25$$

あふれる水の体積の最大値は，図の斜線部を y 軸のまわりに1回転してできる立体の体積と等しいから

$$\pi\int_2^4 x^2\,dy = \pi\int_2^4\{25-(y-7)^2\}\,dy$$

$$= \pi\left[25y-\frac{1}{3}(y-7)^3\right]_2^4$$

$$= \pi\left[25(4-2)-\frac{1}{3}\{(4-7)^3-(2-7)^3\}\right]$$

◀ $\pi\left[\left\{25\cdot 4-\frac{1}{3}(4-7)^3\right\}-\left\{25\cdot 2-\frac{1}{3}(2-7)^3\right\}\right]$ としてもよい。

$$= \pi\left\{50-\frac{1}{3}(-27+125)\right\}$$

$$= \boldsymbol{\frac{52}{3}\pi}$$

問題 184 曲線 $y=\sin x$ $(0\leqq x\leqq\pi)$ と x 軸で囲まれた図形を y 軸のまわりに1回転してできる回転体の体積を求めよ。

曲線 $y=\sin x\ \left(\dfrac{\pi}{2}\leqq x\leqq\pi\right)$ と x 軸，y 軸，直線 $y=1$ で囲まれた部分，曲線 $y=\sin x\ \left(0\leqq x\leqq\dfrac{\pi}{2}\right)$ と y 軸，直線 $y=1$ で囲まれた部分をそれぞれ y 軸のまわりに1回転してできる回転体の体積を V_1，V_2 とすると，求める体積 V は

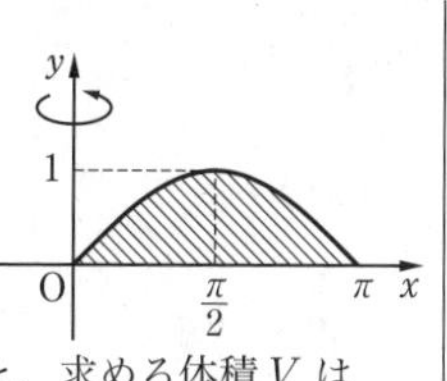

$$V=V_1-V_2$$

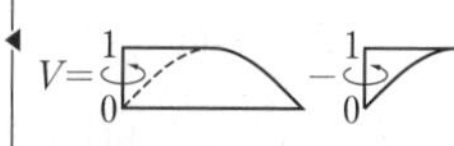

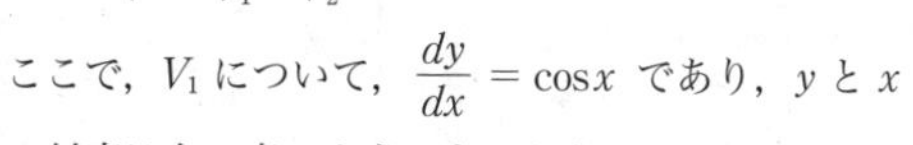

ここで，V_1 について，$\dfrac{dy}{dx}=\cos x$ であり，y と x の対応は右の表のようになるから

y	$0\to1$
x	$\pi\to\dfrac{\pi}{2}$

$$V_1=\pi\int_0^1 x^2\,dy=\pi\int_\pi^{\frac{\pi}{2}}x^2\cos x\,dx$$

◀曲線の x の範囲が $\dfrac{\pi}{2}\leqq x\leqq\pi$ であることに注意する。

また，V_2 について，$\dfrac{dy}{dx}=\cos x$ であり，y と x の対応は右の表のようになるから

y	$0\to1$
x	$0\to\dfrac{\pi}{2}$

$$V_2=\pi\int_0^1 x^2dy=\pi\int_0^{\frac{\pi}{2}}x^2\cos x\,dx$$

◀曲線の x の範囲が $0\leqq x\leqq\dfrac{\pi}{2}$ であることに注意する。

ここで $\displaystyle\int x^2\cos x\,dx=x^2\sin x-\int 2x\sin x\,dx$

$$=x^2\sin x-2\left(-x\cos x+\int\cos x\,dx\right)$$

$$=x^2\sin x+2x\cos x-2\sin x+C$$

◀部分積分法を2回用いる。

よって $V_1=\pi\Big[x^2\sin x+2x\cos x-2\sin x\Big]_\pi^{\frac{\pi}{2}}=\pi\left(\dfrac{\pi^2}{4}+2\pi-2\right)$

$V_2=\pi\Big[x^2\sin x+2x\cos x-2\sin x\Big]_0^{\frac{\pi}{2}}=\pi\left(\dfrac{\pi^2}{4}-2\right)$

したがって，求める体積 V は

$$V=\pi\left(\frac{\pi^2}{4}+2\pi-2\right)-\pi\left(\frac{\pi^2}{4}-2\right)$$

$$=\boldsymbol{2\pi^2}$$

問題 185 曲線 $|x|^{\frac{1}{2}}+|y|^{\frac{1}{2}}=1$ を x 軸のまわりに1回転してできる回転体の体積を曲線が $\begin{cases}x=\cos^4\theta\\y=\sin^4\theta\end{cases}$ と表すことができることを用いて求めよ。

曲線は y 軸に関して対称である。

$x=\cos^4\theta$ であるから $\dfrac{dx}{d\theta}=-4\sin\theta\cos^3\theta$

x と θ の対応は右の表のようになるから，求める回転体の体積 V は

x	$0\longrightarrow1$
θ	$\dfrac{\pi}{2}\longrightarrow0$

$$V=2\pi\int_0^1 y^2dx$$

$$=2\pi\int_{\frac{\pi}{2}}^0(\sin^4\theta)^2(-4\sin\theta\cos^3\theta)d\theta$$

◀$x\geqq0$ の部分の立体の体積を2倍する。

$$= 8\pi\int_0^{\frac{\pi}{2}} \sin^9\theta\cos^3\theta\, d\theta$$

$$= 8\pi\int_0^{\frac{\pi}{2}} \sin^9\theta(1-\sin^2\theta)\cos\theta\, d\theta$$

$$= 8\pi\int_0^{\frac{\pi}{2}} (\sin^9\theta-\sin^{11}\theta)\cos\theta\, d\theta$$

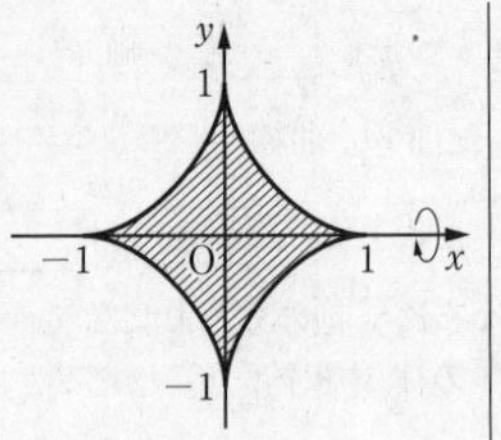

ここで，$\sin\theta = t$ とおくと　$\dfrac{dt}{d\theta} = \cos\theta$

θ と t の対応は右の表のようになるから

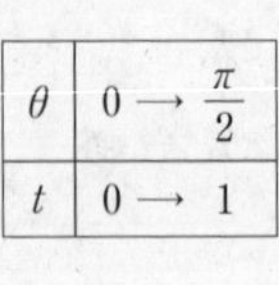

θ	$0 \to \dfrac{\pi}{2}$
t	$0 \to 1$

$$V = 8\pi\int_0^1 (t^9-t^{11})dt = 8\pi\left[\frac{1}{10}t^{10}-\frac{1}{12}t^{12}\right]_0^1$$

$$= 8\pi\left(\frac{1}{10}-\frac{1}{12}\right) = \boldsymbol{\frac{2}{15}\pi}$$

問題 186 半円 $C: y = \sqrt{1-x^2}$ と関数 $y = |ax+1|$ $(a<-1)$ のグラフ G は異なる2つの交点 A(0, 1), B$(\alpha,\ \beta)$ で交わる。C と G で囲まれた図形を F とする。

(1) α，β を a の式で表せ。

(2) 図形 F を x 軸のまわりに1回転してできる立体の体積を $V(a)$ とするとき，$V(a)$ を最大にする a の値と $V(a)$ の最大値を求めよ。　（京都府立大　改）

(1) $a<-1$ より

$$G: y = |ax+1| = \begin{cases} ax+1 & \left(x \leqq -\dfrac{1}{a}\right) \\ -ax-1 & \left(x > -\dfrac{1}{a}\right) \end{cases}$$

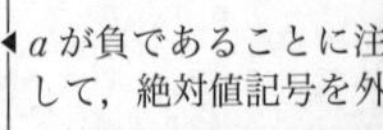

◀ a が負であることに注して，絶対値記号を外

$a<-1$ より $0<-\dfrac{1}{a}<1$ であるから，

C と G のグラフは右の図のようになる。

ここで，交点Bの x 座標 α は，

$y = \sqrt{1-x^2}$ と $y = -ax-1$ を連立して　$\sqrt{1-x^2} = -ax-1$

◀ 点Bは半円 $y = \sqrt{1-$ と直線 $y = -ax-1$ 交点である。

両辺を2乗すると　$1-x^2 = (-ax-1)^2$

整理すると　$x\{(a^2+1)x+2a\} = 0$

◀ $(a^2+1)x^2+2ax = 0$

α はこの2次方程式の解であり，$\alpha>0$ であるから

$$\boldsymbol{\alpha = -\frac{2a}{a^2+1}}$$

また　$\beta = -a\left(-\dfrac{2a}{a^2+1}\right)-1 = \boldsymbol{\dfrac{a^2-1}{a^2+1}}$

◀ 点B$(\alpha,\ \beta)$ は直線 $y = -ax-1$ 上の点であるから $\beta = -a\alpha-1$ 成り立つ。

(2) F は上の図の斜線部分であるから

$$V(a) = \pi\int_0^{\alpha} \left(\sqrt{1-x^2}\right)^2 dx - \frac{1}{3}\pi\cdot 1^2\cdot\left(-\frac{1}{a}\right) - \frac{1}{3}\pi\cdot\beta^2\cdot\left\{\alpha-\left(-\frac{1}{a}\right)\right\}$$

◀ 2つの円錐を取り除考えればよい。

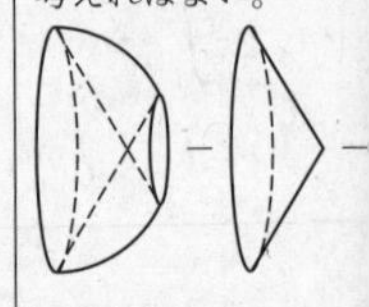

$$= \pi\int_0^{\alpha}(1-x^2)dx + \frac{\pi}{3a} - \frac{\pi}{3}\beta^2\left(\alpha+\frac{1}{a}\right)$$

ここで，$\displaystyle\int_0^{\alpha}(1-x^2)dx = \left[x-\frac{x^3}{3}\right]_0^{\alpha} = \alpha-\frac{\alpha^3}{3}$ であり，

$\beta=\sqrt{1-\alpha^2}$ より $\beta^2=1-\alpha^2$ であるから

$$V(a)=\pi\left(\alpha-\frac{\alpha^3}{3}\right)+\frac{\pi}{3a}-\frac{\pi}{3}(1-\alpha^2)\left(\alpha+\frac{1}{a}\right)$$
$$=\pi\left(\alpha-\frac{\alpha^3}{3}+\frac{1}{3a}+\frac{\alpha^3}{3}+\frac{\alpha^2}{3a}-\frac{\alpha}{3}-\frac{1}{3a}\right)$$
$$=\pi\left(\frac{2}{3}\alpha+\frac{\alpha^2}{3a}\right)$$
$$=\frac{\pi}{3a}\alpha(2a+\alpha)$$
$$=\frac{\pi}{3a}\left(-\frac{2a}{a^2+1}\right)\left(\frac{2a^3}{a^2+1}\right)$$
$$=-\frac{4\pi a^3}{3(a^2+1)^2}$$

◀点 B$(\alpha,\ \beta)$ は半円 $y=\sqrt{1-x^2}$ 上の点である。

◀ $2a+\alpha$
$=2a-\dfrac{2a}{a^2+1}$
$=2a\left(1-\dfrac{1}{a^2+1}\right)$
$=2a\cdot\dfrac{a^2+1-1}{a^2+1}$
$=\dfrac{2a^3}{a^2+1}$

よって

$$V'(a)=-\frac{4\pi}{3}\cdot\frac{3a^2(a^2+1)^2-a^3\cdot2(a^2+1)\cdot2a}{(a^2+1)^4}$$
$$=-\frac{4\pi}{3}\cdot\frac{-a^2(a^2+1)(a^2-3)}{(a^2+1)^4}$$
$$=\frac{4\pi a^2(a^2-3)}{3(a^2+1)^3}$$
$$=\frac{4\pi a^2(a+\sqrt{3})(a-\sqrt{3})}{3(a^2+1)^3}$$

$V'(a)=0$ とおくと，$a<-1$ より　　$a=-\sqrt{3}$

増減表より，$V(a)$ が最大となる

a の値は　　$a=-\sqrt{3}$

また，最大値は

a	$\cdots$	$-\sqrt{3}$	$\cdots$	-1
$V'(a)$	$+$	0	$-$	／
$V(a)$	↗	極大	↘	／

$$V(-\sqrt{3})=-\frac{4\pi(-3\sqrt{3})}{3(3+1)^2}$$
$$=\frac{\sqrt{3}}{4}\pi$$

したがって

$a=-\sqrt{3}$ のとき　最大値 $\dfrac{\sqrt{3}}{4}\pi$

問題 187 曲線 $y=x+\sin2x$ $(0\leqq x\leqq\pi)$ と直線 $y=x$ によって囲まれた図形を直線 $y=x$ のまわりに1回転してできる回転体の体積を求めよ。

$x+\sin2x=x$ とおくと，$0\leqq x\leqq\pi$ の範囲で

$$x=0,\ \frac{\pi}{2},\ \pi$$

◀ $\sin2x=0$ より

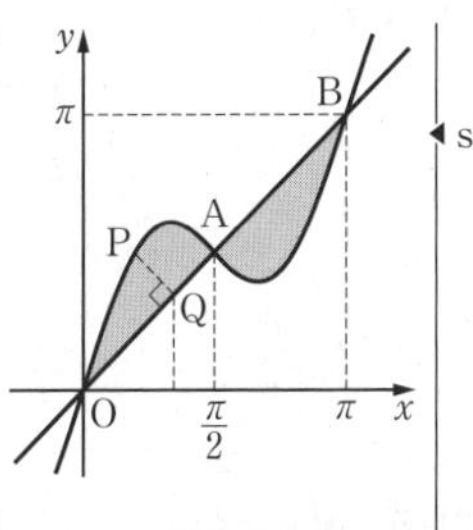

よって，2つのグラフの共有点は

$$\mathrm{O}(0,\ 0),\ \mathrm{A}\left(\frac{\pi}{2},\ \frac{\pi}{2}\right),\ \mathrm{B}(\pi,\ \pi)$$

また，$y=x+\sin2x$ について

$$y'=1+2\cos2x$$

よって，$0\leqq x\leqq\pi$ において　　$-1\leqq y'\leqq3$

曲線上の点 $P(x,\ x+\sin 2x)$ $(0 \leqq x \leqq \pi)$ から直線 $y=x$ に垂線PQを下ろし，$OQ=t$, $PQ=l$ とすると，点Qの座標は $\left(\frac{t}{\sqrt{2}},\ \frac{t}{\sqrt{2}}\right)$ であり　$\overrightarrow{PQ} \perp \overrightarrow{OB}$

$\overrightarrow{PQ}=\left(\frac{t}{\sqrt{2}}-x,\ \frac{t}{\sqrt{2}}-x-\sin 2x\right)$, $\overrightarrow{OB}=(\pi,\ \pi)$ であるから

$$\left(\frac{t}{\sqrt{2}}-x\right)\cdot\pi+\left(\frac{t}{\sqrt{2}}-x-\sin 2x\right)\cdot\pi=0$$

これを t について解くと $t=\frac{2x+\sin 2x}{\sqrt{2}}$ となるから

$$l^2=|\overrightarrow{PQ}|^2=\left(\frac{t}{\sqrt{2}}-x\right)^2+\left(\frac{t}{\sqrt{2}}-x-\sin 2x\right)^2$$
$$=\left(\frac{1}{2}\sin 2x\right)^2+\left(-\frac{1}{2}\sin 2x\right)^2$$
$$=\frac{1}{2}\sin^2 2x$$

$t=\frac{2x+\sin 2x}{\sqrt{2}}$ より　$\frac{dt}{dx}=\sqrt{2}(1+\cos 2x)$

t と x の対応は右の表のようになるから，求める回転体の体積 V は

t	$0 \longrightarrow \sqrt{2}\pi$
x	$0 \longrightarrow \pi$

$$V=\pi\int_0^{\sqrt{2}\pi} l^2\,dt$$
$$=\pi\int_0^{\pi}\frac{1}{2}\sin^2 2x\cdot\sqrt{2}(1+\cos 2x)dx$$
$$=\pi\int_0^{\pi}\left(\frac{1}{\sqrt{2}}\sin^2 2x+\frac{1}{\sqrt{2}}\sin^2 2x\cos 2x\right)dx$$
$$=\frac{\pi}{\sqrt{2}}\int_0^{\pi}\frac{1-\cos 4x}{2}dx+\frac{\pi}{\sqrt{2}}\int_0^{\pi}\sin^2 2x\cos 2x\,dx$$
$$=\frac{\pi}{2\sqrt{2}}\left[x-\frac{1}{4}\sin 4x\right]_0^{\pi}+\frac{\pi}{\sqrt{2}}\left[\frac{1}{6}\sin^3 2x\right]_0^{\pi}=\boldsymbol{\frac{\sqrt{2}}{4}\pi^2}$$

◀回転軸に対して垂直な断面積を考える。

◀$\overrightarrow{PQ} \perp \overrightarrow{OB}$ であるから
$\overrightarrow{PQ}\cdot\overrightarrow{OB}=0$

◀$P(x,\ x+\sin 2x)$ と直線 $x-y=0$ の距離を考えて
$l=\frac{|x-(x+\sin 2x)|}{\sqrt{1^2+(-1)^2}}$
$=\frac{|\sin 2x|}{\sqrt{2}}$
と求めてもよい。

問題 188 底面の半径が1で x 軸を回転軸とする円柱と，底面の半径が1で y 軸を回転軸とする円柱の共通部分の体積を求めよ。

xyz 空間において，2つの円柱を表す不等式は

$$y^2+z^2 \leqq 1,\ x^2+z^2 \leqq 1$$

平面 $z=t$ による切り口は

$$y^2+t^2 \leqq 1,\ x^2+t^2 \leqq 1$$

よって

$$-\sqrt{1-t^2} \leqq y \leqq \sqrt{1-t^2}$$
$$-\sqrt{1-t^2} \leqq x \leqq \sqrt{1-t^2}$$

また，$y^2 \leqq 1-t^2$, $x^2 \leqq 1-t^2$ より　$1-t^2 \geqq 0$

よって　$-1 \leqq t \leqq 1$

ゆえに，切り口の面積を $S(t)$ とすると

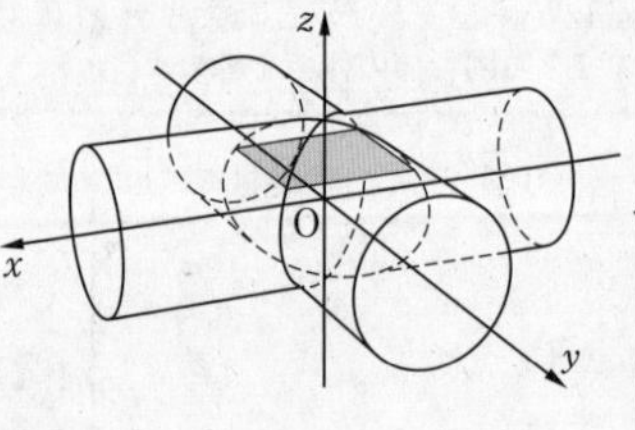

◀それぞれの回転軸が x 軸，y 軸であるため，z 軸に垂直な平面 $z=t$ による切り口を考える。

$$S(t) = 2\sqrt{1-t^2} \times 2\sqrt{1-t^2}$$
$$= 4(1-t^2)$$

したがって，求める立体の体積 V は

$$V = \int_{-1}^{1} S(t)dt = \int_{-1}^{1} 4(1-t^2)dt$$
$$= 8\int_0^1 (1-t^2)dt = 8\left[t - \frac{1}{3}t^3\right]_0^1$$
$$= 8\cdot\left(1-\frac{1}{3}\right) = \mathbf{\frac{16}{3}}$$

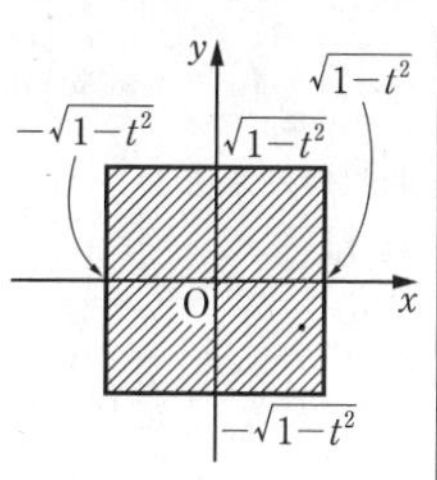

問題 189 $a>0$ とする。サイクロイド $\begin{cases} x = a(\theta - \sin\theta) \\ y = a(1-\cos\theta) \end{cases}$ の $0 \leqq \theta \leqq 2\pi$ の部分の長さを求めよ。

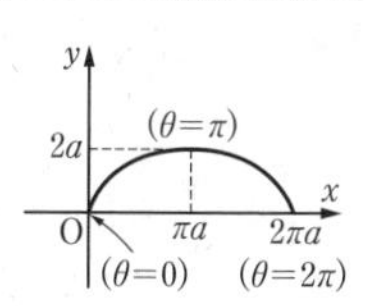

$\dfrac{dx}{d\theta} = a(1-\cos\theta)$，$\dfrac{dy}{d\theta} = a\sin\theta$ であるから

$$\left(\frac{dx}{d\theta}\right)^2 + \left(\frac{dy}{d\theta}\right)^2 = a^2(1-\cos\theta)^2 + a^2\sin^2\theta$$
$$= a^2(1-2\cos\theta+\cos^2\theta+\sin^2\theta)$$
$$= 2a^2(1-\cos\theta)$$
$$= 2a^2\cdot 2\sin^2\frac{\theta}{2} = 4a^2\sin^2\frac{\theta}{2}$$

◀ $\sin^2\dfrac{\theta}{2} = \dfrac{1-\cos\theta}{2}$ より $1-\cos\theta = 2\sin^2\dfrac{\theta}{2}$

よって，$0 \leqq \theta \leqq 2\pi$ のとき

$$\sqrt{\left(\frac{dx}{d\theta}\right)^2 + \left(\frac{dy}{d\theta}\right)^2} = \left|2a\sin\frac{\theta}{2}\right| = 2a\sin\frac{\theta}{2}$$

◀ $0 \leqq \dfrac{\theta}{2} \leqq \pi$ より $\sin\dfrac{\theta}{2} \geqq 0$

したがって，求める曲線の長さ L は

$$L = \int_0^{2\pi} \sqrt{\left(\frac{dx}{d\theta}\right)^2 + \left(\frac{dy}{d\theta}\right)^2}\, d\theta$$
$$= \int_0^{2\pi} 2a\sin\frac{\theta}{2}\, d\theta = 2a\left[-2\cos\frac{\theta}{2}\right]_0^{2\pi} = \mathbf{8a}$$

問題 190 次の曲線の長さを求めよ。

(1) $y = \dfrac{a}{2}\left(e^{\frac{x}{a}} + e^{-\frac{x}{a}}\right)$ $(0 \leqq x \leqq 1)$ ただし，$a>0$ とする。

(2) $9y^2 = (x+4)^3$ $(-4 \leqq x \leqq 0)$

(1) $\dfrac{dy}{dx} = \dfrac{a}{2}\left(\dfrac{1}{a}e^{\frac{x}{a}} - \dfrac{1}{a}e^{-\frac{x}{a}}\right) = \dfrac{1}{2}\left(e^{\frac{x}{a}} - e^{-\frac{x}{a}}\right)$ であるから

$$1+\left(\frac{dy}{dx}\right)^2 = 1+\frac{1}{4}\left(e^{\frac{x}{a}} - e^{-\frac{x}{a}}\right)^2$$
$$= 1+\frac{1}{4}\left(e^{\frac{2}{a}x} - 2 + e^{-\frac{2}{a}x}\right) = \frac{1}{4}\left(e^{\frac{2}{a}x} + 2 + e^{-\frac{2}{a}x}\right)$$
$$= \left\{\frac{1}{2}\left(e^{\frac{x}{a}} + e^{-\frac{x}{a}}\right)\right\}^2$$

よって　$\sqrt{1+\left(\dfrac{dy}{dx}\right)^2}=\left|\dfrac{1}{2}\left(e^{\frac{x}{a}}+e^{-\frac{x}{a}}\right)\right|=\dfrac{1}{2}\left(e^{\frac{x}{a}}+e^{-\frac{x}{a}}\right)$

◀ $e^{\frac{x}{a}}>0,\ e^{-\frac{x}{a}}>0$ より $\dfrac{1}{2}\left(e^{\frac{x}{a}}+e^{-\frac{x}{a}}\right)>0$

したがって，求める曲線の長さ L は

$$L=\int_0^1\sqrt{1+\left(\frac{dy}{dx}\right)^2}\,dx=\int_0^1\frac{1}{2}\left(e^{\frac{x}{a}}+e^{-\frac{x}{a}}\right)dx$$
$$=\frac{1}{2}\left[ae^{\frac{x}{a}}-ae^{-\frac{x}{a}}\right]_0^1=\boldsymbol{\frac{a}{2}\left(e^{\frac{1}{a}}-e^{-\frac{1}{a}}\right)}$$

(2)　与式を変形すると

$$y=\pm\frac{1}{3}\sqrt{(x+4)^3}\quad(-4\leqq x\leqq 0)$$

$y=-\dfrac{1}{3}\sqrt{(x+4)^3}$ のグラフは，$y=\dfrac{1}{3}\sqrt{(x+4)^3}$ のグラフを x 軸に関して対称に折り返したものである。

◀ $9y^2=(x+4)^3$ において，y の代わりに $-y$ を代入しても変わらないから，曲線は x 軸に関して対称である。

$y=\dfrac{1}{3}\sqrt{(x+4)^3}$ において　$\dfrac{dy}{dx}=\dfrac{1}{2}\sqrt{x+4}$

よって　$1+\left(\dfrac{dy}{dx}\right)^2=1+\left(\dfrac{1}{2}\sqrt{x+4}\right)^2=\dfrac{1}{4}(x+8)$

したがって，求める曲線の長さ L は

$$L=2\int_{-4}^0\sqrt{1+\left(\frac{dy}{dx}\right)^2}\,dx$$
$$=2\int_{-4}^0\frac{1}{2}\sqrt{x+8}\,dx$$
$$=2\cdot\frac{1}{2}\left[\frac{2}{3}(x+8)^{\frac{3}{2}}\right]_{-4}^0$$
$$=\frac{2}{3}\left(8^{\frac{3}{2}}-4^{\frac{3}{2}}\right)=\boldsymbol{\frac{16}{3}(2\sqrt{2}-1)}$$

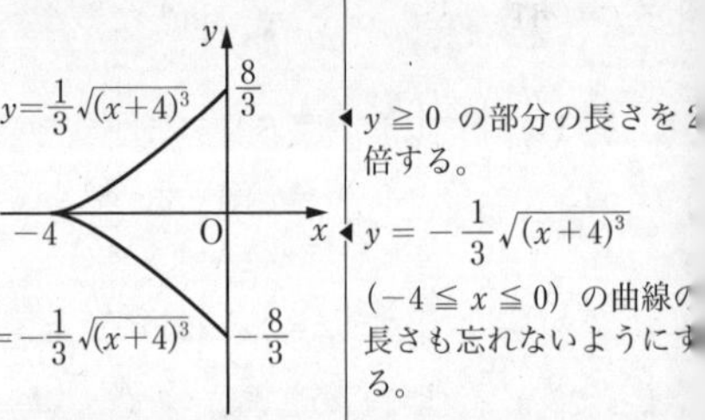

◀ $y\geqq 0$ の部分の長さを2倍する。

◀ $y=-\dfrac{1}{3}\sqrt{(x+4)^3}$ $(-4\leqq x\leqq 0)$ の曲線の長さも忘れないようにする。

問題 191　x 軸上を動く 2 点 P，Q は原点を同時に出発する。それらの t 秒後（$t\geqq 0$）の速度はそれぞれ $2t(t-3)$，$2t(2t-3)(t-4)$ である。動点 P，Q が出会うのは動き始めてから何秒後か。また，動き始めてから最初に出会うまでの間に，点 Q の動く道のりを求めよ。

t 秒後の 2 点 P，Q の座標をそれぞれ x_1，x_2 とすると

$$x_1=\int_0^t 2s(s-3)ds=\left[\frac{2}{3}s^3-3s^2\right]_0^t=\frac{2}{3}t^3-3t^2$$
$$x_2=\int_0^t 2s(2s-3)(s-4)ds=\int_0^t(4s^3-22s^2+24s)ds$$
$$=\left[s^4-\frac{22}{3}s^3+12s^2\right]_0^t=t^4-\frac{22}{3}t^3+12t^2$$

◀ $x_1=\displaystyle\int 2t(t-3)dt=\frac{2}{3}t^3-3t^2+C$
$t=0$ のとき $x_1=0$ より $C=0$ として求めてもよい。

ここで，$x_1=x_2$，すなわち $x_2-x_1=0$ とすると，
$t^4-8t^3+15t^2=0$ となり　$t^2(t-3)(t-5)=0$
よって，$t>0$ であるものを求めると　$t=3,\ 5$
ゆえに，最初に出会うのは **3 秒後**であるから，求める点 Q の動く道のりは

$$\int_0^3|2t(2t-3)(t-4)|dt$$
$$=\int_0^{\frac{3}{2}}(4t^3-22t^2+24t)dt-\int_{\frac{3}{2}}^3(4t^3-22t^2+24t)dt$$

◀ 点 Q の速度 v は
$v=2t(2t-3)(t-4)$
$0\leqq t\leqq\dfrac{3}{2}$ のとき　$v\geqq$
$\dfrac{3}{2}\leqq t\leqq 3$ のとき　$v\leqq$

$$=\left[t^4-\frac{22}{3}t^3+12t^2\right]_0^{\frac{3}{2}}-\left[t^4-\frac{22}{3}t^3+12t^2\right]_{\frac{3}{2}}^3=\frac{189}{8}$$

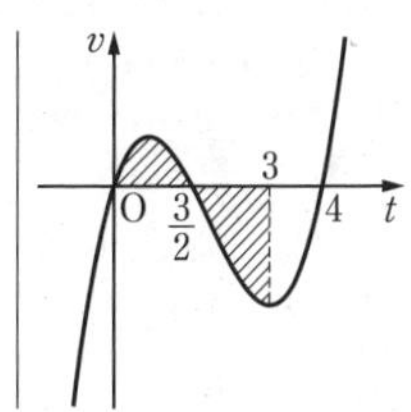

したがって，出会うのは　**3 秒後，5 秒後**

点 Q の動く道のりは　$\boldsymbol{\frac{189}{8}}$

問題 192 等式 $\frac{dy}{dx}=\log x$ を満たす関数を求めよ。また，そのうち，$x=1$ のとき $y=0$ となるものを求めよ。

$y=\int\log x\,dx=x\log x-\int x\cdot\frac{1}{x}dx=x\log x-x+C$

◀ $\int f'(x)g(x)dx$
$=f(x)g(x)$
$-\int f(x)g'(x)dx$

よって，求める関数は

$\boldsymbol{y=x\log x-x+C}$　**(C は任意定数)**

また，$x=1$ のとき $y=0$ であるから

$0=1\cdot\log 1-1+C$ より　　$C=1$

したがって　　$\boldsymbol{y=x\log x-x+1}$

問題 193 次の等式を満たす関数を求めよ。

(1) $\frac{dy}{dx}=-\frac{x}{y}$　　(2) $\frac{dy}{dx}=xy$　　(3) $2y\frac{dy}{dx}=y^2+1$

(1) $\frac{dy}{dx}=-\frac{x}{y}$ より　　$y\frac{dy}{dx}=-x$

◀ $y\,dy=-x\,dx$ としてもよい。

両辺を x で積分すると

$$\int y\frac{dy}{dx}dx=\int(-x)dx$$

よって　　$\int y\,dy=\int(-x)dx$

$$\frac{1}{2}y^2=-\frac{1}{2}x^2+C_1$$

ゆえに　　$x^2+y^2=2C_1$

$y\neq 0$ より $2C_1>0$ であるから $C=2C_1$ とすると，

◀ $x^2+y^2>0$

求める関数は

$\boldsymbol{x^2+y^2=C}$　**(C は $C>0$ である任意定数)**

(2) $\frac{dy}{dx}=xy$ において，$y\neq 0$ のとき　　$\frac{1}{y}\frac{dy}{dx}=x$

◀ $\frac{dy}{y}=x\,dx$ としてもよい。

両辺を x で積分すると

$$\int\frac{1}{y}\frac{dy}{dx}dx=\int x\,dx$$

よって　　$\int\frac{1}{y}dy=\int x\,dx$

$$\log|y|=\frac{1}{2}x^2+C_1$$

◀ $|y|=e^{\frac{1}{2}x^2+C_1}$

ゆえに　　$y=\pm e^{\frac{1}{2}x^2+C_1}=\pm e^{C_1}\cdot e^{\frac{1}{2}x^2}$

ここで，$C=\pm e^{C_1}$ とおくと　　$y=Ce^{\frac{1}{2}x^2}$　$(C\neq 0)$　　…①

また，関数 $y=0$ は等式 $\dfrac{dy}{dx}=xy$ を満たす。

①において，$C=0$ とすると $y=0$ となるから，求める関数は

$$\boldsymbol{y=Ce^{\frac{1}{2}x^2}}\quad \textbf{（}\boldsymbol{C}\textbf{ は任意定数）}$$

(3)　$2y\dfrac{dy}{dx}=y^2+1$ において，$y^2+1\neq 0$ であるから

$$\frac{2y}{y^2+1}\frac{dy}{dx}=1$$

◀ $\dfrac{2y}{y^2+1}dy=dx$ としてもよい。

両辺を x で積分すると $\displaystyle\int\frac{2y}{y^2+1}\frac{dy}{dx}dx=\int dx$

よって　$\displaystyle\int\frac{2y}{y^2+1}dy=\int dx$

$$\log(y^2+1)=x+C_1$$

◀ $y^2+1>0$ であるから，絶対値は不要。

ゆえに　$y^2+1=e^{x+C_1}$

$$y^2=e^{x+C_1}-1=e^{C_1}e^x-1$$

$C=e^{C_1}$　(>0) とおくと，求める関数は

$$\boldsymbol{y^2=Ce^x-1}\quad \textbf{（}\boldsymbol{C}\textbf{ は }\boldsymbol{C>0}\textbf{ である任意定数）}$$

問題 194 曲線 $y=x^2$ $(0\leqq x\leqq 1)$ を y 軸のまわりに回転してできる容器に水を満たし，時刻 $t=0$ に排水を開始する。時刻 t において容器に残る水の深さを h，体積を V とするとき，$\dfrac{dV}{dt}=-\sqrt{h}$ であるという。

(1)　水深 h の変化率 $\dfrac{dh}{dt}$ を h を用いて表せ。

(2)　容器内の水を完全に排水するのにかかる時間 T を求めよ。

(1)　水深が h のときの体積が V であるから

$$V=\pi\int_0^h x^2\,dy=\pi\int_0^h y\,dy=\pi\left[\frac{y^2}{2}\right]_0^h=\frac{\pi}{2}h^2$$

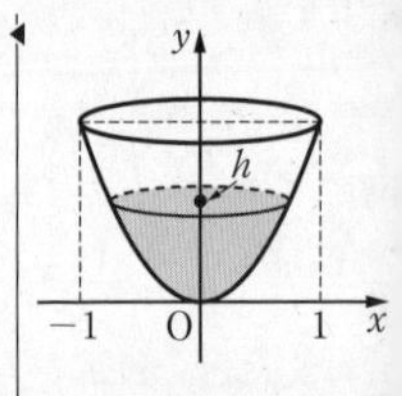

よって，$\dfrac{dV}{dt}=\pi h\dfrac{dh}{dt}$ が成り立つ。

$\dfrac{dV}{dt}=-\sqrt{h}$ であるから　　$\dfrac{dh}{dt}=\dfrac{-\sqrt{h}}{\pi h}=\boldsymbol{-\dfrac{1}{\pi\sqrt{h}}}$

(2)　(1) より　　$\sqrt{h}\dfrac{dh}{dt}=-\dfrac{1}{\pi}$

両辺を t で積分すると

$$\int\sqrt{h}\frac{dh}{dt}dt=\int\left(-\frac{1}{\pi}\right)dt$$

$$\frac{2}{3}h^{\frac{3}{2}}=-\frac{1}{\pi}t+C$$

◀ $\displaystyle\int\sqrt{h}\frac{dh}{dt}dt=\int\sqrt{h}$

ここで，$t=0$ のとき $h=1$ より　　$C=\dfrac{2}{3}$

◀ 排水前の水深は 1

よって　　$\dfrac{2}{3}h^{\frac{3}{2}}=-\dfrac{1}{\pi}t+\dfrac{2}{3}$

$t=T$，$h=0$ を代入して $-\dfrac{T}{\pi}+\dfrac{2}{3}=0$ より　　$\boldsymbol{T=\dfrac{2}{3}\pi}$

◀ 水深が 0 となる時刻

1 曲線 $y=\sqrt{x}-2$ と x 軸，y 軸で囲まれた図形を x 軸のまわりに1回転してできる回転体の体積を求めよ。

曲線 $y=\sqrt{x}-2$ と x 軸の共有点の x 座標は

$$\sqrt{x}-2=0$$

$$x=4$$

求める体積 V は，右の図の斜線部分を x 軸のまわりに1回転してできる回転体の体積であるから

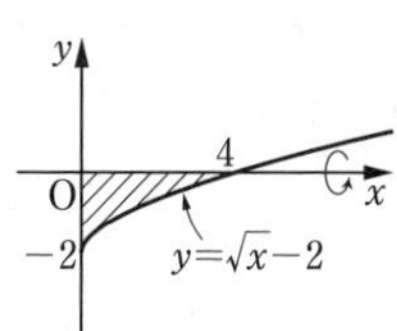

$$V=\pi\int_0^4 y^2dx$$

$$=\pi\int_0^4(\sqrt{x}-2)^2dx$$

$$=\pi\int_0^4(x-4\sqrt{x}+4)dx$$

$$=\pi\left[\frac{1}{2}x^2-4\cdot\frac{2}{3}x^{\frac{3}{2}}+4x\right]_0^4$$

$$=\boldsymbol{\frac{8}{3}\pi}$$

2 曲線 $y=x^2$ と直線 $y=3x$ で囲まれた図形を x 軸のまわりに1回転してできる回転体の体積を求めよ。

曲線 $y=x^2$ と直線 $y=3x$ の共有点の x 座標は

$$x^2=3x$$

$$x(x-3)=0$$

$$x=0,\ 3$$

区間 $0\leqq x\leqq 3$ において，曲線 $y=x^2$，直線 $y=3x$ をそれぞれ x 軸のまわりに1回転してできる回転体の体積を V_1，V_2 とする。

求める体積 V は，右の図の斜線部分を x 軸のまわりに1回転してできる回転体の体積であるから，V_2 から V_1 を引いたものである。

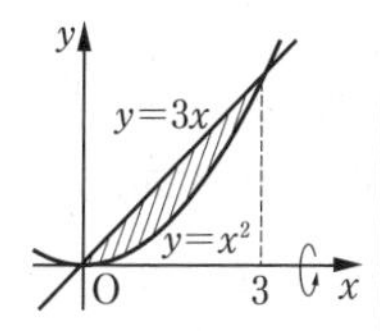

よって

$$V=V_2-V_1$$

$$=\pi\int_0^3(3x)^2dx-\pi\int_0^3(x^2)^2dx$$

$$=\pi\int_0^3\{(3x)^2-(x^2)^2\}dx$$

$$=\pi\int_0^3(9x^2-x^4)dx$$

$$=\pi\left[3x^3-\frac{1}{5}x^5\right]_0^3$$

$$= \frac{162}{5}\pi$$

3 曲線 $y=\dfrac{3}{x+1}-1$ と x 軸，y 軸で囲まれた図形を y 軸のまわりに1回転してできる回転体の体積を求めよ。

$y=\dfrac{3}{x+1}-1$ を x について解くと

$$x=\frac{3}{y+1}-1$$

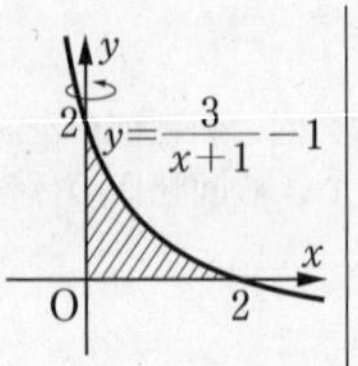

よって，求める回転体の体積 V は

$$\begin{aligned}
V&=\pi\int_0^2 x^2\,dy\\
&=\pi\int_0^2\left(\frac{3}{y+1}-1\right)^2dy\\
&=\pi\int_0^2\left\{\left(\frac{3}{y+1}\right)^2-\frac{6}{y+1}+1\right\}dy\\
&=\pi\left[-\frac{9}{y+1}-6\log|y+1|+y\right]_0^2\\
&=\pi\{(-1-6\log 3)-(-9)\}\\
&=\mathbf{(8-6\log 3)\pi}
\end{aligned}$$

4 点P$(x,\ y)$ が媒介変数 t の関数として，次の式で与えられている。

$$\begin{cases}x=5\cos t-\cos 5t\\ y=5\sin t-\sin 5t\end{cases}$$

(1) t を時間として，点Pの運動する速度ベクトル $\vec{v}=\left(\dfrac{dx}{dt},\ \dfrac{dy}{dt}\right)$ を求めよ。

(2) Pが，$t=0$ から $t=\dfrac{\pi}{4}$ まで変化したとき，曲線の長さ s を求めよ。

(1) $\dfrac{dx}{dt}=-5\sin t+5\sin 5t$，$\dfrac{dy}{dt}=5\cos t-5\cos 5t$

よって　$\boldsymbol{\vec{v}=(-5\sin t+5\sin 5t,\ 5\cos t-5\cos 5t)}$

(2)
$$\begin{aligned}
\left(\frac{dx}{dt}\right)^2+\left(\frac{dy}{dt}\right)^2&=25(\sin^2 t-2\sin t\sin 5t+\sin^2 5t)\\
&\qquad+25(\cos^2 t-2\cos t\cos 5t+\cos^2 5t)\\
&=50\{1-(\cos 5t\cos t+\sin 5t\sin t)\}\\
&=50(1-\cos 4t)\\
&=50\cdot 2\sin^2 2t\\
&=(10\sin 2t)^2
\end{aligned}$$

◀ $\cos 5t\cos t+\sin 5t\sin t$ $=\cos(5t-t)=\cos 4t$

◀ 半角の公式 $\sin^2\dfrac{\theta}{2}=\dfrac{1-\cos\theta}{2}$

よって，$0\leqq t\leqq\dfrac{\pi}{4}$ のとき

$$\sqrt{\left(\frac{dx}{dt}\right)^2+\left(\frac{dy}{dt}\right)^2}=|10\sin 2t|=10\sin 2t$$

◀ $0\leqq 2t\leqq\dfrac{\pi}{2}$ より $10\sin 2t\geqq 0$

したがって

$$
\begin{aligned}
s &= \int_0^{\frac{\pi}{4}} \sqrt{\left(\frac{dx}{dt}\right)^2 + \left(\frac{dy}{dt}\right)^2}\, dt \\
&= \int_0^{\frac{\pi}{4}} 10\sin 2t\, dt \\
&= 10\left[-\frac{1}{2}\cos 2t\right]_0^{\frac{\pi}{4}} \\
&= \mathbf{5}
\end{aligned}
$$

融合 例題

練習 1 曲線 $C: y = x^3 + x^2 + 1$ 上の点 $(1,\ 3)$ を P_0 とする。$n = 1,\ 2,\ 3,\ \cdots$ に対して，曲線 C 上の点 $\mathrm{P}_{n-1}(x_{n-1},\ y_{n-1})$ における曲線 C の接線と曲線 C の共有点のうち P_{n-1} と異なる点を $\mathrm{P}_n(x_n,\ y_n)$ とする。さらに，線分 $\mathrm{P}_{n-1}\mathrm{P}_n$ と曲線 C で囲まれた部分の面積を S_n とおく。

(1) x_{n+1} を x_n の式で表せ。さらに，x_n を n の式で表せ。

(2) S_1 を求めよ。さらに $\displaystyle\sum_{n=1}^{\infty} \frac{1}{S_n}$ を求めよ。　　（東京工業大）

(1) $y = f(x) = x^3 + x^2 + 1$ とすると

$f'(x) = 3x^2 + 2x$ より点 P_n における接線の方程式は

$$y = (3x_n{}^2 + 2x_n)(x - x_n) + x_n{}^3 + x_n{}^2 + 1$$
$$= (3x_n{}^2 + 2x_n)x - 2x_n{}^3 - x_n{}^2 + 1 \quad \cdots ①$$

◀ $y = f(x)$ 上の点 $(x_n,\ f(x_n))$ における接線の方程式は $y = f'(x_n)(x - x_n) + f(x_n)$

これと曲線 C の共有点を求めると

$$x^3 + x^2 + 1 = (3x_n{}^2 + 2x_n)x - 2x_n{}^3 - x_n{}^2 + 1$$

整理して　$(x - x_n)^2(x + 2x_n + 1) = 0$

よって，曲線 C と接線 ① の共有点の x 座標は　$x = x_n,\ -2x_n - 1$

◀ 接点の x 座標 $x = x_n$ を重解にもつ。

$x_{n+1} \neq x_n$ より　$\boldsymbol{x_{n+1} = -2x_n - 1}$

これより　$x_{n+1} + \dfrac{1}{3} = -2\left(x_n + \dfrac{1}{3}\right)$

◀ $\alpha = -2\alpha - 1$ を解くと $\alpha = -\dfrac{1}{3}$

よって　$x_n + \dfrac{1}{3} = \left(x_0 + \dfrac{1}{3}\right)(-2)^n = \dfrac{4}{3}\cdot(-2)^n$

よって　$\boldsymbol{x_n = \dfrac{4}{3}\cdot(-2)^n - \dfrac{1}{3}}$

(2) 点 P_0 における接線の方程式は ① において $n = 0$ のときであり

$$y = 5x - 2$$

また $x_1 = \dfrac{4}{3}\cdot(-2) - \dfrac{1}{3} = -3$ であるから

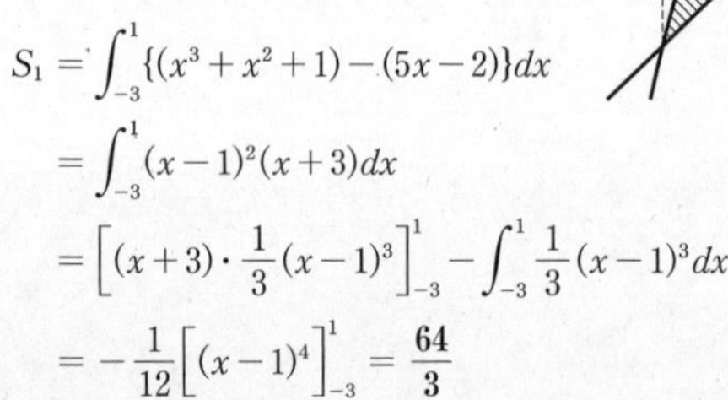

$$S_1 = \int_{-3}^{1} \{(x^3 + x^2 + 1) - (5x - 2)\}dx$$
$$= \int_{-3}^{1} (x - 1)^2(x + 3)dx$$
$$= \left[(x + 3)\cdot\frac{1}{3}(x - 1)^3\right]_{-3}^{1} - \int_{-3}^{1} \frac{1}{3}(x - 1)^3 dx$$
$$= -\frac{1}{12}\left[(x - 1)^4\right]_{-3}^{1} = \boldsymbol{\frac{64}{3}}$$

◀ 部分積分法を用いる。

同様に考えて

$$S_n = \left|\int_{x_n}^{x_{n-1}} [(x^3 + x^2 + 1) - \{(3x_{n-1}{}^2 + 2x_{n-1})x - 2x_{n-1}{}^3 - x_{n-1}{}^2 + 1\}]dx\right|$$
$$= \left|\int_{x_n}^{x_{n-1}} (x - x_{n-1})^2(x + 2x_{n-1} + 1)dx\right|$$
$$= \left|\left[(x + 2x_{n-1} + 1)\cdot\frac{1}{3}(x - x_{n-1})^3\right]_{x_n}^{x_{n-1}} - \int_{x_n}^{x_{n-1}} \frac{1}{3}(x - x_{n-1})^3 dx\right|$$
$$= \left|-\frac{1}{12}\left[(x - x_{n-1})^4\right]_{x_n}^{x_{n-1}}\right| = \left|\frac{1}{12}(x_n - x_{n-1})^4\right|$$

$$= \frac{1}{12}\left\{\frac{4}{3}\cdot(-2)^n - \frac{4}{3}(-2)^{n-1}\right\}^4$$

$$= \frac{1}{12}\{-(-2)^{n+1}\}^4 = \frac{1}{12}\cdot 2^{4n+4} = \frac{64}{3}\cdot 16^{n-1}$$

であるから　$\dfrac{1}{S_n} = \dfrac{3}{64}\left(\dfrac{1}{16}\right)^{n-1}$

よって　$\displaystyle\sum_{n=1}^{\infty}\frac{1}{S_n} = \sum_{n=1}^{\infty}\frac{3}{64}\left(\frac{1}{16}\right)^{n-1} = \frac{3}{64}\cdot\frac{1}{1-\frac{1}{16}} = \mathbf{\frac{1}{20}}$

◀初項 $\dfrac{3}{64}$，公比 $\dfrac{1}{16}$ の無限等比級数

問題 1　n を3以上の自然数とする。点Oを中心とする半径1の円において，円周を n 等分する点 P_0，P_1，$\cdots$，P_{n-1} を時計回りにとる。各 $i=1,\ 2,\ \cdots,\ n$ に対して，直線 OP_{i-1}，OP_i とそれぞれ点 P_{i-1}，P_i で接するような放物線を C_i とする。ただし，$P_n=P_0$ とする。放物線 C_1，C_2，$\cdots$，C_n によって囲まれる部分の面積を S_n とするとき，$\displaystyle\lim_{n\to\infty}S_n$ を求めよ。　（大阪大）

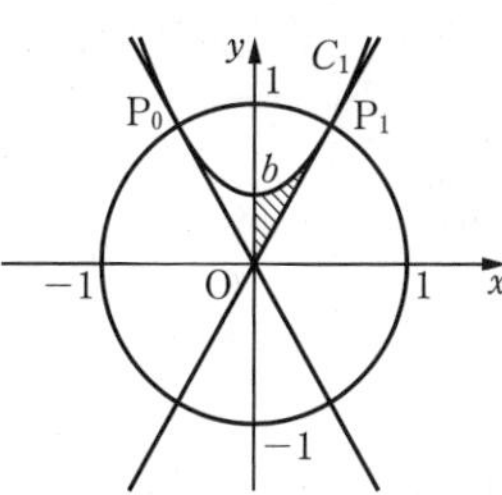

右の図のように y 軸に関して対称に点 P_0，P_1 をとっても一般性を失わない。

◀題意から合同な放物線が円周上に並ぶ。そのうちの1つを分かりやすい位置に設定し，取り上げた。

このとき $\angle P_0OP_1 = \dfrac{2\pi}{n}$ であるから，

P_1 の座標は

$$\left(\cos\left(\frac{\pi}{2}-\frac{\pi}{n}\right),\ \sin\left(\frac{\pi}{2}-\frac{\pi}{n}\right)\right)$$

すなわち $\left(\sin\dfrac{\pi}{n},\ \cos\dfrac{\pi}{n}\right)$ とおける。

◀$\begin{cases}\sin\left(\dfrac{\pi}{2}-\theta\right)=\cos\theta \\ \cos\left(\dfrac{\pi}{2}-\theta\right)=\sin\theta\end{cases}$

ここで P_0, P_1 を通る放物線を $y=f(x)=ax^2+b$ とおくと，$f'(x)=2ax$ より放物線 OP_1 の傾きは

$$f'\left(\sin\frac{\pi}{n}\right) = 2a\sin\frac{\pi}{n} \qquad \cdots①$$

また，直線 OP_1 の傾きは $\dfrac{\cos\frac{\pi}{n}}{\sin\frac{\pi}{n}}$ $\cdots$② であるから

①，②より　$2a\sin\dfrac{\pi}{n} = \dfrac{\cos\frac{\pi}{n}}{\sin\frac{\pi}{n}}$

よって　$a = \dfrac{\cos\frac{\pi}{n}}{2\sin^2\frac{\pi}{n}}$

また点 P_1 の y 座標について

$$f\left(\sin\frac{\pi}{n}\right) = a\sin^2\frac{\pi}{n} + b = \frac{1}{2}\cos\frac{\pi}{n} + b$$

より　$\dfrac{1}{2}\cos\dfrac{\pi}{n} + b = \cos\dfrac{\pi}{n}$

ゆえに　$b = \dfrac{1}{2}\cos\dfrac{\pi}{n}$

よって，放物線 C_1 の方程式は　$y = \dfrac{\cos\frac{\pi}{n}}{2\sin^2\frac{\pi}{n}}x^2 + \dfrac{1}{2}\cos\dfrac{\pi}{n}$　…③

接線 OP_1 の方程式は　$y = \dfrac{\cos\frac{\pi}{n}}{\sin\frac{\pi}{n}}x$　…④

S_n は放物線③，接線④，y 軸で囲まれた部分の面積（上図の斜線部）の $2n$ 倍であるから

$$\frac{S_n}{2n} = \int_0^{\sin\frac{\pi}{n}} \left\{ \left(\frac{\cos\frac{\pi}{n}}{2\sin^2\frac{\pi}{n}}x^2 + \frac{1}{2}\cos\frac{\pi}{n} \right) - \frac{\cos\frac{\pi}{n}}{\sin\frac{\pi}{n}}x \right\} dx$$

$$= \left[\frac{\cos\frac{\pi}{n}}{6\sin^2\frac{\pi}{n}}x^3 - \frac{\cos\frac{\pi}{n}}{2\sin\frac{\pi}{n}}x^2 + \frac{1}{2}\cos\frac{\pi}{n}\cdot x \right]_0^{\sin\frac{\pi}{n}}$$

$$= \frac{1}{6}\sin\frac{\pi}{n}\cos\frac{\pi}{n} - \frac{1}{2}\sin\frac{\pi}{n}\cos\frac{\pi}{n} + \frac{1}{2}\sin\frac{\pi}{n}\cos\frac{\pi}{n}$$

$$= \frac{1}{6}\sin\frac{\pi}{n}\cos\frac{\pi}{n} = \frac{1}{12}\sin\frac{2\pi}{n}$$

ゆえに　$S_n = \dfrac{1}{6}n\sin\dfrac{2\pi}{n}$

よって　$\displaystyle\lim_{n\to\infty}S_n = \lim_{n\to\infty}\frac{1}{6}n\cdot\sin\frac{2\pi}{n} = \lim_{n\to\infty}\frac{\sin\frac{2\pi}{n}}{\frac{2\pi}{n}}\cdot\frac{\pi}{3}$

$\theta = \dfrac{2\pi}{n}$ とおくと　$\displaystyle\lim_{n\to\infty}\frac{\sin\frac{2\pi}{n}}{\frac{2\pi}{n}}\cdot\frac{\pi}{3} = \lim_{\theta\to 0}\frac{\sin\theta}{\theta}\cdot\frac{\pi}{3} = \boldsymbol{\frac{\pi}{3}}$

◀ $\displaystyle\lim_{\theta\to 0}\frac{\sin\theta}{\theta} = 1$

練習 2　融合例題 2 (3) の結果を利用して，次の定積分を求めよ。

(1) $\displaystyle\int_0^1 x^2(1-x)^3dx$　　(2) $\displaystyle\int_0^1 x^3(1-x)^4dx$

(3) $\displaystyle\int_0^{\frac{3}{2}} x^3(3-2x)^2dx$　　(4) $\displaystyle\int_{-1}^2 (1+x)^3(2-x)^3dx$

融合例題 2 (3) の結果より

$$\int_0^1 x^m(1-x)^n dx = \frac{m!n!}{(m+n+1)!}$$

(1)　$m=2$，$n=3$ より

$$\int_0^1 x^2(1-x)^3dx = \frac{2!3!}{(2+3+1)!} = \boldsymbol{\frac{1}{60}}$$

(2)　$m=3$，$n=4$ より

$$\int_0^1 x^3(1-x)^4dx = \frac{3!4!}{(3+4+1)!} = \boldsymbol{\frac{1}{280}}$$

(3) $x=\frac{3}{2}t$ とおくと　$\frac{dx}{dt}=\frac{3}{2}$

x	$0\to\frac{3}{2}$
t	$0\to 1$

◀積分区間が $0\to 1$ となるように置換する。

x と t の対応は右の表のようになるから

$$\int_0^{\frac{3}{2}} x^3(3-2x)^2dx=\int_0^1\left(\frac{3}{2}t\right)^3(3-3t)^2\cdot\frac{3}{2}dt$$

$$=\frac{729}{16}\int_0^1 t^3(1-t)^2dt=\frac{729}{16}\cdot\frac{3!2!}{(3+2+1)!}=\mathbf{\frac{243}{320}}$$

◀$m=3,\ n=2$ とする。

(4) $t=\frac{1}{3}(x+1)$ とおくと，$x=3t-1$ となり

◀積分区間 $-1\to 2$ が $0\to 1$ となるように置換する。

$\frac{dx}{dt}=3$

x	$-1\to 2$
t	$0\to 1$

x と t の対応は右の表のようになるから

$$\int_{-1}^2(1+x)^3(2-x)^3dx=\int_0^1(3t)^3(3-3t)^3\cdot 3dt$$

$$=2187\int_0^1 t^3(1-t)^3dt=2187\cdot\frac{3!3!}{(3+3+1)!}=\mathbf{\frac{2187}{140}}$$

問題 2　自然数 $m,\ n$ に対して $I_{m,n}(x)=\int_0^x t^m(x-t)^n dt$ とおく。

(1) $I_{m,n}(x)$ を $m,\ n$ および x の式で表せ。

(2) $S(x)=\sum_{k=0}^{n}\frac{a^k(x-a)^{n-k}}{I_{k,n-k}(x)}$ を求めよ。ただし，a は定数とする。

(1) $I_{m,n}(x)=\int_0^x t^m(x-t)^n dt$

$$=\left[\frac{1}{m+1}t^{m+1}(x-t)^n\right]_0^x-\int_0^x\frac{1}{m+1}t^{m+1}\cdot n\cdot(x-t)^{n-1}\cdot(-1)dt$$

◀部分積分法を用いる。

$$=\frac{n}{m+1}\int_0^x t^{m+1}(x-t)^{n-1}dt=\frac{n}{m+1}I_{m+1,n-1}(x)$$

この結果を繰り返して

$$I_{m,n}(x)=\frac{n}{m+1}I_{m+1,n-1}(x)$$

$$=\frac{n}{m+1}\cdot\frac{n-1}{m+2}I_{m+2,n-2}(x)$$

$$=\frac{n}{m+1}\cdot\frac{n-1}{m+2}\cdot\cdots\cdot\frac{2}{m+n-1}I_{m+n-1,1}(x)$$

$$=\frac{n(n-1)\cdot\cdots\cdot 2\cdot 1}{\frac{(m+n-1)\cdot\cdots\cdot(m+2)(m+1)\cdot m\cdots 2\cdot 1}{m\cdot\cdots\cdot 2\cdot 1}}I_{m+n-1,1}(x)$$

$$=\frac{m!n!}{(m+n-1)!}I_{m+n-1,1}(x)$$

◀ $I_{m,n}(x)$
$=\frac{n}{m+1}I_{m+1,n-1}(x)$
$=\frac{n}{m+1}$
$\times\frac{n-1}{m+2}I_{m+2,n-2}(x)$
$=\frac{n}{m+1}\times\frac{n-1}{m+2}$
$\times\frac{n-2}{m+3}I_{m+3,n-3}(x)$
$=\cdots$
これを繰り返す。

ここで

$$I_{m+n-1,1}(x)=\int_0^x t^{m+n-1}(x-t)dt$$

$$=x\int_0^x t^{m+n-1}dt-\int_0^x t^{m+n}dt$$

$$=x\left[\frac{1}{m+n}t^{m+n}\right]_0^x-\left[\frac{1}{m+n+1}t^{m+n+1}\right]_0^x$$

融合例題

$$= \frac{x}{m+n}x^{m+n} - \frac{1}{m+n+1}x^{m+n+1}$$

$$= \left(\frac{1}{m+n} - \frac{1}{m+n+1}\right)x^{m+n+1}$$

$$= \frac{1}{(m+n)(m+n+1)}x^{m+n+1}$$

よって　$\boldsymbol{I_{m,n}(x) = \frac{m!n!}{(m+n+1)!}x^{m+n+1}}$

(2)　(1)の結果より

$$S(x) = \sum_{k=0}^{n} \frac{a^k(x-a)^{n-k}}{I_{k,n-k}(x)}$$

$$= \sum_{k=0}^{n} \frac{a^k(x-a)^{n-k}}{\dfrac{k!(n-k)!}{(n+1)!}x^{n+1}}$$

$$= \frac{n+1}{x^{n+1}} \sum_{k=0}^{n} \frac{n!}{k!(n-k)!} \cdot a^k(x-a)^{n-k}$$

$$= \frac{n+1}{x^{n+1}} \sum_{k=0}^{n} {}_n\mathrm{C}_k \cdot a^k(x-a)^{n-k}$$

◀ $I_{k,n-k}(x) = \dfrac{k!(n-k)!}{\{k+(n-k)+1\}!} \times x^{k+(n-k)+1}$

二項定理により

$$S(x) = \frac{n+1}{x^{n+1}}\{a+(x-a)\}^n$$

$$= \frac{n+1}{x^{n+1}} \cdot x^n = \boldsymbol{\frac{n+1}{x}}$$

◀ 二項定理 $(a+b)^n = \sum_{k=0}^{n} {}_n\mathrm{C}_k a^{n-k} b^k$

練習 3　0 以上の整数 n に対して $I(n) = \int_0^1 \frac{x^n}{1+x}dx$ とおく。

(1)　$I(n) + I(n+1)$ を n の式で表せ。

(2)　$\sum_{n=1}^{\infty} \frac{(-1)^{n-1}}{n} = \log 2$ を示せ。　(琉球大)

(1)　$I(n) + I(n+1) = \int_0^1 \frac{x^n}{1+x}dx + \int_0^1 \frac{x^{n+1}}{1+x}dx$

$$= \int_0^1 \frac{x^n + x^{n+1}}{1+x}dx = \int_0^1 \frac{x^n(1+x)}{1+x}dx$$

$$= \int_0^1 x^n dx = \left[\frac{1}{n+1}x^{n+1}\right]_0^1 = \boldsymbol{\frac{1}{n+1}}$$

(2)　$\sum_{k=1}^{n} \frac{(-1)^{k-1}}{k} = \sum_{k=0}^{n-1} \frac{(-1)^k}{k+1} = \sum_{k=0}^{n-1}(-1)^k\{I(k) + I(k+1)\}$

$$= \{I(0)+I(1)\} - \{I(1)+I(2)\} + \{I(2)+I(3)\} - \cdots + (-1)^{n-1}\{I(n-1)+I(n)\}$$

$$= I(0) + (-1)^{n-1}I(n)$$

◀ $\sum_{k=1}^{n} a_k = \sum_{k=0}^{n-1} a_{k+1}$

◀ (1)より $\dfrac{1}{k+1} = I(k) + I(k+1)$

◀ 最初の $I(0)$ と最後の $(-1)^{n-1}I(n)$ にはさまれた部分は消える。

ここで

$$I(0) = \int_0^1 \frac{x^0}{1+x}dx = \int_0^1 \frac{dx}{1+x} = \Big[\log(1+x)\Big]_0^1 = \log 2$$

また，$0 \leqq x \leqq 1$ のとき $0 \leqq \frac{x^n}{1+x} \leqq x^n$ であるから

$$0 \leqq \int_0^1 \frac{x^n}{1+x}dx \leqq \int_0^1 x^n dx = \frac{1}{n+1}$$

すなわち

$$0 \leqq I(n) \leqq \frac{1}{n+1}$$

$\displaystyle\lim_{n\to\infty}\frac{1}{n+1}=0$ であるから，はさみうちの原理により　$\displaystyle\lim_{n\to\infty}I(n)=0$

したがって

$$\sum_{n=1}^{\infty}\frac{(-1)^{n-1}}{n}=\lim_{n\to\infty}\{I(0)+(-1)^{n-1}I(n)\}=I(0)=\log 2$$

問題 **3**　0 以上の整数 n と $0<a<1$ を満たす定数 a に対して $I(n)=\displaystyle\int_0^a \frac{x^{2n+2}}{1-x^2}\,dx$ とおく。

(1)　$I(n)=\dfrac{1}{2}\log\dfrac{1+a}{1-a}-\displaystyle\sum_{k=0}^{n}\frac{a^{2k+1}}{2k+1}$ を示せ。

(2)　無限級数 $\displaystyle\sum_{n=0}^{\infty}\frac{a^{2n+1}}{2n+1}$ の和を求めよ。　（北海道大　改）

(1)　$I(-1)=\displaystyle\int_0^a\frac{dx}{1-x^2}$ とする。

0 以上の整数 n に対して

$$\begin{aligned}I(n-1)-I(n)&=\int_0^a\frac{x^{2n}}{1-x^2}\,dx-\int_0^a\frac{x^{2n+2}}{1-x^2}\,dx\\&=\int_0^a\frac{x^{2n}-x^{2n+2}}{1-x^2}\,dx=\int_0^a\frac{x^{2n}(1-x^2)}{1-x^2}\,dx\\&=\int_0^a x^{2n}\,dx=\left[\frac{1}{2n+1}x^{2n+1}\right]_0^a=\frac{a^{2n+1}}{2n+1}\end{aligned}$$

◀ $I(n)$ に関する漸化式をつくる。定積分が計算できるように工夫する。

よって

$$\begin{aligned}\sum_{k=0}^{n}\frac{a^{2k+1}}{2k+1}&=\sum_{k=0}^{n}\{I(k-1)-I(k)\}\\&=\{I(-1)-I(0)\}+\{I(0)-I(1)\}+\{I(1)-I(2)\}\\&\qquad+\cdots+\{I(n-1)-I(n)\}\\&=I(-1)-I(n)\end{aligned}$$

であるから

$$I(n)=I(-1)-\sum_{k=0}^{n}\frac{a^{2k+1}}{2k+1}$$

ここで

$$\begin{aligned}I(-1)&=\int_0^a\frac{dx}{1-x^2}\\&=\frac{1}{2}\int_0^a\left(\frac{1}{1-x}+\frac{1}{1+x}\right)dx\\&=\frac{1}{2}\Big[-\log|1-x|+\log|1+x|\Big]_0^a\\&=\frac{1}{2}\{-\log(1-a)+\log(1+a)\}\\&=\frac{1}{2}\log\frac{1+a}{1-a}\end{aligned}$$

◀ 部分分数に分解する。

$$\frac{1}{1-x^2}=\frac{1}{(1-x)(1+x)}=\frac{1}{2}\left(\frac{1}{1-x}+\frac{1}{1+x}\right)$$

したがって

$$I(n)=\frac{1}{2}\log\frac{1+a}{1-a}-\sum_{k=0}^{n}\frac{a^{2k+1}}{2k+1}$$

融合例題

(2) $0<a<1$ より $0 \leqq x \leqq a$ のとき

$$0 \leqq \frac{x^{2n+2}}{1-x^2} \leqq \frac{x^{2n+2}}{1-a^2}$$

であるから

$$0 \leqq \int_0^a \frac{x^{2n+2}}{1-x^2}\,dx \leqq \int_0^a \frac{x^{2n+2}}{1-a^2}\,dx$$

$$\int_0^a \frac{x^{2n+2}}{1-a^2}\,dx = \frac{1}{1-a^2}\left[\frac{1}{2n+3}x^{2n+3}\right]_0^a$$

$$= \frac{a^{2n+3}}{(1-a^2)(2n+3)}$$

よって

$$0 \leqq I(n) \leqq \frac{a^{2n+3}}{(1-a^2)(2n+3)}$$

$0<a<1$ より　　$\displaystyle\lim_{n\to\infty}\frac{a^{2n+3}}{(1-a^2)(2n+3)}=0$

ゆえに，はさみうちの原理により　　$\displaystyle\lim_{n\to\infty}I(n)=0$

したがって

$$\sum_{n=0}^{\infty}\frac{a^{2n+1}}{2n+1} = \lim_{n\to\infty}\sum_{k=0}^{n}\frac{a^{2k+1}}{2k+1}$$

$$= \lim_{n\to\infty}\left\{\frac{1}{2}\log\frac{1+a}{1-a} - I(n)\right\} = \boldsymbol{\frac{1}{2}\log\frac{1+a}{1-a}}$$

◀$0 \leqq x \leqq a$ のとき
$x^2 \leqq a^2 < 1$ より
$1-x^2 \geqq 1-a^2 > 0$
また $x^{2n+2} \geqq 0$ であるから
$0 \leqq \dfrac{x^{2n+2}}{1-x^2} \leqq \dfrac{x^{2n+2}}{1-a^2}$

練習 4　n 個のボールを $2n$ 個の箱へ投げ入れる。各ボールはいずれかの箱に入るものとし，どの箱に入る確率も等しいとする。どの箱にも1個以下のボールしか入っていない確率を p_n とする。このとき，極限値 $\displaystyle\lim_{n\to\infty}\frac{\log p_n}{n}$ を求めよ。　　　　（京都大）

n 個のボールが $2n$ 個の箱に入る場合の数は　　$(2n)^n$ 通り

どの箱にも1個以下のボールしか入らないような n 個のボールの入り方は，ボールが入る n 個の箱を選ぶと考えると　　${}_{2n}\mathrm{P}_n$ 通り

よって　　$p_n = \dfrac{{}_{2n}\mathrm{P}_n}{(2n)^n}$

ゆえに

$$\lim_{n\to\infty}\frac{\log p_n}{n} = \lim_{n\to\infty}\frac{1}{n}\log\frac{{}_{2n}\mathrm{P}_n}{(2n)^n}$$

$$= \lim_{n\to\infty}\frac{1}{n}\log\frac{(2n)(2n-1)(2n-2)\cdots\{2n-(n-1)\}}{(2n)^n}$$

$$= \lim_{n\to\infty}\frac{1}{n}\log\left\{\frac{2n}{2n}\cdot\frac{2n-1}{2n}\cdot\frac{2n-2}{2n}\cdot\cdots\cdot\frac{2n-(n-1)}{2n}\right\}$$

$$= \lim_{n\to\infty}\frac{1}{n}\left\{\log\frac{2n}{2n}+\log\frac{2n-1}{2n}+\log\frac{2n-2}{2n}+\cdots+\log\frac{2n-(n-1)}{2n}\right\}$$

$$= \lim_{n\to\infty}\frac{1}{n}\sum_{k=0}^{n-1}\log\frac{2n-k}{2n}$$

$$= \lim_{n\to\infty}\frac{1}{n}\sum_{k=0}^{n-1}\log\left(1-\frac{1}{2}\cdot\frac{k}{n}\right) = \int_0^1\log\left(1-\frac{1}{2}x\right)dx$$

◀ボールは区別して考え

◀$2n$ 個の箱から，ボール
入る n 個の箱を選び，
のボールが入るか考え
ボールは区別して考え
から ${}_{2n}\mathrm{C}_n$ ではなく ${}_{2n}$
である。

ここで，$\int \log x\, dx = x\log x - x + C$ （C は積分定数）であるから

$$\lim_{n\to\infty}\frac{\log p_n}{n} = \left[-2\left\{\left(1-\frac{1}{2}x\right)\log\left(1-\frac{1}{2}x\right)-\left(1-\frac{1}{2}x\right)\right\}\right]_0^1$$

$$= -2\left\{\left(\frac{1}{2}\log\frac{1}{2}-\frac{1}{2}\right)-(-1)\right\} = \mathbf{\log 2 - 1}$$

◀ $\int f(ax+b)dx = \frac{1}{a}F(ax+b)+C$

問題 4 座標平面上に原点Oを中心とする半径1の円 C がある。点A$(-2,\ 0)$ を通る直線が $y>0$ の範囲にある点Pにおいて円 C と接するとする。2以上の自然数 n に対して，点Aを通る $(n-1)$ 本の直線で $\angle$OAP を n 等分する。これらの直線を直線AOとなす角が小さいものから順に $l_1,\ l_2,\ l_3,\ \cdots,\ l_{n-1}$ とし，直線 l_k と円 C の2つの交点のうち点Aに近い方を Q_k，遠い方を R_k とする。

(1) $\mathrm{AR}_k{}^2-\mathrm{AQ}_k{}^2$ を n と k を用いて表せ。

(2) 極限値 $\displaystyle\lim_{n\to\infty}\frac{1}{n}\sum_{k=1}^{n-1}(\mathrm{AR}_k{}^2-\mathrm{AQ}_k{}^2)$ を求めよ。（大阪大）

(1) 直線APは円 C に接するから，

△OAP は，$\angle\mathrm{OPA}=\frac{\pi}{2}$ の直角三角形である。

OP $=1$，OA $=2$ であるから

$$\angle\mathrm{OAP}=\frac{\pi}{6}$$

◀ まず ∠OAP を求める。

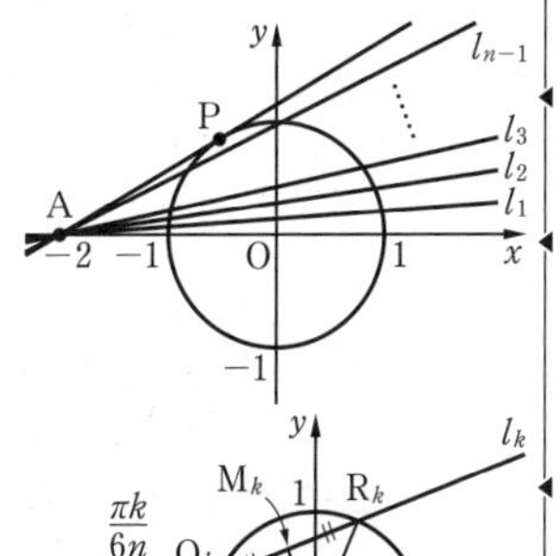

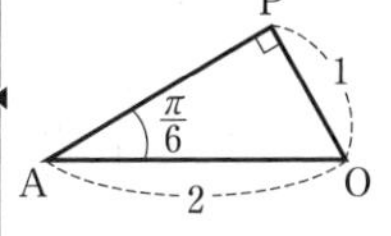

よって，直線OA（x 軸）と直線 l_k のなす角は　$\frac{\pi}{6}\cdot\frac{1}{n}\cdot k=\frac{\pi k}{6n}$

◀ ∠OAP を n 等分した k 個分である。

ここで，原点Oから直線 l_k に垂線 OM_k を下ろすと，点 M_k は線分 $\mathrm{Q}_k\mathrm{R}_k$ の中点である。

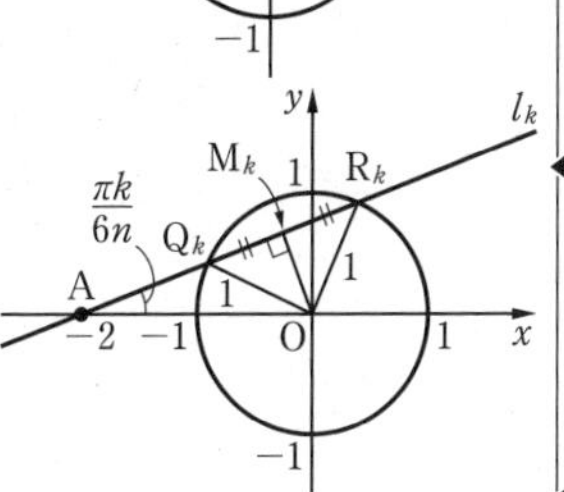

$$\mathrm{AR}_k{}^2-\mathrm{AQ}_k{}^2$$
$$=(\mathrm{AR}_k+\mathrm{AQ}_k)(\mathrm{AR}_k-\mathrm{AQ}_k)$$
$$=2\mathrm{AM}_k\cdot\mathrm{Q}_k\mathrm{R}_k \quad \cdots①$$

◀ ① の変形を行わずに $\mathrm{AR}_k=\mathrm{AM}_k+\mathrm{M}_k\mathrm{R}_k$, $\mathrm{AQ}_k=\mathrm{AM}_k-\mathrm{M}_k\mathrm{Q}_k$ を利用してもよい。

であり，$\triangle\mathrm{OAM}_k$ は $\angle\mathrm{OM}_k\mathrm{A}=\frac{\pi}{2}$ の直角三角形であるから

$$\mathrm{AM}_k=2\cos\frac{\pi k}{6n} \quad \cdots②,\quad \mathrm{OM}_k=2\sin\frac{\pi k}{6n}$$

また，$\triangle\mathrm{OQ}_k\mathrm{M}_k$ も直角三角形であるから

$$\mathrm{Q}_k\mathrm{M}_k=\sqrt{\mathrm{OQ}_k{}^2-\mathrm{OM}_k{}^2}=\sqrt{1-4\sin^2\frac{\pi k}{6n}}$$

よって　$\mathrm{Q}_k\mathrm{R}_k=2\mathrm{Q}_k\mathrm{M}_k=2\sqrt{1-4\sin^2\frac{\pi k}{6n}} \quad \cdots③$

②，③ を ① に代入すると

$$\mathrm{AR}_k{}^2-\mathrm{AQ}_k{}^2=2\cdot2\cos\frac{\pi k}{6n}\cdot2\sqrt{1-4\sin^2\frac{\pi k}{6n}}$$

$$=\mathbf{8\cos\frac{\pi k}{6n}\sqrt{1-4\sin^2\frac{\pi k}{6n}}}$$

(2) $$\lim_{n\to\infty}\frac{1}{n}\sum_{k=1}^{n-1}(\mathrm{AR}_k{}^2-\mathrm{AQ}_k{}^2)=\lim_{n\to\infty}\frac{1}{n}\sum_{k=1}^{n-1}\left(8\cos\frac{\pi k}{6n}\sqrt{1-4\sin^2\frac{\pi k}{6n}}\right)$$

$$= 8\lim_{n\to\infty}\frac{1}{n}\sum_{k=1}^{n}\left(\cos\frac{\pi k}{6n}\sqrt{1-4\sin^2\frac{k\pi}{6n}}\right)$$

$$= 8\int_0^1\left(\cos\frac{\pi}{6}x\sqrt{1-4\sin^2\frac{\pi}{6}x}\right)dx$$

◀ $\cos\frac{\pi k}{6n}\sqrt{1-4\sin^2\frac{k\pi}{6n}}$ は $k=n$ のとき0となるから，$\sum_{k=1}^{n}$ としてよい。

$t=2\sin\frac{\pi}{6}x$ とおくと，t と x の対応は右の表のようになり　$\frac{dt}{dx}=\frac{\pi}{3}\cos\frac{\pi}{6}x$

x	$0\to1$
t	$0\to1$

◀ $\cos\frac{\pi}{6}x\,dx=\frac{3}{\pi}dt$

よって

$$\lim_{n\to\infty}\frac{1}{n}\sum_{k=1}^{n-1}(\mathrm{AR}_k{}^2-\mathrm{AQ}_k{}^2)=8\int_0^1\sqrt{1-t^2}\cdot\frac{3}{\pi}dt$$

$$=\frac{24}{\pi}\cdot\frac{\pi}{4}=6$$

◀ $\int_0^1\sqrt{1-t^2}\,dt$ は半径1の円の $\frac{1}{4}$ の面積 $\frac{\pi}{4}$ である。

練習 5　融合例題5において，点Tが点Aから点B$(-a,\ 0)$まで動くとき，点Pの軌跡と円 C および直線 $x=-a$ で囲まれた図形の面積を求めよ。

点Pの軌跡の x 座標が最大となるのは

$\theta=\frac{\pi}{2}$ となるときである。

$0\leqq\theta\leqq\frac{\pi}{2}$ のときの θ の関数 y を $y_1(\theta)$，

$\frac{\pi}{2}\leqq\theta\leqq\pi$ のときの θ の関数 y を $y_2(\theta)$

とすると，点Pの軌跡と x 軸，直線 $x=-a$ で囲まれた部分の面積 S_1 は

$$S_1=\int_{-a}^{\frac{\pi a}{2}}y_2(\theta)dx-\int_a^{\frac{\pi a}{2}}y_1(\theta)dx$$

ここで，x と θ の対応は右の表のようになり

$$\frac{dx}{d\theta}=a\theta\cos\theta$$

$y_2(\theta)$

x	$-a\to\frac{\pi a}{2}$
θ	$\pi\to\frac{\pi}{2}$

$y_1(\theta)$

x	$a\to\frac{\pi a}{2}$
θ	$0\to\frac{\pi}{2}$

よって

$$S_1=\int_\pi^{\frac{\pi}{2}}a(\sin\theta-\theta\cos\theta)\cdot a\theta\cos\theta\,d\theta$$

$$-\int_0^{\frac{\pi}{2}}a(\sin\theta-\theta\cos\theta)\cdot a\theta\cos\theta\,d\theta$$

◀ $dx=a\theta\cos\theta\,d\theta$

$$=\int_\pi^0 a(\sin\theta-\theta\cos\theta)\cdot a\theta\cos\theta\,d\theta$$

$$=a^2\int_0^\pi(\theta^2\cos^2\theta-\theta\sin\theta\cos\theta)d\theta$$

$$=\frac{a^2}{2}\int_0^\pi(\theta^2+\theta^2\cos2\theta-\theta\sin2\theta)d\theta$$

◀ $\cos^2\theta=\frac{1+\cos2\theta}{2}$

$\sin\theta\cos\theta=\frac{1}{2}\sin2\theta$

ここで　$\int_0^\pi\theta^2d\theta=\left[\frac{\theta^3}{3}\right]_0^\pi=\frac{\pi^3}{3}$

$$\int_0^\pi\theta\sin2\theta\,d\theta=\left[-\frac{1}{2}\theta\cos2\theta\right]_0^\pi-\int_0^\pi\left(-\frac{1}{2}\cos2\theta\right)d\theta$$

$$= -\frac{\pi}{2} + \frac{1}{4}\Big[\sin 2\theta\Big]_0^{\pi} = -\frac{\pi}{2}$$

$$\int_0^{\pi} \theta^2 \cos 2\theta \, d\theta = \left[\frac{1}{2}\theta^2 \sin 2\theta\right]_0^{\pi} - \int_0^{\pi} \theta \sin 2\theta \, d\theta = \frac{\pi}{2}$$

よって　　$S_1 = \dfrac{a^2}{2}\left(\dfrac{\pi^3}{3} + \dfrac{\pi}{2} + \dfrac{\pi}{2}\right) = \dfrac{\pi^3 a^2}{6} + \dfrac{\pi a^2}{2}$

円 C と x 軸で囲まれた半円の面積は $\dfrac{\pi a^2}{2}$ であるから，求める面積は

$$S_1 - \frac{\pi a^2}{2} = \boldsymbol{\frac{\pi^3 a^2}{6}}$$

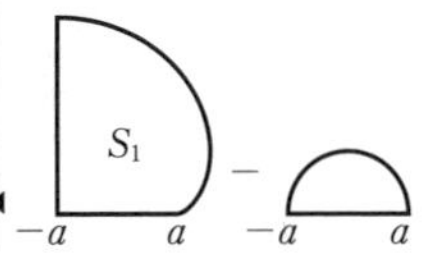

問題 **5**　座標平面上に原点 O を中心とする半径 1 の円 S_1 と，点 P を中心とする半径 1 の円 S_2 がある。円 S_2 は円 S_1 に外接しながらすべることなく円 S_1 のまわりを反時計回りに 1 周する。最初 P は (2, 0) にあり，このとき (1, 0) にある円 S_2 上の点を Q とし，点 Q のえがく曲線を C とする。

(1) 動径 OP が x 軸の正の部分となす角を θ $(0 \leqq \theta \leqq 2\pi)$ とする。点 Q の座標を θ を用いて表せ。

(2) 曲線 C は x 軸について対称であることを示せ。

(3) 曲線 C と円 S_1 で囲まれた部分の面積を求めよ。　　　　（長崎大）

(1) 円 S_1 と円 S_2 の接点を R，A(1, 0) とする。$\overset{\frown}{\mathrm{RQ}} = \overset{\frown}{\mathrm{RA}}$ であるから

$1 \cdot \angle \mathrm{RPQ} = 1 \cdot \theta$

よって　　$\angle \mathrm{RPQ} = \theta$

ゆえに

$\overrightarrow{\mathrm{PQ}} = (1 \cdot \cos(2\theta - \pi),\ 1 \cdot \sin(2\theta - \pi))$

$= (-\cos 2\theta,\ -\sin 2\theta)$

◀ PQ = 1

また，$\overrightarrow{\mathrm{OP}} = (2\cos\theta,\ 2\sin\theta)$ であるから

◀ OP = OR + PR = 1 + 1 = 2

$\overrightarrow{\mathrm{OQ}} = \overrightarrow{\mathrm{OP}} + \overrightarrow{\mathrm{PQ}} = (2\cos\theta,\ 2\sin\theta) + (-\cos 2\theta,\ -\sin 2\theta)$

$= (2\cos\theta - \cos 2\theta,\ 2\sin\theta - \sin 2\theta)$

したがって，点 Q の座標は　$\boldsymbol{(2\cos\theta - \cos 2\theta,\ 2\sin\theta - \sin 2\theta)}$

(2) $x(\theta) = 2\cos\theta - \cos 2\theta$，$y(\theta) = 2\sin\theta - \sin 2\theta$ とおくと

$x(2\pi - t) = 2\cos(2\pi - t) - \cos 2(2\pi - t)$

$= 2\cos t - \cos 2t = x(t)$

◀ $\cos 2(2\pi - t) = \cos(4\pi - 2t) = \cos(-2t) = \cos 2t$

$y(2\pi - t) = 2\sin(2\pi - t) - \sin 2(2\pi - t)$

$= -2\sin t + \sin 2t = -y(t)$

◀ $\sin 2(2\pi - t) = \sin(4\pi - 2t) = \sin(-2t) = -\sin 2t$

よって，$\theta = t$ のときの曲線 C 上の点と $\theta = 2\pi - t$ のときの曲線 C 上の点は x 座標が等しく，y 座標は符号が変わるから，x 軸に関して対称である。

$0 \leqq \theta \leqq 2\pi$ であるから，曲線 C は x 軸に関して対称である。

(3) 曲線 C は x 軸と 2 点で交わり，このときの θ の値は $\theta = 0,\ \pi$ である。

$\theta = \pi$ のときの x 座標は　　$x(\pi) = -3$

ここで，曲線 C 上の点のうち，x 座標の最大値を x_1 とし，そのときの θ $(0 \leqq \theta \leqq \pi)$ を θ_1 とし，$0 \leqq \theta \leqq \theta_1$ のときの $y(\theta)$ を $y_1(\theta)$，$\theta_1 \leqq \theta \leqq \pi$ のときの $y(\theta)$ を $y_2(\theta)$

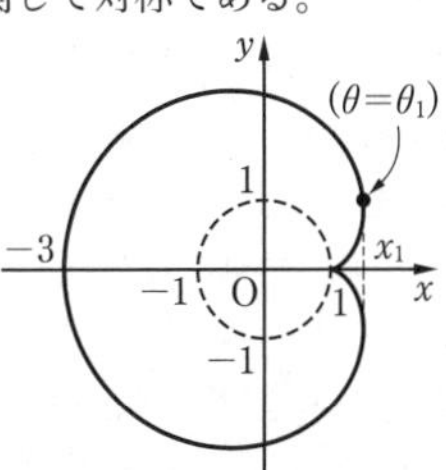

とすると，曲線 C で囲まれた部分の面積をSとすると

$$S=2\left\{\int_{-3}^{x_1} y_2(\theta)dx-\int_{1}^{x_1} y_1(\theta)dx\right\}$$

◀曲線 C は x 軸に関して対称である。

x と θ の対応は右の表のようになり

$y_2(\theta)$

x	$-3\to x_1$
θ	$\pi\to\theta_1$

$y_1(\theta)$

x	$1\to x_1$
θ	$0\to\theta_1$

$$\frac{dx}{d\theta}=-2\sin\theta+2\sin2\theta$$

よって

$$S=2\left\{\int_{\pi}^{\theta_1}(2\sin\theta-\sin2\theta)(-2\sin\theta+2\sin2\theta)d\theta-\int_{0}^{\theta_1}(2\sin\theta-\sin2\theta)(-2\sin\theta+2\sin2\theta)d\theta\right\}$$

◀ $\int_{\pi}^{\theta_1}\square d\theta-\int_{0}^{\theta_1}\square d\theta=\int_{\pi}^{\theta_1}\square d\theta+\int_{\theta_1}^{0}\square d\theta=\int_{\pi}^{0}\square d\theta$

$$=2\int_{\pi}^{0}(2\sin\theta-\sin2\theta)(-2\sin\theta+2\sin2\theta)d\theta$$

$$=4\int_{0}^{\pi}(2\sin^2\theta-3\sin\theta\sin2\theta+\sin^2 2\theta)d\theta$$

ここで $\int_0^\pi 2\sin^2\theta\,d\theta=\int_0^\pi(1-\cos2\theta)d\theta=\left[\theta-\frac{1}{2}\sin2\theta\right]_0^\pi=\pi$

$$\int_0^\pi 3\sin\theta\sin2\theta\,d\theta=6\int_0^\pi\sin^2\theta\cos\theta\,d\theta=6\left[\frac{1}{3}\sin^3\theta\right]_0^\pi=0$$

◀三角関数の積を和に直す公式を用いてもよい。

$$\int_0^\pi\sin^2 2\theta\,d\theta=\int_0^\pi\frac{1-\cos4\theta}{2}d\theta=\left[\frac{\theta}{2}-\frac{1}{8}\sin4\theta\right]_0^\pi=\frac{\pi}{2}$$

よって　$S=4\left(\pi-0+\frac{\pi}{2}\right)=6\pi$

円 S_1 の面積は π であるから，求める面積は　$6\pi-\pi=\mathbf{5\pi}$

練習 6　xyz 空間に2点 A(1, 1, 0)，B(0, −1, 1) がある。線分 AB を y 軸のまわりに1回転してできる曲面を α とする。

(1) 曲面 α を xy 平面で切ったときに現れる曲線 C の方程式を求めよ。また，この曲線を図示せよ。

(2) 曲面 α と平面 $y=-1$ および $y=1$ で囲まれる立体の体積を求めよ。

(1) 曲線 α を xy 平面で切ったときにできる曲線 C 上の y 座標が Y である点を P$(X,\ Y,\ 0)$ とおく。ただし，$-1\leqq Y\leqq1$ である。

◀ y 軸のまわりに回転しているから，y 軸を基準に考える。点Pの軌跡が曲線 C であり，X と Y の関係式が曲線 C の方程式である。

点Pを通る平面 $y=Y$ と y 軸の交点，線分 AB の交点をそれぞれ H，Q とすると　PH = QH

すなわち　$\mathrm{PH}^2=\mathrm{QH}^2$

◀点Pと点Qの x 座標は異なることに注意する。

$\mathrm{PH}=|X|$ であるから　$X^2=\mathrm{QH}^2$　…①

ここで，$\overrightarrow{\mathrm{AQ}}=t\overrightarrow{\mathrm{AB}}$（ただし，$0\leqq t\leqq1$）と表すことができるから，Q$(X_1,\ Y,\ Z_1)$ とおくと

$$(X_1-1,\ Y-1,\ Z_1)=t(-1,\ -2,\ 1)$$

◀QH を Y の式で表すことを考える。空間内の線分 AB を考えるために，ベクトル方程式をつくる。

よって　$X_1=-t+1,\ Y=-2t+1,\ Z_1=t$

①より　$X^2=\mathrm{QH}^2=X_1{}^2+Z_1{}^2=(-t+1)^2+t^2=2t^2-2t+1$

また，$t=\dfrac{-Y+1}{2}$ であるから

$$X^2=2\cdot\left(\frac{-Y+1}{2}\right)^2-2\cdot\frac{-Y+1}{2}+1$$

$$=\frac{Y^2}{2}+\frac{1}{2}$$

よって　　$2X^2-Y^2=1\quad(-1\leqq Y\leqq 1)$

したがって，曲線 C は

双曲線 $2x^2-y^2=1$ の $-1\leqq y\leqq 1$ の部分 であり，**上の図**。

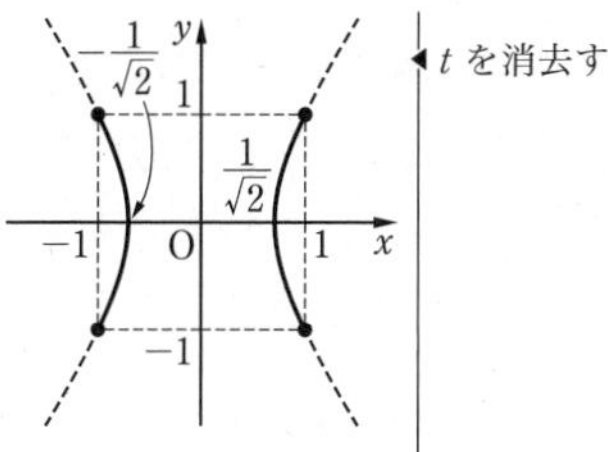

◀ t を消去する。

(2)　曲面 α と 2 つの平面 $y=-1$ および $y=1$ で囲まれる立体の体積 V は

$$V=\pi\int_{-1}^{1}\mathrm{QH}^2dy$$

(1) より，点 Q の y 座標と t の関係について $y=-2t+1$ が成り立つから

$$\frac{dy}{dt}=-2$$

また，y と t の対応は右の表のようになるから

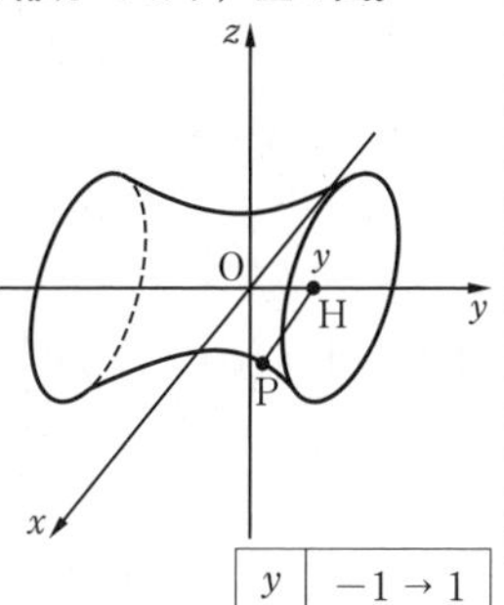

y	$-1\to 1$
t	$1\to 0$

$$V=\pi\int_1^0(2t^2-2t+1)\cdot(-2)dt$$

◀ $dy=-2dt$

$$=2\pi\int_0^1(2t^2-2t+1)dt=2\pi\left[\frac{2}{3}t^3-t^2+t\right]_0^1=\boldsymbol{\frac{4}{3}\pi}$$

融合例題

問題 6　xyz 空間で 8 点 O(0, 0, 0)，A(1, 0, 0)，B(1, 1, 0)，C(0, 1, 0)，D(0, 0, 1)，E(1, 0, 1)，F(1, 1, 1)，G(0, 1, 1) を頂点にもつ立方体を考える。
(1)　頂点 A から対角線 OF に下ろした垂線の長さを求めよ。
(2)　この立方体を対角線 OF を軸にして回転して得られる回転体の体積を求めよ。（京都大）

(1)　頂点 A から対角線 OF に垂線を下ろし，OF との交点を H とすると，H$(a,\ a,\ a)$ とおける。

このとき　　$\overrightarrow{\mathrm{AH}}=(a-1,\ a,\ a)$

$\overrightarrow{\mathrm{OF}}=(1,\ 1,\ 1)$

$\overrightarrow{\mathrm{AH}}$ と $\overrightarrow{\mathrm{OF}}$ は垂直であるから

$$\overrightarrow{\mathrm{AH}}\cdot\overrightarrow{\mathrm{OF}}=(a-1)+a+a$$
$$=3a-1=0$$

よって　　$a=\dfrac{1}{3}$

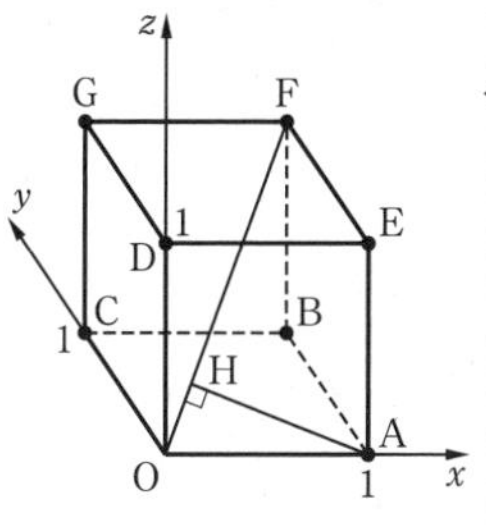

◀ 3 点 O, H, F は一直線上にあるから
$\overrightarrow{\mathrm{OH}}=a\overrightarrow{\mathrm{OF}}$
$(0<a<1)$
とおける。

ゆえに，$\overrightarrow{\mathrm{AH}}=\left(-\dfrac{2}{3},\ \dfrac{1}{3},\ \dfrac{1}{3}\right)$ より，求める垂線の長さは

$$|\overrightarrow{\mathrm{AH}}|=\sqrt{\left(-\frac{2}{3}\right)^2+\left(\frac{1}{3}\right)^2+\left(\frac{1}{3}\right)^2}=\sqrt{\frac{6}{9}}=\boldsymbol{\frac{\sqrt{6}}{3}}$$

(2)　立方体を対角線 OF を軸に回転させた回転体の体積は，直線 OF を軸に，線分 OA を回転させた回転体 S_1 の体積 V_1，線分 AE を回転させた回転体 S_2 の体積 V_2，線分 FE を回転させた回転体 S_3 の体積 V_3 の和である。

◀

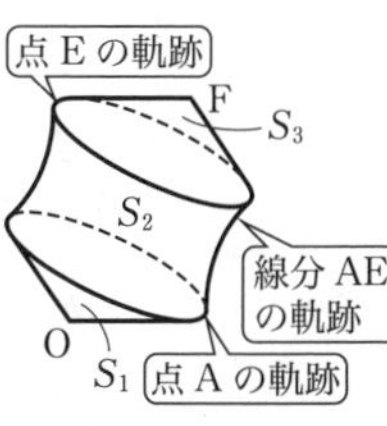

S_1，S_3 は合同な円錐であり，S_1 の底円の半径は　　$\mathrm{AH}=\dfrac{\sqrt{6}}{3}$

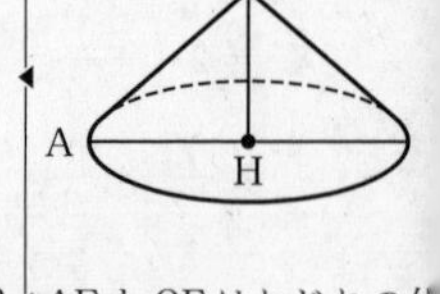

高さは　　$\mathrm{OH}=\sqrt{\left(\dfrac{1}{3}\right)^2+\left(\dfrac{1}{3}\right)^2+\left(\dfrac{1}{3}\right)^2}=\dfrac{\sqrt{3}}{3}$

よって　　$V_1=V_3=\dfrac{1}{3}\cdot\left(\dfrac{\sqrt{6}}{3}\right)^2\pi\cdot\dfrac{\sqrt{3}}{3}=\dfrac{2\sqrt{3}}{27}\pi$

次に，S_2 について，線分 AE 上に点 $\mathrm{P}(1,\ 0,\ t)\ (0\leqq t\leqq 1)$ をとり，点 P から直線 OF に垂線を下ろし，OF との交点を Q とすると，$\mathrm{Q}(s,\ s,\ s)$ とおける。

◀ AE と OF はねじれの位置にある。

このとき

$$\overrightarrow{\mathrm{PQ}}=\overrightarrow{\mathrm{OQ}}-\overrightarrow{\mathrm{OP}}=(s,\ s,\ s)-(1,\ 0,\ t)$$
$$=(s-1,\ s,\ s-t)$$

$\overrightarrow{\mathrm{PQ}}$ と $\overrightarrow{\mathrm{OF}}$ は垂直であるから

$$\overrightarrow{\mathrm{PQ}}\cdot\overrightarrow{\mathrm{OF}}=(s-1)+s+(s-t)$$
$$=3s-t-1=0$$

よって　　$s=\dfrac{t+1}{3}$　　…①

ゆえに　$\overrightarrow{\mathrm{PQ}}=\left(\dfrac{t-2}{3},\ \dfrac{t+1}{3},\ \dfrac{-2t+1}{3}\right)$

よって

$$|\overrightarrow{\mathrm{PQ}}|^2=\frac{1}{9}\{(t-2)^2+(t+1)^2+(-2t+1)^2\}$$
$$=\frac{2}{3}(t^2-t+1)$$

$\mathrm{OQ}=u$ とおくと　　$u=\sqrt{3}\,s$

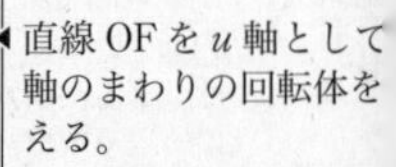

◀ 直線 OF を u 軸として軸のまわりの回転体を考える。

① より，$u=\sqrt{3}\cdot\dfrac{t+1}{3}$ であるから

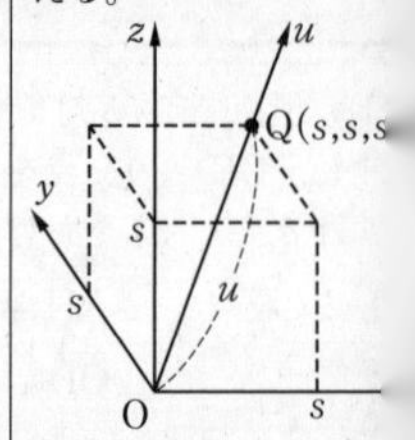

u と t の対応は右の表のようになり

u	$\dfrac{\sqrt{3}}{3}\ \to\ \dfrac{2\sqrt{3}}{3}$
t	$0\ \to\ 1$

$$\frac{du}{dt}=\frac{\sqrt{3}}{3}$$

よって

$$V_2=\pi\int_{\frac{\sqrt{3}}{3}}^{\frac{2\sqrt{3}}{3}}\mathrm{PQ}^2du=\pi\int_0^1\frac{2}{3}(t^2-t+1)\cdot\frac{\sqrt{3}}{3}dt$$
$$=\frac{2\sqrt{3}}{9}\pi\left[\frac{1}{3}t^3-\frac{1}{2}t^2+t\right]_0^1=\frac{5\sqrt{3}}{27}\pi$$

したがって，求める体積は

$$V_1+V_2+V_3=\frac{2\sqrt{3}}{27}\pi+\frac{5\sqrt{3}}{27}\pi+\frac{2\sqrt{3}}{27}\pi=\boldsymbol{\frac{\sqrt{3}}{3}\pi}$$

入試攻略

p.346
1章 関数と極限

1 双曲線 $y=\dfrac{ax+b}{x+2}$ とその逆関数が一致し，この双曲線と直線 $y=x$ との交点間の距離が8であるとき，定数 a，b の値を求めよ。 （武蔵大）

$y=\dfrac{ax+b}{x+2}$ …① を変形すると　$y=\dfrac{b-2a}{x+2}+a$

①は双曲線を表すから　$b-2a \neq 0$　…②

①を x について解くと，$y \neq a$ の範囲で　$x=\dfrac{-2y+b}{y-a}$

◀①より
$(x+2)y=ax+b$
$(y-a)x=-2y+b$
これより $x=\dfrac{-2y+b}{y-a}$

x と y を入れかえると，求める逆関数は　$y=\dfrac{-2x+b}{x-a}$　…③

①と③が一致することから　$a=-2$

◀①の漸近線は直線
$x=-2$，$y=a$
③の漸近線は直線
$x=a$，$y=-2$

よって，①は　$y=\dfrac{-2x+b}{x+2}$　…④

④と $y=x$ を連立すると　$\dfrac{-2x+b}{x+2}=x$

よって　$x^2+4x-b=0$　…⑤

2つのグラフの共有点の x 座標は，方程式⑤の $x \neq -2$ である実数解である。共有点が2つあることから⑤の判別式を D とすると

◀$x=-2$ は①の定義域に含まれない。

$$\frac{D}{4}=2^2+b>0 \quad よって \quad b>-4 \quad \cdots ⑥$$

⑤の実数解を α，β $(\alpha<\beta)$ とすると，交点間の距離が8であるから

$$\beta-\alpha=4\sqrt{2}$$

解と係数の関係より

$$\alpha+\beta=-4,\ \alpha\beta=-b$$

$(\beta-\alpha)^2=(\alpha+\beta)^2-4\alpha\beta$ より

$$(4\sqrt{2})^2=(-4)^2-4(-b)$$

これを解いて　$b=4$

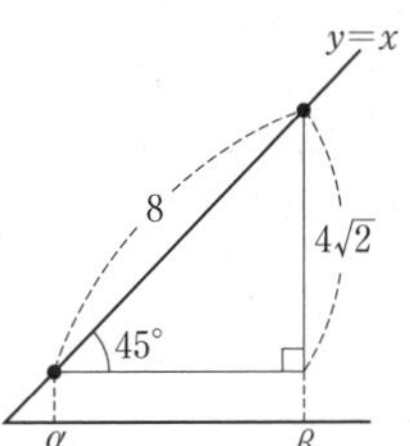

逆に，$a=-2$，$b=4$ であるとき，⑥を満たし，方程式⑤は $x=-2$ を解にもたない。

◀④の解が $x=-2$ でないことを確かめる。

また，$b-2a=4-2(-2)=8 \neq 0$ であるから，②を満たし，①は双曲線となる。

◀①が双曲線になることを確かめる。

したがって　$\boldsymbol{a=-2,\ b=4}$

2 a を正の定数とし，次のように定められた 2 つの数列 $\{a_n\}$，$\{b_n\}$ を考える。

$$\begin{cases} a_1 = a,\ a_{n+1} = \dfrac{1}{2}\left(a_n + \dfrac{4}{a_n}\right) & (n = 1,\ 2,\ 3,\ \cdots) \\ b_n = \dfrac{a_n - 2}{a_n + 2} & (n = 1,\ 2,\ 3,\ \cdots) \end{cases}$$

(1) $-1 < b_1 < 1$ であることを示せ。
(2) b_{n+1} を a_n を用いて表せ。さらに，b_{n+1} を b_n を用いて表せ。
(3) 数列 $\{b_n\}$ の一般項 b_n を n と b_1 を用いて表せ。
(4) 数列 $\{a_n\}$ の一般項 a_n を n と b_1 を用いて表せ。
(5) 極限値 $\lim_{n\to\infty} a_n$ を求めよ。　(電気通信大　改)

(1) 与えられた漸化式より　$b_1 = \dfrac{a_1 - 2}{a_1 + 2} = \dfrac{a-2}{a+2} = 1 - \dfrac{4}{a+2}$

$a > 0$ であるから　$1 - b_1 = \dfrac{4}{a+2} > 0$

よって　$b_1 < 1$　…①

また　$1 + b_1 = 2 - \dfrac{4}{a+2} = \dfrac{2a}{a+2} > 0$

よって　$-1 < b_1$　…②

①，② より　$-1 < b_1 < 1$

(2) 与えられた漸化式より

$$b_{n+1} = \frac{a_{n+1} - 2}{a_{n+1} + 2} = \frac{\frac{1}{2}\left(a_n + \frac{4}{a_n}\right) - 2}{\frac{1}{2}\left(a_n + \frac{4}{a_n}\right) + 2} = \frac{a_n{}^2 - 4a_n + 4}{a_n{}^2 + 4a_n + 4}$$

$$= \frac{(a_n - 2)^2}{(a_n + 2)^2} = \left(\frac{\boldsymbol{a_n - 2}}{\boldsymbol{a_n + 2}}\right)^2$$

◀分母・分子に $2a_n$ を掛け，て，整理する。

よって　$\boldsymbol{b_{n+1} = b_n{}^2}$

(3) (2) の漸化式より，数列 $\{b_n\}$ は　b_1，$b_1{}^2$，$b_1{}^4$，$b_1{}^8$，$\cdots$

よって，一般項は $b_n = b_1{}^{2^{n-1}}$　…① と推定できる。

① が成り立つことを，数学的帰納法で証明する。

◀b_1 が 0 以下となるかもしれないから，両辺の log をとらないようにする。

◀漸化式から項をいくつか求め，一般項を推定する。

◀推定した一般項が正しいか，数学的帰納法で証明する。

[1] $n = 1$ のとき

$(右辺) = b_1{}^{2^{1-1}} = b_1{}^1 = b_1$

よって，$n = 1$ のとき ① は成り立つ。

[2] $n = k$ のとき

① が成り立つ，すなわち $b_k = b_1{}^{2^{k-1}}$ が成り立つと仮定する。

$n = k+1$ のとき，(2) より

$b_{k+1} = b_k{}^2 = (b_1{}^{2^{k-1}})^2 = b_1{}^{2\cdot 2^{k-1}} = b_1{}^{2^{(k+1)-1}}$

よって，$n = k+1$ のときにも ① は成り立つ。

[1]，[2] より，すべての自然数 n に対して ① は成り立つ。

したがって　$\boldsymbol{b_n = b_1{}^{2^{n-1}}}$

(4) $b_n = \dfrac{a_n - 2}{a_n + 2}$ より　$(1 - b_n)a_n = 2(1 + b_n)$

$1 - b_n \neq 0$ であるから　$a_n = \dfrac{2(1 + b_n)}{1 - b_n}$

◀両辺を $1 - b_n$ で割って整理する。

(3) より　$\boldsymbol{a_n = \dfrac{2(1 + b_1{}^{2^{n-1}})}{1 - b_1{}^{2^{n-1}}}}$

(5) (1) より，$-1 < b_1 < 1$ であるから　$\lim_{n\to\infty} {b_1}^{2^{n-1}} = 0$

よって　$\lim_{n\to\infty} a_n = \dfrac{2(1+0)}{1-0} = 2$

3 次の極限が有限の値となるように定数 a, b を定め，そのときの極限値を求めよ。

$$\lim_{x\to 0}\frac{\sqrt{9-8x+7\cos 2x}-(a+bx)}{x^2}$$

（大阪公立大）

$x \to 0$ のとき 分母 $x^2 \to 0$ であるから，与えられた極限が有限の値となるためには　$\lim_{x\to 0}\{\sqrt{9-8x+7\cos 2x}-(a+bx)\} = 0$

◀分子 → 0
これは必要条件である。

よって，$4-a=0$ となり　$a=4$

このとき

$$\lim_{x\to 0}\frac{\sqrt{9-8x+7\cos 2x}-(a+bx)}{x^2}$$

$$=\lim_{x\to 0}\frac{\sqrt{9-8x+7\cos 2x}-(4+bx)}{x^2}$$

$$=\lim_{x\to 0}\frac{9-8x+7\cos 2x-(4+bx)^2}{x^2(\sqrt{9-8x+7\cos 2x}+4+bx)}$$

◀分母・分子に
$\sqrt{9-8x+7\cos 2x}+4+bx$
を掛ける。

$$=\lim_{x\to 0}\frac{-7-8(b+1)x-b^2x^2+7\cos 2x}{x^2(\sqrt{9-8x+7\cos 2x}+4+bx)}$$

$$=\lim_{x\to 0}\frac{-14\sin^2 x-8(b+1)x-b^2x^2}{x^2(\sqrt{9-8x+7\cos 2x}+4+bx)}$$

◀$\cos 2x = 1-2\sin^2 x$

$$=\lim_{x\to 0}\left\{-14\cdot\frac{\sin^2 x}{x^2}-\frac{8(b+1)}{x}-b^2\right\}\cdot\frac{1}{\sqrt{9-8x+7\cos 2x}+4+bx}$$

ここで　$\lim_{x\to 0}\dfrac{\sin^2 x}{x^2}=\lim_{x\to 0}\left(\dfrac{\sin x}{x}\right)^2=1$,

$\lim_{x\to 0}\dfrac{1}{\sqrt{9-8x+7\cos 2x}+4+bx}=\dfrac{1}{8}$

であるから，有限な極限値をもつためには　$b+1=0$

よって　$b=-1$

◀$b+1 \neq 0$ のとき
$\lim_{x\to 0}\dfrac{8(b+1)}{x}$ は ∞ または $-\infty$ となり，有限な極限値をもたない。
また，$b=-1$ も必要条件である。

また，$a=4$, $b=-1$ のとき

$$\lim_{x\to 0}\frac{\sqrt{9-8x+7\cos 2x}-(a+bx)}{x^2}$$

$$=\lim_{x\to 0}\left(-14\cdot\frac{\sin^2 x}{x^2}-1\right)\cdot\frac{1}{\sqrt{9-8x+7\cos 2x}+4-x}$$

$$=(-14-1)\cdot\frac{1}{8}=-\frac{15}{8}$$

したがって　$a=4$, $b=-1$, **極限値** $-\dfrac{15}{8}$

入試攻略

4 平面上に半径1の円Cがある。この円に外接し，さらに隣り合う2つが互いに外接するように，同じ大きさのn個の円を図（例1）のように配置し，その1つの円の半径をR_nとする。また，円Cに内接し，さらに隣り合う2つが互いに外接するように，同じ大きさのn個の円を図（例2）のように配置し，その1つの円の半径をr_nとする。ただし，$n \geqq 3$とする。

(1) R_6，r_6を求めよ。

(2) $\lim_{n\to\infty} n^2(R_n - r_n)$を求めよ。（岡山大）

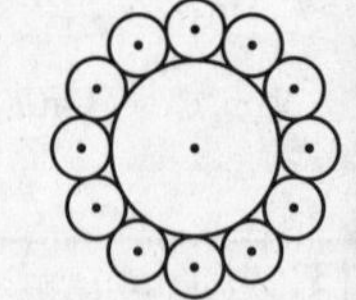
例1：$n=12$の場合

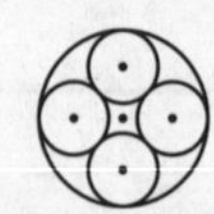
例2：$n=4$の場合

(1) R_nについて　　　　r_nについて

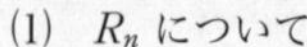

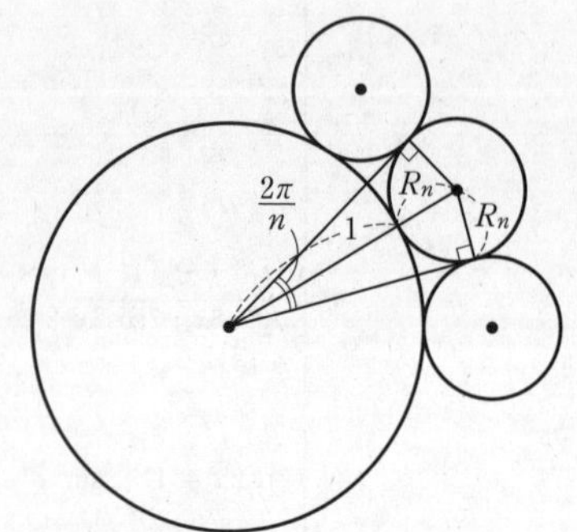

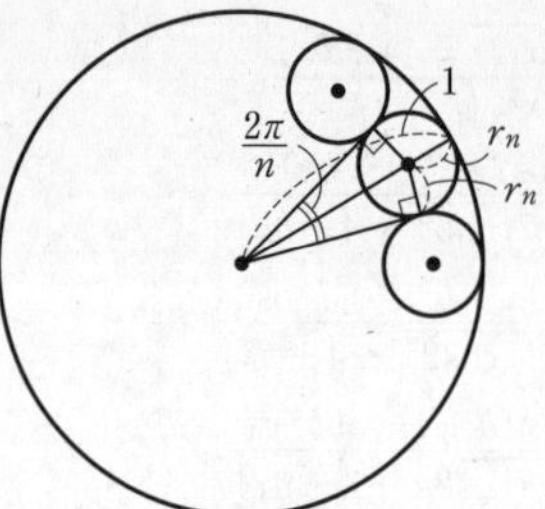

上の図より

$\sin\left(\frac{1}{2}\cdot\frac{2\pi}{n}\right) = \frac{R_n}{1+R_n}$ であるから　$(1+R_n)\sin\frac{\pi}{n} = R_n$

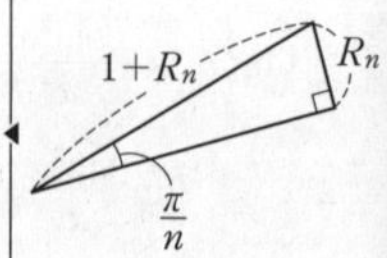

よって　$R_n = \dfrac{\sin\frac{\pi}{n}}{1-\sin\frac{\pi}{n}}$

ゆえに　$R_6 = \dfrac{\sin\frac{\pi}{6}}{1-\sin\frac{\pi}{6}} = \dfrac{\frac{1}{2}}{1-\frac{1}{2}} = \mathbf{1}$

また，$\sin\left(\frac{1}{2}\cdot\frac{2\pi}{n}\right) = \frac{r_n}{1-r_n}$ であるから　$(1-r_n)\sin\frac{\pi}{n} = r_n$

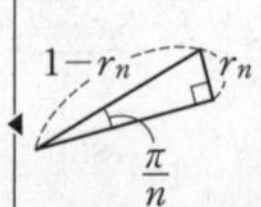

よって　$r_n = \dfrac{\sin\frac{\pi}{n}}{1+\sin\frac{\pi}{n}}$

ゆえに　$r_6 = \dfrac{\sin\frac{\pi}{6}}{1+\sin\frac{\pi}{6}} = \dfrac{\frac{1}{2}}{1+\frac{1}{2}} = \mathbf{\frac{1}{3}}$

(2) $\lim_{n\to\infty} n^2(R_n - r_n) = \lim_{n\to\infty} n^2\left(\dfrac{\sin\frac{\pi}{n}}{1-\sin\frac{\pi}{n}} - \dfrac{\sin\frac{\pi}{n}}{1+\sin\frac{\pi}{n}}\right)$

$$= \lim_{n\to\infty} n^2 \cdot \frac{2\sin^2\frac{\pi}{n}}{1-\sin^2\frac{\pi}{n}}$$

$\frac{\pi}{n}=\theta$ とおくと，$n\to\infty$ のとき $\theta\to 0$ であるから

$$\lim_{n\to\infty} n^2(R_n - r_n) = \lim_{\theta\to 0}\left(\frac{\pi}{\theta}\right)^2 \cdot \frac{2\sin^2\theta}{1-\sin^2\theta}$$

$$= \lim_{\theta\to 0} 2\pi^2 \cdot \left(\frac{\sin\theta}{\theta}\right)^2 \cdot \frac{1}{1-\sin^2\theta} = \boldsymbol{2\pi^2}$$

◀ $\frac{\pi}{n}=\theta$ より　$n=\frac{\pi}{\theta}$

5 x を実数とし，次の無限級数を考える。

$$x^2 + \frac{x^2}{1+x^2-x^4} + \frac{x^2}{(1+x^2-x^4)^2} + \cdots + \frac{x^2}{(1+x^2-x^4)^{n-1}} + \cdots$$

(1) この無限級数が収束するような x の範囲を求めよ。

(2) この無限級数が収束するとき，その和として得られる x の関数を $f(x)$ とする。また，$h(x)=f(\sqrt{|x|})-|x|$ とおく。このとき，$\lim_{x\to 0} h(x)$ を求めよ。

(3) (2)で求めた極限値を a とするとき，$\lim_{x\to 0}\frac{h(x)-a}{x}$ は存在するか。理由を付けて答えよ。

（岡山大）

(1) 与えられた無限級数は初項 x^2，公比 $\frac{1}{1+x^2-x^4}$ の無限等比級数であるから，収束する条件は

$$x^2=0 \cdots ① \quad または \quad \left|\frac{1}{1+x^2-x^4}\right|<1 \cdots ②$$

◀ (初項) $=0$ または $|$公比$|<1$

② より $|1+x^2-x^4|>1$ であるから

$$1+x^2-x^4<-1 \cdots ③ \quad または \quad 1<1+x^2-x^4 \cdots ④$$

◀ $|X|>1 \iff X<-1,\ 1<X$

③ より　$x^4-x^2-2>0$

$(x^2-2)(x^2+1)>0$

$x^2+1>0$ であるから，$x^2-2>0$ より

$$x<-\sqrt{2},\ \sqrt{2}<x \quad \cdots ③'$$

④ より　$x^4-x^2<0$

$x^2(x^2-1)<0$

$x^2 \geqq 0$ であるから，$x \neq 0$ かつ $x^2-1<0$ より

$$-1<x<0,\ 0<x<1 \quad \cdots ④'$$

③′，④′ より，不等式 ② の解は

$$x<-\sqrt{2},\ -1<x<0,\ 0<x<1,\ \sqrt{2}<x \quad \cdots ⑤$$

◀ ③′ または ④′

①，⑤ より，求める x の値の範囲は

◀ ① より　$x=0$

$$\boldsymbol{x<-\sqrt{2},\ -1<x<1,\ \sqrt{2}<x}$$

(2) $x=0$ のとき　$f(x)=0$

$x \neq 0$ のとき

$$f(x)=\frac{x^2}{1-\frac{1}{1+x^2-x^4}}=\frac{x^2(1+x^2-x^4)}{(1+x^2-x^4)-1}=\frac{1+x^2-x^4}{1-x^2}$$

入試攻略

よって　$f(x)=\begin{cases}0 & (x=0 \text{ のとき}) \\ \dfrac{1+x^2-x^4}{1-x^2} & (x \neq 0 \text{ のとき})\end{cases}$

$x \neq 0$ のとき

$$h(x)=f\left(\sqrt{|x|}\right)-|x|$$

$$=\frac{1+|x|-|x|^2}{1-|x|}-|x|=\frac{1}{1-|x|}$$

よって　$\lim_{x \to 0} h(x)=\lim_{x \to 0}\frac{1}{1-|x|}=\mathbf{1}$

◀ $\lim_{x \to 0} h(x)$ を考えるから，$x \neq 0$ の範囲で考える。

◀ $\dfrac{1+|x|-|x|^2}{1-|x|}=\dfrac{1}{1-|x|}+\dfrac{|x|(1-|x|)}{1-|x|}=\dfrac{1}{1-|x|}+|x|$

(3)　(2) より $a=1$ であるから，$x \neq 0$ のとき

$$\frac{h(x)-a}{x}=\frac{\dfrac{1}{1-|x|}-1}{x}=\frac{|x|}{x(1-|x|)}$$

よって　$\lim_{x \to +0}\dfrac{h(x)-a}{x}=\lim_{x \to +0}\dfrac{x}{x(1-x)}=\lim_{x \to +0}\dfrac{1}{1-x}=1$

$\lim_{x \to -0}\dfrac{h(x)-a}{x}=\lim_{x \to -0}\dfrac{-x}{x\{1-(-x)\}}=\lim_{x \to -0}\left(-\dfrac{1}{1+x}\right)=-1$

◀ $x \to +0$ のとき $x>0$ で考えるから　$|x|=x$
$x \to -0$ のとき $x<0$ で考えるから　$|x|=-x$

ゆえに，$\lim_{x \to +0}\dfrac{h(x)-a}{x} \neq \lim_{x \to -0}\dfrac{h(x)-a}{x}$ であるから，$\lim_{x \to 0}\dfrac{h(x)-a}{x}$ は**存在しない。**

p.347　2章　微分

6　微分可能な関数 $f(x)$ が，任意の実数 a，b に対して，$f(a+b)=f(a)+f(b)+7ab(a+b)$ を満たし，$x=0$ における $f(x)$ の微分係数の値が 3 であるとき，$f(0)$ の値と $f(x)$ の導関数を求めよ。
（九州歯科大）

$f(a+b)=f(a)+f(b)+7ab(a+b)$ …① とおく。
また，条件より　$f'(0)=3$　…②
① において，$b=0$ とおくと　$f(a)=f(a)+f(0)$
よって　$f(0)=\mathbf{0}$
次に，① において，$a=x$，$b=h$ とおくと
$f(x+h)=f(x)+f(h)+7hx(x+h)$
$f(x+h)-f(x)=f(h)+7hx(x+h)$
これより

$$f'(x)=\lim_{h \to 0}\frac{f(x+h)-f(x)}{h}$$

$$=\lim_{h \to 0}\frac{f(h)+7hx(x+h)}{h}$$

$$=\lim_{h \to 0}\left\{\frac{f(h)}{h}+7x(x+h)\right\}$$

$$=\lim_{h \to 0}\frac{f(h)-f(0)}{h}+\lim_{h \to 0}7x(x+h)$$

$$=f'(0)+7x^2$$

ここで，② より　$f'(x)=3+7x^2$
したがって　$\boldsymbol{f'(x)=7x^2+3}$

◀ 定義による微分

◀ $f(0)=0$

◀ $\lim_{h \to 0}\dfrac{f(0+h)-f(0)}{h}=f'(0)$

7 c を実数で定数とし，$f(x)=x^2+c$ とおく。
(1) 条件 $(*)$ $f(a)=b$ かつ $f(b)=a$ （ただし $a<b$）
を満たす相異なる実数 a，b が存在するような c の範囲を求めよ。
(2) $g(x)=f(f(x))$ とおく。このとき，$(*)$ を満たす a に対して，さらに，$|g'(a)|<1$ となるような c の範囲を求めよ。（早稲田大）

(1) 条件 $(*)$ より $\begin{cases} a^2+c=b & \cdots ① \\ b^2+c=a & \cdots ② \end{cases}$

①－② より $a^2-b^2=b-a$

$(a-b)(a+b+1)=0$

$a \neq b$ であるから $a+b+1=0$

よって $a+b=-1$ …③

①＋② より $a^2+b^2+2c=a+b$

$(a+b)^2-2ab+2c=a+b$

③を代入して $1-2ab+2c=-1$

ゆえに $ab=c+1$ …④

③，④ より，a，b は2次方程式 $t^2+t+c+1=0$ の異なる2つの実数解である。この2次方程式の判別式を D とすると，相異なる実数 a，b が存在する条件は $D>0$ である。

すなわち $D=1-4(c+1)>0$

したがって $\boldsymbol{c<-\dfrac{3}{4}}$

(2) $g'(x)=f'(f(x))\cdot f'(x)$ であるから

$g'(a)=f'(f(a))f'(a)=2f(a)\cdot 2a=4ab$

④ より $g'(a)=4(c+1)$

よって，$|g'(a)|<1$ となるには $|4(c+1)|<1$

したがって $-\dfrac{5}{4}<c<-\dfrac{3}{4}$

(1) より，$c<-\dfrac{3}{4}$ であるから $\boldsymbol{-\dfrac{5}{4}<c<-\dfrac{3}{4}}$

◀因数分解する。
$(a-b)(a+b)+(a-b)=0$
$(a-b)(a+b+1)=0$

◀2次方程式の解と係数の関係を用いる。

◀$f'(x)=2x$，$f(a)=b$

◀$-1<4(c+1)<1$

入試攻略

8 a を実数とし，関数 $f(x)$ を次のように定義する。

$$f(x)=\begin{cases} a\sin x+\cos x & \left(x \leqq \dfrac{\pi}{2}\right) \\ x-\pi & \left(x > \dfrac{\pi}{2}\right) \end{cases}$$

(1) $f(x)$ が $x=\dfrac{\pi}{2}$ で連続となる a の値を求めよ。

(2) (1) で求めた a の値に対し，$x=\dfrac{\pi}{2}$ で $f(x)$ は微分可能でないことを示せ。（神戸大）

(1) $f(x)$ が $x=\dfrac{\pi}{2}$ で連続であるとき，極限値 $\displaystyle\lim_{x\to\frac{\pi}{2}} f(x)$ が存在するから，$\displaystyle\lim_{x\to\frac{\pi}{2}+0} f(x)=\lim_{x\to\frac{\pi}{2}-0} f(x)$ である。

$$\lim_{x\to\frac{\pi}{2}+0} f(x)=\lim_{x\to\frac{\pi}{2}+0}(x-\pi)=\frac{\pi}{2}-\pi=-\frac{\pi}{2}$$

◀$x>\dfrac{\pi}{2}$ のとき
$f(x)=x-\pi$

$$\lim_{x \to \frac{\pi}{2}-0} f(x) = \lim_{x \to \frac{\pi}{2}-0} (a\sin x + \cos x) = a\sin\frac{\pi}{2} + \cos\frac{\pi}{2} = a$$

◀ $x \leqq \frac{\pi}{2}$ のとき $f(x) = a\sin x + \cos x$

よって　$-\frac{\pi}{2} = a$

逆に，このとき $\lim_{x \to \frac{\pi}{2}} f(x) = f\left(\frac{\pi}{2}\right)$ が成り立ち，$f(x)$ は $x = \frac{\pi}{2}$ で連続となる。

したがって，求める a の値は　$\boldsymbol{a = -\frac{\pi}{2}}$

(2)　$h > 0$ のとき

$$f\left(\frac{\pi}{2}+h\right) - f\left(\frac{\pi}{2}\right) = \left\{\left(\frac{\pi}{2}+h\right) - \pi\right\} - \left(-\frac{\pi}{2}\sin\frac{\pi}{2} + \cos\frac{\pi}{2}\right) = h$$

よって　$\lim_{h \to +0} \frac{f\left(\frac{\pi}{2}+h\right) - f\left(\frac{\pi}{2}\right)}{h} = \lim_{h \to +0} \frac{h}{h} = 1$

$h < 0$ のとき

$$\begin{aligned} &f\left(\frac{\pi}{2}+h\right) - f\left(\frac{\pi}{2}\right) \\ &= \left\{-\frac{\pi}{2}\sin\left(\frac{\pi}{2}+h\right) + \cos\left(\frac{\pi}{2}+h\right)\right\} - \left(-\frac{\pi}{2}\sin\frac{\pi}{2} + \cos\frac{\pi}{2}\right) \\ &= -\frac{\pi}{2}(\cos h - 1) - \sin h \end{aligned}$$

◀ $\sin\left(\frac{\pi}{2}+h\right) = \cos h$, $\cos\left(\frac{\pi}{2}+h\right) = -\sin h$

であるから

$$\begin{aligned} \lim_{h \to -0} \frac{f\left(\frac{\pi}{2}+h\right) - f\left(\frac{\pi}{2}\right)}{h} &= \lim_{h \to -0} \frac{-\frac{\pi}{2}(\cos h - 1) - \sin h}{h} \\ &= \frac{\pi}{2}\lim_{h \to -0} \frac{1 - \cos h}{h} - \lim_{h \to -0} \frac{\sin h}{h} \\ &= \frac{\pi}{2}\lim_{h \to -0} \frac{(1-\cos h)(1+\cos h)}{h(1+\cos h)} - 1 \\ &= \frac{\pi}{2}\lim_{h \to -0} \frac{\sin^2 h}{h(1+\cos h)} - 1 \\ &= \frac{\pi}{2}\lim_{h \to -0} \frac{\sin^2 h}{h^2} \cdot \frac{h}{1+\cos h} - 1 \\ &= 0 - 1 = -1 \end{aligned}$$

よって　$\lim_{h \to +0} \frac{f\left(\frac{\pi}{2}+h\right) - f\left(\frac{\pi}{2}\right)}{h} \neq \lim_{h \to -0} \frac{f\left(\frac{\pi}{2}+h\right) - f\left(\frac{\pi}{2}\right)}{h}$

ゆえに，極限値 $\lim_{h \to 0} \frac{f\left(\frac{\pi}{2}+h\right) - f\left(\frac{\pi}{2}\right)}{h}$ は，$a = -\frac{\pi}{2}$ のとき存在しない。

したがって，$x = \frac{\pi}{2}$ で $f(x)$ は微分可能でない。

9 連続な関数 $f(x)$, $g(x)$ がすべての実数 x, y に対して

$$\begin{cases} f(x)\sin x + g(x)\cos x = 1 & \cdots ① \\ f(x)\cos y + g(x)\sin y = f(x+y) & \cdots ② \end{cases}$$

を満たしている。$f(0)=0$ として

(1) 任意の x に対し，$f'(x)$ が存在して，$f'(x)=g(x)$ となることを示せ。

(2) $\{f(x)\}^2+\{g(x)\}^2=1$ が，すべての x に対して成り立つことを証明せよ。 （岐阜薬科大）

(1) $$\frac{f(x+h)-f(x)}{h}=\frac{f(x)\cos h+g(x)\sin h-f(x)}{h}$$

$$=\frac{f(x)(\cos h-1)+g(x)\sin h}{h}$$

$$=\frac{f(x)\cdot\left(-2\sin^2\dfrac{h}{2}\right)+g(x)\sin h}{h}$$

$$=-f(x)\cdot\frac{\sin\dfrac{h}{2}}{\dfrac{h}{2}}\cdot\sin\frac{h}{2}+g(x)\cdot\frac{\sin h}{h}$$

◀②において $y=h$ とする。

◀$\sin^2\dfrac{h}{2}=\dfrac{1-\cos h}{2}$ より $1-\cos h=2\sin^2\dfrac{h}{2}$

よって　$f'(x)=\displaystyle\lim_{h\to0}\frac{f(x+h)-f(x)}{h}$

$$=\lim_{h\to0}\left\{-f(x)\cdot\frac{\sin\dfrac{h}{2}}{\dfrac{h}{2}}\cdot\sin\frac{h}{2}+g(x)\cdot\frac{\sin h}{h}\right\}$$

$$=-f(x)\cdot1\cdot0+g(x)\cdot1=g(x)$$

◀$\displaystyle\lim_{h\to0}\frac{\sin\dfrac{h}{2}}{\dfrac{h}{2}}=1$

したがって，任意の x に対して $f'(x)$ が存在して，$f'(x)=g(x)$ となる。

(2) ②において，$y=-x$ とすると

$$f(x)\cos(-x)+g(x)\sin(-x)=f(0)$$

よって　$f(x)\cos x-g(x)\sin x=0$ 　$\cdots ③$

◀$f(0)=0$

①，③の両辺を2乗して，辺々を加えると

$$\{f(x)\sin x+g(x)\cos x\}^2+\{f(x)\cos x-g(x)\sin x\}^2=1^2+0^2$$

ゆえに　$\{f(x)\}^2(\sin^2x+\cos^2x)+\{g(x)\}^2(\cos^2x+\sin^2x)=1$

したがって　$\{f(x)\}^2+\{g(x)\}^2=1$

◀$2f(x)g(x)\sin x\cos x$ の項はなくなる。

10 関数 $f(x)=\log\left(x+\sqrt{x^2+1}\right)$ に対して，以下の問に答えよ。

(1) $f'(x)=\dfrac{1}{\sqrt{x^2+1}}$ であることを示せ。

(2) 次の等式が成り立つことを示せ。

$$(x^2+1)f''(x)+xf'(x)=0$$

(3) 任意の自然数 n に対して，次の等式が成り立つことを数学的帰納法によって証明せよ。

$$(x^2+1)f^{(n+1)}(x)+(2n-1)xf^{(n)}(x)+(n-1)^2f^{(n-1)}(x)=0$$

ただし，$f^{(0)}(x)=f(x)$ とし，自然数 k に対して $f^{(k)}(x)$ は $f(x)$ の第 k 次導関数を示す。

(4) 値 $f^{(9)}(0)$ および $f^{(10)}(0)$ を求めよ。 （東京都立大）

1) $$f'(x)=\frac{1}{x+\sqrt{x^2+1}}\left(1+\frac{2x}{2\sqrt{x^2+1}}\right)$$

$$=\frac{1}{x+\sqrt{x^2+1}}\cdot\frac{x+\sqrt{x^2+1}}{\sqrt{x^2+1}}=\frac{1}{\sqrt{x^2+1}}$$

入試攻略

(2) $f''(x)=\left\{(x^2+1)^{-\frac{1}{2}}\right\}'=-\frac{1}{2}(x^2+1)^{-\frac{3}{2}}\cdot 2x$

$$=-x(x^2+1)^{-\frac{3}{2}}$$

よって

$$(x^2+1)f''(x)+xf'(x)$$

$$=(x^2+1)\cdot\left\{-x(x^2+1)^{-\frac{3}{2}}\right\}+x\cdot\frac{1}{\sqrt{x^2+1}}$$

$$=-x(x^2+1)^{-\frac{1}{2}}+x(x^2+1)^{-\frac{1}{2}}=0$$

◀ $\frac{1}{\sqrt{x^2+1}}=(x^2+1)^{-\frac{1}{2}}$

(3) $(x^2+1)f^{(n+1)}(x)+(2n-1)xf^{(n)}(x)+(n-1)^2f^{(n-1)}(x)=0$ …①

とおく。

[1] $n=1$ のとき，(2) より

$$(\text{①の左辺})=(x^2+1)f''(x)+xf'(x)=0$$

よって，$n=1$ のとき ① は成り立つ。

[2] $n=k$ のとき，① が成り立つと仮定すると

◀ k は自然数

$$(x^2+1)f^{(k+1)}(x)+(2k-1)xf^{(k)}(x)+(k-1)^2f^{(k-1)}(x)=0$$

両辺を x で微分すると

$$2xf^{(k+1)}(x)+(x^2+1)f^{(k+2)}(x)+(2k-1)\{f^{(k)}(x)+xf^{(k+1)}(x)\}+(k-1)^2f^{(k)}(x)=0$$

よって

$$(x^2+1)f^{(k+2)}(x)+(2+2k-1)xf^{(k+1)}(x)+\{(2k-1)+(k-1)^2\}f^{(k)}(x)=0$$

したがって

$$(x^2+1)f^{(k+2)}(x)+(2k+1)xf^{(k+1)}(x)+k^2f^{(k)}(x)=0$$

これは，$n=k+1$ のとき ① が成り立つことを示す。

[1]，[2] より，任意の自然数 n に対して ① は成り立つ。

(4) ① の両辺に $x=0$ を代入すると

$$f^{(n+1)}(0)+(n-1)^2f^{(n-1)}(0)=0 \quad (n=1,\ 2,\ 3,\ \cdots)$$

よって

$$f^{(n+1)}(0)=-(n-1)^2f^{(n-1)}(0) \qquad \cdots ②$$

ここで，(1) より　$f'(0)=1$

ゆえに，② より

$$f^{(3)}(0)=-1^2\cdot f'(0)=-1$$

$$f^{(5)}(0)=-3^2\cdot f^{(3)}(0)=-9\cdot(-1)=9$$

$$f^{(7)}(0)=-5^2\cdot f^{(5)}(0)=-25\cdot 9=-225$$

$$f^{(9)}(0)=-7^2\cdot f^{(7)}(0)=-49\cdot(-225)=11025$$

また　$f^{(0)}(0)=f(0)=\log 1=0$

② より

$$f^{(2)}(0)=0$$

$$f^{(4)}(0)=-2^2\cdot f^{(2)}(0)=0$$

同様にして　$f^{(6)}(0)=f^{(8)}(0)=f^{(10)}(0)=0$

したがって　$f^{(9)}(0)=\mathbf{11025}$，$f^{(10)}(0)=\mathbf{0}$

p.348 3章 微分の応用

11 曲線 $y=e^x+e^{-x}$ 上に点 $\mathrm{P}(\alpha,\ \beta)$ をとる。ただし，$\alpha>0$ とする。
(1) P における接線の方程式を求めよ。
(2) P における接線と x 軸との交点を Q とする。PQ の長さを β を用いて表せ。
(3) PQ の長さの最小値を求めよ。 （埼玉大）

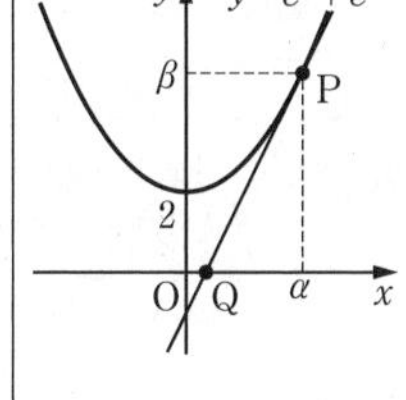

(1) $y'=e^x-e^{-x}$ であるから，$\mathrm{P}(\alpha,\ \beta)$ における接線の方程式は

$$y-\beta=(e^\alpha-e^{-\alpha})(x-\alpha)$$

よって $\boldsymbol{y=(e^\alpha-e^{-\alpha})x-(e^\alpha-e^{-\alpha})\alpha+\beta}$ …①

(2) ① に $y=0$ を代入すると，$\alpha>0$ より $e^\alpha-e^{-\alpha}>0$ であるから

$$x=-\frac{\beta}{e^\alpha-e^{-\alpha}}+\alpha$$

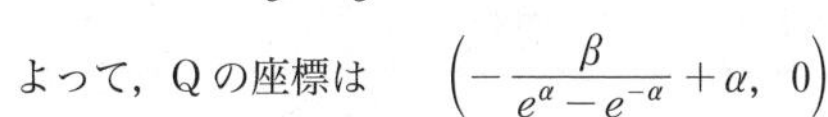

よって，Q の座標は $\left(-\dfrac{\beta}{e^\alpha-e^{-\alpha}}+\alpha,\ 0\right)$

ゆえに $\mathrm{PQ}^2=\left\{\left(-\dfrac{\beta}{e^\alpha-e^{-\alpha}}+\alpha\right)-\alpha\right\}^2+(0-\beta)^2$

$$=\beta^2\left\{\frac{1}{(e^\alpha-e^{-\alpha})^2}+1\right\}$$

ここで，$\mathrm{P}(\alpha,\ \beta)$ は曲線 $y=e^x+e^{-x}$ 上の点であるから

$$\beta=e^\alpha+e^{-\alpha}$$

よって $(e^\alpha-e^{-\alpha})^2=(e^\alpha+e^{-\alpha})^2-4=\beta^2-4$

ゆえに $\mathrm{PQ}^2=\beta^2\left(\dfrac{1}{\beta^2-4}+1\right)=\dfrac{\beta^2(\beta^2-3)}{\beta^2-4}$

$\mathrm{PQ}>0$，$\beta>2$ より $\mathrm{PQ}=\boldsymbol{\dfrac{\beta\sqrt{\beta^2-3}}{\sqrt{\beta^2-4}}}$

(3) $f(\beta)=\mathrm{PQ}^2=\dfrac{\beta^2(\beta^2-3)}{\beta^2-4}$ とおく。

まず，$e^\alpha>0$，$e^{-\alpha}>0$ であるから，相加平均と相乗平均の関係より

$$\beta=e^\alpha+e^{-\alpha}\geqq2\sqrt{e^\alpha\cdot e^{-\alpha}}=2$$

◀ $y=e^x+e^{-x}$ のグラフから，$\beta>2$ としてもよい。

等号は $e^\alpha=e^{-\alpha}$ すなわち $\alpha=0$ のとき成り立つが，$\alpha>0$ より等号は成り立たない。

よって $\beta>2$

次に，$f(\beta)=\dfrac{\beta^4-3\beta^2}{\beta^2-4}=\beta^2+1+\dfrac{4}{\beta^2-4}$ より

$$f'(\beta)=2\beta-\frac{8\beta}{(\beta^2-4)^2}$$

$$=\frac{2\beta\{(\beta^2-4)^2-4\}}{(\beta^2-4)^2}=\frac{2\beta(\beta^2-2)(\beta^2-6)}{(\beta^2-4)^2}$$

ゆえに，$\beta>2$ の範囲で $f(\beta)$ の増減表は右のようになり，$f(\beta)$ は $\beta=\sqrt{6}$ のとき最小となる。

β	2	…	$\sqrt{6}$	…
$f'(\beta)$	／	−	0	＋
$f(\beta)$	／	↘	最小	↗

$f(\sqrt{6})=9$ であるから，

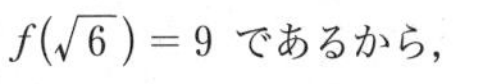

PQ の最小値は $\sqrt{9}=\boldsymbol{3}$

[(3) の別解]

$$f(\beta)=\beta^2+1+\frac{4}{\beta^2-4}=\beta^2-4+\frac{4}{\beta^2-4}+5$$

◀ β^2-4 をつくる。

ここで，$\beta>2$ より $\beta^2-4>0$ であるから，
相加平均と相乗平均の関係より

$$f(\beta) \geqq 2\sqrt{(\beta^2-4)\cdot\frac{4}{\beta^2-4}}+5=9$$

等号は $\beta^2-4=\dfrac{4}{\beta^2-4}$ すなわち $\beta^2=6$ のときに成り立つ。

したがって，$f(\beta)$ は $\beta=\sqrt{6}$ のとき最小値9をとるから，PQの最小値は $\sqrt{9}=3$

◀ $\beta>2$ を満たす。

12 曲線 $C: y=\log x$ $(x>0)$ を考える。C 上に異なる2点 $\mathrm{A}(a,\ \log a)$，$\mathrm{B}(b,\ \log b)$ をとり，A，B における C の法線の交点をPとする。
(1) b を a に近づけたときの点Pの極限をQとする。Qの座標を a を用いて表せ。
(2) 線分AQの長さを最小にする a の値とそのときのAQの長さを求めよ。 (埼玉大)

(1) $y=\log x$ より $\quad y'=\dfrac{1}{x}$

よって，点 $\mathrm{A}(a,\ \log a)$ における法線の方程式は

$$y-\log a=-a(x-a)$$

すなわち $\quad y=-ax+a^2+\log a \quad \cdots①$

同様に，点 $\mathrm{B}(b,\ \log b)$ における法線の方程式は

$$y=-bx+b^2+\log b \quad \cdots②$$

◀ ①の a を b に置き換えればよい。

①，② の交点Pの x 座標は

$$-ax+a^2+\log a=-bx+b^2+\log b$$
$$(b-a)x=(b^2-a^2)+\log b-\log a$$

$a \neq b$ より $\quad x=b+a+\dfrac{\log b-\log a}{b-a}$

◀ 両辺を $a-b$ $(\neq 0)$ で割る。

ここで，$f(x)=\log x$ とおくと

$$\lim_{b\to a}\frac{\log b-\log a}{b-a}=f'(a)=\frac{1}{a}$$

◀ 微分の定義を利用する。

であるから，b を a に近づけたときの点Pの極限Qの x 座標は

$$\lim_{b\to a}\left(b+a+\frac{\log b-\log a}{b-a}\right)=2a+\frac{1}{a}$$

◀ 点Pの y 座標を求めず，点Qの x 座標を求め①に代入する。

点Qは直線①上にあるから，点Qの y 座標は

$$y=-a\left(2a+\frac{1}{a}\right)+a^2+\log a=\log a-a^2-1$$

ゆえに，点Qの座標は $\quad \boldsymbol{\left(2a+\dfrac{1}{a},\ \log a-a^2-1\right)}$

(2) $\mathrm{AQ}^2=\left\{a-\left(2a+\dfrac{1}{a}\right)\right\}^2+\{\log a-(\log a-a^2-1)\}^2$

$$=\left(a+\frac{1}{a}\right)^2+(a^2+1)^2$$

$$=a^4+3a^2+3+\frac{1}{a^2}$$

$g(a)=a^4+3a^2+3+\dfrac{1}{a^2}$ とおくと

$$g'(a)=4a^3+6a-\frac{2}{a^3}=\frac{2(2a^6+3a^4-1)}{a^3}$$

$$= \frac{2(a^2+1)(2a^4+a^2-1)}{a^3} = \frac{2(a^2+1)^2(2a^2-1)}{a^3}$$

◀ $a^2 = X$ とおくと
$2a^6+3a^4-1$
$=2X^3+3X^2-1$
組み立て除法

−1	2	3	0	−1
+)		−2	−1	1
	2	1	−1	0

より
$(X+1)(2X^2+X-1)$

$g'(a)=0$ とおくと　　$a=\pm\dfrac{1}{\sqrt{2}}$

よって，$a>0$ における $g(a)$ の増減表は右のようになるから，$g(a)$ は

a	0	…	$\frac{1}{\sqrt{2}}$	…
$g'(a)$		−	0	+
$g(a)$		↘	$\frac{27}{4}$	↗

$a=\dfrac{1}{\sqrt{2}}$ のとき　最小値 $\dfrac{27}{4}$

したがって，AQ は

$a=\dfrac{1}{\sqrt{2}}$ のとき　最小値 $\dfrac{3\sqrt{3}}{2}$

◀ $\sqrt{\dfrac{27}{4}}=\dfrac{3\sqrt{3}}{2}$

13 $a>0$ とする。曲線 $y=a^3x^2$ を C_1 とし，曲線 $y=-\dfrac{1}{x}$ $(x>0)$ を C_2 とする。また，C_1 と C_2 に同時に接する直線を l とする。
(1) 直線 l の方程式を求めよ。
(2) 直線 l と曲線 C_1，C_2 との接点をそれぞれ P，Q とする。a が $a>0$ の範囲を動くとき，2 点 P，Q の間の距離の最小値を求めよ。　　　　(徳島大)

(1) $y=a^3x^2$ を微分すると　　$y'=2a^3x$

C_1 と l の接点を $\mathrm{P}(t,\ a^3t^2)$ とおくと，曲線 C_1 の点 P における接線の方程式は

◀ 点 P における接線の傾きは，
$y'=2a^3x$ より　$2a^3t$

$$y-a^3t^2=2a^3t(x-t)$$

すなわち　　$y=2a^3tx-a^3t^2$　　…①

次に，$y=-\dfrac{1}{x}$ を微分すると　　$y'=\dfrac{1}{x^2}$

◀ 商の微分法

C_2 と l の接点を $\mathrm{Q}\left(s,\ -\dfrac{1}{s}\right)$ $(s>0)$ とおくと，曲線 C_2 の点 Q における接線の方程式は

◀ 点 Q における接線の傾きは，
$y'=\dfrac{1}{x^2}$ より　$\dfrac{1}{s^2}$

$$y-\left(-\frac{1}{s}\right)=\frac{1}{s^2}(x-s)$$

すなわち　　$y=\dfrac{1}{s^2}x-\dfrac{2}{s}$　　…②

① と ② が一致することから

◀ ① と ② が一致するとして l の方程式を求める。

$$2a^3t=\frac{1}{s^2}\ \cdots③\quad かつ\quad -a^3t^2=-\frac{2}{s}\ \cdots④$$

④ より　　$\dfrac{1}{s}=\dfrac{a^3t^2}{2}$　　…⑤

これを ③ に代入すると　　$2a^3t=\dfrac{a^6t^4}{4}$

整理すると　　$a^3t(a^3t^3-8)=0$

③ より，$a^3t\neq 0$ であるから

◀ ③ の右辺が 0 となることはないから　$a^3t\neq 0$

$a^3t^3=8$

よって　　$at=2$

$a>0$ より　　$t=\dfrac{2}{a}$

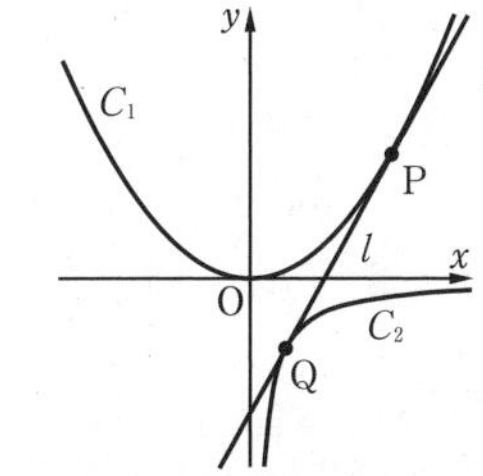

したがって，① より直線 l の方程式は

$$y=2a^3\cdot\left(\frac{2}{a}\right)x-a^3\cdot\left(\frac{2}{a}\right)^2$$

すなわち　　$\boldsymbol{y=4a^2x-4a}$

(2)　(1)より，点Pの y 座標は　　$a^3t^2=a^3\left(\frac{2}{a}\right)^2=4a$

よって　　$P\left(\frac{2}{a},\ 4a\right)$

また，⑤より

$$s=\frac{2}{a^3t^2}=\frac{2}{4a}=\frac{1}{2a}$$

よって，点Qの y 座標は　　$-\frac{1}{s}=-2a$

よって　　$Q\left(\frac{1}{2a},\ -2a\right)$

ゆえに，2点P，Q間の距離は

$$PQ=\sqrt{\left(\frac{1}{2a}-\frac{2}{a}\right)^2+(-2a-4a)^2}=\sqrt{36a^2+\frac{9}{4a^2}}$$

ここで，$36a^2>0$，$\frac{9}{4a^2}>0$ より，相加平均と相乗平均の関係より

$$36a^2+\frac{9}{4a^2}\geqq 2\sqrt{36a^2\cdot\frac{9}{4a^2}}=18$$

また，等号は $36a^2=\frac{9}{4a^2}$　すなわち　$a^4=\frac{1}{16}$ より，$a=\frac{1}{2}$ のとき成り立つ。

よって　　$PQ\geqq\sqrt{18}=3\sqrt{2}$

したがって，2点間の距離PQは

$a=\frac{1}{2}$ のとき　**最小値** $3\sqrt{2}$

◀P，Qそれぞれの座標を求める。

◀2点 $P(x_1,\ y_1)$，$Q(x_2,\ y_2)$ 間の距離は
$PQ=\sqrt{(x_2-x_1)^2+(y_2-y_1)^2}$

◀相加平均と相乗平均の関係
$a>0$，$b>0$ のとき
$a+b\geqq 2\sqrt{ab}$
等号成立は $a=b$ のとき

◀根号内の式に，相加平均と相乗平均の関係を用いたから，最小値は
$\sqrt{18}=3\sqrt{2}$

14 (1)　関数 $y=\frac{f(x)}{g(x)}$ が $x=\alpha$ において極値をとるとき，等式 $\frac{f(\alpha)}{g(\alpha)}=\frac{f'(\alpha)}{g'(\alpha)}$ が成り立つことを示せ。ただし，$f(x)$，$g(x)$ はともに $x=\alpha$ において微分可能で，$g'(\alpha)\neq 0$ とする。

(2)　関数 $y=\frac{x-b}{x^2+a}$ の最大値が $\frac{1}{6}$，最小値が $-\frac{1}{2}$ であるとき，定数 a，b の値を求めよ。ただし $a>0$ とする。　　　(弘前大)

(1)　$y'=\frac{f'(x)g(x)-f(x)g'(x)}{\{g(x)\}^2}$

$y=\frac{f(x)}{g(x)}$ が $x=\alpha$ において極値をとるから

$$\frac{f'(\alpha)g(\alpha)-f(\alpha)g'(\alpha)}{\{g(\alpha)\}^2}=0$$

$$f'(\alpha)g(\alpha)-f(\alpha)g'(\alpha)=0$$

よって　　$f'(\alpha)g(\alpha)=f(\alpha)g'(\alpha)$

$g(\alpha)\neq 0$，$g'(\alpha)\neq 0$ であるから　　$\frac{f(\alpha)}{g(\alpha)}=\frac{f'(\alpha)}{g'(\alpha)}$

(2)　$h(x)=\frac{x-b}{x^2+a}$ とおく。

◀$x=\alpha$ のとき　$y'=0$

◀$y=\frac{f(x)}{g(x)}$ は $x=\alpha$ において定義されているから $g(\alpha)\neq 0$ である。

$a>0$ より，すべての実数 x について $x^2+a>0$ であるから，関数 $h(x)$ の定義域は実数全体である。

$$h'(x)=\frac{1\cdot(x^2+a)-(x-b)\cdot 2x}{(x^2+a)^2}=-\frac{x^2-2bx-a}{(x^2+a)^2}$$

$h'(x)=0$ とおくと　$x^2-2bx-a=0$　…①

① の判別式を D とすると，$a>0$ より

$$\frac{D}{4}=b^2+a>0$$

よって，① は異なる 2 つの実数解 α，β $(\alpha<\beta)$ をもつ。

このとき，$h'(x)=-\dfrac{(x-\alpha)(x-\beta)}{(x^2+a)^2}$ であるから，

$h(x)$ の増減表は次のようになる。

x	$\cdots$	α	$\cdots$	β	$\cdots$
$h'(x)$	$-$	0	$+$	0	$-$
$h(x)$	↘	極小	↗	極大	↘

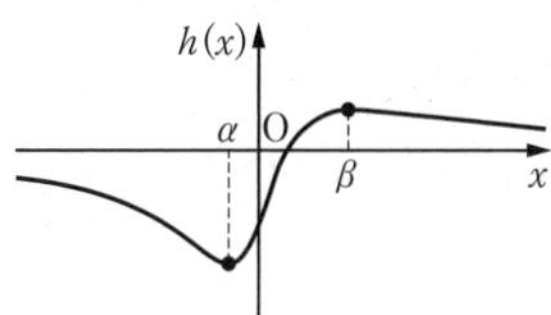

よって，$h(x)$ は $x=\alpha$ のとき極小，$x=\beta$ のとき極大となる。

また　$$\lim_{x\to\infty}h(x)=\lim_{x\to\infty}\frac{\dfrac{1}{x}-\dfrac{b}{x^2}}{1+\dfrac{a}{x^2}}=0$$

同様に　$\displaystyle\lim_{x\to-\infty}h(x)=0$

ゆえに，$h(x)$ は $x=\beta$ のとき最大値 $h(\beta)$ を，
$x=\alpha$ のとき最小値 $h(\alpha)$ をとる。

(1) より，$x=\alpha$，β のとき $\dfrac{x-b}{x^2+a}=\dfrac{1}{2x}$ が成り立つから

$$h(\beta)=\frac{\beta-b}{\beta^2+a}=\frac{1}{2\beta},\ h(\alpha)=\frac{\alpha-b}{\alpha^2+a}=\frac{1}{2\alpha}$$

◀ ここで (1) を利用する。
(分子)$'=(x-b)'=1$
(分母)$'=(x^2+a)'=2x$
また，$a>0$ より $\alpha\neq 0$，$\beta\neq 0$ である。

この値がそれぞれ $\dfrac{1}{6}$，$-\dfrac{1}{2}$ であるから，

$\dfrac{1}{2\beta}=\dfrac{1}{6}$，$\dfrac{1}{2\alpha}=-\dfrac{1}{2}$ より　$\alpha=-1$，$\beta=3$

α，β は 2 次方程式 ① の 2 解であるから

$$2b=\alpha+\beta,\qquad -a=\alpha\beta$$

◀ 2 次方程式の解と係数の関係を用いる。

$\alpha=-1$，$\beta=3$ を代入して　$a=3$，$b=1$

これは $a>0$ を満たす。

したがって　$\boldsymbol{a=3,\ b=1}$

5 平面上に定点 P，O を，距離 PO が 1 となるようにとり，O を中心とする半径 r $(r<1)$ の円を考える。P からこの円に 2 本の接線を引いたとき，その接点を A，B とし，線分 PA，PB と円弧 AB の短い方で囲まれる領域を T とする。r を $0<r<1$ の範囲で動かすとき，T の面積を最大にするような r の値 r_0 がただ 1 つ存在することを示し，そのときの T の周の長さを r_0 を用いて表せ。
（日本医科大）

$\angle \mathrm{AOP} = \theta \left(0 < \theta < \dfrac{\pi}{2}\right)$ として，

領域 T の面積を S とおくと

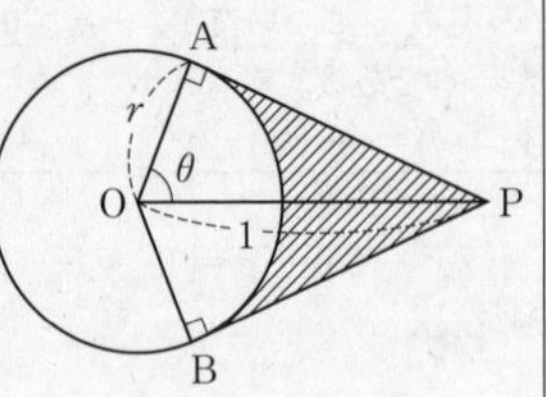

$S =$ (四角形 OAPB) $-$ (扇形 OAB)

$= 2 \cdot \dfrac{1}{2} \cdot r \cdot 1 \cdot \sin\theta - \dfrac{1}{2} r^2 \cdot 2\theta$

$= r\sin\theta - r^2\theta$

$\triangle$OAP において，$\cos\theta = \dfrac{\mathrm{OA}}{\mathrm{OP}}$ より $r = 1 \cdot \cos\theta$ であるから

$$S = \cos\theta\sin\theta - (\cos\theta)^2\theta = \sin\theta\cos\theta - \theta\cos^2\theta$$

よって　$\dfrac{dS}{d\theta} = \cos^2\theta - \sin^2\theta - \cos^2\theta + 2\theta\cos\theta\sin\theta$

$= \sin\theta(2\theta\cos\theta - \sin\theta)$

$= \sin\theta\cos\theta(2\theta - \tan\theta)$

$= \dfrac{1}{2}\sin 2\theta(2\theta - \tan\theta)$

◀ $\dfrac{\sin\theta}{\cos\theta} = \tan\theta$

ここで，$f(\theta) = 2\theta - \tan\theta$ とおくと

$$f'(\theta) = 2 - \frac{1}{\cos^2\theta} = \frac{2\cos^2\theta - 1}{\cos^2\theta}$$

◀ $\dfrac{dS}{d\theta} = \dfrac{1}{2}\sin 2\theta(2\theta - \tan\theta)$ で，$0 < \theta < \dfrac{\pi}{2}$ より，$0 < 2\theta < \pi$ となり，$0 < \sin 2\theta < 1$ であるから $2\theta - \tan\theta$ の符号の変化を考えればよい。

$0 < \theta < \dfrac{\pi}{2}$ の範囲で，$f'(\theta) = 0$ とおくと　$\theta = \dfrac{\pi}{4}$

よって，$f(\theta)$ の増減表は次のようになる。

θ	0	$\cdots$	$\dfrac{\pi}{4}$	$\cdots$	$\dfrac{\pi}{2}$
$f'(\theta)$	／	$+$	0	$-$	／
$f(\theta)$	／	↗	$\dfrac{\pi}{2} - 1$	↘	／

また　$\displaystyle\lim_{\theta \to +0} f(\theta) = 0$，$\displaystyle\lim_{\theta \to \frac{\pi}{2} - 0} f(\theta) = -\infty$

ゆえに，$y = f(\theta)$ のグラフは右の図のようになり，

$f(\theta_0) = 0$，$0 < \theta_0 < \dfrac{\pi}{2}$ を満たす θ_0 がただ 1 つ存在する。

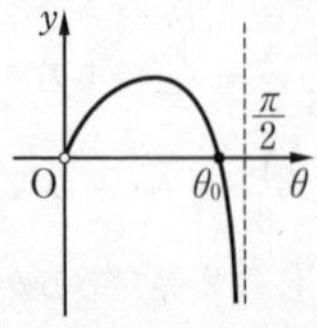

さらに $\dfrac{dS}{d\theta}$ の符号の変化は，次の表のようになる。

θ	0	$\cdots$	θ_0	$\cdots$	$\dfrac{\pi}{2}$
$\dfrac{dS}{d\theta}$	／	$+$	0	$-$	／
S	／	↗	極大	↘	／

この表より，$\theta = \theta_0$ のとき S は最大となる。

したがって，領域 T の面積はただ 1 つの値 $r_0 = \cos\theta_0$ において最大となる。

このとき，T の周の長さは

$$\overset{\frown}{\mathrm{AB}} + 2\mathrm{PA} = r_0 \cdot 2\theta_0 + 2\sin\theta_0 \qquad \cdots ①$$

◀ $\mathrm{PA} = \mathrm{PB} = \sin\theta$

ここで

$$\sin\theta_0 = \sqrt{1 - \cos^2\theta_0} = \sqrt{1 - {r_0}^2}$$

$f(\theta_0)=0$ より　　$2\theta_0=\tan\theta_0=\dfrac{\sin\theta_0}{\cos\theta_0}=\dfrac{\sqrt{1-{r_0}^2}}{r_0}$

であるから，① に代入して

$$\overset{\frown}{\mathrm{AB}}+2\mathrm{PA}=r_0\cdot\frac{\sqrt{1-{r_0}^2}}{r_0}+2\sqrt{1-{r_0}^2}=\boldsymbol{3\sqrt{1-{r_0}^2}}$$

16 a を実数とし，2 つの放物線 $C: y=x^2$，$D: x=y^2+a$ を考える。

(1) p，q を実数として，直線 $l: y=px+q$ が C に接するとき，q を p で表せ。

(2) (1) において，直線 l がさらに D にも接するとき，a を p で表せ。

(3) C と D の両方に接する直線の本数を，a の値によって場合分けして求めよ。　(新潟大)

(1) $y=x^2$ と $y=px+q$ を連立させて

$x^2=px+q$ より　　$x^2-px-q=0$　　…①

◀ y を消去する。

放物線 C と直線 l が接するとき，① の判別式が 0 となるから

$$p^2+4q=0 \quad すなわち \quad \boldsymbol{q=-\frac{1}{4}p^2}$$

(2) $x=y^2+a$ と $y=px+q$ を連立させて

$y=p(y^2+a)+q$ より　　$py^2-y+ap+q=0$　　…②

◀ x を消去する。

放物線 D と直線 l が接するとき，② が重解をもつから

◀ $p=0$ のとき，l と D は接しない。

$$p\neq0 \quad かつ \quad 1-4p(ap+q)=0$$

よって　　$1-4ap^2-4pq=0$

(1) より $q=-\dfrac{1}{4}p^2$ を代入すると　　$1-4ap^2+p^3=0$

よって　　$4ap^2=1+p^3$

$p\neq0$ より　　$\boldsymbol{a=\dfrac{1+p^3}{4p^2}}$　　…③

(3) 放物線 C と D の両方に接する直線の本数は，方程式 ③ を満たす p の個数に一致する。さらにこれは曲線 $y=\dfrac{1+p^3}{4p^2}$ と直線 $y=a$ の共有点の個数に一致するから，これらのグラフについて考える。

ここで，$f(p)=\dfrac{1+p^3}{4p^2}$　$(p\neq0)$ とおくと

$$f'(p)=\frac{3p^2\cdot4p^2-(1+p^3)\cdot8p}{16p^4}=\frac{p^3-2}{4p^3}$$

$f'(p)=0$ とおくと $p^3-2=0$ より　　$p=\sqrt[3]{2}$

◀ p は実数である。

よって，$f(p)$ の増減表は次のようになる。

p	…	0	…	$\sqrt[3]{2}$	…
$f'(p)$	$+$	／	$-$	0	$+$
$f(p)$	↗	／	↘	$\dfrac{3\sqrt[3]{2}}{8}$	↗

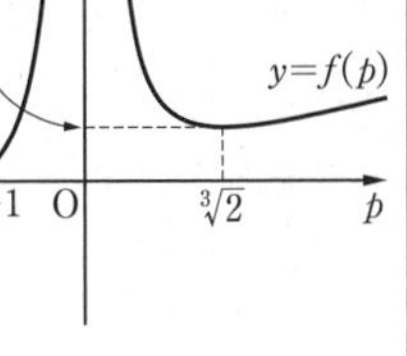

また　$\displaystyle\lim_{p\to\infty}f(p)=\infty$

$\displaystyle\lim_{p\to-\infty}f(p)=-\infty$

$\displaystyle\lim_{p\to+0}f(p)=\infty$

$\displaystyle\lim_{p\to-0}f(p)=\infty$

であるから，$y=f(p)$ のグラフは上の図のようになる。

入試攻略

よって，グラフより

$$\begin{cases} a > \dfrac{3\sqrt[3]{2}}{8} \ \textbf{のとき　3 本} \\ a = \dfrac{3\sqrt[3]{2}}{8} \ \textbf{のとき　2 本} \\ a < \dfrac{3\sqrt[3]{2}}{8} \ \textbf{のとき　1 本} \end{cases}$$

17 k を正の定数とする。関数 $f(x) = \dfrac{1}{x} - \dfrac{k}{(x+1)^2}$ $(x>0)$，$g(x) = \dfrac{(x+1)^3}{x^2}$ $(x>0)$ について，次の問に答えよ。

(1) $g(x)$ の増減を調べよ。
(2) $f(x)$ が極値をもつような定数 k の値の範囲を求めよ。
(3) $f(x)$ が $x=a$ で極値をとるとき，極値 $f(a)$ を a だけの式で表せ。
(4) k が(2)で求めた範囲にあるとき，$f(x)$ の極大値は $\dfrac{1}{8}$ より小さいことを示せ。（名古屋工業大）

(1) $g'(x) = \dfrac{3(x+1)^2 \cdot x^2 - (x+1)^3 \cdot 2x}{x^4} = \dfrac{(x+1)^2(x-2)}{x^3}$

$g'(x)=0$ とおくと

$x>0$ より　　$x=2$

よって，$g(x)$ の増減表は右のようになる。

x	0	$\cdots$	2	$\cdots$
$g'(x)$	／	$-$	0	$+$
$g(x)$	／	↘	$\frac{27}{4}$	↗

したがって，$g(x)$ は

$0 < x \leqq 2$ のとき減少し，
$2 \leqq x$ のとき増加する。

(2) $f'(x) = -\dfrac{1}{x^2} + \dfrac{2k}{(x+1)^3}$

$= -\dfrac{1}{(x+1)^3}\left\{\dfrac{(x+1)^3}{x^2} - 2k\right\}$

$= -\dfrac{1}{(x+1)^3}\{g(x) - 2k\}$

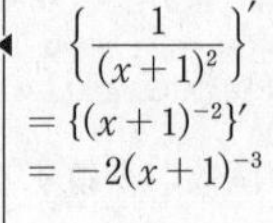
◀ $\left\{\dfrac{1}{(x+1)^2}\right\}' = \{(x+1)^{-2}\}' = -2(x+1)^{-3}$

◀ $f'(x)$ を $g(x)$ を用いて表す。

$x>0$ において $f(x)$ が極値をもつための条件は，$x>0$ において $f'(x)$ の符号が変化することであり，これは $g(x)-2k$ の符号が変化すること，すなわち曲線 $y=g(x)$ のグラフと直線 $y=2k$ が異なる2点で交わることと同値である。

ここで，(1)の増減表と

$\displaystyle\lim_{x\to+0} g(x) = \infty$，$\displaystyle\lim_{x\to\infty} g(x) = \infty$

より，$y=g(x)$ のグラフは右の図のようになる。

グラフより，求める条件は

$2k > \dfrac{27}{4}$　すなわち　$\boldsymbol{k > \dfrac{27}{8}}$

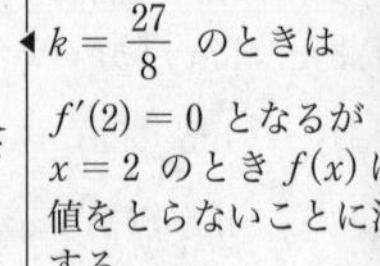
◀ $k = \dfrac{27}{8}$ のときは $f'(2)=0$ となるが $x=2$ のとき $f(x)$ は極値をとらないことに注意する。

(3) $f(x)$ が $x=a$ で極値をとるから

$f'(a) = 0$

すなわち $g(a) - 2k = 0$ より　　$2k = g(a)$

よって　　$k = \dfrac{1}{2}g(a) = \dfrac{(a+1)^3}{2a^2}$

ゆえに　$f(a)=\dfrac{1}{a}-\dfrac{k}{(a+1)^2}=\dfrac{1}{a}-\dfrac{1}{(a+1)^2}\cdot\dfrac{(a+1)^3}{2a^2}$

$=\dfrac{1}{a}-\dfrac{a+1}{2a^2}=\boldsymbol{\dfrac{a-1}{2a^2}}$

(4)　$f(x)$ が極大となる x の値を α とおくと，$x=\alpha$ の前後で，$f'(x)$ の符号が正から負に変わる。

(2) より　$f'(x)=-\dfrac{1}{(x+1)^3}\{g(x)-2k\}=\dfrac{1}{(x+1)^3}\{2k-g(x)\}$

$x>0$ のとき $\dfrac{1}{(x+1)^3}>0$ であるから，

$f'(x)$ の符号が正から負に変わるとき $2k$ と $g(x)$ の大小が $2k>g(x)$ から $2k<g(x)$ に変化する。

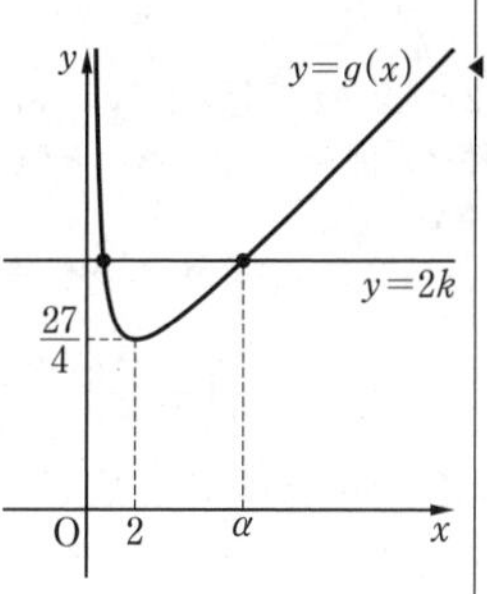

◀ $f(x)$ が極大値をとる x の値 α の大きさについて調べる。

よって，右の図より　$\alpha>2$

一方，(3) より

$$f(\alpha)-\frac{1}{8}=\frac{\alpha-1}{2\alpha^2}-\frac{1}{8}$$
$$=\frac{4\alpha-4-\alpha^2}{8\alpha^2}$$
$$=-\frac{(\alpha-2)^2}{8\alpha^2}$$

$\alpha>2$ より　$f(\alpha)-\dfrac{1}{8}<0$

ゆえに，$f(\alpha)<\dfrac{1}{8}$ すなわち $f(x)$ の極大値は $\dfrac{1}{8}$ より小さい。

18 a を正の定数とする。

(1)　関数 $f(x)=(x^2+2x+2-a^2)e^{-x}$ の極大値および極小値を求めよ。

(2)　$x\geqq 3$ のとき，不等式 $x^3e^{-x}\leqq 27e^{-3}$ が成り立つことを示せ。さらに，極限値 $\lim_{x\to\infty}x^2e^{-x}$ を求めよ。

(3)　k を定数とする。$y=x^2+2x+2$ のグラフと $y=ke^x+a^2$ のグラフが異なる 3 点で交わるための必要十分条件を，a と k を用いて表せ。　(九州大)

(1)　$f'(x)=(2x+2)e^{-x}+(x^2+2x+2-a^2)(-e^{-x})$

$=-(x^2-a^2)e^{-x}$

$=-(x+a)(x-a)e^{-x}$

$f'(x)=0$ とおくと　$x=\pm a$

$a>0$ より，$f(x)$ の増減表は右のようになる。

x	$\cdots$	$-a$	$\cdots$	a	$\cdots$
$f'(x)$	$-$	0	$+$	0	$-$
$f(x)$	↘	$f(-a)$	↗	$f(a)$	↘

よって，**$x=a$ のとき　極大値 $2(a+1)e^{-a}$**

$x=-a$ のとき　極小値 $2(1-a)e^{a}$

◀ $f(a)=(a^2+2a+2-a^2)e^{-a}$
$=2(a+1)e^{-a}$

(2)　$g(x)=x^3e^{-x}$ とおくと

$g'(x)=3x^2e^{-x}+x^3(-e^{-x})$

$=x^2(3-x)e^{-x}$

$x\geqq 3$ のとき，$x^2>0$，$3-x\leqq 0$，$e^{-x}>0$ であるから，$g'(x)\leqq 0$ となり，$x\geqq 3$ で $g(x)$ は常に減少する。

よって，$x\geqq 3$ のとき

$g(x)\leqq g(3)$　すなわち　$x^3e^{-x}\leqq 27e^{-3}$

この不等式の両辺を x $(x \geqq 3)$ で割ると

$$0 < x^2e^{-x} \leqq \frac{27e^{-3}}{x}$$

$\lim_{x \to \infty} \frac{27e^{-3}}{x} = 0$ であるから，はさみうちの原理により

$$\lim_{x \to \infty} x^2e^{-x} = 0$$

◀ $x \geqq 3$ のとき $x^2e^{-x} > 0$ は明らかに成り立つ。

(3) 2式を連立させて　$x^2 + 2x + 2 = ke^x + a^2$

整理すると　$x^2 + 2x + 2 - a^2 = ke^x$

$(x^2 + 2x + 2 - a^2)e^{-x} = k$

◀ 両辺を e^x (>0) で割る。

◀ 左辺は(1)の $f(x)$ である

すなわち　$f(x) = k$

よって，$y = x^2 + 2x + 2$ のグラフと $y = ke^x + a^2$ のグラフが異なる3点で交わる条件は，曲線 $y = f(x)$ と直線 $y = k$ が異なる3点で交わる条件と同値である。

ここで　$\lim_{x \to -\infty} f(x) = \lim_{x \to -\infty} (x^2 + 2x + 2 - a^2)e^{-x} = \infty$

$$\lim_{x \to \infty} f(x) = \lim_{x \to \infty} x^2e^{-x}\left(1 + \frac{2}{x} + \frac{2-a^2}{x^2}\right) = 0$$

◀ x 軸が漸近線であるから極小値が x 軸より上にあるか下にあるかで，求める条件が異なる。

ゆえに，極小値の正負で場合分けして考える。

(ア) 極小値 $f(-a) \leqq 0$

すなわち $2(1-a)e^a \leqq 0$ より

$a \geqq 1$ のとき

$y = f(x)$ のグラフは右の図のようになる。

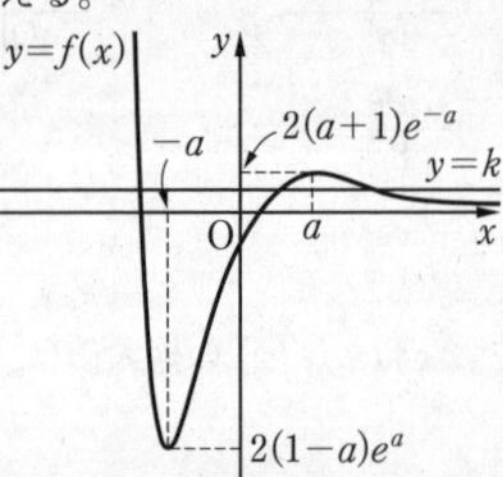

グラフより，求める条件は

$$0 < k < 2(a+1)e^{-a}$$

◀ 2つのグラフが3点で交わる条件を求める。

(イ) 極小値 $f(-a) > 0$

すなわち $2(1-a)e^a > 0$ より

$0 < a < 1$ のとき

$y = f(x)$ のグラフは右の図のようになる。

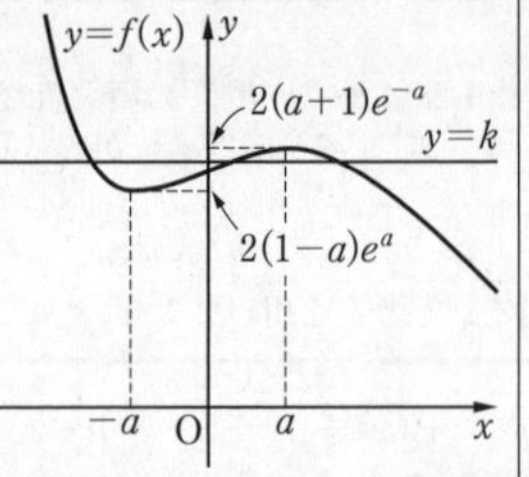

グラフより，求める条件は

$$2(1-a)e^a < k < 2(a+1)e^{-a}$$

したがって，求める必要十分条件は

$a \geqq 1$ かつ $0 < k < 2(a+1)e^{-a}$

または

$0 < a < 1$ かつ $2(1-a)e^a < k < 2(a+1)e^{-a}$

19 n を正の整数とし，関数 $f_n(x)$ を次のように定義する。

$$f_n(x) = \sum_{k=0}^{n} \frac{(-1)^k x^{2k}}{(2k)!} = 1 - \frac{x^2}{2!} + \frac{x^4}{4!} - \frac{x^6}{6!} + \cdots + \frac{(-1)^n x^{2n}}{(2n)!}$$

(1) $f_n(2) < 0$ であることを示せ。

(2) 方程式 $f_2(x) = 0$ は $0 < x < 2$ の範囲にただ1つだけ解をもつことを示せ。

(3) $n \geqq 3$ のときも，方程式 $f_n(x) = 0$ は $0 < x < 2$ の範囲にただ1つだけ解をもつことを示せ。

（中央大

(1) $f_n(2) = \sum_{k=0}^{n} \frac{(-1)^k 2^{2k}}{(2k)!}$，$a_k = \frac{2^{2k}}{(2k)!}$ とおくと

$$a_0 = 1,\ a_1 = \frac{2^2}{2} = 2,\ a_2 = \frac{2^4}{4!} = \frac{2}{3}$$

$k \geqq 1$ のとき

$$a_k - a_{k+1} = \frac{2^{2k}}{(2k)!} - \frac{2^{2k+2}}{(2k+2)!}$$
$$= \frac{2^{2k}}{(2k)!}\left\{1 - \frac{2^2}{(2k+1)(2k+2)}\right\} > 0$$

よって　　$a_k > a_{k+1}$　　…①

また，$n=1$ のとき　　$f_1(2) = a_0 - a_1 = -1 < 0$

$n=2$ のとき　　$f_2(2) = a_0 - a_1 + a_2 = -\frac{1}{3} < 0$　　…②

◀ $k \geqq 1$ のとき，① より a_k は減少していく。

(ア)　$n = 2m$ $(m \geqq 2)$ のとき

$$f_{2m}(2) = a_0 - a_1 + a_2 - a_3 + a_4 - \cdots - a_{2m-1} + a_{2m}$$
$$= (a_0 - a_1 + a_2) + (-a_3 + a_4) + (-a_5 + a_6) + \cdots + (-a_{2m-1} + a_{2m})$$

①，② より　　$f_{2m}(2) < 0$

(イ)　$n = 2m+1$ $(m \geqq 1)$ のとき

$$f_{2m+1}(2) = f_{2m}(2) - a_{2m+1}$$

ここで，$f_{2m}(2) < 0$，$a_{2m+1} > 0$ であるから　　$f_{2m+1}(2) < 0$

以上より　　$f_n(2) < 0$

◀ (ア) のとき $n \geqq 4$
(イ) のとき $n \geqq 3$

(2)　$f_2(x) = 1 - \frac{x^2}{2!} + \frac{x^4}{4!} = \frac{x^4}{24} - \frac{x^2}{2} + 1$

$$f_2'(x) = \frac{x^3}{6} - x = \frac{x}{6}(x^2 - 6)$$

$0 < x < 2$ のとき　　$f_2'(x) < 0$

◀ $f_2(x)$ は $0 < x < 2$ で減少する。

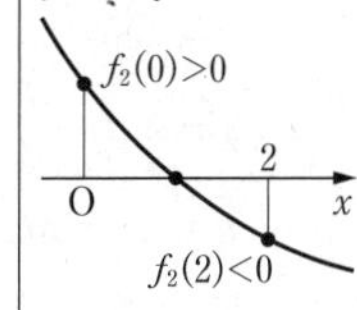

また，$f_2(0) = 1 > 0$，$f_2(2) = -\frac{1}{3} < 0$ であるから，$f_2(x) = 0$ は，$0 < x < 2$ の範囲にただ 1 つだけ解をもつ。

(3)　$f_n'(x) = -x + \frac{x^3}{3!} - \frac{x^5}{5!} + \frac{x^7}{7!} - \cdots + \frac{(-1)^n x^{2n-1}}{(2n-1)!}$

ここで，$f_n'(x) = \sum_{k=1}^{n} \frac{(-1)^k x^{2k-1}}{(2k-1)!}$，$b_k = \frac{x^{2k-1}}{(2k-1)!}$ とおくと，

$0 < x < 2$，$k \geqq 1$ のとき

$$b_k - b_{k+1} = \frac{x^{2k-1}}{(2k-1)!} - \frac{x^{2k+1}}{(2k+1)!}$$
$$= \frac{x^{2k-1}}{(2k-1)!}\left\{1 - \frac{x^2}{2k(2k+1)}\right\} > 0$$

よって　　$b_k > b_{k+1}$

◀ $0 < x < 2$ の範囲で b_k は減少していく。

(ア)　$n = 2m$ $(m \geqq 2)$ のとき

$$f_{2m}'(x) = -b_1 + b_2 - b_3 + b_4 - \cdots - b_{2m-1} + b_{2m}$$
$$= (-b_1 + b_2) + (-b_3 + b_4) + (-b_5 + b_6) + \cdots + (-b_{2m-1} + b_{2m}) < 0$$

(イ)　$n = 2m+1$ $(m \geqq 1)$ のとき

$$f_{2m+1}'(x) = f_{2m}'(x) - b_{2m+1}$$

ここで，$f_{2m}'(x) < 0$，$b_{2m+1} > 0$ であるから　　$f_{2m+1}'(x) < 0$

(ア)，(イ) より，$n \geqq 3$ のとき，$f_n'(x) < 0$ となり，$f_n(x)$ は常に減少する。

また，$f_n(0)=1>0$，(1) より $f_n(2)<0$ であるから，$n \geqq 3$ のとき $f_n(x)=0$ は $0<x<2$ の範囲にただ1つだけ解をもつ。

20 座標平面上を運動する点Pの時刻 t における座標 $(x,\ y)$ が，$x=\sin t$，$y=\dfrac{1}{2}\cos 2t$ で表されているとする。このとき，次の問に答えよ。

(1) 点Pはどのような曲線上を動くか。

(2) 点Pの速度ベクトル $\vec{v}=\left(\dfrac{dx}{dt},\ \dfrac{dy}{dt}\right)$ と加速度ベクトル $\vec{\alpha}=\left(\dfrac{d^2x}{dt^2},\ \dfrac{d^2y}{dt^2}\right)$ を t を用いて表せ。

(3) 速さ $|\vec{v}|$ が0となるときの点Pの座標をすべて求めよ。

(4) (3)で求めた点のうち，x 座標が最も大きい点をQとする。$0 \leqq t \leqq 30$ とするとき，点Pは点Qを何回通過するか。

(5) 速さ $|\vec{v}|$ の最大値と，加速度の大きさ $|\vec{\alpha}|$ の最小値を求めよ。　(立命館大　改)

(1) 2倍角の公式により

$$y=\frac{1}{2}\cos 2t=\frac{1}{2}(1-2\sin^2 t)$$
$$=\frac{1}{2}(1-2x^2)=-x^2+\frac{1}{2}$$

◀ y を x で表す。

また，t は任意の実数であるから

$-1 \leqq \sin t \leqq 1$ より　$-1 \leqq x \leqq 1$

よって，点Pは **放物線 $y=-x^2+\dfrac{1}{2}$ の $-1 \leqq x \leqq 1$ の部分** を動く。

(2) $\dfrac{dx}{dt}=\cos t$，$\dfrac{dy}{dt}=\dfrac{1}{2}\cdot(-2\sin 2t)=-\sin 2t$ より

$$\boldsymbol{\vec{v}=(\cos t,\ -\sin 2t)}$$

$\dfrac{d^2x}{dt^2}=-\sin t$，$\dfrac{d^2y}{dt^2}=-2\cos 2t$ より

$$\boldsymbol{\vec{\alpha}=(-\sin t,\ -2\cos 2t)}$$

(3) $|\vec{v}|=\sqrt{\cos^2 t+(-\sin 2t)^2}=\sqrt{\cos^2 t+\sin^2 2t}$

$=\sqrt{\cos^2 t+4\sin^2 t\cos^2 t}=|\cos t|\sqrt{1+4\sin^2 t}$

◀ 2倍角の公式 $\sin 2t=2\sin t\cos t$

$1+4\sin^2 t>0$ であるから

$|\vec{v}|=0$ のとき　$\cos t=0$

すなわち　$t=\dfrac{\pi}{2}+n\pi$ (n は整数)

◀ t は任意の実数であるら，角度は一般角で表

このとき，点Pの x 座標は

$$\sin t=\sin\left(\frac{\pi}{2}+n\pi\right)=\begin{cases}1 & (n\text{ が偶数})\\ -1 & (n\text{ が奇数})\end{cases}$$

◀ $\sin t=(-1)^n$ と表すこもできる。

点Pの y 座標は

$$\frac{1}{2}\cos 2t=\frac{1}{2}\cos(\pi+2n\pi)=\frac{1}{2}\cos\pi=-\frac{1}{2}$$

であるから，点Pの座標は

$$\boldsymbol{\left(1,\ -\frac{1}{2}\right),\ \left(-1,\ -\frac{1}{2}\right)}$$

(4) 点Qは(3)で求めた点のうち，x 座標が最も大きい点であるから

$$\mathrm{Q}\left(1,\ -\frac{1}{2}\right)$$

点Pが点Qに一致するとき，時刻 t は $t=\dfrac{\pi}{2}+n\pi$ （n は偶数）と表されるから

$n=2m$ （m は整数）とおくと

◀ n は偶数である。

$$t=\frac{\pi}{2}+2m\pi=\frac{4m+1}{2}\pi$$

このとき，$0\leqq t\leqq 30$ となるのは $m=0,\ 1,\ 2,\ 3,\ 4$ の場合であるから，点Pが点Qに一致するような t は5個存在する。

◀ このとき $t=\dfrac{\pi}{2},\ \dfrac{5}{2}\pi,\ \dfrac{9}{2}\pi,\ \dfrac{13}{2}\pi,\ \dfrac{17}{2}\pi$ となる。

よって，点Pは点Qを**5回**通過する。

(5) $$|\vec{v}|=\sqrt{\cos^2 t+\sin^2 2t}$$
$$=\sqrt{\frac{1+\cos 2t}{2}+(1-\cos^2 2t)}$$

◀ 根号内を $\cos 2t$ にそろえる。

$$=\sqrt{-\cos^2 2t+\frac{1}{2}\cos 2t+\frac{3}{2}}$$
$$=\sqrt{-\left(\cos 2t-\frac{1}{4}\right)^2+\frac{25}{16}}$$

◀ $-1\leqq\cos 2t\leqq 1$ より，$|\vec{v}|$ は $\cos 2t=\dfrac{1}{4}$ のとき最大値 $\sqrt{\dfrac{25}{16}}=\dfrac{5}{4}$ をとる。

よって，$\cos 2t=\dfrac{1}{4}$ のとき $|\vec{v}|$ は最大値 $\boldsymbol{\dfrac{5}{4}}$

また　$$|\vec{\alpha}|=\sqrt{\sin^2 t+4\cos^2 2t}$$
$$=\sqrt{\frac{1-\cos 2t}{2}+4\cos^2 2t}$$
$$=\sqrt{4\cos^2 2t-\frac{1}{2}\cos 2t+\frac{1}{2}}$$
$$=\sqrt{4\left(\cos 2t-\frac{1}{16}\right)^2+\frac{31}{64}}$$

◀ 上と同様に，$|\vec{\alpha}|$ は $\cos 2t=\dfrac{1}{16}$ のとき最小値 $\sqrt{\dfrac{31}{64}}=\dfrac{\sqrt{31}}{8}$ をとる。

よって，$\cos 2t=\dfrac{1}{16}$ のとき $|\vec{\alpha}|$ は最小値 $\boldsymbol{\dfrac{\sqrt{31}}{8}}$

350　4章　積分とその応用

1 k を正の定数とし，関数 $f(x)$ は $f(x)=x\left(e^x-2k\displaystyle\int_0^1 f(t)dt\right)$ を満たしている。

(1) a を定数とするとき，$\displaystyle\int_0^1 x(e^x-2ka)dx$ を求めよ。

(2) $f(x)$ を求めよ。

(3) $f(x)$ はただ1つの極値をもつことを示せ。

(4) $f(x)$ の極値が0であるような k の値を求めよ。　　（山梨大）

(1) $$\int_0^1 x(e^x-2ka)dx=\int_0^1 x\cdot(e^x-2kax)'dx$$
$$=\Big[x(e^x-2kax)\Big]_0^1-\int_0^1(e^x-2kax)dx$$

◀ 部分積分法を用いる。

$$=e-2ka-\Big[e^x-kax^2\Big]_0^1$$

$$= e - 2ka - \{(e-ka)-1\}$$
$$= \mathbf{1 - \boldsymbol{ka}}$$

(2) $\displaystyle\int_0^1 f(t)dt = b$ …① とおくと　$f(x) = x(e^x - 2kb)$ …②

①に代入すると

$$b = \int_0^1 t(e^t - 2kb)dt = 1 - kb$$

◀(1)の結果を利用する。

よって，$(k+1)b = 1$ であり，$k > 0$ より　$b = \dfrac{1}{k+1}$

②に代入すると　$\boldsymbol{f(x) = x\left(e^x - \dfrac{2k}{k+1}\right)}$

(3) $f'(x) = 1\cdot\left(e^x - \dfrac{2k}{k+1}\right) + x\cdot e^x = (x+1)e^x - \dfrac{2k}{k+1}$

◀$f'(x)=0$ となる x の前後での符号を考えるために，$y=(x+1)e^x$ と $y = \dfrac{2k}{k+1}$ のグラフの交点と，グラフの上下を考える。

ここで，$g(x) = (x+1)e^x$ とおくと

$$g'(x) = 1\cdot e^x + (x+1)e^x$$
$$= (x+2)e^x$$

$g'(x) = 0$ とおくと　$x = -2$

$g(x)$ の増減表は右のようになる。

x	…	-2	…
$g'(x)$	$-$	0	$+$
$g(x)$	↘	$-\dfrac{1}{e^2}$	↗

ここで

$$\lim_{x\to-\infty} g(x) = 0,\ \lim_{x\to\infty} g(x) = \infty$$

よって，$y = g(x)$ のグラフは右の図。

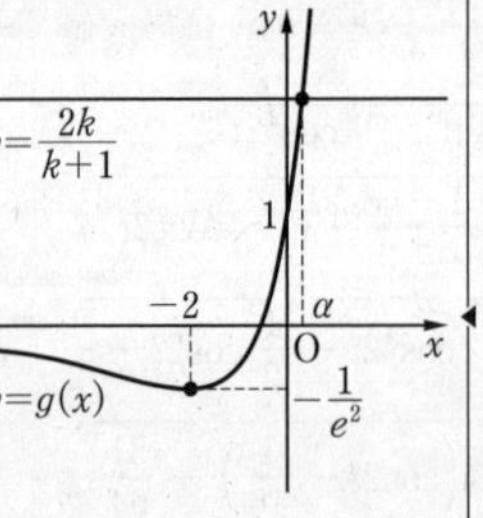

$k > 0$ より $\dfrac{2k}{k+1} > 0$ であるから，

$f'(x) = g(x) - \dfrac{2k}{k+1} = 0$ を満たす x の値はただ1つであり，その前後で符号が変わる。

◀$y > 0$ の範囲において $y = g(x)$ と $y = \dfrac{2k}{k+1}$ のグラフは1点で交わ

したがって，$f(x)$ はただ1つの極値をもつ。

(4) 極値をとる x の値を α とおくと

$f'(\alpha) = 0$ より　$(\alpha+1)e^\alpha = \dfrac{2k}{k+1}$　…③

よって，極値は

$$f(\alpha) = \alpha\left(e^\alpha - \frac{2k}{k+1}\right) = \alpha\{e^\alpha - (\alpha+1)e^\alpha\}$$
$$= -\alpha^2 e^\alpha$$

ゆえに，極値が0となるのは，$\alpha = 0$ のときであるから，③に代入して　$1 = \dfrac{2k}{k+1}$

◀$-\alpha^2 e^\alpha = 0$
$e^\alpha > 0$ より　$\alpha^2 =$
よって　$\alpha = 0$

$2k = k+1$ であるから　$\boldsymbol{k = 1}$

---

22 自然数 n に対して $a_n = \displaystyle\int_0^{\frac{\pi}{4}} (\tan x)^{2n} dx$ とおく。このとき，以下の問に答えよ。

(1) a_1 を求めよ。

(2) a_{n+1} を a_n で表せ。

(3) $\displaystyle\lim_{n\to\infty} a_n$ を求めよ。

(4) $\displaystyle\lim_{n\to\infty}\sum_{k=1}^{n} \frac{(-1)^{k+1}}{2k-1}$ を求めよ。

(北海道大

(1) $a_1=\int_0^{\frac{\pi}{4}}\tan^2 x\,dx=\int_0^{\frac{\pi}{4}}\left(\frac{1}{\cos^2 x}-1\right)dx$

$=\Big[\tan x-x\Big]_0^{\frac{\pi}{4}}=\mathbf{1-\frac{\pi}{4}}$

◀ $\tan^2 x+1=\dfrac{1}{\cos^2 x}$ より

$\tan^2 x=\dfrac{1}{\cos^2 x}-1$

(2) $a_{n+1}=\int_0^{\frac{\pi}{4}}(\tan x)^{2(n+1)}dx=\int_0^{\frac{\pi}{4}}\tan^2 x(\tan x)^{2n}dx$

$=\int_0^{\frac{\pi}{4}}\left(\frac{1}{\cos^2 x}-1\right)(\tan x)^{2n}dx$

$=\int_0^{\frac{\pi}{4}}\frac{1}{\cos^2 x}(\tan x)^{2n}dx-\int_0^{\frac{\pi}{4}}(\tan x)^{2n}dx$

$=\left[\frac{1}{2n+1}(\tan x)^{2n+1}\right]_0^{\frac{\pi}{4}}-a_n$

$=\mathbf{\frac{1}{2n+1}-a_n}$

◀ $f(x)=x^{2n}$, $g(x)=\tan x$ とすると

$\int_0^{\frac{\pi}{4}}f(g(x))g'(x)dx$

$=\Big[F(g(x))\Big]_0^{\frac{\pi}{4}}$

(3) $0\leqq x\leqq\frac{\pi}{4}$ において，$0\leqq\tan x\leqq 1$ であるから

$0\leqq(\tan x)^{2(n+1)}\leqq(\tan x)^{2n}$

$0\leqq\int_0^{\frac{\pi}{4}}(\tan x)^{2(n+1)}dx\leqq\int_0^{\frac{\pi}{4}}(\tan x)^{2n}dx$

◀ 上の式の等号が x の値にかかわらず成り立つことはないから，実際には等号は成り立たない。

よって　$0\leqq a_{n+1}\leqq a_n$

(2) より　$0\leqq\dfrac{1}{2n+1}-a_n\leqq a_n$

ゆえに　$\dfrac{1}{2}\cdot\dfrac{1}{2n+1}\leqq a_n\leqq\dfrac{1}{2n+1}$

$\lim_{n\to\infty}\dfrac{1}{2n+1}=0$ であるから，はさみうちの原理により

$\lim_{n\to\infty}a_n=\mathbf{0}$

◀ $\lim_{n\to\infty}\dfrac{1}{2n+1}=0$ より，$\lim_{n\to\infty}\dfrac{1}{2}\cdot\dfrac{1}{2n+1}=0$ も成り立つ。

(4) $a_{n+1}=-a_n+\dfrac{1}{2n+1}$ の両辺に $(-1)^{n+1}$ を掛けると

$(-1)^{n+1}a_{n+1}=-(-1)^{n+1}a_n+\dfrac{(-1)^{n+1}}{2n+1}$

$(-1)^{n+1}a_{n+1}=(-1)^n a_n+\dfrac{(-1)^{n+1}}{2n+1}$

$b_n=(-1)^n a_n$ とおくと，$b_{n+1}=b_n+\dfrac{(-1)^{n+1}}{2n+1}$ より，$n\geqq 2$ のとき

◀ $\{b_n\}$ の階差数列の一般項が $\dfrac{(-1)^{n+1}}{2n+1}$

$b_n=b_1+\sum_{k=1}^{n-1}\dfrac{(-1)^{k+1}}{2k+1}$

$b_1=-1\cdot a_1=\dfrac{\pi}{4}-1$ であるから

$b_n=\dfrac{\pi}{4}-1+\sum_{k=1}^{n-1}\dfrac{(-1)^{k+1}}{2k+1}$

$=\dfrac{\pi}{4}+\sum_{k=0}^{n-1}\dfrac{(-1)^{k+1}}{2k+1}$

$=\dfrac{\pi}{4}+\sum_{k=1}^{n}\dfrac{(-1)^k}{2k-1}$

◀ -1 は $\dfrac{(-1)^{k+1}}{2k+1}$ に $k=0$ を代入したときの値である。

◀ k を $k-1$ に置き換える。

入試攻略

$$= \frac{\pi}{4} - \sum_{k=1}^{n} \frac{(-1)^{k+1}}{2k-1}$$

よって　$\displaystyle\sum_{k=1}^{n} \frac{(-1)^{k+1}}{2k-1} = \frac{\pi}{4} - b_n = \frac{\pi}{4} - (-1)^n a_n$

ここで，$0 \leqq |(-1)^n a_n| \leqq |a_n|$ であり，(3)より $\displaystyle\lim_{n\to\infty} |a_n| = 0$ であるから，はさみうちの原理により　$\displaystyle\lim_{n\to\infty} |(-1)^n a_n| = 0$

よって　$\displaystyle\lim_{n\to\infty} (-1)^n a_n = 0$

したがって　$\displaystyle\lim_{n\to\infty} \sum_{k=1}^{n} \frac{(-1)^{k+1}}{2k-1} = \lim_{n\to\infty} \left\{ \frac{\pi}{4} - (-1)^n a_n \right\} = \boldsymbol{\frac{\pi}{4}}$

23 (1)　$x \geqq 0$ のとき，不等式 $x - \frac{1}{2}x^2 \leqq \log(1+x) \leqq x$ が成り立つことを示せ。

(2)　極限値 $\displaystyle\lim_{n\to\infty} \sum_{k=1}^{n} \log\left(1 + \frac{k}{n^2}\right)$ を求めよ。　（大阪公立大）

(1)　$f(x) = x - \log(1+x)$ とおくと

$$f'(x) = 1 - \frac{1}{1+x} = \frac{x}{1+x}$$

$x > 0$ のとき　$f'(x) > 0$

よって，$x \geqq 0$ で $f(x)$ は常に増加する。

また，$f(0) = 0$ であるから　$f(x) \geqq f(0) = 0$

すなわち $x \geqq 0$ のとき　$x \geqq \log(1+x)$

◀ $f'(x) > 0$ のとき，$f(x)$ は常に増加する。

$g(x) = \log(1+x) - \left(x - \frac{1}{2}x^2\right)$ とおくと

$$g'(x) = \frac{1}{1+x} - 1 + x = \frac{x^2}{1+x}$$

$x > 0$ のとき　$g'(x) > 0$

よって，$x \geqq 0$ で $g(x)$ は常に増加する。

また，$g(0) = 0$ であるから　$g(x) \geqq g(0) = 0$

すなわち $x \geqq 0$ のとき　$\log(1+x) \geqq x - \frac{1}{2}x^2$

◀ $g'(x) > 0$ のとき，$g(x$ は常に増加する。

したがって，$x \geqq 0$ のとき　$x - \frac{1}{2}x^2 \leqq \log(1+x) \leqq x$

(2)　(1)の不等式において，$x = \frac{k}{n^2}$　$(\geqq 0)$　とおくと

$$\frac{k}{n^2} - \frac{k^2}{2n^4} \leqq \log\left(1 + \frac{k}{n^2}\right) \leqq \frac{k}{n^2}$$

$k = 1,\ 2,\ 3,\ \cdots,\ n$ として辺々加えると

$$\sum_{k=1}^{n}\left(\frac{k}{n^2} - \frac{k^2}{2n^4}\right) \leqq \sum_{k=1}^{n} \log\left(1 + \frac{k}{n^2}\right) \leqq \sum_{k=1}^{n} \frac{k}{n^2}$$

ここで

$$\lim_{n\to\infty} \sum_{k=1}^{n}\left(\frac{k}{n^2} - \frac{k^2}{2n^4}\right) = \lim_{n\to\infty} \left\{ \frac{1}{n} \sum_{k=1}^{n} \frac{k}{n} - \frac{1}{2n} \cdot \frac{1}{n} \sum_{k=1}^{n} \left(\frac{k}{n}\right)^2 \right\}$$

$$= \int_0^1 x\,dx - 0 \cdot \int_0^1 x^2 dx$$

$$= \left[\frac{1}{2}x^2\right]_0^1 = \frac{1}{2}$$

◀区分求積法 $\displaystyle\lim_{n\to\infty} \frac{1}{n} \sum_{k=1}^{n} f\left(\frac{k}{n}\right) = \int_0^1 f(x$ を用いる。

$$\lim_{n\to\infty}\sum_{k=1}^{n}\frac{k}{n^2}=\lim_{n\to\infty}\frac{1}{n}\sum_{k=1}^{n}\frac{k}{n}=\int_0^1 x\,dx=\left[\frac{1}{2}x^2\right]_0^1=\frac{1}{2}$$

したがって，はさみうちの原理により

$$\lim_{n\to\infty}\sum_{k=1}^{n}\log\left(1+\frac{k}{n^2}\right)=\mathbf{\frac{1}{2}}$$

◀ $\displaystyle\sum_{k=1}^{n}\frac{k}{n^2}=\frac{1}{n^2}\sum_{k=1}^{n}k=\frac{1}{n^2}\cdot\frac{n(n+1)}{2}$ として求めてもよい。

24 n を 2 以上の自然数として，$S_n=\displaystyle\sum_{k=n}^{n^3-1}\frac{1}{k\log k}$ とおく。以下の問に答えよ。

(1) $\displaystyle\int_n^{n^3}\frac{dx}{x\log x}$ を求めよ。

(2) k を 2 以上の自然数とするとき，$\displaystyle\frac{1}{(k+1)\log(k+1)}<\int_k^{k+1}\frac{dx}{x\log x}<\frac{1}{k\log k}$ を示せ。

(3) $\displaystyle\lim_{n\to\infty}S_n$ の値を求めよ。 （神戸大）

(1) $$\int_n^{n^3}\frac{dx}{x\log x}=\int_n^{n^3}\frac{\frac{1}{x}}{\log x}dx=\Big[\log|\log x|\Big]_n^{n^3}$$
$$=\log(\log n^3)-\log(\log n)$$
$$=\log(3\log n)-\log(\log n)$$
$$=\log\left(\frac{3\log n}{\log n}\right)=\mathbf{\log 3}$$

◀ n は 2 以上の自然数であるから $|\log n|=\log n$

(2) $f(x)=\dfrac{1}{x\log x}$ とおくと，これは $x>1$ において減少する。

よって，k が 2 以上の自然数のとき

$$f(k+1)\cdot 1<\int_k^{k+1}f(x)dx<f(k)\cdot 1$$

したがって

$$\frac{1}{(k+1)\log(k+1)}<\int_k^{k+1}\frac{dx}{x\log x}<\frac{1}{k\log k}\qquad\cdots①$$

◀ $x>1$ のとき $x,\ \log x$ はともに正で増加するから，$x\log x$ は増加し，$\dfrac{1}{x\log x}$ は減少する。

(3) ① の k を n から n^3-1 まで変えて，辺々加えると

$$\sum_{k=n}^{n^3-1}\frac{1}{(k+1)\log(k+1)}<\int_n^{n^3}\frac{dx}{x\log x}<\sum_{k=n}^{n^3-1}\frac{1}{k\log k}\qquad\cdots②$$

ここで

$$\sum_{k=n}^{n^3-1}\frac{1}{(k+1)\log(k+1)}=\sum_{k=n+1}^{n^3}\frac{1}{k\log k}$$
$$=\sum_{k=n}^{n^3-1}\frac{1}{k\log k}-\frac{1}{n\log n}+\frac{1}{n^3\log n^3}$$
$$=S_n-\frac{1}{n\log n}+\frac{1}{n^3\log n^3}$$

◀ S_n をつくるために，変形する。

また，(1) より $\displaystyle\int_n^{n^3}\frac{dx}{x\log x}=\log 3$

よって，② は $\displaystyle S_n-\frac{1}{n\log n}+\frac{1}{n^3\log n^3}<\log 3<S_n$

ゆえに $\displaystyle\log 3<S_n<\log 3+\frac{1}{n\log n}-\frac{1}{n^3\log n^3}$

ここで $\displaystyle\lim_{n\to\infty}\left(\log 3+\frac{1}{n\log n}-\frac{1}{n^3\log n^3}\right)=\log 3$

◀ $\displaystyle\lim_{n\to\infty}\frac{1}{n\log n}=0$，$\displaystyle\lim_{n\to\infty}\frac{1}{n^3\log n^3}=0$

入試攻略

したがって，はさみうちの原理により　$\lim_{n\to\infty} S_n = \mathbf{\log 3}$

25 a を $0<a<\dfrac{\pi}{2}$ を満たす定数とする。関数 $f(x)=\tan x\ \left(0 \leqq x < \dfrac{\pi}{2}\right)$ について

(1) $0<x<\dfrac{\pi}{2}$ のとき，$\dfrac{f(x)}{x}<f'(x)$ が成り立つことを証明せよ。

(2) Oを原点とし，曲線 $y=f(x)$ 上に点 $\mathrm{P}(t,\ f(t))$ をとる。ただし，$0<t<a$ とする。直線OP，直線 $x=a$ と曲線 $y=f(x)$ によって囲まれた2つの部分の面積の和を A とするとき，A を t の関数として表せ。

(3) $0<t<a$ の範囲において，A を最小にする t の値を求めよ。　（中央大）

(1) $0<x<\dfrac{\pi}{2}$ において，$xf'(x)-f(x)>0$ が成り立つことを証明すればよい。$g(x)=xf'(x)-f(x)$ とおくと

$$g'(x)=f'(x)+xf''(x)-f'(x)=xf''(x)$$

ここで，$f'(x)=\dfrac{1}{\cos^2 x}$ より　$f''(x)=\dfrac{-2\cdot(-\sin x)}{\cos^3 x}=\dfrac{2\sin x}{\cos^3 x}$

◀ $\dfrac{1}{\cos^2 x}=(\cos x)^{-2}$ と考える。

よって，$0<x<\dfrac{\pi}{2}$ において　$f''(x)>0$

すなわち，$g'(x)>0$ となり，$g(x)$ は常に増加する。

よって，$0<x<\dfrac{\pi}{2}$ において　$g(x)>g(0)=0$

ゆえに　$xf'(x)-f(x)>0$

したがって，$0<x<\dfrac{\pi}{2}$ のとき　$\dfrac{f(x)}{x}<f'(x)$

(2) $A=\displaystyle\int_0^t\left(\frac{\tan t}{t}x-\tan x\right)dx+\int_t^a\left(\tan x-\frac{\tan t}{t}x\right)dx$ ◀

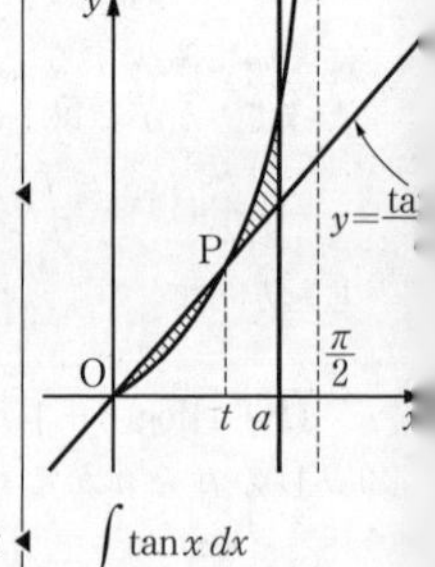

$$=\left[\frac{1}{2}\cdot\frac{\tan t}{t}x^2+\log|\cos x|\right]_0^t+\left[-\log|\cos x|-\frac{1}{2}\cdot\frac{\tan t}{t}x^2\right]_t^a$$

$$=\frac{1}{2}t\tan t+\log(\cos t)-\log(\cos a)-\frac{1}{2}a^2\cdot\frac{\tan t}{t}$$

$$+\log(\cos t)+\frac{1}{2}t\tan t$$

◀ $\displaystyle\int\tan x\,dx=\int\frac{\sin x}{\cos x}dx=-\int\frac{(\cos x)'}{\cos x}dx=-\log|\cos x|+C$

$$=\boldsymbol{t\tan t+2\log(\cos t)-\log(\cos a)-\frac{1}{2}a^2\cdot\frac{\tan t}{t}}$$

(3) $\tan t=f(t)$ とおいて，A を t で微分すると

$$A'=f(t)+tf'(t)-2f(t)-\frac{1}{2}a^2\cdot\frac{tf'(t)-f(t)}{t^2}$$

$$=\frac{\{tf'(t)-f(t)\}(2t^2-a^2)}{2t^2}$$

ここで，(1)より $0<t<a$ において，$tf'(t)-f(t)>0$ であるから，$A'=0$ を満たす t の値は，$2t^2-a^2=0$ より

$$t=\pm\frac{\sqrt{2}}{2}a$$

よって，関数の増減表は次のようになる。

t	0	$\cdots$	$\dfrac{\sqrt{2}}{2}a$	$\cdots$	a
A'		$-$	0	$+$	
A		↘	最小	↗	

◀ $0<t<a$

したがって，A を最小にする t の

値は　$t=\dfrac{\sqrt{2}}{2}a$

26 曲線 $y=f(x)=e^{-\frac{x}{2}}$ 上の点 $(x_0,\ f(x_0))=(0,\ 1)$ における接線と x 軸との交点を $(x_1,\ 0)$ とし，曲線 $y=f(x)$ 上の点 $(x_1,\ f(x_1))$ における接線と x 軸との交点を $(x_2,\ 0)$ とする。以下同様に，点 $(x_n,\ f(x_n))$ における接線と x 軸との交点を $(x_{n+1},\ 0)$ とする。このような操作を無限に続けるとき

(1) $x_n\ (n=0,\ 1,\ 2,\ \cdots)$ を n の式で表せ。

(2) 曲線 $y=f(x)$ と，点 $(x_n,\ f(x_n))$ における $y=f(x)$ の接線および直線 $x=x_{n+1}$ とで囲まれた部分の面積を $S_n\ (n=0,\ 1,\ 2,\ \cdots)$ とするとき，S_n の総和 $\displaystyle\sum_{n=0}^{\infty}S_n$ を求めよ。　（福岡大）

(1) $y'=-\dfrac{1}{2}e^{-\frac{x}{2}}$ であるから，

◀ $y=\left(\dfrac{1}{\sqrt{e}}\right)^x$
$\dfrac{1}{\sqrt{e}}<1$ より
$y=e^{-\frac{x}{2}}$ は減少関数。

$x=x_n$ のとき　$y'=-\dfrac{1}{2}e^{-\frac{x_n}{2}}$

よって，点 $\left(x_n,\ e^{-\frac{x_n}{2}}\right)$ における接線の方程式は

$$y-e^{-\frac{x_n}{2}}=-\frac{1}{2}e^{-\frac{x_n}{2}}(x-x_n)$$

$y=0$ とすると　$x=x_n+2$

◀ $-e^{-\frac{x_n}{2}}=-\dfrac{1}{2}e^{-\frac{x_n}{2}}(x-x_n)$
の両辺を $-e^{-\frac{x_n}{2}}\ (\neq 0)$ で割って $1=\dfrac{1}{2}(x-x_n)$
これより　$x=x_n+2$

よって　$x_{n+1}=x_n+2$

これから，数列 $\{x_n\}$ は，初項 $x_0=0$，公差 2 の等差数列である。

したがって　$\boldsymbol{x_n=2n}$

◀ $n=0$ から始まることに注意する（初項 $x_0=0$，$x_1=0+2=2$）。

(2) $S_n=\displaystyle\int_{2n}^{2n+2}e^{-\frac{x}{2}}\,dx-\frac{1}{2}\cdot 2\cdot e^{-n}$

$=-2\Big[e^{-\frac{x}{2}}\Big]_{2n}^{2n+2}-e^{-n}$

$=-2(e^{-n-1}-e^{-n})-e^{-n}$

$=e^{-n}-2e^{-n-1}=(1-2e^{-1})e^{-n}$

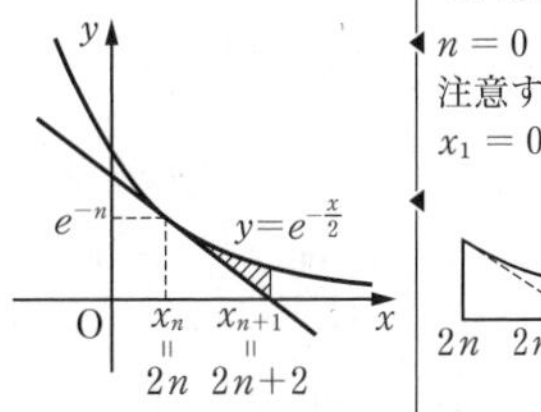

◀
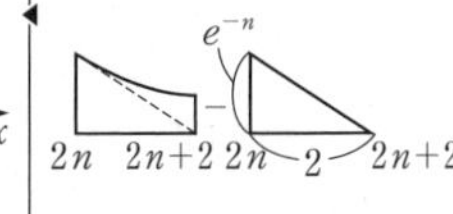

$\displaystyle\sum_{n=0}^{\infty}S_n$ は初項 $1-2e^{-1}$，公比 e^{-1} の無限等比級数であり，$0<e^{-1}<1$ であるから，その和は　$\displaystyle\sum_{n=0}^{\infty}S_n=\frac{1-2e^{-1}}{1-e^{-1}}=\boldsymbol{\frac{e-2}{e-1}}$

◀ 初項は，$n=0$ のときであることに注意する。

27 関数 $f(x)=e^{-\frac{x}{2}}(\cos x+\sin x)$ に対して，$f(x)=0$ の正の解を小さい方から順に $a_1,\ a_2,\ \cdots,\ a_n,\ \cdots$ とおく。このとき，次の問に答えよ。

(1) a_n を求めよ。

(2) $a_n\leqq x\leqq a_{n+1}$ の範囲で，曲線 $y=f(x)$ と x 軸で囲まれる部分を，x 軸のまわりに 1 回転してできる回転体の体積 V_n を求めよ。

(3) 無限級数 $\displaystyle\sum_{n=1}^{\infty}V_n$ の和を求めよ。　（新潟大）

(1) $f(x)=0$ とすると，$e^{-\frac{x}{2}}>0$ から，$\cos x+\sin x=0$ より

$$\sqrt{2}\sin\left(x+\frac{\pi}{4}\right)=0$$

◀ $a\sin\theta+b\cos\theta=r\sin(\theta+\alpha)$

よって　$x+\dfrac{\pi}{4}=m\pi$（m は整数）

a_n は正の解を小さい方から並べたものであるから

$$\boldsymbol{a_n = -\frac{\pi}{4} + n\pi \ (n = 1,\ 2,\ \cdots)}$$

(2) $V_n = \pi\int_{a_n}^{a_{n+1}} \left\{e^{-\frac{x}{2}}(\cos x + \sin x)\right\}^2 dx$

$= \pi\int_{a_n}^{a_{n+1}} e^{-x}(1+\sin 2x)dx$

$= \pi\left(\int_{a_n}^{a_{n+1}} e^{-x}dx + \int_{a_n}^{a_{n+1}} e^{-x}\sin 2x\,dx\right)$

ここで

$$\int_{a_n}^{a_{n+1}} e^{-x}dx = \Big[-e^{-x}\Big]_{a_n}^{a_{n+1}} = -e^{-a_{n+1}} + e^{-a_n} \quad \cdots ①$$

$\int_{a_n}^{a_{n+1}} e^{-x}\sin 2x\,dx$

$= \Big[-e^{-x}\sin 2x\Big]_{a_n}^{a_{n+1}} + 2\int_{a_n}^{a_{n+1}} e^{-x}\cos 2x\,dx$

$= \Big[-e^{-x}\sin 2x\Big]_{a_n}^{a_{n+1}} + \Big[-2e^{-x}\cos 2x\Big]_{a_n}^{a_{n+1}} - 4\int_{a_n}^{a_{n+1}} e^{-x}\sin 2x\,dx$

◀部分積分法を繰り返し用いる。

よって

$\int_{a_n}^{a_{n+1}} e^{-x}\sin 2x\,dx$

$= \frac{1}{5}\Big[-e^{-x}(\sin 2x + 2\cos 2x)\Big]_{a_n}^{a_{n+1}}$

$= \frac{1}{5}\{-e^{-a_{n+1}}(\sin 2a_{n+1} + 2\cos 2a_{n+1}) + e^{-a_n}(\sin 2a_n + 2\cos 2a_n)\}$

ここで，$2a_{n+1} = 2n\pi + \frac{3}{2}\pi$，$2a_n = 2n\pi - \frac{\pi}{2}$ より

◀(1)より $a_{n+1} = n\pi + \frac{3}{4}\pi$，$a_n = n\pi - \frac{\pi}{4}$

$\sin 2a_{n+1} = -1$，$\cos 2a_{n+1} = 0$

$\sin 2a_n = -1$，$\cos 2a_n = 0$

ゆえに $\int_{a_n}^{a_{n+1}} e^{-x}\sin 2x\,dx = \frac{1}{5}(e^{-a_{n+1}} - e^{-a_n}) \quad \cdots ②$

①，② より

$$V_n = \frac{4}{5}\pi(e^{-a_n} - e^{-a_{n+1}}) = \boldsymbol{\frac{4}{5}\pi(1-e^{-\pi})e^{-\left(n-\frac{1}{4}\right)\pi}}$$

◀$a_{n+1} = \pi + a_n$ より $-a_{n+1} = -\pi - a_n$

(3) $\sum_{n=1}^{\infty} V_n = \sum_{n=1}^{\infty} \frac{4}{5}\pi(1-e^{-\pi})e^{-\left(n-\frac{1}{4}\right)\pi}$

$= \sum_{n=1}^{\infty} \frac{4}{5}\pi(1-e^{-\pi})e^{-\frac{3}{4}\pi}(e^{-\pi})^{n-1}$

$= \frac{4}{5}\pi(1-e^{-\pi})e^{-\frac{3}{4}\pi}\cdot\frac{1}{1-e^{-\pi}}$

$= \boldsymbol{\frac{4}{5}\pi e^{-\frac{3}{4}\pi}}$

◀初項 $\frac{4}{5}\pi(1-e^{-\pi})e^{-\frac{3}{4}\pi}$，公比 $e^{-\pi}$ $(0 < e^{-\pi} < 1)$ の無限等比級数である。

28 $\begin{cases} x = \sin t \\ y = \sin 2t \end{cases} \left(0 \leqq t \leqq \frac{\pi}{2}\right)$ で表される曲線を C とおく。

(1) y を x の式で表せ。

(2) x 軸と C で囲まれる図形 D の面積を求めよ。

(3) D を y 軸のまわりに 1 回転させてできる回転体の体積を求めよ。 (神戸大)

(1)　$y = \sin 2t = 2\sin t\cos t$

◀ 2倍角の公式

$0 \leqq t \leqq \dfrac{\pi}{2}$ より，$\cos t \geqq 0$ であるから

$$\cos t = \sqrt{1-\sin^2 t} = \sqrt{1-x^2}$$

◀ $\sin^2 t + \cos^2 t = 1$ より
$\cos^2 t = 1 - \sin^2 t$

よって　　$\boldsymbol{y = 2x\sqrt{1-x^2}}$

(2)　(1)の結果より

$$y' = 2\sqrt{1-x^2} - \frac{2x^2}{\sqrt{1-x^2}} = \frac{-2(2x^2-1)}{\sqrt{1-x^2}}$$

◀ $y' = \dfrac{-4\left(x^2-\dfrac{1}{2}\right)}{\sqrt{1-x^2}}$

$0 \leqq t \leqq \dfrac{\pi}{2}$ のとき，$0 \leqq \sin t \leqq 1$ であるから，

曲線 C の定義域は　　$0 \leqq x \leqq 1$

増減表は次のようになり，曲線 C は右の図のようになる。

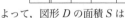

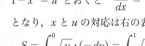

x	0	$\cdots$	$\frac{1}{\sqrt{2}}$	$\cdots$	1
y'		$+$	0	$-$	
y	0	↗	1	↘	0

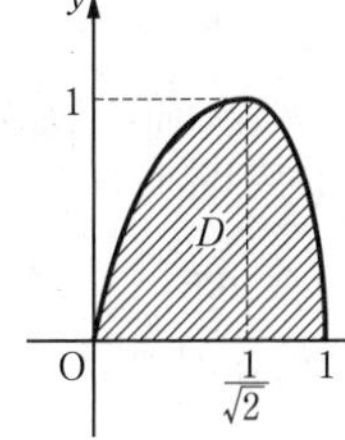

よって，図形 D の面積 S は

$$S = \int_0^1 2x\sqrt{1-x^2}\,dx$$

$1-x^2 = u$ とおくと　$\dfrac{du}{dx} = -2x$

となり，x と u の対応は右の表のようになる。

x	$0 \to 1$
u	$1 \to 0$

$$S = \int_1^0 \sqrt{u}\cdot(-du) = \int_0^1 \sqrt{u}\,du = \left[\frac{2}{3}u\sqrt{u}\right]_0^1 = \boldsymbol{\frac{2}{3}}$$

[(2)の別解]

$0 \leqq t \leqq \dfrac{\pi}{2}$ の範囲で $y \geqq 0$ であり，$y = \sin 2t = 0$ とおくと，$t = 0,\ \dfrac{\pi}{2}$ である。

◀ 曲線 C のグラフは図のようになる。$t = \dfrac{\pi}{4}$ のとき，$x = \dfrac{1}{\sqrt{2}}$，$y = 1$ である。

$x = \sin t$ より　　$\dfrac{dx}{dt} = \cos t$

となり，x と t の対応は右の表のようになる。

x	$0 \to 1$
t	$0 \to \frac{\pi}{2}$

よって，図形 D の面積 S は

$$S = \int_0^1 y\,dx = \int_0^{\frac{\pi}{2}} \sin 2t\cos t\,dt = \int_0^{\frac{\pi}{2}} 2\sin t\cos^2 t\,dt$$

$$= -2\int_0^{\frac{\pi}{2}} (\cos t)'\cos^2 t\,dt = -2\left[\frac{\cos^3 t}{3}\right]_0^{\frac{\pi}{2}} = \frac{2}{3}$$

(3)　$y = 2x\sqrt{1-x^2}$ より

$$y^2 = 4x^2(1-x^2)$$
$$4x^4 - 4x^2 + y^2 = 0$$

x^2 についての2次方程式を解くと

$$x^2 = \frac{2 \pm \sqrt{4-4y^2}}{4} = \frac{1 \pm \sqrt{1-y^2}}{2}$$

入試攻略

(ア)　$0 \leqq x \leqq \dfrac{1}{\sqrt{2}}$ のとき　　$x^2 = \dfrac{1-\sqrt{1-y^2}}{2}$

　すなわち　　$x = \sqrt{\dfrac{1-\sqrt{1-y^2}}{2}}$　　…①

(イ)　$\dfrac{1}{\sqrt{2}} \leqq x \leqq 1$ のとき　　$x^2 = \dfrac{1+\sqrt{1-y^2}}{2}$

　すなわち　　$x = \sqrt{\dfrac{1+\sqrt{1-y^2}}{2}}$　　…②

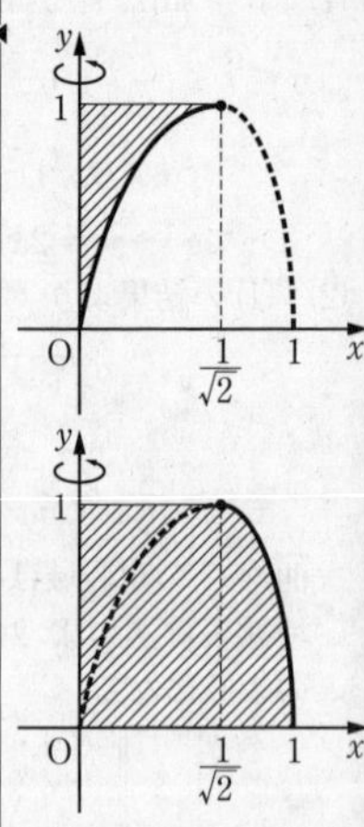

①の曲線と直線 $y=1$ と y 軸で囲まれる図形を y 軸のまわりに1回転させてできる回転体の体積 V_1 は

$$V_1 = \pi\int_0^1 \frac{1-\sqrt{1-y^2}}{2}\,dy$$

②の曲線と直線 $y=1$ と両軸で囲まれる図形を y 軸のまわりに1回転させてできる回転体の体積 V_2 は

$$V_2 = \pi\int_0^1 \frac{1+\sqrt{1-y^2}}{2}\,dy$$

◀ y 軸のまわりの回転体の体積

$$V = \pi\int_a^b x^2\,dy$$

したがって，求める回転体の体積 V は

$$\begin{aligned} V &= V_2 - V_1 \\ &= \pi\int_0^1 \frac{1+\sqrt{1-y^2}}{2}\,dy - \pi\int_0^1 \frac{1-\sqrt{1-y^2}}{2}\,dy \\ &= \pi\int_0^1 \sqrt{1-y^2}\,dy = \pi\cdot\frac{\pi}{4} = \boldsymbol{\frac{\pi^2}{4}} \end{aligned}$$

[(3)の別解]　右の図のように関数 $y=f(x)$ のグラフが x 軸と $x=a,\ b$ で交わるとき，このグラフと x 軸で囲まれる図形を y 軸のまわりに1回転させてできる回転体の体積 V が，$V=\displaystyle\int_a^b 2\pi xy\,dx$ で表されることを利用すると

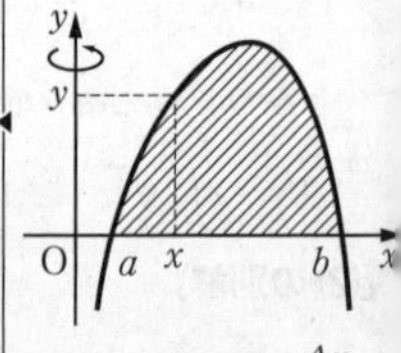

$$\begin{aligned} V &= 2\pi\int_0^1 xy\,dx = 2\pi\int_0^{\frac{\pi}{2}} xy\frac{dx}{dt}\,dt \\ &= 2\pi\int_0^{\frac{\pi}{2}} \sin t\sin 2t\cos t\,dt \\ &= \pi\int_0^{\frac{\pi}{2}} \sin^2 2t\,dt = \frac{\pi}{2}\int_0^{\frac{\pi}{2}} (1-\cos 4t)\,dt \\ &= \frac{\pi}{2}\left[t-\frac{1}{4}\sin 4t\right]_0^{\frac{\pi}{2}} = \frac{\pi^2}{4} \end{aligned}$$

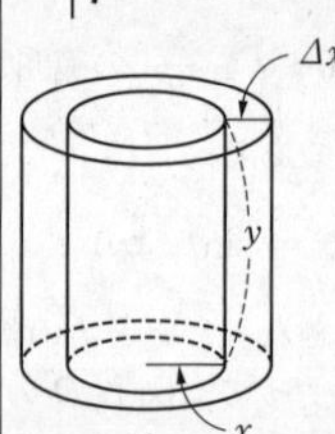

底面の半径 x，高さ y 円柱の側面積が $2\pi xy$ あることを利用してい

29　xyz 座標空間上で，2つの不等式 $y^2+z^2 \leqq a^2$ …① と $x^2+z^2 \leqq a^2$ …② $(a>0)$ で表される2つの領域の共通部分として得られる立体を T とおく。立体 T を，平面 $z=t$ $(-a \leqq t \leqq a)$ で切ったときにできる断面積 $S(t)$ を求めて，立体 T の体積 V を求めよ。　(日本女子大)

領域①，②を平面 $z=t$ で切った切り口は下の図1のようになり，xz 平面で切った切り口は下の図2のようになる。

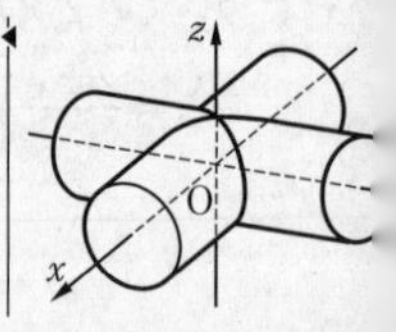

図1：平面 $z=t$ で切った図

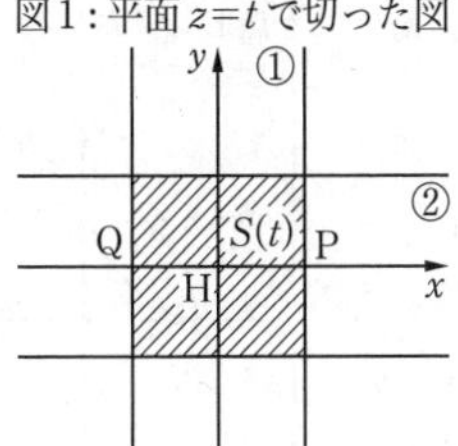

図2：xz 平面で切った図

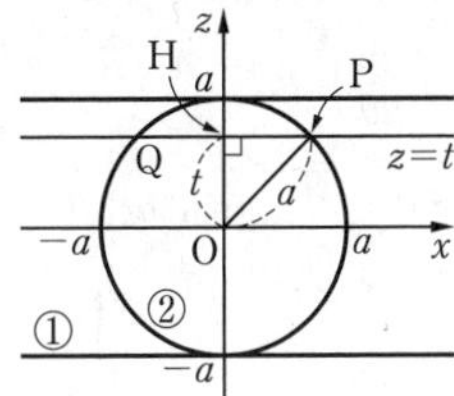

このとき　$\mathrm{PH}=\sqrt{a^2-t^2}$

◀ $\mathrm{PH}=\sqrt{\mathrm{OP}^2-\mathrm{OH}^2}$

よって　$\mathrm{PQ}=2\mathrm{PH}=2\sqrt{a^2-t^2}$

ゆえに　$S(t)=\mathrm{PQ}^2=\boldsymbol{4(a^2-t^2)}$

◀ $S(t)$ は正方形の面積であり，1辺の長さは PQ である。

したがって

$$V=\int_{-a}^{a}4(a^2-t^2)dt=8\int_0^a(a^2-t^2)dt$$

◀ a^2-t^2 は偶関数である。

$$=8\left[a^2t-\frac{1}{3}t^3\right]_0^a=8\left(a^3-\frac{a^3}{3}\right)=\boldsymbol{\frac{16}{3}a^3}$$

30 xy 平面の原点 O を中心とする半径 4 の円 E がある。半径 1 の円 C が，内部から E に接しながらすべることなく転がって反時計回りに 1 周する。このとき，円 C の周上に固定された点 P の軌跡を考える。ただし，はじめに点 P は点 $(4,\ 0)$ の位置にあるものとする。

(1) 図のように，x 軸と円 C の中心のなす角度が θ $(0\leqq\theta\leqq2\pi)$ となったときの点 P の座標 $(x,\ y)$ を，θ を用いて表せ。

(2) 点 P の軌跡の長さを求めよ。 (北海道大)

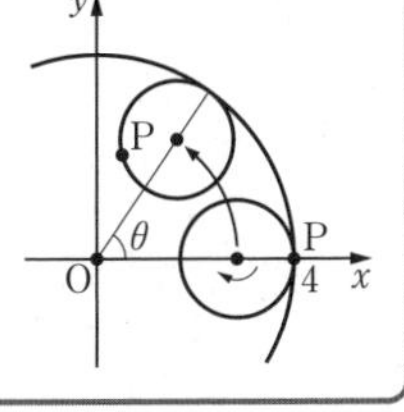

(1) 円 C の中心を O′，円 C と円 E の接点を Q とすると $\mathrm{OQ}=4$

であるから　$\overset{\frown}{\mathrm{PQ}}=4\theta$

$\mathrm{O'Q}=1$ より　$\angle\mathrm{PO'Q}=4\theta$

よって

$\overrightarrow{\mathrm{OP}}=\overrightarrow{\mathrm{OO'}}+\overrightarrow{\mathrm{O'P}}$

$=(3\cos\theta,\ 3\sin\theta)$

$\quad+(\cos(\theta-4\theta),\ \sin(\theta-4\theta))$

$=(3\cos\theta+\cos3\theta,\ 3\sin\theta-\sin3\theta)$

ゆえに，点 P の座標は　$\boldsymbol{(3\cos\theta+\cos3\theta,\ 3\sin\theta-\sin3\theta)}$

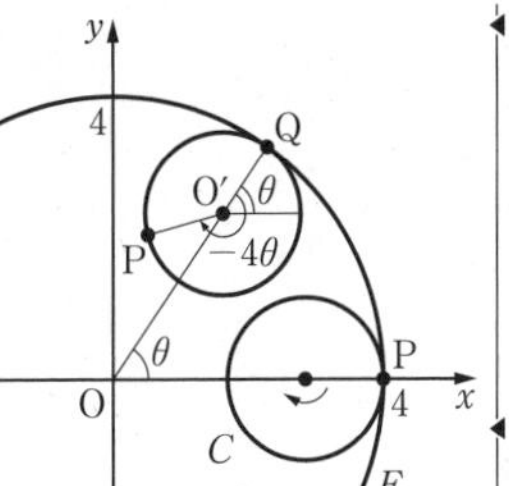

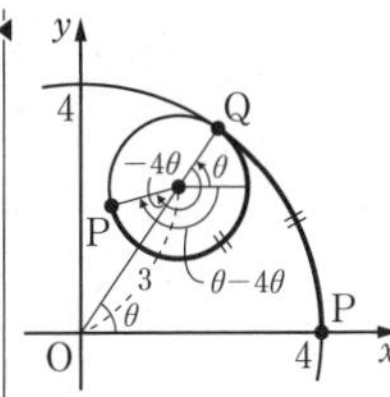

◀ $\overrightarrow{\mathrm{OO'}}$ は長さが 3，x 軸となす角が θ より

$\overrightarrow{\mathrm{OO'}}=(3\cos\theta,\ 3\sin\theta)$

$\overrightarrow{\mathrm{O'P}}$ は長さが 1，x 軸となす角が -3θ より

$\overrightarrow{\mathrm{O'P}}$

$=(\cos(-3\theta),\ \sin(-3\theta))$

$=(\cos3\theta,\ -\sin3\theta)$

(円 $x^2+y^2=r^2$ 上の点は $(r\cos\theta,\ r\sin\theta)$ と表される)

(2) $x=3\cos\theta+\cos3\theta$，$y=3\sin\theta-\sin3\theta$ とおくと

$$\frac{dx}{d\theta}=-3\sin\theta-3\sin3\theta,\quad \frac{dy}{d\theta}=3\cos\theta-3\cos3\theta$$

であるから

$$\left(\frac{dx}{d\theta}\right)^2+\left(\frac{dy}{d\theta}\right)^2=(-3\sin\theta-3\sin3\theta)^2+(3\cos\theta-3\cos3\theta)^2$$

$$=9(\sin^2\theta+\cos^2\theta)+18(\sin\theta\sin3\theta-\cos\theta\cos3\theta)$$
$$+9(\sin^23\theta+\cos^23\theta)$$

$$=18-18\cos(\theta+3\theta)$$

$$=18-18\cos4\theta$$

$$=36\sin^22\theta$$

◀ $\cos4\theta=1-2\sin^22\theta$

入試攻略

よって，求める点Pの軌跡の長さをlとすると

$$l=\int_0^{2\pi}\sqrt{\left(\frac{dx}{d\theta}\right)^2+\left(\frac{dy}{d\theta}\right)^2}\,d\theta$$

$$=\int_0^{2\pi}\sqrt{36\sin^2 2\theta}\,d\theta=6\int_0^{2\pi}|\sin 2\theta|\,d\theta$$

ここで，$y=|\sin 2\theta|$ $(0\leqq\theta\leqq 2\pi)$

のグラフは右の図であるから

$$\int_0^{2\pi}|\sin 2\theta|\,d\theta=4\int_0^{\frac{\pi}{2}}\sin 2\theta\,d\theta$$

よって

$$l=24\int_0^{\frac{\pi}{2}}\sin 2\theta\,d\theta$$

$$=24\left[-\frac{1}{2}\cos 2\theta\right]_0^{\frac{\pi}{2}}=24\left(\frac{1}{2}+\frac{1}{2}\right)=24$$

◀点Pの軌跡は次のようになる。

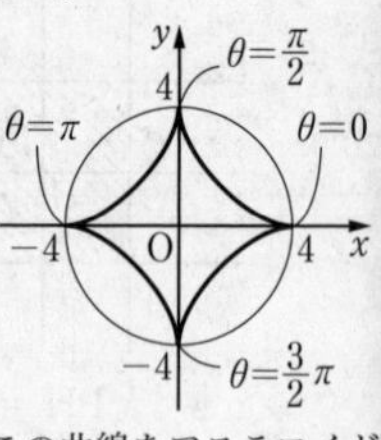

この曲線をアステロイドという。